"十三五"国家重点出版物出版规划项目——名校名家基础学科系列

流体力学基础及其工程应用（上册）

翻译版·原书第4版

［美］ 尤努斯·A. 森哲尔（Yunus A. Çengel）　　著
约翰·M. 辛巴拉（John M. Cimbala）

李　博　梁　莹　译

机械工业出版社
CHINA MACHINE PRESS

全书（上、下册）内容涵盖了流体力学的基本原理和方程，列举了大量工程实例，通过强调物理背景、提供精彩的图片，让学生对流体力学有一个直观的理解并认识到流体力学是如何应用于工程实践的。全书共15章，包括引言与基本概念、流体的性质、压强与流体静力学、流体运动学、伯努利方程与能量方程、流动系统的动量分析、量纲分析与模型化、内流、流体流动的微分分析、N-S方程的近似解、外流、可压缩流动、明渠流动、涡轮机械、计算流体力学引论。

本书可作为高等工科院校相关专业的流体力学教材，也可供相关专业科研和工程技术人员参考。

YUNUS A. ÇENGEL, JOHN M.CIMBALA
FLUID MECHANICS: FUNDAMENTALS AND APPLICATIONS，4th Edition
ISBN 9781259696534
Copyright ©2018 by McGraw-Hill Education.

All Rights reserved. No part of this publication may be reproduced or transmitted in any form or by any means, electronic or mechanical, including without limitation photocopying, recording, taping, or any database, information or retrieval system, without the prior written permission of the publisher.

This authorized Chinese translation edition is jointly published by McGraw-Hill Education and CHINA MACHINE PRESS.This edition is authorized for sale in the Chinese mainland (excluding Hong Kong SAR, Macao SAR and Taiwan).

Translation Copyright © 2020 by The McGraw-Hill Education and CHINA MACHINE PRESS.

图书在版编目（CIP）数据

流体力学基础及其工程应用：翻译版：原书第4版. 上册 /（美）尤努斯·A. 森哲尔，（美）约翰·M. 辛巴拉著；李博，梁莹译 . —北京：机械工业出版社，2019.12（2025.1 重印）
（名校名家基础学科系列）

书名原文：Fluid Mechanics: Fundamentals and Applications，4th Edition
"十三五"国家重点出版物出版规划项目
ISBN 978-7-111-64022-6

Ⅰ . ①流… Ⅱ . ①尤… ②约… ③李… ④梁… Ⅲ . ①流体力学—高等学校—教材 Ⅳ . ① O35

中国版本图书馆 CIP 数据核字（2019）第 229268 号

机械工业出版社（北京市百万庄大街22号　邮政编码100037）
策划编辑：张金奎　责任编辑：张金奎　李 乐　任正一
责任校对：潘 蕊　封面设计：张 静
责任印制：邓 博
北京盛通数码印刷有限公司印刷
2025 年 1 月第 1 版第 3 次印刷
210mm × 275mm · 25.75 印张 · 807 千字
标准书号：ISBN 978-7-111-64022-6
定价：122.00 元

电话服务　　　　　　　　　网络服务
客服电话：010-88361066　机 工 官 网：www.cmpbook.com
　　　　　010-88379833　机 工 官 博：weibo.com/cmp1952
　　　　　010-68326294　金 书 网：www.golden-book.com
封底无防伪标均为盗版　　机工教育服务网：www.cmpedu.com

作者简介

尤努斯·A.森哲尔（Yunus A. Çengel）

美国内华达大学机械工程荣誉退休教授。他在土耳其伊斯坦布尔技术大学获得机械工程学士学位，在北卡罗来纳州立大学机械工程系获得硕士和博士学位。他的研究领域是可再生能源、脱盐、可用性分析、传热强化、辐射热传递和能量储存等。1996年至2000年，他担任内华达大学工业评估中心主任。他带领学生到内华达州北部和加利福尼亚州的一些生产厂家做工业评估，调研能量储备，以期降低消耗，为它们提供提高生产力的报告。

森哲尔博士是被广泛使用的教科书《热动力学：工程研究方法》（*Thermodynamics：An Engineering Approach*，第8版，2015）的共同作者，该书由麦克劳希尔（McGraw-Hill）出版社出版。他还在该出版社出版了另两本教科书：《热和质量传输：基础和应用》（*Heat and Mass Transfer: Fundamentals & Applications*，第5版，2015，作者），以及《热流体科学基础》（*Fundamentals of Thermal-Fluid Sciences*，第5版，2017，共同作者）。部分教科书已被翻译成中文、日文、韩文、西班牙文、土耳其文、意大利文和希腊文。

森哲尔博士多次获得优秀教师奖称号，他还于1992年和2000年两次获得美国机械工程师学会（ASEE）为优秀原创作者设立的Meriam/Wiley卓越作者奖。

森哲尔博士是内华达州的注册教授级工程师，是美国机械工程师学会（ASME）和美国工程教育学会（ASEE）的会员。

约翰·M.辛巴拉（John M. Cimbala）

美国宾夕法尼亚州州立大学机械工程教授。他在宾夕法尼亚州州立大学获得航空航天工程学士学位，在加利福尼亚理工学院（CIT）获得航空硕士学位，1984年在CIT获得航空博士学位，师从阿纳托尔·罗斯科（Anatol Roshko）教授。他的研究领域包括实验与计算流体力学、传热学、湍流、湍流建模、涡轮机、室内空气质量和空气污染控制等。1993年至1994年，他利用大学学术休假期间到美国宇航局（NASA）兰利研究中心从事计算流体力学（CFD）工作，2010年至2011年，他到美国海多（Hydo）堰运行CFD分析来辅助水轮机的设计。

辛巴拉博士是三本教科书的共同作者：《室内空气质量工程：健康与室内污染控制》（*Indoor Air Quality Engineering：Environmental Health and Control of Indoor Pollutants*, 2003），该书由马塞尔德克尔（Marcel-Dekker）公司出版；《流体力学要素：基础与应用》（*Essentials of Fluid Mechanics：Fundamentals and Applications*, 2008）和《热流体科学基础》（*Fundamentals of Thermal-Fluid Sciences*，第5版，2017），这两本书均由麦克劳希尔公司出版。他还与别人共同编著了其他一些书。他是数十篇期刊和会议论文的作者或共同作者。他最近鼓起勇气进入写小说的行列。从 www.mne.psu.edu/cimbala 网站上可查到他更多的信息。

辛巴拉教授多次获得优秀教学奖，本书就是他热爱教学的一个见证。他是美国机械工程师学会（ASME）、美国工程教育学会（ASEE）和美国物理学会（APS）的会员。

《流体力学基础及其工程应用》(上、下册)简明目录

前　言

背景情况

流体力学是一门涉及从微观生物系统到汽车、飞机和宇宙飞船的推进等广泛领域,具有无限实际应用价值的令人激动和着迷的学科。它历来是对本科生最具有挑战性的科目之一,因为在解决流体力学问题过程中仅懂得一些理论知识是不够的,还需要具有物理直觉和经验。本书的目的是通过对概念的仔细诠释,并通过运用大量的实例、示意图、图片和照片,建立一座跨越理论知识和实际应用之间鸿沟的桥梁。

流体力学是一门成熟的学科,已经建立了基本的或近似的方程,这些方程可以从许多入门的教科书中找到。这些教科书形式各异,对这些内容的安排不尽相同。一本易读的流体力学教科书应该是从简单到复杂循序渐进的,每一章都建立在前面章节的基础上。用这种方法可以有效地学习通常认为具有挑战性的问题。流体力学本质上是一门高度可视化的科目,学生可以通过视觉途径较快地领会内容。因此,一本好的流体力学教科书应该提供高质量的图片和照片,用可视化方法帮助学生理解数学表达式的含义和物理意义。

目标

全书试图为三、四年级的工程类本科生提供一部适合于学习第一门流体力学课程的教科书,假设这些学生在数学、物理、工程力学和热力学方面已具备足够的基础。本书的目标如下:

- 涵盖流体力学的基本原理和方程。
- 列举大量真实世界中的各种工程实例,让学生认识到流体力学是如何应用于工程实践的。
- 通过强调物理背景,提供精彩的图片和可视化辅助手段,让学生对流体力学有一个直观的理解。

全书包含了大量素材让教师在讲解某一主题时能灵活运用。例如,航空和航天工程的教师可能会强调势流、阻力和升力、可压缩流动、涡轮机械和计算流体力学等;机械和土木工程的教师可能选择管流、明渠流动等。本书内容覆盖了足够的宽度,同时可以满足这两门课的需要。

第4版新增内容

在整体布局和表达顺序方面与旧版没有明显改变,一个明显的变化是全书增加了精彩的新图片。

全书添加了四个新的小节。在第1章中,添加了"均匀与非均匀流"和"方程求解器";在第11章中,添加了特邀作者宾夕法尼亚州立大学的 Azar Eslam Panah 的"自然界中的飞行",还将宾夕法尼亚州立大学特邀作者 Alex Rattner 的"两相流的计算流体力学方法"添加至第15章;在第8章中,我们强调了显式丘吉尔关系式可作为隐式科尔布鲁克关系式的替代形式。

全书添加了两个新颖的应用实例：第 4 章添加了宾夕法尼亚州立大学 Rui Ni 的"闻食物：人类的气道"，第 8 章添加了宾夕法尼亚州立大学 Michael McPhail 和 Michael Krane 的"彩色粒子阴影测速/加速度测量"。

全书修改了大量的章末习题，许多问题被新的问题所替换，同时还替换了几个例题。

宗旨与目的

全书的宗旨与尤努斯·A.森哲尔主编的其他教科书的宗旨相同：

- 用一种简单而精确的方法直接与未来的工程师沟通。
- 引导学生清楚地理解和坚实地掌握流体力学的基本原理。
- 鼓励创造性思维，对流体力学形成深刻理解和直观感觉。
- 让学生带着兴趣和热情而不是仅仅为解题去读这本书。

我们的宗旨是：实践是最好的学习方法。因此，全书所做的特殊努力是对学过的内容（包括每一章和之前的章节）不断巩固。例如，有很多例题和章末的习题是理解型的，目的是让学生回顾过去章节学过的概念。

全书展现了一些由 CFD 生成的例子，并设立了"计算流体力学引论"一章。我们的目的不是为了教 CFD 的数值算法——这更适合在一门单独的课程中教授。相反，我们的意图是向本科生介绍 CFD 作为工程工具的能力和局限性。我们使用 CFD 结果的方式，与使用风洞实验结果几乎一样（即，加强学生对流动现象的物理认识，提供一种流动可视化手段来解释流体的流动行为）。在网站上发布有上百道 FlowLab CFD 习题，教师有足够的机会在整个课程中向学生介绍 CFD 的基础知识。

内容与安排

全书共 15 章，从流体与流动的基本概念开始，到计算流体力学引论结束。

- 第 1 章　介绍流体的基本概念、流动分类、控制体和体系表示法、量纲、单位、有效数字和解题技巧。
- 第 2 章　介绍流体的性质，如密度、蒸气压、比热比、声速、黏度和表面张力。
- 第 3 章　涉及压强和流体静力学，包括液体压强计和气压计、作用在淹没表面的静压强、浮力和稳定性、以刚体形式运动的流体。
- 第 4 章　介绍流体运动学，包括描述流动的拉格朗日法和欧拉法、流动类型、流动可视化、涡量和有旋性、雷诺输运定理。
- 第 5 章　介绍质量、动量和能量守恒定律，强调对质量守恒方程、伯努利方程和能量方程的正确使用，以及这些方程的工程应用。
- 第 6 章　将雷诺输运定理应用于线动量和角动量，强调有限控制体动量分析的实际工程应用。

- 第 7 章 介绍量纲齐次性概念、量纲分析的白金汉定理、动力相似、重复量方法（该方法在本书和许多其他科学和工程领域中得到应用）。
- 第 8 章 介绍管道流动、层流与湍流的区别、管中摩擦损失、管网中的局部损失、如何选择泵和风机与管网匹配、用于测量流量和速度的各种实验装置，并简要介绍了生物流体力学。
- 第 9 章 介绍对流动的微分分析，连续性方程、柯西方程和 N-S 方程的推导和应用，流函数及其他在流动分析中的用途，并对生物流体进行了简要介绍。最后，我们指出了一些与生物流体力学有关的微分分析的独特方面。
- 第 10 章 讨论 N-S 方程的几个简化方程及其解，包括蠕变流、无黏流、无旋流（势流）和边界层，并对每一个简化提供了示例。
- 第 11 章 介绍物体绕流的阻力和升力。讨论摩擦阻力与压差阻力的差别，提供许多常见形状物体的阻力系数。强调了风洞测量与第 7 章引入的动力相似和量纲分析相结合的实际应用。
- 第 12 章 介绍可压缩流体对物体的绕流，这里马赫数对气体行为的影响很大，还介绍了膨胀波、正激波和斜激波概念以及壅塞流动。
- 第 13 章 介绍明渠流以及与具有自由液面流动有关的独特性质，如表面波和水跃。
- 第 14 章 较详细地考察叶轮机械，包括泵、风机、涡轮机。重点是泵和涡轮机是如何工作的，而不是它们的设计细节；讨论基于动力相似和简化的速度矢量法对泵和涡轮机的综合设计。
- 第 15 章 描述计算流体力学（CFD）的基本概念，介绍如何利用 CFD 商业软件求解复杂的流体力学问题；强调 CFD 的应用而不是具体的算法。

全书的每一章包含了大量的章末习题。大多数需要计算的习题都使用 SI 单位制，但是仍有大约 20% 的习题使用英制单位。书末提供了一套完整的附录，除了空气和水之外，还给出了多种材料的热力学和流体性质。许多习题需要用到附录中的数据。

学习方法

强调物理概念

全书与众不同的特色是除了数学公式和求解外，强调问题的物理概念。作者相信本科教育应着重训练对物理机制的认识和解决实际问题的能力，这是工程师面对实际世界需要的能力。注重直观理解也能使本课程对学生具有吸引力和激励作用。

有效利用联系

善于观察能使学生不难理解工程科学。毕竟，工程科学的原理源于我们每天的经历和实验观察，因此物理的、直观的方法贯穿于整个教材。本书经常将课文中的内容与学生的日常生活联系起来，使他们通过自己熟悉的事物来理解课文中的概念。

自我教育

书中的材料是按照学生能轻松学习的平均水平来组织的。与学生平等交流，而非居高临下，实际上就是自我教育。应注意，科学原理都是基于实验观察得来的。全书的大部分推导都基于物理的论证，因此学生容易接受和理解。

广泛利用插图

图是帮助学生弄明白问题的重要工具，全书有效地运用了插图，包括许多图片、照片和图标，比其他书籍都多。图片可吸引学生的注意力，激发好奇心和兴趣。课文中的大多数图片都用于强调关键性概念（若用其他方式则不易引起注意），有一些则用作页面摘要。

大量详细的、带有系统求解过程的例题

每章都包含了一些详细求解的例题，用于阐明问题和说明对基本原理的运用，有助于培养学生的直觉。在例题求解中采用了直观和系统的方法。首先提出问题和要解决的目标，在求解中开始是假设；然后是证明，分别列举求解问题所需要的步骤，数值应连同单位一起使用，无单位的数值是无意义的；最后对求解的结果讨论其意义。在供教师所用的解题手册中也采用了相同的方法。

大量现实的章末习题

所有章节都包含了大量的例证，这些例证既阐明了材料，又举例说明了在帮助学生发展认知力的基础上使用的基本原则，在所有示例问题的解决中使用直观和系统的方法。解决方法从一个问题的陈述开始，并确定所有的目标，然后陈述假设和近似以及它们的理由。解决该问题所需的任何属性都单独列出。数值与数字一起使用，以强调如果没有单位，数字是没有意义的。每个例子的结果的意义在解决方案之后讨论。这种有条理的方法也在解决章末问题的过程中得到遵循，并提供给讲解人员。

丰富而实用的课后习题

章末的习题按不同的标题分组，以便于教师和学生分类选择。在每组习题中用"C"标注的概念题，用于检查学生对基本概念的理解。工程基础（FE）考试问题的设计是为了准备专业工程许可证时，帮助学生准备工程基础的考试。标题为"复习题"下的题目是带有综合性的，不直接与本章的哪一节相对应，有时候需要复习前面学过的内容。标题为"设计题和论述题"下的题目是鼓励学生进行工程判断，对感兴趣的课

题独立探索，将自己的求解结果与用专业方法得到的结果做比较。"E"指定的问题是英制单位，SI 用户可以忽略它们。有图标的问题在本质上是综合的，并且旨在使用适当的软件用计算机来解决。一些经济学和安全相关的问题贯穿始终，以提高工程学生的成本和安全意识。为方便学生，在所选问题后列出了答案。

常用符号的运用

在不同工程课程中用相同的符号表示不同的物理量常引起学生的困惑。例如，在流体力学和热传输中，符号 Q 在一门课程中代表体积流量，而在另一门课程中则代表热量。在工程教育中，甚至在一些由国家科学基金主办的会议报告中，如于 2003 年 5 月 28-29 日在威斯康星大学举办的"能源科学技术工程数学（STEM：Science, Technology, Engineering, Math) 创新小型会议"的最后报告中，对统一符号的呼声日益提高，但这些年收效甚微。在本书中为减少这类困惑我们有意识做了些努力，如采用热力学里熟悉的符号 $\dot{V}$ 来表示体积流量，这样 Q 就只表示热量，并一律用在物理量符号上加点来表示其对时间的变化率。我们相信对常用符号的这种处理方法将得到学生和教师的认可。

SI或SI/英制单位的选择

英制单位在一些行业中仍然广泛使用是一个事实，在本书中同时使用了 SI（国际单位制）和英制单位，重点是 SI。书中的材料可以使用组合的 SI/ 英制单位或单用 SI 单位，这取决于教师的偏好。除了涉及无量纲量的属性表和图表之外，附录中的属性表和图表都以两个单位制呈现。采用英制单位的问题、表格和图表在数字后面由"E"指定，以便于识别，SI 用户可忽略。

联合讨论伯努利方程和能量方程

伯努利方程是在流体力学中使用最多的方程之一，但也是最易滥用的方程。因此，重要的是强调它的适用范围只限于理想流体，以及如何适当地考虑它带来的缺陷和不可逆的损失。在第 5 章里，接着伯努利方程后面就引入了能量方程，以说明很多实际工程问题的解与用伯努利方程求得的解是不一样的。这能帮助学生认识伯努利方程的真实含义。

独立的CFD章节

计算流体力学（CFD）的商业软件已广泛应用于实际的工程设计和对流体系统的分析。它对工程师非常重要，必须对 CFD 的基本概念、功能和局限性有足够的了解。大多数工程类本科生的课程表中没有专门的 CFD 课程，本书设立独立的章是为了弥补这个缺陷，为学生提供充分的 CFD 优缺点背景知识。

应用展示

全书有一些称为"应用展示"的例子，用于展示流体力学的实际应用。这些特殊例子是专门邀请作者写的，为向学生展示流体力学在广泛的领域内具有各种不同的应用而设计的。这些例子中也包含了从这些作者的研究中获取的吸引眼球的精彩照片。

常用数据

在本书最末列出了常用数据、物理常数、空气和水在 20℃ 和 1 大气压条件下的属性等常用数据，以便查询。

致谢（略）

Yunus A. Çengel

John M. Cimbala

目　录

第1章 引言与基本概念

本章概述

本章为介绍性章节，将介绍流体流动分析中常用的基本概念。本章将首先讨论物质的相和流体流动的多种分类方式，例如黏流区与无黏流区、内流与外流、可压缩流动与不可压缩流动、层流与湍流、自然流动与强制流动以及定常流动与非定常流动。本章还将讨论固 - 液界面的无滑移条件，并介绍流体力学的简要发展史。

在给出体系和控制体的概念之后，我们会回顾将用到的单位制；然后讨论如何针对工程问题建立数学模型，以及如何解读通过分析此类模型获取的结果。随后，将提供一种直观、系统的求解技术，该技术可用作求解工程问题的模型。最后，将讨论工程测量和计算中的准确度、精密度和有效数字的问题。

1.1 引言

力学是研究在力的作用下静止物体和运动物体运动规律的最古老的物理科学。研究静止物体的力学分支称为静力学，而研究受力运动物体的力学分支称为动力学。其分支流体力学的定义是研究静止（流体静力学）或运动（流体动力学）流体的规律以及流体与固体或其他流体在边界处相互作用的科学。若将静止流体视为零速运动的特殊情况，流体力学也可视为流体动力学（见图 1-1）。

流体力学本身也可分为几类。研究近似为不可压缩流体（例如液体，尤其是水和低速气体）运动的通常称为水动力学。水动力学的一个子类是水力学，它研究管道和明渠中的流体流动。气体动力学研究密度发生显著变化的流体流动，例如高速流经喷嘴的气

本章目标

阅读完本章，你应该能够：

■ 理解流体力学的基本概念。

■ 识别实际中遇到的各类流体流动问题。

■ 系统地进行工程问题建模和求解。

■ 具备准确度、精密度和有效数字的应用知识，并认识量纲齐次性在工程计算中的重要性。

纹影图像所示为Cimbala教授在欢迎大家来到流体力学的奇妙世界时产生的热羽流

照片由Michael J. Hargather与John Cimbala赞助

图1-1 流体力学研究运动或静止的液体和气体

©Goodshoot/Fotosearch免版税

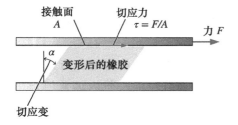

图1-2 放置在两个平行板之间的橡胶块在剪力影响下的变形。所显示的切应力是橡胶上方的切应力——施加在上板上的大小相等但方向相反的切应力

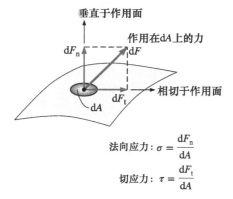

法向应力：$\sigma = \dfrac{dF_n}{dA}$

切应力：$\tau = \dfrac{dF_t}{dA}$

图1-3 流体单元表面的法向应力和切应力。静止流体的切应力为零，压强是唯一的法向应力

流。空气动力学研究气体（特别是空气）高速或低速流经物体（例如飞机、火箭和汽车）的流动。一些其他专业类别，如气象学、海洋学和水文学，研究自然界发生的流动。

何谓流体

你可能还记得物理课上学到的物质主要以三种相存在：固相、液相和气相（在极高温度时，还以等离子体态存在）。处于液相或气相的物质称为流体。区分固相和液相的基础是物质抵抗所施加在自身上倾向于改变其形状的切（或切向）应力的能力。固体可通过变形抵抗所施加的切应力，然而对于液体无论应力有多小，均会在切应力的影响下不断变形。在固体中，应力与应变成正比，但在液体中，应力与应变率成正比。施加恒定剪力时，固体最终会在某一固定的应变角停止变形，而液体则不停止变形，且应变率接近恒定。

如图1-2所示，将一块矩形橡胶块紧紧地固定在两块平板之间。用力 F 拉动上板，而下板保持固定，则橡胶块会变形。变形角 α（称为切应变或角位移）随所施加力 F 成比例增大。假设橡胶与板之间没有滑动，橡胶上表面位移量等于上板位移量，而下表面保持静止。在平衡状态，沿水平方向施加在上表面的合力必须为零，因此，必须将大小与 F 相等但方向相反的力施加在板上。这一由于摩擦而在板与橡胶界面出现的反作用力表达式为 $F=\tau A$，式中，τ 是切应力，A 是上板与橡胶之间的接触面面积。移除力后，橡胶会回复到其原始位置。在其他固体（例如钢块）中也能观察到这一现象，但前提是所施加力不超过其弹性范围。如果采用流体（例如将两个大的平行板放入巨大水体中）重复这一实验，无论力 F 有多小，与上板接触的流体层将不断地按照板的速度随其一起移动。由于流体层之间的摩擦，流体速度将随深度增加而减小，并在下板处达到零。

静力学中将应力定义为作用在单位面积上的力，即用力除以力的作用面积。单位面积上，施加在作用面上的力的法向分量称为法向应力⊖；单位面积上，施加在作用面上的力的切向分量称为切应力（见图1-3）。在静止流体中，法向应力称为压强。静止流体处于零切应力状态。移除容器壁或倾斜液体容器时，随着液体移动重建水平自由液面，会出现剪力。

液体中的分子团可以相对彼此移动，但由于分子之间存在强大的内聚力，因此体积仍相对恒定。其结果是，液体与所处容器的形状一致，并且在重力场作用下会在比自身体积大的容器内形成自由表面。而气体则膨胀到遇到容器壁为止，并会充满整个容器的可用空间。这是因为气体分子距离远，且分子间内聚力很弱。与液体不同的是，开放容器中的气体无法形成自由表面（见图1-4）。

虽然大多数情况下固体和流体容易区分，但在临界情况下，它们的区别并不那么明显。例如，沥青在短时间内可抵抗切应力，其外观和行为均与固体相同。但在长时间施加这些力时，沥青会缓慢变形，表现得

⊖ 法向应力也称为正应力。——译者注

像流体。一些塑料、铅和悬浮液混合物也有类似特性。这类边缘情况不在本书的讨论范围内。本书中所研究的流体均是能够明确识别的流体。

固体中的分子间作用力最强，气体则最弱。其中一个原因是固体中的分子紧紧地挤在一起，而在气体中，它们之间的间隔相对较大（见图1-5）。固体中的分子按照某一模式重复排列。由于固体中分子之间的距离较小，因此分子之间的吸引力较大，并将分子保持在固定位置。除了分子间不再处于相对固定的位置，以及可自由转动和平移之外，液相中的分子分布与固相中的分子分布没有太大不同。液体中的分子间作用力弱于固体，但仍强于气体。固体变为液体时，分子之间的距离通常略微增加，但水明显是个例外。

在气相中，分子距离较远且无序排列。气体分子做随机运动，并不断与其他分子和限制其的容器壁发生碰撞。特别是当气体密度很低时，分子间作用力很弱，碰撞是分子间相互作用的唯一模式。气相中的分子能量级远高于液相或固相。因此，气体在凝结或凝固前必须释放出大量能量。

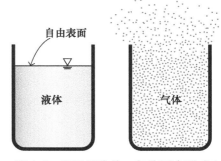

图1-4　不同于液体，气体不会形成自由表面，它会膨胀并充满整个可用空间

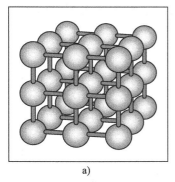 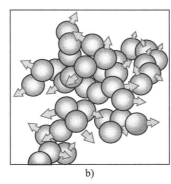 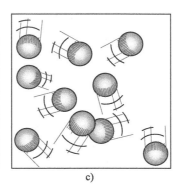

a)　　　　　　　　b)　　　　　　　　c)

图1-5　不同相中原子的排列：a）固相中的分子处于相对固定位置，b）液相中的分子组彼此相对移动，c）气相中的单个分子随机移动

"气"和"汽"通常用作同义词。习惯上将高于临界温度的物质汽相称为"气"。"汽"通常意味着当前状态接近于冷凝状态。

任何实际的流体系统均由大量分子构成，因此，体系的属性取决于这些分子的行为。例如，气体在容器内的压强是分子之间以及分子与容器壁之间动量交换的结果。但是，确定容器内的压强并不需要了解气体分子的运动，只需在容器上安装压力表进行测量即可（见图1-6）。这种宏观或传统方法不要求了解单个分子的运动，而是提供直接、简单的方法来分析工程问题。本书也阐述了更精细的微观或统计方法，这种方法以大量的单个分子的平均运动为基础，在本书中只起辅助说明作用。

流体力学的应用领域

由于流体力学广泛应用于日常活动和现代工程系统（从真空吸尘器到超声速飞机）的设计中，因此有必要充分了解流体力学的基本原理。

从某种方面说，一座普通的住宅就是一个充满流体力学应用的展厅。个人住宅和整个城市的水、天然气和污水管道系统的设计主要是

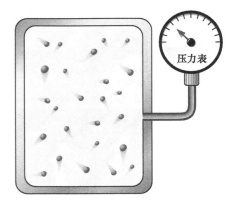

图1-6　在微观尺度上，压力通过一个个气体分子的相互作用确定，但我们可采用压力表测量宏观尺度上的压力

依据流体力学。供暖和空调系统的管道和管网也同样如此。冰箱包含制冷剂流动的管道、向制冷剂加压的压缩机以及制冷剂在其中吸收并排放热量的两台热交换机，流体力学在所有这些部件的设计中均起着重要作用，即使普通水龙头的开关也基于流体力学。

流体力学在汽车中也有大量应用。所有与油料从油箱到气缸的传输过程相关的组件（油管、油泵和油嘴或化油器）以及油料和空气在气缸中的混合、燃烧完的废气在排气管中的排放均采用流体力学分析。流体力学还用在供暖和空调系统、液压制动器、动力转向系统、自动变速装置、润滑系统、发动机组冷却系统（包括散热器和水泵），甚至是轮胎的设计中。近年来汽车模型的流线型外形设计就是通过对其表面上方流动的深入分析来最大限度减小阻力的结果。

在更广泛的范围内，流体力学在飞机、舰船、潜艇、火箭、喷气发动机、风机、生物医疗器械、电子元件冷却系统以及水、原油和天然气的运输系统的设计和分析中起着重要作用。它还用在建筑物、桥梁甚至是广告牌的设计中，以确保构筑物可承受风的载荷。许多自然现象（例如，降雨周期、天气模式、地下水升到树冠以及风、海浪和大型水体中的水流）同样依照流体力学的原理运行（见图 1-7）。

自然生态
© Jochen Schlenker/Getty图片社

舰艇船舶
© Doug Menuez/Getty图片社

飞机飞船
© Purestock/SuperStock/RF

热力发电
U.S. Nuclear Regulatory Commission (NRC)

人体循环
© Jose Luis Pelaez Inc/Blend Images LLC RF

汽车行业
© Ingram Publishing RF

风力发电
© Mlenny Photography/Getty Images RF

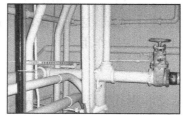

管道系统
Photo by John M. Cimbala

工业应用
© 123RF

图 1-7　流体力学的一些应用领域

1.2　流体力学简要发展史[一]

随着城市的发展，人类面临的第一个工程问题是家庭和农作物灌溉用水的供应。人类的城市生活方式必须有充足的水才能维持，从考古中可以明显地看出，每个成功的史前文明均在供水系统的建造和维护方面进行了大量投入。罗马高架渠（其中一些仍在使用）是已知最好的例子。

公认的对流体力学理论最早的贡献是古希腊数学家阿基米德（前285—前212年）提出的。他用公式表示了浮力原理，并在历史上首次将这一原理应用于国王希罗二世的皇冠黄金成分的无损测试中。虽然罗马人建造了高架渠，并让被占领区人民知道了干净水的好处，但总体上罗马人对流体理论不甚了解（也许他们在洗劫锡拉库扎时不应该杀死阿基米德）。

在中世纪，流体机械缓慢但稳步地扩大着应用。当时已经发展出用于矿井排水的精巧活塞泵，用于磨粮食、锻造金属等其他任务的完善的水车、风车。在人类历史记录中，第一次实现了不用人力和畜力来完成重体力劳动。一般认为这些发明孕育了之后的工业革命。同样，大多数技术进步的创造者都没有留下姓名，但这些装置本身被几位技术作家（例如格奥尔格·阿格里科拉）很好地记录了下来（见图1-8）。

图1-8　由可反转水车提供动力的矿井提升机

© Universal History Archive/Getty Images

文艺复兴使得流体系统和机器持续发展，但更重要的是，科学方法得到了完善，并在整个欧洲被采用。西蒙·斯特芬（1548—1617）、伽利略·伽利雷（1564—1642）、埃德姆·马略特（1620—1684）和埃万杰利斯塔·托里拆利（1608—1647）是最早一批将科学方法应用于流体的人，当时他们在研究流体静力学中的压力分布和真空。杰出的数学家、哲学家布莱士·帕斯卡（1623—1662）整合并凝练了该工作。意大利修道士内德托·卡斯泰利（1577—1644）是第一个发表流体连续性原理的人。艾萨克·牛顿爵士（1643—1727），除了给出固体运动方程之外，还将其定律应用于流体，并研究了流体的惯性和阻力、自由射流和黏性。该成果是建立在瑞士人丹尼尔·伯努利（1700—1782）及其同事伦纳德·欧拉（1707—1783）的成果之上的。他们的成果共同定义了能量方程和动量方程。伯努利在1738年的经典著作《流体动力学》可以视为是第一部流体动力学著作。最后，让·勒朗·达朗贝尔（1717—1789）提出了速度和加速度分量的概念（连续性的微分表达式），以及定常均匀流体流过物体产生的阻力为零的"达朗贝尔悖论"。

直到18世纪末，流体力学理论的发展仍对工程几乎没有影响，这是因为流体属性和参数几乎没有量化，大部分理论均为抽象概念，无法定量分析，从而无法用于设计目的。普罗尼（1755—1839）领导的法国工程学院创建之后情况发生了改变。普罗尼（仍以测量轴功率的制动器而闻名）及其在巴黎综合理工学院和国立路桥学校的同事首次将微积

[一]　本节内容由美国俄克拉荷马州立大学 Glenn Brown 教授提供。

分和科学理论与工程教育课程整合在一起，此举在世界其他地方被广为效仿。（所以你现在知道令你痛苦的大一学年该怪谁了。）安东尼·谢才（1718—1798）、路易斯·纳维（1785—1836）、贾斯帕·科里奥利（1792—1843）、亨利·达西（1803—1858）以及许多其他流体工程和理论的贡献者都是这些学院的学生和／或教师。

19 世纪中期，几个前沿方向出现了根本性进展。内科医生让·泊肃叶（1799—1869）准确地测量了多种流体在毛细管中的流动，而德国的戈特第尔夫·哈根（1797—1884）区分出了管道中的层流和湍流流动。英国的奥斯本·雷诺勋爵（1842—1912）继续了这项工作（见图 1-9），并提出了以他的名字命名的无量纲参数——雷诺数。同样，在纳维早期研究的同时期，乔治·斯托克斯（1819—1903）完成了以他们的名字命名的一般流体运动方程（有摩擦）。威廉·弗劳德（1810—1879）几乎独自开发出物理模型实验的步骤并证明了物理模型实验的价值。詹姆斯·弗朗西斯（1815—1892）和莱斯特·佩尔顿（1829—1908）在涡轮机方面的创举，以及克莱门斯·赫歇尔（1842—1930）的文丘里流量计的发明，证明美国的专业技能水平已经与欧洲的旗鼓相当了。

图 1-9 奥斯本·雷诺用于证实管道中湍流的原始装置，由 John Lienhard 于 1975 年在曼彻斯特大学操作
照片由休斯顿大学John Lienhard提供，经授权使用

除雷诺和斯托克斯之外，在 19 世纪晚期，有许多爱尔兰和英国科学家均对流体理论做出了大量突出贡献，包括威廉·汤姆森、开尔文勋爵（1824—1907）、威廉·斯特拉特、瑞利勋爵（1842—1919）以及贺拉斯·兰姆爵士（1849—1934）。这些人研究了大量问题，其中包括量纲分析、无旋流、漩涡运动、汽蚀现象和波。在更广泛的意义上，他们的工作还探索了流体力学、热力学和传热学之间的联系。

20 世纪初有两个不朽的功绩。第一个，在 1903 年，自学成才的莱特兄弟（威尔伯，1867—1912；奥维尔，1871—1948）通过理论应用和不懈实验发明了飞机。他们的最初发明是完整的，包含现代飞机的所有主要特征（见图 1-10）。

图 1-10 莱特兄弟在基蒂霍克飞行
美国国会图书馆印刷品和照片部赞助[LC-DIG-ppprs-00626]

在当时的情况下，纳维－斯托克斯方程没什么大的用处，因为它们太难求解。在 1904 年一篇开创性的论文中，德国人路德维希·普朗特（1875—1953）表明流体流动可以分为近壁层（边界层）和外层，边界层的摩擦效应十分明显，而外层的此类效应可以忽略不计，可应用简化的欧拉方程和伯努利方程。他的学生们西奥多·冯·卡门（1881—1963）、保罗·布拉修斯（1883—1970）、约翰·尼古拉斯（1894—1979）以及其他人，在水力学和空气动力学应用中发展了该理论。第二次世界大战期间，由于普朗特留在德国，而他最优秀的学生，出生在匈牙利的冯·卡门则在美国工作，因此作战双方均从该理论中获益。

20 世纪中期是流体力学应用的黄金时代。既有理论足以完成当时的任务，流体属性和参数也有了明确的定义。这些促成了航空、化学、工业和水资源行业的急剧扩张；每一次扩张均将流体力学向新的方向推动。20 世纪末期，美国数字计算机的发展主导了流体力学的研究和工作。求解大型复杂问题的能力（例如全球气候建模或涡轮叶片的优化）给我们的社会带来的好处是 18 世纪流体力学的发展者所无法想象的。后文所示原理的应用，既包括微观尺度的瞬时流动，也包括整个河流流域 50 年的模拟。这真的令人难以置信。

21 世纪，流体力学又将往什么方向发展？坦白地说，即使是在目前技术的基础上再做一些有限的推想，也显得非常短浅。但如果说历史能够为我们揭示一点什么的话，那就是，工程师们将应用他们知道的理论造福社会，研究他们不知道的东西，并快乐着。

1.3　无滑移条件

流体流动通常受到固体表面的限制，因此了解固体表面如何影响流体流动是很重要的。我们知道河流中的水无法穿过巨石块，而必须绕过它们。也就是说，垂直于石块表面的水速必须为零，接近石块表面的水会在石块表面完全停止。以任意角度流经石块的水会在石块表面完全停止，这种情况虽然不明显，但这说明石块表面水的切向速度同样为零。

考虑流体在没有孔隙（即流体无法渗透）的静止管道中或固体表面上方流动。所有实验观察结果均表明运动中流体在固体表面处完全停止，并相对于固体表面的速度为零，也就是说，直接与固体接触的流体被"粘"在表面上，没有滑移，这被称为无滑移条件，导致无滑移条件和边界层出现的流体属性是黏性，在第 2 章将会对其进行讨论。

由于在流体层之间存在黏性力，粘在表面的流体层会减缓相邻流体层，相邻流体层又会减缓下一层，层层传递。无滑移条件的结果是，在流体与固体表面的接触点，所有速度分布与固体表面的相对值必须为零（见图 1-11）。因此，无滑移条件是形成速度剖面的原因。与固体壁面紧邻的黏性效应（速度梯度）显著的这一流动区域称为边界层。无滑移条件的另一个结果是表面阻力或表面摩擦阻力，它是流体沿着流向施加在物体表面的力。

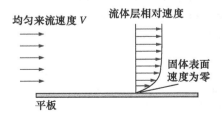

图 1-11　由于无滑移条件，在静止表面上方流动的流体在表面完全停止

当流体流经弯曲表面（例如圆柱体的背面）时，边界层可能不再附着在表面，而是与表面分离——这一过程称为流动分离（见图 1-12）。需要强调的是，无滑移条件在表面的每一处都成立，甚至包括分离点的下游。流动分离在本书第 9 章中有更详细的讨论。

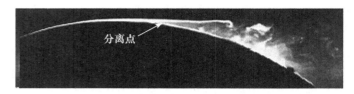

图 1-12 在弯曲表面上方流动过程中的流动分离

图片来自 Head, Malcolm R. 1982 in Flow Visualization II, W. Merzkirch. Ed., 399—403, Washington: Hemisphere

热传导中也有类似于无滑移条件的现象。温度不同的两个物体产生接触时发生热传导，两个物体在接触点的温度相同。因此，流体和固体表面的接触点温度相同。这叫作无温度跃升条件。

1.4 流体流动的分类

前文中将流体力学定义为研究静止或运动流体的表现，以及流体与固体或其他流体在边界处的相互作用的科学。在实践中会遇到各种流体流动问题，通常最方便的方法是基于一些共同特征对它们进行分类，以使分组研究变得可行。对流体流动问题进行分类的方法有很多，本节将介绍一些一般类别。

黏流区与无黏流区

两个流体层彼此相对移动时，它们之间会产生摩擦力，较慢的层会减缓较快的层。这一内部流动阻力通过流体的属性黏性量化，黏性是流体内部黏滞性的度量。黏性是由液体中分子之间的内聚力和气体中的分子碰撞导致的。不存在零黏度流体，因此所有流体流动均涉及某种程度的黏性效应。摩擦效应显著的流动称为黏流。但在许多具备实际意义的流动中，与惯性力和压力相比，有一些区域（通常是不接近固体表面的区域）的黏性力小到可以忽略不计。忽略此类无黏流区的黏性项可大大简化分析，并且不会使精度降低太多。

将平板平行插入速度均匀的液体流中会形成黏流区与无黏流区，如图 1-13 所示。由于无滑移条件，因此流体附着在板的两侧，靠近板表面的黏性效应显著的薄边界层是黏流区。两侧远离平板，并且在很大程度上不受平板影响的流动区域是无黏流区。

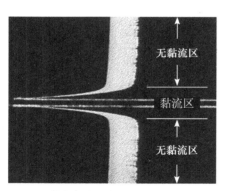

图 1-13 初始均匀流流过平板上方，以及黏流区（板两侧旁）和无黏流区（远离板）

图片来自 Fundamentals of Boundary Layers, National Committee from Fluid Mechanics Films, © Education Development Center

内流与外流

根据流体是在密闭空间内流动还是在物面上方流动，可将流体流动分为内流和外流。不受限制的流体在物面（如平板、电线或管道）上方的流动是外流。流体在管道内的流动（如果流体完全受到固体表面限制）是内流。例如，管内水流是内流；而在大风天气，球或外露管道上方的气流是外流（见图1-14）。如果管道内液体未充满，存在自由液面，则管道内的液体流动称为明渠流动。河流和灌溉水渠中的水流就是这类流动。

对于内流流动，整个流场中黏性起主导作用。在外流中，黏性效应仅局限于固体表面附近的边界层内以及物体下游的尾流区中。

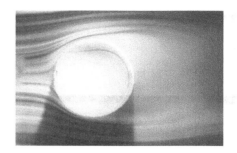

图1-14　网球上方的外流和后方的湍流尾流区域

照片由NASA和Cislunar Aerospace, Inc赞助

可压缩流动与不可压缩流动

根据流动过程中密度的变化程度，流动可分为可压缩流动和不可压缩流动。不可压缩性是一种近似属性，如果在整个过程中密度基本恒定，则可认为流动不可压缩。因此，流动近似为不可压缩时，在运动过程中，流体每部分的体积保持不变。

液体密度基本不变，因此，液体的流动通常为不可压缩流动。因此，液体通常称为不可压缩物质。例如，210atm的压强只会使处于1atm的液态水密度变化1%。然而，另一方面，气体具备高度可压缩性。例如，仅仅0.01atm的压强变化就会导致大气密度变化1%。

分析涉及高速气体流动的火箭、航天器和其他系统时（见图1-15），流速通常表示为无量纲马赫数，其定义是

$$Ma = \frac{V}{c} = \frac{流速}{声速}$$

式中，c是声速，在海平面、室温下、空气中的值为346m/s。当$Ma=1$时，流速称为声速；当$Ma<1$时，流速为亚声速；当$Ma>1$时，流速为超声速；当$Ma \gg 1$时，流速为高超声速。本书第7章详细描述了这个无量纲参数，第12章详细介绍了可压缩流动。

液体作为不可压缩流，计算精度较高，但将气体当作不可压缩流时，气流中的密度变化水平和结果近似程度则取决于Ma。如果密度变化小于5%，则可将气流近似为不可压缩流，此时通常$Ma<0.3$。因此，在速度低于100m/s时，室温下空气的压缩效应可以忽略。但是对于超声速流压缩效应则不应忽略，因为会发生像激波这种可压缩流动现象（见图1-15）。

当压强有巨大变化时，虽然液体密度的变化很小，但仍会产生严重后果。例如，水管中烦人的"水锤现象"就是由于阀门突然关闭之后压力波反射产生的管道振动导致的。

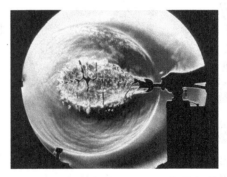

图1-15　在宾夕法尼亚州立大学气体动力学实验室拍摄的一个正在爆炸的气球造成的球形激波的纹影图。在气球周围的空气中可以看到几个次激波

照片由宾夕法尼亚州立大学气体动力学实验室的G. S. Settles拍摄。经授权使用

层流与湍流

一些流动平稳而有序，而另一些流动则杂乱无章。以平稳流体层为特性的高度有序流体运动称为层流。层流一词来源于相邻流体粒子的运动形成的"薄层"。速度较低的高黏度流体（例如油）流动通常是层流。通常在高速状态下发生的具备速度波动特性的高度无序流体运动称为湍流（见图1-16）。速度较高的低黏度流体（例如空气）流动通常是湍流。交替出现层流与湍流的流动称为过渡流。奥斯本·雷诺在19世纪80年

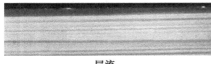

层流

过渡流

湍流

图 1-16 在平板上方的层流、过渡流和湍流

照片由ONERA赞助，拍摄人Werlé

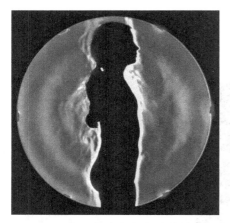

图 1-17 在这张着泳衣女孩的纹影图像中，她身体附近较轻的温暖空气的上升表明人类和温血动物的周围围绕着上升热空气的热羽流

照片由宾夕法尼亚州立大学气体动力学实验室的 G. S. Settles拍摄。经授权使用

代实施的实验最终获得了无量纲雷诺数 Re，它是判定管道内流态的主要参数（见第 8 章）。

自然（非强制）流动与强制流动

根据流体运动的开始方式，流体流动称为自然流动或强制流动。强制流动中，外部手段（如泵或风扇）强制流体在表面或管道内部流动。自然流动中，流体运动是由于自然手段（如浮力效应）产生的，其自身表现为较热（因此较轻）流体的上升和较冷（因此较重）流体的下降（见图 1-17）。例如，在太阳能热水系统中，热虹吸效应通常用于替代泵：将水箱放置在远高于太阳能集热器的位置。

定常流动与非定常流动

术语"定常"和"均匀"经常用在工程中，因此必须清楚地了解它们的含义。术语"定常"表示某一点的状态（属性、速度、温度等）没有随着时间而发生变化。与定常相反的是非定常。术语"均匀"表示指定区域中的状态不随位置的变化而发生变化。这些含义与它们的日常使用是一致的（稳定的人际关系，均匀分布，等等）。

术语"非定常"和"瞬态"通常互换使用，但这两个术语不是同义词。在流体力学中，"非定常"是最常用的术语，用于不是定常的流动，但"瞬态"通常用于发展过程中的流动。例如，火箭发动机被点燃时，出现瞬态效应（火箭发动机内部压强增大、流动加速等），直到发动机稳定运行。术语"周期性"是指在稳定平均值附近振荡的非定常流动。

许多装置（例如涡轮机、压气机、锅炉、冷凝器、热交换器）能在同一工况件下长时间运行，它们被归为定常流动装置。注意：涡轮机旋转叶片附近的流场显然是非定常的，但我们在对装置进行归类时考虑的是整体流场，而非一些局部位置的细节。定常流动过程中，装置内部不同点的流体参数会发生变化，但任意固定点的流体参数保持不变。因此，定常流动装置或流动部分的体积、质量和总能含量在定常工作中保持不变。

能够连续运行的设备中（例如涡轮机、泵、锅炉、冷凝器和发电厂的热交换器或制冷系统）可大致近似为定常流动条件。一些循环装置（例如往复式发动机或压气机）的进口和出口有脉动，并且非定常，因此不满足定常流动条件。但流动参数以周期性方式随时间发生变化的装置中的流动，可以采用参数的时均值将其作为定常流动过程分析。

米尔顿·范·戴克的《流体运动精美图片集》（1982 年）提供了一些奇妙的流体流动显示图片。摘自范·戴克所著书籍中的一些非定常流场的美图如图 1-18 所示。图 1-18a 所示是高速运动图片的瞬时快照，从中可以看到交替摆动的大漩涡脱离物体端面进入周期性振荡的尾流区。漩涡产生的激波以非定常方式在机翼上下表面交替向上游移动。图 1-18b 所示为同一流场，但胶片曝光时间较长，因此图像是 12 个周期的时均图像。由于非定常振荡的细节在长时间曝光中丢失，因此产生的时均流场看起来是"定常"的。

工程师最重要的工作之一，是在只需研究某个问题时，判断时均"定常"流动特征是否够用、是否需要更详细地研究其非定常特征。如果工程师只对流场的总体参数感兴趣（例如时均阻力系数、平均速度和压力场），则图 1-18b 所示时均描述、时均实验测量或时均流场分析或数值计算已经足够。但如果工程师对非定常流场的细节（例如流动导致的振动、非定常压力波动或湍流漩涡发出的声波或激波）感兴趣，则流场的时均描述是不够的。

虽然我们偶尔也会在适当的时候指出一些有关非定常流动的特征，但本书中的大部分分析和计算实例均研究定常流动或时均流动。

一维流动、二维流动和三维流动

流场的一个显著特性是其速度分布，因此，如果流速分别在一个维度、两个维度或三个主要维度变化，则分别称为一维流动、二维流动或三维流动。典型的流体流动涉及三维几何结构，三个维度的速度可能均会发生变化，呈现三维流动［直角坐标的 $\vec{V}(x, y, z)$ 或圆柱坐标的 $\vec{V}(r, \theta, z)$］。但某些方向相对于其他方向的速度变化可能小到可以忽略不计（误差可忽略），在这种情况下，便可将流动模型简化为易于分析的一维流动或二维流动。

考虑一个从大型水箱流入圆形管道内的流体定常流动。由于无滑移条件，管道表面各处的流体速度均为零，并且由于 r 方向和 z 方向的速度发生变化，但 θ 方向没有发生变化，因此管道进口区的流动为二维流动。在流经进口一段距离后（湍流中为 10 倍管径，层流中管流则较小，如图 1-19 所示），速度剖面充分发展并保持不变，此区域的流动称为充分发展的流动。由于径向 r 方向的速度发生变化，而周向 θ 方向或轴向 z 方向没有发生变化，因此在圆形管道中的充分发展的流动是一维流动，如图 1-19 所示。即任意轴向 z 方向的速度剖面相同，且关于圆管轴线呈对称。

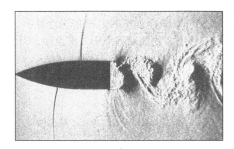

a)

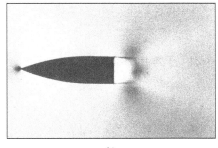

b)

图 1-18　当 $Ma=0.6$ 时，钝底翼型的振荡尾流。照片 a) 为瞬态图像，而照片 b) 为长时间曝光（时均）图像

a) Dyment, A., Flodrops, J. P. & Gryson, P. 1982 in Flow Visualization II, W. Merzkirch, ed.,331–336. Washington: Hemisphere. 经Arthur Dyment授权使用

b) Dyment, A. & Gryson, P. 1978 in Inst. Mèc. Fluides Lille, No. 78-5.经 Arthur Dyment授权使用

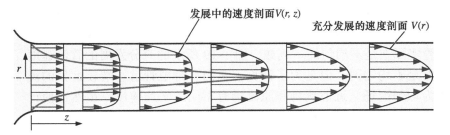

发展中的速度剖面 $V(r, z)$　　充分发展的速度剖面 $V(r)$

图 1-19　圆形管道中速度剖面的发展。$V=V(r, z)$，入口区域的流动为二维流动，当流场速度充分发展后并且在流动方向保持不变时为一维流动，$V=V(r)$

注意，流动的维度同样取决于坐标系及其方向的选择。例如，前文所讨论的管道流动在圆柱坐标中是一维流动，但在笛卡儿坐标中是二维流动——这说明了选择合适坐标系的重要性。还要注意，即使在如此简单的流动中，由于无滑移条件，管道横截面的速度也不可能均匀。但在

图 1-20 除天线顶部和底部附近之外，汽车天线上方的流动近似于二维流动

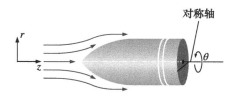

图 1-21 子弹上方的轴对称流

设计良好的导流入口处，由于所有半径处（极为接近管壁的除外）的速度基本相等，因此管道内的速度剖面可以近似为几乎是均匀的。

当宽高比较大，并且沿长度方向的流动没有明显变化时，可将流动近似为二维流动。例如，由于汽车天线的长度远远大于其直径，并且撞击天线的气流相当均匀，因此，除两端之外，绕汽车天线的气流可视为二维流动（见图 1-20）。

【例 1-1】 子弹上方的轴对称流

子弹以几乎恒定的速度在很短的时间间隔内穿过静止空气。判断飞行过程中子弹周围的时均气流是一维流动、二维流动还是三维流动（见图 1-21）。

问题：确定子弹周围的气流是一维流动、二维流动还是三维流动。

假设：没有大风，子弹没有旋转。

分析：子弹包含对称轴，因此是轴对称物体。子弹的气流上游与此轴平行，预期时均气流是围绕此轴的旋转对称流——此类流动称为轴对称流动。这种情况下，轴向距离 z 和径向距离 r 的速度发生变化，但角 θ 没有变化，因此，子弹周围的时均流动为二维流动。

讨论：虽然时均流为轴对称流动，但瞬态流动不是，如图 1-19 所示。在笛卡儿坐标中，该流动为三维流动。最后，值得一提的是，许多子弹也旋转。

均匀流动和不均匀流动

均匀流动指的是所有流体性质，比如黏度、压强、温度等不随位置的变化而改变。例如，风洞实验段被设计成尽可能使气流均匀流动。但是尽管这样，随着靠近风洞壁，由于前文提及的无滑移条件和边界层的存在，流动不再保持均匀。刚刚进入一个正圆管道入口的流场是近似均匀的（见图 1-19），同样只有靠近壁面的非常薄的边界层除外。为了简化计算，在工程实践中，常常把管道中和进出口的流动近似为均匀流动，尽管实际上是不均匀的。例如，图 1-19 所示的充分发展的管流速度剖面显然是不均匀的，但是为了计算，我们有时把管道左端较远处的流场近似为均匀流场。近似流场和原流场有相同的平均速度。虽然这使计算简单了，但也引入了一些误差需要修正。这些会在第 5 章和第 6 章讲述动能和动量时继续讨论。

1.5 体系和控制体

体系是指选定的用于研究的物质集合或空间区域。体系外部的物质或空间称为环境。将体系与环境分开的实际或虚拟界面称为边界（见图1-22）。体系边界可以是固定边界，也可以是可移动边界。注意，边界是

图 1-22 体系、环境和边界

体系和环境共有的接触面。从数学角度来讲，边界的厚度为零，因此它不包含质量，也不占用空间体积。

根据选定的用于研究的是特定质量还是空间体积，体系可以分为封闭体系和开放体系。封闭体系（也称控制质量，上下文明确时，也可简单地称为体系）由特定质量组成，没有质量可以穿越其边界，但能量可以以热或者功的形式穿越其边界，并且封闭体系的体积无须固定。特殊情况下，如果能量也不允许穿越边界，则该体系称为孤立体系。

考虑图 1-23 所示活塞 - 气缸装置。例如，我们想要知道密闭气体在加热后会发生什么变化。由于我们关注的是气体，因此这团气体就是体系。活塞和气缸的内表面形成边界，并且由于没有物质穿越此边界，因此，它是一个封闭体系。注意，能量能够穿越边界，部分边界（在这种情况下是活塞的内表面）可以移动。气体外部的所有东西（包括活塞和气缸）都是环境。

通常所说的开放体系或控制体，是指选定的空间区域。它通常密闭在包含物质流动（例如压气机、涡轮机或喷嘴）的装置内。通过选择设备内的区域作为控制体，可以更好地研究流经这些设备的流体。物质和能量可以经由边界（控制面）流进或流出控制体。

许多工程问题涉及物质流入和流出开放体系，因此采用控制体建模。热水器、汽车散热器、涡轮机和压气机均包含物质流动，应采用控制体（开放体系）而非控制质量（封闭体系）进行分析。通常情况下，可将任意空间区域选作控制体。控制体的选择不存在具体规则，但明智地选择控制体可以使计算分析更加容易。例如，如果要分析流经喷嘴的空气，明智的做法是把喷嘴内的区域设为控制体，或者把整个喷嘴的周围环境设为控制体。

控制体的尺寸和形状可以固定，如喷嘴实例，也可以包含移动边界，如图 1-24 所示。但大多数控制体的边界都是固定边界，不包含移动边界。与封闭体系一样，控制体也可能有热和功的流进或流出，除此之外还有质量的流进或流出（封闭系统没有质量流进流出）。

1.6　量纲和单位的重要性

物理量可以表征为量纲。一些基本的量纲（例如质量 m、长度 L、时间 t 和温度 T）称作基本量纲，而其他可以用基本量纲表示的量纲，如速度 V、能量 E 和体积 V 等，称为导出量纲。

多年以来，大量的单位制得到了发展。虽然科学界和工程界为使全世界采用同一套单位制而做出巨大努力，但现在仍有两套通用的单位制：英制和米制。英制也称美国惯用单位制（USCS），米制（来自法语的国际单位制）也称国际单位制（SI）。SI 是一种简单而有逻辑的单位制，各种单位之间的小数关系基于十进制。目前大多数工业国家的科技工作都采用 SI，其中也包括英国。但英制没有明显成体系的数学依据，

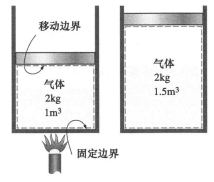

图 1-23　包含移动边界的封闭体系

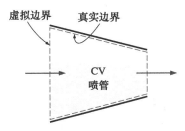

a) 具有真实和虚拟边界的控制体

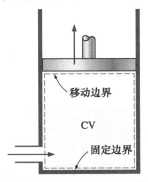

b) 包含固定和移动边界以及真实和虚拟边界的控制体

图 1-24　控制体可包括固定边界、移动边界、真实边界和虚拟边界

表 1-1　七个基本物理量及其在 SI 中的单位

物理量	单位
长度	米（m）
质量	千克（kg）
时间	秒（s）
温度	开尔文（K）
电流	安培（A）
发光强度	坎德拉（cd）
物质的量	摩尔（mol）

表 1-2　SI 单位中的标准词头

倍数	词头
10^{24}	尧（它）Y
10^{21}	泽（它）Z
10^{18}	艾（可萨）E
10^{15}	拍（它）P
10^{12}	太（拉）T
10^{9}	吉（咖）G
10^{6}	兆 M
10^{3}	千 k
10^{2}	百 h
10^{1}	十 da
10^{-1}	分 d
10^{-2}	厘 c
10^{-3}	毫 m
10^{-6}	微 μ
10^{-9}	纳（诺）n
10^{-12}	皮（可）p
10^{-15}	飞（母托）f
10^{-18}	阿（托）a
10^{-21}	仄（普托）z
10^{-24}	幺（科托）y

图 1-25　SI 单位前缀用于所有工程分支

各个单位之间的关联相当随意（例如 12in = 1ft，1mile = 5280ft，4qt = 1gal 等），因此有些混乱，且难以掌握。美国是唯一还没有完全转换为米制的工业国。

发展一套能普遍接受的单位制系统的工作可以追溯到 1790 年，当时，法国国民议会要求法国科学院提出了这样一种单位制。法国很快制定出米制的早期版本，但直到 1875 年，包括美国在内的 17 个国家制备并签署《米制国际公约》之后，它才被普遍接受。这份国际公约将米和克分别确定为长度和质量的单位，此外还设立了国际度量衡会议（CGPM），规定每六年召开一次会议。1960 年，CGPM 制定出 SI，它建立在六个基本物理量之上，1954 年召开的第十次国际度量衡会议采用了如下单位：长度单位米（m）、质量单位千克（kg）、时间单位秒（s）、电流单位安培（A）、热力学温度单位开尔文度（°K）以及发光强度单位坎德拉（cd）。1971 年，CGPM 增加了第七个基本物理量和单位：物质的量的单位摩尔（mol）。

基于 1967 年引入的符号体系，从热力学温度单位中正式去除了度数符号，包括来源于专用名称在内的所有单位名称的书写均不用大写（见表 1-1）。但来源于专用名称的单位的缩写应采用大写。例如，以艾萨克·牛顿爵士（1647—1723）的名字命名的力的 SI 单位是 newton（而非 Newton），但它的缩写是 N。同样，单位的全名可以是复数，但缩写不能是复数。例如，物体的长度可以是 5m 或 5meters，但不能是 5ms 或 5meter。最后，除非在句尾，否则不能在单位缩写中使用句号。例如，米的正确缩写是 m（而非 m.）。

美国对于米制的近期举动开始于 1968 年，当时为响应世界其他地区，美国通过了《度量研究法》。美国国会在 1975 年通过《米制转换法案》，继续促进向米制的自愿转换。美国国会还在 1988 年通过了贸易法案，将 1992 年 9 月设定为所有联邦机构转换为米制的最后期限。但是，之后最后期限放宽了，并且没有明确的未来计划。

如上文所示，SI 是建立在单位之间十进制关系的基础之上的。用于表示各种单位倍数的词头见表 1-2。它们对所有单位都是一致的，由于使用广泛，因此建议同学们记住（见图 1-25）。

一些SI和英制单位

SI 中的质量、长度和时间的单位分别为千克（kg）、米（m）和秒（s）。英制中的相应单位为磅（lb）、英尺（ft）和秒（s）。磅符号 lb 实际上是 libra 的缩写，它是古罗马的质量单位。410 年，在罗马结束对英国的占领之后，英国保留了这一符号。两个单位制中的质量单位和长度单位通过以下公式相互换算，即

$$1 \text{ lb} = 0.45359 \text{kg}$$

$$1 \text{ft} = 0.3048 \text{m}$$

英制中力通常被认为是主要量纲，并且指定一个非导出单位。这是混乱和误差的源头，许多公式均因此需要采用量纲常数（g_c）。为避免这

种麻烦，我们将力视为次要量纲，其单位由牛顿第二定律导出，即

力 =（质量）（加速度）

或

$$F = ma \qquad (1-1)$$

SI 中力的单位是牛顿（N），定义为使 1kg 质量的物体获得 1m/s^2 的加速度所需力的大小。英制中力的单位是磅力（lbf），它的定义是使 32.174 lb 质量的物体获得 1ft/s^2 的加速度所需力的大小（见图 1-26）。即

$$1\text{N} = 1\text{kg} \cdot \text{m/s}^2$$
$$1 \text{ lbf} = 32.174 \text{ lb} \cdot \text{ft/s}^2$$

1N 的力大约相当于一个小苹果（$m = 102\text{g}$）的重量，而 1 lbf 的力大致等于四个中等苹果（$m_{\text{total}} = 454\text{g}$）的重量，如图 1-27 所示。欧洲国家常用的另一个力的单位是千克力（kgf），它是 1kg 质量的物体在海平面的重量（$1\text{kgf} = 9.807\text{N}$）。

术语"重量"通常被错误地用于表示质量，减肥人士尤其如此。与质量不同，重量 W 是一个力。它是施加在物体上的重力，其大小通过基于牛顿第二定律建立的方程确定，即

$$W = mg \quad (\text{N}) \qquad (1-2)$$

式中，m 是物体的质量；g 是当地的重力加速度（纬度 45° 海平面的 g 是 9.807m/s^2 或 32.174ft/s^2）。普通的浴室磅秤可测量作用于人体的重力。

物质单位体积的重量称为重度 γ，由 $\gamma = \rho g$ 确定，式中，ρ 是密度。

无论身处宇宙的什么位置，身体质量均保持不变。但重量将随重力加速度 g 而发生变化。由于 g 随着海拔的升高而略微减小，因此在山顶时体重较轻。宇航员在月球表面的体重大约是其在地球时体重的 1/6（见图 1-28）。

1kg 质量的物体在海平面的重量为 9.807N，如图 1-29 所示。但 1 lb 质量的物体重量为 1 lbf，这使人们误以为磅和磅力可通用为磅（lb），这是英制中主要错误来源。

注意，作用在质量上的重力是由于质量之间的引力产生的，故重力与质量的大小成正比，与质量之间距离的二次方成反比。因此，某处的重力加速度 g 取决于纬度、到地心的距离，并在较小程度上与月亮和太阳的位置有关。g 的值随位置而发生变化，在海平面以下 4500m 处为 9.8295m/s^2，在海平面以上 100000m 则为 7.3218m/s^2。但 g 在 30000m 以下的海拔，与在海平面的值 9.807m/s^2 相比，其变化量小于 1%。因此，在大多数实际使用过程中，可以假设重力加速度恒定为 9.807m/s^2，此值通常四舍五入为 9.81m/s^2。有趣的是，g 值在海平面以下随距离的增加而增大，在大约海平面以下 4500m 达到最大值，然后开始下降。（你认为地心的 g 值有多大？）

造成质量与重量混淆的主要原因是质量通常是通过测量重力间接获得的。这种方法还假定其他效应（例如空气浮力和流体运动）施加的力可以忽略不计。这就像通过测量红移来测量地球与星星之间的距离，或通过测量气压来测量飞机的高度一样，这些均为间接测量。正确的直接

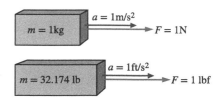

图 1-26　力的定义

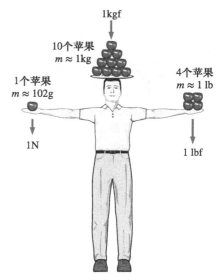

图 1-27　力的单位牛顿（N）、千克力（kgf）和磅力（lbf）的相对大小

图 1-28　某人地球上体重为 150 lbf 但在月球上仅为 25 lbf

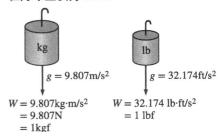

图 1-29　单位质量的物体在海平面的重量

测量质量的方法是将它与已知质量进行比较。但这是一种笨方法，通常用于校准和测量贵重金属。

功，是一种能量，可简单地定义为力乘以距离；因此，功的单位是"牛顿米"（N·m），称为焦耳（J）。即

$$1J = 1N \cdot m \tag{1-3}$$

SI 中更常见的能量单位是千焦（$1kJ = 10^3J$）。英制中的能量单位是Btu（英国热量单位），它的定义是将 1 lb 水的温度从 68°F 升高 1°F 所需的能量。米制中将 1g 水的温度从 14.5°C 升高 1°C 所需能量定义为 1 卡路里（cal），1cal = 4.1868J。千焦和 Btu 的大小几乎相同（1Btu = 1.0551kJ）。下文所示是理解这些单位的好方法：如果点亮一根火柴并让它自己烧尽，可获得大约 1Btu（或 1kJ）的能量（见图 1-30）。

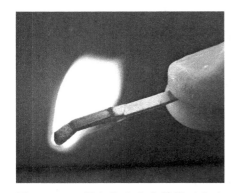

图 1-30 一根火柴在完全燃烧时产生 1Btu（或 1 kJ）的能量
照片由John M. Cimbala拍摄

能量随时间变化率的单位为焦耳每秒（J/s），称为瓦特（W）。在做功的情况下，能量随时间的变化率称为功率。常用功率单位为马力（hp），1hp=745.7W。电能通常采用单位千瓦时（kW·h）表示，1kW·h=3600kJ。额定功率为 1kW 的家用电器持续运行 1h 消耗 1kW·h 的电力。就发电而言，单位 kW 和 kW·h 通常会混淆。注意：kW 或 kJ/s 是功率单位，而 kW·h 是能量单位。因此，类似于"新型风机每年的发电量为 50kW"的说法毫无意义，并且是不正确的。正确的说法应该是"额定功率 50kW 的新型风机每年的发电量为 120000kW·h。"

量纲齐次性

俗语说：风马牛不相及。但有时我们会莫名其妙犯错。在工程中，所有方程必须保持量纲一致，即方程中的每一项必须具备相同的量纲。如果在方程分析的某一阶段，发现两个不同量纲或单位的物理量相加减了，则显然是之前的方程推导有误。因此，检查量纲（或单位）是一种有效的检查错误的方法。

图 1-31 例 1-2 中所述风力机
照片由Andy Cimbala拍摄

【例 1-2】 风力机发电

一所学校的电费是 0.09 美元 /（kW·h）。为了减少电费开支，学校安装了一台额定功率为 30kW 的风力机（见图 1-31）。如果每年风力机按照额定功率运行 2200h，求风力机的发电量以及学校每年节省的电费。

问题： 风力机的安装目的是发电。应确定产生的电能和每年节省的电费。

分析： 风力机按照 30kW 或 30kJ/s 的功率发电。每年产生的总电能为

总能量 =（能量 / 单位时间）（时间间隔）

=（30kW）（2200h）

= 66000kW·h

每年节省的电费是该能量的货币值，确定为

节省的电费 =（总能量）（单位能量成本）

=（66000kW·h）·[0.09 美元 /（kW·h）]

= 5940 美元

> **讨论**：还可通过把单位换算为 kJ 确定每年的发电量
>
> $$总能量 = (30\,\text{kW})(2200\,\text{h})\left(\frac{3600\,\text{s}}{1\,\text{h}}\right)\left(\frac{1\,\text{kJ/s}}{1\,\text{kW}}\right) = 2.38 \times 10^8\,\text{kJ}$$
>
> $$=66000\,\text{kW}\cdot\text{h}\ (1\,\text{kW}\cdot\text{h} = 3600\,\text{kJ})$$

由经验可知，在解题时不谨慎地使用单位会惹麻烦，然而单位使用得当就会带来便利。它们可以用于检查公式；有时甚至可以用于推导公式，如下例所示。

【例 1-3】　通过单位分析获得公式

空气作用于汽车的阻力取决于无量纲阻力系数、空气密度、汽车速度和汽车迎风面积（见图 1-32）。也就是说，$F_D = F_D\,(C_{\text{drag}}, A_{\text{front}}, \rho, V)$。仅基于单位分析，求阻力的关系式。

问题：根据阻力系数、空气密度、汽车速度和汽车迎风面积得到作用于汽车的空气阻力的关系式。

分析：阻力取决于无量纲阻力系数、空气密度、汽车速度和迎风面积。另外，力 F 的单位是 N，N 相当于 $\text{kg}\cdot\text{m/s}^2$。因此，应该采用基本物理量（基本量），从而使最后得到的阻力单位是 $\text{kg}\cdot\text{m/s}^2$。考虑到上述信息，得到

$$F_D[\text{kg}\cdot\text{m/s}^2] = C_{\text{drag}}[-],\ A_{\text{front}}[\text{m}^2],\ \rho[\text{kg/m}^3],\ V[\text{m/s}]$$

显然，要使最后得到的阻力单位是"$\text{kg}\cdot\text{m/s}^2$"，只能将密度乘以速度的二次方再乘以迎风面积，最后乘以阻力系数作为比例系数。因此，期望的关系式是

$$F_D = C_{\text{drag}}\rho A_{\text{front}}V^2 \longleftrightarrow \text{kg}\cdot\text{m/s}^2 = [\text{kg/m}^3]\,[\text{m}^2]\,[\text{m}^2/\text{s}^2]$$

讨论：注意阻力系数是无量纲的，所以我们不确定它应该在分子上还是在分母上，或者是否有指数等。不过，常识告诉我们阻力应该线性正比于阻力系数。

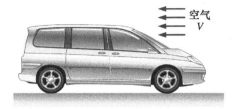

图 1-32　例 1-3 的示意图

谨记：不满足量纲齐次性的公式绝对是错误的（见图 1-33），但满足量纲齐次性的公式并不一定是正确的。

单位换算率

正如所有非基本量纲可以由基本量纲组合构成一样，所有非基本单位（导出单位）可以由基本单位组合构成。例如，力的单位可以表示为

$$1\,\text{N} = 1\,\text{kg}\frac{\text{m}}{\text{s}^2}\quad 和 \quad 1\,\text{lbf} = 32.174\,\text{lb}\frac{\text{ft}}{\text{s}^2}$$

还可以更方便地将其表示为单位换算率，即

$$\frac{\text{N}}{\text{kg}\cdot\text{m/s}^2} = 1 \quad 和 \quad \frac{\text{lbf}}{32.174\,\text{lb}\cdot\text{ft/s}^2} = 1$$

单位换算率恒等于 1 且无量纲，因此，此类转换率（或其倒数）可

注意

方程中的每一项均必须具备相同的单位

图 1-33　务必检查计算采用的单位

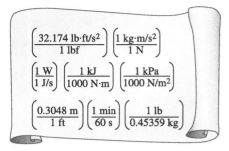

图 1-34 每个单位换算率（及其倒数）均精确等于一。图中所示是几个常用的单位换算率

方便地插入任何计算中，以便适当转换单位（见图 1-34）。在转换单位时，务必采用单位换算率（例如这里提供的转换率）。一些教科书将重力常数定义为 $g_c = 32.174 \, lb \cdot ft/(1bf \cdot s^2) = kg \cdot m/(N \cdot s^2) = 1$，并将这个通常不用的重力常数 g_c 插入方程，用以匹配单位。这种做法容易导致不必要的混淆，本书的作者们强烈反对。我们建议采用单位换算率来代替。

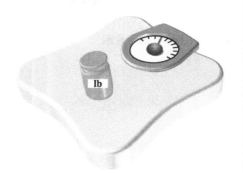

图 1-35 1 lb 质量在地球上重量为 1 lbf

【例 1-4】 一磅质量的重量

采用单位换算率，证明 1.00 lb 质量在地球上重量为 1.00 lbf（见图 1-35）。

问题：1.00 lb 的质量承受标准地球重力。应采用单位 lbf 求其重量。

假设：假定标准海平面条件。

参数：重力常数为 $g = 32.174 ft/s^2$。

分析：我们应用牛顿第二定律计算与已知质量和加速度相对应的重量（力）。物体的重量等于其质量乘以当地重力加速度值。因此，

$$W = mg = (1.00 \ lb)(32.174 ft/s^2)\left(\frac{1 \ lbf}{32.174 \ lb \cdot ft/s^2}\right) = 1.00 \ lbf$$

讨论：该公式中最后一项的物理量是单位换算率。质量与所处位置无关。但在其他星球上，由于重力加速度值不同，1 lb 的重量与本题计算出来的值不同。

早餐麦片盒上面会写"净重：1 lb（454g）"（参见图 1-36）。从技术层面上说，这表示盒内麦片在地球上的重量为 1.00 lbf，质量为 453.6g（0.4536kg）。根据牛顿第二定律，麦片在地球上的实际重量为

$$W = mg = (453.6 g)(9.82 m/s^2)\left(\frac{1N}{1kg \cdot m/s^2}\right)\left(\frac{1kg}{1000g}\right) = 4.49N$$

1.7 工程问题的数学建模

工程设备或过程可以采用实验（测试和测量）或分析（分析或计算）的方式开展研究。实验方法的优势是研究对象是实际存在的物理系统，可在实验误差范围内通过测量获得所需的物理量。但此方法成本高、耗时且通常不切实际。此外，研究的系统甚至可能不存在。例如，在实际建造建筑物之前，通常需要在所提供规格的基础上，确定建筑物整体加热和管道系统的大小。分析方法（包括数值方法）的优势是快速且成本低廉，但所获取的结果的准确度受到分析中所做假设、近似和理想化带来的影响。在工程研究中，通过分析，先将设计方案减少到几个，然后通过实验验证结果是一个不错的折中方法。

大多数科学问题的描述均要用到一些与关键物理量的变化相关的方

图 1-36 米制单位中的趣事

程。通常情况下，所选变量的增量越小，方程描述越通用且准确。极限情况下，变量无穷小或采用微分变量，就得到微分方程，该方程将物理量的变化率表示为导数，用以描述物理原理和定律的精确数学公式。因此，各种科学和工程问题都可以用微分方程来解决（见图 1-37）。但实际遇到的许多问题均无须求助于微分方程和与其相关的复杂计算即可求解。

物理现象的研究包含两个重要步骤。第一步确定影响物理现象的所有变量，做出合理假设和近似，研究这些变量的互相依赖性。求助于相关物理定律和原理，建立数学公式。方程本身可以说明一些变量对其他变量的依赖度以及各个项的相对重要性，因此很有指导意义。第二步采用适当方法求解问题，并判读结果。

许多看上去自然随机且无序发生的过程实际上都是由一些明显或不那么明显的物理定律所支配的。无论我们是否注意到它们，这些定律都是存在的，并且一贯以可预测的方式支配着看似普通的事件。科学家们明确定义并充分理解了大多数定律。这便能够在事件实际发生之前预测事件的进程，或采用数学方法研究事件的各个方面，而无须进行成本高昂且耗时的实验。这就是分析的价值所在。采用适当且真实的数学模型时，付出相对较小的代价即可获得物理问题的非常准确的结果。此类模型的制备需要对所涉及自然现象及相关定律做充分了解以及合理的判断。显然，不真实的模型会得出不准确且因此不可接受的结果。

在进行工程问题的分析工作时，技术人员常常会发现自己面临这样的抉择：是选非常准确但复杂的模型呢，还是选简单但不那么准确的模型呢？怎么选择要具体问题具体分析。通常正确的选择是可以获得满意结果的最简单的模型（见图 1-38）。此外，在选择设备时还必须考虑实际运行条件。

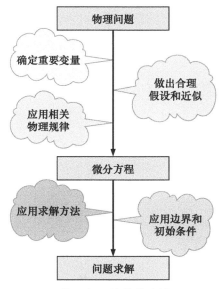

图 1-37　物理问题的数学建模

a）实际工程问题

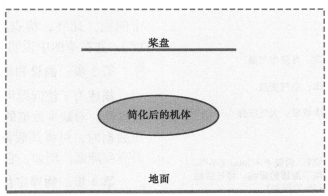

b）工程问题的最小基本模型

图 1-38　在流体力学中通常用简化模型获取难以解决的工程问题的近似解。图中，直升机的旋翼简化为圆盘模型，经过盘面压力会产生阶跃。直升机的机体简化为一个椭圆体。这一简化模型可获得地面附近整个空气流场的基本特征

a）图片由John M. Cimbala 拍摄

通常情况下，建立非常准确、复杂的模型没有那么难。但如果它们

难于求解并且耗时，则对于工程分析没有多大用处。模型应至少反映其所代表的物理问题的基本特征。许多重大的实际问题都可以采用简化模型分析。但应注意：通过分析获得的结果只在与简化问题过程中所做的假设一致的情况下才准确。因此，不应将求出的解应用于原始假设不成立的情况。

如果求解结果不太符合所观察到问题的本质，则表明所采用的数学模型过于粗略。在这种情况下，应去掉一个或多个有问题的假设，建立更真实的模型。当然，这会导致更难以解决的复杂问题。因此，任何问题的解应在其公式化背景中对其进行解读。

1.8　问题求解技巧

学习科学的第一步是理解基本原理，然后获取全面的知识。第二步是通过测试知识掌握基本原理，通过求解重大现实问题可以完成这一步。求解此类问题，尤其是复杂问题，需要系统的方法。通过逐步分解，工程师可将复杂问题的求解简化为一系列简单问题的求解（见图1-39）。我们建议你在求解问题时积极采用以下步骤。这将有助于避免一些与问题求解相关的常见陷阱。

第1步：问题陈述

用自己的语言简单陈述问题，给定关键信息以及应求出的物理量。这是为了确保在尝试求解问题之前了解问题和目标。

第2步：图解

绘制所涉及物理问题的真实草图，然后在草图中列出相关信息。草图无须精细，但应类似于实际系统，并说明关键特征。标明与环境相互作用的能量和质量。在草图中列出给定信息可以帮助其他人迅速了解整个问题。此外，检查在过程中保持恒定的参数（例如等温过程中的温度），并在草图中说明它们。

第3步：假设和近似

描述为了使问题可解而简化问题所做的假设和近似，证明上述假设的合理性。对缺少数值的必需物理量假设其合理值。例如，在没有具体大气压数据时，可将其假设为1atm。但在分析中应注意大气压会随着海拔的升高而降低。例如，它在丹佛市降至0.83atm（海拔1610m）（见图1-40）。

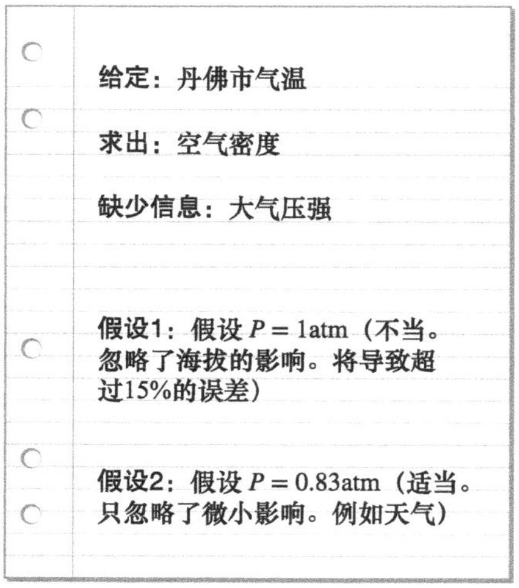

第4步：物理定律

应用所有相关基本物理定律和原理（例如质量守恒定律），然后采用所做假设将它们简化为最简单的形式。但必须首先明确指出应用物理定律的区域。例如，将质量守恒定律应用在喷嘴的进口和出口之间，分析喷嘴中水流速度的增量。

第5步：参数

根据参数关系或参数表，求解已知状态下的未知参数值。分别列出

图1-39　逐步方法可大大简化问题求解

给定：丹佛市气温

求出：空气密度

缺少信息：大气压强

假设1： 假设 $P = 1atm$（不当。忽略了海拔的影响。将导致超过15%的误差）

假设2： 假设 $P = 0.83atm$（适当。只忽略了微小影响。例如天气）

图1-40　求解工程问题时所做假设必须合理且正当

参数，并在适当情况下说明它们的来源。

第6步：计算

将已知物理量代入简化关系式，然后计算，确定未知项。特别注意单位和单位相消，并谨记：没有单位的量纲量是没有意义的。此外，不得将计算器屏幕上的所有数字取为有效数字，这是一种错误的高精度暗示——将结果修约为适当位数的有效数字（1.10节）。

第7步：推理、验证和讨论

进行检查，确保所获取结果的合理性和直观性，并验证上述假设的有效性。计算不合理时应当重复计算过程。例如，在汽车形状成为流线型之后，在相同条件下，作用于汽车的空气动力阻力不应增加（见图1-41）。

此外，指出结果的意义并讨论其含义。说明通过结果可以得出的结论以及通过它们可以提出的建议。重点强调结果的适用范围，防止可能的误解以及将结果应用在基本假设不适用的情况中。例如，如果确定将较大直径的管道用在所提议的管线中会额外增加 5000 美元的材料成本，但可以将每年的抽水费用降低 3000 美元，这表明采用较大直径管道所节约的电力可以在两年内收回额外增加的成本。但同样应当表明，分析中只考虑到与较大直径管道相关的额外材料成本。

谨记：交给老师的解答和交给其他人的工程分析均属于一种沟通，因此，整洁度、条理性、完整度和清晰外观对于沟通效率最大化的实现至关重要（见图1-42）。此外，由于在整洁作业（作品）中可以很容易发现错误和不一致，因此整洁度也是一个很好的检查工具。粗心大意和为了节省时间而跳过一些步骤往往会导致更多的时间成本和不必要的焦虑。

本文描写的方法已用在例题问题的解答以及本文的解答手册中，但是例题中并没有明确说明每一步。对一些问题，其中的一些步骤可能不适用，或这些问题不需要这些步骤。然而，我们强调逻辑有序方法对于问题求解的重要性。在求解问题时遇到的大多数困难都不是由于知识的缺乏导致的；相反，它们是由于条理性的缺乏导致的。我们强烈建议你在问题求解中遵循这些步骤，直到研究出最适合自己的方法。

图 1-41　必须检查通过工程分析所获取结果的合理性

图 1-42　雇主高度重视整洁度和条理性

1.9　工程软件包

你可能正在想为什么我们要深入研究另一门工程科学的基本原理。毕竟，我们在实践中可能会遇到的几乎所有此类问题均可采用目前市场已有的几款复杂软件包求解。这些软件包不仅会提供预期数值结果，还可以将其输出为彩色图形形式，以便获得最佳展示效果。现在不采用一些软件包的工程实践是不可想象的。这种一键即可完成的巨大计算能力是福也是祸。它确实能够让工程师方便快速地求解问题，但同时也带来了滥用和出现错误结果的风险。这些软件包在受教育程度低的人手中，与强大精良武器在缺乏训练的士兵手上一样危险。

一个没有经过适当基本原理培训的人使用工程软件包执行工程实践就像是一个只会使用扳手的人去做汽车修理工。如果几乎所有工作都能通过计算机简单快速地完成，工科专业学生就无须学习所有基本课程，那么，因为任意一个会使用文字处理程序的人均可学习如何使用软件包，雇主将不再需要高薪聘请工程师。但是这种想法是不符合实际的，统计表明，虽然有这些强大的软件包，但工程师的需求仍呈上升趋势，而不是下降趋势。

应时刻谨记：现在可用的所有计算能力和工程软件包都只是工具，而工具只在专家手里有意义。拥有最好的文字处理程序不会使一个人成为一名好作家，但它确实可以使一名好作家的工作变得更轻松，并使作家更加多产（见图1-43）。手持计算器不会让孩子学习加法或减法的需求消失，复杂的医疗软件包也无法代替医学院的培训。工程软件包也不会取代传统的工程教育。它们只会将课程的重点从数学转移到物理。也就是说，学生们会花费更多的课堂时间更详细地讨论问题的物理因素，花费较少的时间讨论求解过程的运作方式。

现在可用的所有这些奇妙且强大的工具让现在的工程师多了一份负担。就像他们的前辈一样，他们仍然必须透彻理解基本原理，养成对物理现象的"感觉"，能够从数据中提取正确的观点，并做出合理的工程判断。但因为现在有强大的工具可用，因此他们可以采用更真实的模型做得更好且更快。过去的工程师必须依赖手动计算、计算尺以及后来的手持计算器和计算机，但现在他们依赖软件包。这种能力的易获得性，以及简单的误解或误判会导致巨大损害的可能性，使得工程基本原理的坚实培训比以往任何时候都更重要。本书中，我们付出了额外努力，将重点放在对自然现象的直观感受和物理的理解上，而非求解过程的数学细节上。

图1-43 卓越的文字处理程序无法使一个人成为一名好作家，它只能使一名好作家变为更有效的作家

©Caia Images/Glow Images RF

方程求解器

你可能熟悉解电子表单，例如Microsoft Excel解方程的能力。尽管Excel很简单，但经常在工程领域和经济领域使用。它让使用者可以进行参数化研究，绘制结果图像，寻找最优解。如果建立恰当的关系式，它还能解线性方程组。还有许多经常在工程实际中应用的复杂方程求解软件比如工程方程求解器Engineering Equation Solver（EES）。EES是用数值方式求解线性或非线性代数方程组或微分方程组的程序。它包含一个大型内置热力学参数函数以及数学函数库，并允许用户提供附加参数数据。

不同于一些软件包，EES不求解工程问题，它只求解用户提供的方程。因此，用户必须理解问题，并通过应用相关物理定律和关系给出公式。EES只求解获得的数学方程，从而节省用户大量的时间和精力。这使得工程师能够尝试解决那些不适用于手动计算的重大工程问题，并方便快速地进行参数研究。

【例1-5】 采用 EES 求解方程组

两个数的差是4，两个数的平方和等于两数之和加20。求这两个数。

问题：两个数的关系已经通过两个数的差和平方和给出。求这两个数。

分析：首先使用 EES 解决问题，双击 EES 图标，启用 EES，打开新文件，然后在显示的空白屏幕中键入以下内容：

$$x - y = 4$$

$$x^2 + y^2 = x + y + 20$$

这是问题陈述的精确数学表达式，x 和 y 表示未知数。单击任务栏的"计算器"图标可获得由两个未知数组成的两个非线性方程的解答。可得（见图1-44）

$$x = 5, \quad y = 1$$

现在，我们用 Excel 解决相同的问题（以 Excel2016 为例）。运行 Excel，<u>文件 / 选项 / 加载项 / 求解器加载项 /OK</u>，下划线表示单击那个选项，斜线将每个选项按顺序分开。选择一个单元格作为 x，另一个单元格作为 y，在其中输入猜想的数值（我们选择单元格 C25 为 x 和 D25 为 y，猜想其值分别为 0.5 和 0.5）。我们必须重写两个方程，使得在左边的单元格（RHS）中没有变量：$x - y = 4$ 和 $x^2 + y^2 - x - y = 20$。为每一个方程选择一个单元格（我们选择了单元格 D20 和 D21；见图 1-45 中的公式）。<u>数据 / 求解器</u>，将猜想值所在单元格设置为可变单元格，对 D20 和 D21 单元格添加约束使得 D20=4，D21=20。选择求解方法为"非线性 GRG"，接着设置"目标单元格"。这里特别要注意的是，使用 Excel 规划工具求解，必须要指定目标单元格，否则，不能得出结果。由于这是解方程的问题，不是求最优值，所以我们只要任意指定含有公式的单元格都可以，即任意指定 D20、D21 单元格中的任意一个就可以。<u>求解 / 确定</u>，正确迭代的结果分别为 $x = 5, y = 1$（见图1-45b）。注释：精度、迭代次数等可以在<u>数据 / 求解器 / 选项</u>中修改。

讨论：注意，我们所做的是将问题的公式写在纸上，EES 或者 Excel 负责所有的数学求解细节。还要注意，方程可以是线性方程，也可以是非线性方程，可以按照任意顺序输入它们，未知数可以处于等式的任何一侧。好的方程求解器（例如 EES）允许用户将精力集中在问题的物理方面，而无须担心与所获得方程组的求解相关的数学复杂性。

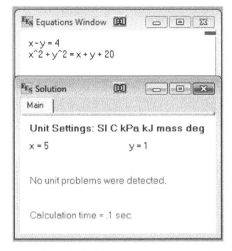

图1-44 例1-5 相关的 EES 屏幕图像

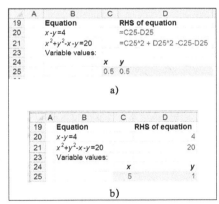

图1-45 例1-5 的 Excel 屏幕截图

a）方程组和高亮的初始猜想值，

b）使用Excel求解器的最后结果，还有高亮的收敛值

CFD 软件

计算流体力学（CFD）在工程和研究中得到了广泛使用，我们会在第 15 章详细讨论 CFD。我们也会在全书中展示 CFD 的算例，因为 CFD 图片能很好地展示流线、速度和压强分布等，比我们在实验室中能可视化的信息丰富得多。但是，因为有多个不同的商用 CFD 软件可供用户

选择，学生能否获得这些软件取决于各部门的许可证，因此，我们不提供任何与特定 CFD 软件绑定的章末习题，而是在第 15 章中提供通用的 CFD 问题，并且我们还维护了一个网站（www.mhhe.com/cengel），其中包含能够用多种不同 CFD 程序求解的 CFD 问题。我们鼓励学生通过解决一部分这些问题来熟悉 CFD。

1.10　准确度、精密度和有效数字

在工程计算中，所提供信息中不包括超过一定数量（通常是三个数位）的有效数字相关信息。因此，所获取结果不可能精确到更多的有效数字。更多有效数字的结果则暗示精度大于现有精度，应该避免这一点。

无论采用哪种单位制，工程师必须知道控制数字正确使用的三个原则：准确度、精密度和有效数字。对于工程测量，它们的定义如下：

- 准确度误差（误差）是一个读数减去真值所获得的值。通常情况下，一组测量值的准确度指的是平均读数对于真值的接近程度。准确度通常与可重复、固定误差相关。
- 精密度误差是一个读数减去读数平均值所获得的值。通常情况下，一组测量值的精密度指的是仪表分辨率细度和再现性。精密度通常与不可重复、随机误差相关。
- 有效数字是相关且有意义的数字。

测量或计算可以非常精密，但不那么准确，反之亦然。例如，假设风速的真值是 25.00m/s。两个风速计 A 和 B 均获取五个风速读数：

风速计 A：25.50m/s、25.69m/s、25.52m/s、25.58m/s 和 25.61m/s，所有读数的平均值 = 25.58m/s。

风速计 B：26.3m/s、24.5m/s、23.9m/s、26.8m/s 和 23.6m/s，所有读数的平均值 = 25.02m/s。

很明显，风速计 A 更精密，因为没有一个读数与平均值的差值超过 0.11m/s。但是，平均值是 25.58m/s，较真风速大 0.58m/s；这意味着明显的偏移误差，也称恒定误差或系统误差。另外，风速计 B 不那么精密，因为它的读数相对于平均值的变化很大，但其总体平均值更接近真值。因此，虽然不那么精密，但至少就这组读数而言，风速计 B 较风速计 A 更为准确。通过与射击靶标进行类比，可有效说明准确度与精密度之间的差异，如图 1-46 所示。射手 A 更精密，但不那么准确，而射手 B 更准确，但不那么精密。

许多工程师对计算中的有效数字的位数关注不够。最后一位有效数字表示测量或计算的精度。例如，1.23（三位有效数字）的结果表明结果是精确到小数第二位的数字；即数字介于 1.22 和 1.24 之间。用更多数位表示此数字会产生误导作用。采用指数法表示数字时，最方便评价有效数字的位数，可简单地计数包括零在内的有效数字的位数，或者，也可在最后一位有效数字下划线，以说明作者的意图。表 1-3 给出了一

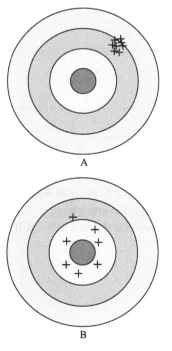

图 1-46　准确度与精确度的图解。射手 A 更精确，但不那么准确，而射手 B 更准确，但不那么精确

些实例。

有多个参数参与计算或操作时，最终结果的精度通常只与最不精确的参数保持一致。例如，将 A 和 B 相乘获得 C。如果 A = 2.3601（五位有效数字），B = 0.34（两位有效数字），则 C = 0.80（最终结果只有两位有效数字）。注意：大多数学生均试图写为 C = 0.802434，有六位有效数字，因为这是将两个数字相乘后在计算器上显示的结果。

让我们仔细分析一下这个简单的算例。假设 B 的准确值是 0.33501，仪表读数为 0.34。再假设 A 的准确值为 2.3601，这是通过更精准的仪表测量的。在这种情况下，C = AB = 0.79066，其中包含五位有效数字。注意第一个答案 C = 0.80 的小数第二位修约一位。同样，如果 B 为 0.34499，并且仪表将其读取为 0.34，A 和 B 的乘积将是有五位小数的 0.81421。最初答案 0.80 的小数第二位同样修约一位。重点在于 0.80（两位有效数字）是在此操作中可以预期的最佳答案，因为在最开始的时候，其中一个值只有两位有效数字。还有另一种考虑方式：除了答案中的前两位数字之外，其他数字均没有意义或无效。例如，如果有人报告计算器上显示的内容：2.3601 乘以 0.34 等于 0.802434，最后四位是没有意义的。如上所述，最终结果介于 0.79 和 0.81 之间——两位有效数字以外的数字不仅没有意义，并且具有误导性，因为它们向读者暗示的精度大于其真实精度。

再举一个例子，考虑一个装满汽油（密度为 0.845kg/L）的 3.75L 容器，求汽油的质量。可能你首先想到的是用体积乘以密度，得到质量为 3.16875kg，该值错误地暗示质量精确到六位有效数字。但实际上，质量不能精确到三位有效数字以上，因为，体积和密度均只精确到三位有效数字。因此，应将结果修约为三位有效数字，即质量应为 3.17kg，而非计算器所显示的数值（见图 1-47）。如果给出的体积和密度分别是 3.75000L 和 0.845000kg/L，则结果 3.16875kg 才是正确的。数值 3.75L 表明体积精确到 ±0.01L 以内，并且它不能是 3.74L 或 3.76L。但是，体积可以是 3.746L、3.750L、3.753L 等，因为它们均可修约为 3.75L。

还应该注意，有时我们会故意引入小误差，以避免搜索更精确数据的麻烦。例如，研究液态水时，我们通常将其密度值取为 1000kg/m³，它是纯净水在 0℃ 的密度值。将此值用在 75℃ 会导致 2.5% 的误差，因为在此温度下水的密度是 975kg/m³。水中的矿物质和杂质也会导致额外的误差。基于这种情况，应毫无保留地将最终结果修约为合理位数的有效数字。此外，工程分析结果中存在百分之几的不确定性是正常现象，而不是例外。

在计算过程中写下中间结果时，建议多保留几位有效数字，避免舍入误差；但在写最终结果时应考虑有效数字的位数。谨记：结果中的有效数字并不一定意味着总准确度具有相同位数的有效数字。例如，其中一个读数的偏移误差可能会显著降低结果的总准确度，甚至会使最后一位有效数字没有意义，并将总体可靠数位数减少一位。实验值易受测量误差影响，此类误差反映在所获取的结果中。例如，如果物质的密度具备 2% 的不确定度，则采用此密度值求出的质量也将具备 2% 的不确定度。

表 1-3 有效数字

数字	指数形式	有效数字的位数
12.3	1.23×10^1	3
123000	1.23×10^5	3
0.00123	1.23×10^{-3}	3
40300	4.03×10^4	3
40300	4.0300×10^4	5
0.005600	5.600×10^{-3}	4
0.0056	5.6×10^{-3}	2
0.006	$6. \times 10^{-3}$	1

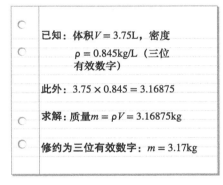

已知：体积 $V = 3.75L$，密度
$\rho = 0.845kg/L$（三位
有效数字）

此外：$3.75 \times 0.845 = 3.16875$

求解：质量 $m = \rho V = 3.16875kg$

修约为三位有效数字：$m = 3.17kg$

图 1-47 有效数字多于给定数据的结果会错误地暗示高精度

最后，有效数字的位数未知时，公认工程标准是三位有效数字。因此，如果给出的管道长度是 40m，我们会将其假设为 40.0m，以便在最终结果中采用三位有效数字。

图 1-48 例 1-6 的体积流量测量示意图
图片由John M. Cimbala拍摄

【例 1-6】 有效数字和体积流量

Jennifer 正在用橡胶软管中的冷却水做实验。为计算流经软管的水的体积流量，她计算了水注满容器的时间（见图 1-48）。经秒表测量，在时间段 $\Delta t = 45.62$s 内收集的水体积 $V = 1.1$gal。计算流经软管的水的体积流量，单位为 m^3/min。

问题：根据体积和时间段测量值确定体积流量。

假设：①Jennifer 正确记录了测量值，因此体积测量值精确到两位有效数字，而时间段精确到四位有效数字；②没有溅出容器而损失的水。

分析：体积流量 $\dot{V}$ 是体积 / 时间，表示为

体积流量：$\dot{V} = \dfrac{\Delta V}{\Delta t}$

代入实测值，求出体积流量为

$$\dot{V} = \frac{1.1 \text{ gal}}{45.62 \text{ s}} \left(\frac{3.7854 \times 10^{-3} \text{ m}^3}{1 \text{ gal}} \right) \left(\frac{60 \text{ s}}{1 \text{ min}} \right) = 5.5 \times 10^{-3} \text{ m}^3/\text{min}$$

讨论：由于我们无法确定更高的精度，因此列出的最终结果有两位有效数字。如果这是后续计算的中间步骤，还可以额外增加几位，以避免累积四舍五入带来的误差。在这种情况下，体积流量将写为 $\dot{V} = 5.4765 \times 10^{-3} \text{ m}^3/\text{min}$。基于给定的信息，我们无法对结果的准确度做任何描述，因为没有给出体积或时间测量值的系统误差。

还应谨记：高精度不能保证高准确度。例如，如果秒表还没有准确校准，其准确度可能非常差，但读数仍将显示为精度的四位有效数字。

精度通常与分辨率相关，分辨率是仪表能够报告的测量值精细的程度。例如，显示屏显示五位数字的数字电压表比只包含三位数字的数字电压表更精确。但是，所显示数的位数与测量值的总准确度没有关系。存在显著偏移误差时，仪表可以非常精密，但不那么准确。同样，显示数字很少的仪表比显示数字多的仪表更准确（见图 1-49）。

精确时间 = 45.623451…s

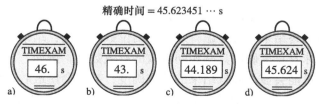

图 1-49 包含较多分辨率数字的仪表（秒表 c）的准确度低于包含较少分辨率数字的仪表（秒表 a）。你如何评价秒表 b 和秒表 d

应用展示： 核爆炸和雨滴有何共同之处

特邀作者：Lorenz Sigurdson，阿尔伯塔大学漩涡流体动力学实验室

为何图 1-50 中的两张图片看上去如此相似？图 1-50b 所示为美国能源部在 1957 年执行的地面核实验。原子爆炸产生直径大约为 100m 的火球。膨胀如此迅速，以至于出现了可压缩流动特性：膨胀的球形激波。图 1-50a 所示图片为日常普通事件：染色水滴落入水池之后，从水池表面下方看到的倒像。它可以是从咖啡匙上落入咖啡杯中的一滴咖啡，也可以是雨滴撞击湖面之后的二次溅落。为何这两个截然不同的事件有如此强烈的相似性？在本书中学到的流体力学基本原理的应用将有助于你了解大部分答案，当然你也可以进一步深入研究。

水的密度（见第 2 章）大于空气，因此水滴在撞击水面之前穿过空气时会受到负的浮力（见第 3 章）。热气体火球的密度低于它周围的冷空气，因此它受到正浮力并上升。地面反射的激波（见第 12 章）给火球施加一个向上的力。每张图片顶部的主要结构称为涡环。此环是由于涡（见第 4 章）聚集形成的小型龙卷风，龙卷风端部围绕自身循环闭合。运动（见第 4 章）定律告诉我们，此涡环将把流体带到图片顶部的方向。根据控制体分析（见第 5 章）其作用力和应用动量守恒定律，这两种情况均会出现此现象。此外还可以用微分（见第 9 章和第 10 章）或计算流体力学（见第 15 章）分析这一问题。但为何示踪物的形状看上去如此相似？这是因为存在近似几何相似和运动相似（见第 7 章），并且流动显示（见第 4 章）技术也相似。爆炸产生的热和灰尘组成的被动示踪物和水滴荧光染色的方式相似。

更深入的运动学和漩涡动力学知识有助于更详细地解释说明图片中漩涡结构的相似性，如 Sigurdson（1997）以及 Peck 和 Sigurdson（1994）所述。注意观察主涡环下方悬摆的叶状物、"茎"中的条纹以及每个结构底部的环。这些结构与湍流中出现的其他漩涡结构在拓扑上是相似的。水滴与爆炸的比较让我们更好地了解了湍流结构的产生和演变。在这两种流动现象之间相似性的解释中，还有什么有待揭开的其他流体力学秘密呢？

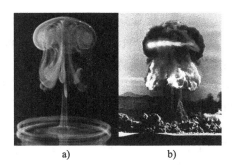

a)　　　　　　b)

图 1-50　下列情况产生的漩涡结构的比较：a）落入水池之后的水滴（倒置，来自 Peck 和 Sigurdson，1994 年），b）1957 年在内华达进行的地面核实验（美国能源部）。染上荧光示踪剂的 2.6 mm 水滴在下落 35 mm 并撞击清水池之后 50 ms 用频闪闪光照亮。水滴在冲击清水池时大致是球形的。水滴下落阻断激光束，触发定时器，控制水滴冲击之后频闪器的闪光时间。水滴照片的详尽实验方法由 Peck 和 Sigurdson（1994年）以及 Peck 等人（1995 年）提供。爆炸图片中，流动中的示踪物主要由热量和灰尘组成。热量来源于最初的火球，在此特殊实验（Plumbob 行动的"Priscilla"事件）中，火球大到足以从开始放置核弹的地方到达地面。因此，示踪物的初始几何条件是与地面相交的球体

a）来自 Peck B., Sigurdson, L. W., Phys. Fluids, 6（2）（Part1），564, 1994。作者授权使用

b）© Galerie Bilderwelt/Getty Images

参考文献

Peck, B., and Sigurdson, L.W., "The Three-Dimensional Vortex Structure of an Impacting Water Drop," Phys. Fluids, 6（2）（Part 1），p. 564, 1994.

Peck, B., Sigurdson, L.W., Faulkner, B., and Buttar, I., "An Apparatus to Study Drop-Formed Vortex Rings," Meas. Sci. Tech., 6, p. 1538, 1995.

Sigurdson, L.W., "Flow Visualization in Turbulent Large-Scale Structure Research," Chapter 6 in Atlas of Visualization, Vol. III, Flow Visualization Society of Japan, eds., CRC Press, pp. 99–113, 1997.

小结

本章介绍并讨论了流体力学的一些基本概念。液相或气相物质称为流体。流体力学是研究静止或运动流体的规律以及流体与固体或其他流体在边界处相互作用的科学。

无约束流体在物体表面上方的流动是外流，在管内的流动（如果流体完全受到固体表面限制）是内流。根据流动过程中的密度变化，流体流动分为可压缩流动和不可压缩流动。液体密度基本恒定，因此液体流动通常是不可压缩流动。术语"定常"表示不随时间而发生变化。与定常相反的是非定常。术语"均匀"表示指定区域中的状态不随位置的变化而发生变化。属性或变量变化只发生在一维时，流动可称为一维流动。直接与固体表面接触的流体黏在表面，并且

没有滑移，称为无滑移条件，无滑移条件导致沿固体表面形成了边界层。本书中，我们主要学习定常不可压缩黏性流体——包括内流和外流。

质量恒定的体系称为封闭体系，有质量穿越边界的体系称为开放体系或控制体。许多工程问题一般有质量流入和流出体系，因此采用控制体。

在工程计算中必须注意物理量的单位，以避免由于单位不一致而导致的误差，并且要遵循体系的方法。还必须认识到，计算结果中的有效数字不可能比已知条件中的有效数字多。在全书范围内，都将用到与量纲和单位、问题求解技术以及准确度、精密度和有效数字有关的知识。

参考文献和阅读建议

1. American Society for Testing and Materials. *Standards for Metric Practice.* ASTM E 380-79, January 1980.

2. G. M. Homsy, H. Aref, K. S. Breuer, S. Hochgreb, J. R. Koseff, B. R. Munson, K. G. Powell, C. R. Robertson, and S. T. Thoroddsen. *Multi-Media Fluid Mechanics* (CD). Cambridge: Cambridge University Press, 2000.

3. M. Van Dyke. *An Album of Fluid Motion.* Stanford, CA: The Parabolic Press, 1982.

习题[一]

引言、分类和体系

1-1C 什么是流体？流体与固体有什么不同？气体与液体有什么不同？

1-2C 定义内流、外流和明渠流动。

1-3C 定义不可压缩流动和不可压缩流体。是否必须将可压缩流体的流动视为可压缩？

1-4C 考虑机翼上方的空气流动。此流动是内流还是外流？喷射发动机中的气体流动是什么流动？

1-5C 什么是强制流动？强制流动与自然流动有什么不同？由风引起的流动是强制流动还是自然流动？

1-6C 如何定义马赫数 Ma? $Ma = 2$ 表示什么？

1-7C 当飞机相对于地面以恒定速度飞行时，能否说这架飞机的飞行马赫数也是恒定的？

1-8C 考虑空气以 $Ma = 0.12$ 的速度流动。是否应将此流动近似为不可压缩流动？

1-9C 什么是无滑移条件？导致它的原因是什么？

1-10C 什么是边界层？导致边界层出现的原因是什么？

1-11C 什么是定常流动过程？

1-12C 如何定义应力、法向应力、切应力和压强？

1-13C 什么是体系、环境和边界？

1-14C 在分析流经喷嘴的气流加速度时，你会使用什么体系？这是什么类型的体系？

1-15C 体系在何时是封闭体系，何时是控制体？

1-16C 当你尝试理解一个往复式压气机（一个活塞装置）如何工作时，你会使用什么体系？这是什么类型的体系？

质量、力和单位

1-17C 磅与磅力之间有何区别？

1-18C 一篇新闻报道中，报道近期研发的齿轮传动

[一] 习题中含有"C"的为概念性习题，鼓励学生全部做答。习题中标有"E"的，其单位为英制单位，采用 SI 单位的可以忽略这些问题。带有图标📖的习题为综合题，建议使用适合的软件对其进行求解。

涡扇发动机产生 15000 磅的推力。这里提到的"磅"是 lb 还是 lbf？解释说明。

1-19C　解释为什么光年是长度量纲。

1-20C　作用于以 70km/h 匀速行驶的汽车的净力分别是多少？（a）在水平路面上，（b）上坡路面上。

1-21　一个人去传统市场购买晚餐吃的牛排。他发现 12oz 牛排（1 lb = 16oz）的价格是 3.15 美元。然后他去了相邻的国际市场，发现相同质量的 320g 牛排的价格是 3.3 美元，那么购买哪个市场的牛排更便宜？

1-22　在重力加速度 $g = 9.6m/s^2$ 的地方，一个质量为 150kg 的物体的重力是多少牛（N）？

1-23　分别以单位 N、kN、$kg \cdot m/s^2$、kgf、$lb \cdot ft/s^2$、lbf 计的 1kg 的物体重量为多少？

1-24　确定尺寸为 3m×5m×7m 的房间内所包含空气的质量和重量。假设空气的密度是 $1.16kg/m^3$。

答案：122kg、1195N

1-25　一台 3kW 电阻加热器在热水器中运行 2h，将水温升高到预期水平。分别以 $kW \cdot h$ 和 kJ 为单位确定消耗的电能。

1-26E　一个质量为 195 lb 的宇航员把他的浴室磅秤（弹簧秤）和一个杠杆秤（比较质量的秤）带到重力加速度为 $g = 5.48 ft/s^2$ 的月球上。计算他称得的重量。（a）在弹簧秤上，（b）在杠杆秤上。

答案：（a）33.2 lbf，（b）195 lbf

1-27　高速飞行的飞机的加速度有时采用 g 表示（以标准重力加速度的倍数计）。计算一个 90kg 的人在加速度为 6g 的飞机中所受所的净力，单位为 N。

1-28　在当地重力加速度为 $9.79m/s^2$ 的位置，采用 280N 的力向上抛出 10kg 的石块。确定石块的加速度，单位为 m/s^2。

1-29　⌨采用恰当的软件求解题 1-30。打印出全部解，其中应包括带单位的数值结果。

1-30　从海平面位置升高到海拔 13000m，即大型客机巡航高度，重力加速度 g 值从海平面处的 $9.807m/s^2$ 减小到 $9.767m/s^2$。相对于飞机在海平面的重量，计算在海拔 13000m 上空飞行的飞机重量减少的百分比。

1-31　在纬度为 45° 的地区，重力加速度与海拔 z 的函数式为 $g = a - bz$，式中 $a = 9.807m/s^2$，$b = 3.32 \times 10^{-6}s^{-2}$。求物体在海拔高度为多少时，其重量减小 1%。

答案：29500m

1-32　在海平面上重力加速度 g 是常数 $9.807m/s^2$，但随着海拔的升高它会逐渐减小。这种减小的关系可用 $g = a - bz$ 表达，z 是海拔高度，$a = 9.807m/s^2$，$b = 3.32 \times 10^{-6}s^{-2}$。在海平面上一个宇航员的"重量"为 80.0kg［确切地讲，这是指他 / 她的质量为 80.0kg。］计算这个人在国际空间站（$z = 354km$）飘浮时重多少牛（N）？如果空间站在轨道中突然停止运动，这个瞬间宇航员会突然感受到的重力加速度为多少？根据你的回答，解释为什么宇航员会在空间站中感到"失重"。

1-33　一个成年人平均每分钟吸入 7.0L 空气。假设气体压强为一个大气压，温度为 20℃，估算一个人一天吸入了多少千克（kg）的空气。

1-34　某人在求解问题的某一阶段得出方程 $E = 16kJ + 7kJ/kg$。这里的 E 是总能量，单位为 kJ。确定应当如何纠正错误，并讨论导致错误的原因。

1-35　飞机以 70m/s 的速率沿水平方向飞行。其螺旋桨产生 1500N 的推力（前推力），以克服气动阻力（反向力）。采用量纲分析和单位换算率，分别以 kW 和 hp 为单位计算螺旋桨产生的有用功率。

1-36　如果题 1-35 的飞机重 1700 lbf，估算机翼在以 70.0m/s 的速度飞行时产生的升力（分别用单位 lbf 和 N）。

1-37E　消防车的吊杆将消防员（及其装备——总重 280 lbf）提升到 40ft 的空中救火。（a）写下整个计算过程，并采用单位换算率计算吊杆对消防员所做的功，单位为 Btu。（b）如果吊杆为提升消防员而提供的有用功率为 3.5hp，估计其提升消防员到指定位置所需的时间。

1-38　体积为 $0.18m^3$ 的 6kg 塑料水槽装满液态水。假设水的密度为 $1000kg/m^3$，确定组合系统的重量。

1-39　15℃ 的水通过橡胶软管，在 2.85s 内注满了一个 1.5L 的容器。采用单位换算率并写下整个计算过程，计算橡胶软管内水的体积流量和质量流量，单位分别为 L/min 和 kg/s。

1-40　一台叉车将 90.5kg 的板条箱提升 1.80m。（a）采用单位换算率，以 kJ 为单位，计算叉车在起重过程中所做的功，写下整个计算过程。（b）如果它花费 12.3s 提升板条箱，计算叉车向板条箱提供的有效功率，单位为 kW。

1-41　一加油枪按照恒定流速给一汽车油箱加油。基于物理量的单位分析，根据油箱的体积 V（单位为

L）和汽油流速 $\dot{V}$（单位为 L/s），写出加油时间的关系式。

1-42 采用直径为 D（单位为 m）的软管向体积为 V（单位为 m³）的水池注水。如果平均流速为 V（单位为 m/s），注水时间为 t（单位为 s），基于所涉及物理量的单位分析，写出水池体积关系式。

1-43 单独基于单位分析，证明在时间间隔 t（单位为 s）内，将质量为 m（单位为 kg）的汽车从静止加速到速度 V（单位为 m/s）所需功率与汽车质量和速度二次方成正比，但与时间间隔成反比。

建模及工程问题求解

1-44C 简述工程中建模的重要性。如何建立工程问题的数学模型？

1-45C 工程问题分析方法与实验方法之间的区别是什么？讨论两者的优势与劣势。

1-46C 对于工程问题，如何在简单但粗略的模型与复杂但准确的模型之间做出正确选择？复杂模型是否由于更准确而一定是更好的选择？

1-47C 精密度与准确度之间的区别是什么？测量值是否可以非常精密但不准确？解释说明。

1-48C 在物理问题的研究中，微分方程是如何产生的？

1-49C 工程软件包的价值是什么？
（a）在工程教育，（b）在工程实践中。

1-50 采用恰当的软件求解包含三个未知数的三个方程：
$$2x - y + z = 9$$
$$3x^2 + 2y = z + 2$$
$$xy + 2z = 14$$

1-51 采用恰当的软件求解包含两个未知数的两个方程：
$$x^3 - y^2 = 10.5$$
$$3xy + y = 4.6$$

1-52 采用恰当的软件确定此方程的正实数根：
$$3.5x^3 - 10x^{0.5} - 3x = -4$$

1-53 采用恰当的软件求解包含三个未知数的三个方程：
$$x^2y - z = 1.5$$
$$x - 3y^{0.5} + xy = -2$$
$$x + y - z = 4.2$$

复习题

1-54E 一名学生为自己公寓的卧室购买了一台 5000Btu 的窗式空调。他在炎热的一天中对空调进行了 1h 的监测，确定空调运行大约 60% 的时间（工作周期 = 60%），以保持室内处于几乎恒定的温度。（a）写下整个计算过程，并采用单位换算率计算通过墙壁、窗户等到卧室的传热速率，单位分别为 Btu/h 和 kW。（b）如果空调的能效比（EER）是 9.0，电费是 7.5 美分 /（kW·h），计算空调运行 1h 的费用，单位为美分。

1-55 由于重力加速度 g 随海拔变化而变化，物体从一个位置到另一个位置时重量可能会发生一些变化。采用题 1-31 中的关系式说明这一变化，并计算一位质量为 65kg 的人员在海平面（$z = 0$）、丹佛市（$z = 1610m$）和珠穆朗玛峰峰顶（$z = 8848m$）的重量。

1-56E 喷气式发动机产生的、向前推动飞机的反作用力称为推力，波音 777 的发动机所产生的推力大约为 85000 lbf。采用单位 N 和 kgf 表示此推力。

1-57 液体的动力黏度 μ，是一种流动阻力的度量，大约为 $\mu = a10^{b/(T-c)}$，其中 T 表示热力学温度，a、b、c 是实验测定的常数。使用附录表 A-7 中列出的甲醇在 20℃、40℃ 和 60℃ 的数据，确定常数 a、b 和 c。

1-58 固液混合物在管道中的二相流动有一个重要的设计因素需要考虑，那就是临界沉降速度，低于这一速度流动就会变得不稳定，最终堵塞管道。在大量流动测试的基础上，水中含固体颗粒的临界沉降速度 $V_L = F_L\sqrt{2gD(S-1)}$，其中 F_L 是一个实验测定的常数，g 是重力加速度，D 是管道直径，S 是固体颗粒的重力。F_L 的量纲是什么？等式两边的量纲相同吗？

1-59 考虑流经叶片扫掠面直径为 D（单位为 m）的风机中的气流。扫掠面中的平均气流速度为 V（单位为 m/s）。根据所涉及物理量的单位，证明扫掠面中空气的质量流量（单位为 kg/s）与空气密度、风速和扫掠面直径的二次方成正比。

1-60 一个油箱中装满了密度 $\rho=850kg/m^3$ 的油。如果油箱的体积 $V=2m^3$，计算油箱中的油的质量。

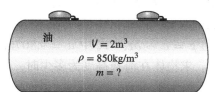

图 P 1-60

工程基础（FE）考试问题

1-61 如果质量、热和功都不许穿过系统的边界，则这个系统称为
（a）孤立的
（b）等温的
（c）绝热的
（d）控制质量的
（e）控制体

1-62 一个飞行器在空气中飞行的速度是260m/s，如果说当地声速是330m/s，该飞行是
（a）声速
（b）亚声速
（c）超声速
（d）高超声速

1-63 1J/kg等于
（a）1kPa·m^3
（b）1kN·m/kg
（c）0.001kJ
（d）1N·m
（e）1m^2/s^2

1-64 哪一个是功率单位？
（a）Btu
（b）kW·h
（c）kcal
（d）hph
（e）kW

1-65 一个飞行器的速度是950km/h。如果当地声速是315m/s，马赫数是
（a）0.63
（b）0.84
（c）1.0
（d）1.07
（e）1.20

1-66 一个质量为10kg的物体在海平面上的重力为
（a）9.81N

（b）32.2kgf
（c）98.1N
（d）10N
（e）100N

1-67 一个质量为1 lb的物体的重力为
（a）1 lb·ft/s^2
（b）9.81 lbf
（c）9.81N
（d）32.2 lbf
（e）1 lbf

1-68 一个水力发电厂的发电功率为12MW。如果发电厂某一年发电26000000kW·h，则该电厂发电了多少小时？
（a）2167h
（b）2508h
（c）3086h
（d）3710h
（e）8760h

设计题和论述题

1-69 写一篇有关历史中所采用的各种质量和体积测量装置的论文。此外，解释说明当代质量和体积单位的发展。

1-70 利用互联网搜索，找出如何在考虑有效数字的位数的同时正确加减数字。编写方法总结，然后采用该方法求解以下问题：（a）1.006 + 23.47；（b）703200 − 80.4；（c）4.6903 − 14.58。请注意将最终答案表示为适当位数的有效数字。

1-71 在欧洲广泛使用的力的另一个单位是kgf，定义为kp（千克力）。从力的单位解释千克力和千磅的不同，写出它们之间的转换系数。在4℃时水的密度为1000kg/m^3，用单位kp·m^{-4}·s^{2}来表示这个密度值。

1-72 讨论为什么加压容器（例如蒸汽锅炉、管道、氮气罐、空气罐、氧气罐等）的压力测试，施加高压是通过采用液体工质（例如水或液压油等流体）实现的。

2

第 2 章　流体的性质

本章概述

本章讨论在流体运动分析中遇到的性质。首先，讨论各种内在性质和外延性质，并且对密度和比重进行定义。其次，讨论蒸气压、能量性质及其各种形式，包括理想气体和不可压缩的物质的比热容、压缩系数和声速。然后，讨论黏性，它在流体运动的大多数方面中起着主导作用。最后，介绍表面张力的特性，并讨论静平衡条件下的毛细上升现象。压强将在第 3 章中与流体静力学一起进行讨论。

2.1　引言

本章目标

阅读完本章，你应该能够：

- 掌握实用的流体基本性质的知识，理解连续性假设。
- 掌握实用的流体黏性及摩擦作用对流体运动的影响的知识。
- 计算因表面张力效应在管中引起的毛细上升（或下降）高度。

系统的特性称为性质。一些大众熟知的性质包括压强 P、温度 T、体积 V 和质量 m。范围可以扩展到不为大众熟知的性质，比如黏度、导热系数、弹性模量、热膨胀系数、电阻率，甚至速度和高度。

性质分为内在性质和外延性质。内在性质与系统质量无关，如温度、压强和密度。外延性质取决于系统的尺寸或范围，如总质量、总体积和总动量。一个确定某性质是内在性质还是外延性质的简单方法是将系统按假想分割线划分为两个相等的部分，如图 2-1 所示。两部分的数值与原系统是相同的，则为内在性质；而数值为原来一半的，则为外延性质。

一般来说，外延性质用大写字母来表示（质量 m 例外），内在性质用小写字母表示（压强 P 和温度 T 明显例外）。

单位质量的外延性质称为比性质。比性质的例子有比容（$v = V/m$）和比能量（$e = E/m$）。

系统状态可由系统性质来描述。根据经验可知，不需要规定所有的性质参数就可以确定系统状态。如果已知的性质数据足够多，那么其他性质的数据就足以确定下来。也就是说，明确一定数量的性质参数就可以确定一个状态。而该性质参数的数目由状态原则给出：一个简单的可压缩系统的状态可由两个独立的内在性质完全确定。

当液体被挤出一个小试管时，一滴液滴形成。液滴的形状由压力、重力和表面张力三者的作用力决定。

如果一个性质变化时另一个性质保持不变，则这两个性质互相独立。但并非所有性质都是彼此独立的，有些性质由其他性质来定义，详见 2.2 节。

连续介质

流体由分子组成，而这些分子之间彼此间隔很大，尤其是在气相中。然而，为了研究方便，一般忽略流体的原子本质，将其视为连续均匀的无孔物质，即连续介质。连续介质概念的提出能有助于我们将性能参数视为点函数，并假设性能参数在空间上连续变化，不存在跳跃不连续的现象。当所分析的系统尺寸大小大于分子间隔时（见图 2-2），这种理想化假设是有效的。除了某些特例，几乎所有问题都符合该假设有效的前提。本书中所做的众多表述都暗含连续介质假设，如"一杯水中，任意点的密度相等"。

为了对分子级别上的距离有个概念，考虑一个充满氧气的容器，容器内的氧气处于大气条件。氧分子的直径大约为 3×10^{-10}m，质量为 5.3×10^{-26}kg。并且，在标准大气压强和 20°C 下，氧气的平均自由程为 $\lambda = 6.3 \times 10^{-8}$m，即氧分子在与另一个分子碰撞前，运动的平均距离为 6.3×10^{-8}m（约为其直径的 200 倍）。

同样，在标准大气压和 20°C 下，1mm³ 的微小体积内有大约 3×10^{16} 个氧气分子（见图 2-3）。只要系统的特征长度（如它的直径）远远大于分子的平均自由程，则连续介质模型适用。压强非常低时，例如，在海拔非常高的地方，分子的平均自由程可能会变大（例如，海拔为 100km 时，空气内分子的平均自由程约为 0.1m）。这种情况下，需要使用稀薄气体流动理论，且必须考虑单个分子的影响。在本文中，只讨论可以模化为连续介质的物质。为对其量化，定义一个无量纲数克努森数 $Kn = \lambda/L$，λ 是流体分子的平均自由程，L 是流动的某特征长度值。如果 Kn 非常小（通常指小于 0.01），流体介质可以视作连续的。

2.2　密度与比重

密度的定义是单位体积内的质量（见图 2-4），即

密度：
$$\rho = \frac{m}{V} \quad (\text{kg/m}^3) \tag{2-1}$$

密度的倒数是比容 υ，定义为每单位质量的体积，即 $\upsilon = V/m = 1/\rho$。对于一个微元的质量 δm 和体积 δV 来说，密度可以表示为 $\rho = \delta m/\delta V$。

一般来说，物质的密度取决于温度和压强。大多数气体的密度与压强成正比，与温度成反比。另外，液体和固体基本上是不可压缩物质，其密度随压强的变化通常可以忽略不计。例如，20°C 时，水的密度在标准大气压强下为 998kg/m³，在 100atm 下变为 1003kg/m³，变化量仅为 0.5%。温度对液体和固体密度的影响要大于压强。例如，在标准大气压强下，水的密度在 20°C 时为 998kg/m³，在 75°C 时变化为 975kg/m³，

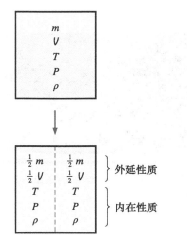

图 2-1　区分内在性质和外延性质的准则

图 2-2　与大多数流体相关的长度尺度是以大于空气分子平均自由程的数量级来表示的，比如飞行中的海鸥。因此，此处和本书中涉及的所有流体运动都适用连续介质假设

© PhotoLink/Getty Images RF

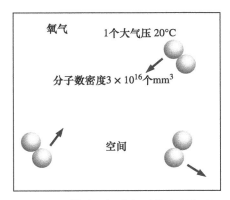

图 2-3　尽管分子间有相对较大的间距，但由于在极小体积中存在非常大量的分子数量，气体通常仍被视为连续介质

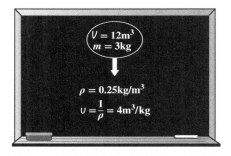

图 2-4 密度是单位体积的质量；比容是单位质量的体积

表 2-1 一些物质在标准大气压强和 20°C 下的比重（除非另有说明）

物质	比重（相对密度）
水	1.0
血液（37°C）	1.06
海水	1.025
汽油	0.68
乙醇	0.790
水银	13.6
软木	0.17
致密橡木	0.93
黄金	19.3
骨头	1.7~2.0
冰（0°C）	0.916
空气	0.001204

变化了 2.3%，此变化量在许多工程分析中仍可忽略不计。

有时，一种物质的密度用相对于另一个众所周知的物质的密度的比值来表示。由此得出的值称为比重，或相对密度，其定义为物质密度与特定温度下某标准物质的密度之比（通常是 4°C 的水，其 $\rho_{H_2O} = 1000kg/m^3$）。即

比重：
$$SG = \frac{\rho}{\rho_{H_2O}} \qquad (2-2)$$

注意，物质的比重是一个无量纲的量。然而，在国际单位制（SI）中，由于在 4°C 时水的密度是 $1g/cm^3 = 1kg/L = 1000kg/m^3$，物质比重的数值恰好等于其在 g/cm^3 或 kg/L 单位下的密度的数值（或者在 kg/m^3 单位下密度数值的 0.001）。例如，在 20°C 时，水银的比重是 13.6。因此，在 20°C，其密度为 $13.6g/cm^3 = 13.6kg/L = 13600kg/m^3$。表 2-1 中给出了一些物质在 20°C 时的比重。注意，比重小于 1 的物质比水轻，所以如果不互溶的话，会浮在水面上。

物质单位体积的重量称为重度或者重量密度，表示为

重度：
$$\gamma_s = \rho g \quad (N/m^3) \qquad (2-3)$$
式中，g 为重力加速度。

第 1 章中提到过，液体的密度基本上为常量，因此，在多数情况下，液体往往可近似为不可压缩物质，且不会对精度造成大的影响。

理想气体的密度

属性表提供了非常精准的信息，然而，对于那些相当常见且精度可靠的属性，在物性之间建立一些简单的关系则更为方便。任何涉及物质的压强、温度和密度（或比容）的方程均称为状态方程。气相物质中最简单、最著名的状态方程是理想气体状态方程。即

$$Pv = RT \quad 或 \quad P = \rho RT \qquad (2-4)$$
式中，P 为绝对压强（Pa）；v 为比容（m^3/kg）；T 为热力学（绝对）温度；ρ 为密度（kg/m^3）；R 为气体常数。每种气体的气体常数 R 均不同，根据 $R = R_u/M$ 来确定，其中 R_u 为通用气体常数，$R_u = 8.314kJ/(kmol \cdot K) = 1.986Btu/(lbmol \cdot R)$；M 为气体的摩尔质量（又称分子质量）。表 A-1 中给出了几种物质的 R 值和 M 值。

在国际单位制（SI）中，热力学温标是开氏温标，其温度单位是开尔文，符号为 K。在英制系统中，则是兰氏温标，其温度单位是兰金，符号为 R。不同温标之间的关系为
$$T(K) = T(°C) + 273.15 = T(R)/1.8 \qquad (2-5)$$
$$T(R) = T(°F) + 459.67 = 1.8 T(K) \qquad (2-6)$$

通常情况下，会将常数 273.15 和 459.67 分别圆整为 273 和 460，但我们不鼓励这种做法。

式（2-4）为理想气体的状态方程，也简称为理想气体关系，遵循这种关系的气体叫作理想气体。对于体积 V、质量 m、摩尔数 $N = m/M$ 的理想气体，理想气体状态方程也可以写成 $PV = mRT$ 或 $PV = NR_uT$。对

于质量 m 不变的两个状态，写两次理想气体关系并化简，在两种不同的状态下，理想气体的属性是相互关联的，即 $P_1V_1/T_1 = P_2V_2/T_2$。

理想气体是一种假设的物质，其遵循 $Pv = RT$ 的关系。实验观察到，在低密度下，理想气体 P-v-T 间的关系十分接近真实气体 P-v-T 间的关系。在低压强和高温条件下，气体的密度降低，气体表现得像理想气体（见图 2-5）。在实际处理过程中，许多熟悉的气体如空气、氮气、氧气、氢气、氦气、氩气、氖气、二氧化碳，甚至更重的气体如氪气，均可视为理想气体，其误差可忽略不计（通常低于 1%）。稠密气体则不能被视为理想气体，如蒸汽发电厂中的水蒸气和冰箱、空调和热泵中的制冷剂蒸气，因为它们通常处于接近饱和状态。

图 2-5 即使在很高的速度下，空气也相当于理想气体。在这张纹影图像中，一颗子弹以大约声速穿过一个气球的两侧，形成两个膨胀的激波。子弹的湍流尾迹也明显可见

©照片由宾夕法尼亚州立大学气动实验室的 G. S.Settles拍摄并授权使用

■
■
■ **【例 2-1】房间中空气的密度、比重和质量**
■
■　　一个房间的大小为 4m × 5m × 6m，求该房间空气在 100kPa 和 25℃ 下的密度、比重和质量（见图 2-6）。

　　问题：求房间空气的密度、比重和质量。

　　假设：特定条件下，空气可视为理想气体。

　　参数：空气的气体常数为 $R = 0.287\text{kPa} \cdot \text{m}^3/(\text{kg} \cdot \text{K})$。

　　分析：空气的密度可由理想气体关系 $P = \rho RT$ 决定，即

$$\rho = \frac{P}{RT} = \frac{100\ \text{kPa}}{[0.287\ \text{kPa·m}^3/(\text{kg·K})](25 + 273.15)\ \text{K}} = 1.17\text{kg/m}^3$$

从而可得空气的比重为

$$SG = \frac{\rho}{\rho_{\text{H}_2\text{O}}} = \frac{1.17\text{kg/m}^3}{1000\text{kg/m}^3} = 0.00117$$

最后，房间中空气的体积和质量分别为

$$V = (4\text{m})(5\text{m})(6\text{m}) = 120\text{m}^3$$
$$m = \rho V = (1.17\ \text{kg/m}^3)(120\ \text{m}^3) = 140\ \text{kg}$$

　　讨论：注意，在使用理想气体关系前，要将温度的单位从 ℃ 转换为 K。

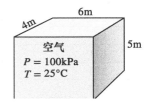

图 2-6 例 2-1 的示意图

2.3　蒸气压与空化

在相变过程中，纯净物质的温度和压强彼此相关，并且两者之间有一一对应的关系，这一点已被学术界公认。在一定压强下，纯净物质相变时的温度称为饱和温度 T_{sat}。同样，在一定温度下，纯净物质相变时的压强称为饱和压强 P_{sat}。例如，在 1 个标准大气压强（1atm 或 101.325kPa）的绝对压强下，水的饱和温度是 100℃。反过来，在温度为 100℃ 时，水的饱和压强为 1atm。

纯净物质的蒸气压 P_v 是指一定温度下，当气液两相平衡状态时，蒸气所产生的压强（见图 2-7）。P_v 是纯净物质的一种性质，且和液体的饱和压强 P_{sat} 相等（$P_v = P_{\text{sat}}$）。一定要注意不能把蒸气压与分压相混淆。

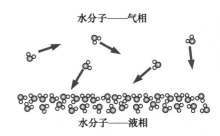

水分子——气相

水分子——液相

图 2-7 纯物质（例如水）的蒸气压（饱和压强）是指液体处于一定温度时的相平衡状态下，其蒸气所施加的压强

分压是指与其他气体混合时某气体或蒸气的压强。例如，大气中的空气是干燥空气和水蒸气的混合物，而大气压强是干燥空气分压和水蒸气分压的总和。水蒸气的分压构成了大气压强的一小部分（通常低于3%），因为空气主要是由氮气和氧气组成的。如果没有液体的存在，蒸气的分压一定小于或等于蒸气压。然而，当蒸气和液体都存在且系统处于相平衡时，蒸气的分压一定等于蒸气压，此时系统被称为饱和。蒸气压和分压之间的差值决定了开放水域（如湖泊）的蒸发速率。例如，在20°C时，水的蒸气压为2.34kPa。因此，在20°C和1个标准大气压强的条件下，在一个空气干燥的室内放一桶水，水会一直蒸发，直到发生以下两种情况之一：水蒸发完（房间里没有足够的水来建立相平衡）；或房间里水蒸气的分压上升到2.34kPa，此时相平衡建立，水停止蒸发。

对于纯净物质的液相和气相之间的相变过程，由于蒸气是纯净的，所以饱和压强和蒸气压相等。请注意，无论在蒸气或液相中进行测量，压强值都将相同（前提是在接近液体-蒸气界面的位置进行测量，以避免水压效应）。蒸气压随温度升高而升高，因此，压强越高，物质的沸点也越高。例如，在3atm的绝对压强下，高压锅中水的沸点为134°C；而在海拔为2000m的地方，大气压强为0.8atm，水在普通平底锅中的沸点为93°C。附录1和附录2给出了不同物质的饱和压强（或蒸气压）。表2-2给出了水在不同温度下的饱和压强（或蒸气压），以便参考。

我们对蒸气压感兴趣的原因是，在液体流动系统中，液体压强有可能在某些位置降低至低于蒸气压，并由此引发不希望出现的汽化现象。例如，在压强低于1.23kPa的地方，10°C的水会汽化并形成气泡（如叶轮的叶尖区或泵的吸入端）。这种蒸气气泡（被称为空化气泡，因为它在液体中形成"空腔"）从低压区域快速通过时会破裂，产生极大破坏性的超高压强波。这种现象是叶轮叶片性能下降甚至出现腐蚀的一种常见原因，被称为空化。在设计水轮机和泵时，需要重点考虑该因素。

由于空化降低了性能，产生令人讨厌的振动和噪声，并造成设备损坏，因此在大多数的流动系统中，必须避免出现空化（或至少最小化处理）。特别注意，有些流动系统利用了空化的优点，例如，高速"超空泡"鱼雷。大量气泡长期在固体表面附近破裂会造成压强峰，可能导致固体表面被腐蚀、表面点蚀、疲劳故障，最终会破坏机器零件（见图2-8）。流动系统中的空化可通过其特有的隆隆声来感知。

表2-2 水在不同温度下的饱和压强（或蒸气压）

温度 $T/°C$	饱和压强 P_{sat}/kPa
−10	0.260
−5	0.403
0	0.611
5	0.872
10	1.23
15	1.71
20	2.34
25	3.17
30	4.25
40	7.38
50	12.35
100	101.3（1atm）
150	475.8
200	1554
250	3973
300	8581

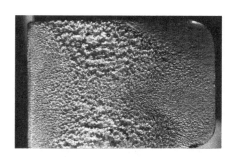

图2-8 16mm × 23mm 的铝制样品在60m/s流速下测试2.5h形成的空化损坏。样品位于专门设计的具有高破坏性的空腔生成器下游的空腔破裂区

【例2-2】螺旋桨空化的危险

在20°C的水中，对运转的螺旋桨进行分析，可知在高速运转时螺旋桨尖端压强降为2kPa。计算说明螺旋桨是否有空化的危险。

问题： 螺旋桨附近的最小压强已知，计算说明是否有空化的危险。

参数： 20°C的水的饱和蒸气压为2.34kPa（见表2-2）。

分析： 为了避免空化，流动中的每一处压强应该大于给定温度下的饱和蒸气压，即

$$P_v = P_{sat@20℃} = 2.34 \text{ kPa}$$

螺旋桨尖端的压强是2kPa，低于饱和蒸气压。因此，螺旋桨有空化的危险。

讨论： 注意，饱和蒸气压随着温度的增加而增加，因此液体的温度越高，空化的危险越大。

2.4 能量与比热容

能量有很多种存在形式，如热能、机械能、动能、势能、电能、磁能、化学能、核能（见图2-9），它们的总和构成了系统的总能量 E（或单位质量能量 e）。与系统的分子结构和分子活动程度有关的能量形式统称为微观能量。所有微观形态的能量总和被称为系统的内能，用 U（或单位质量内能 u）表示。

系统的宏观能量与运动及外部效应的影响有关，如重力、磁、电、表面张力等的影响。系统由于运动所具有的能量称为动能。当系统所有部件以相同的速度运动时，单位质量的动能表示为 $ke = V^2/2$，其中 V 表示相对于某固定参考系的系统速度。系统由于重力场中的高度所具有的能量称为势能，单位质量的势能为 $pe = gz$，其中 g 是重力加速度，z 是系统重心相对于某任意选择的参考平面的高度。

在日常生活中，经常将可感知的和潜在的内能形式称为热，并且我们会谈论身体的热含量。然而，在工程中，这些形式的能量通常被称为热能，以免与传热混淆。

能量的国际单位是焦耳（J）或千焦耳（1kJ = 1000J），1J = 1N × 1m。在英制系统中，能量的单位是英制热单位（Btu），其定义为将68°F的1 lb水提高1°F所需要的能量。kJ和Btu的大小几乎相等（1Btu = 1.0551kJ）。另一个众所周知的热量单位是卡路里（1cal = 4.1868J），其定义为将14.5℃的1g水提高1℃所需要的能量。

在分析流体流动相关的系统时，我们经常会遇到 u 和 $Pυ$ 的组合。为方便起见，这种组合称为焓 h，即

焓： $$h = u + Pυ = u + \frac{P}{\rho} \tag{2-7}$$

式中，P/ρ 为流动能，也称为流动功，即每单位质量流体流动和保持流动所需的能量。在分析流动流体的能量时，简便的做法是将流动能视为流体能量的一部分，并用焓 h 来表示流体的微观能量（见图2-10）。请注意，焓是单位质量的量，因此它属于比性质。

没有磁、电和表面张力影响的系统称为简单的可压缩系统。一个简单的可压缩系统的总能量由三部分组成：内能、动能和势能。单位质量的总能量表示为 $e = u + ke + pe$。进入或离开控制体的流体具有另外的一种能量形式——流动能 P/ρ。因此，单位质量的流动流体的总能量变为

a)

b)

图2-9 从一座核电站把能量传到你家至少经历了六种不同的能量形式：核能、热能、机械能、动能、磁能和电能

a）© Creatas/PunchStock RF b）Comstock Images/Jupiterimages RF

$$e_{\text{flowing}} = P/\rho + e = h + ke + pe = h + \frac{V^2}{2} + gz \quad \text{(kJ/kg)} \quad （2\text{-}8）$$

式中，$h = P/\rho + u$ 是焓；V 是速度大小；z 是系统相对于某外部参考点的高度。

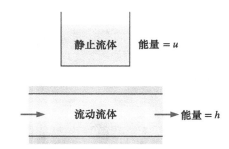

由于用焓代替内能来表示流动流体的能量，我们不需要考虑流动功，与推动流体有关的能量自动归入焓一项。事实上，这是定义焓的主要原因。

理想气体的内能和焓与比热容的微分表达式为

$$du = c_{\upsilon}\, dT \ \text{和}\ dh = c_p\, dT \quad （2\text{-}9）$$

式中，c_{υ} 和 c_p 分别是理想气体的定容比热容和定压比热容。利用平均温度下的比热容值，内能和焓的增量可近似表示为

图 2-10　内能 u 表示单位质量非流动流体的微观能量，而焓 h 表示单位质量流动流体的微观能量

$$\Delta u \approx c_{\upsilon,\text{avg}}\, \Delta T \ \text{和}\ \Delta h \approx c_{p,\text{avg}}\, \Delta T \quad （2\text{-}10）$$

对于不可压缩物质，定容比热容和定压比热容相等。因此，对于液体而言，$c_p \approx c_{\upsilon} \approx c$，液体内能的变化可表示为 $u \approx c_{\text{avg}}\Delta T$。

注意，不可压缩物质的密度为常数，对焓 $h = u + P/\rho$ 进行微分，可得 $dh = du + dP/\rho$，因此，焓的增量可表示为

$$\Delta h = \Delta u + \Delta P/\rho \approx c_{\text{avg}}\, \Delta T + \Delta P/\rho \quad （2\text{-}11）$$

因此，流体在等压过程中，$\Delta h \approx \Delta u \approx c_{\text{avg}}\, \Delta T$，而在等温过程中，$\Delta h = \Delta P/\rho$。

2.5　可压缩性与声速

压缩系数

根据经验可知，流体的体积（或密度）随温度或压强的变化而变化。当温度升高或压强降低时流体通常会膨胀，而温度降低或压强升高时则流体收缩。但不同流体的体积变化量不同，因此需要定义一种体积变化与压强和温度的变化关系的性质。这样的性质包括两种，分别是体积弹性模量 κ 和体积膨胀系数 β。

比较常见的是，作用在流体上的压强增加时，流体收缩，而压强减小时，流体膨胀（见图 2-11）。也就是说，流体在压强作用下的表现类似弹性固体。因此，与固体的弹性模量类似，可将流体的压缩系数 κ（也称为体积压缩模量或体积弹性模量）定义为

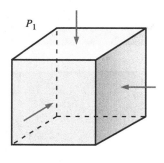

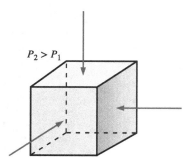

图 2-11　当作用在流体上的压强从 P_1 增加到 P_2 时，流体像固体一样被压缩

$$\kappa = -\upsilon\left(\frac{\partial P}{\partial \upsilon}\right)_T = \rho\left(\frac{\partial P}{\partial \rho}\right)_T \quad \text{(Pa)} \quad （2\text{-}12）$$

其增量表达式也可近似表示为

$$\kappa \approx -\frac{\Delta P}{\Delta \upsilon/\upsilon} \approx \frac{\Delta P}{\Delta \rho/\rho} \quad （T\ \text{不变}） \quad （2\text{-}13）$$

注意，$\Delta \upsilon/\upsilon$ 或 $\Delta \rho/\rho$ 是无量纲的量，故 κ 的单位为压强的量纲（Pa）。此外，压缩系数表示温度不变时，流体体积或密度的变化率引起的压强变化。由此可得，真正不可压缩物质（体积不变）的压缩系数为无穷大。

压缩系数大，表示压强发生很大变化时才能使体积发生很小的变化率。因此，压缩系数大的流体基本上是不可压缩的，液体普遍如此，也解释了为什么液体通常被认为是不可压缩的。例如，在正常大气条件下，要使水压缩1%，水的压强必须提高到210atm，对应的压缩系数$\kappa = 21000$atm。

在管路系统中，液体密度的小变化也能引起有趣的现象，比如水锤现象，其特征是发出类似管道"被锤打"的声音。这种情况发生在管道网络中的液体遇到突然的限流（如阀门关死）从而被局部压缩时。产生的声波沿着管道传播和反射，击打管道表面、弯管以及阀门，引起管道振动，并产生这种熟悉的声音。除了产生噪声，水锤现象具有相当的破坏性，会导致管道泄漏或结构损坏。水锤的影响可通过水锤消除器抑制，这种消除器是一种含有减振波纹管或活塞的腔室。大管道（如水电压力管道）经常会使用一种称为调压塔的竖直管。调压塔的顶部是自由空气表面，基本上不需要维护。对于其他一些管道，会使用一种封闭的液压储罐，其中会压入一些气体例如空气或氮气来缓冲冲击。

注意，体积和压强成反比（体积随压强的增加而减小，因此$\partial P/\partial V$是负值），而定义中的负号［式（2-12）］确保κ是一个正值。同时，对$\rho = 1/\upsilon$进行微分得$\mathrm{d}\rho = - \mathrm{d}\upsilon/\upsilon^2$，重新整理可得

$$\frac{\mathrm{d}\rho}{\rho} = -\frac{\mathrm{d}\upsilon}{\upsilon} \tag{2-14}$$

也就是说，流体的比容和密度的变化率大小相等，符号相反。

对于理想气体，$P = \rho RT, (\partial P/\partial \rho)_T = RT = P/\rho$，故

$$\kappa_{\text{ideal gas}} = P \quad \text{(Pa)} \tag{2-15}$$

因此，理想气体的压缩系数等于它的绝对压强，且气体的压缩系数随压强增大而增大。将$\kappa = P$代入压缩系数的定义中，重新整理可得

理想气体：
$$\frac{\Delta\rho}{\rho} = \frac{\Delta P}{P} \quad (T\text{不变}) \tag{2-16}$$

因此，在理想气体的等温压缩过程中，密度的增长百分比与压强的增长百分比相等。

对于1atm的空气，$\kappa = P = 1$atm，体积减小1%（$\Delta V/V = -0.01$），则压强增长$\Delta P = 0.01$atm。而对于1000atm的空气，$\kappa = 1000$atm，体积减小1%，而压强增长$\Delta P = 10$atm。因此，在非常高的压强下，气体体积很小的变化率能产生较大的压强变化量。

压缩系数的倒数称为等温压缩系数α，可表示为

$$\alpha = \frac{1}{\kappa} = -\frac{1}{\upsilon}\left(\frac{\partial\upsilon}{\partial P}\right)_T = \frac{1}{\rho}\left(\frac{\partial\rho}{\partial P}\right)_T \quad \text{(1/Pa)} \tag{2-17}$$

流体的等温压缩系数表示变化单位压强时引起的体积或密度的变化率。

体积膨胀系数

一般来说，温度对流体密度的影响要大于压强，很多自然现象与密度随温度的变化有关，例如风、洋流、烟囱冒出的烟、热气球操作、自

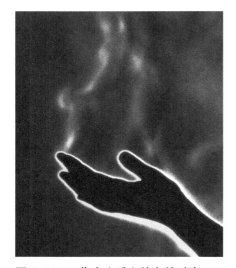

图 2-12 一位女士手上的自然对流

©照片由宾夕法尼亚州立大学气动实验室的G. S. Settles提供并授权使用。

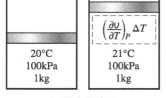

a) β较大的物质

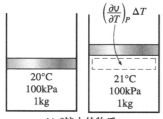

b) β较小的物质

图 2-13 体积膨胀系数是一种测量物质在恒压下体积随温度变化的方法

图 2-14 一架接近声速飞行的F/A-18F "超级大黄蜂" 周围的蒸汽云

然对流传热，甚至热空气上升产生的 "热气升腾" 现象（见图 2-12）。为了量化这些影响，我们需要定义一个性质，用来表示恒定压强下，流体密度随温度的变化。上述性质即为体积膨胀系数（体胀系数）β，定义为（见图 2-13）

$$\beta = \frac{1}{\upsilon}\left(\frac{\partial \upsilon}{\partial T}\right)_P = -\frac{1}{\rho}\left(\frac{\partial \rho}{\partial T}\right)_P \quad (1/\mathrm{K}) \qquad （2\text{-}18）$$

其增量表达式近似为

$$\beta \approx \frac{\Delta \upsilon/\upsilon}{\Delta T} = -\frac{\Delta \rho/\rho}{\Delta T} \quad （P\,不变） \qquad （2\text{-}19）$$

流体的 β 值较大，表示密度随温度的变化较大，$\beta\Delta T$ 的乘积表示压强不变时，温度变化 ΔT 所引起的流体体积的变化率。

由此可得，理想气体（$P = \rho RT$）在温度 T 下的体积膨胀系数等于温度的倒数，即

$$\beta_{\text{ideal gas}} = \frac{1}{T} \quad (1/\mathrm{K}) \qquad （2\text{-}20）$$

式中，T 为热力学温度。

在自然对流流动的研究中，有限冷热区周围主流体的数值用下标 "∞" 表示，以提醒人们，这是在没有感觉到冷热区存在距离处的值。此时，体积膨胀系数可以近似表示为

$$\beta \approx -\frac{(\rho_\infty - \rho)/\rho}{T_\infty - T} \quad 或 \quad \rho_\infty - \rho = \rho\beta(T - T_\infty) \qquad （2\text{-}21）$$

式中，ρ_∞ 和 T_∞ 为远离特定冷热流体范围的静止流体的密度和温度。

我们将在第 3 章中得知自然对流的气流是由浮力引起的。压强不变时，浮力与密度差成正比，而密度差与温度差成正比。因此，冷热流体与环境流体之间的温差越大，其形成的浮力越大，从而自然对流的流动更强劲。当飞机以接近声速飞行时，有时会出现相关现象。温度的突然降低使得水汽凝结为可见的蒸汽云（见图 2-14）。

通过建立比容与 T、P 的函数关系，可确定压强和温度变化对流体体积变化的综合影响，对 $\upsilon = \upsilon(T, P)$ 进行微分并利用压缩系数 α 和膨胀系数 β 的定义可得

$$\mathrm{d}\upsilon = \left(\frac{\partial \upsilon}{\partial T}\right)_P \mathrm{d}T + \left(\frac{\partial \upsilon}{\partial P}\right)_T \mathrm{d}P = (\beta\,\mathrm{d}T - \alpha\,\mathrm{d}P)\upsilon \qquad （2\text{-}22）$$

于是，压强和温度变化产生的体积（或密度）的变化率可以近似表示为

$$\frac{\Delta \upsilon}{\upsilon} = -\frac{\Delta \rho}{\rho} \approx \beta\,\Delta T - \alpha\,\Delta P \qquad （2\text{-}23）$$

【例2-3】温度和压强变化引起的密度变化

假设水的初始状态为20℃、1atm，求以下两种情况下水的最终密度：（a）如果它在1atm的恒定压强下被加热到50℃，（b）如果在20℃的恒定温度下被压缩到100atm的压强。已知水的等温压缩系数 $\alpha = 4.80 \times 10^{-5}\text{atm}^{-1}$。

问题： 已知给定温度和压强的水，求水加热后和压缩后的密度。

假设： ①在给定温度范围内，水的体积膨胀系数和等温压缩系数恒定；②用增量代替微分量来进行近似分析。

参数： 在20℃和1atm下，水的密度为 $\rho_1 = 998.0\text{kg/m}^3$。在平均温度（20 + 50）℃/ 2 = 35℃下，体积膨胀系数为 $\beta = 0.337 \times 10^{-3}\text{K}^{-1}$。水的等温压缩系数已知，为 $\alpha = 4.80 \times 10^{-5}\text{atm}^{-1}$。

分析： 微分量由增量来代替，且 α 和 β 视为常数，则密度随压强和温度变化的变化 [式（2-23）] 可近似表示为

$$\Delta\rho = \alpha\rho\,\Delta P - \beta\rho\,\Delta T$$

（a）恒压下，温度由20℃上升至50℃引起的密度变化为

$$\Delta\rho = -\beta\rho\,\Delta T = -(0.337 \times 10^{-3}\text{K}^{-1})(998\text{ kg/m}^3)(50 - 20)\text{ K}$$
$$= -10.0\text{ kg/m}^3$$

注意，$\Delta\rho = \rho_2 - \rho_1$，在50℃和1atm下，水的密度为

$$\rho_2 = \rho_1 + \Delta\rho = [998.0 + (-10.0)]\text{kg/m}^3 = 988.0\text{kg/m}^3$$

这与表 A-3 中所列出的50℃对应的 988.1kg/m^3 几乎相同。这主要是由于 β 随温度几乎呈线性变化，如图 2-15 所示。

（b）恒温下，压强由1atm上升至100atm引起的密度变化为

$$\Delta\rho = \alpha\rho\,\Delta P = (4.80 \times 10^{-5}\text{atm}^{-1})(998\text{ kg/m}^3)(100-1)\text{ atm} = 4.7\text{kg/m}^3$$

那么，在20℃和100atm下，水的密度为

$$\rho_2 = \rho_1 + \Delta\rho = (998.0 + 4.7)\text{ kg/m}^3 = 1002.7\text{kg/m}^3$$

讨论： 注意，如预想一样，当水加热时密度降低，而压缩时密度增加。当各性质有其函数形式时，用微分分析可以更准确地解决这个问题。

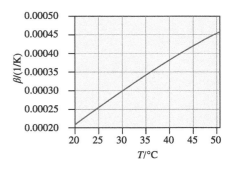

图 2-15 在20℃至50℃之间，水的体积膨胀系数 β 随温度的变化

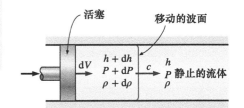

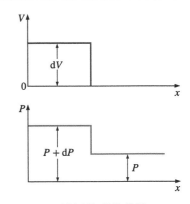

图 2-16 弱压强波沿管道的传播

声速和马赫数

可压缩流动研究中的一个重要参数是声速（或音速），定义为一个无穷小的压强波通过某种介质时的传播速度。压强波可能是由一个小扰动引起的，它会造成局部压强的轻微上升。

为了得到某种介质中声速的关系式，设想一个充满了静止流体的管道，如图 2-16 所示。管道里的活塞现在以恒定的速度增量 dV 向右运动，形成一道声波。波面以声速 c 在流体中向右移动，并将靠近活塞的运动流体和仍处于静止的流体区分开来。波面左侧的流体的热力学参数值增加，而在波面右侧的流体仍保持其原有的热力学参数，如图 2-16 所示。

为了简化分析，取一个围绕波面并随波面运动的控制体，如图 2-17 所示。对于一个随波面同步运动的观察者来说，看上去好像右侧流体以

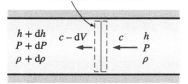

图 2-17 控制体随弱压强波沿导管移动

速度 c 面向波面运动，而左侧流体以速度 $c - \mathrm{d}V$ 远离波面运动。当然，观察者视围绕波面的控制体（以及观察者自己）为静止的，且从观察者角度来看流动为定常过程。对于这种一维定常流动过程，其质量连续性方程可表示为

$$\dot{m}_{\text{right}} = \dot{m}_{\text{left}}$$

或

$$\rho A c = (\rho + \mathrm{d}\rho)A(c - \mathrm{d}V)$$

约去横截面（或流动）面积 A，并忽略高阶项，该式可简化为

$$c\mathrm{d}\rho - \rho\mathrm{d}V = 0$$

在这个定常流动过程中，没有热或功穿过控制体的边界，并且可以忽略势能的变化。因此，定常流动的能量平衡 $e_{\text{in}} = e_{\text{out}}$ 可写成

$$h + \frac{c^2}{2} = h + \mathrm{d}h + \frac{(c - \mathrm{d}V)^2}{2}$$

化简为

$$\mathrm{d}h - c\mathrm{d}V = 0$$

式中忽略了二阶项 $(\mathrm{d}V)^2$。普通声波的振幅非常小，不会对流体压强和温度造成任何明显的变化。因此，声波的传播不仅是绝热的，也是非常接近等熵的。那么，热力学关系 $T\,\mathrm{d}s = \mathrm{d}h - \mathrm{d}P/\rho$（见 Çengel 和 Boles，2015）化简为

$$T\,\mathrm{d}s^{\,0} = \mathrm{d}h - \frac{\mathrm{d}P}{\rho}$$

或

$$\mathrm{d}h = \frac{\mathrm{d}P}{\rho}$$

综合上述方程，可得所需的声速表达式为

$$c^2 = \frac{\mathrm{d}P}{\mathrm{d}\rho}\quad(s\text{ 为常数})$$

或

$$c^2 = \left(\frac{\partial P}{\partial \rho}\right)_s \tag{2-24}$$

读者可练习利用热力学关系式，将式（2-24）改写为

$$c^2 = k\left(\frac{\partial P}{\partial \rho}\right)_T \tag{2-25}$$

式中，$k = c_p/c_v$ 是流体的比热容比。注意，流体中的声速是该流体热力学参数的函数。

当流体是理想气体（$P = \rho R T$）时，对式（2-25）进行微分，可以化简为

$$c^2 = k\left(\frac{\partial P}{\partial \rho}\right)_T = k\left[\frac{\partial(\rho R T)}{\partial \rho}\right]_T = kRT$$

或

$$c = \sqrt{kRT} \qquad (2\text{-}26)$$

注意，对于某种特定的理想气体，气体常数 R 是一个固定值，且在大多数情况下，理想气体的比热容比 k 是温度的函数，由此可知，特定理想气体的声速只是温度的函数（见图2-18）。

可压缩流体流动分析中的又一重要参数是马赫数 Ma，是以奥地利物理学家恩斯特·马赫（1838—1916）的名字命名的。它是流体（或静止流体中的物体）的实际速度与相同状态下的同一流体中声速的比值，即

$$Ma = \frac{V}{c} \qquad (2\text{-}27)$$

马赫数也可以定义为惯性力与弹性力之比。如果马赫数小于1/3，流动可近似为不可压缩，因为压缩性的影响只有当马赫数超过这个值的时候才显著。

注意，马赫数取决于声速，而声速取决于流体的状态。因此，在静止空气中定速巡航的飞机，在不同位置其马赫数可能不同（见图2-19）。

流体流动领域经常用流动马赫数来描述。当 $Ma = 1$ 时流动为声速，当 $Ma < 1$ 时为亚声速，当 $Ma > 1$ 时为超声速，当 $Ma \gg 1$ 时为高超声速，当 $Ma \approx 1$ 时为跨声速。

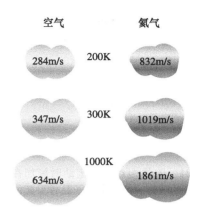

图 2-18　声速随温度和流体介质的变化而变化

图 2-19　即使飞行速度相同，不同温度下的马赫数也可能不同

【例2-4】空气进入扩压器时的马赫数

如图2-20所示，空气以200m/s的速度进入一个扩压器。当空气温度为30℃时，求扩压器入口处的（a）声速和（b）马赫数。

问题： 空气高速进入扩压器，求扩压器入口处的声速和马赫数。

假设： 指定条件下的空气可视为理想气体。

参数： 空气的气体常数 $R = 0.287\text{kJ/}(\text{kg}\cdot\text{K})$，且30℃时的比热容比为1.4。

分析： 注意到气体的声速随温度变化，这里给定的温度为30℃。

（a）30℃下空气中的声速可由式（2-26）得出，即

$$c = \sqrt{kRT} = \sqrt{(1.4)[0.287\,\text{kJ/(kg·K)}](303\text{K})\left(\frac{1000\text{m}^2/\text{s}^2}{1\,\text{kJ/kg}}\right)} = 349\,\text{m/s}$$

（b）那么，可得马赫数为

$$Ma = \frac{V}{c} = \frac{200\,\text{m/s}}{349\,\text{m/s}} = 0.573$$

讨论： 因为 $Ma < 1$，所以扩压器入口的流动为亚声速。

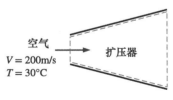

图 2-20　例 2-4 的示意图

2.6　黏度

当两个固体接触并做相对运动时，接触面上会产生一个与运动方向相反的摩擦力。例如，当移动地板上的桌子时，我们必须在水平方向上施加一个足够大的力来克服摩擦力。推动桌子所需力的大小取决于桌腿和地板之间的摩擦系数。

图 2-21 流体相对物体运动时施加在物体上的阻力，部分来自于黏性引起的摩擦

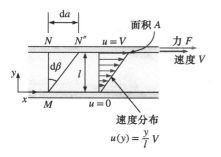

图 2-22 当上层板以恒定速度移动时，两个平行板之间的层流流动

流体相对于固体运动或两种流体相对运动时，情况相似。我们能在空气中自如地移动，在水中却没这么容易。在油中运动就更为困难，这可由观察得知：将一个玻璃球扔进一个装满油的管内，其向下运动更为缓慢。由此看来，有一个性质可以表示流体对运动或"流动性"的内部阻力，该参数就是黏度。流动流体在流动方向上作用于物体的力被称为阻力，其大小在一定程度上取决于黏度（见图 2-21）。

为获得黏度的关系式，设想在两个非常大的平行板之间有一个流体层（或者等效于浸没在非常大容量流体中的两个平行板），两平板相距 l（见图 2-22）。现在对上层板施加一个恒定的平行力 F，而下层板固定不动。在初始瞬态后，可观察到上层板在该力的作用下以恒速 V 连续运动。与上层板接触的流体黏附在板的表面上，并以相同的速度运动，那么作用在该流体层上的切应力 τ 为

$$\tau = \frac{F}{A} \quad (2-28)$$

式中，A 是平板与流体的接触面积。请注意，流体层在切应力影响下的变形是连续的。

与下层板接触的流体的速度与下层板的速度一致，都为零（因为无滑移条件，见 1.2 节）。在稳定的层流中，平板之间的流体速度呈从 0 到 V 的线性变化，因此，速度分布和速度梯度为

$$u(y) = \frac{y}{l}V \quad 和 \quad \frac{\mathrm{d}u}{\mathrm{d}y} = \frac{V}{l} \quad (2-29)$$

式中，y 为到下层板的垂直距离。

在一个微分时间间隔 $\mathrm{d}t$ 中，流体质点的两侧沿垂直线 MN 旋转一个微角度 $\mathrm{d}\beta$，而上层板移动了微分距离 $\mathrm{d}a = V\,\mathrm{d}t$。角位移或变形（或切应变）可以表示为

$$\mathrm{d}\beta \approx \tan \mathrm{d}\beta = \frac{\mathrm{d}a}{l} = \frac{V\,\mathrm{d}t}{l} = \frac{\mathrm{d}u}{\mathrm{d}y}\mathrm{d}t \quad (2-30)$$

整理变形后，切应力 τ 影响下的变形率为

$$\frac{\mathrm{d}\beta}{\mathrm{d}t} = \frac{\mathrm{d}u}{\mathrm{d}y} \quad (2-31)$$

因此，可得出这样的结论：流体单元的变形率等于速度梯度 $\mathrm{d}u/\mathrm{d}y$。此外，它可以由实验验证，对大多数流体而言，变形率（以及速度梯度）直接与切应力 τ 成正比，即

$$\tau \propto \frac{\mathrm{d}\beta}{\mathrm{d}t} \quad 或 \quad \tau \propto \frac{\mathrm{d}u}{\mathrm{d}y} \quad (2-32)$$

变形率线性正比于切应力的流体称为牛顿流体，以艾萨克·牛顿爵士命名，他在 1687 年第一次提出了该现象。最常见的流体都是牛顿流体，如水、空气、汽油和油。血液和液态塑料为非牛顿流体。

在牛顿流体的一维剪切流中，切应力 τ 可以用线性关系表示，即

$$\tau = \mu \frac{\mathrm{d}u}{\mathrm{d}y} \quad (\mathrm{N/m^2}) \quad (2-33)$$

式中，比例常数 μ 称为流体的黏性系数或动力（或绝对）黏度，其单位是

kg/（m·s），或等效于 N·s/m^2（或 Pa·s，Pa 是压强单位帕斯卡）。一个常见的黏度单位是 P（泊），其相当于 0.1Pa·s[或 cP（厘泊），1cP = 0.01P]。水在 20°C 的黏度为 1.002cP，因此 cP 是一个很有用的参考单位。切应力与牛顿流体的变形率（速度梯度）曲线是一条直线，其斜率为流体的黏度，如图 2-23 所示。注意，黏度与牛顿流体的变形率无关。由于变形率与应变率成正比，图 2-23 揭示了黏度实际上是应力 - 应变关系中的系数。

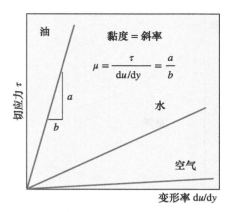

图 2-23 牛顿流体的变形率（速度梯度）与切应力成正比，且比例常数就是黏度

作用在牛顿流体层上的剪力 F（或根据牛顿第三定律，作用在平板上的力）为

$$剪力： \qquad F = \tau A = \mu A \frac{\mathrm{d}u}{\mathrm{d}y} \quad (\mathrm{N}) \qquad (2\text{-}34)$$

式中，A 仍然是平板与流体的接触面积。则在图 2-22 中，当下层板保持静止时，使上层板以恒速 V 移动所需要的力 F 为

$$F = \mu A \frac{V}{l} \quad (\mathrm{N}) \qquad (2\text{-}35)$$

当测出力 F 时，可利用该式计算 μ。因此，所描述的实验装置可以用来测量流体的黏度。注意，在相同条件下不同流体的力 F 有显著不同。

对于非牛顿流体，切应力与变形率之间的关系为非线性，如图 2-24 所示。τ 与 $\mathrm{d}u/\mathrm{d}y$ 曲线的斜率称为流体的表观黏度。表观黏度随变形率增大的流体（如淀粉或沙子的悬浮液）被称为膨胀性流体或剪切增稠流体，而那些表现出相反性质的（由于剪切变形增大，流体的黏性减弱，如一些颜料、聚合物溶液、含悬浮颗粒的流体）被称为拟塑性流体或剪切稀化流体。一些材料，如牙膏，可以对抗一个有限的切应力从而表现为固体，但当切应力超过屈服应力时则连续变形，表现为流体。这种材料被称为宾汉塑性流体，以尤金 C. 宾汉（1878—1945）命名，他在 20 世纪 20 年代初为美国国家标准局在流体黏度方面做出了开创性工作。

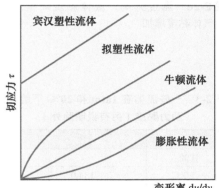

图 2-24 牛顿流体与非牛顿流体的切应力随变形率的变化（曲线上一点的斜率是流体在该点上的表观黏度）

在流体力学和传热学中，经常会出现动力黏度与密度的比值。为方便起见，将该比值命名为运动黏度 ν，表示为 $\nu = \mu/\rho$。运动黏度的两个常用单位是 m^2/s 和 St（斯托克斯）（1St = 1cm^2/s = 0.0001m^2/s）。

在一般情况下，流体的黏度取决于温度和压强，只是对压强的依赖性很弱。对于液体，动力黏度或运动黏度实际上都与压强无关，除非压强非常高，否则由压强引起的任何微小的变化均可忽略不计。对于气体来说，动力黏度的情况类似（在低压到中等压强下），但运动黏度不同，因为气体的密度与压强成正比（见图 2-25）。

流体的黏度表示其"抵抗变形"的能力，是因不同流体层之间被迫相对移动，而在其中产生的内部摩擦力。

流体黏度直接关系管道输送流体或流体中移动物体（如空气中行驶的汽车或海洋里的潜艇）所需的推动功率。黏度是由液体分子的内聚力和气体分子的碰撞引起的，它随温度的变化很大。液体黏度随温度升高而降低，而气体黏度随温度升高而增大（见图 2-26）。这是因为液体分子在温度高时具有更多的能量，可以更有力地对抗分子间的内聚力。因

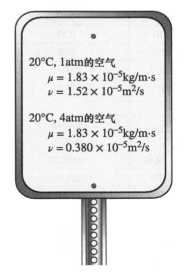

20°C，1atm 的空气
$\mu = 1.83 \times 10^{-5} \mathrm{kg/m \cdot s}$
$\nu = 1.52 \times 10^{-5} \mathrm{m^2/s}$

20°C，4atm 的空气
$\mu = 1.83 \times 10^{-5} \mathrm{kg/m \cdot s}$
$\nu = 0.380 \times 10^{-5} \mathrm{m^2/s}$

图 2-25 一般情况下，动力黏度与压强无关，但运动黏度与之相关

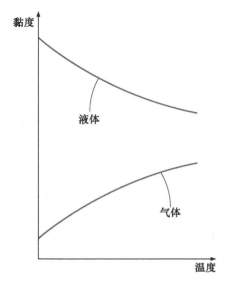

图2-26 温度升高，液体黏度降低，而气体黏度增加

表2-3 一些流体在 1atm 和 20°C 下的动力黏度（另有说明除外）

流体	动力黏度 μ/(kg/m·s)
甘油：	
−20°C	134.0
0°C	10.5
20°C	1.52
40°C	0.31
发动机润滑油：	
SAE 10W	0.10
SAE 10W30	0.17
SAE 30	0.29
SAE 50	0.86
水银	0.0015
乙醇	0.0012
水：	
0°C	0.0018
20°C	0.0010
100°C（液体）	0.00028
100°C（蒸汽）	0.000012
血液，37°C	0.00040
汽油	0.00029
氨气	0.00015
空气	0.000018
氢气，0°C	0.0000088

此，液体分子能量越高，越可以自由移动。

另一方面，气体分子间的作用力可以忽略不计，在高温下，气体分子以更高速度随机运动，这将导致单位体积、单位时间内产生更多的分子碰撞，因此产生更大的流动阻力。气体动力学理论预测气体黏度与温度的平方根成正比，即，$\mu_{gas} \propto \sqrt{T}$。这一预测已通过实际观察予以证实，但考虑不同气体存在偏差，需要加入一些修正因子。根据萨瑟兰公式（美国标准大气），气体黏度 μ 可用温度的函数表示为

气体：
$$\mu = \frac{aT^{1/2}}{1 + b/T} \qquad (2\text{-}36)$$

式中，T 为热力学温度；a 和 b 为实验确定的常数。注意，测量两个不同温度下的黏度就足以确定这些常数。以大气条件下的空气为例，这些常数的值为 $a = 1.458 \times 10^{-6} kg/(m \cdot s \cdot K^{1/2})$、$b = 110.4K$。在低压到中等压强下（从百分之几的标准大气压到几个标准大气压），气体黏度与压强无关。但高压下由于密度增加，黏度增加。

对于液体，黏度 μ 近似为

液体：
$$\mu = a10^{b/(T-c)} \qquad (2\text{-}37)$$

式中，T 为热力学温度；a、b 和 c 为实验确定的常数。对于水，温度范围为 0~370°C，常数值为 $a = 2.414 \times 10^{-5} N \cdot s/m^2$，$b = 247.8K$，$c = 140K$，计算得到的黏度误差小于 2.5%（Touloukian 等，1975）。

表2-3列出了室温下一些流体的黏度。它们与温度的关系曲线绘制在图2-27中。请注意，不同流体的黏度相差数个数量级。此外，相比于黏度较低的流体（如水），物体在黏度更高的流体（如发动机润滑油）中更难以移动。在一般情况下，液体比气体更黏稠。

设想在两个同心圆筒间的小间隙中有一厚度为 l 的流体层，比如滑动轴承中的薄油层。圆筒之间的间隙可简化为被流体分隔的两个平行板。需要注意的是，转矩为 $T = FR$（力乘以力臂，在此情况下，力臂为 R，即内圆筒的半径），切向速度为 $V = \omega R$（角速度乘以半径），如忽略作用于内圆筒两端的切应力，内圆筒的湿表面积为 $A = 2\pi RL$，转矩可表示为

$$T = FR = \mu \frac{2\pi R^3 \omega L}{l} = \mu \frac{4\pi^2 R^3 \dot{n} L}{l} \qquad (2\text{-}38)$$

式中，L 为圆筒的长度；$\dot{n}$ 为转速，通常用 rpm（或 r/min）表示。

注意，旋转一周的角位移为 $2\pi rad$，因此角速度（rad/min）和转速（rpm）之间的关系为 $\omega = 2\pi\dot{n}$。式（2-38）测量特定角速度下的转矩，从而计算流体黏度。因此，两个同心圆筒可以用作测量黏度的装置——黏度计。

【例2-5】求流体黏度

流体黏度是由两个 40cm 长的同心圆筒构成的黏度计测量的（见图2-28）。内圆筒的外径为 12cm，两个圆筒之间的间隙为 0.15cm。内筒的转速为 300rpm，测量到的转矩为 1.8N·m。求流体黏度。

问题： 已知双圆筒黏度计的转矩和转速，求流体黏度。

假设： ①内圆筒完全浸入流体中；②内圆筒两端的黏滞效应忽略不计。

分析： 只有当曲率效应忽略不计时，速度才呈线性分布，在所述情况下，因为 $l/R = 0.025 \ll 1$，分布可近似看作线性。代入给定值对式（2-38）求解，可得流体黏度为

$$\mu = \frac{Tl}{4\pi^2 R^3 \dot{n} L} = \frac{(1.8\,\text{N·m})(0.0015\,\text{m})}{4\pi^2(0.06\,\text{m})^3\left(300\,\dfrac{1}{\text{min}}\right)\left(\dfrac{1\,\text{min}}{60\,\text{s}}\right)(0.4\,\text{m})} = 0.158\,\text{N·s/m}^2$$

讨论： 黏度受温度影响较大，不给出对应温度的黏度数据毫无意义。因此，实验过程中应该测量流体温度，并在计算中给出。

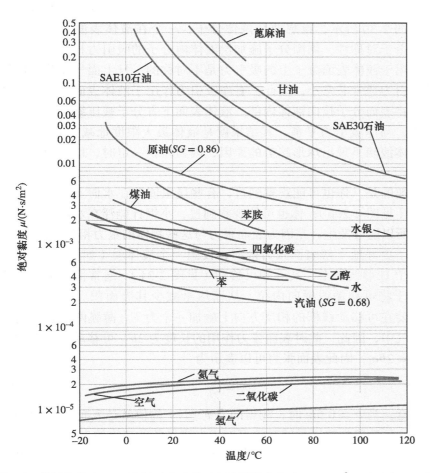

图 2-27 普通流体在 1atm 下的动力（绝对）黏度的变化（$1\text{N·s/m}^2 = 1\text{kg/(m·s)}$）

Data from EES and F. M. White, Fluid Mechanics 7e.
Copyright © 2011 The McGraw-Hill Companies, Inc.

2.7 表面张力与毛细现象

经常可以观察到，血液滴在水平玻璃上会形成一个驼峰形；一滴水银会形成一个近乎完美的球形，像钢球一样在光滑表面上滚动；雨水或

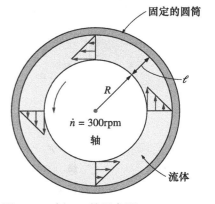

图 2-28 例 2-5 的示意图

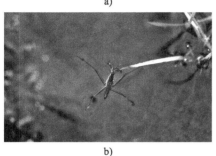

图2-29　一些表面张力的结果：a）一片叶子上的水珠，b）水面上的水黾

a）© Don Paulson Photography/Purestock/ Super-Stock RF
b）NPS Photo by Rosalie LaRue

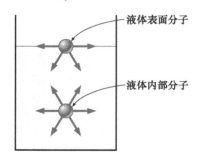

图2-30　作用在液体表面和液体内部的分子吸引力

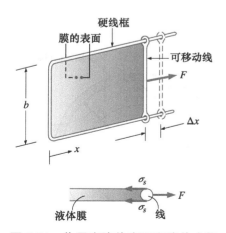

图2-31　作用在液体表面和液体内部的分子吸引力

露水会形成水珠挂在树枝或树叶上；液体燃料喷入发动机会形成球状液滴喷雾；一个漏水的水龙头中滴下的水会以近乎球状的液滴下落；飘在空气中的肥皂泡几乎是球形的；花瓣上的水会形成一颗颗小水珠（见图2-29a）。

在上述或其他现象中，小液滴就像充满液体的小球，液体表面在张力作用下就像一个拉伸的弹性膜。导致这种张力的是平行作用于表面的拉力，由液体分子间的吸引力产生。单位长度该力的大小被称为表面张力或表面张力系数 σ_s，通常用单位 N/m 表示（或者在英制单位中表示为 1bf/ft）。这种效应也称为表面能（每单位面积），用当量单位 N·m/m^2 或 J/m^2 表示。在这种情况下，σ_s 代表了增加单位数量的液体表面积所需要做的拉伸功。

为了形象地说明表面张力是如何产生的，我们给出了一个微观视图，如图2-30所示，设想两个液体分子，一个在液体表面，一个液体内部。由于对称性，周围分子施加给液体内分子的吸引力相互平衡。但是，作用于液体表面分子上的吸引力是不对称的，且上面气体分子所施加的吸引力通常非常小。因此，有净吸引力作用于液体表面分子，该作用力会将表面分子拉向液体内部。液体表面下方分子被压缩，从而产生排斥力，与净吸引力平衡。其结果就是液体最大限度地减少其表面积。这是液体液滴呈现出球形趋势的原因，因为体积一定时，球形的表面积最小。

有趣的是，你也可能观察到过，有些昆虫能落在水面上，甚至在水上行走（见图2-29b）；你也可能观察到过，小钢针能浮在水面上。这些现象之所以能够发生，是因为表面张力与这些物体的重力相互平衡。

为了更好地了解表面张力效应，设想一个液体膜（如肥皂泡的膜）挂在一个 U 形线框上，其一侧可移动（见图2-31）。通常情况下，液体膜倾向于将可移动线框向内拉，从而尽量减少其表面积。为了平衡拉力，需要在可移动线框的相反方向上施加一个力 F。薄膜两侧表面均暴露于空气中，因此，此时表面张力作用的长度为 2b。可移动线框上的平衡力 $F = 2b\sigma_s$，因此表面张力可以表示为

$$\sigma_s = \frac{F}{2b} \tag{2-39}$$

注意，当 $b = 0.5\text{m}$ 时，测得的力 F（N）的值就是表面张力（N/m）的值，这种装置的精度足够时就可以用来测量各种液体的表面张力。

在 U 形线框装置中，拉动可移动线框，从而薄膜拉伸，表面积增加。当可移动线框被拉动距离为 Δx 时，表面积增加 $\Delta A = 2b\Delta x$，拉伸过程中做功为

$$W = 力 \times 距离 = F\,\Delta x = 2b\sigma_s\Delta x = \sigma_s\Delta A$$

该式成立的前提是可移动线框在移动 Δx 距离中作用力保持不变。这个结果也可以理解为膜的表面能量在拉伸过程中增加 $\Delta A\sigma_s$，它与 σ_s 作为单位面积的表面能量的另一种解释一致。这类似于被进一步拉长的橡皮圈具有更多（弹性）势能。对于液体膜的情况，做功是用来对抗其他分

子的吸引力，从而将液体分子从内部移到表面。因此，表面张力也可以定义为每单位液体表面积增加所需的功。

物质不同，表面张力有显著不同，而且同一物质，温度不同，表面张力也差异显著，见表2-4。例如，在20℃的大气中，水的表面张力为0.073N/m，水银为0.440N/m。水银的表面张力足够大，以至于水银液滴可以近似为球形，在光滑表面上可以像固体球一样滚动。在一般情况下，液体的表面张力随着温度升高而降低，并在临界点变为零（因此，温度在临界点以上时，没有明显的液体－蒸气界面）。压强对表面张力的影响通常可以忽略不计。

物质的表面张力会因杂质而发生显著改变。因此，可以添加某些化学物质到液体中以降低表面张力，这些化学物质被称为表面活性剂。例如，肥皂和洗涤剂降低了水的表面张力，使其能够渗透到纤维之间，从而进行更有效的洗涤。但这也意味着，依赖表面张力工作的设备（如热管），会因差劲的工艺所产生的杂质而不能正常工作。

液体的表面张力只存在于液体－液体或液体－气体界面。因此，在说明表面张力时，必须要指出相邻的液体或气体。表面张力决定了形成的液滴大小，所以，当一个液滴质量增加且不断变大时，一旦表面张力不能再维持平衡，液滴就会破碎。这就像一个正在充气的气球，当气球内的压强上升到超过气球材料的强度时，气球爆炸。

界面弯曲，则表示界面存在压差（或"压强阶跃"），其凹面的压强更高。例如，空气中的液滴、水中的气泡（或其他气体的气泡）或空气中的肥皂泡。根据半个液滴或气泡的自由体受力图可以求出高于大气压强的附加压强值 ΔP（见图2-32）。注意到表面张力作用在圆周方向，而压强作用在面积上，则液滴或气泡和肥皂泡水平方向的受力平衡公式为

液滴或气泡：$(2\pi R)\sigma_s = (\pi R^2)\Delta P_{\text{droplet}} \rightarrow \Delta P_{\text{droplet}} = P_i - P_o = \dfrac{2\sigma_s}{R}$ （2-40）

肥皂泡：$2(2\pi R)\sigma_s = (\pi R^2)\Delta P_{\text{bubble}} \rightarrow \Delta P_{\text{bubble}} = P_i - P_o = \dfrac{4\sigma_s}{R}$ （2-41）

式中，P_i 和 P_o 分别为液滴或气泡的内部和外部压强。当液滴或气泡在大气中时，P_o 即为大气压强。肥皂泡的受力平衡公式中出现额外的系数2，这是由于肥皂膜存在两个表面（内表面和外表面），因此横截面上有两个周长。

根据质量的微分增量引起的液滴半径的微分增量，用单位面积的表面能增量来理解表面张力，就可以确定气体中的液滴（或液体中的气泡）的附加压强。那么，在这个微分膨胀过程中，液滴表面能的增量为

$$\delta W_{\text{surface}} = \sigma_s \mathrm{d}A = \sigma_s \mathrm{d}(4\pi R^2) = 8\pi R\sigma_s\,\mathrm{d}R$$

在微分过程中所做的膨胀功可通过力乘以距离得到

$$\delta W_{\text{expansion}} = 力 \times 距离 = F\mathrm{d}R = (\Delta PA)\,\mathrm{d}R = 4\pi R^2 \Delta P\mathrm{d}R$$

令上述两式相等，可得 $P_{\text{droplet}} = 2\sigma_s/R$，这与之前得到的关系以及式（2-40）给出的关系相同。注意，液滴或气泡的附加压强与半径成反比。

表 2-4　一些流体在 1atm 和 20℃ 下的表面张力（另有说明除外）

流体	表面张力 σ_s/（N/m）[*]
[†] 水	
0℃	0.076
20℃	0.073
100℃	0.059
300℃	0.014
甘油	0.063
SAE30 石油	0.035
水银	0.440
乙醇	0.023
血液，37℃	0.058
汽油	0.022
氨气	0.021
肥皂液	0.025
煤油	0.028

[*]　乘以0.06852转换为lbf/ft。

[†]　有关水的更精确数据，请参阅附录。

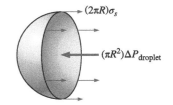

a) 半个液滴或气泡

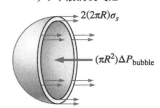

b) 半个肥皂泡

图 2-32　半个液滴或气泡以及半个肥皂泡的自由体受力图

毛细现象

另一个由表面张力引起的有趣现象是毛细现象，即插入液体的细管中液体液面上升或下降的现象。这种细管或流动受限的通道称为毛细管。煤油灯的煤油沿着插入油罐的棉芯上升就是由于毛细现象。水能被吸到大树的顶部，部分原因也是由于毛细现象。毛细管中液体的弯曲自由表面被称为弯月面。

我们普遍观察到，玻璃容器中的水在接触玻璃表面的边缘处微微向上弯曲，但水银的弯曲方向相反：它在边缘处向下弯曲（见图 2-33）。这种效应通常的表述是水能浸润玻璃（附着在上面），但水银不能。毛细现象的强度用接触角（或浸润角）ϕ 量化，其定义为在接触点处，液体表面的切线与固体表面所成的夹角。表面张力的作用方向沿该切线指向固体表面。当 $\phi < 90°$ 时，液体能浸润表面；当 $\phi > 90°$ 时，则不能浸润表面。空气中，水（和大多数其他有机液体）与玻璃的接触角几乎为零，$\phi \approx 0°$。因此，玻璃管内水的表面张力沿圆周向上作用，把水向上拉。其结果是，水在管内上升，直到管内位于容器液面上方的液体重力与表面张力平衡。在空气中，水银－玻璃的接触角为 130°，煤油-玻璃的接触角为 26°。注意，一般来说，在不同的环境中（如用其他气体或液体代替空气），接触角不同。

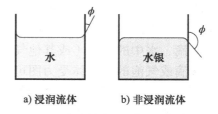

a) 浸润流体   b) 非浸润流体

图 2-33 浸润流体和非浸润流体的接触角

微观上，毛细现象可以通过内聚力（相同分子间的作用力，如水和水）和亲和力（不同分子之间的作用力，如水和玻璃）来解释。固体-液体界面处的液体分子同时受到其他液体分子的内聚力和固体分子的亲和力。这些力的相对大小决定了液体是否浸润固体表面。显然，玻璃分子对水分子的吸引力比其他水分子对它的吸引力要强，因此水会沿玻璃表面上升。水银的情况正好相反，这导致玻璃附近的液面下降（见图 2-34）。

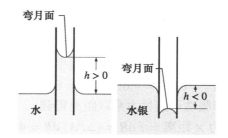

图 2-34 在细玻璃管中，由于毛细现象，水面上升，水银面下降

圆管中的毛细上升幅度可以根据管中高度为 h 的圆柱形液体柱上的受力平衡来确定（见图 2-35）。液柱底部与容器的自由表面处于同一水

平面，因此此处压强必定为大气压强。它与作用在液柱顶端表面的大气压强平衡，因此这两者产生的力相互抵消。故液柱的重量约为

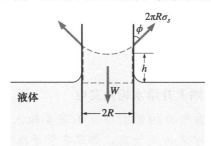

图 2-35 由于毛细现象，作用于管中上升液体柱上的力

$$W = mg = \rho V g = \rho g (\pi R^2 h)$$

由表面张力的垂直分量等于重量，可得

$$W = F_{\text{surface}} \rightarrow \rho g (\pi R^2 h) = 2\pi R \sigma_s \cos\phi$$

解得毛细上升高度 h 为

$$h = \frac{2\sigma_s}{\rho g R} \cos\phi \quad (R \text{ 不变}) \tag{2-42}$$

该关系式也适用于非浸润液体（如玻璃中的水银），从而求出毛细管内液面下降的高度。此时，$\phi > 90°$，从而 $\cos\phi < 0$，则 h 为负数。因此，对应于毛细下降高度，毛细上升高度表现为负值（见图 2-34）。

注意，毛细管内液面上升高度与管的半径成反比。因此，管越细，管内液体的上升（或下降）幅度就越大。在实际应用中，通常当管径大于 1cm 时，水的毛细现象就可以忽略不计。在使用压强计和气压计测量压强时，很重要的一点是要采用直径足够大的管，以减小毛细现象带来的影响。不难理解，毛细管内液面上升的高度也与液体密度成反比。因此，在一般情况下，液体密度越小，毛细管内液面上升高度也越大。最后，要记住，式（2-42）是由等径圆管导出的，不适用于变截面管。

【例 2-6】管中水的毛细上升高度

一根直径为 0.6mm 的玻璃管插入一杯 20℃ 的水中。求管中水的毛细上升高度（见图 2-36）。

问题：根据毛细现象求细长管中水的上升高度。

假设：①水中没有杂质，且玻璃管的表面没有污染；
②实验在大气中进行。

参数：20℃ 时水的表面张力为 0.073N/m（见表 2-4）。水和玻璃的接触角几乎为 0°（由前文可知）。取水的密度为 1000kg/m³。

分析：代入给定数值，毛细管内液面上升高度可直接由式（2-42）求解得到，即

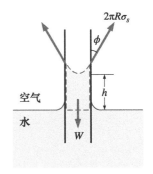

图 2-36 例 2-6 的示意图

$$h = \frac{2\sigma_s}{\rho g R} \cos\phi = \frac{2(0.073 \text{ N/m})}{(1000 \text{ kg/m}^3)(9.81 \text{ m/s}^2)(0.3 \times 10^{-3} \text{ m})} (\cos 0°) \left(\frac{1 \text{ kg·m/s}^2}{1 \text{ N}} \right)$$

$$= 0.050 \text{ m} = 5.0 \text{ cm}$$

因此，管中的水面比杯中液面高出 5cm。

讨论：注意，如果管的直径为 1cm，毛细上升高度将为 0.3mm，这用肉眼很难察觉。事实上，在大直径管中，毛细上升现象只发生在管的边缘，而管中心完全没有上升。因此，大直径管可以忽略毛细现象。

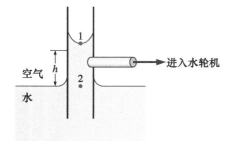

空气

水

进入水轮机

图 2-37　例 2-7 的示意图

【例 2-7】利用毛细上升给水轮机发电

接例 2-6。在表面张力的影响下，不需要输入任何外部能量即可使得水上升 5cm，有人由此设想，如果在管子水位下方钻一个孔，水溢出管子进入水轮机，这样就可以发电（见图 2-37）。对此想法进一步深入挖掘后，此人认为，为实现这个目标，可以采用一系列管排，并采用阶梯式排列，从而获得实际可行的流速和高度差。求证该想法是否可行。

问题：在毛细现象作用下，水在管中上升，将水引入水轮机，则可用来发电。评估此提议的正确性。

分析：此提议独具一格，因为常用的水电站只是靠利用高处水的势能来发电，而毛细现象可以将水升到任何所需高度，且不需要任何能量输入。

从热力学的观点来看，该系统毫无疑问可划定为永动机（PMM），因为它能够不断产生电能且不需要输入任何能量。也就是说，此系统能凭空产生能量，这明显违反了热力学第一定律或能量守恒定律，因此它不值得任何进一步思考。但是，基本的能量守恒定律无法阻止一些人梦想成为第一个挑出自然系统错误，并永久解决世界能源问题的人。因此，需要证明该系统的不可能性。

正如你可能从你的物理课回忆到的（也将在下一章中讨论），静止流体的压强只在竖直方向上有变化，且随着深度的增加而线性增加。那么，管中 5cm 高水柱所产生的压差为

$$\Delta P_{\text{water column in tube}} = P_2 - P_1 = \rho_{\text{water}}gh$$

$$= (1000 \text{ kg/m}^2)(9.81 \text{ m/s}^2)(0.05 \text{ m})\left(\frac{1 \text{ kN}}{1000 \text{ kg·m/s}^2}\right)$$

$$= 0.49 \text{ kN/m}^2 \, (\approx 0.005 \text{ atm})$$

也就是说，管内水柱液面顶部的压强要比底部小 0.005atm。注意，水柱底部的压强是大气压强（因为它与杯子的表面在同一水平线上），管内液面任何地方的压强均小于大气压强，在顶部压差达到最大，为 0.005atm。因此，如果在管上某个高度钻一个孔，弯月面的顶部将下降，直到其高度与孔的高度相同。

讨论：管内水柱不动，因此，不能有任何不平衡的力作用于它（零净力）。弯月面两边水柱液面顶部的水和大气之间存在压差，所产生的力与表面张力相平衡。如果表面张力消失，在大气压强的作用下，管内的水会下降到管子自由表面的高度。

小结

本章讨论了流体力学中常用的各种性质。系统中与质量有关的性质称为外延性质，其他的称为内在性质。密度是单位体积的质量，比容是单位质量的体积。比重被定义为物质的密度与4℃水的密度之比，即

$$SG = \frac{\rho}{\rho_{H_2O}}$$

理想气体状态方程为

$$P = \rho RT$$

式中，P 为绝对压强；T 为热力学温度；ρ 为密度；R 为气体常数。

一定温度下，纯物质相变时的压强称为饱和压强。纯物质液-气相变过程中的饱和压强通常称为蒸气压强 P_v。液体低压区域形成的蒸气气泡（称为空化现象）快速经过低压区域时，气泡破裂，产生极具破坏性、极高压强的冲击波。

能量能以多种形式存在，它们的和构成了系统的总能量 E（或基于单位质量的 e）。所有微观形态的能量之和称为系统的内能 U。系统相对于某参考系运动所具有的能量称为动能，单位质量的动能表示为 $ke = V^2/2$，系统由于在重力场中的高度而具有的能量称为势能，单位质量的势能为 $pe = gz$。

流体的压缩性效应可用可压缩系数 κ（也称为体积弹性模量）表示，定义为

$$\kappa = -\upsilon \left(\frac{\partial P}{\partial \upsilon} \right)_T = \rho \left(\frac{\partial P}{\partial \rho} \right)_T \approx -\frac{\Delta P}{\Delta \upsilon / \upsilon}$$

恒定压强下流体密度随温度变化的性质称为体积膨胀系数（或体胀系数）β，定义为

$$\beta = \frac{1}{\upsilon} \left(\frac{\partial \upsilon}{\partial T} \right)_P = -\frac{1}{\rho} \left(\frac{\partial \rho}{\partial T} \right)_P \approx -\frac{\Delta \rho / \rho}{\Delta T}$$

声速是无穷小的压强波通过介质时的速度。理想气体的声速表达式为

$$c = \sqrt{ \left(\frac{\partial P}{\partial \rho} \right)_s } = \sqrt{kRT}$$

马赫数是流体的实际速度与相同状态下的声速的比值，即

$$Ma = \frac{V}{c}$$

当流体 $Ma = 1$ 时为声速，当 $Ma < 1$ 时为亚声速，当 $Ma > 1$ 时为超声速，当 $Ma \gg 1$ 时为高超声速时，当 $Ma \approx 1$ 时为跨声速。

流体黏性是流体抵抗变形的量度。单位面积上的切向力称为切应力，平板间简单的剪切流（一维流）的切应力可表示为

$$\tau = \mu \frac{du}{dy}$$

式中，μ 为流体的黏度系数或动力（或绝对）黏度；u 为流动方向上的速度分量；y 为垂直于流动方向的方向。遵从这种线性关系的流体称为牛顿流体。动力黏度与密度的比值称为运动黏度 ν。

分子间吸引力对界面上的液体分子有拉动效应，单位长度的该效应称为表面张力 σ_s。球形液滴或肥皂泡内的附加压强 ΔP 可分别表示为

$$\Delta P_{droplet} = P_i - P_o = \frac{2\sigma_s}{R} \quad 和 \quad \Delta P_{soap\ bubble} = P_i - P_o = \frac{4\sigma_s}{R}$$

式中，P_i 和 P_o 分别为液滴或气泡的内部压强和外部压强。

在液体中插入一根细管子，管中液体由于表面张力出现上升或下降的现象称为毛细现象。毛细上升或下降的高度为

$$h = \frac{2\sigma_s}{\rho gR} \cos \phi$$

式中，ϕ 为接触角。毛细上升高度与管的半径成反比；对于水而言，直径大于 1cm 的管子内的毛细现象可以忽略不计。

密度和黏度是流体的两种最基本的性质，它们在后续章节中将被广泛使用。第3章将考虑密度对流体压强变化的影响，并确定作用于表面的静水压力。第8章将计算流动中由于黏性引起的压强损失，并用于确定所要求的泵功率。在第9章和第10章的流体运动公式和方程求解中，黏度也是一个关键参数。

应用展示：空化

特邀作者：G. C. Lauchle 和 M. L. Billet，宾夕法尼亚州立大学

空化是由于流体的运动造成局部静压减少，从而在液体系统的内部及/或边界发生液体汽化，然后在液体内部或流体 - 固体界面发生气泡破裂的过程。空化时有明显的气泡形成。液体中包含许多微观空隙，比如水。它们起着空化核的作用。当这些核膨胀到一个显著的、肉眼可见的大小时，空化发生。尽管沸腾也会在液体中形成空隙，但我们通常将它与空化区别对待，因为前者是温度增加引起的，后者是压强减小引起的。空化可以被人们利用，如超声波清洗机、蚀刻机、切割机等。但在流体流动过程中，往往需要避免出现空化现象，因为它会破坏水动力性能，造成极其巨大的噪声和大幅度振动，还会损害（侵蚀）流经的表面。当空化气泡进入高压区域并破裂时，水下冲击波有时会产生微小的光。这种现象称为声致发光。

图 2-38 展示了船体空化的现象。该船体是一个带有水下球鼻艏的水面舰艇模型。它之所以是这样的形状，是因为其内部是一个球形的导航和测距（声呐）系统。水面舰艇的这部分因此就称为声呐导流罩。随着船速越来越快，导流罩某些部分开始出现空化现象，并且空化产生的噪声使得声呐系统无法使用。造船工程师和流体动力学家尝试改进这些导流罩，以避免出现空化现象。缩比模型测试可以让工程师获得第一手资料，了解设计是否改进了空化性能。由于这样的测试是在水洞中进行的，测试用水应该具有足够的核来模拟原型型面附近的流动情况。这确保了尽可能减小液体张力（核分布）带来的影响。重要的变量包括：水的含气量水平（核分布）、温度和船体运行的静压强。当速度 V 增加或吃水深度 h 减小时，空化首先出现在船体的最低压强点 $C_{p_{min}}$。因此，一个好的流体动力设计需要满足 $2(P_\infty - P_v)/(\rho V^2) > C_{p_{min}}$，其中，$\rho$ 为密度；$P_\infty = \rho g h$ 为参考静压；C_p 为压力系数（见第 7 章）；P_v 是水的蒸气压。

参考文献

Lauchle, G. C., Billet, M. L., and Deutsch, S., "High-Reynolds Number LiquidFlow Measurements," in *Lecture Notes in Engineering*, Vol. 46, *Frontiers inExperimental Fluid Mechanics*, Springer-Verlag, Berlin, edited by M. Gad-el-Hak, Chap. 3, pp. 95−158, 1989.

Ross, D., *Mechanics of Underwater Noise*, Peninsula Publ., Los Altos, CA, 1987.

Barber, B. P., Hiller, R. A., Löfstedt, R., Putterman, S. J., and Weninger, K. R., "Defining the Unknowns of Sonoluminescence," *Physics Reports*, Vol. 281, pp. 65−143, 1997.

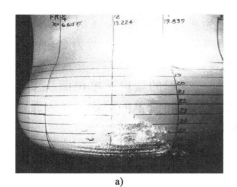

a)

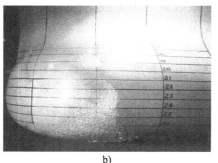

b)

图 2-38　a）蒸汽空化现象发生在几乎不含气体的水中，比如深水区域。当船体，即本例中水面舰艇的声呐导流罩的球鼻艏区域速度增加，直至局部静压低于水的蒸气压时，空化气泡形成。空化气泡内主要是水蒸气。这种类型的空化非常剧烈和嘈杂。b）另一方面，浅水中夹杂有更多的气体，可作为空化核。由于导流罩接近水面的大气，因此在较低速度时先出现空化气泡，且局部静压较高。气泡内主要是水中夹带的气体，因此称为气态空化

参考文献和阅读建议

1. J. D. Anderson. *Modern Compressible Flow with Historical Perspective,* 3rd ed. New York: McGraw-Hill, 2003.

2. E. C. Bingham. "An Investigation of the Laws of Plastic Flow," *U.S. Bureau of Standards Bulletin,* 13, pp. 309–353, 1916.

3. Y. A. Çengel and M. A. Boles. *Thermodynamics: An Engineering Approach,* 8th ed. New York: McGraw-Hill Education, 2015.

4. D. C. Giancoli. *Physics,* 6th ed. Upper Saddle River, NJ: Pearson, 2004.

5. Y. S. Touloukian, S. C. Saxena, and P. Hestermans. *Thermophysical Properties of Matter, The TPRC Data Series,* Vol. 11, *Viscosity.* New York: Plenum, 1975.

6. L. Trefethen. "Surface Tension in Fluid Mechanics." In *Illustrated Experiments in Fluid Mechanics.* Cambridge, MA: MIT Press, 1972.

7. *The U.S. Standard Atmosphere.* Washington, DC: U.S. Government Printing Office, 1976.

8. M. Van Dyke. *An Album of Fluid Motion.* Stanford, CA: Parabolic Press, 1982.

9. C. L. Yaws, X. Lin, and L. Bu. "Calculate Viscosities for 355 Compounds. An Equation Can Be Used to Calculate Liquid Viscosity as a Function of Temperature," *Chemical Engineering,* 101, no. 4, pp. 1110–1128, April 1994.

10. C. L. Yaws. *Handbook of Viscosity.* 3 Vols. Houston, TX: Gulf Publishing, 1994.

习题[⊖]

● 密度和比重

2-1C 内在性质和外延性质的区别是什么？

2-2C 对于一种物质，质量和摩尔质量之间的区别是什么？这两者的关系是什么？

2-3C 什么是比重？它和密度的关系是什么？

2-4C 系统的重度的定义是单位体积的重量（注意这个定义违反了正常特定属性的命名规定），那么重度是一个外延性质还是内在性质呢？

2-5C 在什么条件下理想气体假设适用于真实气体？

2-6C R 和 R_u 的区别是什么？两者的关系是什么？

2-7 在 27°C 下，一个 75L 的容器中填充了 1kg 的空气。容器中的压强是多少？

2-8E 气罐中装有 1 lb 质量的氩气，其压强为 200psi，温度为 100°F。气罐的体积是多少？

2-9E 40psi 和 80°F 条件下，氧气的比容是多少？

2-10 一种流体的体积为 24L，重量为 225N，当地重力加速度为 9.80m/s²。求该流体的质量和密度。

2-11 体积为 2.60ft³ 的汽车轮胎中有 70°F、22psig 的空气。计算需添加多少空气，才能使压强提高到 30psig。假设大气压为 14.6psig，温度和体积保持恒定。

　　答案：0.106 lb

⊖ 习题中含有"C"的为概念性习题，鼓励学生全部做答。习题中标有"E"的，其单位为英制单位，采用 SI 单位的可以忽略这些问题。带有图标🖥的习题为综合题，建议使用适合的软件对其进行求解。

2-12 汽车轮胎的压强取决于轮胎内空气的温度。当空气温度为 25°C 时，压强表读数为 210kPa。如果轮胎的体积是 0.025m³，求轮胎内的空气温度上升到 50°C 时轮胎内的压强。同时，求在该温度下要恢复原有的压强值必须放掉的空气量。假设大气压强为 100kPa。

图　P2-12

©Stockbyte/Getty Images RF

2-13 一个直径为 9m 的球形气球里面充满了 20°C、200kPa 的氦气，求气球内氦气的摩尔数和质量。

　　答案：31.3kmol，125kg

2-14 🖥重新考虑题 2-13。使用合适的软件，研究在压强（a）100kPa 和（b）200kPa 下，球囊直径对气球内氦气质量的影响。直径从 5m 到 15m 变化，绘出两种情况下氦气质量关于直径的变化曲线。

2-15 一个圆柱形甲醇罐质量为 60kg，容积为

75L。计算甲醇的重量、密度和比重。重力加速度取 9.81m/s² 。此外，计算使这个罐子的加速度达到 0.25m/s² 时需要施加多大的力。

2-16 汽油发动机中的燃烧可以近似看作定容加热过程，燃烧前后燃烧室的内容物都是空气。燃烧前的条件是 1.80MPa 和 450°C，燃烧后的条件是 1500°C。计算燃烧过程结束时的压强。

答案：4414kPa

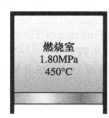

燃烧室
1.80MPa
450°C

图 P2-16

2-17 大气密度随海拔升高而降低。（a）利用表中给出的数据，得到密度随海拔变化的关系，并计算出海拔 7000m 时的大气密度。（b）利用所得到的变化关系，计算出大气的质量。假设地球是一个半径为 6377km 的完美球体，并假设大气的厚度为 25km。

r/km	$\rho/(kg/m^3)$
6377	1.225
6378	1.112
6379	1.007
6380	0.9093
6381	0.8194
6382	0.7364
6383	0.6601
6385	0.5258
6387	0.4135
6392	0.1948
6397	0.08891
6402	0.04008

2-18 表 A-4 给出了饱和液态制冷剂 -134a 在 -20°C ≤ T ≤ 100°C 区间内的密度。使用这些数据，用 $\rho = aT^2 + bT + c$ 的形式建立 -134a 的密度随绝对温度变化的表达式，并确定每个数据的相对误差。

2-19 书中表 2-1 给出了各种物质的比重。（a）解释比重和重度之间的差异。哪一个是无量纲的（如果有的话）？（b）计算表中所有物质的重度，包括高值和低值。注意：对于这种有大量重复计算的问题，推荐用 EXCEL，也鼓励你直接手算或者用其他软件。

如果使用像 EXCEL 这样的软件，不用担心有效数字的位数，因为这不易在 EXCEL 中修改。（c）正如文中讨论的，还有一个属性，比容。用 $SG = 0.592$ 来计算液体的比容。

蒸气压与空化

2-20C 什么是蒸气压？它与饱和压强的关系是什么？

2-21C 在更高的压强下，水沸腾时的温度更高吗？请解释。

2-22C 如果在沸腾过程中物质的压强增加，温度会增加还是会保持不变？为什么？

2-23C 什么是空化？什么原因引起空化？

2-24E 泵叶轮的吸力面通常压强较低，表面容易产生空化现象，尤其是在高温流体中。如果泵叶轮的吸力面的最小绝对压强为 0.70psia，为避免产生空化现象，计算流体的最高温度。

2-25 用泵将水输送到高处的水库。如果水温为 20°C，在泵中不出现空化的情况下，求出泵内最低压强可达到多少。

2-26 在一个管道系统中，水温保持在 30°C 以下。为避免空化现象，求系统所能允许的最小压强。

能量与比热

2-27C 什么是总能量？列出构成总能量的不同形式的能量。

2-28C 列出构成系统内能的能量形式。

2-29C 热、内能和热能之间的联系是什么？

2-30C 什么是流动能？静止的流体有流动能吗？

2-31C 流动流体和静止流体的能量区别是什么？说出每种情况下相关能量的具体形式。

2-32C 如何利用平均比热容来求理想气体和不可压缩物质的内能变化。

2-33C 如何利用平均比热容来求理想气体和不可压缩物质的焓变。

2-34E 忽略所有损失，计算将 75gal 的水从 60°F 加热到 110°F 所需的能量。

2-35 150°C 的饱和水蒸气（焓 $h = 2745.9kJ/kg$）以 35m/s 的速度在海拔 $z = 25m$ 的管道中流动，计算其相对于地面的总能量（以 J/kg 计）。

可压缩性

2-36C 流体的体积膨胀系数表示什么？它与压缩系数有何区别？

2-37C 流体的压缩系数表示什么？它与等温压缩性有何区别？

2-38C 流体的压缩系数可以为负吗？体积膨胀系数呢？

2-39 1atm、60°F 的水加热到 130°F，根据体积膨胀系数来计算水的密度，将结果与实际密度进行比较（参考附录水的密度）

2-40 理想气体经等温压缩，体积减至原来的一半。求压强变化了多少。

2-41 1atm 的水被等温压缩到 400atm。求水的密度的增加量。取水的等温压缩系数为 $4.80 \times 10^{-5} \text{atm}^{-1}$。

2-42 据观察，压强从 10atm 等温压缩至 11atm 时，理想气体的密度增大了 10%。求压强从 100atm 等温压缩至 101atm 时气体密度上升的百分比。

2-43 饱和的 -134a 制冷剂从 10°C 恒压冷却到 0°C。根据体积膨胀系数的数据，求制冷剂密度的变化量。

2-44 一个水箱完全充满 20°C 的液体水。水箱材料可以承受 0.8% 的体积膨胀引起的张力。求在不危及安全的情况下允许的最大温升。为简单起见，假设 β = 常数 = 40°C 的 β。

2-45 重做题 2-44，条件改为能承受 0.4% 的体积膨胀引起的张力。

2-46 在压强为 98kPa 的自由表面上，海水的密度约为 1030kg/m³。取海水的体积弹性模量为 $2.34 \times 10^9 \text{N/m}^2$，且压强随深度 z 的表达式为 $dP = \rho g dz$，求在 2500m 深度的海水的密度和压强。忽略温度的影响。

2-47E 取水的压缩系数为 $7 \times 10^5 \text{psia}$，分别计算水体积压缩 1% 和 2% 时所需的增压。

2-48 1atm 下，一个无摩擦的活塞缸装置里有 10kg、20°C 的水，然后在活塞上施加外力 F，直至缸内压强上升到 10atm。假设水的压缩系数在压缩过程中保持不变，计算等温压缩下水所需的能量。

答案：29.4J

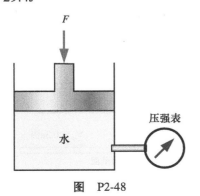

图 P2-48

2-49 重新计算题 2-48，假设压缩过程压强线性增加，计算等温压缩过程中所需的能量。

2-50 对温度和压强有微小变化的流体流动进行建模时，经常用到布辛涅斯克近似，即假设流体密度随温度呈线性变化。布辛涅斯克近似为 $\rho = \rho_0[1-\beta(T-T_0)]$。式中，假设 β 在给定温度范围内不变，β 是根据参考温度 T_0 估计得到的，取流动中温度的平均值或中间值；ρ_0 同样是 T_0 下估计得到的参考密度。采用布辛涅斯克近似对压强几乎恒定（$P = 95\text{kPa}$）、温度变化范围为 20 ~ 60°C 的空气流动进行建模。取中间点（40°C）作为参考温度，采用布辛涅斯克近似计算 20°C 和 60°C 时空气的密度，并与根据理想气体定律得到的两个温度下的实际密度进行比较。此外，计算两个温度下布辛涅斯克近似带来的误差百分比。

2-51 使用体积膨胀系数的定义和表达式 $\beta_{\text{ideal gas}} = 1/T$，论证在等压膨胀过程中，理想气体的比容增加的百分比等于绝对温度增加的百分比。

声速

2-52C 什么是声音？它是如何产生的？它是如何传播的？声波能在真空中传播吗？

2-53C 声波在哪一种介质中的传播速度更快：冷空气或热空气？

2-54C 在一定温度下，声波在哪一种介质中的传播速度更快：空气、氦气或氩气？

2-55C 声波在哪一种介质中的传播速度更快：20°C、1atm 的空气还是 20°C、5atm 的空气？

2-56C 一股以恒定速度流动的气流，其马赫数保持不变吗？请解释。

2-57C 将声波的传播假设为一个等熵过程是否可行？请解释。

2-58C 在指定的介质中，声速是一个固定值吗？还是它随着介质性质的变化而变化？请解释。

2-59 理想气体的等熵过程表示为 $Pv^k = $ 常数。利用此方程和声速的定义 [式（2-24）]，求理想气体的声速表达式 [式（2-26）]。

2-60 二氧化碳流入绝热喷嘴时为 1200K、50m/s，流出时为 400K。假设在室温条件下，二氧化碳的比热容恒定，求（a）喷嘴的入口处和（b）喷嘴的出口处的马赫数。此外，评估定比热近似的准确性。

答案：（a）0.0925；（b）3.73

2-61 氮气以 150kPa、10°C、100m/s 流入稳流式换

热器，且流经换热器时吸热量为 120kJ/kg。氮气以 100kPa、200m/s 的速度流出换热器。求氮气在换热器入口和出口处的马赫数。

2-62 假设为理想气体，求 0.1MPa、60℃ 时在 -134a 制冷剂中的声速。

2-63 求以下情况在空气中的声速：（a）300K，（b）1000K。飞机在空气中的速度为 240m/s，求上述两种情况下飞机的马赫数。

2-64E 压强为 120psia、温度为 700°F、速度为 900ft/s 的蒸汽流经一个装置。假设蒸汽为理想气体，$k = 1.3$，求蒸汽在该状态下的马赫数。

　　答案：0.441

2-65E 重新考虑题 2-64E。使用适当的软件，比较蒸汽流在温度范围为 350~700°F 的马赫数。绘制马赫数与温度的函数关系图。

2-66 空气初始状态为 2.2MPa、77℃，等熵膨胀至 0.4MPa。计算初始状态声速与最终状态声速的比值。

　　答案：1.28

2-67 重做题 2-66，条件是将空气换成氦气。

2-68 空客 A-340 客机的最大起飞质量约为 260000kg，长度为 64m，翼展为 60m，最大巡航速度为 945km/h，可容纳 271 名乘客，最大巡航高度为 14000m，最大航程 12000km。巡航高度的空气温度约为 -60℃。求在规定的限制条件下这架飞机的马赫数。

黏性

2-69C 什么是牛顿流体？水是牛顿流体吗？

2-70C 什么是黏性？它在液体和气体中的产生原因是什么？液体和气体哪个动力黏度更高？

2-71C （a）液体和（b）气体的运动黏度随温度如何变化？

2-72C 两个相同的容器，一个装满水，另一个装满油。将两个相同的小玻璃球投入这两个容器中，哪一个球会先到达容器的底部？为什么？

2-73E 流体的黏度可以通过两个 5ft 长的同心圆筒构成的黏度计来测量。外筒的内径为 6in，间隙为 0.035in，外筒以 250rpm 旋转，测得转矩为 1.2 lbf·ft，计算流体的黏度。

　　答案：0.000272 lbf·s/ft²

2-74 二氧化碳在 50℃ 和 200℃ 的动态黏度分别为 1.612×10^{-5}Pa·s 和 2.276×10^{-5}Pa·s。计算大气压下二氧化碳的萨瑟兰公式中的常数 a 和 b。然后估算 100℃ 下二氧化碳的黏度，并和表 A-10 中给出的数值比较。

2-75 黏度为 μ 的流体流过一个圆管。管中的流速剖面为 $u(r) = u_{max}(1 - r^n/R^n)$。式中，$u_{max}$ 为最大流速，发生在中心线上；r 是到中心线的径向距离；$u(r)$ 为任何位置 r 的流速。求流动方向上流体对单位长度管壁施加的阻力。

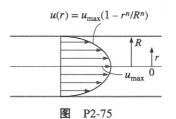

图 P2-75

2-76 流体黏度由两个 75cm 长的同心圆筒构成的黏度计测量。内筒的外径为 15cm，两个圆筒之间的间隙为 1mm。内筒以 300r/min 的转速旋转，且测得转矩为 0.8N·m。求流体黏度。

图 P2-76

2-77 两平板间夹着 3.6mm 厚的油层，一个平板固定，另一个以 0.3m/s 的恒速移动，以 2m/s 的速度水平拉动一 30cm × 30cm 的薄平板通过油层，如图 P2-77 所示。油的动力黏度为 0.027Pa·s。假设每个油层的速度呈线性变化，（a）绘制出速度分布图，并找到油层速度为零的位置，（b）求维持该运动需要在板上施加的力。

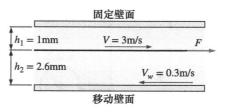

图 P2-77

2-78 旋转式黏度计由两个同心圆筒构成——半径为 R_i 的内筒以角速度（转速）ω_i 旋转，外圆筒静止，内径为 R_o。两圆筒之间的微小间隙中是黏度为 μ 的流体。圆筒长（图 P2-78 中垂直于页面）L，L 足够大所以端部效应可以忽略不计（我们可以将其看作是一个二维问题）。以恒速旋转内筒需要转矩（T）。（a）根据你的所学和代数知识，写出 T 关于其他变量的近似函数表达式。（b）解释为什么你的解答只是一个近似值。此外，当间隙越来越大时，你认为间隙处的速度分布是否仍为线性？（即外径 R_o 增大，其他一切保持不变）

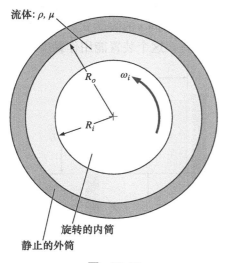

流体：ρ, μ

R_o

ω_i

R_i

旋转的内筒

静止的外筒

图 P2-78

2-79 图 P2-79 所示的离合器通过两个圆盘之间的油膜传递转矩，圆盘直径为 30cm，油膜厚为 2mm，$\mu = 0.38\text{N} \cdot \text{s/m}^2$。当传动轴以 1200rpm 的速度旋转时，可观察到从动轴以 1125rpm 的速度旋转。假设油膜沿厚度方向的速度呈线性分布，求所传送的转矩。

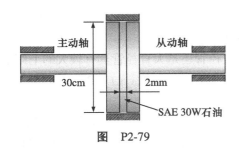

主动轴　　　　从动轴

30cm　　2mm

SAE 30W石油

图 P2-79

2-80 🖳 重新考虑题 2-79。使用适当的软件，研究油膜厚度对所传送转矩的影响。让油膜厚度从 0.1mm 到 10mm 变化。绘制出你的结果，并给出你的结论。

2-81 一个 50cm × 30cm × 20cm 的物体重 150N，以恒速 1.10m/s 在摩擦系数为 0.27 的斜面上移动。（a）求在水平方向上需要施加的力 F。（b）如果一个 0.4mm 厚、动力黏度为 0.012Pa·s 的油膜加在物体和斜面之间，求所需力减少的百分比。

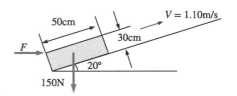

$V = 1.10$m/s

50cm

30cm

F

20°

150N

图 P2-81

2-82 对于平板上的流动，速度随与平板垂直距离 y 的变化为 $u(y) = ay - by^2$。式中，a 和 b 是常数。依据 a、b 和 μ 求壁面切应力的关系。

2-83 在远离入口的区域，流过圆管的流体是一维的，且层流的速度分布为 $u(r) = u_{\max}(1 - r^2/R^2)$。式中，$R$ 是圆管半径；r 是到圆管中心的径向距离；$u_{\max}$ 是中心处的最大流速。（a）求流体施加在长度为 L 的圆管上的阻力关系式，（b）在 20°C，$R = 0.08$m，$L = 30$m，$u_{\max} = 3$m/s，$\mu = 0.0010$kg/（m·s）时，求水流阻力的值。

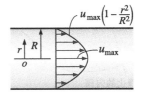

$u_{\max}\left(1 - \dfrac{r^2}{R^2}\right)$

r　R

$u_{\max}$

O

图 P2-83

2-84 重做题 2-83，条件为 $u_{\max} = 6$m/s。

答案：（b）2.26N

2-85 一锥台形容器充满 20°C 的 SAE 10W 石油（$\mu = 0.1$Pa·s），以 200rad/s 的恒定角速度旋转，如图 P2-85 所示。如果各处油膜的厚度为 1.2mm，求维持该运动所需的功率。若油温上升到 80°C（$\mu = 0.0078$Pa·s），求所需输入功率的减少量。

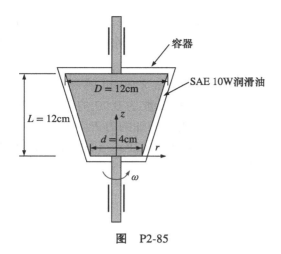

图　P2-85

2-86　旋转式黏度计包括两个同心圆筒——半径 R_i 的固定内筒和内径 R_o、以角速度（转速）ω_o 旋转的外筒。两个圆筒之间的微小间隙内是要测量黏度（μ）的流体。圆筒的长度（图 P2-86 中垂直于页面）为 L。L 足够大，所以端部效应可以忽略不计（我们可以将其看作是一个二维问题）。以恒速旋转内筒需要转矩（T）。根据你的所学和代数知识，写出 T 关于其他变量的近似函数表达式。

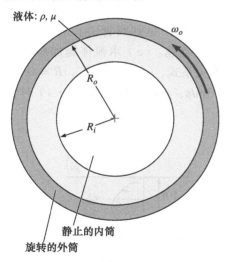

图　P2-86

2-87　如图 P2-87 所示，一个薄板以恒速 5m/s 在两个水平平行的固定平板之间移动。两固定平板之间相距 4cm，且它们之间充满了黏度为 0.9N·s/m² 的油。始终浸在油中的薄板部分长 2m、宽 0.5m。如果薄板在两平板之间的中间平面移动，求保持该运动所需的力。如果该板距下板 1cm（h_2）、距上板 3cm（h_1）移动，答案又是什么？

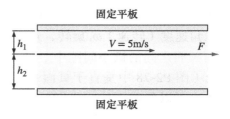

图　P2-87

2-88　对于题 2-87，如果移动板上方的油的黏度是板下方的油的 4 倍，为使拉动板在两层油之间匀速移动所需的力最小，求该板到底面的距离（h_2）。

2-89　如图 P2-89 所示，质量为 m 的圆柱体在竖直管中从静止位置向下滑动，该管的内表面被膜厚为 h 的黏性油覆盖。如果圆柱体的直径和高度分别为 D 和 L，导出圆柱体速度随时间 t 的表达式。讨论当 $t \to \infty$ 时会发生什么？还有，这个装置能用作黏度计吗？

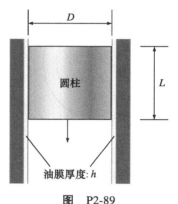

图　　P2-89

表面张力与毛细现象

2-90C　什么是表面张力？它是由什么引起的？为什么表面张力也称为表面能？

2-91C　毛细现象是什么？它是由什么引起的？它是如何受接触角影响的？

2-92C　小直径管插入液体中，接触角为 110°。管内液体的水平面会高于还是低于其他液体的水平面？请解释。

2-93C　对于一个肥皂泡，肥皂泡内的压强是高于还是低于泡外的压强？

2-94C　小直径管还是大直径管具有较大的毛细上升？

2-95　求 20℃ 时直径为（a）0.2cm 和（b）5cm 的肥皂泡内的表压。

2-96E　向一个直径为 2.4in 的肥皂泡中吹入空气，使它变大。取肥皂溶液的表面张力为 0.0027 lbf/ft，求气泡膨胀到直径为 2.7in 所需的输入功。

2-97 一个直径为 1.6mm 的管子插入到一个密度为 960kg/m³ 的未知液体中，观察到管内液体上升 5mm，产生的接触角为 15°，求液体的表面张力。

2-98 对于液体中一直径为 0.15mm 的气泡，如果空气 - 液体界面的表面张力为（a）0.08N/m 和（b）0.12N/m，求气泡内部和外部之间的压强差。

2-99 U 形线框具有 8cm 的可移动边，悬浮其上的液体膜可用来测量液体的表面张力。如果移动可移动边所需的力为 0.030N，求该液体在空气中的表面张力。

2-100 直径为 1.2mm 的毛细管竖直浸入暴露于大气的水中。计算水管中的水位会上升多高。取管内壁的接触角为 6°，表面张力为 1.00N/m。

答案：0.338m

2-101E 直径为 0.018in 的玻璃管插入水银中，与玻璃的接触角为 140°。计算 68°F 时管中水银的毛细下降高度。

答案：0.874in

2-102 毛细管垂直浸入水容器中。已知当压强下降到 2kPa 以下时，水开始蒸发，计算最大上升情况下的最大毛细管上升和管径。取管内壁的接触角为 6°，表面张力为 1.00N/m。

2-103 与你预料的可能相反，由于表面张力的影响，一个实心钢球可以浮在水面上。求 20°C 时可以浮在水上的钢球的最大直径。对于铝球，你的答案是什么？钢球和铝球的密度分别为 7800kg/m³ 和 2700kg/m³。

2-104 溶解在水中的营养物质，被细小的导管输送至植物的上部，部分原因是由于毛细现象。求树内直径为 0.0026mm 的导管中的水溶液由于毛细现象将上升多高（见图 P2-104）。将溶液视为 20°C、接触角为 15° 的水。

答案：11.1m

水溶液 ———— 0.0026mm

图 P2-104

复习题

2-105 对于一个长为 55cm、油润滑的径向滑动轴承，开始工作时，温度为 20°C，润滑油黏度为 0.1kg/（m·s），达到预期的稳定工作温度 80°C 后，黏度为 0.008kg/（m·s）。轴的直径为 8cm，轴与轴颈之间的平均间隙为 0.08cm。求当轴以 1500rpm 的转速旋转时，最初和稳定运行时，克服轴承摩擦所需的转矩。

2-106 U 形管的一个管径是 5mm，而另一个管径更大。如果 U 形管中有一些水，且表面均暴露于大气压强下，求两管水平面之间的差距。

2-107E 20psia 和 70°F 下，刚性罐中装有 40 lb 的空气。往罐中添加更多的空气，直到压强和温度分别上升到 35psia 和 90°F。计算所需添加到罐中的空气量。

2-108 一个 10m³ 的容器中装有 25°C、800kPa 的氮气。一些氮气被允许逸出，直到容器内的压强下降为 600kPa。如果此时的温度为 20°C，求氮气的逸出量。

答案：21.5kg

2-109 一个汽车轮胎的绝对压强在旅行前为 320kPa，旅行后为 335kPa，假设轮胎的体积保持恒定，为 0.022m³，求轮胎中空气的绝对温度的百分比增量。

2-110E 对在 60°F 水中工作的螺旋桨的分析表明，在高速下，螺旋桨尖端的压强会下降到 0.1psia。估计这个螺旋桨是否有空化的危险。

2-111 一个封闭容器一部分装了 70°C 的水。如果水上面的空气完全排空，求排空空间的绝对压强。假设温度保持恒定。

2-112 悬浮液中固体和载液的比重通常是已知的，但悬浮液的比重取决于固体颗粒的浓度。依据固体的比重 SG_s 和悬浮固体颗粒的质量浓度 $C_{s,mass}$，论证水为载液的悬浮液的比重可表示为

$$SG_m = \frac{1}{1 + C_{s,mass}(1/SG_s - 1)}$$

2-113 一刚性容器中装有 300kPa、600K 的理想气体。将一半的气体从容器中移出，气体最终为 100kPa。求（a）气体的最终温度，（b）如果容器中气体质量没有减少，且最终达到的温度相同，求最

终压强。

2-114 具有悬浮固体颗粒的液体成分一般表示为固体颗粒的重量或质量的百分比 $C_{s,\text{mass}} = m_s/m_m$，或体积的百分比 $C_{s,\text{vol}} = V_s/V_m$。其中，$m$ 是质量；V 是体积。下标 s 和 m 分别表示固体和混合物。依据 $C_{s,\text{mass}}$ 和 $C_{s,\text{vol}}$，给出水为载液的悬浮液比重的表达式。

2-115 在热力学温度下水的动力黏度的变化如下：

T/K	$\mu/(\text{Pa}\cdot\text{s})$
273.15	1.787×10^{-3}
278.15	1.519×10^{-3}
283.15	1.307×10^{-3}
293.15	1.002×10^{-3}
303.15	7.975×10^{-4}
313.15	6.529×10^{-4}
333.15	4.665×10^{-4}
353.15	3.547×10^{-4}
373.15	2.828×10^{-4}

使用表中数据，用 $\mu = \mu(T) = A + BT + CT^2 + DT^3 + ET^4$ 的形式建立黏度的关系式。利用该关系式，预测水在 50°C 的动力黏度，其记录值为 $5.468 \times 10^{-4}\text{Pa·s}$。将你的结果与安德拉德方程的结果进行比较，后者以 $\mu = De^{B/T}$ 的形式给出，其中，D 和 B 是常数，它们的值通过给出的黏度数据来求解。

2-116 直径为 3m、长度为 15m 的新型管道将在 10MPa 下使用 15°C 的水进行测试。密封两端后，首先用水装有管道，然后通过向测试管道中泵入额外的水来增加压强，直到达到测试压强。假设管道没有变形，计算需要向管道中泵入多少额外的水。假设压缩系数为 $2.10 \times 10^9\text{Pa}$。

答案：505kg

2-117 证明理想气体的体积膨胀系数是 $\beta_{\text{ideal gas}} = 1/T$。

2-118 虽然液体通常很难压缩，但在海洋深处，由于巨大的压强增加，压缩效应（密度变化）可能变得不可避免。在某一深度，压强为 100MPa，平均压缩系数约为 2350MPa。

（a）将自由表面的液体密度取为 $\rho_0 = 1030\text{kg/m}^3$，列出密度和压强之间的关系，计算特定压强下的密度。

答案：1074kg/m^3

（b）使用本章式（2-13）估算指定压强下的密度，并将结果与（a）部分的结果进行比较。

2-119E 200psia 和 240°F 的空气等熵膨胀到 60psia。计算初始状态和最终状态的声速比。

2-120 如图 P2-120 所示，直径为 $D = 80\text{mm}$，长度为 $L = 400\text{mm}$ 的轴以 $U = 5\text{m/s}$ 的恒定速度轴向穿过变直径轴承，轴和轴承之间的间隙从 $h_1 = 1.2\text{m}$ 变化至 $h_2 = 0.4\text{mm}$，该间隙填充有牛顿流体润滑剂，其动力黏度为 0.10Pa·s，计算保持轴轴向运动所需的力。

答案：69N

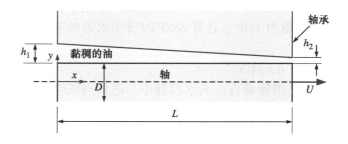

图 P2-120

2-121 重新考虑题 2-120。轴现在以恒定的转速 $n = 1450\text{r/min}$ 在一个变直径的轴承中旋转。轴和轴承之间的间隙在 $h_1 = 1.2\text{mm}$ 到 $h_2 = 0.4\text{mm}$ 之间变化，用牛顿流体润滑剂填充，其动力黏度为 0.1Pa·s，计算维持运动所需的转矩。

2-122 两个大的平行板之间的距离为 t，将其垂直插入到液体中，推导液体毛细上升高度的关系式。取接触角为 f。

2-123 一个直径为 10cm 的圆柱轴在一个长 50cm、直径为 10.3cm 的轴承中旋转。轴和轴承之间完全充满了油，在预期的工作温度下，其黏度为 0.300N·s/m²。求当轴以（a）600r/min 和（b）1200r/min 的转速旋转时，克服摩擦所需的功率。

2-124 在 20°C 下，以 $U = 4\text{m/s}$ 的恒定速度拉动一个放置在 5mm 厚发动机油膜上的大平板，下板固定。假设油膜中的速度分布为半抛物线，当流体按图 P2-124 发展时，确定上板上的切应力及其方向。长时间后，速度分布变成线性分布，如虚线所示，重新确定上板上的切应力及其方向。

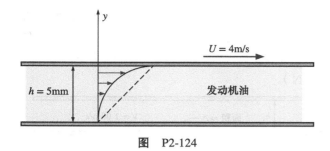

图 P2-124

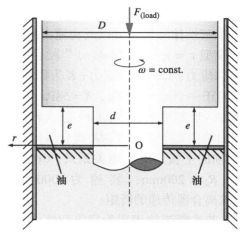

图 P2-127

2-125 一些岩石或砖块中含有小的气穴，并形成海绵结构。假设气穴形成了平均直径为 0.0046mm 的柱体，求在这样的材料中水会上升多高。取材料中的空气 - 水界面的表面张力为 0.085N/m。

2-126 如图 P2-126 所示，两个水平放置的非常长的平行板之间的流体被加热，使得其黏度从上板的 0.90Pa·s 线性降低到下板的 0.50Pa·s。两块板之间的间距为 0.4mm。上板以 10m/s 的速度沿平行于两块板的方向稳定移动。压强在任何地方都是恒定的，流体是牛顿流体，假设不可压缩。忽略重力效应。（a）写出流体速度 u 用 y 表示的函数 $u(y)$，其中 y 是垂直于板面的纵轴。绘制板间间隙的速度分布图。（b）计算切应力值。画出移动板上以及移动板附近流体微元顶面上的切应力方向。

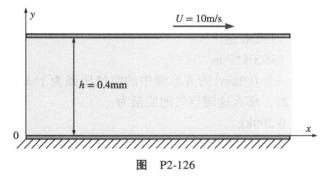

图 P2-126

2-127 水力发电厂的旋转部件功率为 $\dot{W}$。同步旋转速度为 $\dot{n}$。如图 P2-127 所示，旋转部件（水轮机及其发电机）的重量由推力轴承支承，推力轴承的直径在 D 和 d 之间。推力轴承中有非常薄的油膜。厚度为 e，动力黏度为 μ。假设油是牛顿流体，轴承中油的流速沿轴向近似为线性分布。计算推力轴承中损失的功率与水力发电厂中产生的功率之比。使用 $W = 48.6MW$，$\mu = 0.035Pa \cdot s$，$\dot{n} = 500r/min$，$e = 0.25mm$，$D = 3.2m$，$d = 2.4m$

2-128 当强电场施加在一些流体上时，它们的黏度会发生改变。这种现象称为电流变（ER）效应，且表现出这种现象的流体称为 ER 流体。宾汉塑性流体模型的切应力表示为 $\tau = \tau_y + \mu(du/dy)$，由于它简单，被广泛用于描述 ER 流体。ER 流体最有前途的应用之一是 ER 离合器。一个典型的多盘 ER 离合器包括几个等距钢盘，其内径为 R_1、外径为 R_2，N 个钢盘安装在输入轴上。平行钢盘之间的间隙 h 充满了黏性流体。（a）输出轴固定不动时，写出离合器所产生的转矩表达式，（b）如果流体是 SAE 10，其 $\mu = 0.1Pa \cdot s$，$\tau_y = 2.5kPa$，$h = 1.2mm$，且 $N = 11$，$R_1 = 50mm$，$R_2 = 200mm$，转速为 2400r/min，计算 ER 离合器的转矩。

答案：（b）2060N·m

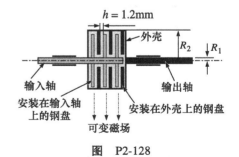

图 P2-128

2-129 当强磁场施加在一些流体上时，它们的黏度会发生改变，称其为磁流变（MR）流体。这些流体包括悬浮在适当载液中的微米级的磁性微粒，并且适用于可控液压离合器，如图 P2-128 所示。MR 流体比 ER 流体有更高的黏度，它们往往表现出剪切稀化特征，即所施加的剪力增加，则流体的黏度降低。这种特征也称为拟塑性体特性，可以成功地由赫歇尔 - 巴尔克利本构模型 $\tau = \tau_y + K(du/dy)^m$ 表示。式中，τ 为所施加的切应力；τ_y 为屈服应力；K 为稠度指数；m 为幂指数。对于一个 $\tau_y = 900\text{Pa}$，$K = 58\text{Pa} \cdot \text{s}^m$ 和 $m = 0.82$ 的赫歇尔 - 巴尔克利流体，（a）输入轴以角速度 ω 转动，输出轴固定不动，求 MR 离合器传递至 N 个安装在输入轴的平板上的转矩关系式，（b）$N = 11$，$R_1 = 50\text{mm}$，$R_2 = 200\text{mm}$，转速为 3000r/min，$h = 1.5\text{mm}$，求该离合器传递的转矩。

2-130 一些非牛顿流体表现为宾汉塑性体，其切应力可以表示为 $\tau = \tau_y + \mu(du/dr)$。对于半径为 R 的水平管道中宾汉塑性体的层流，流速分布为 $u(r) = (\Delta P/4\mu L)(r^2 - R^2) + (\tau_y/\mu)(r - R)$。式中，$\Delta P/L$ 为沿管道单位长度的恒定压降；μ 为动力黏度；r 为到中心线的径向距离；τ_y 为宾汉塑性体的屈服应力。求（a）管壁处的切应力，以及（b）作用在长度为 L 的管道上的阻力。

2-131 在一些阻尼系统中，浸入油中的圆盘可作为减振器，如图 P2-131 所示。证明：阻尼力矩与角速度成正比，关系式为 $T_{damping} = C\omega$。式中，$C = 0.5\pi\mu(1/a + 1/b)R^4$。假设圆盘两侧的速度分布呈线性，且忽略尖端效应。

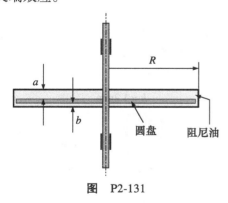

图　P2-131

2-132 黏度 $\mu = 0.0357\text{Pa} \cdot \text{s}$、密度 $\rho = 0.796\text{kg}/\text{m}^3$ 的油被夹在两个非常大的平行平板之间的小间隙中。表面积为 $A = 20.0\text{cm} \times 20.0\text{cm}$（一侧）的第三块平板以稳定速度 $V = 1.00\text{m}/\text{s}$ 在油中拖动，如图 P2-132 所示。顶板是静止的，但是底板以速度 $V = 0.300\text{m}/\text{s}$ 向左移动。高度 $h_1 = 1.00\text{mm}$，$h_2 = 1.65\text{mm}$。将板拉过油所需的力为 F。（a）绘制速度分布图，并计算速度为零时的距离 y_A。提示：由于间隙很小，油

非常黏稠，所以两个间隙中的速度分布都是线性的。用壁面无滑移条件来确定每个间隙中的速度分布。（b）计算保持中间板匀速运动所需的力 F，单位为牛顿（N）。

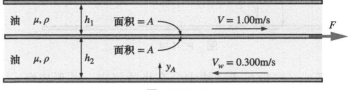

图　P2-132

工程基础（FE）考试问题

2-133 某种液体的比重为 0.82，那么它的比容是多少？

（a）0.00100m³/kg

（b）0.00122m³/kg

（c）0.0082m³/kg

（d）82m³/kg

（e）820m³/kg

2-134 水银的比重为 13.6，那么它的重度是多少呢？

（a）1.36kN/m³

（b）9.81kN/ m³

（c）106kN/ m³

（d）133kN/ m³

（e）13600kN/ m³

2-135 一个 0.08m³ 的方形罐中的空气压强为 1bar，温度为 127，那么这罐空气的质量为

（a）0.209kg

（b）0.659kg

（c）0.8kg

（d）0.002kg

（e）0.066kg

2-136 水泵将水压从 100kPa 增加到 700kPa。水的密度是 1kg/L。如果水温在这个过程中没有变化，水的比焓的变化是

（a）400kJ/kg

（b）0.4kJ/kg

（c）600kJ/kg

（d）800kJ/kg

（e）0.6kJ/kg

2-137 37°C 的理想气体在管道中流动，密度为

1.9kg/m³，摩尔质量为44kg/kmol，那么它的压强为

　（a）13kPa

　（b）79kPa

　（c）111kPa

　（d）490kPa

　（e）4900kPa

2-138 液态水在锅炉管道中流动时蒸发成水蒸气。如果管道中水的温度是180℃，那么管道中水的蒸汽压强是

　（a）1002kPa

　（b）180kPa

　（c）101.3kPa

　（d）18kPa

　（e）100kPa

2-139 在配水系统中，水压可低至1.4psia。为避免空化现象，管道中允许的最高水温为

　（a）50°F

　（b）77°F

　（c）100°F

　（d）113°F

　（e）140°F

2-140 水泵将水压从100kPa增加到900kPa。水温也上升了0.15℃。水的密度为1kg/L，比热容为 $c_p = 4.18$ kJ/（kg·℃）。在此过程中，水的焓变为

　（a）900kJ/kg

　（b）1.43kJ/kg

　（c）4.18kJ/kg

　（d）0.63kJ/kg

　（e）0.80kJ/kg

2-141 理想气体被等温压缩，从100kPa压缩到170kPa。在这个过程中，这种气体密度增加的百分比是

　（a）70%　　（b）35%　　（c）17%

　（d）59%　　（e）170%

2-142 恒定压强下流体密度随温度变化的物理量是

　（a）体积弹性模量

　（b）压缩系数

　（c）等温压缩系数

　（d）体积膨胀系数

　（e）以上都不是

2-143 在100kPa的恒定压强下，水从2℃加热到

78℃。水的初始密度为1000kg/m³，水的体积膨胀系数 $\beta = 0.377 \times 10^{-3}$ K⁻¹。水的最终密度是

　（a）28.7kg/m³

　（b）539kg/m³

　（c）997kg/m³

　（d）984kg/m³

　（e）971kg/m³

2-144 液体的黏度随温度的增加而 _____；气体的黏度随温度的增加而_____。

　（a）上升，上升

　（b）上升，降低

　（c）降低，上升

　（d）降低，降低

　（e）降低，保持不变

2-145 一个大气压下的水必须将压强提高到210atm才能压缩1%，那么水的压缩系数为

　（a）209atm

　（b）20900atm

　（c）21atm

　（d）0.21atm

　（e）210000atm

2-146 温度上升10℃，流体的密度在恒压下下降了3%，这种流体的体积膨胀系数为

　（a）0.03K⁻¹

　（b）0.003K⁻¹

　（c）0.1K⁻¹

　（d）0.5K⁻¹

　（e）3K⁻¹

2-147 在−40℃的大气中，宇宙飞船以1250km/h的速度飞行，那么马赫数是

　（a）35.9

　（b）0.85

　（c）1.0

　（d）1.13

　（e）2.74

2-148 20℃、200kPa下的空气运动黏度为 1.83×10^{-5} kg/m·s，那么动力黏度是

　（a）0.525×10^{-5} m²/s

　（b）0.77×10^{-5} m²/s

　（c）1.47×10^{-5} m²/s

　（d）1.83×10^{-5} m²/s

（e）$0.380 \times 10^{-5} m^2/s$

2-149 由两个30cm长的同心圆筒构成的黏度计用于测量流体的黏度。内筒的外径是9cm，两个圆筒之间的间隙是0.18cm。内筒以250r/min的转速旋转，测得转矩为$1.4N \cdot m$。流体的黏度为

（a）$0.0084N \cdot s/m^2$

（b）$0.017N \cdot s/m^2$

（c）$0.062N \cdot s/m^2$

（d）$0.0049N \cdot s/m^2$

（e）$0.56N \cdot s/m^2$

2-150 将直径为0.6mm的玻璃管插入20℃的杯中。水在20℃下的表面张力为$\sigma_s = 0.073N/m$。接触角可视为零度。管中水的毛细上升高度是

（a）2.6cm

（b）7.1cm

（c）5.0cm

（d）9.7cm

（e）12.0cm

2-151 悬挂在U形线框上的液体薄膜具有6cm长的可移动侧，用于测量液体的表面张力。如果移动金属丝所需的力为0.028N，则暴露于空气中的液体的表面张力为

（a）0.00762N/m

（b）0.096N/m

（c）0.168N/m

（d）0.233N/m

（e）0.466N/m

2-152 据观察由于毛细现象，20℃的水在树中可以上升到20m高。水在20℃下的表面张力为$\sigma_s = 0.073N/m$，接触角为20°。水在其中能上升的导管的最大直径是

（a）0.035mm

（b）0.016mm

（c）0.02mm

（d）0.002mm

（e）0.0014mm

● **设计题和论述题**

2-153 利用一竖直漏斗设计一个实验来测量液体黏度。漏斗上方圆柱段高h，漏斗嘴长为L、直径为D。做出适当的假设，从而依据易测量的量如密度和体积流量等得到黏度的关系式。

2-154 写出非牛顿流体切应力和变形率之间的一般关系。另外，写一份关于如何测量非牛顿流体黏度的报告。

2-155 流体由于毛细现象等作用升至树顶，写一篇相关的文章。

2-156 写一篇关于汽车发动机在不同季节使用的油及其黏度的文章。

2-157 水流过一透明管。如图P2-157所示，通过挤压管子可形成一个直径很小的喉道，有时可以在喉道处观察到空化现象。假设流体不可压缩，忽略重力效应和不可逆性。你将在之后学习（第5章）到，随着管道横截面面积减小，流速增大，压强减小，公式分别为

$$V_1 A_1 = V_2 A_2 \ \text{和} \ P_1 + \rho \frac{V_1^2}{2} = P_2 + \rho \frac{V_2^2}{2}$$

式中，V_1 和 V_2 分别为通过截面积 A_1 和 A_2 的平均速度。因此，最大速度和最小压强均发生在喉道处。（a）如果水温为20℃，进口处压强为20.803kPa，喉道直径是入口直径的1/20，估计在喉道可能发生空化的最小平均入口速度是多少。（b）水温换成50℃，重复（a）。说明为何所需的入口速度高于或低于（a）中的速度。

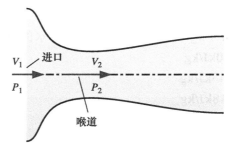

图 P2-157

2-158 尽管钢的密度比水的高7~8倍，但钢制的回形针或刀片可以浮在水面上！解释并讨论这一现象。并预测，如果水中混合一些肥皂后会发生什么。

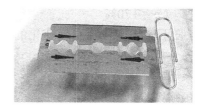

图 P2-158

照片由John M. Cimbala.拍摄

第3章　压强与流体静力学

本章概述

本章进行流体在静止或以刚体形式运动时的力学分析。在流体中，与这些受力相关的流体参数是压强。压强的定义是作用于单位面积上的垂直作用力。本章首先详细介绍压强的概念，包括绝对压强和表压，某一点的压强，重力场中压强随深度的分布，气压计，压强计以及其他压强测量装置；其次介绍作用在浸没平板或曲板上的静压；然后讨论浸没在水中或漂浮在水面上的物体的浮力与稳定性问题；最后应用牛顿第二定律，分析以刚体形式运动的流体在做匀加速运动和旋转运动时的压强分布。本章广泛利用受力平衡来对物体的静平衡问题进行分析，因此有必要首先回顾一下有关的静力学概念。

本章目标

阅读完本章，你应该能够：

■ 计算静止流体中的压强分布。

■ 利用不同类型的压强计计算压强。

■ 计算浸没在静止流体中的平板或曲面的受力。

■ 分析漂浮在水面上和浸没在水中物体的稳定性。

■ 分析做匀加速运动或旋转运动的容器中的流体问题。

3.1　压强

压强的定义是作用于单位面积上的垂直作用力。此处所说的压强只针对气体和液体，在固体中该压强称之为正应力。因为压强的定义是单位面积所受到的力，因此它的单位为牛顿每平方米（N/m^2），也称为帕斯卡（Pa），且满足下面的关系式，即

$$1Pa = 1N/m^2$$

在实际应用中，压强单位帕太小，因此工程中也常用千帕（$1kPa = 10^3Pa$）和兆帕（$1MPa = 10^6Pa$）作为压强的单位。在欧洲常用的压强单位是巴（bar）、标准大气压强（atm）和千克力每平方厘米（kgf/cm^2），这三种单位的换算关系如下：

$$1bar = 10^5Pa = 0.1MPa = 100kPa$$
$$1atm = 101325Pa = 101.325kPa = 1.01325bar$$
$$1kgf/cm^2 = 9.807N/cm^2 = 9.807 \times 10^4N/m^2$$
$$= 9.807 \times 10^4Pa$$
$$= 0.9807bar$$
$$= 0.9679atm$$

注意，bar、atm 和 kgf/cm^2 三种单位几乎相等。在英制单位中，压强的单位为磅力每平方英寸（lbf/in^2 或 psi），$1atm = 14.696psi$。在轮胎的胎压中常用这些单位，$1kgf/cm^2 = 14.233psi$。

作用在固体表面的压强称为正应力，它的定义为垂直作用于单位面积上的力。例如，一个 150 lb 的人双脚站在地面上，与地面之间的接触面积约为 $50in^2$，则作用在地面上的压强为 150 lbf/$50in^2$ = 3.0psi（见图

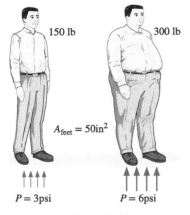

$$P = \sigma_n = \frac{W}{A_{feet}} = \frac{150\ lbf}{50in^2} = 3psi$$

图 3-1 肥胖者脚上的正应力（或"压强"）比苗条的人脚上的正应力要大得多

图 3-2 一些常用的压强计

©Ashcroft Inc.未经许可不得私自使用

3-1），如此一来人单脚站立在地面则压强翻倍。如果一个人过度肥胖，他的脚就会因为压强过大而感到不适（脚底面积不随体重增加而增加）。同理可以解释为什么一个人在雪地行走时穿较大的雪地靴不易陷入雪中，以及用锋利的刀子切东西则不费力气。

在指定位置的实际压强值称为绝对压强，即相对于绝对真空（绝对压强为 0）的测量值。大部分的压强计在大气环境下读数为 0（见图 3-2），因此压强计的示数是绝对压强和当地大气压强的差值，这种差值称为表压，表压 P_{gage} 的值可正可负，当测量的压强低于大气压强时常常称为真空度，可用真空表来测量绝对压强和大气压强的差值。绝对压强 P_{abs}、表压 P_{gage} 和真空度 P_{vac} 的关系如下：

$$P_{gage} = P_{abs} - P_{atm} \tag{3-1}$$

$$P_{vac} = P_{atm} - P_{abs} \tag{3-2}$$

图 3-3 所示为三者之间的关系图。

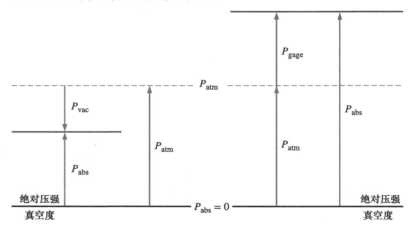

图 3-3 绝对压强、表压和真空度

跟其他压强计一样，汽车轮胎中气压的测量结果也是表压，因此示数 32.0psi（2.25kgf/cm²）表示胎压高于大气压强 32.0psi。若当地大气压强为 14.3psi，则车胎的绝对压强为（32.0 + 14.3）psi = 46.3psi。

在热力学关系表中，通常使用绝对压强。本书中除非特别说明，采用 P 表示绝对压强。通常在压强的单位上加字母"a"表示绝对压强，加上"g"表示表压以示区别（例如 psia 和 psig）。

【例 3-1】真空腔体的绝对压强

真空表和一腔体相连，真空表读数为 5.8psi，当地大气压强为 14.5psi，试确定腔内的绝对压强。

问题： 腔内的表压已知，需计算绝对压强。

分析： 由式（3-2）可知，绝对压强为

$$P_{abs} = P_{atm} - P_{vac} = 14.5psi - 5.8psi = 8.7psi$$

讨论： 应该注意的是，在计算绝对压强时需要知道当地的大气压强。

某一点处的压强

压强为单位面积的压力，它给人的印象是矢量。然而，压强在流体中某一点处沿着各个方向的大小都相等（见图3-4），说明压强只有大小而不具有方向性，因此它具有标量的性质。通过研究一楔形流体单元的平衡问题可证明这一性质，如图3-5所示，楔形单元在垂直于纸面方向为单位长度，即 $\Delta y = 1$，三个面的平均压强分别为 P_1、P_2 和 P_3，通过平均压强和面积可计算各个面的受力。根据牛顿第二定律，在 x 和 z 方向流体单元受力平衡，受力平衡方程如下：

$$\sum F_x = ma_x = 0: \quad P_1 \Delta y\Delta z - P_3 \Delta yl \sin \theta = 0 \qquad (3\text{-}3a)$$

$$\sum F_z = ma_z = 0: \quad P_2 \Delta y\Delta x - P_3 \Delta yl \cos \theta - \frac{1}{2}\rho g \, \Delta x \, \Delta y \, \Delta z = 0 \qquad (3\text{-}3b)$$

式中，ρ 为密度，$W = mg = \rho g \Delta x \Delta y \Delta z/2$ 为流体单元的重力。注意到楔形为直角三角形，因此 $\Delta x = l\cos\theta$，$\Delta z = l\sin\theta$。代入上述几何关系，并分别将式（3-3a）除以 $\Delta y\Delta z$、式（3-3b）除以 $\Delta x\Delta y$ 可得

$$P_1 - P_3 = 0 \qquad (3\text{-}4a)$$

$$P_2 - P_3 - \frac{1}{2}\rho g \, \Delta z = 0 \qquad (3\text{-}4b)$$

当 Δz 趋近 0 时，楔形单元变得无限小，式（3-4b）中最后一项可略去，流体单元收缩为一点。将以上两式联立后可得

$$P_1 = P_2 = P_3 = P \qquad (3\text{-}5)$$

该结果与楔角 θ 无关。对 y-z 平面进行同样的分析，可得类似结果。因此可得结论：作用在流体内部任意点上的压强在各个方向上都相等。由于压强是标量而不是矢量，所以该结论对于运动的流体同样适用。

压强随深度的分布

根据常识，静止流体在水平方向上的压强不变。这一点可以通过取一薄层流体，根据水平方向的受力平衡来进行分析。然而，在竖直方向则不同，由于重力场的影响，随着深度的增加，越来越多的流体压在下一流体层上，因此流体的压强随着深度的增加而增加，较深的流体层受到的"额外的重力"与增加的压强保持受力平衡（见图3-6）。

为了得到压强随深度的分布规律，取一个矩形流体单元，如图3-7所示，该单元高度为 Δz，长度为 Δx，垂直于纸面方向为单位长度（$\Delta y = 1$）。假设流体的密度 ρ 不变，z 方向的受力平衡方程为

$$\sum F_z = ma_z = 0: \quad P_1 \Delta x \, \Delta y - P_2 \Delta x \, \Delta y - \rho g \, \Delta x \, \Delta y \, \Delta z = 0$$

式中，$W = mg = \rho g \Delta x \Delta y \Delta z$ 为流体单元的重力，$\Delta z = z_2 - z_1$。消去 $\Delta x\Delta y$ 并整理可得

$$\Delta P = P_2 - P_1 = -\rho g \, \Delta z = -\gamma_s \, \Delta z \qquad (3\text{-}6)$$

式中，$\gamma_s = \rho g$ 为流体的重度。因此可得，在密度恒定的流体中，两点间的压强差与两点竖直方向的距离 Δz 成正比，与流体的密度 ρ 成正比，注意到 ΔP 的符号为负，因此，在静止的流体中压强随着深度增加而线性增加。这就解释了为什么潜水员在下潜过程中会感受到压强在增加。

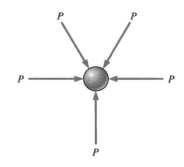

图3-4 压强是标量而不是矢量，液体中某一点处的压强在各个方向都相同

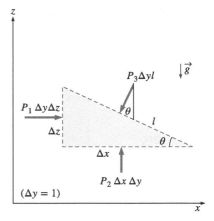

图3-5 静止状态下作用在楔形流体单元上的力

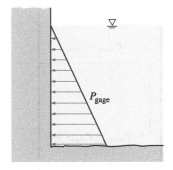

图3-6 静止流体中压强随深度增加（重力增加的结果）

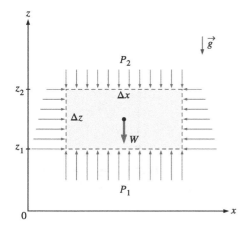

图 3-7 矩形流体单元的受力平衡

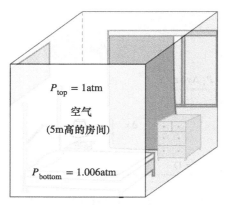

图 3-8 在充满气体的房间中，压强随高度的变化可以忽略

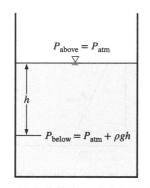

图 3-9 静止液体中，随着与自由液面距离的增加，压强线性增加

为了方便记忆，下面给出同一流体中两点间压强差的另一种表达式，即

$$P_{\text{below}} = P_{\text{above}} + \rho g |\Delta z| = P_{\text{above}} + \gamma_s |\Delta z| \qquad (3\text{-}7)$$

式中，下标"below"表示高度较低（流体中较深）的点；下标"above"表示高度较高的点，使用该关系式时应避免符号错误。

对于一给定流体，竖直方向的高度差 Δz 常用来衡量流体压强大小，称之为压头。

由式（3-6）可知，对于气体，如果高度差较小，由于气体的密度较低，因此可以忽略压强随高度的变化。例如，在气罐中气体的压强可以认为是均匀的，因为气体的重力太小，造成的压强差可以忽略不计。同样，在充满空气的房间里面也认为压强保持不变（见图 3-8）。

如果将"above"点取为和大气相接触的自由液面位置（见图 3-9），则该处的压强为大气压强 P_{atm}，由式（3-7）可以得到深度 h 处的压强为

$$P = P_{\text{atm}} + \rho g h \quad \text{或} \quad P_{\text{gage}} = \rho g h \qquad (3\text{-}8)$$

由于液体通常情况下是不可压缩的，因此密度随深度的变化可忽略不计。对于海拔变化不大的气体，也认为密度是不变的。无论是气体还是液体，温度对密度的影响较大，因此如果需要精确计算则需要考虑温度的影响。另外，在极深的海底，由于巨大的液体重力的作用，流体密度的变化也是显著的。

在海平面，重力加速度 g 的值为 9.807m/s^2；在 14000m 大型客机的巡航高度，g 的值为 9.764m/s^2。在这种极端情况下，重力加速度仅仅变化了 0.4%，因此，可认为 g 为定值。

对于密度随海拔变化较大的流体，压强随海拔变化的关系式可以通过消掉式（3-6）中的 Δz 得到，取极限 Δz 趋近于 0 可得

$$\frac{\mathrm{d}P}{\mathrm{d}z} = -\rho g \qquad (3\text{-}9)$$

注意当 $\mathrm{d}z$ 为正时，即海拔上升时，$\mathrm{d}P$ 为负，说明随着海拔的增加，压强在减小。若已知密度随海拔的变化关系，则任意两点 1 和 2 之间的压强差可以通过积分得到，即

$$\Delta P = P_2 - P_1 = -\int_1^2 \rho g \,\mathrm{d}z \qquad (3\text{-}10)$$

当密度和重力加速度不变时，式（3-10）可简化为式（3-6）。

静止流体的压强不随容器的形状或截面的变化而变化，只受竖直深度的影响，若深度相同，则各个方向的压强都相同。因此在同一流体的同一水平面上各点的压强值都相等。荷兰数学家西蒙·斯蒂文（1548—1602）在 1586 年发表了这一结论，如图 3-10 所示，点 A、B、C、D、E、F、G 在同一静止液体的同一深度位置，且内部彼此连通，因此压强相同。但是，点 H 和 I 处的压强不同（哪个点压强更高？），虽然它们在同一深度，但是这两点不是在同一液体中（我们不能从点 H 到点 I 连一条线，使得这条线一直在同一种液体中）。同时应注意到在某一点处流体产生的压强方向始终是垂直于壁面的。

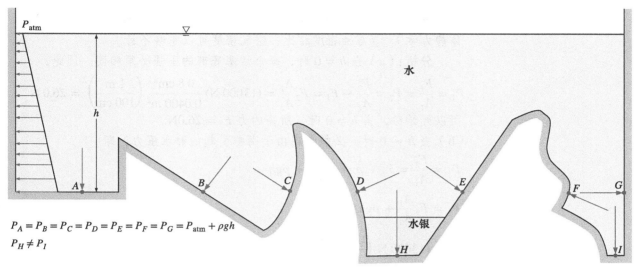

$$P_A = P_B = P_C = P_D = P_E = P_F = P_G = P_{atm} + \rho g h$$
$$P_H \neq P_I$$

图 3-10　在流体静力学中，同一流体中各点的压强在同一深度处相同，压强与容器形状无关

　　帕斯卡（1623—1662）定律指出：密闭液体上的压强，能够大小不变地向各个方向传递。帕斯卡同时发现压力的大小和面积成正比，通过将两个大小不同的液压缸连接在一起，大的面积可以产生更大的力。"帕斯卡机"是很多现代机器的原型，如液压制动器和液压起重机。如图 3-11 所示，通过使用它，我们可以轻而易举地用一只手升起一辆车。因为图中的点 1 和点 2 处于同一高度（微小的高度差可以忽略，尤其是在高压下），因此 $P_1 = P_2$，输出的力和输入的力之比满足

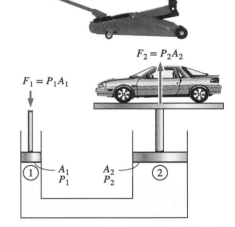

$$P_1 = P_2 \rightarrow \frac{F_1}{A_1} = \frac{F_2}{A_2} \rightarrow \frac{F_2}{F_1} = \frac{A_2}{A_1} \qquad （3\text{-}11）$$

面积比 A_2/A_1 为液压起重机的理想机械效率。举一个例子，通过使用活塞面积比 $A_2/A_1 = 100$ 的液压汽车千斤顶，一个普通人仅施加 10kgf（= 98.0N）的力就可以顶起一辆 1000kg 的汽车。

　　压力增强器等相关装置也是通过串联的活塞和气缸的组合来增加压力。帕斯卡定律在压力容器的液压测试，压力表校准，橄榄油、榛子油和葵花油等油的压制，木材压缩等方面也有广泛的应用。

图 3-11　帕斯卡定律的应用，很小的力可以举起很重的重物，一个常见的例子是液压千斤顶（上图）

【例 3-2】液压千斤顶

　　汽车修理厂使用的液压千斤顶，如图 3-12 所示。两个活塞的面积分别为 $A_1 = 0.8\text{cm}^2$，$A_2 = 0.04\text{m}^2$。当左侧的小活塞被上下推动时，比重为 0.870 的液压油被泵入，慢慢提升右侧的大活塞。一辆重达 13000N 的汽车将被顶起。

　　（a）开始时，当两个活塞处于同一高度（$h = 0$）时，计算保持汽车重量所需的力 F_1。

　　（b）在轿车提升两米（$h = 2\text{m}$）后重新计算，并比较和讨论。

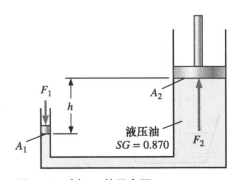

图 3-12　例 3-2 的示意图

问题： 计算用液压千斤顶在两个不同高度提升汽车所需的力。

假设： ①油是不可压缩的。②分析过程中系统处于静止状态（流体静力学）。③与油密度相比，空气密度可以忽略不计。

分析：（a）当 $h = 0$ 时，每个活塞底部的压强必须相同。因此，

$$P_1 = \frac{F_1}{A_1} = P_2 = \frac{F_2}{A_2} \rightarrow F_1 = F_2 \frac{A_1}{A_2} = (13000 \text{ N}) \frac{0.8 \text{ cm}^2}{0.0400 \text{ m}^2} \left(\frac{1 \text{ m}}{100 \text{ cm}}\right)^2 = 26.0 \text{ N}$$

所以开始时，当 $h = 0$ 时，所需的力 $F_1 = 26.0$N。

（b）当 $h \neq 0$ 时，必须考虑由于高差引起的静水压力，即

$$P_1 = \frac{F_1}{A_1} = P_2 + \rho g h = \frac{F_2}{A_2} + \rho g h$$

$$F_1 = F_2 \frac{A_1}{A_2} + \rho g h A_1$$

$$= (13000 \text{ N}) \left(\frac{0.00008 \text{ m}^2}{0.04 \text{ m}^2}\right)$$

$$+ (870 \text{ kg/m}^3)(9.807 \text{ m/s}^2)(2.00 \text{ m})(0.00008 \text{ m}^2)\left(\frac{1 \text{ N}}{1 \text{ kg·m/s}^2}\right) = 27.4 \text{ N}$$

因此，在轿车上升 2m 后，所需的力为 27.4N。

比较两个结果，保持轿车上升所需的力比保持轿车 $h = 0$ 所需的力更大。这在物理上是有意义的，根据流体静力学，因为高度差异，在较低活塞处会产生更高的压强（从而产生更高的所需力）。

讨论： 当 $h = 0$ 时，液压流体的比重（或密度）不会进入计算，问题简化为两者压强相等。然而，当 $h \neq 0$ 时，存在静压头，因此流体密度进入计算。千斤顶右侧的气压实际上略低于左侧，但我们忽略了这种影响。

3.2 压强测量装置

气压计

大气压强采用气压计来进行测量，因此大气压强也常常被称为气压。

意大利科学家托里拆利（1608—1647）首次令人信服地证明了大气压强可测量，他将装满水银的管子倒置在水银槽中，如图 3-13 所示，B 点的压强和大气压强相等，C 处的压强可以看作是 0，因为 C 点之上只有少量的水银蒸气，该点的压强和大气压强 P_{atm} 相比可以忽略不计。列出竖直方向的受力平衡方程为

$$P_{\text{atm}} = \rho g h \tag{3-12}$$

式中，ρ 为水银的密度；g 为当地的重力加速度；h 为水银柱在自由液面上的高度。从图 3-14 可以看出管子的长度以及横截面面积不会对液柱的高度造成影响。

标准大气压是常用的压强单位之一，它的定义是在 0°C（$\rho_{\text{Hg}} = 13595$kg/m³）、标准重力加速度（$g = 9.807$m/s²）的条件下，760mm 高

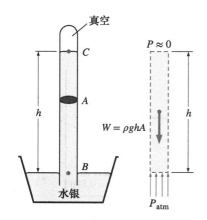

图 3-13 常见的气压计

的水银柱所产生的压强。如果用水代替水银来测量标准大气压，则水柱的高度大约为 10.3m。压强有时用水银柱的高度来表示（尤其是在天气预报中），例如，标准大气压强可表示为 0°C 时 760mmHg（29.92inHg）。为了纪念托里拆利，单位 mmHg 也称为托（Torr）。因此，1atm = 760Torr，1Torr = 133.3Pa。

在海平面大气压强 P_{atm} 为 101.325kPa，海拔为 1000m、2000m、5000m、10000m、20000m 的大气压强分别是 89.88kPa、79.50kPa、54.05kPa、26.5kPa 和 5.33kPa。美国丹佛（海拔为 1610m）的大气压强为 83.4kPa。注意大气压强的实质是单位面积受到该处之上的空气重力，因此大气压强不仅仅随着海拔的变化而变化，同时还受到天气的影响。

随着海拔的上升，大气压强降低的例子在实际生活中有很多，例如在高海拔地区煮饭需要更久的时间，因为在大气压强较低的地方水的沸点较低。在高海拔地区人容易流鼻血，这是因为在高海拔地区血压和大气压强差值增大，纤弱的鼻腔壁静脉网不能承受增大的压强差。

在温度相同的条件下，海拔越高空气密度越低，相同体积含有的空气量和氧气量更少，这就是人在高海拔地区常常容易疲劳和感到呼吸困难的原因。为了适应这一影响，高海拔地区人们的肺常常比普通人的肺功能更加强大。类似地，2.0L 的汽车发动机在 1500m 海拔处运行起来像 1.7L 的汽车发动机（除非使用了涡轮增压），因为在 1500m 海拔处大气压强相对于海平面减小了 15%，因此空气密度也减小了 15%（见图 3-15），风扇或压气机在同样的体积流量下吸入的空气质量将减少 15%。因此，在高海拔地区运行的发动机需要更大的风扇来达到所需的空气质量流量。较低的大气压强和较低的密度同样影响升力和阻力，飞机在高海拔地区起飞需要更长的滑跑距离来达到所需升力。飞机的巡航高度很高，也是为了减小阻力，从而提高燃油效率。

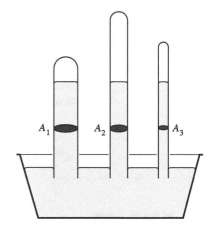

图 3-14　管子的长度或横截面面积对液柱的高度没有影响，前提是管子的直径足够大

图 3-15　在高海拔地区，由于空气密度减小，汽车引擎提供的动力减小，人吸入的氧气量减少

■ ■ ■ 　**【例 3-3】采用气压计测量大气压强**
■ ■ 　气压计示数为 740mmHg，试确定当地大气压强的值，已知重
■ ■ 力加速度 $g = 9.805\text{m/s}^2$，假设气温为 10°C，该温度下水银密度为
■ 13570kg/m³。

　　问题： 气压计读数所对应的水银柱高度已知，需要计算当地大气压强的值。

　　假设： 气温为 10°C。

　　参数： 水银密度为 13570kg/m³。

　　分析： 由式（3-12）可知，大气压强为

$$P_{atm} = \rho g h$$

$$= (13570\text{kg/m}^3)(9.805\text{ m/s}^2)(0.740\text{ m})\left(\frac{1\,\text{N}}{1\text{kg·m/s}^2}\right)\left(\frac{1\,\text{kPa}}{1000\text{N/m}^2}\right)$$

$$= 98.5\text{kPa}$$

　　讨论： 注意，密度随温度的变化而变化，因此需要考虑温度的影响。

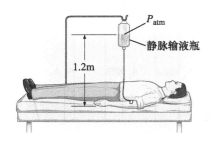

图 3-16　例 3-4 的示意图

【例 3-4】静脉输液瓶中重力驱动的流动

静脉输液常常通过在一定的高度位置悬挂输液瓶来抵消静脉内的血压，从而将药水注入人体内（见图 3-16），输液瓶悬挂得越高，液体流动得越快。（a）当输液瓶的高度高于手臂 1.2m 时，观察到液体和血压两者平衡，试确定血液的表压。（b）若要保证足够的流量，液体表压需要达到 20kPa，试确定输液瓶要放置的高度。液体的密度为 1020kg/m³。

问题： 当输液瓶在一定高度时，静脉输液的液体压强和血液压强平衡，需要计算血液的表压。为了保证一定的质量流量，需要确定输液瓶的高度。

假设： ①静脉输液中的流体不可压缩；②静脉输液瓶和外界大气相通。

参数： 静脉输液的液体密度为 $\rho = 1020\text{kg/m}^3$。

分析：（a）注意到当输液瓶悬挂在距离手臂高度为 1.2m 时，静脉输液瓶和血液两者压强平衡。血液的表压和静脉输液瓶此时的表压相同。

$$P_{\text{gage, arm}} = P_{\text{abs}} - P_{\text{atm}} = \rho g h_{\text{arm-bottle}}$$

$$= (1020 \text{ kg/m}^3)(9.81 \text{ m/s}^2)(1.20 \text{ m})\left(\frac{1 \text{ kN}}{1000 \text{ kg·m/s}^2}\right)\left(\frac{1 \text{ kPa}}{1 \text{ kN/m}^2}\right)$$

$$= 12.0 \text{ kPa}$$

（b）为了提供 20kPa 的表压，输液瓶中液面在手臂上方的高度为

$$h_{\text{arm-botttle}} = \frac{P_{\text{gage, arm}}}{\rho g}$$

$$= \frac{20 \text{ kPa}}{(1020 \text{ kg/m}^3)(9.81 \text{ m/s}^2)}\left(\frac{1000 \text{ kg·m/s}^2}{1 \text{ kN}}\right)\left(\frac{1 \text{ kN/m}^2}{1 \text{ kPa}}\right)$$

$$= 2.00 \text{ m}$$

讨论： 在重力驱动下的流动问题，可以通过液面的高度来控制流量。当流体流动时，必须考虑由于摩擦所导致的管内压强降低，因此为了达到特定的流量，需要将瓶子悬挂得稍微高一点，以此来克服摩擦引起的压强降低。

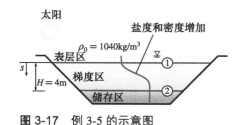

图 3-17　例 3-5 的示意图

【例 3-5】可变密度的太阳池压强

太阳池（也称盐田）是一种用来储存太阳能的小型人造水池，常常只有几米深。通过增加池底的盐度来阻止温度较高的水上升到表面，在典型的太阳池梯度区中，盐水的密度是逐渐增大的，如图 3-17 所示，密度的表达式为

$$\rho = \rho_0 \sqrt{1 + \tan^2\left(\frac{\pi}{4}\frac{s}{H}\right)}$$

式中，ρ_0 为表面的水密度；s 为到梯度区表面（$s=-z$）的垂直距离；H 为梯度区的厚度。若 $H=4\text{m}$，$\rho_0=1040\text{kg/m}^3$，表层区厚度为 0.8m，试计算梯度区底部的表压。

问题：太阳池梯度区中盐水密度随深度的分布规律已知，由此计算梯度区底部的表压。

假设：表层区的密度为常数。

参数：表面盐水的密度为 1040kg/m^3。

分析：将梯度区的底部和顶部分别命名为①和②，注意，表层区的密度是恒定的，表层区的底部表压（梯度区的顶部）为

$$P_1 = \rho g h_1 = (1040\,\text{kg/m}^3)(9.81\,\text{m/s}^2)(0.8\,\text{m})\left(\frac{1\,\text{kN}}{1000\,\text{kg·m/s}^2}\right) = 8.16\,\text{kPa}$$

因为 $1\text{kN/m}^2 = 1\text{kPa}$，$s=-z$，在竖直方向 $\text{d}s$ 上的静压强的微分由下式给定：

$$\text{d}P = \rho g\,\text{d}s$$

将梯度区由点①（点①处 $s=0$）到任意一点 s 进行积分，得

$$P - P_1 = \int_0^s \rho g\,\text{d}s \rightarrow P = P_1 + \int_0^s \rho_0 \sqrt{1 + \tan^2\left(\frac{\pi}{4}\frac{s}{H}\right)}\,g\,\text{d}s$$

积分可得梯度区的表压分布为

$$P = P_1 + \rho_0 g\,\frac{4H}{\pi}\text{arcsinh}\left(\tan\frac{\pi}{4}\frac{s}{H}\right)$$

梯度区底部（$s=H=4\text{m}$）的压强为

$$P_2 = 8.16\,\text{kPa} + (1040\,\text{kg/m}^3)(9.81\,\text{m/s}^2)\frac{4(4\,\text{m})}{\pi}\text{arcsinh}\left(\tan\frac{\pi}{4}\frac{4}{4}\right)\left(\frac{1\,\text{kN}}{1000\,\text{kg·m/s}^2}\right)$$

$$= 54.0\,\text{kPa (表压)}$$

讨论：图 3-18 所示为梯度区中表压随深度的变化曲线，虚线部分为当密度为常数 1040kg/m^3 时的静压强分布，注意，压强随时间变化的曲线不是线性的，这就是必须要进行积分的原因。

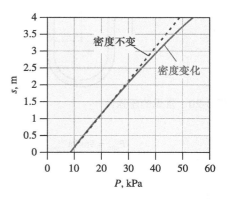

图 3-18　太阳池梯度区中表压随深度的变化

压强计

由式（3-6）可知，静止流体深度变化 $-\Delta z$ 等于 $\Delta P/(\rho g)$，因此可以用液柱来表征压强差。压强计就是基于此原理的，常用压强计来测量较小的压强变化。压强计由玻璃或塑料 U 形管构成，管内装有水银、水、酒精或油（见图 3-19）。为了保证压强计尺寸不会太大，针对压差较大的情况常采用的介质为水银。

图 3-20 所示的压强计用来测量气罐的压强。由于重力对气罐内气体的影响可以忽略，因此气罐内任意位置处气体的压强和点 1 位置处的压强相同，又因为液体压强在同一水平方向上处处相同，因此点 1 和点 2 处的压强值相同，$P_2 = P_1$。

玻璃管另一端和大气相连，液柱高度差为 h，因此由式（3-7）可得

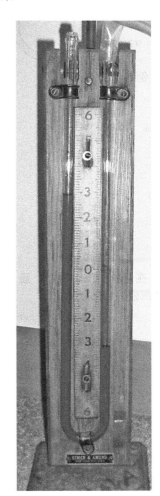

图 3-19　一个简单的 U 形管压强计，右侧高压

照片由 John M. Cimbala 提供

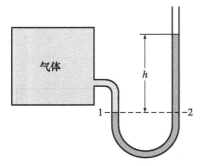

图 3-20 常见的压强计

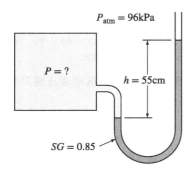

图 3-21 例 3-6 的示意图

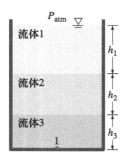

图 3-22 在堆积的流体层中，通过每一层流体压强的变化为 ρgh

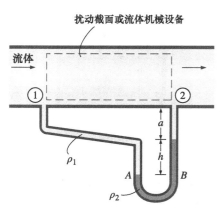

图 3-23 采用压差计测量压降

点 2 处的压强为

$$P_2 = P_{atm} + \rho gh \qquad (3-13)$$

式中，ρ 为 U 形管压强计管中的液体密度。注意，管子的横截面面积对液柱高度差 h 没有影响，即对压强没有影响。但是管子必须足够粗（直径需要超过几毫米），这样才能保证液体表面张力和毛细现象的影响可以忽略不计。一些压强计采用倾斜的管子来增大液柱的变化以提高读数精度，这样的压强计称为倾斜压强计。

【例 3-6】利用压强计测量压强

如图 3-21 所示，利用压强计来测量罐内气体的压强，所采用的流体比重为 0.85，液柱高度为 55cm。若当地大气压强为 96kPa，试求罐体内的绝对压强。

问题：和罐体相连的压强计的读数和大气压强已知，需要求罐体内的绝对压强。

假设：罐体内气体的密度比压强计的液体密度低得多。

参数：压强计采用的液体比重为 0.85，取水的标准密度 1000kg/m³。

分析：流体密度为自身的比重乘以水的密度，即

$$\rho = SG (\rho_{H_2O}) = (0.85)(1000 \text{ kg/m}^3) = 850\text{kg/m}^3$$

由式（3-13）可知

$P = P_{atm} + \rho gh$

$= 96 \text{ kPa} + (850 \text{ kg/m}^3)(9.81 \text{ m/s}^2)(0.55 \text{ m})\left(\dfrac{1 \text{ N}}{1 \text{ kg·m/s}^2}\right)\left(\dfrac{1 \text{ kPa}}{1000 \text{ N/m}^2}\right)$

$= 100.6 \text{ kPa}$

讨论：注意，罐体内的表压为 4.6kPa。

一些工程问题涉及多种不能互溶的液体，它们密度不同，分层堆积。对于这样的系统可以从以下三点进行分析：①压强沿着液柱高度方向变化的关系是 $\Delta P = \rho gh$；②在流体中向下压强增加，向上压强减小；③静止流体在同一深度处压强相同。

上述最后一条原理是从帕斯卡定律得来的，它表明只要是在静止的连续流体中，我们可以从压强计的一个液柱位置"跳"到同一水平面的另一个液柱位置，而压强不发生变化。因此任何一点的压强可以通过已知点的压强加上或者减去 ρgh 得到。例如，图 3-22 中容器底部的压强可以通过自由液面的压强确定，自由液面的压强为 P_{atm}，底部点 1 处的压强记为 P_1，则有下面的关系式：

$$P_{atm} + \rho_1 g h_1 + \rho_2 g h_2 + \rho_3 g h_3 = P_1$$

对于密度相同的流体，该式可简化为

$$P_{atm} + \rho g(h_1 + h_2 + h_3) = P_1$$

压强计可以用来测量由于阀门、换热管或其他流动阻力造成的水平流动截面上两点之间的压强损失。将测压管两端和待测点连接起来，如图 3-23 所示，待测的流体可以是气体或者液体，密度为 ρ_1。压强计中的

液体密度为 ρ_2，液柱高度差为 h，两种流体必须互不相溶，同时 ρ_2 必须比 ρ_1 大。压强差 P_1 减 P_2 可以通过点①位置的压强 P_1，沿着管道加上或者减去 ρgh 得到点②位置的压强，最终结果等于 P_2，即

$$P_1 + \rho_1 g(a+h) - \rho_2 gh - \rho_1 ga = P_2 \tag{3-14}$$

注意，式中直接从 A 点沿水平方向跳到了 B 点，不需要计算 A、B 下面的部分，因为两点在同一水平面上、压强相同。化简后可得

$$P_1 - P_2 = (\rho_2 - \rho_1)\,gh \tag{3-15}$$

注意，距离 a 在分析中必须要考虑，即使它对最终的结果没有影响。此外，当管道里的流体为气体时，$\rho_1 \ll \rho_2$，式（3-15）可简化为 $P_1 - P_2 \approx \rho_2 gh$。

【例3-7】多重流体压强计测量压强

如图3-24所示，水箱内装有部分水，上部气体为空气，压强测量采用多重流体压强计，水箱放置在海拔为 1400m 的山上，当地的大气压强为 85.6kPa，求水箱内的大气压强。图中 $h_1 = 0.1\text{m}$，$h_2 = 0.2\text{m}$，$h_3 = 0.35\text{m}$，水、油和水银的密度分别是 1000kg/m^3、850kg/m^3 和 13600kg/m^3。

问题：水箱内的压强由多重流体压强计测量，需要计算水箱内的空气压强。

假设：水箱内的空气均匀（由于气体密度较低，因此高度方向压强分布均匀），因此可以确定空气和水的交界面压强。

参数：水、油和水银的密度分别为 1000kg/m^3、850kg/m^3 和 13600kg/m^3。

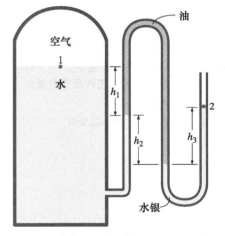

图3-24　例3-7的示意图

分析：从空气和水的交界面点1的压强沿着管道加上或减去 ρgh 直到点2，因为管子和外界大气相通，所以得到的结果和大气压强相等。即

$$P_1 + \rho_{\text{water}} gh_1 + \rho_{\text{oil}} gh_2 - \rho_{\text{mercury}} gh_3 = P_2 = P_{\text{atm}}$$

解得 P_1 并代入数值可得

$$P_1 = P_{\text{atm}} - \rho_{\text{water}} gh_1 - \rho_{\text{oil}} gh_2 + \rho_{\text{mercury}} gh_3$$

$$= P_{\text{atm}} - g(\rho_{\text{mercury}} h_3 - \rho_{\text{water}} h_1 - \rho_{\text{oil}} h_2)$$

$$= 85.6\ \text{kPa} + (9.81\ \text{m/s}^2)[(13600\ \text{kg/m}^3)(0.35\ \text{m}) - (1000\ \text{kg/m}^3)(0.1\ \text{m}) -$$

$$(850\ \text{kg/m}^3)(0.2\ \text{m})]\left(\frac{1\ \text{N}}{1\ \text{kg·m/s}^2}\right)\left(\frac{1\ \text{kPa}}{1000\ \text{N/m}^2}\right)$$

$$= 130\ \text{kPa}$$

讨论：注意，在同一水平面上不同管内的压强相等，因此可将分析简化。同时应注意水银有毒，压强计和温度计里面的水银常常用其他较为安全的液体代替，以防止人员意外接触水银蒸气。

其他压强测量装置

波登管（又称弹簧管）是另一种常用的机械式压强测量装置，以发

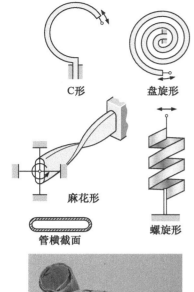

图3-25 不同类型的波登管。由于横截面是扁管形，它们的工作原理与派对吹龙（下图）相同

（底部）照片由John M. Cimbala.提供

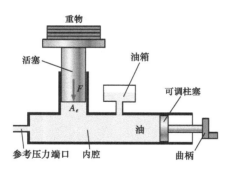

图3-26 自重测试仪可以测量极高压强（在有些应用中可达10000psi）

明者法国工程师尤金·波登（1808—1884）命名，它是一根弯曲、螺旋或扭转的中空金属管，管子一端密封并连接至表盘指针（见图3-25）。当管子和外界大气相通时，管子不发生变形，表盘上的指针指向0刻度位置（表压）。当管内的流体增压时，管子变形带动指针产生与压强大小成一定比例的偏转。

电子设备在实际生活中已经得到了广泛的应用，这其中也包括压强测量装置。如今的压力传感器通过使用多种技术将压力信号转化为电信号，比如电压、电阻或电容的变化。压力传感器具有小巧快速的特点，相对于机械测量装置它的测量灵敏度更高、更加可靠、更加精确。它的测量范围从百万分之一标准大气压到几千标准大气压。

不同种类的压力传感器可以在很宽的应用范围内实现表压、绝对压和差压的测量。表压压力传感器通过传感器背面开孔和大气相通的方式用大气压强作为参考，当压强为当地大气压时输出信号为0，与海拔无关。绝对压力传感器在真空环境下输出信号为0。差压传感器可以直接测量两点间的压强差，而无须采用两个压力传感器分别测量后再求出差值。

应变式压力传感器包含两个腔体，通过腔体中间的膜片变形来感受压力。当膜片在两侧压强差的作用下发生变形时，通过惠斯通电桥将输出的应力信号放大进行测量。电容式传感器的工作原理与之类似，不同之处在于膜片变形时，测量的是电容的变化而不是电阻的变化。

压电传感器也称为固态压力传感器，其原理为晶体在受到外界压力作用时会产生电势。1880年，居里兄弟（皮埃尔·居里和杰克斯·居里）第一个发现了这一现象，称之为压电效应。与膜片相比，压电传感器的响应频率更快，非常适合于测量高压。但压电传感器不如膜片式传感器敏感，在测量低压时尤其明显。

自重测试仪是一种机械式压强测量装置，主要用来校准和测量极高的压强（见图3-26）。顾名思义，自重测试仪通过直接测量重物的重力来测量压力，重力提供单位面积上的力，也就是压强。它由充满流体（通常是油）的腔体、密封连接的活塞、气缸、柱塞组成。置于活塞顶部的重物会给腔体内的油施加一定的压力，作用在活塞-油界面上的合力 F 等于活塞的重力加上重物的重力。因为活塞的横截面面积 A_e 已知，压强可由 $P = F/A_e$ 计算，该装置的主要误差是活塞和腔体壁面之间的静摩擦，但该误差通常很小可忽略不计。参考压力端口一般和待测的未知压强相连，或者和需要校准的压力传感器相连。

3.3 流体静力学引言

流体静力学研究流体在静止状态的力学问题，其中流体可以是气体或者液体。当流体为液体时称为水静力学，当流体为气体时称为气体静力学。在流体静力学中，相邻流体层之间没有相对运动，因此流体中没有抵抗剪切变形而产生的切应力。在流体静力学中唯一需要处理的应力是正应力，也就是压强，且压强的分布规律仅受流体重力的影响。因此，流体静力学只适用于存在重力场的情况，受力也常常和重力加速度 g 有关。由于流体和固体表面之间没有相对运动，因此流体作用在固体表面的外力在接触点位置是垂直于固体表面的，没有平行于固体表面的切应力。

流体静力学主要研究漂浮在水面或浸没在水下物体的受力情况，以及水压机或汽车千斤顶所产生的力学问题等。许多工程设计，比如水坝、液体储存罐等都需要利用流体静力学知识来计算表面受力。完整描述水下物体所受水的合力需要确定力的大小、方向以及力的作用线。在接下来的两节中，将分别讨论水下平板和水下曲面的受力问题。

3.4 水下平板的受力分析

当一块平板放置在水下时（例如水坝的闸门、液体储存罐的壁面和静止时的船壳），其表面受到液体压强的作用（见图 3-27）。在一个平板表面，静压形成一平行力系，通常需要求出力的大小以及作用点，作用点也称为压力中心。大多数情况下平板的另外一边通大气（例如闸门的另一侧），因此大气压强在平板的两侧都产生作用，产生的合力为 0。因此在这些情况下可以扣除大气压强，采用表压计算（见图 3-28）。例如，湖底的表压为 $P_{gage} = \rho gh$。

如图 3-29 所示，分析一任意形状的平板上表面在液体中的受力情况（图中给出了平板的法向视图），平板（垂直于纸面的平面）和水平方向的夹角为 θ，x 轴垂直纸面向外。液体表面的绝对压强为 P_0，如果液体处于标准大气压下，则 P_0 为当地大气压强 P_{atm}（如果液体表面的空气被加压或者抽空，则 P_0 和 P_{atm} 不相等）。可得平板上任一点处压强为

$$P = P_0 + \rho gh = P_0 + \rho gy\sin\theta \qquad (3\text{-}16)$$

式中，h 为该点到自由液面的竖直距离；y 为该点到 x 轴的距离（即图 3-29 中 O 点）。合力 F_R 为微元面 dA 的压力 PdA 在整个平面上的积分。即

$$F_R = \int_A P\,dA = \int_A (P_0 + \rho gy\sin\theta)\,dA = P_0 A + \rho g\sin\theta \int_A y\,dA \qquad (3\text{-}17)$$

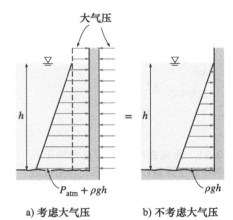

图 3-28 当计算浸没在液体中的表面受力时，如果平板的两边都受到大气压强的作用，则大气压强可以抵消

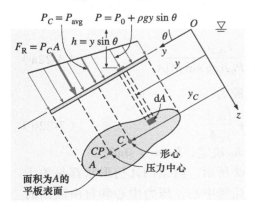

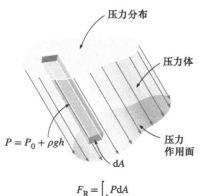

图 3-29 完全浸没在液体中的倾斜平板受到的静压力

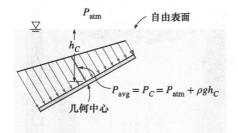

图 3-30 平板几何中心的压强等于平板的平均压强

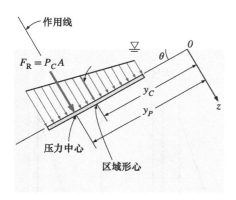

图 3-31 作用在平板上的合力等于几何中心的压强乘以平板面积，作用线通过压力中心

截面面积矩 $\int_A y \,\mathrm{d}A$ 和表面的几何中心 y 坐标有关，即

$$y_C = \frac{1}{A} \int_A y \,\mathrm{d}A \qquad (3\text{-}18)$$

代入可得

$$F_R = (P_0 + \rho g y_C \sin\theta)A = (P_0 + \rho g h_C)A = P_C A = P_{\text{avg}} A \qquad (3\text{-}19)$$

式中，$P_C = P_0 + \rho g h_C$ 为几何中心对应的压强，和表面的平均压强 P_{avg} 等价；$h_C = y_C \sin\theta$ 为几何中心到自由液面的竖直距离（见图 3-30），因此可以总结如下：完全浸没在均匀液体中的平板所受到的合力大小等于作用在该平板几何中心的压强 P_C 和平板面积 A 的乘积（见图 3-31）。

P_0 是大气压强，因为在平板两侧都存在大气压强的作用，所以在计算中常常可以忽略不计。当需要考虑大气压强时，实用的方法是 h_C 的值再增加一等效深度 $h_{\text{equiv}} = P_0/\rho g$，即假设在原有的液体上方存在额外的深度为 h_{equiv} 的液体层，液体层上方为绝对真空。

其次需要求解合力 F_R 的作用线。两平行力系如果大小相等，对任意点的力矩相同，则这两个力等价。合力一般不经过平板的几何中心，而是位于几何中心下方压强较高处。合力作用的中心称为压力中心。作用线在竖直方向的位置，可以根据平行力系对 x 轴的力矩之和等于合力对 x 轴的力矩这一原理求得

$$y_P F_R = \int_A yP \,\mathrm{d}A = \int_A y(P_0 + \rho g y \sin\theta)\,\mathrm{d}A = P_0 \int_A y \,\mathrm{d}A + \rho g \sin\theta \int_A y^2 \,\mathrm{d}A$$

或者

$$y_P F_R = P_0 y_C A + \rho g \sin\theta I_{xx,O} \qquad (3\text{-}20)$$

式中，y_P 为压力中心到 x 轴的距离（见图 3-31 中 O 点）；$I_{xx,O} = \int_A y^2 \,\mathrm{d}A$ 为关于 x 轴的面积二阶矩（也叫作惯性矩）。一些常见形状的惯性矩可通过查阅工程手册得到，手册上通常给出的是通过平面几何中心的惯性矩，利用平行轴定理可得到两平行轴之间的惯性矩关系，平行轴定理为

$$I_{xx,O} = I_{xx,C} + y_C^2 A \qquad (3\text{-}21)$$

式中，$I_{xx,C}$ 是通过平面几何中心关于 x 轴的惯性矩；y_C（几何中心的 y 坐标）为两平行轴之间的距离。将式（3-19）、式（3-21）代入式（3-20）可得

$$y_P = y_C + \frac{I_{xx,C}}{[y_C + P_0/(\rho g \sin\theta)]A} \qquad (3\text{-}22a)$$

当 $P_0 = 0$ 时，即忽略大气压强，可化简为

$$y_P = y_C + \frac{I_{xx,C}}{y_C A} \qquad (3\text{-}22b)$$

y_P 由压力中心到自由液面的竖直高度 h_P 决定，$h_P = y_P \sin\theta$。

一些常见几何形状的 I_{xx} 如图 3-32 所示，给出的几何形状都是关于 y 轴对称的，压力中心在 y 轴上低于几何中心，压力中心和自由液面的距离为 h_P。

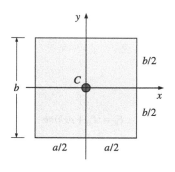

$A = ab$, $I_{xx,C} = ab^3/12$

a) 矩形

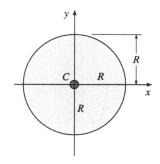

$A = \pi R^2$, $I_{xx,C} = \pi R^4/4$

b) 圆形

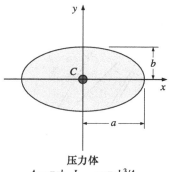

压力体

$A = \pi ab$, $I_{xx,C} = \pi ab^3/4$

c) 椭圆形

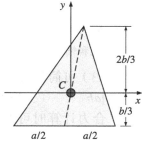

$A = ab/2$, $I_{xx,C} = ab^3/36$

d) 三角形

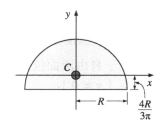

$A = \pi R^2/2$, $I_{xx,C} = 0.109757 R^4$

e) 半圆形

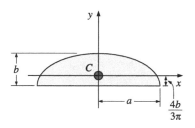

$A = \pi ab/2$, $I_{xx,C} = 0.109757 ab^3$

f) 半椭圆形

图 3-32 一些常见几何形状的几何中心和相对于其几何中心的惯性矩

由于压力垂直于作用面，因此任意形状的平板在水下受到的力，可以构成一个以平板面积为底，以线性变化的压强为高的空间体，如图 3-33 所示。有意思的是，因为 $F_R = \int P dA$，所以这个虚拟压力体的体积和静压的合力大小相等，且合力的作用线通过压力体中心，压力体中心在平板的投影即为压力中心。因此，利用压力体的概念，平板所受的静压合力问题就简化为求压力体的体积以及中心点的两个坐标。

特例：水下矩形平板

已知一个完全浸没于水下的矩形平板，高度为 b，宽度为 a，与水平方向的夹角为 θ，上端与自由液面沿板向的距离为 s，如图 3-34a 所示。作用在上表面的静压合力与平均压力相等，即等于平板几何中心的压强乘以平板面积 A。由此可得

倾斜矩形平板： $F_R = P_C A = [P_0 + \rho g(s + b/2)\sin\theta]ab$ （3-23）

由式（3-22a）可得知，合力作用点位于平板几何中心下方，距自由液面的竖直距离为 $h_P = y_P \sin\theta$，则

$$y_P = s + \frac{b}{2} + \frac{ab^3/12}{[s + b/2 + P_0/(\rho g \sin\theta)]ab}$$

（3-24）

$$= s + \frac{b}{2} + \frac{b^2}{12[s + b/2 + P_0/(\rho g \sin\theta)]ab}$$

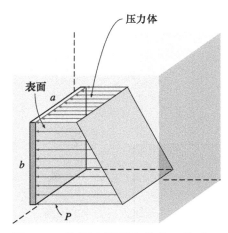

压力体

表面

P

图 3-33 作用在平板上的静压构成压力体，其底（左边的面）为平板表面，长度为压强

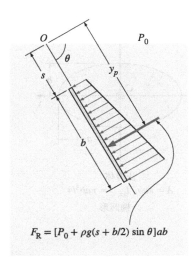

$$F_R = [P_0 + \rho g(s + b/2)\sin\theta]ab$$

a) 倾斜平板

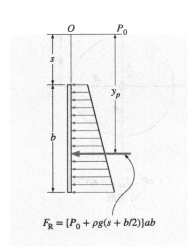

$$F_R = [P_0 + \rho g(s + b/2)]ab$$

b) 竖直平板

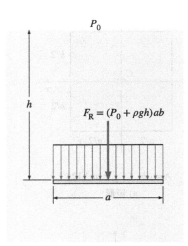

$$F_R = (P_0 + \rho gh)ab$$

c) 水平平板

图3-34 作用在矩形平板上的静压，平板分别为倾斜、竖直和水平三种情况

当平板上端位于自由液面位置时，则 $s = 0$，式（3-23）可简化为

倾斜矩形平板（$s = 0$）： $\qquad F_R = [P_0 + \rho g(b\sin\theta)/2]ab \qquad$ （3-25）

对于完全淹没且上端水平的竖直平板（$\theta = 90°$），合力计算时可取 $\sin\theta = 1$（见图3-34b）。

竖直矩形平板： $\qquad F_R = [P_0 + \rho g(s + b/2)]ab \qquad$ （3-26）

竖直矩形平板（$s = 0$）： $\qquad F_R = (P_0 + \rho gb/2)ab \qquad$ （3-27）

当 P_0 作用在平板两侧时，其影响可以抵消。竖直矩形平板高度为 b，上端水平且位于自由液面，所受到水的作用力为 $F_R = \rho gab^2/2$，作用点位于平板几何中心的下方，距离自由液面高度为 $2b/3$。

在水下同一水平面的压强分布是均匀的，大小为 $P = P_0 + \rho gh$。式中，h 为水平面到自由液面的距离。因此，水下水平放置的矩形平板受到的作用力为

$$F_R = (P_0 + \rho gh)ab \qquad （3-28）$$

合力作用点位于平板的几何中心（见图3-34c）。

【例3-8】浸没在水下车门的静力分析

一辆汽车在事故中坠入湖中，四个车轮触底（见图3-35）。车门高1.2m、宽1m，车门顶边距自由水面的距离为8m，试求作用在车门的静压和压力中心的位置，并判断驾驶员是否可以打开车门。

问题： 汽车完全浸没在水底，需要计算作用在车门上的力，并估算驾驶员是否有可能打开车门。

假设： ①湖底面为水平面；②驾驶舱密封良好，没有水进入到汽车内部；③车门可近似看作是竖直的矩形平板；④因为没有水漏到汽车里，不会对车内气体进行压缩，所以车内压强仍然为大气压强，因为车门两侧都有大气压强的作用，因此大气压强可以抵消；⑤汽车的重力大于作用在汽车上的浮力。

图3-35 例3-8的示意图

参数： 湖水的密度处处为 $1000kg/m^3$。

分析： 作用在车门上的平均压强等于车门几何中心处的压强值，平均压强为

$$P_{\text{avg}} = P_C = \rho g h_C = \rho g(s + b/2)$$

$$= (1000 \text{ kg/m}^3)(9.81 \text{ m/s}^2)(8\text{m} + 1.2/2\text{m})\left(\frac{1 \text{ kN}}{1000 \text{ kg·m/s}^2}\right)$$

$$= 84.4 \text{ kN/m}^2$$

作用在车门上的静压合力为

$$F_{\text{R}} = P_{\text{avg}}A = (84.4 \text{ kN/m}^2)(1\text{m} \times 1.2\text{m}) = 101.3\text{kN}$$

压力中心位于车门几何中心的正下方，可由式（3-24）求出压力中心到湖面的距离，取 $P_0 = 0$，可得

$$y_P = s + \frac{b}{2} + \frac{b^2}{12(s + b/2)} = \left[8 + \frac{1.2}{2} + \frac{1.2^2}{12(8 + 1.2/2)}\right]\text{m} = 8.61\text{m}$$

讨论： 一个强壮的人可以举起100kg的物体，其重力为981N，约为1kN。此外，他还可以在距离车门铰链最远点（1m远）处施力，产生的最大力矩为1kN·m。静压合力的作用点位于车门几何中心下方，距车门铰链0.5m，可产生的力矩为50.6kN·m，该值大约是驾驶员所能施加力矩的50倍，因此驾驶员不可能将车门打开。驾驶员最明智的做法是让车内进一部分水（可将车窗摇下少许），并保持头部紧贴着车顶。驾驶员在汽车灌满水的前一刻就可以将车门打开了，因为此时车门两侧的压强接近，在水中就可以像在空气中一样轻而易举地打开车门。

3.5　水下曲面的受力分析

在许多实际应用中，水下表面不是平坦的（见图3-36）。对于曲面而言，由于压力的方向在曲面的不同位置是变化的，因此计算静压的合力需要对曲面上的压力进行积分。由于形状复杂，压力体法用处不大。

计算二维曲面静压合力 F_{R} 最简单的方法是分别求出水平方向的分力 F_{H} 和竖直方向的分力 F_{V}。取一液体块进行分析，该液体块由曲面和两平面封闭而成，水平平面和竖直平面分别过曲面的端点，如图3-37所示。注意，竖直平面是曲面在竖直方向的投影，水平平面是曲面在水平方向的投影，作用在固体曲面的合力和作用在液体曲面上的力大小相等、方向相反（牛顿第三定律）。

作用在假想的水平平面和竖直平面的力可根据3.4节的公式计算。所选取的闭合液体块的重力为 $W = \rho g V$，方向竖直向下，通过几何中心。由于液体块处于静止平衡状态，根据水平方向和竖直方向的受力平衡可得

曲面上水平方向分力：　$F_{\text{H}} = F_x$　　　　　　　（3-29）

曲面上竖直方向分力：　$F_{\text{V}} = F_y \pm W$　　　　　（3-30）

图3-36　在许多实际应用的结构中，水下表面不是平坦的，而是弯曲的，就像犹他州和亚利桑那州的格伦峡谷大坝一样

©Corbis RF

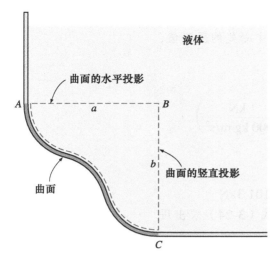

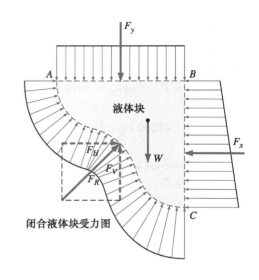

图 3-37　求作用在淹没曲板上的静压

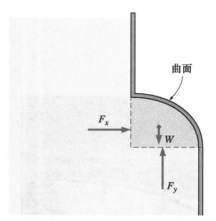

图 3-38　当曲面在液体上方时，液体的重力和竖直方向的分力方向相反

式中，$F_y \pm W$ 是矢量相加（当方向相同时数值相加，方向相反时则数值相减）。因此，可得结论如下：

1）水下曲面所受到的水平方向的分力等于曲面在竖直方向的投影面所受到的力。

2）水下曲面所受到的竖直方向的分力等于曲面在水平方向的投影面受力再加上（或减去，如果方向相反）液体块的重力。

曲面受到的合力大小为 $F_R = \sqrt{F_H^2 + F_V^2}$，与水平方向夹角的正切值 $\tan\alpha = F_V/F_H$，合力的作用线（例如距离曲面某端点的距离）可以由某一点的力矩来确定。这些方法无论是针对曲面在液体块之上还是曲面在液体块之下的受力分析都适用。注意，对于曲面在液体块之上的情况，竖直方向的分力计算时需要减去液体块的重力，因为此时重力方向和竖直分力方向相反（见图 3-38）。

当曲面为圆弧（整圆或一部分）时，合力通过圆心。这是因为压力都垂直于作用面，所有垂直于表面的力的作用线都经过圆心，因此形成的是经过圆心的汇交力，可以简化为经过圆心的一个等效作用力（见图 3-39）。

最后，当平面或曲面浸没于不同密度的多层流体时，可将不同流体层中的平面或曲面作为不同的面进行分析，得到各个面的压力，然后进行矢量相加。对于平面，可表述为（见图 3-40）

位于多层流体中的平面： $F_R = \sum F_{R,i} = \sum P_{C,i} A_i$ 　　　（3-31）

式中，$P_{C,i} = P_0 + \rho_i g h_{C,i}$ 为流体层 i 中那部分平面的中心点的压强；A_i 为该流体层中平面的面积。等效力可以由它对任一点的力矩等于各个力在该点的合力矩来确定。

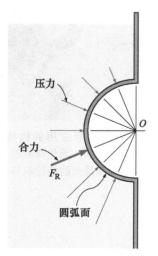

图 3-39　作用在圆面上的静压通过圆心，因为压力垂直作用在圆面上且都通过圆心

【例 3-9】重力驱动的圆柱形闸门问题

一个长的实心圆柱形自动闸门，半径为 0.8m，点 A 为铰链，如图 3-41 所示。当水面达到 5m 深时，闸门将会打开，试求：（a）当闸门打开时作用在圆柱体上的力和力的作用线；（b）每米长度圆柱体的重力。

问题：水库的水面高度由与之铰链相连的圆柱形闸门来控制，需要计算作用在圆柱体上的力和每米长度圆柱体的重力。

假设：①铰链的摩擦忽略不计，②在门两侧都有大气压强作用，因此大气压强可以忽略。

参数：水的密度处处为 $1000kg/m^3$。

分析：（a）考虑被圆柱体的圆弧侧面及其在水平和竖直方向的投影面所封闭的这部分液体的受力图。作用在水平面和竖直面上的力和液体块的重力计算如下：

作用在竖直面上的水平分力

$$F_H = F_x = P_{avg}A = \rho g h_C A = \rho g(s + R/2)A$$

$$= (1000 \text{ kg/m}^3)(9.81\text{m/s}^2)(4.2 \text{ m} + 0.8\text{m}/2)(0.8 \text{ m} \times 1\text{ m})\left(\frac{1\text{kN}}{1000 \text{ kg·m/s}^2}\right)$$

$$= 36.1\text{kN}$$

作用在水平面上的竖直分力（方向向上）

$$F_y = P_{avg}A = \rho g h_C A = \rho g h_{bottom}A$$

$$= (1000 \text{ kg/m}^3)(9.81 \text{ m/s}^2)(5 \text{ m})(0.8 \text{ m} \times 1\text{ m})\left(\frac{1 \text{ kN}}{1000 \text{ kg·m/s}^2}\right)$$

$$= 39.2 \text{ kN}$$

沿纸面方向宽度为1m的液柱的重力（竖直向下）

$$W = mg = \rho g V = \rho g(R^2 - \pi R^2/4)(1\text{m})$$

$$= (1000 \text{kg/m}^3)(9.81\text{m/s}^2)(0.8\text{m})^2(1 - \pi/4)(1\text{m})\left(\frac{1\text{kN}}{1000\text{kg·m/s}^2}\right)$$

$$= 1.3\text{kN}$$

因此，竖直方向的合力为

$$F_V = F_y - W = (39.2 - 1.3)\text{kN} = 37.9\text{kN}$$

于是作用在圆柱体表面上合力的大小以及方向为

$$F_R = \sqrt{F_H^2 + F_V^2} = \sqrt{36.1^2 + 37.9^2}\text{ kN} = 52.3\text{kN}$$

$$\tan \theta = F_V/F_H = 37.9/36.1 = 1.05 \rightarrow \theta = 46.4°$$

因此，作用在每米长度圆柱体上的合力为52.3kN，合力作用线通过圆柱体的圆心，和水平方向的夹角为46.4°。

（b）当水面高5m时，门将会打开，因为不考虑铰链的摩擦，因此作用在柱体上的力有通过其重心的自身重力和水作用在圆柱体表面的力，根据对铰链处点 A 的合力矩为0列方程：

$$F_R R \sin \theta - W_{cyl}R = 0 \rightarrow W_{cyl} = F_R \sin \theta = (52.3 \text{ kN}) \sin 46.4° = 37.9\text{kN}$$

讨论：每米长度圆柱体的重力为37.9kN，对应的每米长度质量为3863kg，柱体材料的密度为 $1921kg/m^3$。

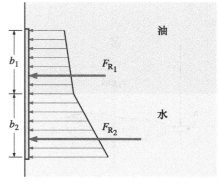

图 3-40 浸没在多层流体中的平板受力可以将平板在不同流体层的受力作为不同的表面进行分析

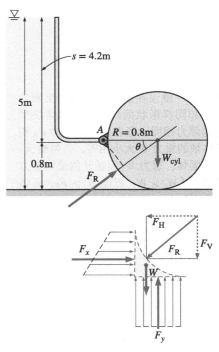

图 3-41 例 3-9 的示意图和柱体下方液体的受力分析图

3.6 浮力和稳定性

由实际经验可知，与在空气中相比，物体在液体中给人感觉更轻。

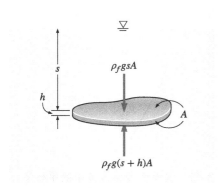

图 3-42　厚度 h 的平板完全浸没在液体中，表面和自由液面平行

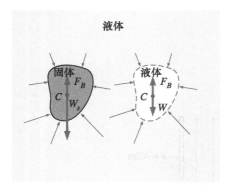

图 3-43　浸没在流体中的物体受到的浮力和同样形状同样深度的流体块受到的浮力相同，竖直向上的浮力 F_B 和流体块的重力 W 大小相等，方向相反。对于固体，重力 W_s 和排开的流体重力不相等（ $W_s > W$ ，因此 $W_s > F_B$ ，固体将会下沉）

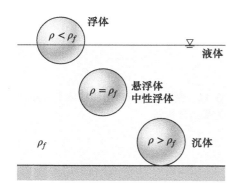

图 3-44　物体在流体中下沉，静止还是漂浮取决于其平均密度和流体密度的关系

用一个防水的弹簧秤在水中称一个重物，可以很容易地证明这一点。此外，木质或其他轻质材料物体可以漂浮在水面上。这些现象表明，流体对浸没于其中的物体会产生一个方向向上的作用力，这个向上的作用力称为浮力，用 F_B 表示。

浮力产生的原因是流体压强随着深度的增加而增大。如图 3-42 所示，对于一厚度为 h 的平板，浸没在密度为 ρ_f 的液体中，板面与自由液面平行放置。平板上下表面面积都为 A ，上表面与自由液面距离为 s ，上、下表面的表压分别为 $\rho_f g s$ 和 $\rho_f g(s + h)$ 。上表面受到水向下的作用力 $\rho_f g s A$ ，下表面受到水向上的作用力 $\rho_f g(s + h)A$ ，二者的合力为向上的作用力，即为浮力，大小为

$$F_B = F_{\text{bottom}} - F_{\text{top}} = \rho_f g(s + h)A - \rho_f g s A = \rho_f g h A = \rho_f g V \quad （3-32）$$

式中，$V = hA$ 为平板的体积；$\rho_f g V$ 为和平板体积相同的液体的重力。因此可得结论为：浸没在液体中的物体受到的浮力等于物体排开液体的重力。对于密度恒定的流体，浮力大小和物体到自由液面的距离无关，也和该固体物的密度无关。

式（3-32）是由简单的几何体推导而来的，它适用于任意几何形状，可以由受力平衡得出，或简单地由下面的方法得出：考虑一浸没在流体中的任意形状的静止固体，取一形状和固体相同的位于流体中同一深度位置的流体块（如图 3-43 虚线所示）。由于流体压强只与深度有关，故二者表面的压强分布完全相同，因此所受到的浮力也相同。由于假想的流体块处于静平衡状态，因此所受到的合力、合力矩都为 0，所以向上的浮力必等于假想流体块的重力，同时由于合力矩为 0，浮力和重力必须位于同一条作用线上，这就是以古希腊数学家阿基米德（前 287—前 212）名字命名的阿基米德定律，该定律可表述为：

浸没在密度均匀分布的流体中的物体所受到的浮力，大小等于物体排开流体的重力，方向垂直向上且通过所排开流体的形心。

对于浮体，物体的重力和浮力大小相等，浮力大小等于物体浸没在流体中的部分所排开的流体的重力。即

$$F_B = W \rightarrow \rho_f g V_{\text{sub}} = \rho_{\text{avg, body}} g V_{\text{total}} \rightarrow \frac{V_{\text{sub}}}{V_{\text{total}}} = \frac{\rho_{\text{avg, body}}}{\rho_f} \quad （3-33）$$

因此，浮体浸没在流体中的体积和浮体总体积之比，等于浮体的平均密度和流体密度之比。当密度之比等于或大于 1 时，则浮体将会完全浸没在流体中。

物体在流体中的情况可分为三种：①物体密度和流体密度相同，可在流体中任意位置保持静止平衡状态；②物体密度大于流体密度，物体沉入流体底部；③物体密度小于流体密度，物体上浮并漂浮在流体表面，如图 3-44 所示。

对于漂浮在液体表面的物体来说，物体的总重量必须明显小于它排开液体的总重量。事实证明，物体一部分的体积被淹没了（体积 $V_{\text{submerged}}$ ），而剩余部分位于液体表面上方。由于系统是静止的，两个垂直力 W 和 F_B 必须保持平衡

$$W = F_B = \rho_f g V_{\text{submerged}} \rightarrow V_{\text{submerged}} = W/\rho_f g$$

对于已知重量 W 的物体，我们可以看到，由于 ρ_f 在分母中，因此随着液体密度 ρ_f 的增加，被淹没的体积百分比减小。

浮力和流体的密度成正比，因此气体（如空气）产生的浮力可以忽略不计，通常情况下这么处理是没问题的，但也有明显的例外。例如，一个人的体积约为 0.1m^3，取空气密度为 1.2kg/m^3，则空气对人的浮力为

$$F_B = \rho_f g V = (1.2 \text{ kg/m}^3)(9.81 \text{ m/s}^2)(0.1 \text{ m}^3) \cong 1.2\text{N}$$

一个 80kg 的人重力为（80×9.81）N = 788N，忽略浮力只会产生 0.15% 的重力误差，所以这种情况下浮力可忽略不计。但是对于一些重要的自然现象，如热空气在冷环境中上升形成的自然对流，热气球或氦气球的飞行，大气中的空气运动等，气体的浮力效应将起主导作用。以氦气球为例，由于浮力的作用，它不断上升，假设气球不会胀破且忽略气球自身的重力，则气球会一直上升到某一高度，直到该处空气密度等于氦气球内的气体密度。热气球的原理与此类似（见图 3-45）。

阿基米德定律同样可用于地质学，即将陆地看作是漂浮在岩浆之上。

图 3-45 热气球的高度可以通过调节内外气体的温差来控制，因为热空气比冷空气密度小，当热气球静止时，向上的浮力和重力相等

©PhotoLink/Getty Images RF

■ 【例 3-10】利用比重计测量比重

假设你有一个海水水族箱，你可以采用一个底部装有铅块的圆柱形玻璃管来测量海水的盐度，测量方法十分简单，只需要观察管子下沉的深度即可。这类可以竖直漂浮在液体中的用来测量液体比重的装置称为比重计（见图 3-46）。比重计上端露在液体表面上方，可以从上面的刻度直接读出比重。比重计可在纯水中进行校准，在空气和水的交界面位置读数应恰好为 1.0。（a）推导液体比重和距离 Δz 的关系，Δz 是对应的刻度和纯水标注刻度的距离，（b）要满足让直径为 1cm、长度为 20cm 的比重计在纯水中浸没位置刚好达到一半（10cm 刻度处），求铅块的质量。

问题：液体的比重可以通过比重计来测量，需要得到比重和竖直方向参考刻度之间距离的关系，还需求出给定比重计所需要添加在管内的铅块质量。

假设：①与管内的铅块重力相比，玻璃管的重力可以忽略不计，②不计管子底部曲面的影响。

参数：纯水的密度取 1000kg/m^3。

分析：（a）注意，比重计处于平衡状态，液体产生的浮力 F_B 和比重计的重力 W 必然相等，在纯水中（下标 w），比重计底部和自由液面之间的距离为 z_0，由 $F_{B,w} = W$ 可得

$$W_{\text{hydro}} = F_{B,w} = \rho_w g V_{\text{sub}} = \rho_w g A z_0 \tag{1}$$

式中，A 为管子的横截面面积；ρ_w 为纯水的密度。

在比水轻的液体中（$\rho_f < \rho_w$），比重计将会下沉得更深，液面将会在 z_0 上方 Δz 处，再次令 $F_B = W$，则

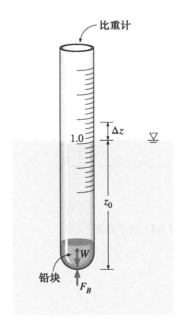

比重计

1.0 — Δz

z_0

W

铅块

F_B

图 3-46 例 3-10 的示意图

$$W_{\text{hydro}} = F_{B,f} = \rho_f g V_{\text{sub}} = \rho_f g(z_0 + \Delta z) \qquad （2）$$

这个关系对于比水重的液体也同样满足，此时 Δz 为负值。因为比重计的重力恒定，将式（1）和式（2）联立求解，整理可得

$$\rho_w g A z_0 = \rho_f g A(z_0 + \Delta z) \quad \rightarrow \quad SG_f = \frac{\rho_f}{\rho_w} = \frac{z_0}{z_0 + \Delta z}$$

这就是流体比重和 Δz 的关系。注意，对于指定比重计而言，z_0 为常数；对于比纯水重的液体，Δz 为负数。

（b）忽略玻璃管的重力，则管内铅块的重力和浮力相等。当比重计一半浸没在水中时，作用在比重计上的浮力为

$$F_B = \rho_w g V_{\text{sub}}$$

浮力和铅块的重力相等，即

$$W = mg = \rho_w g V_{\text{sub}}$$

解得 m，然后代入数值可以得到铅块的质量为

$$m = \rho_w V_{\text{sub}} = \rho_w(\pi R^2 h_{\text{sub}}) = (1000\text{kg/m}^3)[\pi(0.005\text{m})^2(0.1\text{m})] = 0.00785\text{kg}$$

讨论：注意，如果要求比重计仅没入水中 5cm，则铅块质量为上面计算值的一半。当然，假设玻璃管的质量可忽略不计是有问题的，因为铅块的质量仅仅只有 7.85g。

【例 3-11】 水面下冰块的高度

一个漂浮在海水中的立方体大冰块。冰和海水的比重分别为 0.92 和 1.025。如果冰块的顶面露出水面 25cm 高，计算冰块在水面之下的高度。

问题：测量立方体冰块在水面上方露出部分的高度。水面以下冰块的高度有待确定。

假设：①空气中的浮力可忽略不计，②冰块的顶面平行于海平面。

参数：冰和海水的比重分别为 0.92 和 1.025，对应的密度为 920kg/m^3 和 1025kg/m^3。

分析：漂浮在流体中的物体的重量等于作用在其上的浮力（来自静态平衡的竖直力平衡的结果），如图 3-47 所示。因此，

$$W = F_B \quad \rightarrow \quad \rho_{\text{body}} g V_{\text{total}} = \rho_{\text{fluid}} g V_{\text{submerged}}$$

$$\frac{V_{\text{submerged}}}{V_{\text{total}}} = \frac{\rho_{\text{body}}}{\rho_{\text{fluid}}}$$

立方体的横截面面积是恒定的，因此"体积比"可以用"高度比"代替，那么，

$$\frac{h_{\text{submerged}}}{h_{\text{total}}} = \frac{\rho_{\text{body}}}{\rho_{\text{fluid}}} \rightarrow \frac{h}{h + 0.25} = \frac{\rho_{\text{ice}}}{\rho_{\text{water}}} \rightarrow \frac{h}{h + 0.25\text{ m}} = \frac{920\text{ kg/m}^3}{1025\text{ kg/m}^3}$$

其中 h 是冰块位于水面下方的高度，那么解出

$$h = \frac{(920\text{ kg/m}^3)(0.25\text{ m})}{(1025 - 920)\text{ kg/m}^3} = 2.19\text{ m}$$

讨论：请注意，$0.92/1.025 = 0.898$，因此大约 90% 的冰块体积位于水下。对于对称冰块来说，这也代表了位于水下的高度部分。这也适用于冰山；冰山的绝大部分淹没在水中。

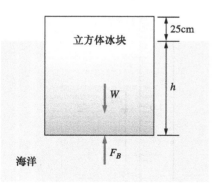

立方体冰块

25cm

h

W

F_B

海洋

图 3-47 例 3-11 的示意图

潜体和浮体的稳定性

浮力概念的一个重要应用，就是评估不受外力作用下的潜体和浮体的稳定性，稳定性对于舰船和潜艇的设计至关重要（见图3-48）。接下来对垂直稳定性和转动稳定性进行定性讨论。

我们采用经典的"放置在地面上的球"这一类比，来解释稳定和不稳定的基本概念，如图3-49所示，三个球体静止在地面上。图3-49a所示为稳定状态，因为任何微小扰动都会形成回复力（由于重力）使得球体回到初始位置；图3-49b所示为中立稳定（随遇平衡）状态，因为如果将球体左右移动，它将会停在新的位置保持平衡，没有恢复到初始位置的趋势，也不会移动离开；图3-49c所示为不稳定状态，球体此刻在该处静止，但是任何微小的扰动都将会使小球从顶部滚落远离，且不能回到初始位置。对于球体处于倾斜地面上的情况，讨论它的稳定性是不合适的，因为此时球体处于不平衡状态，小球不可能静止，即使没有任何扰动，它都会滚落下来。

处于静平衡状态的潜体或浮体，物体受到的重力和浮力相平衡，这类物体在竖直方向保持固有稳定。如果悬浮体在不可压缩流体中改变深度，物体将在新的位置保持平衡。如果处于漂浮状态的物体受到竖直作用力使它上下移动，一旦撤去外力，物体将回到原来的位置。因此浮体具有竖直方向的稳定性，悬浮体为中性稳定，因为在受到扰动后它不会回到原来的位置。

潜体的转动稳定性取决于重心 G 和浮力作用点 B 二者的相对位置，浮力的作用点为排开流体的体积的形心。如果点 G 位于点 B 的下方，即物体底部较重（见图3-50a），则物体处于稳定状态。这种情况下，物体受到的转动扰动会产生一个回复力矩，使其回到初始位置。因此潜水艇的稳定性设计要求发动机和客舱尽可能位于下半部，以使重心尽可能靠近底部。热气球或氦气球（可看作浸没在空气中）同样是稳定的，因为承重的吊篮位于底部。如果浸没在流体中的物体重心 G 在点 B 的上方，则物体处于不稳定状态，任意扰动将会使得物体发生翻转（见图3-50c）。若点 G 和点 B 重合则物体处于中立稳定状态（见图3-50b）。以上讨论是针对密度恒定的物体而言的，对于这类物体，没有使其自身翻转的趋势。

对于重心和浮力作用点不在一条竖直线上的情况，如图3-51所示，讨论这种情况的稳定性是不合适的，因为此时物体处于不平衡状态。换句话说，即使没有扰动，物体也不会保持静止，而是会朝着趋于稳定的状态转动。图3-51中的回复力矩为逆时针方向，会使物体逆时针转动，最终转到点 G 和点 B 在同一竖直线上。注意，此过程中可能会有振荡，但最终将会处于稳定的平衡状态（见图3-50a）。对图3-51中物体的初始稳定性分析类似于位于倾斜平板上的球体。你能预测出图3-51中，当物体的重力位于球体的另一侧将会发生什么吗？

浮体的转动稳定性条件也类似。同样地，当物体底部较重时，重心 G 在浮力作用点 B 的下方时，物体处于稳定状态。但是，与潜体不同的

图3-48　对于轮船这样的浮体，稳定性对于安全十分重要

©Corbis RF

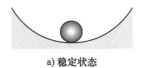

a) 稳定状态

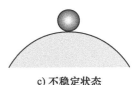

b) 中立稳定状态

c) 不稳定状态

图3-49　通过分析地面上的小球很容易理解稳定问题

图 3-50　完全浸没的悬浮体：a）如果重力作用点 G 在浮力作用点 B 下方，物体保持稳定；b）如果点 G 和点 B 重合，物体保持中性稳定；c）如果点 G 在点 B 的上方，则为不稳定

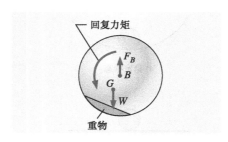

图 3-51　如果重力的作用线和浮力的作用线不在同一竖直线上，即使无任何扰动，物体也会旋转至稳定状态

图 3-53　小球在两个小山之间，受到小的扰动将会仍然保持稳定，但是如果扰动过大则会不稳定

是，当点 G 在点 B 的正上方时（见图 3-52），物体有可能保持稳定。这是因为在转动扰动的作用下，排开水的形心移动到 B' 位置，然而重心 G 的位置保持不变。如果 B' 足够远，则这两个力形成的回复力矩使得物体回到初始位置。对于浮体衡量其稳定性的标准是横稳心高度 GM，GM 为重心 G 和横稳心 M 的距离，点 M 为浮力作用线在转动前后的交点。对于大部分倾角不大于 20° 的船体而言，横稳心位置可认为是不变的。当点 M 在点 G 上方时，浮体是稳定的，GM 为正值；当点 M 在点 G 下方时，物体是不稳定的，GM 为负值。对于后者，作用在倾斜船体上的重力和浮力形成了一个倾覆力矩而不是回复力矩，从而使得船体倾覆。横稳心高度 GM 是衡量稳定性的标准，其值越大，浮体越稳定。

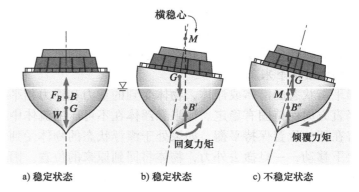

图 3-52　浮体如果满足（a）底部较重，重心 G 在形心 B 的下方，或（b）横稳心 M 在 G 的上方，则物体将保持稳定。若（c）M 在 G 的下方，则物体不稳定

　　如前所述，船舶可以倾斜至某一最大倾角而不至于倾覆，但是一旦超过最大倾角则将翻船（并沉没）。将浮体的稳定性与放置在地面上的小球做类比，即假设小球位于两个山峰之间的鞍部（见图 3-53），在一定范围内，受到扰动后小球会恢复到原来的位置，但是如果扰动幅度太大使得小球滚到山峰之外，则小球将不会回到平衡位置。这就是当扰动超过一定范围后，稳定状态将转化为不稳定状态。

3.7　以刚体形式运动的流体

　　由 3.1 节可知，流体中某点处的压强在各个方向都相等，因此压强是标量。本节介绍以刚体形式做匀速或匀加速运动的流体中的压强分布规律，不考虑流体的切应力（相邻流体层之间没有相对运动）。

　　采用罐装车运输牛奶或汽油等流体时，罐装车加速，流体会向后运动，起初液面溅起，然后会形成一个新的自由液面（通常不是水平的），假设每个流体质点具有相同的加速度，因此全部流体像刚体一样运动。由于流体无变形，形状不改变，因此流体内不存在切应力。绕轴线旋转的容器中，流体也是以刚体形式运动。

　　取一微元六面体单元，在 x、y、z 三个方向的长度分别为 $\mathrm{d}x$、$\mathrm{d}y$、$\mathrm{d}z$，z 轴竖直向上（见图 3-54）。注意，微元体以刚体形式运动，牛顿第二定律可表述为

$$\delta \vec{F} = \delta m \cdot \vec{a} \qquad (3\text{-}34)$$

式中，$\delta m = \rho \mathrm{d}V = \rho \mathrm{d}x \mathrm{d}y \mathrm{d}z$ 为微元体的质量；$\vec{a}$ 为加速度；$\delta \vec{F}$ 为微元体受到的合力。

作用在微元体上的力包括体积力和表面力。体积力，比如重力，作用在整个微元体内部，其大小和微元体的体积成正比（体积力还有电磁力等，不在本文讨论范围内）。表面力，比如压力，作用在微元体的表面上，和表面积成正比（切应力也是表面力，但是在本节的情况下，由于微元体的相对位置不发生变化，所以不存在切应力）。当对微元体单独分析时，需要考虑表面力，周围流体的影响通过表面力作用在该微元体上。注意，压力意味着周围流体施加在微元体上的压缩力，因此压力的方向总是垂直于作用面且指向流体内部。

设微元体中心点压强为 P，根据泰勒级数展开（见图 3-55），则上、下表面的压强分别为 $P + (\partial P / \partial z)\mathrm{d}z / 2$ 和 $P - (\partial P / \partial z)\mathrm{d}z / 2$。作用于表面上的压力等于平均压强乘以面积，$z$ 方向的表面力合力等于作用在上下两个表面的压力之差，即

$$\delta F_{S,z} = \left(P - \frac{\partial P}{\partial z}\frac{\mathrm{d}z}{2}\right)\mathrm{d}x\,\mathrm{d}y - \left(P + \frac{\partial P}{\partial z}\frac{\mathrm{d}z}{2}\right)\mathrm{d}x\,\mathrm{d}y = -\frac{\partial P}{\partial z}\mathrm{d}x\,\mathrm{d}y\,\mathrm{d}z \qquad (3\text{-}35)$$

同样地，x 方向和 y 方向的合力为

$$\delta F_{S,x} = -\frac{\partial P}{\partial x}\mathrm{d}x\,\mathrm{d}y\,\mathrm{d}z \;,\; \delta F_{S,y} = -\frac{\partial P}{\partial y}\mathrm{d}x\,\mathrm{d}y\,\mathrm{d}z \qquad (3\text{-}36)$$

整个微元体的表面力（只有压力）合力写成矢量形式为

$$\delta \vec{F}_S = \delta F_{S,x}\vec{i} + \delta F_{S,y}\vec{j} + \delta F_{S,z}\vec{k}$$

$$= -\left(\frac{\partial P}{\partial x}\vec{i} + \frac{\partial P}{\partial y}\vec{j} + \frac{\partial P}{\partial z}\vec{k}\right)\mathrm{d}x\,\mathrm{d}y\,\mathrm{d}z = -\vec{\nabla}P\,\mathrm{d}x\,\mathrm{d}y\,\mathrm{d}z \qquad (3\text{-}37)$$

式中，$\vec{i}$、$\vec{j}$、$\vec{k}$ 分别为 x、y、z 三个方向的单位矢量，其中

$$\vec{\nabla}P = \frac{\partial P}{\partial x}\vec{i} + \frac{\partial P}{\partial y}\vec{j} + \frac{\partial P}{\partial z}\vec{k} \qquad (3\text{-}38)$$

式（3-38）为压强梯度的表达式，$\vec{\nabla}$ 是将标量函数的梯度简化为矢量形式的矢量算子。标量函数的梯度是用某特定方向表示的，因此为矢量。

作用在微元体上的唯一体积力为重力，方向沿 z 轴负方向，其表达式为

$$\delta F_{B,z} = -g\delta m = -\rho g\,\mathrm{d}x\,\mathrm{d}y\,\mathrm{d}z$$

写成矢量形式为

$$\delta \vec{F}_{B,z} = -g\delta m\vec{k} = -\rho g\,\mathrm{d}x\,\mathrm{d}y\,\mathrm{d}z\vec{k} \qquad (3\text{-}39)$$

于是，作用在微元体上的合力为

$$\delta \vec{F} = \delta \vec{F}_S + \delta \vec{F}_B = -(\vec{\nabla}P + \rho g\vec{k})\,\mathrm{d}x\,\mathrm{d}y\,\mathrm{d}z \qquad (3\text{-}40)$$

代入牛顿第二定律，$\delta \vec{F} = \delta m \cdot \vec{a} = \rho \mathrm{d}x \mathrm{d}y \mathrm{d}z \cdot \vec{a}$，消掉 $\mathrm{d}x \mathrm{d}y \mathrm{d}z$，以刚体形式（无剪切力）运动的流体运动方程为

以刚体形式运动的流体：$\vec{\nabla}P + \rho g\vec{k} = -\rho\vec{a}$ $\qquad (3\text{-}41)$

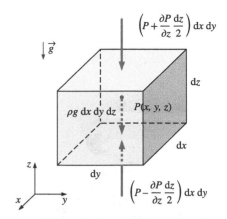

图 3-54 竖直方向上作用在微元体上的表面力和体积力

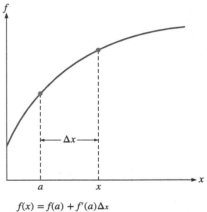

图 3-55 从点 a 到附近点 x 的泰勒级数展开。随着 x 变小，通常将级数截断为一阶，只保留右边的前两项

图 3-56 静止时的一杯水是刚体运动中的流体的特殊情况。如果这杯水在任意方向上都以恒定速度移动，静水方程仍然适用

©Imagestate Media（John Foxx）/ Imagestate RF

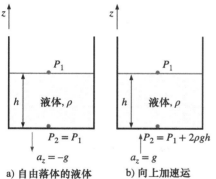

a) 自由落体的液体　　b) 向上加速运动的液体

图 3-57 自由落体和向上加速运动对液体压强的影响

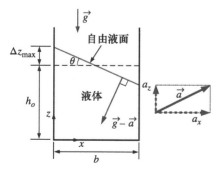

图 3-58 匀加速运动容器中液体的运动

将矢量进行分解，可以得到更加清晰的关系式

$$\frac{\partial P}{\partial x}\vec{i} + \frac{\partial P}{\partial y}\vec{j} + \frac{\partial P}{\partial z}\vec{k} + \rho g\vec{k} = -\rho(a_x\vec{i} + a_y\vec{j} + a_z\vec{k}) \quad （3\text{-}42）$$

或者，三个正交方向的标量形式为

$$加速流体：\frac{\partial P}{\partial x} = -\rho a_x, \quad \frac{\partial P}{\partial y} = -\rho a_y, \quad \frac{\partial P}{\partial z} = -\rho(g + a_z) \quad （3\text{-}43）$$

式中，a_x，a_y，a_z 分别是 x，y，z 三个方向的加速度。

特例 1：静止流体

对于静止流体或者匀速直线运动的流体，三个方向的加速度都为 0，式（3-43）简化为

$$静止流体：\frac{\partial P}{\partial x} = 0, \quad \frac{\partial P}{\partial y} = 0, \quad \frac{dP}{dz} = -\rho g \quad （3\text{-}44）$$

式（3-44）表明静止流体在任意水平方向的压强均相等（P 与 x、y 无关），压强只在竖直方向受重力影响变化 [因此 $P = P(z)$]。无论是可压缩流体或不可压缩流体，该关系式都成立。如图 3-56 所示。

特例 2：自由落体的流体

在重力作用下自由落体的流体会加速运动。在忽略空气阻力的情况下，加速度和重力加速度相等，水平方向加速度为 0，因此 $a_x = a_y = 0$，$a_z = -g$，式（3-43）简化为

$$自由落体流体：\frac{\partial P}{\partial x} = \frac{\partial P}{\partial y} = \frac{\partial P}{\partial z} = 0 \quad \rightarrow \quad P = \text{const} \quad （3\text{-}45）$$

因此在随流体一起运动的参考系中，就好像处于零重力环境（这种环境类似于轨道航天器，顺便提一下，在太空中重力并不是零，尽管很多人都这么认为！），同时，自由落体中流体的表压处处为 0（事实上由于表面张力，表压略高于 0，表面张力维持液滴完整）。

当运动方向相反，比如将容器放置在电梯或者火箭上，流体在竖直方向具有向上的加速度 $a_z = +g$，在 z 方向的压强梯度为 $\partial P/\partial z = -2\rho g$，因此压强差和静止流体相比是它的两倍（见图 3-57）。

匀加速直线运动

一个装有部分液体的容器，以恒定加速度做直线运动。以水平运动方向为 x 轴，以竖直平面为 z 轴，如图 3-58 所示。x 和 z 方向上的加速度为 a_x 和 a_z，y 方向没有位移，因此 y 方向加速度为 0，$a_y = 0$，故加速流体的运动方程（3-43）简化为

$$\frac{\partial P}{\partial x} = -\rho a_x, \quad \frac{\partial P}{\partial y} = 0, \quad \frac{\partial P}{\partial z} = -\rho(g + a_z) \quad （3\text{-}46）$$

因此压强与 y 无关，压强 $P = P(x,z)$ 的全微分等于 $(\partial P/\partial x)dx + (\partial P/\partial z)dz$，代入得

$$dP = -\rho a_x dx - \rho(g + a_z)dz \quad （3\text{-}47）$$

对于密度 $\rho = \text{const}$，点 1 和点 2 之间的压强差由积分可得

$$P_2 - P_1 = -\rho a_x(x_2 - x_1) - \rho(g + a_z)(z_2 - z_1) \quad （3\text{-}48）$$

选取点 1 为坐标原点（$x = 0$，$z = 0$），压强为 P_0，点 2 为流体中任意一点，压强分布可表达为

压强分布： $$P = P_0 - \rho a_x x - \rho(g + a_z)z \qquad (3\text{-}49)$$

取自由液面上的点 1 和点 2，两点压强相同，解式（3-48）可得 $z_2 - z_1$（见图 3-59），

液面高度差： $$\Delta z_s = z_{s2} - z_{s1} = -\frac{a_x}{g + a_z}(x_2 - x_1) \qquad (3\text{-}50)$$

式中，z_s 为自由液面的 z 坐标。式（3-47）中令 $dP = 0$，可得等压面方程，将 z_{isobar} 代替 z，得

等压面： $$\frac{dz_{\text{isobar}}}{dx} = -\frac{a_x}{g + a_z} = \text{const} \qquad (3\text{-}51)$$

因此可以得到在匀加速直线运动的不可压缩流体中，等压面（包括自由液面）在 x-z 平面的斜率为

等压面斜率： $$\frac{dz_{\text{isobar}}}{dx} = -\frac{a_x}{g + a_z} = -\tan\theta \qquad (3\text{-}52)$$

显然，自由液面为一倾斜平面，除非 $a_x = 0$（只在竖直方向有加速度）。此外，根据质量守恒定律和不可压缩假设（密度不变），在加速前后流体的体积保持不变，因此一侧液面上升另外一侧液面必然降低。不管容器的形状如何，只要液体在整个容器中是连续的，这就是正确的（见图 3-60）。

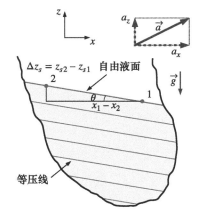

图 3-59 匀加速运动液体的等压线（等压面在 xz 平面的投影）

■ 【例 3-12】加速运动中的水箱溢水问题

车辆运输一个 80cm 高的装鱼的水箱，水箱横截面尺寸为 2m × 0.6 m，装有部分水（见图 3-61），车辆从 0 加速到 90km/h 用了 10s，如果要求在加速过程中不能有水洒出，求允许水箱装水的最大高度，以及水箱的长边还是短边应与运动方向一致。

问题： 车辆运输装有部分水的水箱，为了防止水在加速过程中溢出，需要确定装水的最大高度，以及水箱的摆放方向。

假设： ①在加速过程中路面水平，加速度在竖直方向没有分量（$a_z = 0$）；②泼洒、制动、换档、爬坡等影响因素都是次要的不予考虑；③加速度保持恒定。

分析： 设 x 轴为运动方向，z 轴的正向为竖直向上，坐标原点位于水箱左下角。注意，车辆在 10s 内从 0 加速到 90km/h，加速度为

$$a_x = \frac{\Delta V}{\Delta t} = \frac{(90 - 0)\ \text{km/h}}{10\ \text{s}}\left(\frac{1\ \text{m/s}}{3.6\ \text{km/h}}\right) = 2.5\ \text{m/s}^2$$

自由液面和水平方向夹角的正切函数为

$$\tan\theta = \frac{a_x}{g + a_z} = \frac{2.5}{9.81 + 0} = 0.255 \qquad (\text{于是}\ \theta = 14.3°)$$

自由液面在竖直方向升高最多的位置位于水箱的后部，竖直中心面在加速过程中没有变化，因为它是对称面，于是水箱后部相对竖直中心面上升的高度按下面两种情况进行计算。

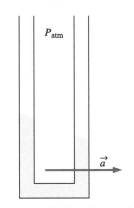

图 3-60 当连续的液体在任意形状的容器（甚至 U 形管压强计！）中以恒定加速度运动时，液体可看作是一个具有倾斜平面的刚体。其液面本身不必是连续的

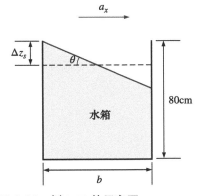

图 3-61 例 3-12 的示意图

情况 1：长边平行于运动方向。

$$\Delta z_{s1} = (b_1/2)\tan\theta = [(2m)/2] \times 0.255 = 0.255m = 25.5cm$$

情况 2：短边平行于运动方向。

$$\Delta z_{s2} = (b_2/2)\tan\theta = [(0.6m)/2] \times 0.255 = 0.076m = 7.6cm$$

因此，假设水箱不会侧翻，水箱的短边应该和运动方向平行放置，水箱上方只需要留出仅仅 7.6cm 的距离就可以保证水不会在加速过程中溢出。

讨论： 注意水箱的摆放方向对水位的上升高度影响很大。此外，本题在分析过程中没有用到水的属性，结论对所有密度恒定的液体都是适用的。

圆柱形容器的旋转问题

由经验可知，当一杯水绕其轴线旋转时，水在离心力的作用下会向四周甩开，自由液面变凹，这种运动称之为强迫漩涡运动。

考虑一竖直放置的圆柱形容器，内有部分流体，绕轴以等角速度 ω 旋转，如图 3-62 所示。在最初的过渡状态之后，容器里面的液体像刚体一样随着容器旋转。由于液体无变形，所以没有切应力，容器中的流体质点以相同的角速度旋转。

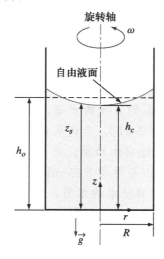

图 3-62　圆柱形旋转容器内液体的运动

本题最好采用柱坐标系（r,θ,z）进行分析，z 向沿圆柱形容器的中心线由底部指向自由液面，半径为 r 处、以等角速度 ω 旋转的流体质点所具有的向心加速度为 $r\omega^2$，方向沿径向指向旋转轴（负 r 方向），即 $a_r = -r\omega^2$。由于流动是轴对称的，因此与 θ 无关，可得 $P = P(r, z)$，$a_\theta = 0$，因为在 z 方向没有运动，所以 $a_z = 0$。

故旋转流体的运动方程（3-41）可简化为

$$\frac{\partial P}{\partial r} = \rho r \omega^2, \quad \frac{\partial P}{\partial \theta} = 0, \quad \frac{\partial P}{\partial z} = -\rho g \qquad （3-53）$$

$P = P(r, z)$ 的全微分为 $\mathrm{d}P = (\partial P/\partial r)\mathrm{d}r + (\partial P/\partial z)\mathrm{d}z$，可化为

$$dP = \rho r\omega^2 dr - \rho g dz \tag{3-54}$$

令 $dP = 0$，用 z_{isobar} 代替 z，可得等压面方程，即液面 z 坐标值用 r 表达的关系式为

$$\frac{dz_{isobar}}{dr} = \frac{r\omega^2}{g} \tag{3-55}$$

积分得等压面方程为

$$z_{isobar} = \frac{\omega^2}{2g}r^2 + C_1 \tag{3-56}$$

这是一个抛物线方程，因此可得结论，包括自由液面在内的等压面均为旋转抛物面（见图 3-63）。

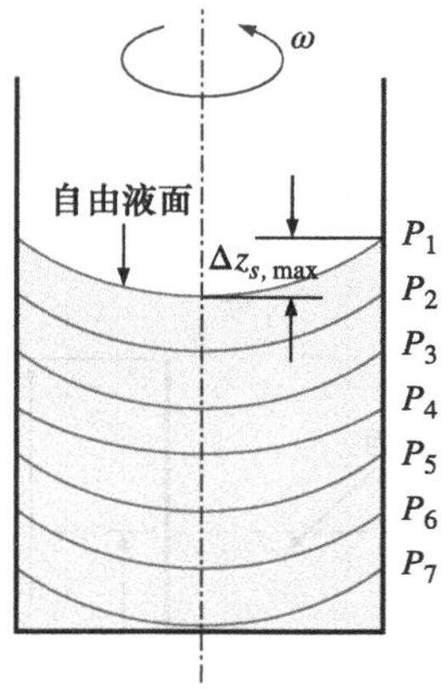

图 3-63 旋转容器中的等压面

积分常数 C_1 的值随着不同等压面的变化而变化，对于自由液面，令式（3-56）中 $r = 0$，可得 $Z_{isobar}(0) = C_1 = h_c$，其中 h_c 为沿转轴自由液面到容器底部的距离（见图 3-62）。则自由液面方程变为

$$z_s = \frac{\omega^2}{2g}r^2 + h_c \tag{3-57}$$

式中，z_s 为半径 r 处自由液面到底部的距离，此处分析假定液体足够多，使得底部完全浸没在液体中。

半径 r、高度 z_s 处、厚度 dr 的柱形微元体体积为 $dV = 2\pi r z_s dr$，自由液面为抛物面的液体体积为

$$V = \int_{r=0}^{R} 2\pi z_s r\, dr = 2\pi \int_{r=0}^{R}\left(\frac{\omega^2}{2g}r^2 + h_c\right) r\, dr = \pi R^2\left(\frac{\omega^2 R^2}{4g} + h_c\right) \tag{3-58}$$

由于质量守恒，密度不变，该体积必须与原来容器里的液体体积相同，原体积为

$$V = \pi R^2 h_0 \tag{3-59}$$

式中，h_0 为容器里的液体在静止时的高度，两种情况下体积相同，轴线上的液体高度为

$$h_c = h_0 - \frac{\omega^2 R^2}{4g} \tag{3-60}$$

自由液面方程转化为

自由液面：
$$z_s = h_0 - \frac{\omega^2}{4g}(R^2 - 2r^2) \tag{3-61}$$

抛物面的形状与液体属性无关，所以该方程适用于所有液体。

液面最大高度在边缘 $r = R$ 处。边缘和中心最大高度差通过计算 z_s 在 $r = R$ 和 $r = 0$ 两处的差值求得。

最大高度差：
$$\Delta z_{s,\max} = z_s(R) - z_s(0) = \frac{\omega^2}{2g}R^2 \tag{3-62}$$

当密度 $\rho = \text{const}$ 时，点 1 和点 2 两点间的压强差可通过对 $dP = \rho r\omega^2 dr - \rho g dz$ 积分可得

$$P_2 - P_1 = \frac{\rho\omega^2}{2}(r_2^2 - r_1^2) - \rho g(z_2 - z_1) \tag{3-63}$$

将点 1 取为坐标原点（$r = 0$，$z = 0$），压强为 P_0，点 2 为流体中的

任意一点（不带下标），则压强分布可表达为

压强分布：
$$P = P_0 + \frac{\rho\omega^2}{2}r^2 - \rho gz \qquad (3\text{-}64)$$

注意，当 r 一定时，压强沿竖直方向的变化与液体在静止时的压强变化规律一致。当 z 一定时，压强随半径 r 的二次方变化，从轴线到边缘压强逐渐增大。在任一水平面，对于半径为 R 的容器，轴线和边缘之间压强差为 $\Delta P = \rho\omega^2 R^2/2$。

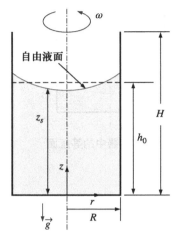

图 3-64 例 3-13 的示意图

【例 3-13】旋转容器中液体的上升

如图 3-64 所示，一个直径为 20cm、高为 60cm 的竖直圆柱形容器中，装有 50cm 高的液体，液体密度为 850kg/m³。现容器以恒定的速度旋转，试求旋转速度达到多少时流体将会从容器边缘溢出。

问题：一竖直圆柱形容器装有部分液体，求使液体溢出的角速度。

假设：①转速增加非常缓慢，容器内流体以刚体形式运动。②容器底部始终浸没在液体中（无干点）。

分析：取底部表面中心为坐标原点（$r = 0$，$z = 0$），自由液面的方程为
$$z_s = h_0 - \frac{\omega^2}{4g}(R^2 - 2r^2)$$

容器边缘处 $r = R$ 的竖直高度为
$$z_s(R) = h_0 + \frac{\omega^2 R^2}{4g}$$

式中，$h_0 = 0.5\text{m}$ 为液体在旋转之前的原始高度，在液体即将溢出时，液体边缘处的高度和容器的高度一样，因此 $z_s(R) = H = 0.6\text{m}$。解最后一个方程得 ω，代入数值，求得容器的最大的旋转角度为

$$\omega = \sqrt{\frac{4g(H - h_0)}{R^2}} = \sqrt{\frac{4(9.81\text{ m/s}^2)[(0.6 - 0.5)\text{ m}]}{(0.1\text{ m})^2}} = 19.8\text{ rad/s}$$

旋转一圈所对应的弧度为 2π rad，以转速（r/min）来表示容器的旋转速度为

$$\dot{n} = \frac{\omega}{2\pi} = \frac{19.8\text{ rad/s}}{2\pi\text{ rad/rev}}\left(\frac{60\text{ s}}{1\text{min}}\right) = 189\text{r/min}$$

因此为了防止由于离心力而导致液体溢出，容器的旋转速度应该限制在 189r/min 以内。

讨论：注意，上面的分析对任何液体都是适用的，因为结果与密度或其他流体属性无关。还应该校验无干点的假设是有效的，中心处液面高度为

$$z_s(0) = h_0 - \frac{\omega^2 R^2}{4g} = 0.4\text{ m}$$

因为 $z_s(0)$ 为正数，故假设有效。

小结

流体在单位面积上产生的正应力称为压强，在国际单位制中，压强的单位是帕斯卡（Pa），$1Pa = 1N/m^2$。相对于绝对真空的压强称为绝对压强，绝对压强和当地大气压强的差值称为表压，低于大气压强的压强也称为真空度。绝对压强P_{abs}、表压P_{gage}、真空度P_{vac}的关系为

$$P_{gage} = P_{abs} - P_{atm}$$

$$P_{vac} = P_{atm} - P_{abs} = -P_{gage}$$

作用在流体内部任意点上的压强在各个方向上都相等。静止流体中压强随深度的变化规律为

$$\frac{dP}{dz} = -\rho g$$

式中，取竖直向上为z轴的正方向，当流体密度为常数时，厚度为Δz的流体层之间的压差为

$$P_{below} = P_{above} + \rho g|\Delta z| = P_{above} + \gamma_s|\Delta z|$$

在和外界大气相通的静止液体中，距离自由液面深度h处的绝对压强和表压分别为

$$P_{abs} = P_{atm} + \rho gh$$

$$P_{gage} = \rho gh$$

静止流体中沿水平方向压强都相同。帕斯卡定律表明，封闭容器中的流体的某一部分发生的压强变化，将大小不变地向各个方向传递。大气压强可以用气压计来测量，表达式为

$$P_{atm} = \rho gh$$

式中，h为液柱的高度。

流体静力学研究流体在静止状态的力学问题，当流体为液体时称为水静力学。完全浸没在均匀液体中的平板所受到的合力大小等于作用在该平板几何中心的压强P_C和平板面积A的乘积，表达式为

$$F_R = (P_0 + \rho gh_C)A = P_C A = P_{avg}A$$

式中，$h_C = y_C \sin\theta$为中心到自由液面的竖直距离。P_0为大气压强，因为在大多数情况下大气压强作用在平板的两侧，所以大气压强常常可以省略。合力的作用线和平板的交点称为压力中心，合力作用点的位置为

$$y_P = y_C + \frac{I_{xx,C}}{[y_C + P_0/(\rho g \sin\theta)]A}$$

式中，$I_{xx,C}$为通过平面几何中心关于x轴的惯性矩。

流体对浸没于其中的物体会产生一个方向向上的作用力，这个力称为浮力，表达式为

$$F_B = \rho_f gV$$

式中，V为物体的体积。这就是阿基米德定律，文字表述为：浸没在密度均匀分布的流体中的物体所受到的浮力，大小等于物体排开流体的重力，方向垂直向上且通过所排开流体的形心。在密度恒定的流体中，浮力与物体离开自由液面的距离无关。对于浮体，浸没在流体中的体积和浮体总体积之比，等于浮体的平均密度和流体密度之比。

流体的运动方程和刚体类似，表达式为

$$\vec{\nabla}P + \rho g\vec{k} = -\rho\vec{a}$$

当重力方向和负z方向相同时，标量形式的表达式为

$$\frac{\partial P}{\partial x} = -\rho a_x, \quad \frac{\partial P}{\partial y} = -\rho a_y, \quad \frac{\partial P}{\partial z} = -\rho(g + a_z)$$

式中，a_x，a_y，a_z分别为x，y，z三个方向的加速度。在x-z平面的线性加速运动中，压强分布为

$$P = P_0 - \rho a_x x - \rho(g + a_z)z$$

当液体做匀加速直线运动时，等压面（包括自由液面）都是一系列平行平面，$x - z$平面内的斜率为

$$斜率 = \frac{dz_{isobar}}{dx} = -\frac{a_x}{g + a_x} = -\tan\theta$$

液体在旋转圆柱形容器中做刚体形式运动时，等压面为旋转抛物面，自由液面方程为

$$z_s = h_0 - \frac{\omega^2}{4g}(R^2 - 2r^2)$$

式中，z_s为半径r处自由液面到容器底部的距离；h_0为容器里的液体在静止时的高度。液体压强分布为

$$P = P_0 + \frac{\rho\omega^2}{2}r^2 - \rho gz$$

式中，P_0为原点（$r = 0$，$z = 0$）处的压强。

压强是一个基本参数，很难想象有与压强无关的重要流体问题。因此，在本书的所有章节中都会涉及压强。关于作用在平面或曲面上的水力学问题仅限于本章讨论。

参考文献和阅读建议

1. F. P. Beer, E. R. Johnston, Jr., E. R. Eisenberg, and G. H. Staab. *Vector Mechanics for Engineers, Statics,* 10th ed. New York: McGraw-Hill, 2012.

2. D. C. Giancoli. *Physics*, 6th ed. Upper Saddle River, NJ: Prentice Hall, 2012.

习题⊖

压强、压强计和气压计

3-1C 表压和绝对压强有什么不一样的地方？

3-2C 一个小正方体钢件被细线悬挂浸没在水中，如果正方体的边长都很小，你怎么来比较上表面、底面和侧面的压强？

3-3C 解释为什么一些人在高海拔地区会流鼻血或出现呼吸困难的症状。

3-4C 两个完全一样的风扇，一个在海平面，另一个在高山上，以同样的速度旋转，试比较两个风扇的（a）体积流量（b）质量流量。

3-5C 某人说在密度恒定的液体中，绝对压强随着深度的加倍而加倍，你同意吗？为什么？

3-6C 解释帕斯卡定律，给出实际生活中应用的例子。

3-7 一个表压计和罐体相连，读数为 500kPa，当地大气压强为 94kPa，试求罐内的绝对压强。

3-8 一个真空气压计和一个房间相连读数为 25kPa，当地大气压强为 97kPa。试确定房间内的绝对压强。

3-9E 空气压缩机出口压强为 150psia，这个压强是多少 kPa？

3-10 潜水员的手表可以承受 5.5bar 的绝对压强。在密度为 1025kg/m^3、大气压强为 1bar 的海洋中，为防止水进入表，潜水员能潜的最大深度是多少？1bar $= 10^5$Pa，取 $g = 9.81$m/s^2

3-11E 推导：1kgf/cm$^2 = 14.223$psi。

3-12E 水管中的压强为 1500kPa，那么若（a）以 lbf/ft^2 计，压强是多少？（b）以 lbf/in^2（psi）计，压强是多少？

3-13 测量血压通常是将一充气的袖带和表压计

相连，然后将其包裹在上臂和心脏同一高度处。采用水银压强计和听诊器，收缩压（心脏收缩时的最大压强）和舒张压（心脏舒张时的最小压强）都用 mmHg 来衡量。健康人的收缩压和舒张压分别是 120mmHg 和 80mmHg，用 120/80 来表示，将这些表压用单位 kPa、psi 和 mH$_2$O 来表示。

3-14 健康人的上臂血压最大为 120mmHg。如果用一根一端通大气的竖直管子和静脉相连，试求血液会在管内升高到多少。取血液的密度为 1040kg/m^3。

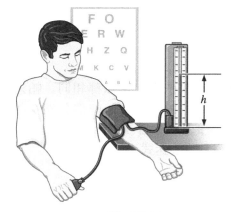

图 P3-14

3-15 一个 1.75m 高的人完全浸没地竖直站在水里，试求此人头顶和脚趾的压强差（单位用 kPa）。

3-16E 压强计用于测量罐中的气压。所用流体的比重为 1.40，压强计的两端之间的高度差为 20in。如果当地大气压强为 12.7psia，计算压强计（a）较高和（b）较低液位端与气罐连接情况下罐内的绝对压强。

3-17 一个水箱内上方有空气，压强由多层流体压强计来测量，如图 P3-17 所示，求水箱内气体的压强，$h_1 = 0.4$m，$h_2 = 0.6$m，$h_3 = 0.8$m。水、油和水银的密度分别为 1000kg/m^3，850kg/m^3 和 13600kg/m^3。

⊖ 习题中含有 "C" 的为概念性习题，鼓励学生全部做答。习题中标有 "E" 的，其单位为英制单位，采用 SI 单位的可以忽略这些问题。带有图标的习题为综合题，建议使用适合的软件对其进行求解。

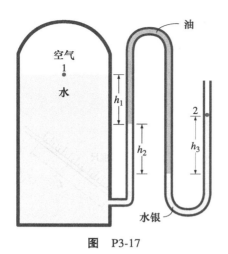

图　P3-17

3-18 当气压计示数为 735mmHg 时，试求当地大气压强的值。取水银密度为 13600kg/m³。

3-19 在液体中深度 2.5m 处的表压为 28kPa，试求同一液体中深度 12m 处的表压。

3-20 深度 8m 处水的绝对压强为 175kPa。求（a）当地大气压强以及（b）比重为 0.78 的液体、深度 8m 处的绝对压强。

3-21E 一个 180 lb 重的人的双脚总面积为 68in²。如果（a）他双脚站立，（b）他一只脚站立，计算这个人对地面施加的压强。

3-22 一个体重 55kg 的人双脚总面积为 400cm²，她希望在雪地上行走，但是雪最大能承受的压强为 0.5kPa，要满足能在雪地上行走，试求她需要穿的雪鞋的最小面积。

3-23 一个真空气压计和罐体相连，读数为 45kPa，当地大气压强为 755mmHg，试求罐体内的绝对压强。取水银的密度为 $\rho_{Hg} = 13590kg/m³$。

答案：55.6kPa

3-24 一竖直活塞和气缸组合装置装有 40kg 气体，横截面面积为 0.012m²（见图 P3-24）。当地大气压强为 95kPa，重力加速度为 9.81m/s²。（a）确定气缸内的压强。（b）如果加热气体使其体积变为原来的两倍，你认为气缸内压强会变化吗？

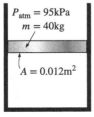

$P_{atm} = 95kPa$
$m = 40kg$
$A = 0.012m²$

图　P3-24

3-25 冷凝器的真空度为 65kPa，如果当地大气压为 98kPa，那么表压是多少？绝对压强又是多少？用单位 kPa、kN/m²、lbf/in²、psi 和 mmHg 表示。

3-26 储水罐上面有一竖直管，内径 $D = 30cm$，活塞上作用拉力 F。试确定将水面升高到自由液面之上 $h = 1.5m$ 所需要施加的力，当 $h = 3m$ 时施加的力又是多少？大气压强为 96kPa，画出当 h 从 0 变化到 3m 时活塞处的绝对压强。

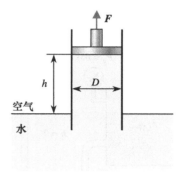

F
h
D
空气
水

图　P3-26

3-27 一名登山者携带的气压计示数在开始登山前为 980mbar，最终读数为 790mbar。忽略不同海拔重力加速度的影响，求登山者在竖直方向爬的高度。假设空气平均密度为 1.20kg/m³。

答案：1614m

3-28 当潜水深度为 15m 时，试求作用在潜水员身上的压强。假设大气压强为 101kPa，海水的比重为 1.03。

答案：253kPa

3-29 一个竖直无摩擦的活塞式气缸内装有气体。活塞质量为 5kg，横截面面积为 35cm²，活塞上方的弹簧对活塞施加 75N 的力。如果大气压强为 95kPa，试求气缸内的压强。

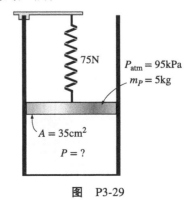

75N
$P_{atm} = 95kPa$
$m_P = 5kg$
$A = 35cm²$
$P = ?$

图　P3-29

3-30 💻重新考虑题 3-29，利用适当的软件，研究弹簧力从 0 到 500N 对气缸内气体压强的影响。画出压强随弹簧力变化的曲线，并讨论最终结果。

3-31 气体中压强 P 随密度 ρ 变化：$P = C\rho^n$，其中 C 和 n 是常数，在海拔 $z = 0$ 时，$P = P_0$，$\rho = \rho_0$。根据 z、g、n、P_0 和 ρ_0，列出 P 随海拔变化的关系。

3-32 将表压计和液压计都和一储气罐相连，如果表压计读数为 65kPa，试求液压计中两侧液柱高度差，假如液体为（a）水银（$\rho = 13600\text{kg/m}^3$），或（b）水（$\rho = 1000\text{kg/m}^3$）。

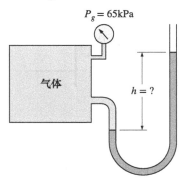

$P_g = 65\text{kPa}$

气体

$h = ?$

图 P3-32

3-33 💻重新考虑题 3-32，采用适当的软件，研究当液压计里面的液体密度从 800kg/m³ 变化到 13000kg/m³ 时两侧液柱高度差的变化情况。画出液柱高度差和密度之间的关系图，并讨论所得结果。

3-34 图 P3-34 所示的系统用于精确测量水管中压强增加 ΔP 时的压强变化。当 $\Delta h = 90\text{mm}$ 时，管道内压强有什么变化？

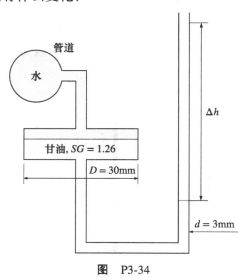

管道

水

Δh

甘油，$SG = 1.26$

$D = 30\text{mm}$

$d = 3\text{mm}$

图 P3-34

3-35 图 P3-35 所示的压强计用于测量最大达 100Pa 的压强。如果读数误差估计为 $\pm 0.5\text{mm}$，为了使与压强测量相关的误差不超过满量程的 2.5%，那么 d/D 的比值应该是多少？

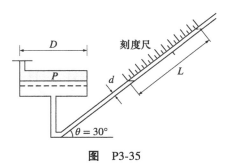

D

刻度尺

P

d

L

$\theta = 30°$

图 P3-35

3-36 液压计中装了油（密度为 850kg/m³），和储气罐相连。如果油面的液柱高度差为 150cm，大气压强为 98kPa，试求罐内气体的绝对压强。

答案：111kPa

3-37 一个水银（密度 $\rho = 13600\text{ kg/m}^3$）液压计和一段输气管道相连来测量其气体压强。液压计两侧液面高度差为 10mm，大气压强为 100kPa，（a）由图 P3-37 判断管道内的气体压强比外界大气压强高还是低。（b）求管道内的绝对压强。

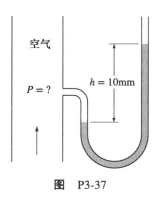

空气

$P = ?$

$h = 10\text{mm}$

图 P3-37

3-38 将题 3-37 中的水银柱高度差改为 25mm 重新计算。

3-39 一个 U 形管，两端通大气。现将水从一端倒入 U 形管内，另一端倒入油（密度为 790kg/m³）。一端水的高度为 70cm；另一端装有部分水和部分油，在这一端油和水的高度比为 6：1。试求每一种液体的高度。

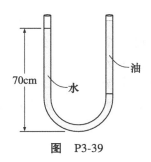

图　P3-39

3-40　汽车修理厂的液压起重机输出部分直径为45cm，可以举起 2500kg 的汽车。试求液缸内必须维持的液体表压。

3-41　图 P3‑41 所示空气管上的双流体压强计。如果一种流体的比重为 13.55，根据指示的空气的绝对压强计算另一种流体的比重。已知大气压强设为100kPa。

答案：1.62

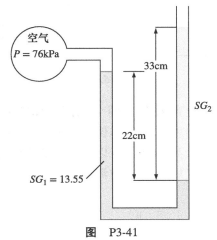

图　P3-41

3-42E　天然气输气管道的压强采用如图 P3-42E所示一段通大气的压强计测量，当地大气压强为14.2psia。试求管道内的绝对压强。

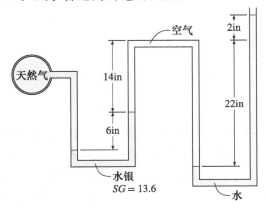

图　P3-42E

3-43E　将题 3-42E 的空气换成油，其比重为 0.69，重新计算。

3-44　图 P3-44 所示的水箱内空气的表压为 50kPa。试求水银柱的高度差 h。

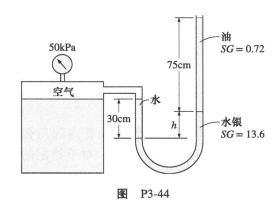

图　P3-44

3-45　将题 3-44 中表压换为 40kPa 重新计算。

3-46　如图 P3-46 所示，500kg 的重物放在液压起重机上，通过向细管倒油（$\rho=780kg/m^3$）使得起重机升高。试求将物体举起所需要的油柱高度 h。

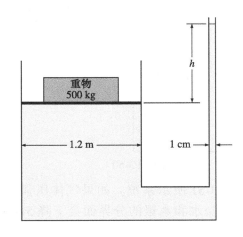

图　P3-46

3-47　压强常常可以用液柱的高度表示，称之为压头，将大气压强用下列液体来表示，（a）水银（$SG=13.6$），（b）水（$SG=1.0$），（c）甘油（$SG=1.26$）。解释在压强计中为什么常用水银。

3-48　淡水和海水在平行的水平管道通过 U 形管压强计彼此相连，如图 P3-48 所示，试求两边管道的压强差。取海水的密度为 $\rho=1035kg/m^3$。空气柱在分析过程中能忽略吗？

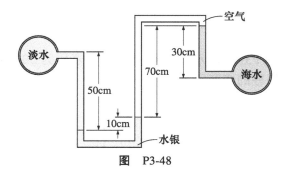

图　P3-48

3-49　将题 3-48 中的空气替换为油，其比重为 0.72，重新计算。

3-50　如图 P3-50 所示，水管和油管内的压强差通过包含两种液体的压强计来测量。对于给定的流体高度和比重，计算压强差 $\Delta P = P_B - P_A$。

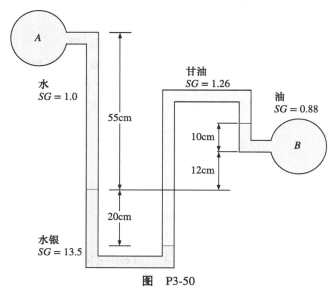

图　P3-50

3-51　如图 P3-51 所示系统。如果气体压强变化了 0.9kPa，右边盐水和水银的分界面会下降 5mm，盐水的压强保持不变，求 A_2/A_1。

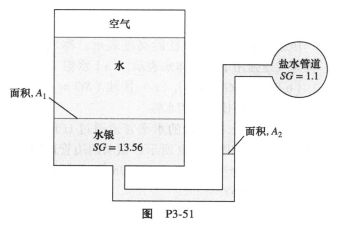

图　P3-51

3-52　通向大气的管道中有 1m 高的水（$P_{atm} = 100$kPa），连接到一个有两部分的水箱。（a）在波登型压强计中找到水箱 A 和 B 部分空气的压强读数（kPa）。（b）找到水箱的 A 和 B 部分中空气的绝对压强（kPa）。水的密度为 1000kg/m^3，$g = 9.79$m/s^2。

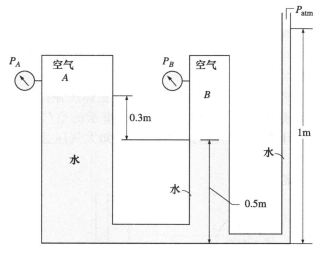

图　P3-52

3-53　水箱的上部被分为两个隔间，如图 P3-53 所示。现在一未知密度的流体倒入一边，另外一边的水面就会相应升高一部分，以图中最终的流体高度作为基准，确定后来加入的流体密度，假设液体与水不掺混。

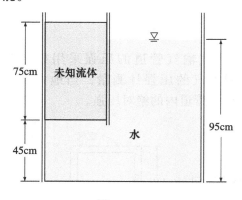

图　P3-53

3-54　一个简单的实验常用来证明负压强如何阻止水从一个倒置的玻璃杯中溢出。玻璃杯中装满了水，用一个薄纸片盖在上面，然后倒过来，如图 P3-54 所示。试求玻璃杯底部的压强，并解释为什么水不会溢出来。

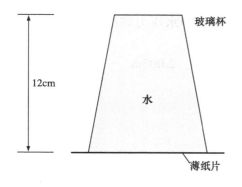

图 P3-54

3-55 一个装有多种液体的容器和 U 形管相连，如图 P3-55 所示。对于给定的比重和液柱高度，确定 A 处的表压。同时求若要产生与 A 处相同的压强所需水银柱的高度。

答案：0.415kPa，0.311cm

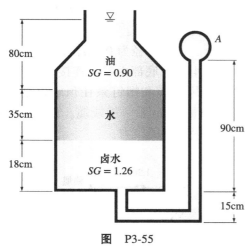

图 P3-55

3-56 通过把 25kg 的重物放在图 P3-57 所示液压升降机左侧直径为 10cm 的活塞上，来提升 2500kg 的重物。确定右侧要放置重物的活塞的直径。

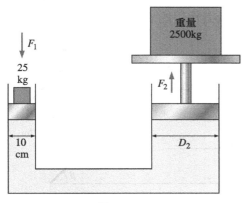

图 P3-57

3-57 某天，当地的气压是 99.5kPa，回答下列问题：

（a）以 m、ft 和 in 为单位，计算水银气压计中水银柱高。

（b）Francis 担心水银中毒，所以他建立了一个水气压计来代替水银气压计。以 m、ft 和 in 为单位计算水气压计中的水柱高。

（c）解释一下为什么水气压计不实际。

（d）忽略实用性问题，哪个气压计（水银或水）更精确并解释。

3-58 U 形管压强计用于测量真空室中的压强，如图 P3-58 所示。真空室中的流体密度为 ρ_1，压强计中的流体密度为 ρ_2。U 形管压强计的右侧暴露在大气压强为 P_{atm} 的空气中，测量 z_1，z_2 和 z_A 的高度。

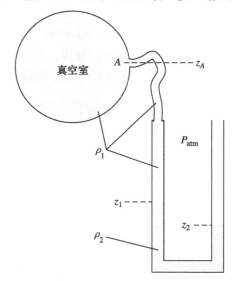

图 P3-58

（a）用一个精确的表达式表示点 A 处的真空度。即构造一个以 ρ_1，ρ_2，z_1，z_2 和 z_A 为自变量的函数 $P_{A,vac}$。

（b）根据 $\rho_1 \ll \rho_2$ 的条件，简化上述表达式。

流体静力学：平面和曲面上的静水压力

3-59C 定义作用在浸没表面上的合成静水压力和压力中心。

3-60C 你可能已经注意到水坝底部的厚度要更厚。解释水坝为什么要这样建造。

3-61C 某人宣称，不论平板的形状和位置如何，只要知道平板几何中心到自由液面的竖直距离和平板的面积，就可以计算作用在平板上的力的大小。这个说法正确吗？请解释。

3-62C 一个水平平板通过系在其上表面中心的绳子悬挂浸没在水下。现在这个平板绕着通过形心的轴旋转45°。讨论由于旋转引起的上表面静压变化。假设平板始终浸没在水中。

3-63C 考虑一个被淹没的曲面。解释如何确定作用在这个表面上的静水压力的水平分量。

3-64C 考虑一个被淹没的曲面。解释如何确定作用在这个曲面上的静水压力的垂直分量。

3-65C 考虑恒定密度液体的静水压力作用在一圆形表面。如果确定了所产生的静水压力的水平和垂直分量的大小，说明如何找到该力的作用线。

3-66E 考虑一个200ft高、1200ft宽、满容量的大坝。确定（a）大坝的静水压力和（b）靠近顶部和底部附近的大坝单位面积的力。

3-67 圆柱形水箱充满水（见图P3-67）。为了加大流出的流量，对水面以上的空气进行加压。对于 $P_0 = 0$、$P_0 = 5\text{bar}$、$P_0 = 10\text{bar}$，计算由水施加的表面上的静水压力分别是多少。

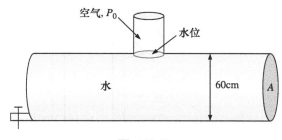

图 P3-67

3-68 考虑一个8m长、8m宽、2m深的、充满水的游泳池。（a）确定每面墙上的静水压力和力的作用线与地面的距离。（b）如果泳池壁的高度加倍且泳池充满水，每面墙上的静水压力是原来的两倍还是四倍？为什么？

答案：（a）157kN

3-69 考虑一辆重型汽车淹没在一个平底湖的水中。汽车的车门是1.1m高、0.9m宽，门的上边缘在水面以下10m。确定在下列条件下作用在门上的静水压力（方向与车门表面垂直）和压力中心的位置。（a）汽车密封良好，车内气压为一个大气压，（b）车内充满水。

3-70 在大型游轮的较低层的房间有一个40cm直径的圆形窗口。如果窗口中点在水面以下2m，试确定作用在窗户上的静水压力和压力中心。假设海水的比重为1.025。

答案：2527N，2.005m

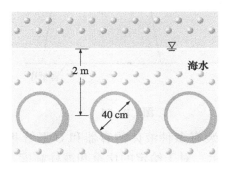

图 P3-70

3-71 一座大坝长为70m，大坝水平截面是一个半径为7m的四分之一圆。当大坝充满水时，确定大坝所受的静水压力及其作用线。

3-72 半圆截面的水槽半径为0.6m，长度视作很长，由两个对称部件组成，底部由铰链连接，如图P3-72所示。两个部分用线缆和螺钉系住顶端以维持半圆形，沿长度方向每隔3m系一根线缆。计算该半圆形水槽充满水时每根线缆的拉力。

图 P3-72

3-73 确定如图P3-73所示的0.7m高、0.7m宽的三角门的合力及其作用线。

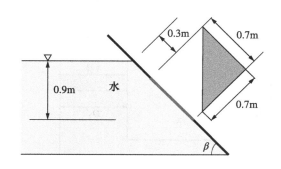

图 P3-73

3-74　如图 P3-74 所示，一个 6m 高、5m 宽的矩形板，挡住了 5m 高的水。该矩形板通过点 A 的水平轴铰链且被点 B 的挡块所约束。确定挡块施加在板上的力。

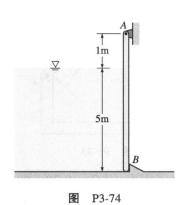

图　P3-74

3-75　重新考虑题 3-74。利用适当的软件，研究水深对挡块施加在板上的力的影响。水深变化范围为 0 到 5m，增量值为 0.5m。制表并绘制结果。

3-76E　水库的水流由一个 5ft 宽的 L 形门控制，L 形门可以绕装有铰链的点 A 转动，如图 P3-76E 所示。如果希望水位高度为 12ft 时打开闸门，请确定重物 W 的质量。

答案：30900 lb

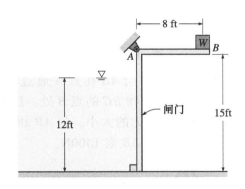

图　P3-76E

3-77E　重新考虑题 3-76E，条件改为希望水位高度为 6ft 时闸门能够打开。

3-78　如图 P3-78 所示，一张沿垂直纸面方向宽为 2m 的 L 形门，一端由 A 点可自由转动的铰链固定。确定作用在 C 点、使 L 形门 ABC 保持现有状态所需力 F 的大小。

答案：17.8kN

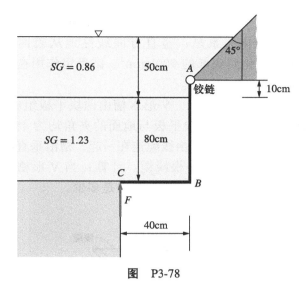

图　P3-78

3-79E　一个半径为 2ft 的实心圆筒在点 A 与 L 形墙通过铰链连接在一起，这可用来作为自动门。如图 P3-79E 所示。当水位达到 12ft 时，圆筒将绕 A 点逆时针转动，闸门打开。试确定（a）当闸门打开时，作用在圆筒上的静水压力及其作用线（b）沿垂直于纸面方向，每英尺圆筒的重量应为多少。

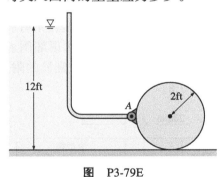

图　P3-79E

3-80　图 P3-80 表示一种开放式沉淀池，池中为液体悬浮液。如果液体密度为 850kg/m³，试确定作用于阀门上的力及其作用线。阀门正视图如图所示，形状为抛物线。

答案：140kN，从底部 1.64m

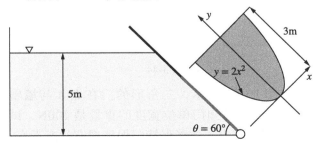

图　P3-80

3-81 由题3-80，假设悬浮液的密度取决于液体深度，其变化关系是：竖直方向线性地从表面的 $800kg/m^3$ 变化到底部的 $900kg/m^3$。试确定作用在阀门上的合力及其作用线。

3-82 如图P3-82所示，V形水槽由两块平板组成，底部用铰链连接，两块平板与地面的夹角均为45°。平板边长0.75m，顶部由线缆连在一起，槽沿垂直纸面方向，每6m放置一根线缆。计算：当V形槽足够长且充满水时，每根线缆的拉力是多少。

答案：5510N

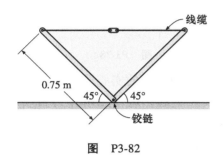

图 P3-82

3-83 重新考虑题3-82，条件为：水面的竖直高度为0.35m。

3-84 如图P3-84所示。在上、下型箱中有一碗状的铸造空间（白色部分）。当金属液从顶部倒入并充满整个空间时，计算位于圆周上20个螺栓的附加拉力。金属液比重可取7.8。

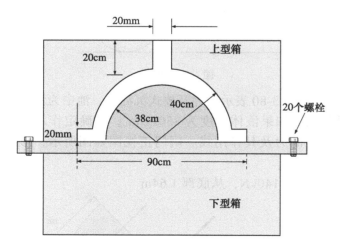

图 P3-84

3-85 如图P3-85所示，三角形的门在点A与墙壁通过铰链铰接。已知门单位宽度的重量是100N，试确定：力F需要多大，才能保持门保持现有状态不变。门的重量的作用线已由虚线表示。

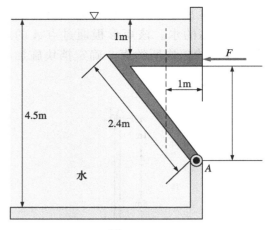

图 P3-85

3-86 一个充满了甲醇（$SG = 0.79$）的油箱，阀门 AB（0.6m × 0.9m）位于油箱底部，并通过点 A 的铰链与油箱底部相铰接，阀门重300N，试确定：作用在线（BCD）上，打开阀门所需最小力是多少。

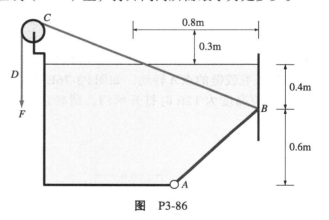

图 P3-86

3-87 如图P3-87所示，门 AB 在点 A 通过铰链与水底铰接，顶端架在支承物 BC 的点 B 处。试求出：作用在门 AB 上点 B 处的力的大小。门 AB 和支承物 BC 的宽度都是3m，且门 AB 重1500N。

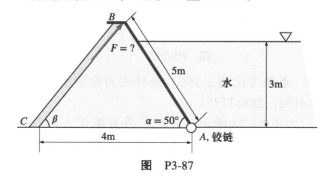

图 P3-87

3-88 如图P3-88所示，闸门顶部（点 A）卡在混凝土块凹槽内。当水位高度为1.3m时，点 A 处并未产生任何接触力。试求：当水位为 2m 时，作用在点 A 处的力为多少。混凝土的比重为 2.4。

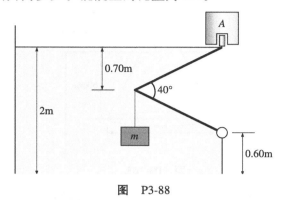

图　P3-88

3-89　图 P3-89 中给定的曲面形状由 $y = 3\sqrt{x}$ 确定，确定水作用在曲面上的水平力及其作用线。门的宽度 $b = 2m$。

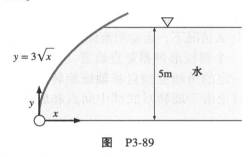

图　P3-89

3-90　如图 P3-90 所示，一个 1/4 圆形闸门长为 4m、半径为 3m，重量可忽略不计，顶端通过铰链在点 A 与墙壁铰接。闸门控制着水在点 B 流出，且点 B 被一弹簧压住。试确定：当水位上升至阀门顶端时，为保持闸门处于关闭状态，弹簧施加在点 B 的力最小是多少。

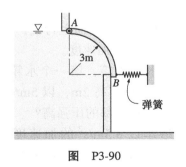

图　P3-90

3-91　重新考虑题 3-90，条件改为：门的半径为 2m。
　　答案：78.5kN

浮力

3-92C　什么是浮力？产生浮力的原因是什么？当浸没在水下的物体体积为 V 时，浮力的大小是多少？浮力方向和作用线呢？

3-93C　讨论重心位于浮力作用点上方的物体的稳定性：（a）浸没在液体中的物体，（b）漂浮在液面上的物体。

3-94C　两个直径为 5cm 的球体，一个用铝制成，另外一个用铁制成，都浸没在水中，作用在这两个球上的浮力是否相同？请解释。

3-95C　浸没在液体中 3kg 的铜制立方块和 3kg 的铜球，作用在二者上的浮力是否相同？请解释。

3-96C　考虑两个相同的球，浸入水中的深度不同。作用在这两个球上的浮力是否相同？请解释。

3-97　一块 200kg 的花岗岩（$\rho = 2700kg/m^3$）被扔入一个湖中。一个人潜入水底并试图举起岩石。试确定他需要使用多少力才能举起该岩石。你认为他能做到吗？

3-98　一艘船的排水量为 180m³，并且该船空载时质量为 8560kg。试确定该船在不沉没的情况下，最多可装载多少货物？（a）在湖中，（b）在比重为 1.03 的海水中。

3-99　如图 P3-99 所示，用一个刻度已完全磨损、直径为 1cm 的圆柱体比重计来测量液体密度。首先将比重计放入水中，标记出水面在比重计上的位置。然后将比重计放入待测液体中，发现在水中标记的位置位于液面上方 0.3cm 处。若最初水中标记位置的高度为 12.3cm，试求液体的密度。

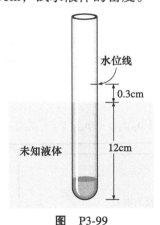

图　P3-99

3-100　据说阿基米德在洗澡的时候发现了阿基米德定律。彼时他正在思考如何确定国王希罗二世的王冠是否真的是由纯金制造的。在浴缸里，他构思了一种方法，通过称量一个不规则形状的物体在空气和水中的重量，可以求出其平均密度。如果王冠在空气重

3.55kgf（＝34.8N），在水中重3.25kgf（＝31.9N），确定王冠是否由纯金制成。金的密度是19300kg/m³。并讨论：如果不在水中称王冠的重量，而是用一个没有体积刻度的水桶，如何解决这个问题。你可以在空气中称量任何东西。

3-101 根据估算，一座冰山约90%的体积隐藏在海面之下，只有10%的体积露在海面之上。取海水密度为1025kg/m³，试求冰山的密度。

图 P3-101

©Ralph Clevenger/Corbis

3-102 健身活动中的一个常用指标是身体中脂肪与肌肉的比例，简称为体脂率。因为肌肉组织的密度大于脂肪组织的密度。所以，身体的平均密度越大，则肌肉比例越高。身体平均密度可以通过分别测量人在空气、水中的重力获得。将除了脂肪以外的所有组织都看作是肌肉，密度为 ρ_{muscle}，求体脂率关系式 x_{fat}。

答案：$x_{fat} = (\rho_{muscle} - \rho_{avg}) / (\rho_{muscle} - \rho_{fat})$

没入水中的人

水箱

弹簧秤

图 P3-102

3-103 如图P3-103所示，一个圆锥体下半部分浸入了甘油（$SG = 1.26$）。试求出圆锥体的质量。

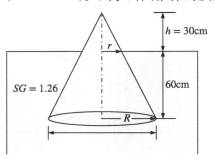

$h = 30cm$

r

$SG = 1.26$

60cm

R

图 P3-103

3-104 在测量物体的重量时，通常不考虑空气所产生的浮力。考虑一个直径为20cm、密度为7800kg/m³的球体。忽略空气浮力测得的重量产生的误差是多少？用百分比表示。

以刚体形式运动的流体

3-105C 什么情况下，运动的流体可以当作刚体？

3-106C 一个圆柱形容器竖直放置，其中装有部分水。现以一定的角速度绕自身轴线旋转，可视为刚体运动。讨论由于旋转对底部中间点和底部边缘压强的影响。

3-107C 两杯相同的水，一杯静止，另一杯以恒定加速度沿水平方向运动，假设没有水溅出，在杯子底部的下述位置上，哪个杯子的压强较大？（a）前部；（b）中间点；（c）后部

3-108C 装有水的玻璃杯，比较在下面几种情况下的杯底的水压大小。（a）静止，（b）以恒定速度向上运动，（c）以恒定速度向下运动，（d）以恒定速度水平运动。

3-109 一辆水罐车在水平路面上行驶，自由液面和水平面夹角为8°。求车的加速度。

3-110 两个装满水的水箱，第一个水箱高8m，处于静止状态；第二个水箱高2m，以5m/s²的加速度向上运动，哪一个水箱底部的压强高？

3-111 一辆水罐车以3.5m/s²的加速度向上爬坡，坡面和水平方向夹角成14°，试求自由水面和水平方向的夹角大小。如果汽车以同样的加速度下坡，结果又将如何？

3-112 如图P3-112所示，一个高0.4m、直径0.3m的圆柱形罐竖直放置，罐内充满未知液体（$SG > 1$，像甘油）和水，罐子以恒定的角速度 ω 绕其中心轴

转动。确定（a）当液 - 液界面与中心轴的交点 P 触及罐体底部时，角速度的大小，（b）在罐子以上述角速度旋转时，溢出的水量。

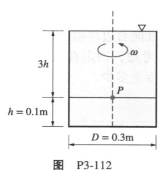

图 P3-112

3-113 一个装满水的圆柱形水箱直径为3m，长为7m。货车拉着该水箱在水平路面行驶，圆柱轴线水平。确定该水箱前部和后部两个端面的压强差。（a）货车以 3m/s^2 的加速度加速行驶时，（b）货车以 4m/s^2 的加速度减速行驶时。

3-114 直径为 30cm、高为 90cm 的竖直放置的圆柱形容器，装有 60cm 高的水。现在容器以 180r/min 的速度旋转。试求由于旋转而造成的容器中间液面降低的高度。

3-115 电梯中有一鱼缸，装有 60cm 深的水，试求当电梯在下列情况时鱼缸底部的压强。（a）静止；（b）以 3m/s^2 加速度向上运动；（c）以 3m/s^2 加速度向下运动。

3-116E 一个矩形罐 15ft 长、6ft 高，罐上端与大气相通。一辆货车载着该水罐在一条水平公路行驶。水箱中水位深度为 5ft。如果在拖曳过程中没有水溢出，试确定行驶所允许的最大加速度。

3-117 如图 P3-117 所示，考虑一个截面为矩形并盛有液体的罐子，放在倾斜表面。当摩擦作用可忽略不计时，释放小车，液面的斜率将与斜面的斜率相同。当摩擦力很大时，自由液面的斜率是多少？

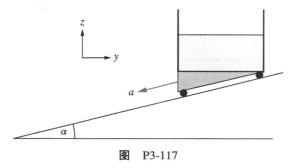

图 P3-117

3-118E 一个圆柱形罐竖直放置，直径为3ft，罐内水位高度为1ft，罐顶与大气相通。罐子开始绕轴线转动，轴线处水位开始下落，边缘处水位上升。试确定：当罐底刚刚露出来时，角速度是多少？此时，最高水位高度是多少？

3-119 一辆长为 9m、直径为 3m 的罐车在水平路面以 4m/s^2 的加速度加速行驶，罐子里装满了牛奶（没有空气），牛奶密度为 1020kg/m^3，如果罐子里最小压强为 100kPa，试求最大压强差和最大压强的位置。

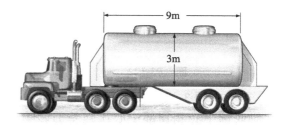

图 P3-119

答案：66.7kPa

3-120 将题 3-119 的条件改为减速运动，加速度为 -2.5m/s^2，重新计算。

3-121 U 形管两臂的水平距离为 30cm，都和外界大气相通，两端各有 20cm 高的酒精。现 U 形管绕着左臂以 3.5rad/s 的角速度旋转，试求两臂自由液面的高度差。

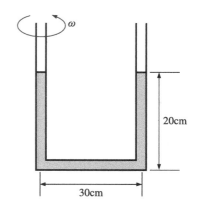

图 P3-121

3-122 一个直径为 1.2m、高为 3m、装满汽油的密封圆柱形容器，以 70r/min 的转速绕竖直轴旋转。汽油密度为 740kg/m^3。试求（a）顶部中心和底部中心的压强差，以及（b）底部中心和边缘的压强差。

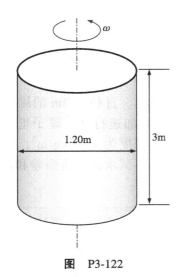

图 P3-122

3-123 💻重考虑题 3-122，采用合适的软件，研究旋转速度对底部中心和顶部中心压强差的影响。转速取值范围为 0 到 500r/min，以 50r/min 递增，然后将结果绘图。

3-124 一个立式圆柱奶罐直径为 4m，以 15r/min 的恒定转速旋转。如果底部表面的压强为 130kPa，确定罐底部边缘的压强。牛奶的密度 1030kg/m³。

3-125E 一个水箱长 8ft，上口与大气相通，其中的水初始高度为 3ft。其被行驶在水平路面上的货车所拖拽。货车驾驶员刹车时，水箱前部的水位比初始高度高了 0.75ft。确定货车的加速度。

答案：−6.04ft/s²

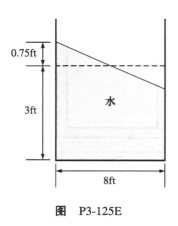

图 P3-125E

3-126 一个圆柱水箱，高 75cm、直径 40cm，在水平道路上运输。预计最大加速度为 5m/s²。如果在加速过程中，没有水溢出，试确定最开始水箱中水的高度最高是多少。

答案：64.8cm

3-127 如图 P3-127 所示，一个长方形无盖油箱里，底部是稠油（如甘油），顶部是水。箱子现在以水平、恒定的加速度向右边移动，有 1/4 的水从后面溢出。从几何角度考虑，确定在这个加速度下，油水界面上的点 A 高度是多少。

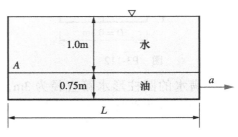

图 P3-127

3-128 离心泵构造简单，由轴和几个连接到轴上的叶片组成。如果轴以 1800r/min 的恒定转速旋转，那么由于旋转所产生的水头是多少？取叶轮直径为 35cm，忽略叶片的尖端效应。

答案：55.5m

3-129 如图 P3-129 所示，两个竖直放置的直径为 D 的圆柱形水箱底部相连，水箱均与大气相通，水箱内初始水位高度为 h。当左侧水箱中的径向叶片绕着水箱的轴线旋转时，右侧水箱中的一部分水将流入左侧水箱。如果右侧水箱中有一半水流入左侧水箱，试确定径向叶片的角速度 ω。同时，推导出角速度 ω 随水箱中水的初始高度 h 变化的函数关系式。假设水箱里的水不会溢出，D = 2R = 45cm，h = 40cm，g = 9.81m/s²。

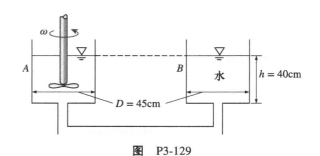

图 P3-129

3-130 在图 P3-129 中显示的 U 形管受有一个向左的加速度 a（m/s²）。如果自由液面水位差分别是 Δh = 20cm 和 h = 0.4m，计算加速度的大小。

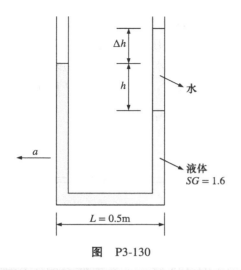

图 P3-130

复习题

3-131E 连接到油箱的压强计读数为60psi,当地大气压读数为29.1inHg。试确定油箱的绝对压强。取 $\rho_{Hg} = 848.4\ lb/ft^3$。

答案:74.3psia

3-132 一个空调系统需要在水下铺设长为34m、直径为12cm的管道。试求水作用在管道上的向上的力。取空气和水的密度为1.3kg/m³和1000kg/m³。

3-133E 求作用在海面以下225ft处巡航的潜艇表面的压强。假设大气压为14.7psia,海水的比重为1.03。

3-134 一竖直、无摩擦的圆柱-活塞装置内有600kPa的气体,外部环境气压为100kPa,活塞面积为30cm²。确定活塞的质量。

3-135 如果在图 P3-135 中显示的三管系统的角速度为 $\omega = 10rad/s$,确定每根管中水柱的高度。试问转速为多少时,中间管的水柱高度为零?

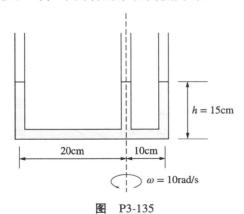

图 P3-135

3-136 地球的平均大气压可近似看作海拔的函数,关系式为 $P_{atm} = 101.325\ (1 - 0.02256z)^{5.256}$,$P_{atm}$ 表示大气压,单位为kPa,z表示海拔,单位是km,在海平面上 $z = 0$。确定下列地区的大气压大概是多少。亚特兰大($z = 306m$)、丹佛($z = 1610m$)、墨西哥城($z = 2309m$)、珠穆朗玛峰($z = 8848m$)顶部。

3-137 氦气的密度只有空气的1/7,因此气球里常常填充氦气。浮力是使气球向上运动的力,其表达式为 $F_b = \rho_{air}gV_{balloon}$。如果气球的直径为12m,载两个70kg的人,试求气球刚开始释放时的加速度。假设空气密度为 $\rho = 1.16kg/m^3$,忽略绳子和篮子的重力。

答案:25.7m/s²

图 P3-137

3-138 重新考虑题 3-137,采用适当的软件,研究气球所载人数对气球加速度的影响,画出加速度和人数的关系图并分析。

3-139 试求题 3-137 中的气球所能承受的最大载重。

答案:521kg

3-140 气压计可以用来测量飞机的高度。若地面控制室的压强为760mm Hg,飞行员所读压强为420mm Hg。计算飞机距离地面的高度。假设空气的平均密度为1.20kg/m³。

答案:3853m。

3-141 一个12m高的柱状容器,下半部分装的是水(密度为1000kg/m³),上半部分装的是油(比重为0.85)。试求容器顶部和底部的压强差。

答案：109kPa

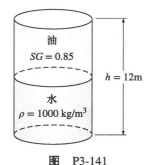

图 P3-141

3-142 图 P3-142 中显示的阀门形状为半径是 0.5m 的半圆形，顶部 *AB* 通过铰链铰接固定。为保证阀门处于关闭状态，在阀门重心处须施加多大的力。

答案：11.3kN

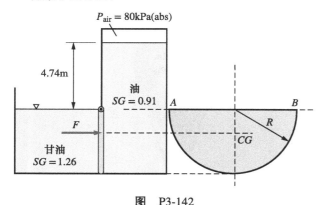

图 P3-142

3-143 高压锅比普通锅煮东西快是因为它能保持内部较高的压强和温度。高压锅盖子密封良好，蒸汽只能从盖子中间的气孔溢出。气孔上方设有一金属限压阀，只有当内部气压达到一定值时才能顶开限压阀放气。这种间歇性的放气方式可以有效地防止压强积累过高，并保持内部压强恒定。若高压锅内压强为 120kPa，放气孔横截面面积为 3mm²。假设外界大气压强为 101kPa，试求限压阀的质量，并画出限压阀活动部分的受力示意图。

答案：36.7g

图 P3-143

3-144 如图 P3-144 所示，一根玻璃管和水管相连。如果玻璃管底部的水压为 110kPa，当地大气压强为 98kPa，试求玻璃管内水柱会上升的高度（单位用 m）。假设当地的 $g = 9.8$m/s²，取水的密度为 1000kg/m³。

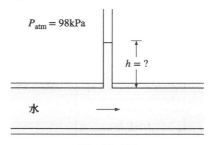

图 P3-144

3-145 如图 P3-145 所示，系统配备两个压强计和一个气压计。当 $\Delta h = 12$cm 时，试确定压强差 $\Delta P = P_2 - P_1$。

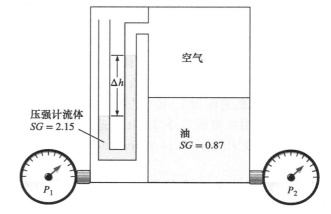

图 P3-145

3-146 如图 P3-146 所示，一个油管和容积为 1.3m³ 的刚性气罐通过压强计连接在一起。如果气罐中有 15kg、温度为 80℃ 的空气，试确定（a）管道的绝对压强，（b）当气罐内空气温度降至 20℃ 时 Δh 的变化。假定油管内的压强保持不变，且在压强计中的空气体积变化量相对于油箱容积来说是个小量。

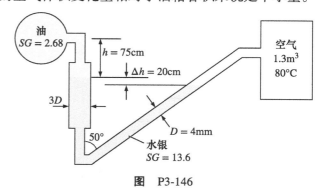

图 P3-146

3-147 一个竖直放置的直径为 20cm 的圆柱形容器，以恒定角速度 $\omega = 70$rad/s 绕其垂直轴旋转。如果内部顶面中点的压强与外部环境大气压相同，求作用在气缸内整个顶面上的总向上力。

3-148 如图 P3-148 所示，一个有弹性的气球直径为 30cm，和容器底部相连，里面装有温度为 4℃ 的水，如果容器上部的空气压强缓慢地从 100kPa 增加到 1.6MPa，作用在绳子上的力会变化吗？如果变化，又将变化多少？用百分比表示。假设自由液面上和气球直径的关系满足 $P = CD^n$，式中 C 为常数；$n = -2$。气球和里面的空气重力忽略不计。

答案：98.4%

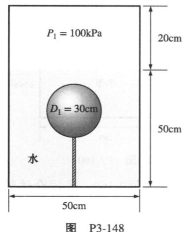

图 P3-148

3-149 重新考虑题 3-148，采用合适的软件，研究水上空气压强对绳子作用力的影响。压强从 0.5MPa 变化到 15MPa。画出绳子张力和空气压强的关系图。

3-150 如图 P3-150 所示，一汽油管道通过双 U 形管和表压计连接，如果表压计读数为 260kPa，试求汽油管道的表压。

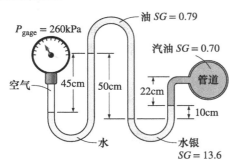

图 P3-150

3-151 重新考虑题 3-150。条件改为：表压计读数为 330kPa。

3-152E 如图 P3-152E 所示，一根水管连接到双 U 形压强计，当地大气压强为 14.5psia。试确定管道中心的绝对压强。

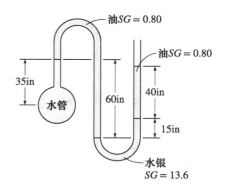

图 P3-152E

3-153 如图 P3-153 所示，一个装有水银的 U 形管，U 形管右端直径为 $D = 1.5$cm，左端直径是右端的两倍。从左端注入比重为 2.72 的油，部分水银就从左端流入右端。试求左端最多能加入多少油。

答案：0.0884L

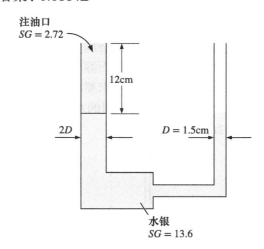

图 P3-153

3-154 在较厚的气体层中，压强随密度的变化规律为 $P = C\rho^n$。式中，C 和 n 都为常数。注意，压强在厚度为 dz 的微元层的竖直 z 方向满足 $dP = -\rho g dz$，试推导压强关于高度 z 的函数关系式。将 $z = 0$ 处的压强和密度取为 P_0 和 ρ_0。

3-155 一个 3m 高、6m 宽的长方形门，铰接在顶部 A 点，下端被固定的挡块 B 约束。试求当水面高 5m 时作用在门上的静水压力和压力中心的位置。

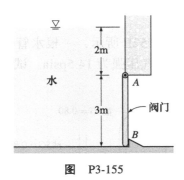

图　P3-155

3-156　重新考虑题 3-155。条件改为：总水深为 2m。

3-157E　如图 P3-157E 所示，一个隧道剖面为直径 40ft 的半圆，长度为 800ft，其建造在 150ft 深的湖底，试求作用在隧道顶部的静水压力。

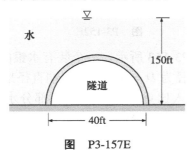

图　P3-157E

3-158　如图 P3-158 所示，一个重 30t，直径 4m 的半球形穹顶平放在水平面上，里面装满了水。某人说只要在其顶部加一根长管子，向里面灌水，他就可以利用帕斯卡定律举起这个穹顶。试求要将穹顶举起所需要的水位高度，忽略管子及其里面的水的重力。

答案：1.72m

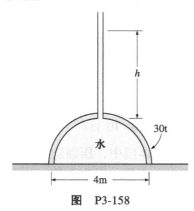

图　P3-158

3-159　如图 P3-159 所示，大坝横截面为等边三角形，水库里水深 25m，大坝宽 90m，试求（a）作用在大坝内表面的合力（静水压力＋大气压力）和作用线的位置，以及（b）合力在水平方向的分量。取 $P_{atm} = 100kPa$。

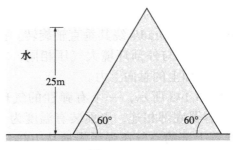

图　P3-159

3-160　一个 5m 长、4m 高的容器中装有 2.5m 深的水，没有运动时，内部通过中间的小孔和外界大气相通。现在容器以 $2m/s^2$ 的加速度水平向右加速。试求容器内的最大表压。

答案：29.5kPa

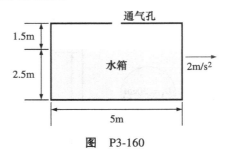

图　P3-160

3-161　重新考虑题 3-160，采用合适的软件，研究加速度对自由液面斜率的影响。加速度从 0 增加到 $15m/s^2$，以 $1m/s^2$ 递增，将结果以图线的形式表达出来。

3-162　浮体的密度可以通过增加负重使物体和负重都完全浸没在水中，然后再分别测量二者在空气中的重力获得。现有一根原木，在空气中重 1400N，如果加上 34kg 的铅块（密度 $\rho = 11300kg/m^3$），能使得木头和铅块都完全浸没，试求木头的平均密度。

答案：822kg/m³

3-163　筏由一些直径为 25cm、长度为 2m 的原木制成，如图 P3-163 所示。在运载两个分别重 400N 的男孩时，每根原木允许被淹没部分最大为 90%。试确定至少应使用多少根原木。木材的比重是 0.75。

图　P3-163

3-164 如图 P3-164 所示，一根在液体中的方木处于平衡状态。试求液体的比重是多少。

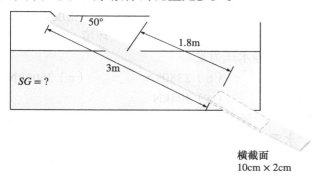

图 P3-164

3-165 一个盛有水的圆筒形水箱一边以 $n = 100\text{r/min}$ 的转速绕旋转轴旋转，一边以 $a_z = 2\text{m/s}^2$ 的加速度沿轴向向上运动。试确定点 A 的压强。

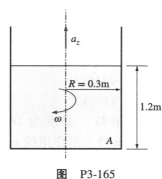

图 P3-165

3-166 一个圆柱形容器直径为 30cm、高度为 10cm，在边缘处插有一竖直放置的水管，底部与圆柱形容器相通，在其以 $\omega = 15\text{rad/s}$ 的角速度绕图 P3-166 所示的旋转轴旋转时，如果管中的水上升高度为 30cm，试确定作用在该容器上的垂直压力。

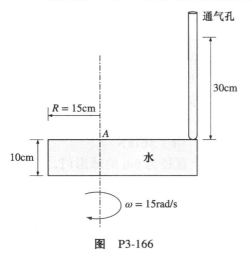

图 P3-166

3-167 如图 P3-167 所示，280kg、6m 宽的长方形门在 B 点铰接，A 点触地，与水平方向的夹角为 45°。如果在门的下表面中心点施加一垂直的力，试求要打开门力 F 的最小值是多少。

答案：626kN

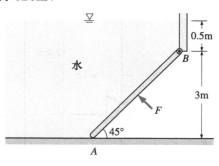

图 P3-167

3-168 重新考虑题 3-167，条件改为：水的高度在铰链 B 上方 0.8m 处。

3-169 确定水作用在容器上、沿竖直方向的力。

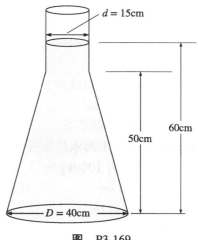

图 P3-169

3-170 已知作用在曲面上的力沿垂直方向上的分量是 $\mathrm{d}F_\mathrm{v} = P\mathrm{d}A_x$，试证明：作用在浸入液体深 h 的球体上沿竖直方向上的分力等于该球体的浮力。

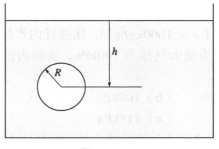

图 P3-170

3-171 如图 P3-171 所示，为了保持锥形堵头处于关闭状态，在水面上方的空气最大压强为多少？两个水箱沿垂直纸面方向的宽度相同，均为 $b = 2m$。

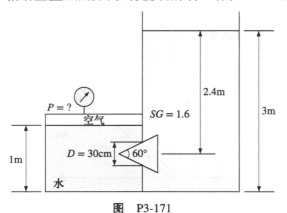

图 P3-171

工程基础（FE）考试问题

3-172 管道中的表压是用含水银的压强计（$\rho = 13600kg/m^3$）来测量的。水银顶端与大气相通，且大气压是 100kPa。如果水银柱高度是 24cm，则管道中的表压是

（a）32kPa （b）24kPa （c）76kPa
（d）124kPa （e）68kPa

3-173 下面哪个值表示的压强最高？
（a）1bar （b）$10^5 N/m^2$ （c）1atm
（d）100kPa （e）以上都不是

3-174 潜水艇潜航时，周围海水的压强为 1300kPa，则潜艇水深为（取水密度为 1000kg/m³）
（a）130m （b）133m （c）0.133m
（d）122m （e）0.122m

3-175 用水银气压计测量（$\rho = 13600kg/m^3$）某一位置的大气压。如果水银柱的高度为 740mm，则该位置的气压为
（a）88.5kPa （b）93.9kPa （c）96.2kPa
（d）98.7kPa （e）101kPa

3-176 用压强计测量油箱中气体的压强。压强计中的流体是水（$\rho = 1000kg/m^3$），压强计内水柱高度是 1.8m。如果当地大气压为 100kPa。油箱内的绝对压强是
（a）17760kPa （b）100kPa （c）180kPa
（d）101kPa （e）118kPa

3-177 一个液压千斤顶的两个活塞面积比为 1∶50。则举起一辆 1000kg 的车需用力

（a）100kgf （b）10kgf （c）50kgf
（d）20kgf （e）196kgf

3-178 一个水箱有一个竖直的矩形壁，宽度为 5m，高度为 8m。该矩形壁另一侧为大气环境。作用在该矩形壁上的静水压力是
（a）1570kN （b）2380kN （c）2505kN
（d）1410kN （e）404kN

3-179 一个竖直的矩形壁，宽度为 20m，高度为 12m，水深 7m。在该壁面上作用的静水压力是
（a）1370kN （b）4807kN （c）8240kN
（d）9740kN （e）11670kN

3-180 一个竖直矩形板，宽度为 16m，高度为 12m，位于水面以下 4m 处。这个板受到的静水压力是
（a）2555kN （b）3770kN （c）11300kN
（d）15070kN （e）18835kN

3-181 一个长方形板，宽度为 16m，高度为 12m，位于水面以下 4m 处。板与水平面的夹角为 35°。在这个板的顶部表面产生的静水压力是
（a）10800kN （b）9745kN （c）8470kN
（d）6400kN （e）5190kN

3-182 一个竖直矩形板，宽度为 16m、高度为 12m，位于水面以下 4m 处。沿作用线 y_p 作用在该板上所产生的静水压力为（忽略大气压）
（a）4m （b）5.3m （c）8m
（d）11.2m （e）12m

3-183 一个 2m 长、3m 宽的水平矩形板被淹没在水中。从自由表面到顶端表面的距离是 5m。气压为 95kPa。考虑到大气压，作用在这个平板顶部表面的静水压力是
（a）307kN （b）688kN （c）747kN
（d）864kN （e）2950kN

3-184 一个直径为 5m 的球形门，其高度等于阀门的直径。大气压作用在门的两边。在这个曲面上作用的静水压力的水平分量是
（a）460kN （b）482kN （c）512kN
（d）536kN （e）561kN

3-185 考虑一个直径为 6m 的球形门，它的高度等于阀门的直径。大气压作用在门的两边。作用在这个曲面上静水压力的竖直分量是
（a）89kN （b）270kN （c）327kN
（d）416kN （e）505kN

3-186 一个直径为 0.75cm 的球形物体完全淹没在水中。作用在这个物体上的浮力是

（a）13000N　　（b）9835N　　　（c）5460N
（d）2167N　　（e）1267N

3-187 一个 3kg 的物体，密度为 7500kg/m³，放在水中。这个物体在水中的重量是

（a）29.4N　　（b）25.5N　　　（c）14.7N
（d）30N　　　（e）3N

3-188 一个直径为 9m 的热气球既不上升也不下降。大气空气密度为 1.3kg/m³。包括气球上所有的物体，气球的总质量为

（a）496kg　　（b）458kg　　　（c）430kg
（d）401kg　　（e）383kg

3-189 一个 10kg 的物体，密度为 900kg/m³，放置在一个密度为 1100kg/m³ 的流体中。则物体淹没在水中部分的体积分数是

（a）0.637　　（b）0.716　　　（c）0.818
（d）0.90　　　（e）1

3-190 考虑一个立方体的水箱，侧面长度为 3m。水箱半充满水，表面与大气相通。运载水箱的货车以 5m/s² 的加速度加速。水的自由表面的最大竖直上升距离是

（a）1.5m　　　（b）1.03m　　　（c）1.34m
（d）0.681m　　（e）0.765m

3-191 一个竖直放置的直径为 20cm、高为 40cm 的圆柱形容器，盛有 25cm 高的水。现圆柱形容器以恒定角速度 $\omega = 15\text{rad/s}$ 旋转。圆柱边缘水的高度是

（a）40cm　　　（b）35.2cm　　　（c）30.7cm
（d）25cm　　　（e）38.8cm

3-192 一个竖直放置的直径为 30cm、高为 40cm 的圆柱形容器，盛有 25cm 高的水。现在圆柱以 $\omega = 15\text{rads}$ 恒定的角速度旋转。圆柱中心处水的高度是

（a）28.0cm　　（b）24.2cm　　　（c）20.5cm
（d）16.5cm　　（e）12.1cm

设计题和论述题

3-193 设计一款可以让不超过 80kg 的人在水上行走的鞋子。鞋子采用泡沫塑料制作，可以是球形、美式橄榄球形，或者法式面包形。试求每款鞋子的当量直径，并从稳定性的角度评价上述形状。你对这些鞋的可销售性评估如何？

3-194 只用一个防水弹簧秤，不用任何体积测量装置，来测量一块石头的体积。说明你的做法。

3-195 一些波登型金属压强计的刻度上标有 C1 或 C11，K1 或 K11。讨论这些标记意味着什么。

3-196 根据速度和静压分布规律，比较自由涡与强制涡。想象一下水流入浴缸出水口的运动。讨论在地球上北半球和南半球的自由涡以不同方式旋转，而在赤道上无旋转的原因。调查宇宙中类似的物理现象。

3-197 不锈钢的密度约为 8000kg/m³（为水的密度的 8 倍），但是剃须刀片依然可以漂浮在水面上，甚至还能加上一些重物，如图 P3-197 所示。假设水温为 20℃，照片中的刀片长 4.3cm、宽 2.2cm。为了研究方便，将中间的镂空部分用胶带封起来，这样就只有刀片边缘产生表面张力。因为刀片有锋利的边角，所以与接触角无关。如图 P3-197 所示，极限情况是水和刀片垂直接触（沿刀片边界的有效接触角为 180°）。（a）只考虑表面张力，计算可以支承的总重是多少克（包括刀片和负重）。（b）考虑到刀片压入水面之下，此时需要考虑水的压强。提示：由于弯月面曲率的影响，刀片相对水面下降的最大深度为 $h = \sqrt{\dfrac{2\sigma_s}{\rho g}}$。

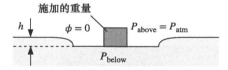

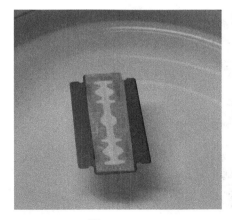

图　P3-197

（底部）照片由*John M. Cimbala*拍摄

第 4 章 流体运动学

本章目标

阅读完本章，你应该能够：

■ 理解随流导数在拉格朗日法和
欧拉法之间的转换作用。

■ 学会识别各种各样的流动显
示，以及用图来表现流体流动
特征的方法。

■ 熟悉流体的运动和变形的类
型。

■ 学会区分基于流体性质涡量的
有旋区与无旋区。

■ 理解雷诺输运定理的运用。

本章概述

流体运动学给出了在不考虑引起运动的力和力矩情况下描述流体运动的方法。在本章中，我们介绍了几种与流体流动相关的运动学概念，讨论了随流导数，以及它在把守恒方程从流体流动的拉格朗日法（跟随流体质点）变换到流体流动的欧拉法（关于流场）过程中所起的作用；然后讨论了各种流场可视化的方法——流线、烟线、迹线、时间线、光学法中的纹影法和阴影法以及表面法，还给出了三种表示流场数据的方法——剖面图、矢量图和等值线图，解释了四种最基本的流体运动和变形的运动学形式——平移率、转动率、线性应变率和切应变率，接着讨论了涡量、有旋、无旋的概念；最后，讨论了雷诺输运定理（RRT），分析了它在把跟随体系的运动方程转换到关于流入流出控制体的流体的运动方程之间的作用，解释了无限小流体单元的随流导数和有限控制体的雷诺输运定理之间的类比。

4.1 拉格朗日法与欧拉法

运动学研究的是物体的运动。在流体力学中，流体运动学是一门研究流体如何流动和如何描述流体流动的学科。从最基本的观点看，有两种不同的方法来描述运动。首先你最熟悉的方法就是你在高中物理所学到的——追寻每一个对象的路径。例如，我们都见过那种台球桌上的台球或者在空气曲棍球台上的冰球和别的球撞在一起或撞到墙的物理实验（见图 4-1）。牛顿定律可用来描述这些物体的运动，我们能够准确地预测出它们的走向以及动量和动能在它们之间是怎样交换的。这类实验的运动学包括追踪每个物体的位置矢量，$\vec{x}_A$，$\vec{x}_B$，…，以及每个物体的速度矢量，$\vec{V}_A$，$\vec{V}_B$，…，它们都是时间的函数（见图 4-2）。当这个方法运用到流体的流动中，就称为流体运动的拉格朗日法，以意大利数学家约瑟夫·路易斯·拉格朗日（1736—1813）命名。拉格朗日分析类似于在热力学中所学到的（封闭）体系分析，也就是说，我们追踪固

佛罗里达海岸附近的飓风卫星图像；因为水汽随着空气移动，所以我们能够观察到逆时针的旋转运动。但是飓风的主体实际上是无旋的，仅核心部分（暴风眼）是有旋的

定流体本身。拉格朗日法要求我们追踪每一个流体微团的位置和速度，这个固定微团本身就是流体质点。

正如你所想的，这种流体运动的描述方式比台球（的描述）更困难。首先，由于流体质点四处移动，我们很难定义和识别它们。其次，流体是连续体（从宏观的角度），流体质点之间的相互作用没有不同物体（例如台球和曲棍球）之间的相互作用那样容易描述。除此之外，流体质点在流动中随着移动会变形。

从微观的视角来看，流体是由数以亿计的不断相互碰撞的分子所组成的，有点像台球；但是即使我们使用最快最大的计算机，追踪其中一部分分子也是相当困难的。不过，拉格朗日法也有很多实际的应用，例如污染物传输建模流动中被动标量的追踪，太空飞船再入地球大气时的稀薄空气动力的计算，以及建立在质点追踪基础上的流动可视化和测量系统的发展（如在 4.2 节中所讨论的）。

一个更常见的描述流体流动的方法就是流体运动的欧拉法，以瑞典数学家莱昂哈德·欧拉（1707—1783）命名。在流体流动的欧拉法中，定义一个称作流域或者控制体的有限体积，流体从其中流入和流出。我们在控制体内定义场变量，它是空间和时间的函数，而不是追踪个别流体质点的轨迹。在某个特定位置、某个特定时间的场变量是在那个时间刚好位于那个位置的流体质点的变量值。例如，压强场是场变量标量；对于笛卡儿坐标系中的一般非定常的三维流体流动，

压强场：
$$P = P(x, y, z, t) \tag{4-1}$$

我们以相同的形式定义速度场为矢量场变量，

速度场：
$$\vec{V} = \vec{V}(x, y, z, t) \tag{4-2}$$

同样地，加速度场也是矢量场变量，

加速度场：
$$\vec{a} = \vec{a}(x, y, z, t) \tag{4-3}$$

全部的这些（或者其他）场变量定义了流场。在笛卡儿坐标系（x, y, z），（$\vec{i}$, $\vec{j}$, $\vec{k}$）下，式（4-2）中的速度场可以展开为

$$\vec{V} = (u, v, w) = u(x, y, z, t)\vec{i} + v(x, y, z, t)\vec{j} + w(x, y, z, t)\vec{k} \tag{4-4}$$

式（4-3）中的加速度场也可以按类似的方法展开。在欧拉法中，控制体内任意位置（x, y, z）和任意时刻 t 的场变量都可以确定（见图4-3）。在欧拉法中我们不关心个别流体质点的行为，只关心我们感兴趣的特定时间和特定位置上流体质点的压强、速度、加速度等参数。

两种方法的差异可以通过想象一个人站在河边测量河流的参数来区分。在拉格朗日法中，他向河里扔一个探针，探针随水流漂向下游。而在欧拉法中，他在水中的一个固定位置安放探针进行测量。

尽管拉格朗日法在许多场合都是有用的，欧拉法在流体机械的运用中相对更方便些。除此之外，实验测量也是更适合欧拉法的。例如，在风洞中，通常在流场中的一个固定位置安放探针来测量速度 $\vec{V}(x, y, z, t)$ 或者压强 $P(x, y, z, t)$。但是，在拉格朗日法中跟随个别流体质点的运动方程是众所周知的（如牛顿第二定律），而在欧拉法中流体流动的运动方程是不那么显而易见的，必须谨慎地推导。在本章结尾我们通过雷诺

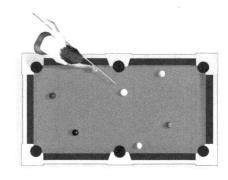

图 4-1 对于数量较少的对象，例如台球桌上的台球，这种独立个体是可以被追踪的

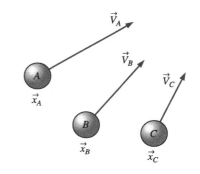

图 4-2 在拉格朗日法中，我们必须追踪单个微团的位置和速度

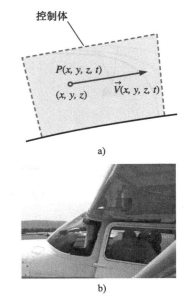

图 4-3 a）在欧拉法中，我们定义了在任意位置和任意时间的场变量，例如压力场和速度场。b）例如，安装在飞机机翼下的空速管测量该位置的空气速度

（下方）图片由 *John M.Cimbala* 所拍摄

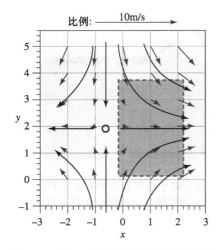

比例: ——— 10m/s

图4-4 例4-1中的速度场的速度矢量（蓝色箭头）。顶部箭头表示的是比例尺。黑实线代表了一些流线的近似形状，这些是由计算出的速度矢量所得到的。图中的圆圈表示滞止点。阴影区域表示模拟流动流体能进入进口的流场部分（见图4-5）

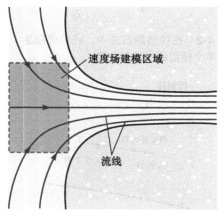

速度场建模区域

流线

图4-5 水电站大坝中喇叭形进口附近的流场；例4-1中的速度场部分可以被用来作为物理流场的一阶近似。阴影区域与图4-4一致

输运定理对控制体（积分）分析推导了公式。在第9章推导了微分运动方程。

【例4-1】定常二维速度场

一个定常的、不可压缩的、二维的速度场为

$$\vec{V} = (u, v) = (0.5 + 0.8x)\vec{i} + (1.5 - 0.8y)\vec{j} \qquad (1)$$

式中，x坐标和y坐标的单位为m；速度大小的单位为m/s。滞止点定义为在流场中速度为0的点。（a）求在流场中是否有滞止点，如果有，在哪里？（b）在$x = -2 \sim 2$m，$y = 0 \sim 5$m的范围内的若干位置画出速度矢量；定量地描述流场。

问题： 对于所给的速度场，求滞止点的位置。画出几个速度矢量，并描述速度场。

假设： ①流动是定常和不可压缩的；②流动是二维的，意味着没有速度的z分量，并且变量u或v与z没有关系。

分析：（a）因为$\vec{V}$是矢量，且$\vec{V}$本身等于0，所以它的分量都必然等于0。利用式（4-4）并将式（1）设为等于0，则

$$u = 0.5 + 0.8x = 0 \rightarrow x = -0.625\text{m}$$

滞止点：

$$v = 1.5 - 0.8y = 0 \rightarrow y = 1.875\text{m}$$

即有一个滞止点位于$x = -0.625$m，$y = 1.875$m的位置。

（b）速度的x分量和y分量是在特定范围内从式（1）中计算得到的。例如，在点（$x = 2$m，$y = 3$m），有$u = 2.10$m/s和$v = -0.900$m/s。在该点的速度大小（速率）是2.28m/s。在该点和其他坐标位置，速度矢量是通过两个分量构建的，结果显示在图4-4中。流动可以被描述为滞止点流，流体从顶部和底部流入，然后向左右散开，流场关于$y = 1.875$m的水平线对称。（a）部分的滞止点在图4-4中用圆圈表示了出来。

如果我们仅看图4-4中的阴影部分，流场模型化了一个从左到右的收缩并加速的流动。这样的流动是常见的，例如，水电站大坝中喇叭形进口附近的流场（见图4-5）。所给速度场的可用部分可以被认为是图4-5中实际流场的阴影部分的一阶近似。

讨论： 从第9章的内容中可以证实，这个流动在物理上是有效的，因为它满足了质量守恒的微分方程。

加速度场

正如你能从你在热力学的学习中回想起的那样，基本的守恒定律（例如质量守恒定律和热力学第一定律）都是针对一个固定的体系（又叫作封闭系统）表达的。在实践中，用控制体（又叫作开放系统）的分析比体系分析更为方便，因此将基本定律改写成适合于控制体的形式是非常必要的。定律的应用也一样。实际上，在热力学中的体系和控制体直接类比于流体动力学中的拉格朗日法和欧拉法。流体流动的运动方程（例如牛顿第二定律）是相对于流体质点来写的，我们也称之为物质质点。如果我们能

跟随流体质点在流动中移动，就可以用拉格朗日法，并且运动方程也可以直接运用。例如，可以用质点位置矢量 $(x_{\text{particle}}(t)，y_{\text{particle}}(t)，z_{\text{particle}}(t))$ 的形式来定义质点在空间中的位置。但是，通过数学运算将运动方程转化为适用于欧拉法的形式也是有必要的。

例如，将牛顿第二定律运用到流体质点，

牛顿第二定律： $\qquad \vec{F}_{\text{particle}} = m_{\text{particle}} \vec{a}_{\text{particle}}$ （4-5）

式中，$\vec{F}_{\text{particle}}$ 是作用在流体质点上的力；m_{particle} 是流体质点的质量；$\vec{a}_{\text{particle}}$ 是流体质点的加速度（见图4-6）。根据定义，流体质点的加速度是质点速度的时间导数，

流体质点的加速度： $\qquad \vec{a}_{\text{particle}} = \dfrac{\mathrm{d}\vec{V}_{\text{particle}}}{\mathrm{d}t}$ （4-6）

但是，在任何时刻 t，质点的速度与速度场中位置 $(x_{\text{particle}}(t)，y_{\text{particle}}(t)，z_{\text{particle}}(t))$ 的质点的值是一样的，因为根据定义流体质点是随着流体流动的。也就是说，$\vec{V}_{\text{particle}}(t) = \vec{V}(x_{\text{particle}}(t)，y_{\text{particle}}(t)，z_{\text{particle}}(t)，t)$。为了在式（4-6）中求时间导数，我们必须利用链式法则，因为因变量 $(\vec{V})$ 是四个自变量 $(x_{\text{particle}}(t)，y_{\text{particle}}(t)，z_{\text{particle}}(t)，t)$ 的函数。

$$\vec{a}_{\text{particle}} = \frac{\mathrm{d}\vec{V}_{\text{particle}}}{\mathrm{d}t} = \frac{\mathrm{d}\vec{V}}{\mathrm{d}t} = \frac{\mathrm{d}\vec{V}(x_{\text{particle}}，y_{\text{particle}}，z_{\text{particle}}，t)}{\mathrm{d}t}$$

$$= \frac{\partial \vec{V}}{\partial t}\frac{\mathrm{d}t}{\mathrm{d}t} + \frac{\partial \vec{V}}{\partial x_{\text{particle}}}\frac{\mathrm{d}x_{\text{particle}}}{\mathrm{d}t} + \frac{\partial \vec{V}}{\partial y_{\text{particle}}}\frac{\mathrm{d}y_{\text{particle}}}{\mathrm{d}t} + \frac{\partial \vec{V}}{\partial z_{\text{particle}}}\frac{\mathrm{d}z_{\text{particle}}}{\mathrm{d}t} \qquad (4\text{-}7)$$

在式（4-7）中，∂ 是偏导算子，d 是全导算子。考虑式（4-7）右边的第二项。因为加速度是随着流体质点而被定义的（拉格朗日法），质点 x 的位置对时间的变化率是 $\mathrm{d}x_{\text{particle}}/\mathrm{d}t = u$（见图4-7）。式中 u 是由式（4-4）所定义的速度矢量在 x 方向的分量。同样地，$\mathrm{d}y_{\text{particle}}/\mathrm{d}t = v$，$\mathrm{d}z_{\text{particle}}/\mathrm{d}t = w$。除此之外，在任意瞬时，流体质点在拉格朗日坐标系中的位置矢量 $(x_{\text{particle}}，y_{\text{particle}}，z_{\text{particle}})$ 等于欧拉坐标系中的位置矢量 (x,y,z)。式（4-7）就变成了

$$\vec{a}_{\text{particle}}(x, y, z, t) = \frac{\mathrm{d}\vec{V}}{\mathrm{d}t} = \frac{\partial \vec{V}}{\partial t} + u\frac{\partial \vec{V}}{\partial x} + v\frac{\partial \vec{V}}{\partial y} + w\frac{\partial \vec{V}}{\partial z} \qquad (4\text{-}8)$$

式中，很显然用到了 $\mathrm{d}t/\mathrm{d}t = 1$。最后，在任意时刻 t，式（4-3）的加速度场必须等于在时刻 t 位置 $(x，y，z)$ 上的流体质点的加速度。为什么？因为根据定义，流体质点是随着流体流动加速的。因此，可以在式（4-7）和式（4-8）中用 $\vec{a}(x, y, z, t)$ 替换 $\vec{a}_{\text{particle}}$，从拉格朗日坐标系转变为欧拉坐标系。矢量形式中，式（4-8）写为用场变量表示的流体质点加速度为

$$\vec{a}(x, y, z, t) = \frac{\mathrm{d}\vec{V}}{\mathrm{d}t} = \frac{\partial \vec{V}}{\partial t} + (\vec{V} \cdot \nabla)\vec{V} \qquad (4\text{-}9)$$

式中，∇ 是梯度算子或倒三角算子，该矢量算子在笛卡儿坐标系中定义为

梯度或者倒三角算子： $\quad \nabla = \left(\dfrac{\partial}{\partial x}, \dfrac{\partial}{\partial y}, \dfrac{\partial}{\partial z}\right) = \vec{i}\dfrac{\partial}{\partial x} + \vec{j}\dfrac{\partial}{\partial y} + \vec{k}\dfrac{\partial}{\partial z} \qquad (4\text{-}10)$

在笛卡儿坐标系内，加速度矢量的分量是

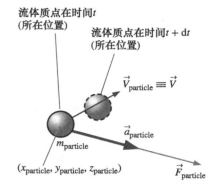

图4-6 将牛顿第二定律运用于流体质点；加速度矢量（紫色箭头）和力矢量（绿色箭头）的方向是一致的，但是速度矢量（蓝色箭头）的方向可能不同

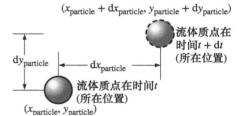

图4-7 在追踪流体质点时，速度 u 的 x 分量，定义为 $\mathrm{d}x_{\text{particle}}/\mathrm{d}t$。相似地，$v = \mathrm{d}y_{\text{particle}}/\mathrm{d}t$ 和 $w = \mathrm{d}z_{\text{particle}}/\mathrm{d}t$。为了简单起见，此处仅显示二维运动

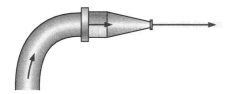

图 4-8　水流经花园软管喷嘴的流动说明了：即使在定常流动中，流体质点也可以加速。在这个例子中，水在出口的流速远大于软管内的流速，意味着即使在定常流动中流体质点也加速了

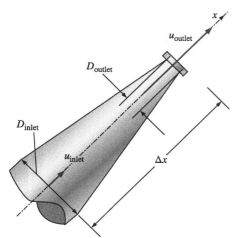

图 4-9　在例 4-2 所示喷嘴中水的流动情况

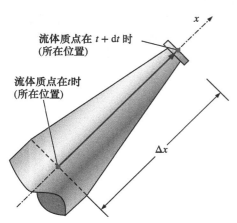

图 4-10　滞留时间 Δt 被定义为流体质点从进口到出口流经喷嘴所花费的时间（距离 Δx）

$$a_x = \frac{\partial u}{\partial t} + u\frac{\partial u}{\partial x} + v\frac{\partial u}{\partial y} + w\frac{\partial u}{\partial z}$$

笛卡儿坐标系：$a_y = \dfrac{\partial v}{\partial t} + u\dfrac{\partial v}{\partial x} + v\dfrac{\partial v}{\partial y} + w\dfrac{\partial v}{\partial z}$　　（4-11）

$$a_z = \frac{\partial w}{\partial t} + u\frac{\partial w}{\partial x} + v\frac{\partial w}{\partial y} + w\frac{\partial w}{\partial z}$$

式（4-9）右边第一项 $\partial\vec{V}/\partial t$，称作当地加速度，在非定常流中该值不为 0；第二项 $(\vec{V}\cdot\vec{\nabla})\vec{V}$，又叫作迁移加速度（有时叫作对流加速度），即使是定常流该项也不为 0。它解释了流体质点在流动中移动（迁移或对流）到新的位置的作用，其中速度场是不一样的。例如，考虑流过花园软管喷嘴的定常水流（见图 4-8）。在欧拉坐标系中，当流场中任意点的参数不随时间发生变化时，可定义其为定常状态。因为喷嘴出口的速度大于喷嘴进口的速度，所以尽管流动是定常的，流体质点也明显加速。因为在式（4-9）中有迁移加速度项，所以加速度是不为 0 的。注意，在欧拉坐标系中从固定观察者的角度来看流动是定常的，而在拉格朗日坐标系中，跟随着流体质点一起运动进入喷嘴再通过喷嘴加速，所以流动是非定常的。

【例 4-2】流经喷嘴的流体质点的加速度

某人在清洗汽车时，用了一个与图 4-8 所示相似的喷嘴。喷嘴长为 3.90in（0.325ft），进口直径和出口直径分别是 0.420in（0.0350ft）和 0.182in（见图 4-9）。流经花园软管（也流经喷嘴）的体积流量是 $\dot V = 0.841\text{gal/min}$（$0.00187\text{ft}^3/\text{s}$），而且流动是定常的。估算沿着喷嘴中心线向下运动的流体质点的加速度大小。

问题： 估算所追踪的沿着喷嘴中心向下运动的流体质点的加速度。

假设： ①流动是定常和不可压缩的；②取 x 方向沿着喷嘴的中心线方向；③由于对称，沿着中心线 $v=w=0$，但是流经喷嘴，u 增加。

分析： 因为流动是定常的，所以你可能会说加速度为 0。但是，对于这个定常流场来说，即使当地加速度 $\partial\vec{V}/\partial t$ 等于 0，迁移加速度 $(\vec{V}\cdot\vec{\nabla})\vec{V}$ 是不为 0 的。首先在喷嘴的进口和出口，用体积流量除以横截面面积计算出平均速度的 x 分量

进口速度：$u_{\text{inlet}} \cong \dfrac{\dot V}{A_{\text{inlet}}} = \dfrac{4\dot V}{\pi D_{\text{inlet}}^2} = \dfrac{4(0.00187\ \text{ft}^3/\text{s})}{\pi(0.0350\ \text{ft})^2} = 1.95\ \text{ft/s}$

相似地，出口的平均速度是 $u_{\text{outlet}} = 10.4\text{ft/s}$。现在用两种方式计算加速度，得到同样的结果。首先，加速度在 x 方向上的简单平均值是在速度的变化量除以流体质点在喷嘴中的大致停留时间的基础上计算得到的，停留时间 $\Delta t = \Delta x/u_{\text{avg}}$（见图 4-10）。根据加速度是速度变化率的基本定义，

方法 A：$a_x \cong \dfrac{\Delta u}{\Delta t} = \dfrac{u_{\text{outlet}} - u_{\text{inlet}}}{\Delta x/u_{\text{avg}}} = \dfrac{u_{\text{outlet}} - u_{\text{inlet}}}{2\,\Delta x/(u_{\text{outlet}} + u_{\text{inlet}})} = \dfrac{u_{\text{outlet}}^2 - u_{\text{inlet}}^2}{2\,\Delta x}$

第二种方法利用了在笛卡儿坐标系中的加速度场分量的公式，即式（4-11），

$$\text{方法 B：} a_x = \underbrace{\frac{\partial u}{\partial t}}_{\substack{0 \\ \text{定常}}} + u\frac{\partial u}{\partial x} + \underbrace{v\frac{\partial u}{\partial y}}_{\substack{0 \\ v=0\text{沿着中心线}}} + \underbrace{w\frac{\partial u}{\partial z}}_{\substack{0 \\ w=0\text{沿着中心线}}} \cong u_{\text{avg}}\frac{\Delta u}{\Delta x}$$

其中仅一个对流项不为 0。流经喷嘴的平均速度近似为进口和出口速度的平均，并且运用了一阶有限差分近似来求经过喷嘴中心线的导数 $\partial u/\partial x$ 的平均值（见图 4-11）：

$$a_x \cong \frac{u_{\text{outlet}} + u_{\text{inlet}}}{2}\frac{u_{\text{outlet}} - u_{\text{inlet}}}{\Delta x} = \frac{u_{\text{outlet}}^2 - u_{\text{inlet}}^2}{2\,\Delta x}$$

方法 B 的结果与方法 A 的结果一致。代入所给值得到

$$\text{轴向加速度：} a_x \cong \frac{u_{\text{outlet}}^2 - u_{\text{inlet}}^2}{2\,\Delta x} = \frac{(10.4\ \text{ft/s})^2 - (1.95\ \text{ft/s})^2}{2(0.325\ \text{ft})} = 160\ \text{ft/s}^2$$

讨论： 流体质点通过喷嘴以接近 5 倍重力加速度被加速（几乎为 5g）！这个简单的例子清楚地表明了即使在定常流中，流体的加速度也可以不为 0。注意，加速度实际上是一个点函数，我们只是估算了通过整个喷嘴的平均加速度。

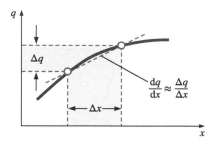

图 4-11 导数 dq/dx 的一阶有限差分近似可表示为独立变量（q）的变化除以独立变量（x）的变化

随流导数

在式（4-9）中，全导算子 d/dt 有一个特定的名字，随流导数；它用一个特定的符号标识，D/Dt，即为了强调它是由跟随流体质点穿越流场的参数组成的（见图 4-12）。随流导数的其他一些名字包括总导数、质点导数、拉格朗日导数、欧拉导数和物质导数。

$$\text{随流导数：} \frac{D}{Dt} = \frac{d}{dt} = \frac{\partial}{\partial t} + (\vec{V}\cdot\vec{\nabla}) \tag{4-12}$$

当将式（4-12）中的随流导数运用到速度场时，其结果就是如式（4-9）所表示的加速度场，有时也叫作随流加速度，

$$\text{随流加速度：} \vec{a}(x, y, z, t) = \frac{D\vec{V}}{Dt} = \frac{d\vec{V}}{dt} = \frac{\partial \vec{V}}{\partial t} + (\vec{V}\cdot\vec{\nabla})\vec{V} \tag{4-13}$$

除了速度之外，式（4-12）也能运用到其他流体参数里，无论其是标量还是矢量。例如，压强的随流导数可以写为

$$\text{压强的随流导数：} \frac{DP}{Dt} = \frac{dP}{dt} = \frac{\partial P}{\partial t} + (\vec{V}\cdot\vec{\nabla})P \tag{4-14}$$

式（4-14）表示流体质点在流动中移动时压强随时间的变化率，既包含了当地（非定常）成分，又包含了对流成分（见图 4-13）。

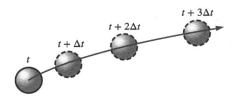

图 4-12 随流导数 D/Dt 是通过追踪流体质点在流场中的运动而定义的。在这个图例中，流体质点是随着它向右上方移动而向右加速的

【例 4-3】定常速度场中的随流加速度

思考例 4-1 中定常、不可压缩的、二维速度场。（a）计算在点 $(x = 2\text{m}, y = 3\text{m})$ 处的随流加速度。（b）描绘出与例 4-1 中相同的 x 和 y 阵列的随流加速度矢量。

问题： 对于所给速度场，求出一个特定点的随流加速度矢量，并在流场中画出来。

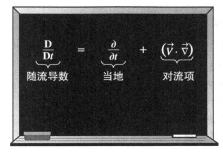

图 4-13 随流导数 D/Dt 是由当地或者非定常部分和对流或者迁移部分组成的

假设：①流动是定常和不可压缩的；②流动是二维的，意味着没有速度的 z 分量以及没有与 z 有关的变量 u 和 v。

分析：（a）利用例 4-1 中式（1）的速度场和在笛卡儿坐标系中随流加速度分量的公式［式（4-11）］，写出加速度矢量的两个不为 0 的分量的表达式

$$a_x = \frac{\partial u}{\partial t} + u\frac{\partial u}{\partial x} + v\frac{\partial u}{\partial y} + w\frac{\partial u}{\partial z}$$

$$= 0 + \overbrace{(0.5 + 0.8x)(0.8)} + \overbrace{(1.5 - 0.8y)(0)} + 0 = (0.4 + 0.64x) \text{ m/s}^2$$

$$a_y = \frac{\partial v}{\partial t} + u\frac{\partial v}{\partial x} + v\frac{\partial v}{\partial y} + w\frac{\partial v}{\partial z}$$

$$= 0 + \overbrace{(0.5 + 0.8x)(0)} + \overbrace{(1.5 - 0.8y)(-0.8)} + 0 = (-1.2 + 0.64y) \text{ m/s}^2$$

在点（$x = 2$m，$y = 3$m）处，$a_x = 1.68$m/s^2 和 $a_y = 0.720$m/s^2

（b）在（a）部分中的公式被运用到给定流动范围内的 x 和 y 阵列中，图 4-14 中画出了加速度矢量。

讨论：即使流动是定常的，加速度场也可以不为 0。在滞止点以上（$y = 1.875$m 以上），图 4-14 中画的加速度矢量指向朝上，远离滞止点其大小增加。滞止点往右（$x = -0.625$m 往右），加速度矢量指向朝右，远离滞止点大小同样增加。这与图 4-4 中的速度矢量和图 4-14 中的流线在定量上是一致的；即在流场的右上角部分，流体质点向右上方加速，因此受到朝向右上的向心加速度作用而沿逆时针方向转向。在 $y = 1.875$m 以下的流动是关于上方对称线上流动的镜像，在 $x = -0.625$m 以左的流动是关于对称线右边的流动的镜像。

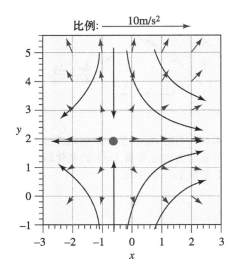

图 4-14 例 4-1 和例 4-3 中的速度场的加速度矢量（紫色箭头）。顶部的箭头表示比例尺，黑实线代表了一些流线的近似形状，这些由计算出的速度矢量所得到（见图 4-4）。图中的红色圆圈表示滞止点

4.2 流动类型与流动可视化

流体动力学的定量学习需要高等数学的知识，很多可从流动可视化——流场特征的视觉检验中学习。流动可视化不仅在物理实验中有用（见图 4-15），在数值解中也有用［计算流体力学（CFD）］。实际上，工程师用 CFD 获得数值解之后，要做的第一件事就是将其流动可视化，从而使人们能够看到"整个图像"而不仅仅是数字列表和一堆数据。为什么？因为人类的思维可以快速处理大量的视觉信息；俗话说，百闻不如一见。多种流动类型，包括物理的（实验的）和计算的，都能够被可视化。

流线和流管
流线就是一条处处与当地瞬时速度矢量相切的曲线。

流线可用来指示流体在整个流场中的瞬时运动方向。例如，回流区和流动固壁分离区都能通过流线形式来轻易辨别。除了在定常流场中以外，流线在实验中不能被直接观察到，因为只有在定常流场中，流线才与迹线和烟线重合，下文将讨论这一点。从数学角度上来说，我们能根据定义写出流线的简易表达形式。

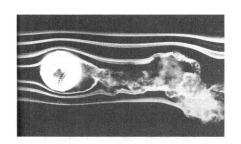

图 4-15 旋转的棒球。已故的 F. N. M. 布朗多年来致力于在圣母大学的风洞中开发和使用烟雾可视化技术。图中流速大约是 77ft/s，棒球以 630r/min 的转速旋转

Courtesy of Professor Thomas J. Mueller from the Collection of Professor F.N.M. Brown.

考虑沿流线的无限小弧长 $\mathrm{d}\vec{r} = \mathrm{d}x\vec{i} + \mathrm{d}y\vec{j} + \mathrm{d}z\vec{k}$；根据流线定义 $\mathrm{d}\vec{r}$ 必须与当地速度矢量 $\vec{V} = u\vec{i} + v\vec{j} + w\vec{k}$ 平行。用相似三角形进行简单的几何分析可知，$\mathrm{d}\vec{r}$ 的分量必须与 $\vec{V}$ 的分量成比例（见图 4-16）。因此，

流线方程： $$\frac{\mathrm{d}r}{V} = \frac{\mathrm{d}x}{u} = \frac{\mathrm{d}y}{v} = \frac{\mathrm{d}z}{w} \qquad (4\text{-}15)$$

式中，$\mathrm{d}r$ 是 $\mathrm{d}\vec{r}$ 的大小；V 是速度，即速度矢量 $\vec{V}$ 的大小。式（4-15）的二维简化如图 4-16 所示。对于已知的速度场，将式（4-15）进行积分得到流线方程。在二维 (x,y), (u,v) 中，得到的微分方程为

在 x-y 平面的流线： $$\left(\frac{\mathrm{d}y}{\mathrm{d}x}\right)_{\text{along a streamline}} = \frac{v}{u} \qquad (4\text{-}16)$$

在一些简单的例子中，式（4-16）有解析解；一般来说，必须要数值求解。不管哪种情况，都会出现一个任意积分常数。每一个给定的常数都代表了一条不同的流线。因此，满足式（4-16）的曲线的集合代表了流场的所有流线。

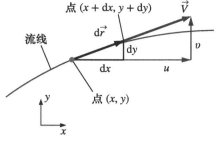

图 4-16　对于 x-y 平面内的二维流动，沿着流线的弧长 $\mathrm{d}\vec{r} = (\mathrm{d}x, \mathrm{d}y)$，在每个位置都与当地的瞬时速度矢量 $\vec{V} = (u, v)$ 相切

【例 4-4】 x-y 平面的流线——解析法

对于例 4-1 中定常的、不可压缩的、二维速度场，在流动右半部分画出几条流线（$x > 0$），并与画在图 4-4 中的速度矢量做比较。

问题： 写出流线的分析表达式并在右上象限画出。

假设： ①流动是定常和不可压缩的；②流动是二维的，意味着没有速度的 z 分量，且 u 和 v 不随 z 变化。

分析： 式（4-16）此处可用；因此，沿着流线，
$$\frac{\mathrm{d}y}{\mathrm{d}x} = \frac{v}{u} = \frac{1.5 - 0.8y}{0.5 + 0.8x}$$
我们通过分离变量来求解微分方程：
$$\frac{\mathrm{d}y}{1.5 - 0.8y} = \frac{\mathrm{d}x}{0.5 + 0.8x} \quad \rightarrow \quad \int \frac{\mathrm{d}y}{1.5 - 0.8y} = \int \frac{\mathrm{d}x}{0.5 + 0.8x}$$
在一系列的代数运算后，求出了沿着流线方向的以 x 为自变量的 y 函数，
$$y = \frac{C}{0.8(0.5 + 0.8x)} + 1.875$$
式中，C 是积分常数，给不同的值可以画出不同的流线。所给流场的几条流线如图 4-17 所示。

讨论： 图 4-17 中添加了图 4-4 中的速度矢量；二者非常一致，速度矢量处处与流线相切。注意，速度是不能仅从流线直接求出的。

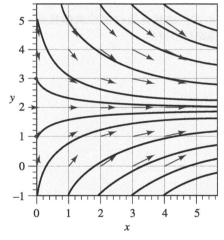

图 4-17　例 4-4 中的速度场的流线（黑实线）；图 4-4 中的速度矢量（蓝色箭头）是为了比较而添加的

流管包含了一束流线（见图 4-18），就像通信电缆包含了一束光纤电缆一样。因为流线是与当地速度平行的，根据定义，流体不能穿越流线。引申开来，流管内的流体必须保持在管内并且不能穿越流管边界。必须记住，流线和流管都是瞬时量，是在某一瞬间根据速度场在特定时刻所定义的。在非定常流中，流线的形式可能会随着时间发生明显变

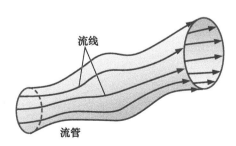

图 4-18　由一束单独流线组成的流管

化。虽然如此，在任意时刻，通过所给流管的任意截面的质量流量是保持不变的。例如，在不可压缩流场的收缩部分，流管的直径必然随着速度的增加而减小以保证质量守恒（见图 4-19a）。同样地，流管的直径在不可压缩流场的扩张部分是增加的（见图 4-19b）。

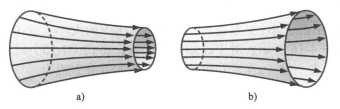

a)   b)

图 4-19 在不可压缩流场中，流管的直径 a）随着流动加速而收缩或 b）随着流动减速而增加

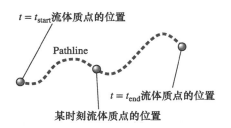

图 4-20 迹线是通过追踪流体质点的实际路径形成的

迹线

迹线是流体质点在某一时间段内的运动轨迹线。

迹线是最容易理解的流动形式之一。迹线是拉格朗日法描述流动的一种方法，是跟随单个流体质点在流场中的运动轨迹得到的（见图 4-20）。因此，迹线与流体质点的随流位置矢量（$x_{\text{particle}}(t)$，$y_{\text{particle}}(t)$，$z_{\text{particle}}(t)$）一样，是在一段有限时间区间内跟踪得到的，这在 4.1 节中已讨论过。在物理实验中，你可以想象流体质点的踪迹通过颜色或者亮度被标记出来——使其能够与周围流体质点明显区分。现在想象一个照相机在特定时间内开着快门，记录了在 $t_{\text{start}} < t < t_{\text{end}}$ 这段时间内质点的路径；结果得到的曲线就是迹线。

有一项现代化的实验技术叫作粒子图像测速（PIV），即用粒子迹线的短片段来测量流动中的一个完整平面内的速度场（Adrian，1991）。（最近这门技术已扩展到三维。）在 PIV 中，微小的示踪粒子悬浮在流体中。每一个运动粒子的流动是由两次曝光（通常是来自激光的片光）产生的两个亮点（用照相机记录）来标识的。假设示踪粒子足够小能跟随流体流动，然后就可以求出每一个质点所在位置的速度矢量的大小和方向。现代数字图像技术和高速计算机使得 PIV 能足够迅速地将被测流场的非定常特征表现出来。PIV 在第 8 章中有详细讨论。

对于已知的速度场迹线也能通过数值计算求出来。具体来说，示踪粒子的位置是从开始位置 $\vec{x}_{\text{start}}$ 和开始时间 t_{start} 经过一段时间 t 后对时间积分得到的。

示踪粒子在时刻 t 的位置：$\displaystyle \vec{x} = \vec{x}_{\text{start}} + \int_{t_{\text{start}}}^{t} \vec{V}\,\mathrm{d}t$ （4-17）

利用式（4-17）对 t 在 t_{start} 和 t_{end} 之间进行计算时，$\vec{x}(t)$ 的图像就是流体质点在这段时间间隔内的迹线，如图 4-20 所示。对于一些简单的流场，式（4-17）能够通过解析积分。对于一些复杂的流动，我们必须做数值积分。

如果流场是定常的，单个流体质点会沿着流线流动。因此，对于定常流，迹线与流线是一致的。

烟线

烟线是流体质点在流动中循序流经某固定点的轨迹。

在物理实验中，烟线是最常见的流型。如果你将一根小管插入流动的流体中（水或者空气），并在流体中连续注入示踪剂（染料或者烟），这时所观察到的形状就是烟线。图 4-21 显示了示踪剂被注入内含一个障碍物的自由流中，例如机翼。圆圈表示被注入的单个示踪流体颗粒，以均匀的时间间隔释放。由于存在障碍物，质点被迫改变运动轨迹，它们在障碍物肩部附近加速，因为在该区域内，示踪粒子之间距离增加了。烟线就是将这些圆圈连成一条光滑曲线形成的。在风洞或者水洞试验中，烟或者染料是持续注入的，不是一颗颗粒子，根据定义，得到的结果就是烟线。在图 4-21 中，示踪粒子 1 比示踪粒子 2 更早被释放，其余类似。示踪粒子的位置是由它一开始被注射到流体的时刻到当前时刻周围不断变化的速度场所决定的。如果流动是非定常的，周围的速度场发生变化，则任一瞬时所得到的烟线与流线或迹线就不能保持相似。但是，如果流动是定常的，流线、迹线和烟线都是完全一样的（见图 4-22）。

烟线经常与迹线和流线混淆。在定常流中，这三种流型是一致的，只有在非定常流中，它们有所不同。主要的不同体现在：流线表示给定时刻的瞬时流动模式，而迹线和烟线是经过一段时间之后所形成的流型，其与时间历程联系紧密。烟线是时间积分流型的瞬间快照。另一方面，迹线就是一个流体质点在一段时间内连续曝光形成的轨迹。

Cimbala 等人（1988）所做的实验生动地表现出了烟线的时间积分性质，图 4-23 再现了这个实验。作者利用烟线在风洞中实现了流动可视化。在操作时，烟线是一根涂有矿物油的垂直导线。在表面张力的作用下，油沿着导线凝聚成小油滴。导线通电时被加热，每一个小油滴处都会生成一道烟线。在图 4-23a 中，在垂直于纸面直径为 D 的圆柱体下游产生了烟线。（如图 4-23 所示，一条导线可生成多条烟线，我们称之为烟线耙。）该流动的雷诺数是 $Re = \rho VD/\mu = 93$。因为圆柱体后的非定常涡的交替脱落，烟形成了明显的周期运动现象，这种现象叫作卡门涡街。在更大尺度，如岛屿的气流尾迹中，也会看到相似的现象（见图 4-24）。

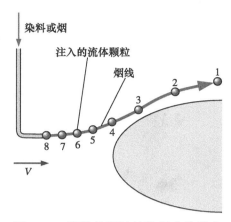

图 4-21　烟线是通过从流场中的某个点连续引入染料或烟来形成的。图中标记的示踪粒子（1~8）是逐个引入的

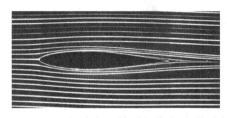

图 4-22　通过在上游引入有颜色的流体来产生烟线；因为流动是定常的，所以这些烟线和流线与迹线一致

Courtesy of ONERA.Photo by Werlé

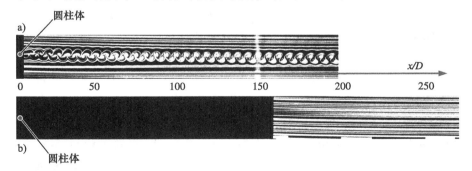

图 4-23　在圆柱体尾迹的两个不同区域设置发烟线生成的烟线：a）烟线紧靠圆柱体下游以及 b）烟线位于 $x/D = 150$ 的位置。通过比较两张图片，可以清晰地看出烟线的时间积分本质

照片由 John M.Cimbala 提供

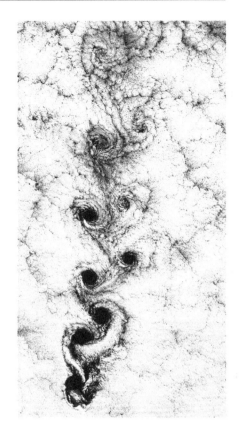

图 4-24 太平洋南部的鲁宾逊岛尾迹的云层中可见卡门涡街

摄影：Landsat 7WRS Path 6.Row 83,center:-33.18,-79.99,9/15/1999,earthobservatory.nasa.gov.Courtesy of USGS EROS Data Center Satellite System Branch/NASA.

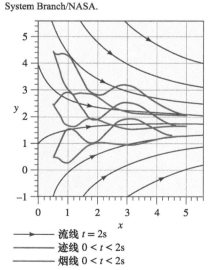

—→ 流线 $t=2s$
—— 迹线 $0<t<2s$
—— 烟线 $0<t<2s$

图 4-25 例 4-5 中的摆动速度场中的流线、迹线和烟线。烟线和迹线是起伏的，是因为它们的时间积分效应；但是流线不是起伏的，是因为它们代表了速度场的瞬时景象

若仅看图 4-23a，你或许会认为脱落涡可向下游持续存在几百个圆柱直径的距离。但是，这张图烟线类型有误导性！在图 4-23b 中，烟线被放置在圆柱体下游 150 倍直径的位置。结果烟线是直的，表明实际上脱落涡在下游该位置已经消失了。在这个区域，流动是定常、平行的，也就是没有涡；黏性耗散造成了相邻反向旋转的涡在下游 100 倍圆柱体直径距离左右就相互抵消了。图 4-23a 中靠近 $x/D = 150$ 的涡街图样仅仅是上游涡街的残留。然而图 4-23b 中的烟线，准确显示了在那个区域的流动特征。在 $x/D = 150$ 位置生成的烟线与该区域内的流线或迹线是一致的，因为该处流动是定常的，所以烟线为直线，几乎是水平线。

对于已知的速度场，我们可以通过数值计算得到烟线。利用式（4-17），从粒子注入的时间开始直到当前时间，持续跟踪示踪粒子的轨迹。在数学上，示踪粒子的位置由注入时间 t_{inject} 到当前时间 t_{present} 区间内积分得到。式（4-17）变为

$$\text{示踪粒子的位置：} \quad \vec{x} = \vec{x}_{\text{injection}} + \int_{t_{\text{inject}}}^{t_{\text{present}}} \vec{V} \, \mathrm{d}t \qquad (4\text{-}18)$$

在复杂的非定常流动中，由于速度场随时间变化，时间积分必须采用数值计算得到。当示踪粒子在 $t = t_{\text{present}}$ 时的位置以光滑曲线连接在一起时，得到的结果就是所需的烟线。

【例 4-5】在非定常流中的流动类型比较

一个非定常、不可压缩、二维速度场为

$$\vec{V} = (u, v) = (0.5 + 0.8x)\vec{i} + [1.5 + 2.5\sin(\omega t) - 0.8y]\vec{j}$$

式中，角速度 $\omega = 2\pi\text{rad/s}$（物理频率为 1Hz）。除了速度 v 分量中的附加周期项，速度场与例 4-1 中的式（1）一致。实际上，因为摆动的周期是 1s，当时间 t 是 1/2 的任意倍数时（$t = 0s$，1/2s，1s，3/2s，2s，…），式（1）中的正弦项就为 0，且速度场在瞬时与例 4-1 是一致的。从物理上理解，我们想象流体流入一个从喇叭口，它以 1Hz 的频率上下摆动。考虑 $t = 0$ 到 $t = 2s$ 的两个完整的周期。比较 $t = 2s$ 时的瞬时流线与 $t = 0$ 到 $t = 2s$ 内生成的迹线和烟线。

问题： 画出并比较所给的非定常速度场的流线、迹线和烟线。

假设： ①流动是不可压缩的。②流动是二维的，意味着没有 z 方向上的速度分量，且 u 和 v 不随 z 变化。

分析： $t = 2s$ 时的瞬时流线与图 4-17 一致，其中的几条被重画在图 4-25 中。为了模拟迹线，我们使用了龙格-库塔数值积分技术来做 $t = 0s$ 到 $t = 2s$ 内的分析，并追踪三个位置释放的流体质点的路径：（$x = 0.5\text{m}$，$y = 0.5\text{m}$），（$x = 0.5\text{m}$，$y = 2.5\text{m}$），以及（$x = 0.5\text{m}$，$y = 4.5\text{m}$）。这些迹线与流线一同显示在图 4-25 中。最后，烟线是通过在所给三个位置和时间 $t = 0s$ 到 $t = 2s$ 之间释放许多的示踪粒子，再模拟这些粒子的路径并连接 $t = 2s$ 的位置得到的。烟线也画在了图 4-25 中。

讨论：因为流动是非定常的，流线、迹线和烟线是不一致的。实际上，它们彼此区别很明显。注意，烟线和迹线是有波动的，因为 v 方向上的速度分量是波动的。两个完整的振荡周期发生在 $t = 0s$ 到 $t = 2s$ 之间，这可以通过仔细观察迹线和烟线得到证明。流线是没有波浪状的，因为它们没有时间历程；它们代表了在 $t = 2s$ 时的速度场瞬时快照。

时间线

时间线是一组在同一（稍早）瞬时被标记的相邻的流体质点。

时间线在检验流动均匀性这样的场合是特别有用的。图 4-26 显示了在两个平行壁面之间的管道流动的时间线。因为壁面的摩擦作用，流体在此处的速度为 0（无滑移条件），时间线的顶部和底部在初始位置是固定的。离开壁面的流动区域，示踪粒子以当地流体速度移动，使时间线变形。在图 4-26 所示的例子中，靠近管道中心的速度是相当均匀的，但是随着时间的推移，小的偏差会随着时间的推移而放大。时间线最实际的应用就是可以直接从时间线中产生速度矢量图（见图 4-27）。

在实验中，时间线可以通过水槽里的氢气泡线生成。当发出一个电脉冲流经导线的阴极时，水发生电解，在导线位置就产生了小的氢气泡。因为气泡太小了，它们的浮力可忽略不计，所以气泡能很好地跟随水流动（见图 4-28）。

折射流动可视化技术

另一类流动可视化是建立在光的折射性质上的。回顾物理中所学的知识，光穿过不同物体的速度有所不同，或者说即使是在同一物体中，当光在穿过密度不同的部分时速度也会不同。当光从一种流体进入另一种折射率不同的流体时，光线会弯曲（它们被折射了）。

有两种主要的流动可视化技术用到了空气（或者其他气体）的折射率随密度而变化这一现象。它们是阴影法和纹影法（Settles，2001）。干涉法这一可视化技术是利用光穿过不同密度的空气时发生相变作为流动可视化的基础的，这里不做讨论（见 Merzkirch，1987 的论述）。这些技术对于流场中密度发生变化的流动可视化都是有用的，例如自然对流（温度不同导致密度变化）、混合流（流体种类导致密度变化）以及超声速流（激波和膨胀波导致密度变化）。

与烟线、迹线和时间线这些流动可视化方法不同的是，阴影法和纹影法都不需要注入示踪剂（烟或者染料）。相反，密度的差异和光的折射性为活动区域的流场可视化提供了必要的手段，让我们看见了"不可见的"。阴影法生成的图像（阴影照片）是折射的光线重新排列投射到观察屏或照相机焦平面上，造成阴影中或明或暗的条纹而形成的。暗纹标记了折射线的初始位置，亮纹则标记了它们终止的位置，但容易引起误判。导致的结果是，暗区比亮区失真程度更小，在解读阴影图时更有用。例如，图 4-29 中的阴影照片，我们能确定弓形激波的形状和位置

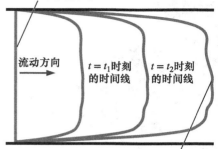

图 4-26 通过标记一条线上的流体质点形成时间线，观察该线穿过流场的运动（和变形）；上图显示了 $t = 0$，t_1，t_2 和 t_3 的时间线

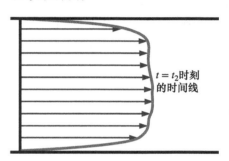

图 4-27 在图 4-26 中，$t = t_2$ 时刻时间线产生的速度矢量图。必须采用合适的参考比例，使得箭头长度能随比例合理缩放

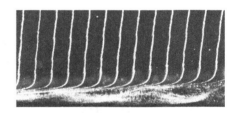

图 4-28 通过氢气泡线产生的时间线来显示沿平板流动的边界层速度剖面形状。流动从左向右，氢气泡线位于视图的左边。壁面的气泡显示了流动不稳定导致了湍流

Bippes,H.1972 Sitzungsber,heidelb.Akad. Wiss.Math.Naturwiss.Kl.,no.3,103-180;NASA TM-75243,1978.

图 4-29 从左向右流过球体的马赫 3 的彩色纹影图像。在球体前形成的弯曲激波称为弓形激波，并向下游弯曲；它最前面的位置显示为黄色条带左侧的细红色条带。黄色带是由围绕球体的弓形激波引起的。球体下游的激波是由于边界层分离而产生的

图 4-30 烧烤造成的自然对流纹影图

（暗带），但是折射的亮光已经扭曲了球体前方的阴影。

阴影照片不是真的光学图像，毕竟它只是一个阴影。相反，纹影图像包含了镜头（或反射镜）和刀口或者其他切光装置来阻隔折射光，是真正的光学聚焦图像。拍纹影图像比拍阴影照片（详见 Settles，2001 的论述）更加复杂，但它有很多优点。例如，纹影图像没有受到光折射产生的光学扭曲的影响。纹影图像对诸如对流引起的弱的密度梯度（见图 4-30）或者超声流中膨胀扇等渐变现象更敏感。彩色纹影图像技术也已经产生了。最后，为了生成对解决现有问题最有用的图像，可以调整纹影设置中的多个部件，例如位置、方向和刀口装置类型等。

表面流可视化技术

最后，我们简要地了解一些适用于物体表面的流动可视化技术。紧靠物体表面上方的流体流动方向可以通过一簇丝线——一端粘在固体表面的短而柔韧的细线——的指向看出来。丝线法对于定位流动分离区特别有用，在这个区域，流体往往发生倒流。

表面油流显示技术可以实现同样的目的——涂在物面上的油形成的条纹叫作摩擦线，能够显示出流动的方向。如果你的车脏了又下了小雨（特别是在冬天路上有盐的时候），你可能会注意到汽车引擎盖或车身两侧的条纹，甚至挡风玻璃上也有。这与表面油流显示技术观察到的结果是相似的。

最后，还有压敏漆和温敏漆，可以用来观察物体表面压强和温度的分布。

4.3 流体流动数据图

不管结果是如何得到的（分析、实验或者计算），通过流动数据图来让读者感知流动参数是如何随时间和 / 或空间变化是非常必要的。你可能对时间图比较熟悉了，这在湍流中是相当有用的（例如，随时间变化的速度分量图）和 x-y 剖面图（例如，随半径变化的压强图）。在本节中，我们将讨论额外三种类型的、在流体机械中有用的平面图——剖面图、矢量图和等值线图。

剖面图

剖面图反映了在流场中沿指定方向标量值是如何变化的。

剖面图是这三种平面图里最简单、最易理解的图，因为它们就像普通的 x-y 平面图，从小学起就认识了。也就是说，你作的图反映了因变量 y 随自变量 x 的函数是如何变化的。在流体力学中，可以生成任何标量的剖面图（压强、温度、密度等）。但是书中最常用的是速度剖面图。我们注意到：因为速度是矢量，我们通常需要绘制速度的大小或速度矢量的一个分量与某个所需方向上的距离的函数。

例如，图 4-28 中边界层流动的时间线可转变为速度剖面图，这是因

为在某个给定瞬时时刻，位于竖直位置 y 的氢气泡在水平方向移动的距离与当地速度在 x 方向上的分量 u 成正比。我们在图 4-31 中画出了 u 关于 y 的函数图像。图中 u 的值能够通过解析手段得到（见第 9 章和第 10 章），或通过用 PIV 和其他种类的当地速度测量装置等实验手段得到（见第 8 章），或通过计算得到（见第 15 章）。注意：在这个例子中，即使它是一个因变量，以横坐标（水平轴）表示 u 比用纵坐标（竖轴）表示 u 更具有物理意义，因为这样的话 y 方向是在正确方向（向上）而不是横向。

最后，尽管箭头并没有提供额外的信息，但通常会在速度剖面图里加入箭头以更直观地表示速度。如果箭头画出了不止一项速度分量，那么箭头就表示了当地速度矢量的方向，速度剖面图就变成了速度矢量图。

矢量图

矢量图是用一组箭头显示在某一瞬时矢量的方向和大小。

流线显示了瞬时速度场的方向，它们没有直接显示速度的大小（即速率）。矢量图对表现流体流动的实验结果和计算结果均适用，它用一组箭头来表示瞬时速度矢量的方向和大小。我们已经在图 4-4 中看到了速度矢量图的例子，在图 4-14 中看到了加速度矢量图的例子。这些都是解析解。矢量图也能够通过实验得到的数据（如，PIV 测量数据）或者从 CFD 计算中得到的数据生成。

为了进一步说明矢量图，我们作出了自由来流流经一个矩形障碍物的二维流场图。通过 CFD 计算，结果显示在图 4-32 中。注意，流动本质是湍流和非定常的，但是此处只计算和展示了长时间平均后的结果。在图 4-32a 中画出了流线；障碍物及其大部分的尾迹都显示出来了。对称面上下的封闭流线表明存在大型的回流涡，对称面上下各有一个。速度矢量图如图 4-32b 所示（因为对称就只显示了上面一半的流动）。从此图中可以清楚地看到障碍物上游棱角处的流动加速，实际上是边界层不能够越过棱角以至于从方块上分离，便在方块的下游生成了大型的回流涡（注意，这些速度矢量都是时均值；当涡从物体上脱落时，瞬时矢量的大小和方向都随着时间而变化，与图 4-23a 相似）。图 4-32c 给出了流动分离区的局部放大图，在这个位置可以看到：在大回流涡的下半部分有倒流。

图 4-32 中的矢量由速度大小着色。现代 CFD 软件和后处理软件能够在矢量图中加入颜色。例如，矢量可以通过其他一些流动参数例如压强（红色代表高压，蓝色代表低压）或者温度（红色代表高温，蓝色代表低温）来上色。这种方式不仅可以轻松显示流动的大小和方向，也能同时显示其他的参数。

等值图

等值图显示了在某一瞬时数值相等的标量（或者矢量的大小）组成

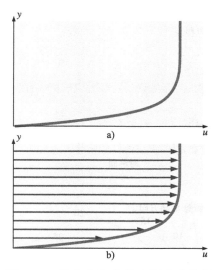

图 4-31 沿高度变化的水平速度分量剖面图；在边界层中的流动沿着水平平板增长：a）标准剖面图和 b）带箭头的剖面图

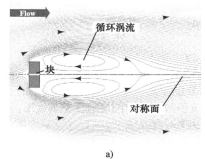

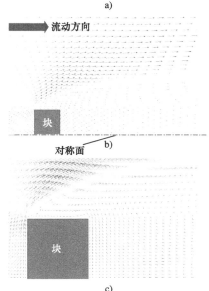

图 4-32 冲击方块的流动 CFD 计算结果：a）流线；b）流动上半部的速度矢量剖面；c）速度矢量剖面，局部放大图显示了流动分离区的更多细节

a)

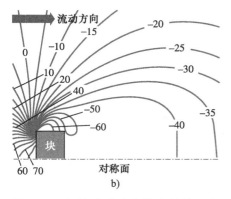

b)

图4-33 与流动冲击方块有关的压力场等值线图，由 CFD 计算生成，由于对称只显示上半部分；a）填充颜色的等值云图和 b）压力（表压）等值线图，单位为 Pa（帕斯卡）

的线。

如果你曾徒步旅行，你会很熟悉山路的等高线图。这种地图包含了一组封闭曲线，每一条都表示了一个固定海拔或者高度。靠近这组线的中心位置是山顶或者山谷；实际的顶峰或者谷底在地图上就是一个点，表示这点的海拔最高或者最低。这样的地图不仅使你能鸟瞰河流与山路等，还很容易获知你所处位置的海拔以及走的路径是平缓还是陡峭。在流体力学中，同样的原理也适用于各种标量流动参数。等值图（又叫作等高线图）是由压强、温度、速度大小、组分浓度、湍流性质等生成的。等值图能够迅速显示所研究的流动参数的高（或低）值区域。

等值图可能会包含几条简易的表示各种参数的线；这叫作等值线图。另外，等值线可以用颜色或者灰度填充；这叫作等值云图。对于图4-33中的同一流动，在图4-32中显示了它的压强等值图。在图4-33a中，等值云图用不同的颜色来区分不同的压强等级——蓝色表示低压，而红色表示高压。从图中可以清楚地看到，方块前面压强最高，沿着方块顶部的分离区压强最低。正如预期，物体尾迹区的压强也低。在图4-33b中，显示了同样的压强等值图，但是是以帕斯卡（Pa）为单位标记的表压等值线图。

在 CFD 中，等值图经常用鲜明的颜色来显示，通常红色表示最高值，蓝色表示最低值。一个健康人的眼睛能够轻易分辨红色或者蓝色的区域，因此可以区分流动参数的高低。因为 CFD 生成的图片相当好，计算流体力学有时被冠以"色彩斑斓的流体动力学"这一绰号。

4.4 其他运动学描述方法

流体单元运动或变形的类型

在流体力学中，和固体力学一样，一个单元有四种基本的运动或者变形类型，如图4-34二维图所示：a）平移，b）转动，c）线应变（有时又叫作拉伸应变），d）切应变。在流体动力学的研究中，由于四种类型的运动或变形通常同时发生，所以情况更为复杂。因为流体单元可能持续运动，所以在流体动力学中一般建议用变化率的形式描述流体单元的运动和变形。特别地，我们讨论了速度（平移率）、角速度（旋转率）、线应变率（线应变的变化率）和切应变率（切应变的变化率）。为了将这些变形率应用到流体流动的计算中去，我们必须用速度和速度变形的形式来表示它们。

平移和转动易于理解，因为它们在固体微团的运动中也是常见的，例如台球（见图4-1）。为了在三维中完整地描述平移率，需要用矢量表示。平移矢量的变化率在数学上描述为速度矢量。在笛卡儿坐标系中的平移率矢量：

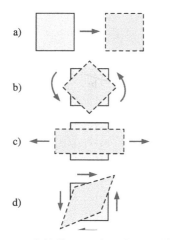

图4-34 流体单元运动和变形的基本类型：a）平移，b）转动，c）线应变，以及 d）切应变

$$\vec{V} = u\vec{i} + v\vec{j} + w\vec{k} \tag{4-19}$$

在图 4-34a 中，流体单元沿水平方向正方向（x）移动，因此 u 是正的，而 v 和 w 为 0。

某一点的旋转率（角速度）定义为初始时刻在该点垂直相交的两条直线的平均旋转率。例如，在图 4-34b 中，考虑方形流体单元的左下角。左边界和底边界在方形流体单元左下角点相交，初始时刻二者垂直。这些线都逆时针旋转，在数学上方向为正。因为固体的旋转已有图示，这两条线（或在流体单元上任意两条初始垂直线之间）之间的角度保持为 90°。因此，两条线都以同样的旋转率旋转，并且平面内的旋转率就是角速度在平面内的分量。

更一般地，仍是二维例子（见图 4-35），流体质点在旋转的同时还发生平移和变形，旋转率通过前文所给定义计算。也就是说，我们在时刻 t_1 用两条初始垂直的直线（见图 4-35 中的线 a 和线 b）交于 x-y 平面的 P 点。这些线在无穷小的时间增量 $\mathrm{d}t = t_2 - t_1$ 里移动和旋转。在时刻 t_2，线 a 旋转了角度 α_a，线 b 旋转了角度 α_b，两条线都如图所示随着流动而移动（两个角度值都是弧度形式，在图中数学上显示为正）。因此，平均旋转角度是 $(\alpha_a + \alpha_b)/2$，在 x-y 平面的旋转率或者角速度等于平均旋转角的时间导数，

图 4-35 中流体单元在 P 点的旋转率：

$$\omega = \frac{\mathrm{d}}{\mathrm{d}t}\left(\frac{\alpha_a + \alpha_b}{2}\right) = \frac{1}{2}\left(\frac{\partial v}{\partial x} - \frac{\partial u}{\partial y}\right) \quad （4\text{-}20）$$

式（4-20）右边的证明就留做练习了，式中的 ω 用速度分量 u 和 v 来替代角度 α_a 和 α_b。

在三维流动中，我们必须定义一个矢量来表示某个点的旋转率，因为它的大小在每个坐标方向上是不一样的。在许多流体力学的书籍中都能看到三维旋转率矢量的推导，例如 Kundu 与 Cohen（2011）、White（2005）所著的书。旋转率矢量等于角速度矢量，在笛卡儿坐标系中表示为

$$\vec{\omega} = \frac{1}{2}\left(\frac{\partial w}{\partial y} - \frac{\partial v}{\partial z}\right)\vec{i} + \frac{1}{2}\left(\frac{\partial u}{\partial z} - \frac{\partial w}{\partial x}\right)\vec{j} + \frac{1}{2}\left(\frac{\partial v}{\partial x} - \frac{\partial u}{\partial y}\right)\vec{k} \quad （4\text{-}21）$$

线应变率定义为每单位长度的长度增加率。数学上，流体单元的线应变率取决于初始方向或者测量线应变上的线段方向。因此，它不能以标量或者矢量的形式表示。相反，我们在任意方向定义线应变率，用 x_α 方向表示。例如，图 4-36 中的线段 PQ 有一个初始长度 $\mathrm{d}x_\alpha$，然后它变成了图示的线段 $P'Q'$。依据所给的定义和在图 4-36 里的标定长度，在 x_α 方向上的线应变是

$$\varepsilon_{\alpha\alpha} = \frac{1}{\mathrm{d}t}\left(\frac{P'Q' - PQ}{PQ}\right)$$

$$\cong \frac{1}{\mathrm{d}t}\left(\frac{\overbrace{\left(u_\alpha + \dfrac{\partial u_\alpha}{\partial x_\alpha}\mathrm{d}x_\alpha\right)\mathrm{d}t + \mathrm{d}x_\alpha - u_\alpha\mathrm{d}t}^{P'Q'\text{在}x_\alpha\text{方向的长度}} - \overbrace{\mathrm{d}x_\alpha}^{PQ\text{在}x_\alpha\text{方向的长度}}}{\underbrace{\mathrm{d}x_\alpha}_{PQ\text{在}x_\alpha\text{方向的长度}}}\right) = \frac{\partial u_\alpha}{\partial x_\alpha} \quad （4\text{-}22）$$

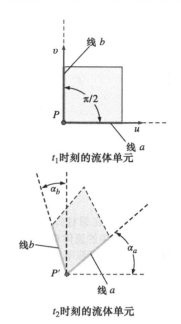

图 4-35 描述流体单元的平移和变形，点 P 的旋转率被定义为两条初始垂直线的平均旋转率（线 a 和线 b）

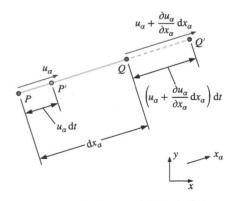

图 4-36 任意方向 x_α 的线应变率定义为该方向的单位长度增长率。如果线段长度减小，则线应变率为负。在这里线段 PQ 增长为 $P'Q'$，产生了正的线应变率。因为 $\mathrm{d}x_\alpha$ 和 $\mathrm{d}t$ 均无限小，速度分量和距离截取为一阶

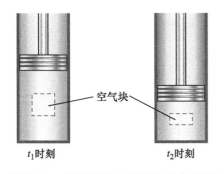

图 4-37 空气通过在圆柱体中的活塞被压缩；在圆柱体中的流体单元的体积减少，对应负的体积膨胀率

在笛卡儿坐标系中，通常取每一个三维坐标轴的方向作为 x_α 方向，尽管我们不限制这些方向。

在笛卡儿坐标系中的线应变率：

$$\varepsilon_{xx} = \frac{\partial u}{\partial x} \qquad \varepsilon_{yy} = \frac{\partial v}{\partial y} \qquad \varepsilon_{zz} = \frac{\partial w}{\partial z} \qquad (4\text{-}23)$$

对于更一般的情况，如图 4-35 所示，流体单元在移动的同时还在变形。式（4-23）对一般情况也有效，其证明就留做练习了。

固体在拉伸时会伸长，例如线、杆和梁。回想工程力学里所学的知识，当一个物体在某一个方向上伸长时，它通常会在与该方向垂直的方向上收缩。流体单元也一样。在图 4-34c 中，原来的方形流体单元在水平方向上伸长，在竖直方向上收缩。线应变率在水平方向上为正，在竖直方向上为负。

如果流动是不可压缩的，那么流体单元的体积也应该保持为常数；因此，如果单元在一个方向上伸长，它必然会在其他方向上适当收缩以作为补偿。可压缩流体单元的体积，可能会随着密度增加而减小，或随密度减小而增加（流体单元的质量保持为常数，但是因为 $\rho = m/V$，因此密度和体积成反比）。例如一团空气在气缸中被活塞压缩（见图 4-37）：因为质量是守恒的，所以流体单元的体积随着密度增加而减小。单位体积的流体单元的体积增长率叫作体积应变率。定义当体积增长的时候其值为正。与体积应变率相似的是体积膨胀率，这是很容易理解的，当你的眼睛处在昏暗的灯光下时你的虹膜会扩张。这证明了体积应变率是线应变率在三个正交方向上的总和。在笛卡儿坐标系中（式 4-23），体积应变率为

$$\frac{1}{V}\frac{DV}{Dt} = \frac{1}{V}\frac{dV}{dt} = \varepsilon_{xx} + \varepsilon_{yy} + \varepsilon_{zz} = \frac{\partial u}{\partial x} + \frac{\partial v}{\partial y} + \frac{\partial w}{\partial z} \qquad (4\text{-}24)$$

在式（4-24）中，大写字母 D 用来强调我们讨论的是跟随流体单元的体积，也就是说流体单元的随流体积，如式（4-12）。

在不可压缩流动中，体积应变率为 0。

切应变率是更难以描述和理解的变形率。某一点的切应变率被定义为初始垂直相交于该点的两条直线之间的角度减少率的一半（采用一半的原因会在以后我们将切应变率和线应变率结合为一个张量时解释清楚）。例如，在图 4-34d 中，初始角为 90° 的方形流体单元左下角和右上角的角度减小，根据定义是正的切应变。但是，方形流体单元的左上角和右下角的角度随着初始方形流体单元的变形而增加；这是一个负的切应变。很显然我们不能以一个标量来描述切应变率，或者甚至说以矢量的形式也不行。但是，一个完整的切应变率数学描述需要它在任意两个正交方向的参数。尽管我们没有这样规定，但在笛卡儿坐标系中，坐标轴方向是最显而易见的选择。如图 4-38 所示，考虑一个在 x-y 二维平面里的流体单元，单元随时间移动和变形。跟踪两条初始相互正交的线（在 x 方向和 y 方向的线 a 和线 b）。两条线之间的角度从 $\pi/2$（90°）减少到图中时刻 t_2 的标记角 α_{a-b}。P 点在 x 和 y 方向初始垂直的两条线的

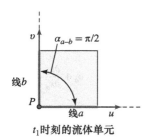

t_1 时刻的流体单元

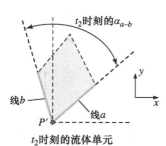

t_2 时刻的流体单元

图 4-38 描述流体单元的平移和变形，在点 P 的旋转率被定义为两条初始垂直线的平均旋转率（线 a 和线 b）

切应变率就留做练习了。

切应变率，x 和 y 方向上的初始垂直线：

$$\varepsilon_{xy} = -\frac{1}{2}\frac{\mathrm{d}}{\mathrm{d}t}\alpha_{a-b} = \frac{1}{2}\left(\frac{\partial u}{\partial y} + \frac{\partial v}{\partial x}\right) \tag{4-25}$$

式（4-25）很容易拓展到三维情形。在笛卡儿坐标系中切应变率为

$$\varepsilon_{xy} = \frac{1}{2}\left(\frac{\partial u}{\partial y} + \frac{\partial v}{\partial x}\right), \quad \varepsilon_{zx} = \frac{1}{2}\left(\frac{\partial w}{\partial x} + \frac{\partial u}{\partial z}\right), \quad \varepsilon_{yz} = \frac{1}{2}\left(\frac{\partial v}{\partial z} + \frac{\partial w}{\partial y}\right) \tag{4-26}$$

最后，我们可以用数学方式将线应变率和切应变率合为一个对称的二阶张量，叫作应变率张量，即式（4-23）和式（4-26）的结合。

在笛卡儿坐标系中应变率张量为

$$\varepsilon_{ij} = \begin{pmatrix} \varepsilon_{xx} & \varepsilon_{xy} & \varepsilon_{xz} \\ \varepsilon_{yx} & \varepsilon_{yy} & \varepsilon_{yz} \\ \varepsilon_{zx} & \varepsilon_{zy} & \varepsilon_{zz} \end{pmatrix} = \begin{pmatrix} \dfrac{\partial u}{\partial x} & \dfrac{1}{2}\left(\dfrac{\partial u}{\partial y} + \dfrac{\partial v}{\partial x}\right) & \dfrac{1}{2}\left(\dfrac{\partial u}{\partial z} + \dfrac{\partial w}{\partial x}\right) \\ \dfrac{1}{2}\left(\dfrac{\partial v}{\partial x} + \dfrac{\partial u}{\partial y}\right) & \dfrac{\partial v}{\partial y} & \dfrac{1}{2}\left(\dfrac{\partial v}{\partial z} + \dfrac{\partial w}{\partial y}\right) \\ \dfrac{1}{2}\left(\dfrac{\partial w}{\partial x} + \dfrac{\partial u}{\partial z}\right) & \dfrac{1}{2}\left(\dfrac{\partial w}{\partial y} + \dfrac{\partial v}{\partial z}\right) & \dfrac{\partial w}{\partial z} \end{pmatrix} \tag{4-27}$$

应变率张量满足所有的数学张量法则，例如张量不变量、转换律和主轴。我们使用应变率张量的符号 ε_{ij} 来强调它的九个分量；这也是使用笛卡儿张量表示法时的标准表示法。注意，一些作者使用双箭头代替，即 $\overset{\leftrightarrow}{\varepsilon}$，这强调了 $\overset{\leftrightarrow}{\varepsilon}$ 是一个有 $3^2 = 9$ 个分量的二阶张量，比矢量 $\vec{V}$ 这一类有 $3^1 = 3$ 个分量的一阶张量要高一阶。

图 4-39 显示了在可压缩流体流动中的一般情况（尽管是二维的），这种情况下，同时出现了所有可能的移动和变形。实际上，有平移、旋转、线应变和切应变。因为流体流动的可压缩性，所以也有体积应变（膨胀度）。你现在应该对流体动力学的固有复杂性，以及完全描述流体运动所需数学的复杂性有了一个更深入的认知。

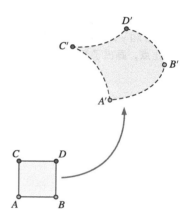

图 4-39　一个具有平移、旋转、线应变、切应变和体积应变的流体单元

■ **【例 4-6】在二维流动中运动学参数的计算**

　　思考例 4-1 中的定常、二维速度场：

$$\vec{V} = (u, v) = (0.5 + 0.8x)\vec{i} + (1.5 - 0.8y)\vec{j} \tag{1}$$

其中，长度的单位为 m，时间的单位为 s，速度的单位为 m/s。在 $(-0.625, 1.875)$ 处有一个滞止点，如图 4-40 所示。流动的流线也画在了图 4-40 中。计算各种运动学参数，即平移率、旋转率、线应变率、切应变率以及体积应变率。证明这个流动是不可压缩的。

　　问题： 计算所给速度场的几种运动学参数并证明流动是不可压缩的。

　　假设： ①流动是定常的；②流动是二维的，意味着没有速度的 z 分量，变量 u 和 v 不随 z 变化。

　　分析： 通过式（4-19），平移率就是速度矢量本身，由式（1）给出

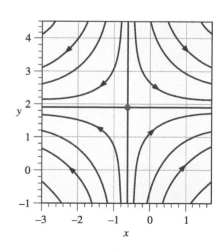

图 4-40　例 4-6 中的速度场的流线。在 $x = -0.625\mathrm{m}$ 和 $y = 1.875\mathrm{m}$ 处的红色圆圈表示滞止点

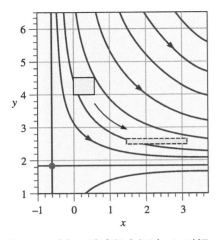

图4-41 例4-6速度场中经过1.5s时间，标记的初始方块形流体质点的变形。在 $x = -0.625\text{m}$ 和 $y = 1.875\text{m}$ 处的红色圆圈表示滞止点，画出了几条流线

平移率：$\quad u = 0.5 + 0.8x,\ v = 1.5 - 0.8y,\ w = 0 \quad\quad$（2）

旋转率是从式（4-21）中得到的。此时，因为处处 $w = 0$，又因为 u, v 都与 z 没有关系，旋转率不为0的分量仅在 z 方向上。因此，

旋转率：$\quad \vec{\omega} = \dfrac{1}{2}\left(\dfrac{\partial v}{\partial x} - \dfrac{\partial u}{\partial y}\right)\vec{k} = \dfrac{1}{2}(0 - 0)\vec{k} = 0 \quad$（3）

此时，我们看到随着流体移动，流体质点是没有净旋转的。这是一条重要的信息，在以后的章节和第10章中会详细讨论。

利用式（4-23）可以计算出任意方向的线应变率。在 x、y 和 z 方向上，线应变率为

$$\varepsilon_{xx} = \dfrac{\partial u}{\partial x} = 0.8\ \text{s}^{-1},\ \varepsilon_{yy} = \dfrac{\partial v}{\partial y} = -0.8\ \text{s}^{-1},\ \varepsilon_{zz} = 0 \quad（4）$$

因此，我们预测在 x 方向上的流体质点伸长（正线应变率）、在 y 方向上收缩（负线应变率）。这在图4-41中画出来了，图中在（0.25，4.25）处标记了一个方形的流体微团。通过式（2）对时间积分，我们计算了1.5s之后所标记流体的四个角点的位置。实际上流体微团如预期的在 x 方向上伸长，在 y 方向上收缩。

切应变率是从式（4-26）中计算得到的。因为二维性，非零的切应变率只会发生在 x-y 平面。利用与 x、y 轴的平行线作为最初的垂直线，计算 ε_{xy}，

$$\varepsilon_{xy} = \dfrac{1}{2}\left(\dfrac{\partial u}{\partial y} + \dfrac{\partial v}{\partial x}\right) = \dfrac{1}{2}(0 + 0) = 0 \quad（5）$$

因此，在这个流动中没有切应变，如图4-41所示。尽管样本流体质点变形，它仍保持为矩形；它的初始90°角在经历了一段时间后仍保持为90°。

最后，由式（4-24）计算得到体积应变率：

$$\dfrac{1}{V}\dfrac{DV}{Dt} = \varepsilon_{xx} + \varepsilon_{yy} + \varepsilon_{zz} = (0.8 - 0.8 + 0)\ \text{s}^{-1} = 0 \quad（6）$$

因为体积应变率处处为0，所以我们能肯定地说流体质点在体积上既没有膨胀（扩张），也没有收缩（压缩）。因此，我们证实了流动的确是不可压缩的。在图4-41中阴影流体质点的面积（因为是二维流动，此即是其体积）随着在流场中移动和变形仍保持为常量。

讨论： 在本例中证明了线应变率（ε_{xx} 和 ε_{yy}）不为0，然而切应变率（ε_{xy} 及其对称项 ε_{yx}）为0。这意味着流场的 x 轴和 y 轴是主轴。（二维）应变率张量在该方向上是

$$\varepsilon_{ij} = \begin{pmatrix} \varepsilon_{xx} & \varepsilon_{xy} \\ \varepsilon_{yx} & \varepsilon_{yy} \end{pmatrix} = \begin{pmatrix} 0.8 & 0 \\ 0 & -0.8 \end{pmatrix}\ \text{s}^{-1} \quad（7）$$

如果以任意角度旋转轴，新轴将不会是主轴，应变率张量的四个元素都将不为零。你可能会回想起在工程机械课上，通过使用莫尔环的旋转轴来求主轴、最大切应变等。在流体力学中也采用相似的分析。

4.5 涡量与旋度

我们已经定义了流体单元的旋转率矢量，如式（4-21）所示。一个与流体流动分析联系紧密的重要运动参数是涡量矢量。在数学上定义为速度矢量$\vec{V}$的旋度：

涡量矢量：

$$\vec{\zeta} = \vec{\nabla} \times \vec{V} = \text{curl}(\vec{V}) \tag{4-28}$$

物理上，你可以通过右手定则来判断涡量矢量的方向（见图4-42）。用来表示涡量的符号 ζ 是希腊字母 zeta。你应该注意涡量的符号在流体力学的书籍中是不统一的。一些作者用小写希腊字母 ω，然而另一些仍在使用大写希腊字母 Ω。在本书中，$\vec{\omega}$ 用来表示流体单元的旋转率矢量（角速度矢量）。它证明了旋转率矢量等于涡量矢量的一半，即

$$\vec{\omega} = \frac{1}{2} \vec{\nabla} \times \vec{V} = \frac{1}{2} \text{curl}(\vec{V}) = \frac{\vec{\zeta}}{2} \tag{4-29}$$

因此，涡量就是流体质点旋转的量度。特别地，涡量等于流体质点的角速度的两倍（见图4-43）。

如果流场中某一点的涡量不为零，则恰好位于空间中这一点的流体质点就在旋转；该区域的流动叫作有旋。相似地，如果流动区域的涡量为零（或者小到可忽略），流体质点在那里就不会旋转，那个区域的流动就叫作无旋。物理上，流动旋转区域中的流体质点随着它们在流动中移动而结束旋转。例如，在靠近固体表面的黏性边界层里的流体质点是有旋的（具有非零涡量），而边界层外的流体质点是无旋的（它们的涡量为零）。图4-44展示了这两个例子。

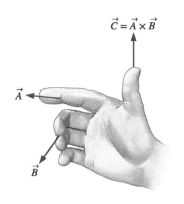

图4-42 矢量叉乘的方向是通过右手定则判断的

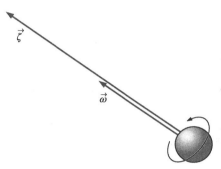

图4-43 涡量矢量等于一个旋转流体质点的角速度矢量的两倍

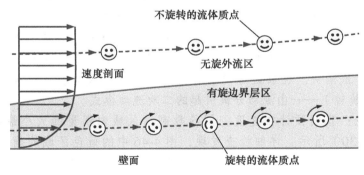

图4-44 有旋流和无旋流之间的差别：流体单元在流动的有旋区域会旋转，但是在流动的无旋区域不会旋转

流体单元的旋转与尾迹、边界层、流经叶轮机械（风扇、涡轮、压气机等）的流动和有传热的流动有关系。除非通过黏性的作用、非均匀的加热（温度梯度）或者其他非均匀的现象，否则流体单元的涡量是不会改变的。因此，如果开始流动在无旋区域，则它将保持无旋直到它被一些非均匀的过程改变。例如，空气从静止的无旋环境进入进气道，除非它在流路上遭遇物体或者受到非均匀的加热，否则它将保持无旋。如果流动区域可近似为无旋，那么运动方程就可以简化，你将在第10章中

见到这些内容。

在笛卡儿坐标系中，$(\vec{i}, \vec{j}, \vec{k})$ (x, y, z)，和 (u, v, w)，式（4-28）扩展如下：

笛卡儿坐标系中的涡量矢量：

$$\vec{\zeta} = \left(\frac{\partial w}{\partial y} - \frac{\partial v}{\partial z}\right)\vec{i} + \left(\frac{\partial u}{\partial z} - \frac{\partial w}{\partial x}\right)\vec{j} + \left(\frac{\partial v}{\partial x} - \frac{\partial u}{\partial y}\right)\vec{k} \qquad (4\text{-}30)$$

如果只在二维 x-y 平面内流动，则 z 方向上的速度分量（w）是 0，u 和 v 都不随 z 而变化。因此，式（4-30）的前两个部分同时为 0，涡量就简化为

笛卡儿坐标系中的二维流动：

$$\vec{\zeta} = \left(\frac{\partial v}{\partial x} - \frac{\partial u}{\partial y}\right)\vec{k} \qquad (4\text{-}31)$$

注意，如果流动是在二维 x-y 平面内流动，那么涡量矢量一定指向 z 方向或者 $-z$ 方向（见图 4-45）。

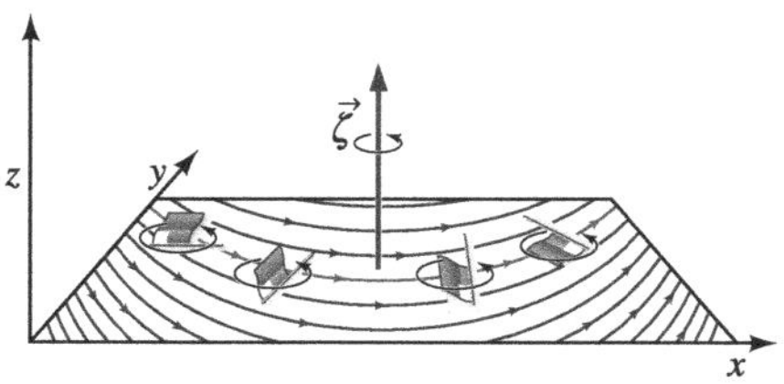

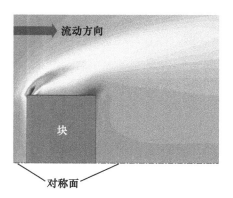

图 4-45 对于在 x-y 平面内的二维流动，涡量矢量总是指向 z 或者 $-z$ 方向。在这个图例中，旗形的流体质点随着它在 x-y 平面内的移动以逆时针方向旋转；它的涡量指向正 z 方向

图 4-46 通过 CFD 计算得到的与流动冲击方块有关的涡量场 ζ_z 的等值线图；由于对称仅显示上半部分。蓝色区域表示大的负涡量，红色区域表示大的正涡量

【例 4-7】在二维流动中的涡量等值图

如图 4-32 和图 4-33 所示，考虑一个二维自由流流经一矩形障碍物的流动的 CFD 计算结果。画出涡量等值图并讨论。

问题： 计算所给 CFD 生成的速度场的涡量场并画出涡量的等值图。

分析： 因为流动是二维的，涡量不为 0 的分量是在 z 方向上，即图 4-32 和图 4-33 中垂直于纸面方向。图 4-46 给出了这个流场的涡量的 z 分量的等值图。靠近方块左上角区域的蓝色区表示涡量负值很大，意味着流体质点在那个区域中是顺时针旋转的。这与该部分流场的大速度梯度有关；边界层在左上角壁面处分离并形成了薄的剪切层，在剪切层厚度方向上速度变化剧烈。在剪切层中的聚集涡会向下游扩散消失。在靠近障碍物右上角的小红色区域表示正涡量区（逆时针旋转）——由流动分离引起的二次流动模式。

讨论： 我们预计在速度空间导数高的区域内涡量的大小最高，如式（4-30）所示。详细检查发现，图 4-46 中的蓝色区域的确与图 4-32 中的大速度梯度对应。需要知道的是：图 4-46 的涡量场是时均结果。瞬时流场实际为湍流和非定常的，且涡会从障碍物后端脱落。

【例 4-8】在二维流动中旋度的计算

考虑如下定常、不可压缩、二维流场：

$$\vec{V} = (u, v) = x^2\vec{i} + (-2xy - 1)\vec{j} \qquad (1)$$

这个流动是无旋的还是有旋的？在第一象限画出流线并讨论。

问题： 判断所给流场是有旋的还是无旋的，并在第一象限画出流线。

分析： 因为流动是二维的，式（4-31）是可运用的。因此，涡量：

$$\vec{\zeta} = \left(\frac{\partial v}{\partial x} - \frac{\partial u}{\partial y}\right)\vec{k} = (-2y - 0)\vec{k} = -2y\vec{k} \qquad (2)$$

因为涡量是非零的，所以流动是有旋的。在图 4-47 中，我们在第一象限画出了流动的几条流线；可以看到流体向下向右运动。流体微团的平移和变形也被显示出来：在 $\Delta t = 0$ 时，流体微团是方形的；在 $\Delta t = 0.25$ 时，它有移动和变形；在 $\Delta t = 0.5$ 时，流体微团移动更远，变形更大。实际上，流体微团最右部分相比于最左部分向右和朝下游移动快，在 x 方向上拉伸，在竖直方向上收缩。很明显流体块在顺时针旋转，这与式（2）的结果一致。

讨论： 从式（4-29）可知，单个流体质点以角速度 $\vec{\omega} = -y\vec{k}$ 旋转，即涡量矢量的一半。因为 $\vec{\omega}$ 不为常量，所以该流动不是刚体旋转。相反，$\vec{\omega}$ 是 y 的线性函数。更进一步的分析显示了这个流场是不可压缩的；阴影区域的面积（和体积）表示图 4-47 中的流体微团在三个瞬时时刻保持为常量。

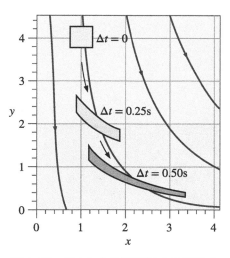

图 4-47 例 4-8 中的速度场中的初始方形流体质点在 0.25s 和 0.50s 时期的变形。在第一象限中画出了几条流线。很明显流动是有旋的

在圆柱坐标系中，$(\vec{e}_r, \vec{e}_\theta, \vec{e}_z)$，$(r, \theta, z)$ 和 (u_r, u_θ, u_z)，式（4-28）扩展为

圆柱坐标系下的涡量矢量：

$$\vec{\zeta} = \left(\frac{1}{r}\frac{\partial u_z}{\partial \theta} - \frac{\partial u_\theta}{\partial z}\right)\vec{e}_r + \left(\frac{\partial u_r}{\partial z} - \frac{\partial u_z}{\partial r}\right)\vec{e}_\theta + \frac{1}{r}\left(\frac{\partial (ru_\theta)}{\partial r} - \frac{\partial u_r}{\partial \theta}\right)\vec{e}_z \qquad (4-32)$$

对于在平面内的二维流动，式（4-32）简化为

圆柱坐标系下的二维流动：

$$\vec{\zeta} = \frac{1}{r}\left(\frac{\partial (ru_\theta)}{\partial r} - \frac{\partial u_r}{\partial \theta}\right)\vec{k} \qquad (4-33)$$

式中，$\vec{k}$ 是 $\vec{e}_z$ 在 z 方向上的单位矢量。注意如果流动在 $r - \theta$ 平面是二维的，涡量矢量必然指向 z 方向或者 $-z$ 方向（见图 4-48）。

两种循环流的比较

不是所有的带循环流线的流动都是有旋的。为了说明这一点，我们考虑两种不可压缩、定常的二维流动，两个在 $r - \theta$ 平面内都有循环流线：

流动 A——刚体自转：$u_r = 0$，$u_\theta = \omega r$ $\qquad (4-34)$

流动 B——线涡流：$u_r = 0$，$u_\theta = \dfrac{K}{r}$ $\qquad (4-35)$

式中，ω 和 K 是常数。读者请注意，在式（4-35）中 $r = 0$ 处，u_θ 是无穷的，这在物理上当然是不可能的；忽略靠近原点的区域来避免这个问题。因为在这两个例子中速度的径向分量都为 0，流线是关于原点的圆。图 4-49 给出了沿流线的两个流动的速度剖面图。利用式（4-33），计算并比较每一个流场的涡量场，

流动 A——刚体自转：$\vec{\zeta} = \dfrac{1}{r}\left(\dfrac{\partial (\omega r^2)}{\partial r} - 0\right)\vec{k} = 2\omega\vec{k}$ $\qquad (4-36)$

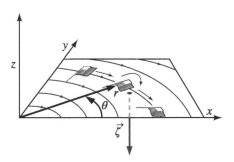

图 4-48 对于平面内的二维流动，涡量矢量总是指向 z 或者 $-z$ 方向。在这个图例中，旗形的流体微团随着它在平面内移动以顺时针方向旋转；它的涡量矢量指向 $-z$ 方向

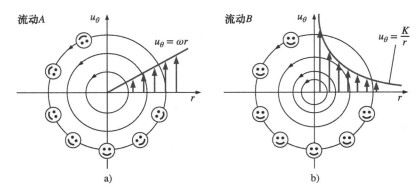

图 4-49 流线和速度剖面 a）流动 A，刚体自转；b）流动 B，线涡的。流动 A 是有旋的，但是流动 B 除了原点在每个地方都是无旋的。注意，流动 B 中（超大的）流体单元在运动时会变形，但是为了只演示微团的旋转，此处不显示变形

流动 B——线涡流：
$$\vec{\zeta} = \frac{1}{r}\left(\frac{\partial(K)}{\partial r} - 0\right)\vec{k} = 0 \qquad (4\text{-}37)$$

毫无疑问，刚体自转的涡量是不为零的。事实上，它是角速度大小的两倍且方向相同［与式（4-29）一致］。流动 A 是有旋的，其物理意义是，流体质点绕着原点旋转的同时自身也在旋转（见图 4-49a）。相比之下，线涡的涡量在任何地方都为零（除了原点，那是数学上的奇点）。流动 B 是无旋的，其物理意义是，流体质点绕原点旋转时自身不旋转（见图 4-49b）。

流动 A 可类比于旋转木马，流动 B 可类比于摩天轮（见图 4-50）。就像小孩子骑着旋转木马绕圈，他们同时以相同的角速度旋转。这类似于有旋流。相反，在摩天轮里的孩子在做圆形运动的同时总是保持竖直向上。这类似于无旋流。

图 4-50 一个简单的类比：无旋环形流与摩天轮相似

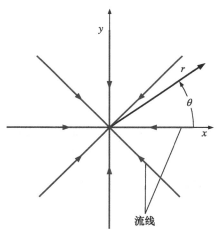

图 4-51 线汇例子中在平面内的流线

【例 4-9】线汇的旋度测量

线汇，一个简单的二维速度场，常常用来模拟流体被吸到沿 z 轴的线中。假设沿 z 轴的每单位长度的体积流量 $\dot{V}/L$ 是已知的，其中 $\dot{V}$ 是负值。在二维的 r-θ 平面内，

线汇：
$$u_r = \frac{\dot{V}}{2\pi L}\frac{1}{r}, \; u_\theta = 0 \qquad (1)$$

画出若干流场中的流线并计算涡量。这个流动是有旋的还是无旋的？

问题： 画出所给流场的流线并求流动的涡量。

分析： 因为仅有径向流没有切向流，我们马上就会知道所有流线均为指向原点的射线。在图 4-51 中画出了几条流线。涡量通过式（4-33）计算得到：
$$\vec{\zeta} = \frac{1}{r}\left(\frac{\partial(ru_\theta)}{\partial r} - \frac{\partial}{\partial \theta}u_r\right)\vec{k} = \frac{1}{r}\left(0 - \frac{\partial}{\partial \theta}\left(\frac{\dot{V}}{2\pi L}\frac{1}{r}\right)\right)\vec{k} = 0 \qquad (2)$$
因为涡量矢量处处为 0，所以该流场无旋。

讨论： 许多实际的流场中包含抽吸过程，例如流入进气口和机罩的流动，将其假设为无旋流动过程能得到相当准确的模拟结果（Heinsohn 与 Cimbala，2003）。

4.6 雷诺输运定理

在热力学和固体力学中我们通常用到体系（也叫作封闭系统），其定义为固定不变的物质量。在流体动力学中，更常用到的是控制体（也叫作开放系统），其定义为选来研究的空间区域。体系的大小和形状在过程中可能会发生变化，但没有质量穿过它的边界。相反，一个控制体允许质量通过流动进出它的边界（也叫作控制面）。一个控制体在过程中可能会移动和变形，但是许多真实世界案例的控制体是固定的、无变形。

图 4-52 用从喷雾罐喷出除臭剂的例子说明了体系和控制体。当分析喷雾过程时，自然而然地我们的选择要么是一个移动的、变形的流体（一个体系），要么是罐内表面围成的有限体积（一个控制体）。在喷出除臭剂之前，这两种方案是一致的。当罐内一部分除臭剂被喷出时，排出的质量也为体系的一部分，体系法要追踪它（实际上做起来很困难）；因此体系的质量保持不变。在概念上，相当于在罐子喷嘴上加一个瘪的气球，让喷雾在气球里膨胀，现在气球的内表面变成了体系边界的一部分。但是控制体法不关心从罐子里喷出来的除臭剂（除了它在出口的参数以外），因此在这个过程中控制体的质量会减小而体积保持不变。因此，体系法将喷雾过程看作为体系体积的扩张，而控制体法则把它看作是流体通过固定控制体的控制面流出。

大部分的流体力学定律来自于固体力学，其中跟广延量的时间变化率相关的物理定律均是针对体系表达的。在流体力学中，用控制体更方便，因此有必要将控制体内的变化和体系内的变化联系在一起。对于控制体和体系内的广延量的时间变化率之间的关系通过雷诺输运定理（RTT）来表示，这建立了控制体法和体系法之间的联系（见图 4-53）。RTT 是以英国工程师雷诺（1842—1912）命名的，他做了很多工作来推进 RTT 在流体力学中的应用。

雷诺输运定理的一般形式可以通过任意形状和任意交互的体系来推断得出，但推导相当复杂。为了帮助你理解该定理的基本含义，我们首先用简单的几何模型和直接的方式推导它，然后对结果进行推广。

如图 4-54 所示，考虑一个从左到右穿过扩张（膨胀）段的流动。在研究中，流体的上、下边界是流场中的流线，假设两条流线间任意截面上的流动都是均匀的。选择固定在流场截面（1）和截面（2）之间的部分为控制体。（1）和（2）都与流动方向垂直。在初始时刻 t，体系与控制体重合，因此体系和控制体是一致的（图 4-56 中的浅绿色阴影区域）。在一个时间间隔 Δt 内，沿流动方向，体系在截面（1）以 V_1 匀速运动，在截面（2）以 V_2 匀速运动。体系后来的位置如阴影线区所示。在运动中没有被体系覆盖的区域命名为区域 I（CV 的一部分），体系新覆盖的区域命名为区域 II（不是 CV 的部分）。因此，在 $t + \Delta t$ 时刻，体系包含同样的流体，但是占据的区域为 CV－I＋II。控制体在空间内是固定的，因此它一直是标记为 CV 的阴影区域。

用 B 来代表任意广延参数（例如质量、能量和动量），令 $b = B/m$

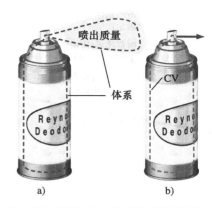

图 4-52 两种方法分析从喷雾罐喷出的除臭剂：a）随着流体移动和变形。这是体系法——没有质量穿过边界，且体系的总质量保持不变；b）考虑罐子的固定内部体积。这就是控制体法——质量穿过边界

图 4-53 雷诺输运定理（RTT）提供了体系法和控制体法之间的联系

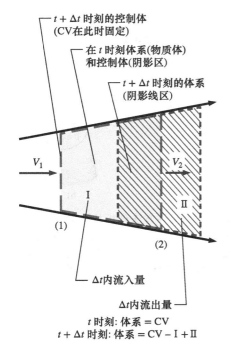

图 4-54 在 t 和 $t + \Delta t$ 时刻位于流场扩张段的一个移动的体系（阴影线区）和一个固定的控制体（阴影区）。上下边界均为流线

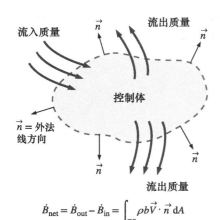

图 4-55 在控制面上的积分给出了每单位时间流出控制体的参数 B 的净流出量（如果为负就是流进控制体）

来表示相应的强度参数。注意，广延参数是附加的，体系在时刻 t 和 $t + \Delta t$ 的广延参数表示为

$$B_{\text{sys},t} = B_{\text{CV},t} \quad （\text{体系和控制体在时刻 } t \text{ 一致}） \tag{1}$$

$$B_{\text{sys},t+\Delta t} = B_{\text{CV},t+\Delta t} - B_{\text{I},t+\Delta t} + B_{\text{II},t+\Delta t} \tag{2}$$

式（2）减去式（1）再各除以 Δt 得到

$$\frac{B_{\text{sys},t+\Delta t} - B_{\text{sys},t}}{\Delta t} = \frac{B_{\text{CV},t+\Delta t} - B_{\text{CV},t}}{\Delta t} - \frac{B_{\text{I},t+\Delta t}}{\Delta t} + \frac{B_{\text{II},t+\Delta t}}{\Delta t}$$

取极限 $\Delta t \to 0$，利用导数的定义得到

$$\frac{\mathrm{d}B_{\text{sys}}}{\mathrm{d}t} = \frac{\mathrm{d}B_{\text{CV}}}{\mathrm{d}t} - \dot{B}_{\text{in}} + \dot{B}_{\text{out}} \tag{4-38}$$

或者

$$\frac{\mathrm{d}B_{\text{sys}}}{\mathrm{d}t} = \frac{\mathrm{d}B_{\text{CV}}}{\mathrm{d}t} - b_1\rho_1 V_1 A_1 + b_2\rho_2 V_2 A_2$$

因为

$$B_{\text{I},t+\Delta t} = b_1 m_{\text{I},t+\Delta t} = b_1 \rho_1 V_{\text{I},t+\Delta t} = b_1 \rho_1 V_1 \Delta t A_1$$

$$B_{\text{II},t+\Delta t} = b_2 m_{\text{II},t+\Delta t} = b_2 \rho_2 V_{\text{II},t+\Delta t} = b_2 \rho_2 V_2 \Delta t A_2$$

以及

$$\dot{B}_{\text{in}} = \dot{B}_{\text{I}} = \lim_{\Delta t \to 0} \frac{B_{\text{I},t+\Delta t}}{\Delta t} = \lim_{\Delta t \to 0} \frac{b_1\rho_1 V_1 \Delta t A_1}{\Delta t} = b_1\rho_1 V_1 A_1$$

$$\dot{B}_{\text{out}} = \dot{B}_{\text{II}} = \lim_{\Delta t \to 0} \frac{B_{\text{II},t+\Delta t}}{\Delta t} = \lim_{\Delta t \to 0} \frac{b_2\rho_2 V_2 \Delta t A_2}{\Delta t} = b_2\rho_2 V_2 A_2$$

式中，A_1 和 A_2 是位置 1 和位置 2 的截面面积。式（4-38）说明了体系参数 B 的时间变化率等于控制体内参数 B 的时间变化率加上通过控制面流出控制体的参数 B 的净质量通量。这是我们想要的关系，因为它将体系的参数变化和控制体的参数变化联系了起来。注意，式（4-38）适用于任意瞬时，其中假设体系和控制体在特定瞬时时刻占据同一空间。

在这个例子中参数 B 的流入量 $\dot{B}_{\text{in}}$ 和流出量 $\dot{B}_{\text{out}}$ 是容易求得的，因为仅有一个进口和一个出口，速度是垂直于截面（1）和截面（2）的。但是一般来讲，可能有几个进口和几个出口，速度可能与入口的控制面方向不垂直。当然，速度也是可以不均匀的。为了使这个过程一般化，我们在控制体表面取一个微元面积 $\mathrm{d}A$ 并用 $\vec{n}$ 来表示它的单位外法线方向。穿过 $\mathrm{d}A$ 的流动参数 b 的流量是 $\rho b \vec{V} \cdot \vec{n} \mathrm{d}A$，因为点积 $\vec{V} \cdot \vec{n}$ 表示速度的法向分量。穿过整个控制面的净流出率通过积分求得（见图 4-55）

$$\dot{B}_{\text{net}} = \dot{B}_{\text{out}} - \dot{B}_{\text{in}} = \int_{\text{CS}} \rho b \vec{V} \cdot \vec{n} \, \mathrm{d}A \quad （\text{流入为负}） \tag{4-39}$$

这个关系式中很重要的一个方面就是能够自动用流出的减去流入的，如接下来所阐释的。在控制面上某一点处速度矢量与该点处外法线方向的点积是 $\vec{V} \cdot \vec{n} = |\vec{V}| \cdot |\vec{n}| \cos\theta = |\vec{V}| \cos\theta$，式中，$\theta$ 是速度矢量和外法向之间的夹角，如图 4-56 所示。$\theta < 90°$，$\cos\theta > 0$ 时，$\vec{V} \cdot \vec{n} > 0$ 表示质量流出控制体；$\theta > 90°$，$\cos\theta < 0$ 时，$\vec{V} \cdot \vec{n} < 0$，表示质量流入控制体。因此微分量 $\rho b \vec{V} \cdot \vec{n} \mathrm{d}A$ 对于流出控制体的质量为正，对于流入控制体的质量为

负。它在整个控制面上的积分就是参数 B 的净质量流出率。

一般来讲，控制体内的参数可能会随着位置的变化而变化。在这种情况下，控制体内的参数 B 的总量必须通过积分求得，即

$$B_{CV} = \int_{CV} \rho b \, dV \qquad (4\text{-}40)$$

在式（4-38）中，dB_{CV}/dt 等于 $\dfrac{d}{dt} \int_{CV} \rho b \, dV$，这表示了控制体内参数 B 的时间变化率。dB_{CV}/dt 为正值，表示 B 增加，为负值表示减小。将式（4-39）和式（4-40）代入式（4-38）得到雷诺输运定理，也称作针对固定控制体的体系到控制体的转换：

$$\text{RTT，固定 CV}: \frac{dB_{sys}}{dt} = \frac{d}{dt} \int_{CV} \rho b \, dV + \int_{CS} \rho b \vec{V} \cdot \vec{n} \, dA \qquad (4\text{-}41)$$

因为控制体不随时间移动和变形，积分域不随时间变化，所以右手边的时间导数项可以移入积分符号内。（换句话说，与先微分还是先积分无关。）但是这个例子中的时间导数必须用偏导数（$\partial/\partial t$）表示，因为密度和量 b 不仅与时间有关，还与控制体内的位置有关。因此，对于固定控制体的雷诺输运定理的另一种形式是

$$\text{另一种 RTT，固定 CV}: \frac{dB_{sys}}{dt} = \int_{CV} \frac{\partial}{\partial t}(\rho b) \, dV + \int_{CS} \rho b \vec{V} \cdot \vec{n} \, dA \quad (4\text{-}42)$$

这证明了：只要速度矢量 $\vec{V}$ 是绝对速度（从固定坐标系观察），对于大部分移动或变形控制体的最一般情况来说，式（4-42）都是有效的。

接下来考虑 RTT 的另一种替代形式。式（4-41）是从固定控制体推导得到的。但是，许多现实情况中的体系，例如涡轮和螺旋桨叶片，都包含有不固定的控制体。幸运的是，只要用相对速度 $\vec{V}_r$ 代替最后一项的绝对流体速度 $\vec{V}$，对于移动和变形的控制体，式（4-41）同样有效。

$$\text{相对速度}: \qquad \vec{V}_r = \vec{V} - \vec{V}_{CS} \qquad (4\text{-}43)$$

式中，$\vec{V}_{CS}$ 是控制面的当地速度（见图 4-57）。因此，雷诺输运定理最一般的形式是

$$\text{RTT，不固定的 CV}: \frac{dB_{sys}}{dt} = \frac{d}{dt} \int_{CV} \rho b \, dV + \int_{CS} \rho b \vec{V}_r \cdot \vec{n} \, dA \quad (4\text{-}44)$$

注意，对于随时间移动和变形的控制体，式（4-44）要先积分后对时间求导数。作为移动控制体的简单例子，考虑一个以绝对速度 $\vec{V}_{CS}$ = 10km/h 向右行驶的玩具车，高速喷射的水（绝对速度 $\vec{V}_{jet}$ = 25km/s，方向向右）冲击到车的后部并推动它（见图 4-58）。如果在汽车周围画一个控制体，相对速度就是 $\vec{V}_r$ = 25 - 10 = 15km/h，向右。这表示随着控制体一起移动的观察者（随着车移动）看到的流体穿过控制面的速度。换句话说，$\vec{V}_r$ 是流体基于随控制体移动的坐标系的相对速度。

最后，通过应用莱布尼兹定理（稍后将讨论），可以发现一般移动或变形控制体的雷诺输运定理［式（4-44）］等价式（4-42）所给的形式，在此重新给出：

另一种 RTT，不固定 CV：

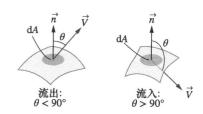

$$\vec{V} \cdot \vec{n} = |\vec{V}||\vec{n}| \cos\theta = V\cos\theta$$
如果 $\theta < 90°$，则 $\cos\theta > 0$（流出）
如果 $\theta > 90°$，则 $\cos\theta < 0$（流入）
如果 $\theta = 90°$，则 $\cos\theta = 0$（无交换）

图 4-56 经过控制面微元面积的流出质量和流入质量

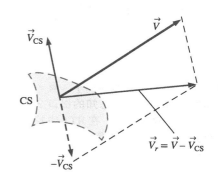

图 4-57 穿过控制面的相对速度是流体的绝对速度与控制面当地负速度的矢量和

绝对参考系

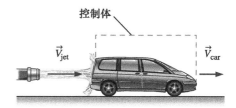

相对参考系

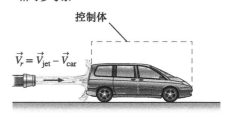

图 4-58 雷诺输运定理应用于一个以恒定速度移动的控制体

$$\frac{dB_{sys}}{dt} = \int_{CV} \frac{\partial}{\partial t}(\rho b)\, dV + \int_{CS} \rho b \vec{V}\cdot\vec{n}\, dA \qquad (4\text{-}45)$$

与式（4-44）对比，为了应用于不固定的控制体，式（4-45）中的速度矢量$\vec{V}$必须取绝对速度（从固定坐标系观察）。

在定常流中，控制体内参数B的量时刻保持为常数，因此式（4-44）中的时间导数变为0。则雷诺输运定理简化为RTT，

$$\text{定常流：} \frac{dB_{sys}}{dt} = \int_{CS} \rho b \vec{V}_r\cdot\vec{n}\, dA \qquad (4\text{-}46)$$

注意，与控制体不同的是，体系的参数B在定常流过程中仍然会随着时间而变化。但在这种情况下，该变化必须等于穿过控制面输运质量的净参数。（对流作用而不是非定常作用）。

在大部分应用RTT的实际工程中，流体穿过有限数量、已知进口和出口的控制面边界（见图4-59）。在这种情况下，在每个进口和出口直接切出控制面是很方便的，再用每一个进口和出口的基于穿过边界的流体参数平均值的近似代数表达式来代替式（4-44）中的面积分。定义ρ_{avg}、b_{avg}和$V_{r,avg}$为ρ、b和V_r为穿过进口或者出口的截面面积A的平均值（例如$b_{avg} = \dfrac{1}{A}\displaystyle\int_A b\, dA$）。在RTT中的面积分［式（4-44）］，当应用于进口截面面积A时，是近似于把参数b从面积分中去除并用平均值代替。这得到

$$\int_A \rho b \vec{V}_r\cdot\vec{n}\, dA \cong b_{avg}\int_A \rho \vec{V}_r\cdot\vec{n}\, dA = b_{avg}\dot{m}_r$$

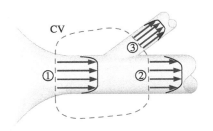

图4-59 一个控制体的例子，有一个已知的进口①和两个已知的出口②和③。在这样的例子中，在RTT中控制面的积分可以方便地用每个进口和出口截面的流体参数的平均值的形式写出

式中，$\dot{m}_r$是穿过进口或者出口相对于（移动）控制面的质量流量。当参数b在横截面面积A上不变化时，该式中的近似是准确的。因此，式（4-44）变成

$$\frac{dB_{sys}}{dt} = \frac{d}{dt}\int_{CV} \rho b\, dV + \sum_{\substack{流出\\ 流出的每项}} \dot{m}_r b_{avg} - \sum_{\substack{流入\\ 流入的每项}} \dot{m}_r b_{avg} \qquad (4\text{-}47)$$

在一些应用中，我们可能会以体积流量（而不是质量流量）的形式重写式（4-47）。在这种情况下，我们做进一步的近似$\dot{m}_r \approx \rho_{avg}\dot{V}_r = \rho_{avg}\dot{V}_{r,avg}A$。当流体密度$\rho$在$A$上是均匀的时候，这个近似是准确的。式（4-47）简化为

已知进口和出口的近似RTT：

$$\frac{dB_{sys}}{dt} = \frac{d}{dt}\int_{CV} \rho b\, dV + \sum_{\substack{流出\\ 流出的每项}} \underline{\rho_{avg} b_{avg} V_{r,avg} A} - \sum_{\substack{流入\\ 流入的每项}} \underline{\rho_{avg} b_{avg} V_{r,avg} A} \qquad (4\text{-}48)$$

注意，这种近似大大简化了分析，但并不总是准确的，特别是在进口和出口速度分布不是很均匀的情况下（例如管流，见图4-59）。实际上，当参数b包含了速度项（例如，当将RTT运用到线性动量方程，$b = \vec{V}$）时，式（4-45）的控制面积分就变成非线性了，式（4-48）的近似就导致了错误。幸运的是，我们能够通过式（4-48）中的修正因子来消除错误，这将在第5章和第6章中讨论。

式（4-47）和式（4-48）可用于固定或者移动的控制体，但如先前讨论的，对不固定的控制体必须用相对速度。在式（4-47）中，例如，质量流量 $\dot{m}_r$ 是相对于（移动的）控制面的，因此有下标 r。

*雷诺输运定理的另一种推导

一个更简洁的雷诺输运定理数学推导是通过使用莱布尼兹定律得出的（Kundu 和 Cohen，2011）。你可能熟悉定理的一维形式，它让你能够对积分求微分，且积分的上下限是时间的函数（见图 4-60）：

一维莱布尼兹定理：

$$\frac{\mathrm{d}}{\mathrm{d}t}\int_{x=a(t)}^{x=b(t)} G(x,t)\,\mathrm{d}x = \int_a^b \frac{\partial G}{\partial t}\,\mathrm{d}x + \frac{\mathrm{d}b}{\mathrm{d}t}G(b,t) - \frac{\mathrm{d}a}{\mathrm{d}t}G(a,t) \quad (4\text{-}49)$$

莱布尼兹定理考虑了极限 $a(t)$ 到 $b(t)$ 之间对时间的变化，也考虑了积分 $G(x,t)$ 随时间的非定常变化。

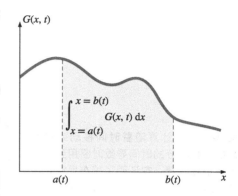

图4-60 当计算积分（关于 x）的时间导数时，如果积分的上下限是时间的函数，就要用到一维莱布尼兹定理

【例4-10】一维莱布尼兹积分

尽可能简化如下表达式：

$$F(t) = \frac{\mathrm{d}}{\mathrm{d}t}\int_{x=At}^{x=Bt} \mathrm{e}^{-2x^2}\,\mathrm{d}x$$

问题：用所给表达式评估 $F(t)$。

分析：积分是

$$F(t) = \frac{\mathrm{d}}{\mathrm{d}t}\int_{x=At}^{x=Bt} \mathrm{e}^{-2x^2}\,\mathrm{d}x \quad (1)$$

我们可以先试试积分然后再微分，但是也可以使用一维莱布尼兹定理。这里，$G(x,t)=\mathrm{e}^{-2x^2}$（在这个简单例子中，$G$ 不是时间的函数）。积分的范围是 $a(t)=At$ 到 $b(t)=Bt$。因此，

$$F(t) = \int_a^b \frac{\partial G}{\partial t}\,\mathrm{d}x + \frac{\mathrm{d}b}{\mathrm{d}t}G(b,t) - \frac{\mathrm{d}a}{\mathrm{d}t}G(a,t) \quad (2)$$

$$= 0 + B\mathrm{e}^{-2b^2} - A\mathrm{e}^{-2a^2}$$

$$F(t) = B\mathrm{e}^{-2B^2t^2} - A\mathrm{e}^{-2A^2t^2} \quad (3)$$

讨论：你可以试试在不使用莱布尼兹定理的情况下得到同样的结果。

在三维情形下，莱布尼兹定理的体积分是

三维莱布尼兹定理：

$$\frac{\mathrm{d}}{\mathrm{d}t}\int_{V(t)} G(x,y,z,t)\,\mathrm{d}V = \int_{V(t)}\frac{\partial G}{\partial t}\,\mathrm{d}V + \int_{A(t)} G\vec{V_A}\cdot\vec{n}\,\mathrm{d}A \quad (4\text{-}50)$$

式中，$V(t)$ 是移动或者变形体积（时间的函数）的速度；$A(t)$ 是它的表面（边界）；$\vec{V_A}$ 是这个（移动）面的绝对速度（见图 4-61）。式（4-50）对于任何在时间和空间里任意移动和变形的体积都是有效的。为与前面的

---

* 这一部分内容可以省略，对本书内容的连续性没有影响。

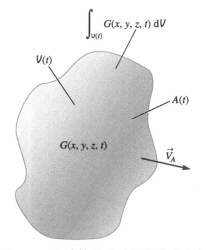

图 4-61 当计算随着时间移动或者变形的体积积分的时间导数时要用到三维莱布尼兹定理。它证明了莱布尼兹定理的三维形式能够用于其他雷诺输运定理的推导

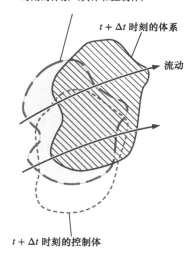

图 4-62 随流体积（体系）和控制体在时刻 t 处于同一空间（浅绿色阴影区），但是移动和变形有所不同。在稍后的时间，它们是不一致的

分析保持一致，将被积函数 G 设为 ρb，以运用到流体流动中，

运用到流体流动中的三维莱布尼兹定理：

$$\frac{\mathrm{d}}{\mathrm{d}t} \int_{V(t)} \rho b \, \mathrm{d}V = \int_{V(t)} \frac{\partial}{\partial t}(\rho b) \, \mathrm{d}V + \int_{A(t)} \rho b \vec{V_A} \cdot \vec{n} \, \mathrm{d}A \quad （4\text{-}51）$$

如果将莱布尼兹定理运用到随流体积的特殊情况中（随流体流动而移动的固定体系），则因为它随流体移动，随流表面处处都有 $\vec{V_A} = \vec{V}$。$\vec{V}$ 在这里是当地流体速度，式（4-51）变为

应用到随流体积中的莱布尼兹定理：

$$\frac{\mathrm{d}}{\mathrm{d}t} \int_{V(t)} \rho b \, \mathrm{d}V = \frac{\mathrm{d}B_{\mathrm{sys}}}{\mathrm{d}t} = \int_{V(t)} \frac{\partial}{\partial t}(\rho b) \, \mathrm{d}V + \int_{A(t)} \rho b \vec{V} \cdot \vec{n} \, \mathrm{d}A \quad （4\text{-}52）$$

式（4-52）适用于任意瞬时时间 t。定义一个控制体，在时刻 t 控制体和体系占据同一空间；换句话说，它们是重合的。在稍后的 $t + \Delta t$ 时刻，体系随着流动移动和变形，但是控制体的移动和变形可能不同（见图 4-62）。不过关键的是，在时刻 t，体系（随流体积）和控制体是同一个并且相同。因此，式（4-52）右边项的体积分能在时刻 t 在控制体上被估算出来，面积分也能在时刻 t 在控制面上被估算出来。因此，

一般 RTT，不固定的 CV：

$$\frac{\mathrm{d}B_{\mathrm{sys}}}{\mathrm{d}t} = \int_{CV} \frac{\partial}{\partial t}(\rho b) \, \mathrm{d}V + \int_{CS} \rho b \vec{V_A} \cdot \vec{n} \, \mathrm{d}A \quad （4\text{-}53）$$

这个表达与式（4-42）是一致的，对于任意时刻、任意形状、移动和/或者变形的控制体都是有效的。记住，$\vec{V}$ 在式（4-53）中的是绝对流体速度。

【例 4-11】 采用相对速度的雷诺输运定理

从任意移动和变形的控制体的莱布尼兹定理和一般雷诺输运定理开始，即式（4-53），证明式（4-44）是有效的。

问题：证明式（4-44）。

分析：莱布尼兹定理的一般三维形式为式（4-50），可以运用到任何体积中。把它运用到所研究的控制体中，该控制体能够移动和变形且与随流体积不同（见图 4-62）。设 $G = \rho b$，式（4-50）变为

$$\frac{\mathrm{d}}{\mathrm{d}t} \int_{CV} \rho b \, \mathrm{d}V = \int_{CV} \frac{\partial}{\partial t}(\rho b) \, \mathrm{d}V + \int_{CS} \rho b \vec{V_{CS}} \cdot \vec{n} \, \mathrm{d}A \quad （1）$$

对控制体积分求解式（4-53），得

$$\int_{CV} \frac{\partial}{\partial t}(\rho b) \, \mathrm{d}V = \frac{\mathrm{d}B_{\mathrm{sys}}}{\mathrm{d}t} - \int_{CS} \rho b \vec{V} \cdot \vec{n} \, \mathrm{d}A \quad （2）$$

将式（2）代入式（1）中，得

$$\frac{\mathrm{d}}{\mathrm{d}t} \int_{CV} \rho b \, \mathrm{d}V = \frac{\mathrm{d}B_{\mathrm{sys}}}{\mathrm{d}t} - \int_{CS} \rho b \vec{V} \cdot \vec{n} \, \mathrm{d}A + \int_{CS} \rho b \vec{V_{CS}} \cdot \vec{n} \, \mathrm{d}A \quad （3）$$

合并后两项并重新排列，得

$$\frac{\mathrm{d}B_{\mathrm{sys}}}{\mathrm{d}t} = \frac{\mathrm{d}}{\mathrm{d}t} \int_{CV} \rho b \, \mathrm{d}V + \int_{CS} \rho b (\vec{V} - \vec{V_{CS}}) \cdot \vec{n} \, \mathrm{d}A \quad （4）$$

但是回想一下由式（4-43）所定义的相对速度。因此，

以相对速度形式表达的 RTT: $\dfrac{dB_{sys}}{dt} = \dfrac{d}{dt}\displaystyle\int_{CV}\rho b\,dV + \displaystyle\int_{CS}\rho b\vec{V_r}\cdot\vec{n}\,dA$ (5)

讨论: 式(5)实际上与式(4-44)是一致的,莱布尼兹定理的作用得到了证明。

RRT和随流导数之间的关系

你可能注意到了 4.1 节中讨论的随流导数和本节讨论的雷诺输运定理之间的相似性和类比性。实际上,两种分析都体现了从基本的拉格朗日法到欧拉法的转变方法。雷诺输运定理解决有限尺寸的控制体,随流导数解决无穷小的流体质点,都用到了同样的最基本的物理解释(见图4-63)。实际上,雷诺输运定理可以看作是随流导数的对应积分。不论哪种情况,跟随指定部分流体的一些参数的总变化率包含两部分:考虑流场随时间变化的当地或者非定常部分[比较式(4-12)和式(4-45)的右边第一项]。考虑流体从一个区域移动到另一个区域的对流部分[比较式(4-12)和式(4-45)的右边第二项]。

正如随流导数能够被运用到任意流体参数中,无论标量或者矢量,雷诺输运定理也能被运用到任意标量或者矢量参数中。在第 5 章和第 6 章中,通过把参数 B 分别替换为质量、能量、动量和角动量,把雷诺输运定理运用到质量、能量、动量以及角动量守恒中。这样我们可以很容易地将基本的体系守恒定律(拉格朗日观点)转化为在控制体分析中有效和有用的形式(欧拉观点)。

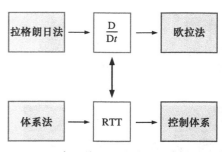

图4-63 有限体积的雷诺输运定理(积分分析)是与无穷小体积的随流导数相对应的(微分分析)。在这两个例子中,均从拉格朗日法或者体系法视角转化为欧拉法或者控制体法视角

小结

流体运动学仅描述流体的运动,而不涉及导致这种运动的力。有两种基本的流体运动描述法——拉格朗日法和欧拉法。在拉格朗日法中,我们跟踪单个流体质点或者流体微团,然而在欧拉法中,我们定义了一个流体可以流入流出的控制体。通过对无穷小流体质点使用随流导数和对有限体积体系使用雷诺输运定理(RTT),将运动方程从拉格朗日形式转变为欧拉形式。对于一些广延参数 B 或者其相关强度参数 b,

随流导数: $\dfrac{Db}{Dt} = \dfrac{\partial b}{\partial t} + (\vec{V}\cdot\nabla)b$

一般 RTT,不固定的 CV:

$$\frac{dB_{sys}}{dt} = \int_{CV}\frac{\partial}{\partial t}(\rho b)\,dV + \int_{CS}\rho b\vec{V}\cdot\vec{n}\,dA$$

在这两个公式中,跟随流体质点或者跟随体系的参数总变化由两部分组成:当地(非定常)部分和对流(运动)部分。

流动显示和分析有各种各样的方法——流线、烟线、迹线、时间线、表面图像、阴影法、纹影法、剖面图、矢量图和等值图。本章给出了它们的定义,并提供了例子。在一般的非定常流动中,流线、烟线、迹线有区别,但在定常流中,流线、烟线、迹线是一致的。

完全描述流体流动有四种基本的运动率(变形率):速度(平移率)、角速度(旋转率)、线应变率和切应变率。涡量是表现流体质点旋转性的流动参数。

涡量矢量: $\vec{\zeta} = \vec{\nabla}\times\vec{V} = \text{curl}(\vec{V}) = 2\vec{\omega}$

如果涡量为 0,该区域流场无旋。

本章中所学的概念在书中余下部分也会重复使用。我们在第 5 章和第 6 章中用 RTT 将守恒定律从封闭体系转变为控制体,在第 9 章中用到了流体运动微分方程的推导,在第 10 章中又详细介绍了涡量和无旋的作用,表明无旋近似能大大简化流体流动求解的复杂性。最后,我们用各种形式的流动可视化和数据图描述了本书几乎每一章示例流场的运动。

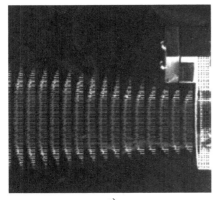

a)

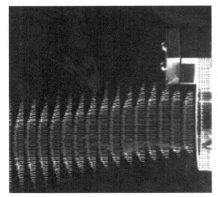

b)

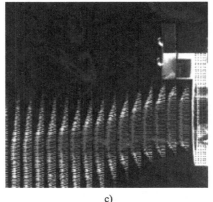

c)

图4-64　射流激励器的时均速度场。结果来自于150PIV显示，覆盖在种子流动图像上。水平方向每隔七个、垂直方向每隔两个显示速度矢量。颜色线表示了速度场的大小。a）无激励；b）在20kPa（表压）下单个激励器工作；c）在60kPa（表压）下单个激励器工作

应用展示：射流激励器

特邀作者：Ganesh Raman，伊利诺伊州理工大学

射流激励器是一种利用流体逻辑电路，在射流和剪切层中产生速度振荡或压力扰动，以实现延迟流动分离、加强掺混和抑制噪声的装置。射流激励器在剪切流动控制方面有潜在的应用价值，这里面的原因有很多：没有移动部件；能够产生频率、振幅和相位可控的扰动；能够在极端热环境中运行，并且不易受电磁干扰影响；易于整合到设备体系中。射流激励器已经存在了很多年，近年来在设备小型化和微型化方面的进展使它们的实际应用变得更加具有吸引力。利用在设备内部的微型通道内产生的附壁效应和回流原理，射流激励器能够产生自我维持的振荡流。

图4-64展示了一个射流激励器在射流推力矢量方面的应用。射流推力矢量在未来的飞行器设计中是很重要的，因为它们不需要在喷管出口附近增加复杂的型面就能增加飞行器的机动性。在图4-64所示的三幅图中，主射流排气方向为从右到左，在上部有一个单射流激励器。图4-64a显示了未扰动的射流。图4-64b、c显示了两种射流激励水平下的矢量效果。使用粒子图像测速仪（PIV）对主射流的变化特性进行了记录。PIV简单解释如下：在这种技术中，示踪粒子被注入流动中并通过一层薄的激光片光照亮，用脉冲曝光来定格粒子的运动。数码相机记录下两个瞬时粒子散射的激光。利用空间互相关性，就能求出当地位移矢量。结果表明，将多个射流子单元集成入飞机部件有望提高飞机的性能。

图4-64所示是矢量图和等值线图的结合。速度矢量是以速度大小（速率）叠加在等值线图上的。红色区域表示高速率，蓝色区域表示低速率。

参考文献

Raman,G.,Packiarajan,S.,Papadopoulos,G.,Weissman,C.,and Raghu,S.,"Jet Thrust Vectoring Using a Miniature Fluidic Oscillator," ASME FEDSM 2001-18057,2001.

Raman,G.,Raghu,S.,and Bencic,T. J.,"Cavity Resonance Suppression UsingMiniature Fluidic Oscillators," AIAA Paper 99-1900,1999.

应用展示：闻实物：　人类的气道

特邀作者：Rui Ni, 宾夕法尼亚州立大学

正如 G. I. 泰勒在他早期开创性的工作中所认识到的那样，小颗粒物和化学挥发物的输送过程应该利用拉格朗日法解决，因为所有的流动信息都隐藏在粒子的轨迹中。

这个应用的一个例子是研究人类如何闻到食物。如图 4-65a 所示，嗅觉来自于鼻腔内的嗅觉受体细胞因气流的气味分子而产生的刺激。从口腔后部释放的食物挥发物可以通过呼出的气流输送到鼻腔，已知的是，这一过程对于人类区分食物风味的微妙差异是重要的，这叫作鼻腔嗅觉。但是，很长一段时间内，由于在人体呼吸道中没有方向阀来促进这种运输偏差，所以不知道这些挥发物是如何通过呼出的空气携带到鼻腔而不是通过吸入的空气进入肺部。

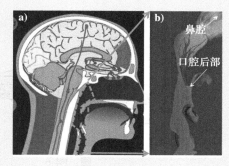

图 4-65　a）人类头部图。绿色虚线表示鼻腔、鼻咽、口咽和气管区域，这是本研究的主题。b）三维模型。蓝线和红线分别代表食物挥发物从口腔后部释放并随呼出（$Re = 883$）和吸入（$Re = 1008$）气流输运的轨迹

为了解决这个问题，利用三维打印机（见图 4-66）建立了从 CT 图像获得的人体气道实物模型。带有微小示踪粒子的水，以匹配的雷诺数流经该通道，用于模拟人气道中携带食物挥发物的气流。同时追踪了一千多个粒子在一段时间内的移动。图 4-65b 展示了其中 25 个粒子的轨迹，这是在吸气和呼气、雷诺数接近 900 时得到的。从口腔背面释放后，粒子大体上沿流动方向输送。然而，在吸气期间（红色轨迹），示踪剂被困在靠近口腔背面的一小块区域内，结果，它们的总体位移比呼气期间（蓝色轨迹）输送的位移小得多。吸入过程中的这种捕获机制能防止食物挥发物被更深地输送到呼吸系统中。然而，根据流动条件和雷诺数，流动的波动有时会将示踪物从口腔中进一步送到气管。

参考文献

Ni, R., Michalski, M. H., Brown, E., Doan, N., Zinter, J., Ouellette, N. T., and Shepherd, G. M., Optimal directional volatile transport in retronasal olfaction.*Proceedings of the National Academy of Sciences*, 112(47), 14700–14704, 2015.

Intagliata,C,Eat slowly and breathe smoothly to enhance taste. *Scientific American,*2015.

图 4-66　三维打印的流道。在试件上安装有透明盖（未示出），以便于光路通过

© Rui Ni

参考文献和阅读建议

1. R. J. Adrian. "Particle-Imaging Technique for Experimental Fluid Mechanics," *Annual Reviews in Fluid Mechanics,* 23, pp. 261–304, 1991.

2. J. M. Cimbala, H. Nagib, and A. Roshko. "Large Structure in the Far Wakes of Two-Dimensional Bluff Bodies," *Journal of Fluid Mechanics,* 190, pp. 265–298, 1988.

3. R. J. Heinsohn and J. M. Cimbala. *Indoor Air Quality Engineering.* New York: Marcel-Dekker, 2003.

4. P. K. Kundu and I. M. Cohen. *Fluid Mechanics.* Ed. 5, London, England: Elsevier Inc., 2011.

5. W. Merzkirch. *Flow Visualization,* 2nd ed. Orlando, FL: Academic Press, 1987.

6. G. S. Settles. *Schlieren and Shadowgraph Techniques: Visualizing Phenomena in Transparent Media.* Heidelberg: Springer-Verlag, 2001.

7. M. Van Dyke. *An Album of Fluid Motion.* Stanford, CA: The Parabolic Press, 1982.

8. F. M. White. *Viscous Fluid Flow,* 3rd ed. New York: McGraw-Hill, 2005.

习题

简介性问题

4-1C 运动学这个词的含义是什么？解释一下流体运动学的研究内容。

4-2C 简要讨论导数算子 d 与 ∂ 的区别。如果导数 $\partial u/\partial x$ 出现在一个式子中，则变量 u 意味着什么？

4-3 考虑下列定常、二维速度场：

$$\vec{V} = (u, v) = (0.66 + 2.1x)\,\vec{i} + (-2.7 - 2.1y)\,\vec{j}$$

在流场中有滞止点吗？如果有，在哪里？

答案：$x = -0.314$，$y = -1.29$

4-4 考虑下列定常、二维速度场：

$$\vec{V} = (u, v) = (a^2 - (b - cx)^2)\,\vec{i} + (-2cby + 2c^2xy)\,\vec{j}$$

在这个流场中存在滞止点吗？如果有，在哪里？

4-5 给出一个定常、二维流场：

$$\vec{V} = (u, v) = (-0.781 - 3.25x)\,\vec{i} + (-3.54 + 3.25y)\,\vec{j}$$

计算当地的滞止点。

4-6 考虑定常流过轴对称花园水管喷嘴的流动（见图 P4-6）。沿着喷嘴的中心线，水的流速从 u_{entrance} 增加到 u_{exit}。测量值显示通过喷嘴的水在中心线的速度以抛物线形式增长。在所给数据的基础上，从 $x = 0$ 到 $x = L$，写出中心线上流速 $u(x)$ 的方程。

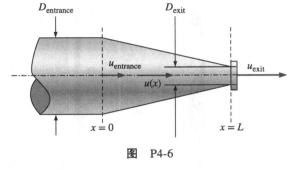

图　P4-6

拉格朗日法和欧拉法

4-7C 什么是流体运动的欧拉法？它与拉格朗日法如何区分？

4-8C 流体流动分析的拉格朗日法是否与体系或者控制体的研究更为相似？请解释。

4-9C 一个静止的探针放到流动的流体中，测量流体中某处压强和温度随时间的变化（见图 P4-9C）。这是拉格朗日法测量还是欧拉法测量？请解释。

图　P4-9C

4-10C 一个微小的中性浮力电子压强探针被放在水泵管进口，每秒测得压强数据为 2000 个。这种测量方法是拉格朗日法还是欧拉法？请解释。

4-11C 在欧拉坐标系中定义一个定常流场。在这样一个定常流中，流体质点的加速度是否有可能非零？

4-12C 流体流动分析的欧拉法是否与体系或者控制体的研究更为相似？请解释。

4-13C 气象学家在大气中放飞一个气象气球到大气中。当气球达到浮力-重力平衡的高度时，它将天气条件的信息传输到地面上的监测站（见图 P4-13C）。这是拉格朗日法还是欧拉法测量？请解释。

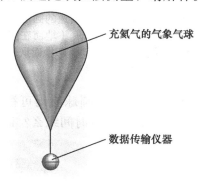

右侧标注：充氦气的气象气球

数据传输仪器

图 P4-13C

4-14C 我们经常能够在飞机下腹凸出部分看到皮托静压探针（见图 P4-14C）。飞机飞行时，探针将测量相对风速。这是拉格朗日法还是欧拉法测量？请解释。

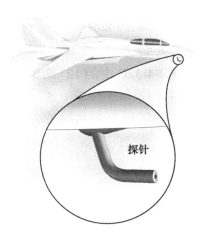

探针

图 P4-14C

4-15C 列出随流导数的至少三个其他名称，并简要解释为什么每个名称都是合适的。

4-16 考虑一个流经收缩管道的定常、不可压缩、二维流动（见图 P4-16）。对于这个流动，可用下式

对其进行一个简单的近似：

$$\vec{V} = (u, v) = (U_0 + bx)\vec{i} - by\vec{j}$$

式中，U_0 是在 $x = 0$ 处的水平速度。注意，这个方程忽略了壁面的黏性作用，但在大多数流场中这种近似是合理的。计算流体质点穿过这个管道的随流加速度。以两种方式给出下面问题的答案：（1）加速度分量 a_x 和 a_y，以及（2）加速度矢量。

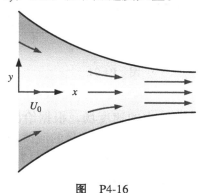

图 P4-16

4-17 收缩管流能模化为题 4-16 中的定常、二维速度场。压强分布如下：

$$P = P_0 - \frac{\rho}{2}\left[2U_0bx + b^2(x^2 + y^2)\right]$$

式中，P_0 是在 $x = 0$ 处的压强。求出跟随流体质点的压强变化率的表达式。

4-18 一个定常、不可压缩、二维速度场由如下 x-y 平面上的分量给出：

$$u = 1.85 + 2.05x + 0.656y$$
$$v = 0.754 - 2.18x - 2.05y$$

计算加速度场（求出加速度分量 a_x 和 a_y 的表达式），并计算在点 $(x,y) = (-1,3)$ 处的加速度。

　　答案：$a_x = 1.51$，$a_y = 2.74$

4-19 一个定常、不可压缩、二维速度场由如下 x-y 平面上的分量给出：

$$u = 0.205 + 0.97x + 0.851y$$
$$v = -0.509 + 0.953x - 0.97y$$

计算加速度场（找到加速度分量 a_x 和 a_y 的表达式），并计算在点 $(x,y) = (2,1.5)$ 处的加速度。

4-20 对于题 4-6 中的速度场，计算沿着喷嘴中心线的流体加速度。其是 x 和给定参数的函数。

4-21 思考空气穿过风洞扩张段的定常流（见图 P4-21）。沿着扩张段的中心线，空气流速从 u_{entrance}

下降到 u_{exit}。测量结果显示，通过扩张段中心线的空气流速以抛物线形式下降。在所给数据的基础上，写出中心线速度 $u(x)$ 从 $x=0$ 到 $x=L$ 的变化方程。

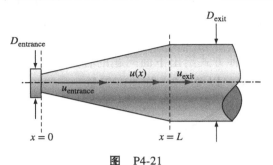

图 P4-21

4-22 对于题 4-21 中的速度场，根据给出参数，计算沿着扩张段中心线以 x 为自变量的流体加速度。当 $L=1.56$m，$u_{entrance}=22.6$m/s，$u_{exit}=17.5$m/s 时计算 $x=0$ 和 $x=1.0$m 处的加速度。

答案：0，-96.4m/s^2

4-23 一个定常、不可压缩、二维（在 x-y 平面）速度场为：

$$\vec{V}=(0.523-1.88x+3.94y)\vec{i}+(-2.44+1.26x+1.88y)\vec{j}$$

计算在点 $(x,y)=(-1.55,2.07)$ 处的加速度。

4-24 流动速度场为 $\vec{V}=u\vec{i}+v\vec{j}+w\vec{k}$ 且 $u=3x$，$v=-2y$，$w=2z$。找到通过点 $(1，1，0)$ 的流线。

流动模式和流动可视化

4-25C 迹线的定义是什么？迹线表示了什么？

4-26C 时间线的定义是什么？如何在水槽中产生时间线？举个时间线比烟线更有用的例子。

4-27C 流线是什么？流线表示了什么？

4-28C 烟线的定义是什么？如何区分迹线和烟线？

4-29C 思考在图 P4-29C 中的 15° 三角翼上的流动可视化。我们能看到流线、烟线、迹线或者时间线么？请解释。

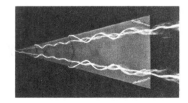

图 P4-29C

在雷诺数 20000 下以 20° 的攻角流过 15° 的三角翼的图像。图像是通过从机翼底部的起始点注入有颜色的流体到水中生成的

Courtesy of ONERA. 照片由Werlé提供

4-30C 思考在图 P4-30C 中的地面涡图像。我们能看到流线、烟线、迹线或者时间线吗？请解释。

图 P4-30C 地面涡流动的可视化。高速的圆形喷气射流冲击在地面上，自由流空气从左向右流动。（地面在图片的底部。）射流部分流向上游形成了再循环流动，即地面涡。可视化图像是通过垂直安装在视图左边的烟线生成的

4-31C 思考图 P4-31C 中的圆球流动可视化。我们能看到流线、烟线、迹线或者时间线么？请解释。

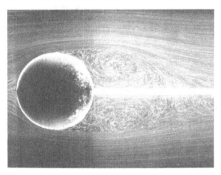

图 P4-31C 以雷诺数 15000 流过球体的可视化图像。图像是通过在水中的空气泡时间曝光生成的

Courtesy of ONERA.图片由Werlé提供

4-32C 思考在图 P4-32C 中的 12° 圆锥体上的流动可视化。我们能看到流线、烟线、迹线或者时间线吗？请解释。

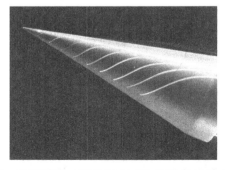

图 P4-32C 在雷诺数 15000 下以 12° 的攻角流过 16° 的圆锥体的图像。图像是通过从锥体表面的小孔把有颜色的流体注入到水中生成的

4-33C　思考一排换热管的横截面切片（见图 P4-33C）。对于每一个所需的信息，选择哪一种流动可视化图（矢量图或者等值图）是最合适的，请解释为什么。

（a）能够显示流体最大速度的位置。

（b）在管后方的流动分离能被可视化。

（c）通过平面的温度场能够被可视化。

（d）与平面垂直方向上的涡量分量的分布能被可视化。

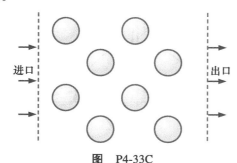

图 P4-33C

4-34　一只鸟在一个房间里飞行，速度为 $\vec{V} = (u,v,w) = 0.6x + 0.2t - 1.4$（m/s）。房间由热泵加热，稳态温度分布为 $T(x,y,z) = 400 - 0.4y - 0.6z - 0.2(5-x)^2$（°C）。计算鸟飞行 10s 后通过 $x = 1$m 位置感觉到的温度变化。

4-35E　一个定常、二维的收缩管流速度场如题 4-16 所述。条件改为 $U_0 = 3.56$ft/s 和 $b = 7.66$s^{-1}。绘制出若干从 $x = 0$ 到 5ft 和 $y = -2$ft 到 2ft 的流线。一定要显示流线的方向。

4-36　流动速度场描述为
$$\vec{V} = (4x)\vec{i} + (5y+3)\vec{j} + (3t^2)\vec{k}$$
当 $t = 1$s 时，位置为（1m,2m,4m）处的迹线是什么？

4-37　思考如下的定常、不可压缩、二维速度场：
$$\vec{V} = (u,v) = (4.35 + 0.656x)\vec{i} + (-1.22 - 0.656y)\vec{j}$$
生成流线的解析表达式并在第一象限内画出 $x = 0{\sim}5$ 和 $y = 0{\sim}6$ 的若干流线。

4-38　思考题 4-37 中的定常、不可压缩、二维速度场。在第一象限内生成 $x = 0{\sim}5$ 和 $y = 0{\sim}6$ 的速度场矢量图。

4-39　思考题 4-37 中的定常、不可压缩、二维速度场。在右上角象限内生成 $x = 0{\sim}5$ 和 $y = 0{\sim}6$ 的加速度场矢量图。

4-40　一个定常、不可压缩、二维速度场为
$$\vec{V} = (u,v) = (1 + 2.5x + y)\vec{i} + (-0.5 - 3x - 2.5y)\vec{j}$$
式中，x 和 y 的坐标以 m 为单位，速度的大小以 m/s 为单位。

（a）求在这个流场中是否有滞止点，如果有，它们在哪里。

（b）在第一象限 $x = 0{\sim}4$ 和 $y = 0{\sim}4$ 区域内若干位置画出速度矢量；定量描述速度场。

4-41　思考题 4-40 中的定常、不可压缩、二维速度场。

（a）计算点（$x = 2$m, $y = 3$m）处的随流加速度。
答案：$a_x = 8.50$ m/s^2, $a_y = 8.00$ m/s^2

（b）用与题 4-40 中数值相同的 x 和 y 数组绘制随流加速度矢量。

4-42　在极坐标系中的刚体旋转速度场为
$$u_r = 0, \quad u_\theta = \omega r$$
式中，ω 是角速度大小（$\vec{\omega}$ 指向 z 方向）。如果 $\omega = 1.5$s^{-1}，画出速度大小的剖面图（速率）。特别是应画出等速 $V = 0.5$m/s，1.0m/s，1.5m/s，2.0m/s 和 2.5m/s 的曲线。在图上标出速度值。

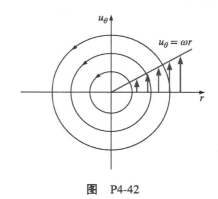

图　P4-42

4-43　在极坐标系中（见图 P4-43）的线源的速度场为
$$u_r = \frac{m}{2\pi r} \qquad u_\theta = 0$$
式中，m 是线源长度。对于 $m/(2\pi) = 1.5$m^2/s，画出速度大小（速率）的等值图。特别是应画出等速 $V = 0.5$m/s，1.0m/s，1.5m/s，2.0m/s 和 2.5m/s 的曲线。在图上标出速度值。

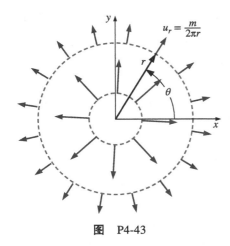

图 P4-43

4-44 一个非常小、半径为 R_i 的圆柱体在一个更大、半径为 R_o、以角速度 ω_o 旋转的同轴圆柱体中以角速度 ω_i 旋转。两个圆柱体之间充满了密度为 ρ、黏度为 μ 的液体，如图 P4-44 所示。重力和末端效应忽略不计（文中的流动是二维的）。若 $\omega_i = \omega_o$，一段时间后，生成切向速度剖面的表达式，u_0（至少）是 r、ω、R_i、R_o、ρ 和 μ 的函数，其中 $\omega = \omega_i = \omega_o$。此外，计算流体施加在内、外圆柱体上的转矩。

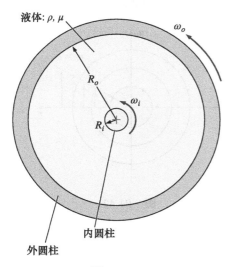

液体：ρ，μ

内圆柱

外圆柱

图 P4-44

4-45 思考题 4-44 中的两个同轴旋转的圆柱体。这时，内圆柱体在旋转，但外圆柱体是静止的。在极限情况下，外圆柱体相对于内圆柱体是很大的（想象内圆柱体转得很快但是半径很小），这与哪种流动更为近似？请解释。一段时间后，生成切向速度剖面的表达式，令 u_θ（至少）是 r、ω_i、R_i、R_o、ρ 和 μ 的函数。提示：你的答案可能包括一个（未知的）

常数，这能通过指定内圆柱表面边界条件来获得。

4-46 如图 P4-46 所示，在 $r - \theta$ 极坐标中的线涡的速度场为

$$u_r = 0 , \quad u_\theta = \frac{K}{r}$$

式中，K 是线涡的长度。如果 $K = 1.5\text{m/s}^2$，画出速度大小（速率）的等值图。特别是应画出等速 $V = 0.5\text{m/s}$，1.0m/s，1.5m/s，2.0m/s 和 2.5m/s 的曲线。在图上标出速度值。

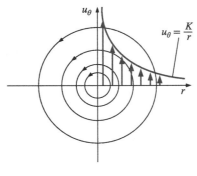

图 P4-46

4-47 收缩管流（见图 P4-16）模化为题 4-16 中的定常、二维速度场。求出流线的解析表达式。

答案：$y = C/(U_0 + bx)$

流体单元的运动和变形；涡量和旋度

4-48C 列出并简单描述四种基本的流体质点运动和变形的形式。

4-49C 解释涡量和旋度的关系。

4-50 收缩管流（见图 P4-16）模化为题 4-16 中的定常、二维速度场。使用体积应变率方程来验证这个流场是不可压缩的。

4-51 收缩管流模化为题 4-16 中的定常、二维速度场所。一个流体质点（A）在时刻 $t = 0$ 时位于 x 轴的 $x = x_A$ 处（图 P4-51）。在一段时间 t 后，流体质点随着流动流向下游到了新的区域 $x = x_{A'}$ 处，如图所示。因为流动是关于 x 轴对称的，所以流体质点一直保持在 x 轴上。用它的初始位置 x_A、常数 U_0 和 b 生成流体质点任意时刻在 x 位置的解析表达式。换句话说，得到一个 $x_{A'}$ 的表达式。（提示：我们知道跟随流体质点 $u = \text{d}x_{\text{particle}}/\text{d}t$。插入 u，分离变量并积分。）

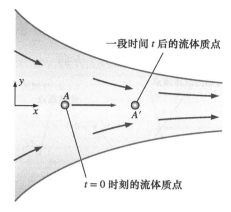

图 P4-51

4-52 收缩管流模化为题 4-16 中的定常、二维速度场所。因为流动是关于 x 轴对称的，沿着 x 轴的线段 AB 保持在轴上，但是沿着水槽中心线流动时长度 ξ 拉伸到 $\xi + \Delta\xi$（见图 P4-52）。生成线段长度变化 $\Delta\xi$ 的分析表达式。（提示：使用题 4-51 的结果。）

答案：$(x_B - x_A)(e^{bt} - 1)$

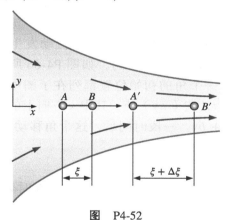

图 P4-52

4-53 利用题 4-52 的结果和基本的线应变率定义（每单位长度的长度增长率），得到位于水槽中心线的流体质点的 x 方向上的线应变率（ε_{xx}）的表达式。以速度场的形式用你的结果与 ε_{xx} 的表达式进行对比，例如 $\varepsilon_{xx} = \partial u/\partial x$。（提示：取极限，时间 $t \to 0$。你需要应用 e^{bt} 的截断级数。）

答案：b

4-54 收缩管流模化为题 4-16 中的定常、二维速度场所。一个流体质点（A）在时刻 $t = 0$ 时位于 $x = x_A$ 和 $y = y_A$（见图 P4-54）。在一段时间 t 后，流体质点随着流动向下游移动到新的位置 $x = x_{A'}$，$y = y_{A'}$，如图所示。用它的初始位置 y_A 和常数 b 生成流体质点

任意时刻 y 位置的解析表达式。换句话说，得到一个 y_A 的表达式。（提示：我们知道跟随流体质点 $v = dy_{\text{particle}}/dt$。将 v 代入方程，分离变量并积分）

答案：$y_A e^{-bt}$

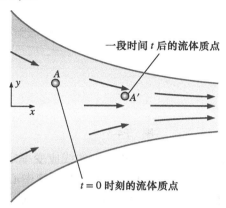

图 P4-54

4-55E 收缩管流模化为题 4-16 的定常、二维速度场。对于 $U_0 = 5.0$ft/s 和 $b = 4.6$s^{-1} 的情况，考虑一个初始边长为 0.5ft 的方形流体微团。在 $t = 0$ 时刻，中心在 $x = 0.5$ft，$y = 1.0$ft 处（见图 P4-55E）。仔细地计算和绘制流体微团的位置，以及它在时间 $t = 0.2$s 之后的形状。评述流体微团的形变。（提示：使用题 4-51 和题 4-54 的结果。）

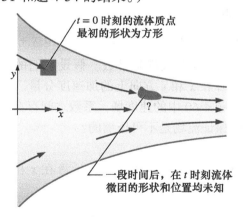

图 P4-55E

4-56E 验证题 4-55E 中收缩管道内的流动确实是不可压缩的。

4-57 收缩管流模化为题 4-16 中的定常、二维速度场。如图 P4-57 所示，随着竖直线段 AB 向下游移动，它从长度 η 缩减到长度 $\eta + \Delta\eta$。求出线段长度的变化率 $\Delta\eta$ 的表达式。注意：$\Delta\eta$ 是负的。（提示：利用题 4-54 的结果。）

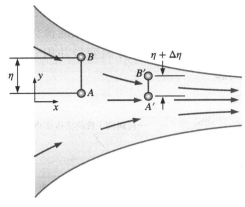

图 P4-57

4-58 利用题 4-56 的结果和基本的线应变率定义（每单位长度的长度增长率），求出位于水槽中心线的流体单元 y 方向上的线应变率（ε_{yy}）的表达式。以速度场的形式，将你的结果与 ε_{yy} 的表达式进行对比，例如 $\varepsilon_{yy} = \partial v/\partial y$。（提示：当时间 $t \to 0$ 时取极限。你需要应用 e^{-bt} 的截断级数。）

4-59 收缩管流模化为题 4-16 中的定常、二维速度场。这个速度场是有旋的还是无旋的？写出全部过程。

答案：无旋

4-60 一个定常、二维速度场的一般方程在两个空间方向（x 和 y）都是线性的

$$\vec{V} = (u, v) = (U + a_1 x + b_1 y)\vec{i} + (V + a_2 x + b_2 y)\vec{j}$$

式中，U、V 以及系数都是常数。假设它们的维度定义合适。计算在 x 和 y 方向上的加速度分量。

4-61 对于题 4-60 中的速度场，系数之间存在什么样的关系能够保证流场是不可压缩的？

答案：$a_1 + b_2 = 0$

4-62 对于题 4-60 中的速度场，计算在 x 和 y 方向上的线应变率。

答案：a_1，b_2

4-63 对于题 4-60 中的速度场，计算 x-y 平面内的切应变率。

4-64 结合题 4-62 和题 4-63 中，在 x-y 平面内的二维应变率张量 ε_{ij} 的结果为

$$\varepsilon_{ij} = \begin{pmatrix} \varepsilon_{xx} & \varepsilon_{xy} \\ \varepsilon_{yx} & \varepsilon_{yy} \end{pmatrix}$$

在什么条件下，x、y 轴会成为主轴？

答案：$b_1 + a_2 = 0$

4-65 对于题 4-60 中的速度场，计算涡量矢量。涡量矢量指向哪个方向？

答案：$(a_2 - b_1)\vec{k}$，方向为 z 方向

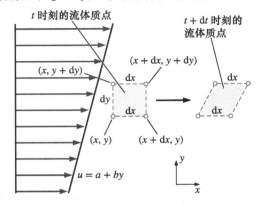

图 P4-66

4-66 考虑一个定常、不可压缩的、二维剪切流速度场，其方程是

$$\vec{V} = (u, v) = (a + by)\vec{i} + 0\vec{j}$$

式中，a 和 b 是常数。如图 P4-66 所示，在 t 时刻，一个小的方形流体质点的尺寸是 dx 和 dy。流体质点在一段时间后的 $t + dt$ 时刻，随着流动发生了移动和变形，质点不再是方形的，如图 P4-66 所示。流体质点的每一个角的初始位置都列在了图中。左下角是在时刻 t，在 (x, y) 处，其中 x 方向上的速度分量是 $u = a + by$。一段时间后，这个角移动到 $(x + u\,dt, y)$，或者

$$(x + (a + by)dt, y)$$

（a）以类似的方式，计算流体质点在时刻 $t + dt$ 时，其他三个角的位置。

（b）从线应变率的基本定义出发（每单位长度的长度增长率），计算线应变率 ε_{xx} 和 ε_{yy}。

答案：0，0

（c）在笛卡儿坐标系下，比较从 ε_{xx} 和 ε_{yy} 的方程中得到的结果，例如，

$$\varepsilon_{xx} = \frac{\partial u}{\partial x}, \quad \varepsilon_{yy} = \frac{\partial v}{\partial y}$$

4-67 用两种方法来证明题 4-66 中的流动是不可压缩的：

（a）通过计算流体质点在两个时刻的体积；

（b）通过计算体积应变率。注意应该先完成题 4-66。

4-68 考虑题 4-66 里的定常、不可压缩、二维流动。利用题 4-66（a）的结果，完成如下：

（a）从切应变率的基本定义出发（在一个点相交的两条初始垂直线之间的角度减少率的一半），计算在 x-y 平面内的切应变率 ε_{xy}。（提示：利用流体单元的下边和左边，初始时在质点的左下角 90° 相交。）

（b）在笛卡儿坐标系下，比较由 ε_{xy} 的方程得到的结果，例如，

$$\varepsilon_{xy} = \frac{1}{2}\left(\frac{\partial v}{\partial x} - \frac{\partial u}{\partial y}\right)$$

答案：（a）$b/2$，（b）$b/2$

4-69 考虑题 4-66 中的定常、不可压缩、二维流动。利用题 4-66（a）的结果完成如下问题：

（a）从旋转率的基本定义出发（在一点相交的两条初始的垂直线的平均旋转率），计算流体质点在 x-y 平面的旋转率 ω_z。（提示：利用流体质点的下边和左边，初始时在质点的左下角 90° 相交。）

（b）在笛卡儿坐标系下，比较由 ω_z 的方程得到的结果，例如，

$$\omega_z = \frac{1}{2}\left(\frac{\partial v}{\partial x} - \frac{\partial u}{\partial y}\right)$$

答案：（a）$-b/2$，（b）$-b/2$

4-70 根据题 4-69 的结果，回答下列问题：

（a）流动是有旋的还是无旋的？

（b）计算这个流场的涡量在 z 方向上的分量。

4-71 如图 P4-71 所示，一个尺寸为 dx 和 dy 的二维流体单元在无穷小的时间段 $dt = t_2 - t_1$ 内，发生了平移和变形。在初始时刻，点 P 在 x、y 轴上的速度分量分别为 u 和 v。证明：P 点在 x-y 平面的旋转率的大小（角速度）如下式：

$$\omega_z = \frac{1}{2}\left(\frac{\partial v}{\partial x} - \frac{\partial u}{\partial y}\right)$$

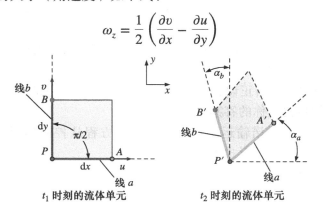

图　P4-71

4-72 如图 P4-71 所示，一个边长为 dx 和 dy 的二维矩形流体单元在无穷小的时间段 $dt = t_2 - t_1$ 内，发生了平移和变形。在初始时刻，点 P 在 x、y 轴方向上的速度分量分别为 u 和 v。考虑图 P4-71 中的线段 PA，证明：其在 x 方向的线应变率的大小为

$$\varepsilon_{xx} = \frac{\partial u}{\partial x}$$

4-73 如图 P4-71 所示，一个边长为 dx 和 dy 的二维矩形流体单元在无穷小的时间段 $dt = t_2 - t_1$ 内，发生了平移和变形。在初始时刻，点 P 在 x、y 轴方向上的速度分量分别为 u 和 v。考虑图 P4-71 中的 P 点，证明：其在 x-y 平面内的切应变率大小为

$$\varepsilon_{xy} = \frac{1}{2}\left(\frac{\partial u}{\partial y} + \frac{\partial v}{\partial x}\right)$$

4-74 一圆柱体水箱中的水以刚体旋转，其以 $\dot{n} = 175\text{r/min}$ 的转速绕着它的竖直中心轴逆时针旋转（见图 P4-74）。计算容器中流体质点的涡量。

答案：$36.7\vec{k}\text{rad/s}$

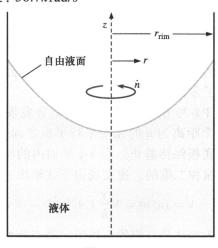

图　P4-74

4-75 如图 P4-74 所示，一圆柱体水箱中的水绕其中心轴线旋转。使用一个 PIV 测量系统测量流动的涡量场。z 轴方向涡量测量值是 -54.5rad/s，在其他任何地方测量会有 ±0.5% 的误差。计算容器中，水旋转的角速度。容器是绕轴顺时针旋转还是逆时针旋转？

4-76 如图 P4-74 所示，一个半径 $r_{\text{rim}} = 0.354\text{m}$ 的圆柱体容器绕着它的竖直中心轴旋转。容器中装了部分油。从顶部看，容器边缘以逆时针方向旋转的线速度是 3.61m/s，而容器旋转时间已经足够长，形成了刚体自转。对于在容器中的任意流体质点，计算

其涡量在竖直 z 方向上的分量大小。

答案：20.4rad/s

4-77 考虑一个二维、不可压缩的流场，其中的流体质点初始时是方块，然后发生了移动和变形。如图 P4-77 所示，在 t 时刻，流体质点的尺寸为 a，并与 x 轴、y 轴对齐。在一段时间后，质点依然与 x 轴和 y 轴对齐，但是变成了水平长度为 $2a$ 的矩形。此时矩形流体质点的竖直长度是多少？

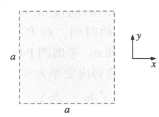

图 P4-77

4-78 考虑一个二维、不可压缩的流场，其中的流体质点初始时是方块，然后发生了移动和变形。如图 P4-77 所示，在 t 时刻，流体质点的尺寸为 a，并与 x 轴、y 轴对齐。在一段时间后，质点依然与 x 轴和 y 轴对齐，但是变成了水平长度为 $1.08a$、竖直长度为 $0.903a$ 的矩形。（由于流动是二维的，流体单元在 z 方向上的尺寸不会发生变化。）流体质点的密度增加或减少了多少？用百分比表示。

4-79 如图 P4-79 所示，考虑一个充分发展的库特流——在两个距离为 h 的无限平行平板之间的流动，顶板移动而底板保持静止。在 x-y 平面内的流动是定常、不可压缩和二维的。速度场由下式给出：

$$\vec{V} = (u, v) = V\frac{y}{h}\vec{i} + 0\vec{j}$$

这个流动是无旋还是有旋的？如果它是有旋的，计算涡量在 z 方向上的分量。在流动中，流体单元是顺时针旋转还是逆时针旋转？

答案：有旋，$-V/h$，顺时针

4-80 对于图 P4-79 中的库特流，计算在 x 方向和 y 方向上的线应变率，并计算切应变率 ε_{xy}。

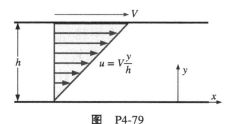

图 P4-79

4-81 结合题 4-80 的结果和二维切应变率 ε_{ij}，

$$\varepsilon_{ij} = \begin{pmatrix} \varepsilon_{xx} & \varepsilon_{xy} \\ \varepsilon_{yx} & \varepsilon_{yy} \end{pmatrix}$$

请问：x 轴和 y 轴是主轴吗？

4-82 考虑在 x-y 平面内的定常、二维、不可压缩流动。在 x 方向的线应变率是 1.75s^{-1}。计算在 y 方向上的线应变率。

4-83 一个定常、三维速度场由下式给出：

$$\vec{V} = (u, v, w)$$
$$= (2.49 + 1.36x - 0.867y)\vec{i} +$$
$$(1.95x - 1.36y)\vec{j} + (-0.458xy)\vec{k}$$

计算以空间坐标（x,y,z）表示的涡量矢量函数。

4-84 思考下列定常、三维速度场：

$$\vec{V} = (u, v, w)$$
$$= (2.5 + 2.0x - y)\vec{i} + (2.0x - 2.0y)\vec{j} + (0.8xy)\vec{k}$$

计算以空间坐标（x,y,z）表示的涡量矢量函数。

4-85 一个定常、二维速度场由下式给出：

$$\vec{V} = (u, v)$$
$$= (2.85 + 1.26x - 0.896y)\vec{i} + (3.45 + cx - 1.26y)\vec{j}$$

若流场是无旋的，计算常数 c。

4-86 一个定常、三维速度场由下式给出：

$$\vec{V} = (0.657 + 1.73x + 0.948y + az)\vec{i} +$$
$$(2.61 + cx + 1.91y + bz)\vec{j} +$$
$$(-2.73x - 3.66y - 3.64z)\vec{k}$$

若流场是无旋的，计算常数 a、b 和 c。

雷诺输运定理

4-87C 简单解释雷诺输运定理（RTT）的目的。以文字方程写出广延性质 B 的 RTT，解释方程中的每一项。

4-88C 简单解释随流导数和雷诺输运定理之间的相似点与区别。

4-89C 判断正误：判断下列观点是对的还是错的，并简单讨论你的答案。

（a）雷诺输运定理对于把守恒方程从控制体形式转换到体系形式也是适用的。

（b）雷诺输运定理仅适用于不变形的控制体。

（c）雷诺输运定理适用于定常和非定常的流场。

（d）雷诺输运定理能用于标量和矢量。

4-90 求积分 $\dfrac{d}{dt}\displaystyle\int_t^{2t} x^{-2}\,dx$。用下列两种方法求解：

（1）先积分再求导。

（2）利用莱布尼兹定理。比较你的结果。

4-91 求积分 $\dfrac{d}{dt}\displaystyle\int_t^{2t} x^x\,dx$。

4-92 考虑所给雷诺输运定理（RTT）的一般形式

$$\frac{dB_{sys}}{dt} = \frac{d}{dt}\int_{CV}\rho b\,dV + \int_{CS}\rho b\vec{V_r}\cdot\vec{n}\,dA$$

式中，$\vec{V_r}$ 是流体相对于控制面的速度。以 B_{sys} 表示封闭体系中流体质点的质量 m。我们知道，根据定义，对于体系来说，因为进入和流出体系的质量为 0，故 $dm/dt = 0$。利用所给方程推导出控制体的质量守恒方程。

4-93 考虑题 4-92 中所给雷诺输运定理（RTT）的一般形式。以 B_{sys} 表示体系流体质点的线性动量 $m\vec{V}$。我们知道，对于体系，牛顿第二定律是

$$\sum\vec{F} = m\vec{a} = m\frac{d\vec{V}}{dt} = \frac{d}{dt}(m\vec{V})_{sys}$$

利用 RTT 和牛顿第二定律推导控制体的线性动量方程。

4-94 考虑题 4-92 所给雷诺输运定理（RTT）的一般形式。以 B_{sys} 表示体系流体质点的角动量 $\vec{H} = \vec{r}\times m\vec{V}$，其中 $\vec{r}$ 是力矩。我们知道，对于体系，角动量守恒

$$\sum\vec{M} = \frac{d}{dt}\vec{H}_{sys}$$

式中，$\sum\vec{M}$ 是体系的净动量。利用 RTT 和以上方程推导控制体的角动量守恒方程。

◀ 复习题

4-95 考虑一个在 x-y 平面内的定常、二维流场，其中 x 方向的分量由下式给出：

$$u = a + b(x - c)^2$$

式中，a、b 和 c 取适当的常数。速度在 y 方向上的分量需要是什么样的形式才能使流场是不可压缩的？换句话说，求出 v 关于 x、y 函数的表达式，然后求出给定方程的常数使得流动是不可压缩的。

答案：$-2bx(x - c)y + f(x)$

4-96 在 x-y 平面内的定常、二维速度场中，x 方向上的速度分量是

$$u = a + by + cx^2$$

式中，a、b 和 c 取适当的常数。求出不可压缩流场中，速度分量 v 的表达式。

4-97 一个流动的速度场由下式给出：

$$\vec{V} = k(x^2 - y^2)\vec{i} - 2kxy\vec{j}$$

其中，k 是常数。如果流线的曲率半径为 $R = [1 + y'^2]^{3/2}/|y''|$，求出质点通过点（$x = 1$, $y = 2$）的法向加速度。

4-98 一个不可压缩流场的速度场由下式给出：

$\vec{V} = 5x^2\vec{i} - 20\,xy\,\vec{j} + 100t\,\vec{k}$，该流场是否定常。并确定：在 $t = 0.2\text{s}$ 时刻，点（1,3,3）处的速度及加速度。

4-99 如图 P4-99 所示，考虑一个充分发展的二维泊肃叶流动——两个无限大距离是 h 的平行板之间的流动，顶板和底板都保持静止，流体由一个压强梯度 dP/dx 驱使流动。（dP/dx 是常数并为负。）流动在 x-y 平面内是定常、不可压缩和二维的。它在 y 方向上的速度分布由下式给出：

$$u = \frac{1}{2\mu}\frac{dP}{dx}(y^2 - hy), \quad v = 0$$

式中，μ 是流体的黏度。这个流动是有旋的还是无旋的？如果它是有旋的，计算涡量在 z 方向上的分量。流动中的流体质点是顺时针旋转还是逆时针旋转？

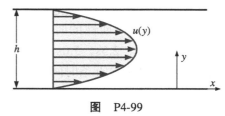

图 P4-99

4-100 对于题 4-99 中的二维泊肃叶流动，计算在 x 方向和 y 方向的线应变率，并计算切应变率。

4-101 结合题 4-100 的结果和 x-y 平面内的二维切应变张量 ε_{ij}，

$$\varepsilon_{ij} = \begin{pmatrix} \varepsilon_{xx} & \varepsilon_{xy} \\ \varepsilon_{yx} & \varepsilon_{yy} \end{pmatrix}$$

请问：x 轴和 y 轴是主轴吗？

4-102 考虑题 4-99 的二维泊肃叶流动。在平板之间的流体是水，温度是 40℃。间隙 $h = 1.6\text{mm}$，压强梯度是 $dP/dx = -230\text{N/m}^3$。计算并画出从 $t = 0$ 到 $t = 10\text{s}$ 的七条迹线。流体质点的释放位置为 $x = 0$

和 $y = 0.2\text{mm}, 0.4\text{mm}, 0.6\text{mm}, 0.8\text{mm}, 1.0\text{mm}, 1.2\text{mm}$ 和 1.4mm。

4-103 考虑题 4-99 的二维泊肃叶流动。在平板之间的流体是水，温度是 $40℃$。间隙 $h = 1.6\text{mm}$，压强梯度是 $\text{d}P/\text{d}x = -230\text{N/m}^3$。如图 P4-103 所示，计算并画出从染料耙生成的七条烟线，染料条纹的位置是 $x = 0$ 和 $y = 0.2\text{mm}$，0.4mm，0.6mm，0.8mm，1.0mm，1.2mm 和 1.4mm。染料是从 $t = 0$ 到 $t = 10\text{s}$ 释放的，绘出 $t = 10\text{s}$ 时的烟线。

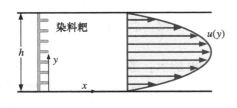

图 P4-103

4-104 重新考虑题 4-103，条件改为：染料是在 $t = 0$ 到 $t = 10\text{s}$ 释放，绘出 $t = 12\text{s}$ 而不是 $t = 10\text{s}$ 的烟线。

4-105 比较题 4-103 和题 4-104 的结果，求 x 方向上的线应变率。

4-106 虑考题 4-96 的二维泊肃叶流动。在平板之间的流体是水，温度是 $40℃$。间隙 $h = 1.6\text{mm}$，压强梯度是 $\text{d}P/\text{d}x = -230\text{N/m}^3$。如图 P4-106 所示，假设在水槽 $x = 0$ 处竖直放置一氢气泡耙。以电脉冲的形式生成气泡从而产生周期性的时间线。结果生成了五条明显的在 $t = 0\text{s}$，2.5s，5.0s，7.5s 和 10.0s 时刻的时间线。计算并画出这五条时间线在 $t = 12.5\text{s}$ 时的样子。

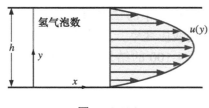

图 P4-106

4-107 如图 P4-107 所示，考虑一个充分发展的轴对称泊肃叶流动——压强梯度 $\text{d}P/\text{d}x$ 驱使流体在半径为 R（直径 $D = 2R$）的圆管中流动。（$\text{d}P/\text{d}x$ 是常数并且为负。）流动是定常、不可压缩、关于 x 轴对称的。速度分量由下式给出：

$$u = \frac{1}{4\mu}\frac{\text{d}P}{\text{d}x}(r^2 - R^2) \quad u_r = 0 \quad u_\theta = 0$$

式中，μ 是流体的黏度。这个流动是有旋的还是无旋的？如果它是有旋的，计算在圆周（θ）方向的涡量分量并讨论旋转的符号。

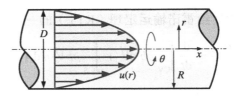

图 P4-107

4-108 对于题 4-107 中的对称泊肃叶流动，计算在 x 和 y 方向上的线应变率，并计算切应变率 ε_{xr}。在圆柱坐标 (r, θ, x) 和 (u_r, u_θ, u_x) 下切应变张量是

$$\varepsilon_{ij} = \begin{pmatrix} \varepsilon_{rr} & \varepsilon_{r\theta} & \varepsilon_{rx} \\ \varepsilon_{\theta r} & \varepsilon_{\theta\theta} & \varepsilon_{\theta x} \\ \varepsilon_{xr} & \varepsilon_{x\theta} & \varepsilon_{xx} \end{pmatrix}$$

$$= \begin{pmatrix} \dfrac{\partial u_r}{\partial r} & \dfrac{1}{2}\left(r\dfrac{\partial}{\partial r}\left(\dfrac{u_\theta}{r}\right) + \dfrac{1}{r}\dfrac{\partial u_r}{\partial\theta}\right) & \dfrac{1}{2}\left(\dfrac{\partial u_r}{\partial x} + \dfrac{\partial u_x}{\partial r}\right) \\ \dfrac{1}{2}\left(r\dfrac{\partial}{\partial r}\left(\dfrac{u_\theta}{r}\right) + \dfrac{1}{r}\dfrac{\partial u_r}{\partial\theta}\right) & \dfrac{1}{r}\dfrac{\partial u_\theta}{\partial\theta} + \dfrac{u_r}{r} & \dfrac{1}{2}\left(\dfrac{1}{r}\dfrac{\partial u_x}{\partial\theta} + \dfrac{\partial u_\theta}{\partial x}\right) \\ \dfrac{1}{2}\left(\dfrac{\partial u_r}{\partial x} + \dfrac{\partial u_x}{\partial r}\right) & \dfrac{1}{2}\left(\dfrac{1}{r}\dfrac{\partial u_x}{\partial\theta} + \dfrac{\partial u_\theta}{\partial x}\right) & \dfrac{\partial u_x}{\partial x} \end{pmatrix}$$

4-109 结合题 4-108 的结果和对称切应变张量 ε_{ij}，

$$\varepsilon_{ij} = \begin{pmatrix} \varepsilon_{rr} & \varepsilon_{rx} \\ \varepsilon_{xr} & \varepsilon_{xx} \end{pmatrix}$$

请问：x 轴和 y 轴是主轴吗？

4-110 我们用在中心面（x-y 平面）上的下列速度分量来近似进入真空吸尘器吸嘴中的空气流动：

$$u = \frac{-\dot{V}x}{\pi L}\frac{x^2 + y^2 + b^2}{x^4 + 2x^2y^2 + 2x^2b^2 + y^4 - 2y^2b^2 + b^4}$$

$$v = \frac{-\dot{V}y}{\pi L}\frac{x^2 + y^2 - b^2}{x^4 + 2x^2y^2 + 2x^2b^2 + y^4 - 2y^2b^2 + b^4}$$

式中，b 是吸嘴距地面的距离；L 是吸嘴的长度；$\dot{V}$ 是被吸入管内的空气的体积流量（见图 P4-110）。求流场内任意滞止点的位置。

答案：在原点

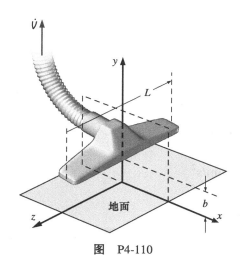

图 P4-110

4-111 考虑题 4-110 中的真空吸尘器。当 $b = 2.0\text{cm}$，$L = 35\text{cm}$，以及 $\dot{V} = 0.1098\text{m}^3/\text{s}$ 时，生成 x-y 平面的上半象限、范围从 $x = -3\text{cm}$ 至 3cm，$y = 0$ 至 2.5cm 区域内的速度矢量图。画出你尽可能需要的矢量来表达流场。注意：速度在点（x,y）=（0,2.0cm）处是无限的，所以不要试图在那个点画出速度矢量。

4-112 考虑题 4-110 中真空吸尘器的近似速度场。计算空气沿地面的流动速度。地面上的灰尘微团最有可能在最大速度位置被吸入真空清洁器，这是在哪个位置？你是否认为真空吸尘器在进口下方（原点处）能够更好地抽吸灰尘？说明你的理由。

4-113 生活中有许多来流几乎均匀的流体撞击与流动方向垂直的长圆柱体的情景，如图 P4-113 所示。例子如，空气流过车上天线，风吹过旗杆或者电线杆，风吹电线，洋流冲刷石油平台水下的圆柱。在所有这些例子中，圆柱后方的流动会发生分离并且是非定常的，并且通常是湍流。但是，在圆柱体前方的流动是定常和可预测的。实际上，除了在圆柱表面非常薄的边界层之外，流场可近似由下面在 x-y 平面内或 r-θ 平面内的定常、二维的速度分量描述：

$$u_r = V\cos\theta\left(1 - \frac{a^2}{r^2}\right) \qquad u_\theta = -V\sin\theta\left(1 + \frac{a^2}{r^2}\right)$$

请问：这个速度场是有旋的还是无旋的？请解释。

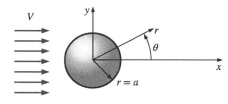

图 P4-113

4-114 考虑题 4-113 中流过圆柱体的流场。仅思考流场前部（$x < 0$）。在流场的前部有一个滞止点。它在哪里？用极坐标（r, θ）和笛卡儿坐标（x, y）给出你的答案。

4-115 考虑题 4-113 中流过圆柱体的流场。仅思考流场前部（$x < 0$）。我们引入一个叫作流函数的参数 ψ，二维流场中，沿着流线的流函数为常数，例如该题。如图 P4-115 所示。题 4-113 中的速度场对应于所给流函数

$$\psi = V\sin\theta\left(r - \frac{a^2}{r}\right)$$

（a）设 ψ 为常数，生成流线的方程。（提示：利用二次规则求 r 关于 θ 的函数。）

（b）对于 $V = 1.00\text{m/s}$，圆柱半径 $a = 10.0\text{cm}$ 的情况，画出流动上半部分的若干流线（$90° < \theta < 270°$）。为了保持一致，流线范围为 $-0.4\text{m} < x < 0\text{m}$、$-0.2\text{m} < y < 0.2\text{m}$，流函数值均匀分布在 $-0.16\text{m}^2/\text{s}$ 和 $0.16\text{m}^2/\text{s}$ 之间。

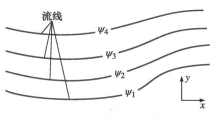

图 P4-115

4-116 考虑题 4-113 中流过圆柱体的流场。计算在极坐标系下 r-θ 平面内的两个线应变率，例如：计算 ε_{rr} 和 $\varepsilon_{\theta\theta}$。讨论流体线段在流场中是否扩张（或者收缩）。（提示：题 4-108 中给出了圆柱坐标的切应变张量。）

4-117 在题 4-116 的基础上，讨论流动的可压缩性和不可压缩性。

答案：流动是不可压缩的

4-118 考虑题 4-113 中的圆柱体绕流流场。计算在极坐标系下 r-θ 平面内的切应变率 $\varepsilon_{r\theta}$。讨论：在该流动中的流体质点是否因剪切而变形。（提示：题 4-108 中给出了圆柱坐标的切应变张量。）

4-119 在 x-y 平面内的定常、二维速度场的 x 方向上的速度分量由下式给出：

$$u = ax + by + cx^2 - dxy$$

式中，a、b、c、d 取适当的常数。求出不可压缩流

场的速度分量 v 的表达式。

4-120 一个定常的二维速度场 x-y 平面由 $\vec{V} = (a + bx)\vec{i} + (c + dy)\vec{j} + 0\vec{k}$ 给出。

（a）系数 a、b、c 和 d 的主要量纲（$m, l, t, T, \cdots$）是什么？

（b）为了使该流动不可压缩，需使这些系数之间保持什么关系？

（c）为了使该流动不旋转，需使这些系数之间保持什么关系？

（d）写出该流动的应变率张量。

（e）对于 $d = -b$ 的简化情况，导出该流动的流线方程，即 y 关于（x, a, b, c）的函数。

4-121 速度场由 $u = 5y^2$，$v = 3x$，$w = 0$ 给出。（这个问题中不需要关心单位。）

（a）这种流动是定常的还是非定常的？它是二维流动还是三维流动？

（b）计算在（x, y, z）=（3, 2, −3）处的速度矢量。

（c）计算在（x, y, z）=（3, 2, −3）处的局部加速度矢量（即非定常部分）。

（d）计算在（x, y, z）=（3, 2, −3）处的加速度矢量的对流（或平流）项。

（e）计算在（x, y, z）=（3, 2, −3）处的总加速度矢量。

工程基础（FE）考试问题

4-122 单个流体质点在某个时间段内经过的实际路径称为

（a）迹线　（b）流管　（c）流线

（d）脉线　（e）时间线

4-123 连续通过流动中规定点的流体质点的轨迹称为

（a）迹线　（b）流管　（c）流线

（d）脉线　（e）时间线

4-124 与瞬时局部速度矢量相切的曲线称为

（a）迹线　（b）流管　（c）流线

（d）脉线　（e）时间线

4-125 一个定常的、不可压缩的二维速度场为 $\vec{V} = (u, v) = (2.5 - 1.6x)\vec{i} + (0.7 + 1.6y)\vec{j}$ 其中 x 坐标和 y 坐标的单位为 m，速度单位为 m/s，驻点处的 x 和 y 分别为

（a）0.9375m，0.375m

（b）1.563m，−0.4375m

（c）2.5m，0.7m

（d）0.731m，1.236m

（e）−1.6m，0.8m

4-126 水在直径 3cm 的花园软管中以 25L/min 的速度流动，软管上连接有 20cm 的喷嘴，直径减小到 1.2cm。沿喷嘴中心线流动的流体质点的加速度大小为

（a）9.81m/s²

（b）17.3m/s²

（c）28.6m/s²

（d）33.1m/s²

（e）42.4m/s²

4-127 一个定常的、不可压缩的二维速度场由下式给出：

$\vec{V} = (u, v) = (0.65 + 1.7x)\vec{i} + (1.3 - 1.7y)\vec{j}$，其中 x 坐标和 y 坐标单位为 m，速度单位为 m/s。y 方向上的加速度 a_y 为

（a）1.7y

（b）−1.7y

（c）2.89y − 2.21

（d）3.0x − 2.73

（e）0.84y + 1.42

4-128 一个定常的、不可压缩的二维速度场由下式给出：

$$\vec{V} = (u, v) = (2.5 - 1.6x)\vec{i} + (0.7 + 1.6y)\vec{j}$$

其中 x 坐标和 y 坐标以 m 为单位，速度单位为 m/s。以 m/s² 为单位，在点（$x = 1$m，$y = 1$m）处，x 和 y 方向的加速度分量 a_x 和 a_y 分别为

（a）−1.44，3.68

（b）−1.6，1.5

（c）3.1，−1.32

（d）2.56，−4

（e）−0.8，1.6

4-129 一个定常的、不可压缩的二维速度场由下式给出：

$$\vec{V} = (u, v) = (2.5 - 1.6x)\vec{i} + (0.7 + 1.6y)\vec{j}$$

其中 x 坐标和 y 坐标单位为 m，速度单位为 m/s。在 x 方向上的加速度分量为

（a）0.8y

（b）−1.6x

（c）2.5x − 1.6

（d）2.56x − 4

（e）2.56x + 0.8y

4-130　一个定常的、不可压缩的二维速度场由下式给出：

$$\vec{V} = (u, v) = (0.65 + 1.7x)\,\vec{i} + (1.3 - 1.7y)\,\vec{j}$$

其中 x 坐标和 y 坐标以 m 为单位，速度以 m/s 为单位。以 m/s² 为单位，在（$x = 0$m，$y = 0$m）处，在 x 和 y 方向的加速度分量 a_x 和 a_y 分别是：

（a）0.37，−1.85

（b）−1.7，1.7

（c）1.105，−2.21

（d）1.7，−1.7

（e）0.65，1.3

4-131　一个定常的、不可压缩的二维速度场由下式给出：

$$\vec{V} = (u, v) = (0.8 + 1.7x)\,\vec{i} + (1.5 - 1.7y)\,\vec{j}$$

其中 x 坐标和 y 坐标以 m 为单位，速度以 m/s 为单位。在点（x, y）=（1m，2m）处，x 和 y 方向的速度 u 和 v 分别为（a）0.54，−2.31（b）−1.9，0.75（c）0.598，−2.21（d）2.5，−1.9（e）0.8，1.5

4-132　将某一时刻表示矢量大小和方向的箭头簇称为

（a）剖面图

（b）矢量图

（c）等值线图

（d）速度图

（e）时间图

4-133　哪一种不是流体力学中流体质点可能经历的基本运动或变形？

（a）旋转

（b）收缩

（c）平移

（d）线应变

（e）切应变

4-134　一个定常的、不可压缩的二维速度场由下式给出：

$$\vec{V} = (u, v) = (2.5 - 1.6x)\,\vec{i} + (0.7 + 1.6y)\,\vec{j}$$

其中 x 坐标和 y 坐标以 m 为单位，速度以 m/s 为单位。以 s⁻¹ 为单位，线应变率为

（a）−1.6（b）0.8（c）1.6（d）2.5（e）−0.875

4-135　一个定常的、不可压缩的二维速度场由下式给出：

$$\vec{V} = (u, v) = (2.5 - 1.6x)\,\vec{i} + (0.7 + 1.6y)\,\vec{j}$$

其中 x 坐标和 y 坐标以 m 为单位，速度以 m/s 为单位。以 s⁻¹ 为单位，切应变率为（a）−1.6（b）1.6（c）2.5（d）0.7（e）0

4-136　一个定常的、不可压缩的二维速度场由下式给出：

$$\vec{V} = (u, v) = (2.5 - 1.6x)\,\vec{i} + (0.7 + 0.8y)\,\vec{j}$$

其中 x 坐标和 y 坐标以 m 为单位，速度以 m/s 为单位。以 s⁻¹ 为单位，体积应变率应为

（a）0（b）3.2（c）−0.8（d）0.8（e）−1.6

4-137　如果流动区域的涡度为零，则流动为

（a）静止的（b）不可压缩的（c）可压缩的

（d）无旋的（e）有旋的

4-138　流体质点的角速度为 20rad/s。该流体质点的涡量为

（a）20rad/s（b）40rad/s（c）80rad/s

（d）10rad/s（e）5rad/s

4-139　一个定常的、不可压缩的二维速度场由下式给出：

$$\vec{V} = (u, v) = (0.75 + 1.2x)\,\vec{i} + (2.25 + 1.2y)\,\vec{j}$$

其中 x 坐标和 y 坐标以 m 为单位，速度以 m/s 为单位，涡度为

（a）0　（b）$1.2y\vec{k}$　（c）$-1.2y\vec{k}$　（d）$y\vec{k}$

（e）$-1.2xy\vec{k}$

4-140　一个定常的、不可压缩的二维速度场由下式给出：

$$\vec{V} = (u, v) = (2xy + 1)\,\vec{i} + (-y^2 - 0.6)\,\vec{j}$$

其中 x 坐标和 y 坐标以 m 为单位，速度以 m/s 为单位。流体运动的角速度为

（a）0（b）$-2y\vec{k}$（c）$2y\vec{k}$（d）$-2x\vec{k}$（e）$-x\vec{k}$

4-141　一辆手推车正以恒定的绝对速度 $V_{cart} = 3$km/h 向右移动。绝对速度 $V_{jet} = 15$km/h、向右的高速水射流冲击在手推车后部。水的相对速度为

（a）0km/h

（b）3km/h

（c）12km/h

（d）15km/h

（e）18km/h

5

第5章 伯努利方程与能量方程

本章目标

阅读完本章，你应该能够：

■ 在流动系统中运用质量守恒定律来平衡进出的流量。

■ 了解机械能的多种形式，掌握能量的转换效率。

■ 理解伯努利方程的用法和局限性，并用其解决各种流体流动的问题。

■ 掌握并且运用压头形式的能量方程来确定涡轮能量的输出和泵能量的需求。

本章概述

本章讲述了在流体力学中常用的三个方程：质量方程、伯努利方程和能量方程。质量方程是质量守恒定律的表现形式。伯努利方程是关于流体的动能、势能和流体能量在黏性力可忽略及其他一些限制条件下的相互转换并保持守恒的方程。能量方程就是能量守恒定律的表述。在流体力学中，为了方便，把机械能从热能中区分开来，机械能转化为热能的过程看作是由于摩擦作用造成的机械能损失。这样能量方程就变成了机械能守恒。

我们从守恒定律和质量守恒关系的综述来开始本章的学习。接下来讨论机械能的各种形式和机械设备的效率，例如泵和涡轮。然后通过对沿流线的流体单元应用牛顿第二定律推导出了伯努利方程，并示范了它的各种应用。我们继续研究了能量方程在流体力学中的适用形式，并引入了压头损失的概念。最后，我们把能量方程运用到各种各样的工程系统中去。

5.1 引言

你已经熟悉了很多的守恒定律，例如质量守恒、能量守恒和动量守恒。历史上，守恒定律首先被应用于一个被称为封闭系统或体系的有着固定量的物质中，接着扩展到被称为控制体的空间区域中。守恒关系又叫作平衡方程，即守恒量在某个过程中保持平衡不变。现在，我们把质量守恒方程和能量关系，以及线性动量方程做一个简单的描述。

全世界范围内正在建设风机"农田"来从风中汲取动能并将其转化为电能。在风机的设计中要用到质量、能量、动量和角动量平衡。在初步设计的阶段，伯努利方程也是有用的。

质量守恒

在一个封闭系统内的质量变化关系表达为 $m_{sys} = \text{const}$ 或者 $dm_{sys}/dt = 0$，这表明了一个体系在一个过程中的质量是保持恒定的。对于一个控制体（CV）来说，质量平衡以变化率的形式表现为

$$\dot{m}_{in} - \dot{m}_{out} = \frac{dm_{CV}}{dt} \tag{5-1}$$

式中，$\dot{m}_{in}$ 和 $\dot{m}_{out}$ 分别表示流进、流出控制体的

质量流量的总变化率；dm_{CV}/dt 表示流量在控制体边界内部的变化率。在流体力学中，微分控制体中的质量守恒定律通常被称为连续方程。质量守恒定律将在 5.2 节中详细讨论。

线性动量方程

物体质量和速度的乘积称为线性动量或简称为动量，一个质量为 m、速度为 $\vec{V}$ 的刚体动量为 $m\vec{V}$。牛顿第二定律表明，物体的加速度与作用在其上的力成正比，与其质量成反比，物体动量的变化率等于作用在物体上的净作用力。因此，当作用力的合力为零时体系的动量保持不变，或者说该体系的动量守恒。这就是众所周知的动量守恒定律。在流体力学中，牛顿第二定律经常被认为是线性动量方程，这将在第 6 章和角动量方程一起讨论。

能量守恒

能量能够以热或做功的形式在封闭系统内传入或传出，能量守恒定律指出，在某个过程中进出系统的净能量等于该系统内能量的变化。控制体内的能量以质量流量的形式传递，能量守恒定律又被称为能量平衡，表示为

$$\dot{E}_{in} - \dot{E}_{out} = \frac{dE_{CV}}{dt} \qquad (5\text{-}2)$$

式中，$\dot{E}_{in}$ 和 $\dot{E}_{out}$ 分别是控制体内总的能量进、出变化率；$\dfrac{dE_{CV}}{dt}$ 是控制体边界内能量的变化率。在流体力学中，我们通常只考虑机械形式的能量，能量守恒将在 5.6 节中讨论。

5.2 质量守恒

质量守恒定律是自然界中最为基本的定律之一。我们对这些定律都很熟悉，并且不难理解。一个人就算不是火箭专家，也能算出来 100g 油和 25g 醋混合后得到的调料是多少。每一个化学方程的平衡都是建立在质量守恒的基础之上的。16kg 的氧原子和 2kg 的氢原子相互作用，可以得到 18kg 的水（见图 5-1）。在电解过程中，这部分水可以分解为 2kg 的氢气和 16kg 的氧气。

严格来说，质量也不是完全守恒的。质量 m 和能量 E 可以相互转化，即根据阿尔伯特·爱因斯坦（1879—1955）提出的著名方程

$$E = mc^2 \qquad (5\text{-}3)$$

式中，c 是指光在真空中的速度，即 $c = 2.9979 \times 10^8 \text{m/s}$。这个方程反映了质量和能量是等价的。所有物理和化学系统都会与其环境发生能量的相互作用，但是与系统的总质量相比，所涉及的能量仅相当于极小的一部分质量。例如，在正常的大气条件下，由氧原子和氢原子生成 1kg 水，会释放 15.8MJ 的能量，只相当于 1.76×10^{-10}kg 的质量。然而，即使在

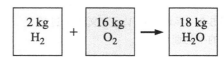

图 5-1 即使在化学反应过程中质量也是守恒的

核反应中，与总反应能量等价的质量也只是所涉及总质量中非常小的一部分。因此，在大部分工程分析中，我们认为质量和能量都是保持不变的量。

对于封闭系统来说，质量守恒定律是默认应用的，即要求过程中系统的质量保持恒定。然而，对控制体来说，由于质量能够穿越边界，因此我们必须跟踪进入和离开控制体的质量。

质量和体积流量

单位时间内流经某横截面的质量叫作质量流量，用 $\dot{m}$ 表示。标记上方的圆点符号表示时间变化率。

流体通常通过管道流进、流出控制体。通过管道横截面一个小面积单元 dA_c 的微分质量流量与 dA_c、流体的密度 ρ、以及垂直于 dA_c 的速度分量（我们用 V_n 表示）成正比，用公式表示为（见图 5-2）

$$\delta\dot{m} = \rho V_n\, dA_c \tag{5-4}$$

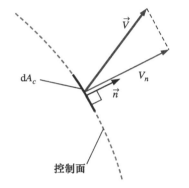

图 5-2 表面的法向速度 V_n 是指垂直于表面的速度分量

需要注意的是，δ 和 d 都用来表示微分量，但 δ 用来表示那些过程函数和不定积分的量（例如热、做功和质量传递），而 d 是用来表示那些点函数和定积分的量（例如属性）。例如，对于流经一个内径 r_1、外径 r_2 环形的流动，$\int_1^2 dA_c = A_{c2} - A_{c1} = \pi(r_2^2 - r_1^2)$，但是 $\int_1^2 \delta\dot{m} = \dot{m}_{\text{total}}$（通过环形的总质量流量），不是 $\dot{m}_2 - \dot{m}_1$。对给定值 r_1 和 r_2 来说，dA_c 的积分是固定的（是点函数和定积分），但 $\delta\dot{m}$ 的积分不是这样的（是过程函数和不定积分）。

通过整个管道横截面的质量流量可以通过积分得到

$$\dot{m} = \int_{A_c} \delta\dot{m} = \int_{A_c} \rho V_n\, dA_c \quad (\text{kg/s}) \tag{5-5}$$

虽然式（5-5）总是有效的（实际上是准确的），但因为是积分，所以对于工程分析来说是不实用的。我们更喜欢用通过管道横截面的平均值来表示质量流量。在一般的可压缩流动中，ρ 和 V_n 在管道内不断变化。在许多实际应用中，密度 ρ 在管道横截面内是基本均匀的，可以将式（5-5）中的 ρ 移到积分号外。然而由于壁面无滑移条件，速度在管道横截面内是永远不会均匀的。相反，速度会从壁面上的零值一直变化到管道中心线附近的最大值。我们将平均速度 V_{avg} 定义为管道整个横截面上 V_n 的平均值（见图 5-3），即

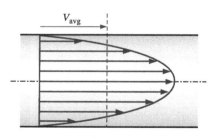

图 5-3 平均速度 V_{avg} 定义为流过横截面的平均速度

$$V_{\text{avg}} = \frac{1}{A_c} \int_{A_c} V_n\, dA_c \tag{5-6}$$

式中，A_c 是与流动方向垂直的横截面面积，注意，如果整个截面的速度都是 V_{avg}，那么质量流量与通过速度剖面积分得到的质量流量是完全相同的。因此，对于不可压缩流动，甚至对于通过 A_c 的流体密度 ρ 近似为均匀的可压缩流动，式（5-5）变为

$$\dot{m} = \rho V_{\text{avg}} A_c \quad (\text{kg/s}) \tag{5-7}$$

对于可压缩流动，我们把 ρ 看作管道横截面内的体积平均密度，式

（5-7）就可以作为一个合理的近似方程。为了简化，我们去掉了平均速度的下标。除非另有说明，V 就表示在流动方向上的平均速度。此外，A_c 就表示流动方向上的横截面面积。

单位时间内流经横截面的流体体积被称为体积流量 $\dot{V}$（见图5-4），定义为

$$\dot{V} = \int_{A_c} V_n \, dA_c = V_{avg} A_c = V A_c \quad (m^3/s) \qquad (5-8)$$

式（5-8）的早期形式由意大利修道士内德托·卡斯泰利（约1577—1644）于1628年发表。注意，许多流体力学手册都用 Q 而不用 $\dot{V}$ 作为体积流量。我们用 $\dot{V}$ 是为了避免与传热混淆。

质量流量和体积流量的关系是

$$\dot{m} = \rho \dot{V} = \frac{\dot{V}}{\upsilon} \qquad (5-9)$$

式中，υ 是比容。这个关系式类似于 $m = \rho V = V/\upsilon$，即一个容器中流体的质量和体积之间的关系。

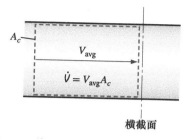

图5-4 体积流量是单位时间内流经横截面的流体体积

质量守恒定律

控制体内的质量守恒定律可以表示为：在某一时间间隔 Δt 内，流入流出控制体的净质量等于 Δt 时间内控制体总质量的净变化（增加或减少）。即

（Δt 时间内进入控制体的总质量）−（Δt 时间内流出控制体的总质量）=（Δt 时间控制体内质量的变化）

或者

$$m_{in} - m_{out} = \Delta m_{CV} \quad (kg) \qquad (5-10)$$

式中，$\Delta m_{CV} = m_{final} - m_{initial}$ 是这个过程中控制体内质量的变化（见图5-5）。它也可以用变化率的形式表示，即

$$\dot{m}_{in} - \dot{m}_{out} = \frac{dm_{CV}}{dt} \quad (kg/s) \qquad (5-11)$$

式中，$\dot{m}_{in}$ 和 $\dot{m}_{out}$ 是分别进、出控制体的总质量流量；dm_{CV}/dt 是控制体边界内部质量的变化率。式（5-10）和式（5-11）通常称作质量平衡，并可应用于任意控制体的任意过程中。

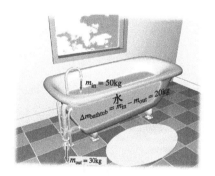

图5-5 普通浴缸的质量守恒定律

考虑到控制体可能是任意形状，如图5-6所示。控制体内微元体积 dV 的质量为 $dm = \rho dV$。控制体某个时刻 t 的总质量可以通过积分得到

$$m_{CV} = \int_{CV} \rho \, dV \qquad (5-12)$$

控制体内质量随着时间的变化率可以表示为

$$\frac{dm_{CV}}{dt} = \frac{d}{dt} \int_{CV} \rho \, dV \qquad (5-13)$$

对于没有质量流经控制面的特殊情况（即控制体是封闭系统），质量守恒定律简化为 $dm_{CV}/dt = 0$。无论控制体是固定的、移动的还是变形的，这个关系式都是有效的。

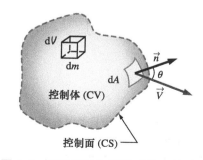

图5-6 用于质量守恒关系推导的微元控制体 dV 和微元控制面 dA

现在考虑通过一个固定控制体表面上的微元面积 dA 流入或流出该控制体的质量。用 $\vec{n}$ 表示垂直于 dA 的外法向单位矢量，$\vec{V}$ 表示在 dA 位置相对于固定坐标系的流动速度，如图 5-6 所示。一般来说，流经 dA 的速度会与 dA 的法向成 θ 角，因此质量流量与速度的法向分量 $\vec{V}_\theta = \vec{V}\cos\theta$ 成正比，其范围是从 $\theta = 0°$ 时的最大流出速度（流动与 dA 垂直）到 $\theta = 90°$ 时的零速度（流动与 dA 相切），再到 $\theta = 180°$ 时的最大流入速度（流动与 dA 垂直但方向相反）。

利用两个矢量点积的概念，得到法向分速度的大小为

$$V_n = V\cos\theta = \vec{V}\cdot\vec{n} \qquad (5\text{-}14)$$

流经 dA 的质量流量 $\delta\dot{m}$ 与流体的密度 ρ、法向速度 V_n 以及流经面积 dA 成正比，可表示为

$$\delta\dot{m} = \rho V_n dA = \rho(V\cos\theta)dA = \rho(\vec{V}\cdot\vec{n})dA \qquad (5\text{-}15)$$

通过在整个控制面上积分 $\delta\dot{m}$ 可以得到流经整个控制面流入流出控制体的净质量流量 $\dot{m}_{\text{net}}$：

$$\dot{m}_{\text{net}} = \int_{CS} \delta\dot{m} = \int_{CS} \rho V_n\, dA = \int_{CS} \rho(\vec{V}\cdot\vec{n})\, dA \qquad (5\text{-}16)$$

注意，$V_n = V\cos\theta = \vec{V}\cdot\vec{n}$ 对于 $\theta < 90°$（流出）是正的，对于 $\theta > 90°$（流入）是负的。因此，流动的方向就自动确认了，并且式（5-16）中的面积分直接给出了净质量流量 $\dot{m}_{\text{net}}$。正值表明质量净流出，负值表明质量净流入。

重新整理式（5-11）为 $d\dot{m}_{CV}/dt + \dot{m}_{\text{out}} - \dot{m}_{\text{in}} = 0$，对于固定控制体的质量守恒关系可以表示为

$$\frac{d}{dt}\int_{CV} \rho\, dV + \int_{CS} \rho(\vec{V}\cdot\vec{n})\, dA = 0 \qquad (5\text{-}17)$$

它表明控制体内的质量对时间的变化率加上流经控制面的净质量流量等于零。

利用雷诺输运定理，将 m 换成 B（见第 4 章）就可以导出针对控制体的一般质量守恒方程。然后将质量除以质量，得到单位质量的属性，可以得到 $b = 1$。同时，封闭系统的质量是不变的，它对时间的导数为 0。即 $dm_{\text{sys}}/dt = 0$。这样雷诺输运方程就简化为式（5-17），如图 5-7 所示，同时也说明了雷诺输运定理确实是一个有力的工具。

将式（5-17）中的面积积分分成两个部分：一部分是流出的流线（正值），一部分是流入的流线（负值），则一般质量守恒关系就可以表示为

$$\frac{d}{dt}\int_{CV} \rho\, dV + \sum_{\text{out}} \rho\,|V_n|A - \sum_{\text{in}} \rho\,|V_n|A = 0 \qquad (5\text{-}18)$$

式中，A 表示进口或出口的面积，求和符号用来强调所有的进口和出口都要考虑。利用质量流率的定义，式（5-18）也可以表示为

$$\frac{d}{dt}\int_{CV} \rho\, dV = \sum_{\text{in}} \dot{m} - \sum_{\text{out}} \dot{m} \quad \text{或者} \quad \frac{dm_{CV}}{dt} = \sum_{\text{in}} \dot{m} - \sum_{\text{out}} \dot{m} \qquad (5\text{-}19)$$

在求解具体问题时，控制体的选取是灵活多样的。可能会有多种控制体可选，但某些更便于我们解题。控制体不应过于复杂，以至于引

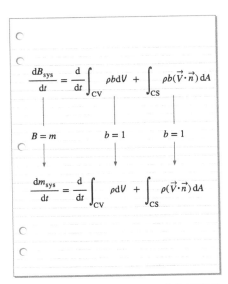

图 5-7 质量守恒方程是通过在雷诺输运定理中用质量 m 替换 B，以及用 1 替换 b（每单位质量 $m = m/m = 1$）来获得的

入一些没必要的难题。明智的做法应该是让复杂的问题简单化。在控制体的选择中，一条简单的规则就是尽可能地使穿越流体的控制面处处与流动方向垂直。这样的话，点积 $\vec{V} \cdot \vec{n}$ 可以简化为速度的大小，而积分 $\int_A \rho(\vec{V} \cdot \vec{n}) \, dA$ 可以简化为 ρVA（见图 5-8）。

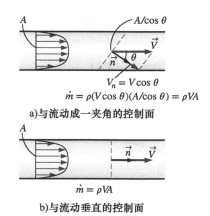
a）与流动成一夹角的控制面

b）与流动垂直的控制面

图 5-8 控制面的选取应使得穿越流体的控制面处处与流动方向垂直，以避免增加复杂性，即使结果是一样的

控制体的移动和变形

式（5-17）和式（5-19）对于移动的控制体也是有效的，只要将绝对速度 $\vec{V}$ 用相对速度 $\vec{V}_r$ 代替即可，这个速度是相对于控制面的（见第4章）。在移动但是不变形的控制体中，相对速度是一个与控制体一起移动的人所观察到的流体速度，可以表示为 $\vec{V}_r = \vec{V} - \vec{V}_{CS}$，其中 $\vec{V}$ 是流体的速度，$\vec{V}_{CS}$ 是控制面的速度，都是相对于外部固定点的。注意，这是一个矢量差。

一些实际的问题（例如通过注射器的柱塞运动使药物通过针头进行注射）包括了变形的控制体。质量守恒关系仍然能够用于求解这类变形的控制体，只要穿越控制面变形部分的流体速度用相对于控制面的速度来表示（也就是说，流体速度是相对于固定在控制面变形部分的参考系而言的）。在本例中，控制面上任意一点的相对速度可以表示为 $\vec{V}_r = \vec{V} - \vec{V}_{CS}$，其中 $\vec{V}_{CS}$ 是控制面在该点处相对于控制体外部某一固定点的当地速度。

定常流过程的质量平衡

在一个定常流过程中，控制体内所包含的质量总量是不随时间变化的（$m_{CV} = \text{const}$）。质量守恒定律要求进入控制体的总质量等于离开的总质量。例如，对于一个稳定运行的花园浇水软管喷嘴，单位时间内进入喷嘴的水流质量等于单位时间内流出的水流质量。

当处理定常流过程时，我们对整段时间进出一个设备的质量流量没有兴趣，相反，我们关心的是单位时间里的质量，即质量流量 $\dot{m}$。对于多进口和多出口的定常流动系统，质量守恒定律可以用变化率的形式表示（图 5-9），即

$$\sum_{in} \dot{m} = \sum_{out} \dot{m} \quad (\text{kg/s}) \qquad (5\text{-}20)$$

它说明进入控制体的总质量流量等于离开控制体的总质量流量。

许多工程装置，例如喷管、扩压器、涡轮、压气机和泵都包含一条单独的流路（仅一个进口和一个出口）。对于这些例子，我们通常用下标 1 表示进口状态，用下标 2 表示出口状态，并且去掉求和记号。对于单流路定常系统，式（5-20）简化为

$$\dot{m}_1 = \dot{m}_2 \quad \rightarrow \quad \rho_1 V_1 A_1 = \rho_2 V_2 A_2 \qquad (5\text{-}21)$$

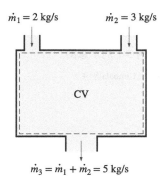

图 5-9 两个进口、一个出口的定常流系统的质量守恒定律

特例：不可压缩流动

通常对于液体来说，流体是不可压缩的，质量守恒关系能够进一步简化。将一般定常流动关系式两边的密度 ρ 去掉可以得到

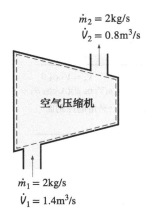

$\dot{m}_2 = 2\text{kg/s}$
$\dot{V}_2 = 0.8\text{m}^3\text{/s}$

空气压缩机

$\dot{m}_1 = 2\text{kg/s}$
$\dot{V}_1 = 1.4\text{m}^3\text{/s}$

图 5-10 在定常流动过程中，尽管质量流量守恒，但是体积流量不一定守恒

定常不可压缩流动：$\displaystyle\sum_{\text{in}} \dot{V} = \sum_{\text{out}} \dot{V}$ （m³/s）　　　（5-22）

对于单流路的定常流动系统，式（5-22）可以变为

$$\dot{V}_1 = \dot{V}_2 \quad \rightarrow \quad V_1 A_1 = V_2 A_2 \qquad （5\text{-}23）$$

永远都要记住没有体积不变这条定律。因此，一个定常流动装置进、出口的体积流量是不同的。一台空气压缩器出口的体积流量是远远小于进口的，即使通过压缩器的空气质量流量是一个常数（见图5-10）。这跟压缩器出口的空气密度更高有关。然而，对于定常的液体流动，由于液体不可压缩，因此它的体积流量应该是近乎于常数的。通过花园浇水软管喷嘴的水流就是后者的一个例子。

质量守恒定律要求整个过程的每一点流量都要被统计。如果你能使你的支票簿保持收支平衡（通过追查存款和提款，或者更简单地观察"金钱守恒"原则），那你肯定也能够将质量守恒定律运用到工程问题中去。

图 5-11 例 5-1 的示意图

照片由John M.Cimbala提供

【例 5-1】水流经花园浇水软管喷嘴

用一个装有喷嘴的花园软管给一个 10gal 的水桶装水。管子的内径是 2cm，在喷嘴出口缩减到 0.8cm（见图 5-11）。如果花费了 50s 才将桶装满水，求：（a）流经管子的水的体积流量和质量流量；（b）喷嘴出口处水的平均速度。

问题： 用一个花园软管来给水桶装满水。求水的体积流量和质量流量以及出口速度。

假设： ①水几乎是不可压缩的；②经过管子的流动是定常的；③水没有溅出浪费。

参数： 取水的密度为 1000kg/m³ = 1 kg/L。

分析：（a）注意 10gal 的水在 50s 内排出，水的体积流量和质量流量分别是

$$\dot{V} = \frac{\Delta V}{\Delta t} = \frac{10 \text{ gal}}{50 \text{ s}}\left(\frac{3.7854 \text{ L}}{1 \text{ gal}}\right) = 0.757 \text{ L/s}$$

$$\dot{m} = \rho\dot{V} = (1 \text{ kg/L})(0.757 \text{ L/s}) = 0.757 \text{ kg/s}$$

（b）喷嘴出口横截面面积是

$$A_e = \pi r_e^2 = \pi(0.4\text{cm})^2 = 0.5027\text{cm}^2 = 0.5027 \times 10^{-4}\text{m}^2$$

流经管子和喷嘴的体积流量是定值。在喷嘴出口处水的平均速度变为

$$V_e = \frac{\dot{V}}{A_e} = \frac{0.757 \text{ L/s}}{0.5027 \times 10^{-4} \text{ m}^2}\left(\frac{1 \text{ m}^3}{1000 \text{ L}}\right) = 15.1 \text{ m/s}$$

讨论： 可以知道水流在管子中的平均速度为 2.4m/s。可见，喷嘴将水速增加了 5 倍多。

【例 5-2】水从容器中排出

一个高为 4ft、直径为 3ft 的柱形水箱顶部与大气相通，在初始状态时装满了水。现在拔掉容器底部的塞子排水，射流流出的直径是 0.5in（见图 5-12）。射流的平均速度近似为 $V = \sqrt{2gh}$，其中，h 是从孔（一个变量）中心测量的容器中水的高度；g 是重力加速度。求需要花费多长时间才能使容器中的水面下降到离底部 2ft。

问题： 靠近容器底部的塞子被拔出。求出容器排掉一半水所花费的时间。

假设： ①水几乎是不可压缩的；②与总的水高相比，容器底部和孔中心之间的距离可以忽略不计；③重力加速度是 9.81m/s^2。

分析： 我们取水所占的体积为控制体。在这个例子中，控制体的大小随着水面的下降而变小，这是一个可变的控制体。（我们也可以把它当成是由容器内部体积所组成的固定控制体，不考虑占据水腾出空间的空气。）这是一个明显的非定常流动问题，因为控制体内的参数（例如质量）随时间而变化。

以变化率的形式给出的任意过程下控制体质量守恒关系为

$$\dot{m}_{\text{in}} - \dot{m}_{\text{out}} = \frac{\text{d}m_{\text{CV}}}{\text{d}t} \tag{1}$$

在这个过程中没有质量进入控制体（$\dot{m}_{\text{in}} = 0$），排出水的质量流量是

$$\dot{m}_{\text{out}} = (\rho V A)_{\text{out}} = \rho\sqrt{2gh}A_{\text{jet}} \tag{2}$$

式中，$A_{\text{jet}} = \pi D_{\text{jet}}^2/4$ 是喷口的横截面面积，为常量。注意，水的密度是常量，任意时间容器中水的质量是

$$m_{\text{CV}} = \rho V = \rho A_{\text{tank}}h \tag{3}$$

式中，$A_{\text{tank}} = \pi D_{\text{tank}}^2/4$ 是柱形容器的底面积。将式（2）和式（3）代入质量守恒关系［式（1）］中得到

$$-\rho\sqrt{2gh}A_{\text{jet}} = \frac{\text{d}(\rho A_{\text{tank}}h)}{\text{d}t} \rightarrow -\rho\sqrt{2gh}(\pi D_{\text{jet}}^2/4) = \frac{\rho(\pi D_{\text{tank}}^2/4)\text{d}h}{\text{d}t}$$

去掉密度和其他的公共项并分离变量得到

$$\text{d}t = -\frac{D_{\text{tank}}^2}{D_{\text{jet}}^2}\frac{\text{d}h}{\sqrt{2gh}}$$

从 $t = 0$（$h = h_0$）积分到 $t = t$（$h = h_2$）得到

$$\int_0^t \text{d}t = -\frac{D_{\text{tank}}^2}{D_{\text{jet}}^2\sqrt{2g}}\int_{h_0}^{h_2}\frac{\text{d}h}{\sqrt{h}} \rightarrow t = \frac{\sqrt{h_0} - \sqrt{h_2}}{\sqrt{g/2}}\left(\frac{D_{\text{tank}}}{D_{\text{jet}}}\right)^2$$

代入数值，求得排出的时间

$$t = \frac{\sqrt{4\text{ ft}} - \sqrt{2\text{ ft}}}{\sqrt{32.2/2\text{ ft/s}^2}}\left(\frac{3 \times 12\text{ in}}{0.5\text{ in}}\right)^2 = 757\text{ s} = 12.6\text{ min}$$

因此，拔掉塞子把水箱的水放空一半需要花费 12.6min。

讨论： 利用相同的关系求得 $h_2 = 0$ 时，排出整个水箱水的时间为 $t = 43.1\text{min}$。因此，放空底部一半的水比放空上部一半花费的时间要长。这是因为随着 h 的下降，水的平均排出速度也在下降。

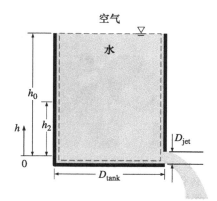

图 5-12 例 5-2 的示意图

图5-13 对于没有涉及明显传热或者能量转化的流动，机械能是有用的概念，例如汽油从地下容器流入汽车的流动

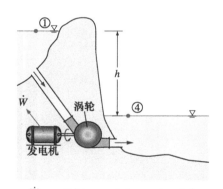

$$\dot{W}_{max} = \dot{m}\Delta e_{mech} = \dot{m}g(z_1 - z_4) = \dot{m}gh$$
由于 $P_1 \approx P_4 = P_{atm}$，$V_1 = V_4 \approx 0$

a)

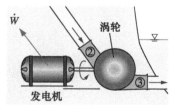

$$\dot{W}_{max} = \dot{m}\Delta e_{mech} = \dot{m}\frac{P_2 - P_3}{\rho} = \dot{m}\frac{\Delta P}{\rho}$$
由于 $V_2 \approx V_3$，$z_2 \approx z_3$

b)

图5-14 通过一个理想的水力涡轮机连接一个理想的发电机来说明机械能。不考虑不可逆损失，产生的最大功率与a）水库上游到下游的水面高度变化或者b）涡轮上游到下游水的压降（局部放大图）成正比

5.3 机械能与效率

许多流体系统都被设计成以某一特定的流量、速度和高度差将流体从一个地方运到另一个地方，在这个过程中，系统会在涡轮里产生机械功，或者在泵与风机中消耗机械功（见图5-13）。这些系统不包括核能、化学能或热能向机械能的转化。此外，它们也不包含明显的传热，基本在常温下运行。这样的系统能够通过只考虑能量的机械形式和造成机械能损失的摩擦效应来方便地分析（也就是说，转变成热能的那部分通常没有任何作用）。

机械能可以定义为能够通过理想的机械装置（如理想涡轮）直接并完全地转化为机械功的能量形式。动能和势能都是常见的机械能形式。然而热能不是机械能，因为它不能被直接地完全转化为功（热力学第二定律）。

泵通过提高液体的压强将机械能传递到液体中，而涡轮通过降低液体的压强来从中提取机械能。因此，流动液体的压强是与其机械能相关的。事实上，压强的单位 Pa 等价于 $Pa = N/m^2 = N·m/m^3 = J/m^3$，即单位体积的能量，它的乘积 PV 或者其等效 P/ρ 的单位为 J/kg，即每单位质量的能量。注意，压强本身并不是能量的形式，它可以被看作是一种单位体积内存储势能的度量。但是压强作用在流体上一段距离会产生功，叫作压强功，以 P/ρ 表示每单位质量流动功的大小。流动功是以流体性质的形式表现出来的，将它视为流动流体能量的一部分更方便，称为流动能。因此，基于单位质量流动流体的机械能表达式为

$$e_{mech} = \frac{P}{\rho} + \frac{V^2}{2} + gz$$

式中，P/ρ 是流动能；$V^2/2$ 是动能；gz 是流体的势能，所有的都是单位质量。在不可压缩流动中流体的机械能变化为

$$\Delta e_{mech} = \frac{P_2 - P_1}{\rho} + \frac{V_2^2 - V_1^2}{2} + g(z_2 - z_1) \quad (kJ/kg) \qquad (5-24)$$

因此，流体在流动中如果其压强、密度、速度和高度都保持不变的话，则其机械能也是不变的。在不考虑不可逆损失的情况下，机械能的变化反映了补充到流体中的机械能（若 $\Delta e_{mech} > 0$）或从流体中提取的机械能（若 $\Delta e_{mech} < 0$）。例如，由涡轮产生的最大（理想）能量，是 $\dot{W}_{max} = \dot{m}\Delta e_{mech}$，如图5-14所示。

考虑一个高度为 h 装满水的容器，如图5-15所示，选容器底部平面为参考位置。单位质量的表压和势能分别为，在自由表面 A 点 $P_{gage, A} = 0$ 和 $pe_A = gh$，在容器底部 B 点 $P_{gage, B} = \rho gh$ 和 $pe_B = 0$。无论水（或者其他密度不变的液体）来自容器顶部还是底部，在底部位置的理想水轮机都可以产生相同的单位质量功 $W_{turbine} = gh$。注意，假设在水箱到涡轮的管道内是理想流体（没有不可逆损失），涡轮出口的动能可忽略。因此，底部水的总可用机械能与顶部的相等。

机械能的传递通常是通过旋转轴完成的，因此机械功通常指轴功。泵或者风机获得轴功（通常来自于电动机），并把它以机械能的形式传递到液体当中（极少的摩擦损耗）。另外，涡轮可以把液体的机械能转化为轴功。由于不可逆因素（例如摩擦力）的存在，机械能不可以完全转化为另一种形式的能量，这一装置或者过程的机械效率可以表示为

$$\eta_{\text{mech}} = \frac{\text{机械能的输出}}{\text{机械能的输入}} = \frac{E_{\text{mech, out}}}{E_{\text{mech, in}}} = 1 - \frac{E_{\text{mech, loss}}}{E_{\text{mech, in}}} \qquad （5-25）$$

转化效率是低于 100% 的，这说明了转化是不完全的，在转化过程中会有损失存在。74% 的机械效率表明有 26% 输入的机械能由于摩擦生热的原因转化成了热能（见图 5-16）。流体的温度会有轻微的上升就说明了这一点。

在流体系统中，我们通常关注于提升流体的压强、速度和高度。这可以通过泵、风机、压气机（我们把它们都称作泵）给流体提供机械能来实现。或者通过涡轮从流体中提取机械能这一相反的过程，然后以旋转轴的形式输出机械功率，来驱动发电机或者其他旋转装置。提供或提取的机械能与流体机械能之间的转化程度可以用泵的效率和涡轮的效率来表示。以变化率的形式，它们被定义为

$$\eta_{\text{pump}} = \frac{\text{流体机械能的增加}}{\text{机械能的输入}} = \frac{\Delta \dot{E}_{\text{mech, fluid}}}{\dot{W}_{\text{shaft, in}}} = \frac{\dot{W}_{\text{pump, }u}}{\dot{W}_{\text{pump}}} \qquad （5-26）$$

式中，$\Delta \dot{E}_{\text{mech, fluid}} = \dot{E}_{\text{mech, out}} - \dot{E}_{\text{mech, in}}$ 是流体机械能的增加率，它等价于补充到流体中泵的可用功 $\dot{W}_{\text{pump, }u}$，以及

$$\eta_{\text{turbine}} = \frac{\text{机械能的输出}}{\text{流体机械能的减少}} = \frac{\dot{W}_{\text{shaft, out}}}{|\Delta \dot{E}_{\text{mech, fluid}}|} = \frac{\dot{W}_{\text{turbine}}}{\dot{W}_{\text{turbine, }e}} \qquad （5-27）$$

式中，$|\Delta \dot{E}_{\text{mech, fluid}}| = \dot{E}_{\text{mech, in}} - \dot{E}_{\text{mech, out}}$ 是流体中机械能的减少率，它等价于通过涡轮从流体中提取的机械功率 $\dot{W}_{\text{turbine, }e}$，并且为了避免出现负值，效率用绝对值来表示。泵或者涡轮的效率为 100% 表明轴功与流体机械能之间的完全转化，当摩擦影响最小化时会接近该值（但永远达不到）。

机械效率应该与电动机效率和发电机效率区分开，其定义为

电动机： $$\eta_{\text{motor}} = \frac{\text{机械能输出}}{\text{电能输入}} = \frac{\dot{W}_{\text{shaft, out}}}{\dot{W}_{\text{elect, in}}} \qquad （5-28）$$

发电机： $$\eta_{\text{generator}} = \frac{\text{电能输出}}{\text{机械能输入}} = \frac{\dot{W}_{\text{elect, out}}}{\dot{W}_{\text{shaft, in}}} \qquad （5-29）$$

泵通常和电动机连接在一起，涡轮与发电机连接在一起。因此，我们通常感兴趣的是这种组合效率或者说总效率（见图 5-17），其定义为

$$\eta_{\text{pump−motor}} = \eta_{\text{pump}} \eta_{\text{motor}} = \frac{\dot{W}_{\text{pump, }u}}{\dot{W}_{\text{elect, in}}} = \frac{\Delta \dot{E}_{\text{mech, fluid}}}{\dot{W}_{\text{elect, in}}} \qquad （5-30）$$

和

$$\eta_{\text{turbine−gen}} = \eta_{\text{turbine}} \eta_{\text{generator}} = \frac{\dot{W}_{\text{elect, out}}}{\dot{W}_{\text{turbine, }e}} = \frac{\dot{W}_{\text{elect, out}}}{|\Delta \dot{E}_{\text{mech, fluid}}|} \qquad （5-31）$$

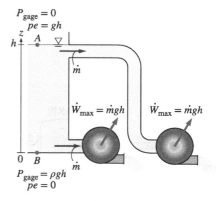

图 5-15　容器底部水的可用机械能等于包括容器自由面在内任意深度的可用机械能

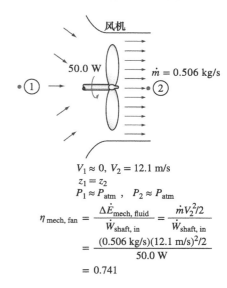

图 5-16　风机的机械效率是空气机械能的增长量与输入机械功的比值

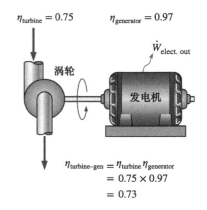

图 5-17　涡轮发电机的总效率是涡轮机的效率和发电机效率的乘积，代表了流体的机械功转化为电能的部分

所有效率的范围都是 0%~100%。0% 的下限是指机械能或电能全部转化为热能，在这种情况下设备就像是一个电阻加热器。100% 的上限是指没有摩擦和不可逆的条件，机械能和电能没有转化为热能的情况（没有损失）。

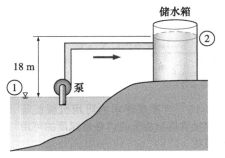

储水箱

18 m

①

②

泵

图 5-18 例 5-3 的示意图

【例 5-3】从湖中抽水到储水箱

水以 70L/s 的速度从湖中泵送到 18m 高的储水箱，同时消耗 20.4kW 的电力（见图 5-18）。水箱顶部通大气。忽略管道中的摩擦损失以及动能的变化，确定（a）泵 - 电动机的整体效率和（b）泵入口和出口之间的压强差。

问题：水以指定的速率从湖中泵送到储水箱。确定泵 - 电动机的整体效率和泵入口和出口之间的压强差。

假设：①储水箱和湖的高度保持不变。②管道中的摩擦损失可以忽略不计。③动能的变化可以忽略不计。④泵的高度差可以忽略不计。

参数：水的密度取为 $\rho = 1000 \text{ kg/m}^3$。

分析：（a）我们将湖的自由表面取为点 1，储水箱的自由表面取为点 2。将湖面作为参考平面（$z_1 = 0$），因此点 1 和点 2 处的势能为 $pe_1 = 0$ 和 $pe_2 = gz_2$。由于点 1 和点 2 均通大气，因此两点的流动能为 0（$P_1 = P_2 = P_{\text{atm}}$）。此外，两点处的动能为 0（$ke_1 = ke_2 = 0$），因为两位置处的水基本上是静止的。水的质量流量以及在点 2 处的势能为

$$\dot{m} = \rho \dot{V} = (1000 \text{ kg/m}^3)(0.070 \text{ m}^3/\text{s}) = 70 \text{ kg/s}$$

$$pe_2 = gz_2 = (9.81 \text{ m/s}^2)(18 \text{ m})\left(\frac{1 \text{ kJ/kg}}{1000 \text{ m}^2/\text{s}^2}\right) = 0.177 \text{ kJ/kg}$$

然后水的机械能增加率变为

$$\Delta \dot{E}_{\text{mech,fluid}} = \dot{m}(e_{\text{mech,out}} - e_{\text{mech,in}}) = \dot{m}(pe_2 - 0) = \dot{m}pe_2$$

$$= (70 \text{ kg/s})(0.177 \text{ kJ/kg}) = 12.4 \text{ kW}$$

泵 - 电动机的整体效率由其定义确定为

$$\eta_{\text{pump-motor}} = \frac{\Delta \dot{E}_{\text{mech,fluid}}}{\dot{W}_{\text{elect,in}}} = \frac{12.4 \text{ kW}}{20.4 \text{ kW}} = 0.606 \text{ 或 } 60.6\%$$

（b）现在考虑泵。当水流过泵时，水的机械能变化仅包括流动能的变化，因为泵的高度差和动能的变化可以忽略不计。此外，此变化必须等于泵提供的有用机械能，即 12.4kW：

$$\Delta \dot{E}_{\text{mech,fluid}} = \dot{m}(e_{\text{mech,out}} - e_{\text{mech,in}}) = \dot{m}\frac{P_2 - P_1}{\rho} = \dot{V}\Delta P$$

求解 ΔP 并代入数值，得

$$\Delta P = \frac{\Delta \dot{E}_{\text{mech,fluid}}}{\dot{V}} = \frac{12.4 \text{ kJ/s}}{0.070 \text{ m}^3/\text{s}}\left(\frac{1 \text{ kPa·m}^3}{1 \text{ kJ}}\right) = 177\text{kPa}$$

因此，泵必须将水压提高 177kPa，以使其高度提高 18m。

讨论：注意，泵 - 电动机消耗的电能只有三分之二被转换为水的机械能；由于泵和电动机的效率低下，剩余的三分之一被浪费了。

【例 5-4】摆动钢球的能量守恒

分析图 5-19 所示的半径为 h 的半球形碗中钢球的运动。钢球初始时刻放在最高位置点 A 处，然后释放。求在无摩擦和实际运动的情况下钢球的能量守恒关系。

问题： 在碗中释放钢球，求能量守恒关系。

假设： 对于无摩擦的例子，球、碗和空气之间的摩擦忽略不计。

分析： 当钢球被释放时，它在重力作用下加速，在碗的底部点 B 处达到最大速度（和最小高度），然后朝着对面位置的点 C 向上运动。在无摩擦运动的理想情况中，钢球将在点 A 和点 C 之间来回摆动。实际的运动包括球的动能和势能的相互转化，以及克服摩擦产生的运动阻力（做摩擦功）。在任意过程中系统的一般能量守恒关系式是

$$\underbrace{E_{\text{in}} - E_{\text{out}}}_{\substack{\text{通过热、功、质量}\\\text{传递的净能量}}} = \underbrace{\Delta E_{\text{system}}}_{\substack{\text{内能、动能、势能等}\\\text{能量的变化}}}$$

那么从点 1 到点 2 的这个过程中钢球的能量守恒（单位质量）关系式变为

$$-w_{\text{friction}} = (ke_2 + pe_2) - (ke_1 + pe_1)$$

或者

$$\frac{V_1^2}{2} + gz_1 = \frac{V_2^2}{2} + gz_2 + w_{\text{friction}}$$

因为没有通过热或者质量的能量传递，钢球的内能没有变化（通过摩擦生热所产生的热量被耗散到周围空气中）。摩擦功这一项 w_{friction} 经常被表示为 e_{loss}，用来表示机械能转化为热能的损失。

对于无摩擦运动的理想情况，最后的关系式可以简化为

$$\frac{V_1^2}{2} + gz_1 = \frac{V_2^2}{2} + gz_2 \quad \text{或者} \quad \frac{V^2}{2} + gz = C = \text{const}$$

式中，常数 $C = gh$。也就是说，当摩擦作用忽略不计时，钢球的动能与势能的总和保持不变。

讨论： 这无疑是本过程和其他相似过程（例如钟摆运动）的能量守恒方程更直观简便的形式。所得关系与 5.4 节中推导的伯努利方程是类似的。

大部分实际过程只会涉及某几种能量形式，在这种情况下运用简化的能量平衡更方便。对于一个仅包含机械形式的能量并靠轴功传递的系统，能量守恒定律的转化可以简便地表示为

$$E_{\text{mech, in}} - E_{\text{mech, out}} = \Delta E_{\text{mech, system}} + E_{\text{mech, loss}} \tag{5-32}$$

式中，$E_{\text{mech, loss}}$ 表示由于摩擦等不可逆条件造成的机械能转化为热能的部分。对于一个稳定运行的系统，机械能平衡的变化率就变为 $\dot{E}_{\text{mech, in}} = \dot{E}_{\text{mech, out}} + \dot{E}_{\text{mech, loss}}$（见图 5-20）。

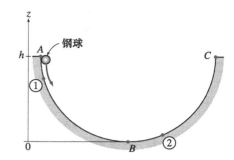

图 5-19 例 5-4 的示意图

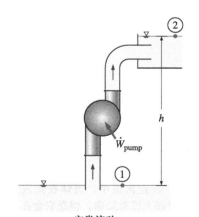

定常流动

$$V_1 = V_2 \approx 0$$
$$z_2 = z_1 + h$$
$$P_1 = P_2 = P_{\text{atm}}$$

$$\dot{E}_{\text{mech, in}} = \dot{E}_{\text{mech, out}} + \dot{E}_{\text{mech, loss}}$$
$$\dot{W}_{\text{pump}} + \dot{m}gz_1 = \dot{m}gz_2 + \dot{E}_{\text{mech, loss}}$$
$$\dot{W}_{\text{pump}} = \dot{m}gh + \dot{E}_{\text{mech, loss}}$$

图 5-20 许多流体流动问题仅包含了机械形式的能量，这些问题可以很方便地通过用变化率形式表达的机械能平衡来解决

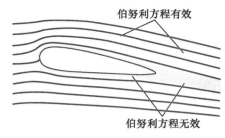

图 5-21 伯努利方程是近似方程，仅在流动的非黏性区域有效，其中净黏性力相对于惯性、重力或者压力小到可忽略不计。这样的区域位于边界层和尾迹区的外面

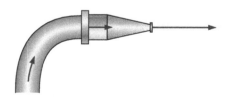

图 5-22 在定常流中，流体在固定点可能在时间上没有加速，但是它会在空间中加速

5.4 伯努利方程

伯努利方程是压强、速度和高度之间的一种近似关系，在不计摩擦的定常、不可压缩流动区域内都是有效的（见图 5-21）。尽管简单，它已经被证明为流体力学中非常有用的工具。在本节，我们通过应用线性动量定律导出了伯努利方程，并展示了它的可用性和局限性。

伯努利方程推导的关键假设是黏性作用相对于惯性、重力和压力作用小到可以忽略不计。因为所有流体都有黏性（没有无黏流体），这个假设不可能在实际流动的整个流场都适用。换句话说，无论流体的黏性有多小，在流动中不是随处都可以用伯努利方程的。但是，这个假设在某些特定的流动区域内是合理的。我们把这些区域叫作无黏流区域，并不是说流体本身无黏或无摩擦，而是指黏性力或摩擦力相对于其他作用在流体质点上的力可忽略不计。

我们必须谨慎地运用伯努利方程，因为它的假设只适用于流动的无黏流区域。一般来讲，摩擦对于近壁面（边界层）和物体下游（尾迹）的作用是非常重要的。这样，伯努利方程主要用于边界层和尾迹以外的区域，这些区域流体运动主要受重力和压力的共同作用。

流体质点的加速度

流体质点的运动及其路径用速度矢量来描述，而速度矢量是时间、空间坐标以及质点初始位置的函数。当流动是定常时（指定位置不随时间变化），通过同一点时所有质点的路径是相同的（这就是流线），并且在每一点速度矢量都与路径相切。

通常用沿流线的距离 s 和流线的曲率半径一起来描述质点的运动比较方便。质点的速度与距离有关，用 $V = \mathrm{d}s/\mathrm{d}t$ 表示且沿流线发生变化。在二维流动中，加速度可以分解为两部分：沿流线方向的流向加速度 a_s 和沿流线法向方向的法向加速度 a_n，即 $a_n = V^2/R$。注意，流向加速度是由于沿流线方向速度大小的变化引起的，而法向加速度是由于速度方向的变化引起的。对于沿直线运动的质点，因为曲率半径无限大且方向没有发生变化，所以 $a_n = 0$。伯努利方程是从沿流线的受力平衡得来的。

有的人可能认为在定常流中加速度为零是因为加速度是速度随时间的变化率，而在定常流中是不随时间变化的。然而，花园软管的喷嘴告诉我们这种理解是不正确的。即使在定常流和质量流量不变的情况下，水通过喷嘴时也是加速的（见图 5-22，已在第 4 章中讨论过）。定常仅仅意味着在指定位置随时间不发生变化，但是某个物理量会由于从一个位置到另一个位置而发生变化。在喷嘴的例子中，在特定点水的速度保持为常数，但从进口到出口是会变化的（水沿着喷嘴加速）。

在数学上，可以表示如下：我们将流体质点的速度 V 表示为 s 和 t 的函数。取 $V(s, t)$ 的全微分，两边除以 $\mathrm{d}t$ 得到

$$\mathrm{d}V = \frac{\partial V}{\partial s}\mathrm{d}s + \frac{\partial V}{\partial t}\mathrm{d}t \quad \text{和} \quad \frac{\mathrm{d}V}{\mathrm{d}t} = \frac{\partial V}{\partial s}\frac{\mathrm{d}s}{\mathrm{d}t} + \frac{\partial V}{\partial t} \quad （5-33）$$

在定常流中 $\partial V/\partial t = 0$ 及 $V = V(s)$，在 s 方向的加速度变为

$$a_s = \frac{\mathrm{d}V}{\mathrm{d}t} = \frac{\partial V}{\partial s}\frac{\mathrm{d}s}{\mathrm{d}t} = \frac{\partial V}{\partial s}V = V\frac{\mathrm{d}V}{\mathrm{d}s} \qquad (5\text{-}34)$$

式中，如果我们跟踪一个质点沿着流线移动就有 $V = \mathrm{d}s/\mathrm{d}t$。因此，定常流中的加速度是由不同位置的速度变化所造成的。

伯努利方程的推导

考虑流体质点在定常流场中的运动。对沿流线运动的流体质点在 s 方向上应用牛顿第二定律（在流体力学中称之为线性动量方程）可以得到

$$\sum F_s = ma_s \qquad (5\text{-}35)$$

在摩擦力忽略不计的流动区域，没有泵和涡轮，沿流线没有传热，在 s 方向上作用显著的力是压力（两边都有作用），以及质点在 s 方向上重力的分力（见图5-24）。因此式（5-35）变为

$$P\mathrm{d}A - (P + \mathrm{d}P)\,\mathrm{d}A - W\sin\theta = mV\frac{\mathrm{d}V}{\mathrm{d}s} \qquad (5\text{-}36)$$

式中，θ 是该点处流线法向与竖直 z 轴的夹角；$m = \rho V = \rho\mathrm{d}A\mathrm{d}s$ 是质量；$W = mg = \rho g\mathrm{d}A\mathrm{d}s$，是流体质点的重力；并且 $\sin\theta = \mathrm{d}z/\mathrm{d}s$。代入得到

$$-\mathrm{d}P\mathrm{d}A - \rho g\,\mathrm{d}A\,\mathrm{d}s\frac{\mathrm{d}z}{\mathrm{d}s} = \rho\,\mathrm{d}A\mathrm{d}sV\frac{\mathrm{d}V}{\mathrm{d}s} \qquad (5\text{-}37)$$

从每一项删掉 $\mathrm{d}A$ 化简得到

$$-\mathrm{d}P - \rho g\mathrm{d}z = \rho V\mathrm{d}V \qquad (5\text{-}38)$$

注意，$V\mathrm{d}V = \frac{1}{2}\mathrm{d}(V^2)$，将每项除以 ρ 得到

$$\frac{\mathrm{d}P}{\rho} + \frac{1}{2}\mathrm{d}(V^2) + g\mathrm{d}z = 0 \qquad (5\text{-}39)$$

积分后：

定常流： $\displaystyle\int \frac{\mathrm{d}P}{\rho} + \frac{V^2}{2} + gz = \text{const}$ （沿流线） $\qquad (5\text{-}40)$

后两项是全微分。在不可压缩流的例子中，式中第一项也变为全微分，积分得到

定常、不可压缩流： $\displaystyle\frac{P}{\rho} + \frac{V^2}{2} + gz = \text{const}$ （沿流线） $\qquad (5\text{-}41)$

这就是著名的伯努利方程（见图5-24），在流体力学中通常用于定常、不可压缩、无黏流区域沿流线的流动。伯努利方程由瑞士数学家丹尼尔·伯努利（1700—1782）在1738年所写的一篇文章中首次提到，当时他在俄罗斯的圣彼得堡工作。之后由他的助手欧拉（1707—1783）在1755年推导出了方程形式。

式（5-41）里的常数可以用流线上任一已知点的压强、密度、速度和高度计算出来。伯努利方程也可以在同一流线的两点之间建立：

定常、不可压缩流： $\displaystyle\frac{P_1}{\rho} + \frac{V_1^2}{2} + gz_1 = \frac{P_2}{\rho} + \frac{V_2^2}{2} + gz_2 \qquad (5\text{-}42)$

我们将 $V^2/2$ 称为动能，gz 是势能，P/ρ 是流动能，上述所有项都是

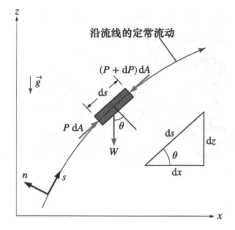

图5-23 沿流线作用在流体质点上的力

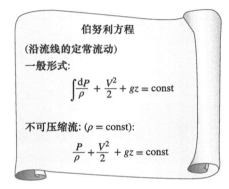

图5-24 不可压缩伯努利方程是假设流体不可压缩得到的，因此它不能用在有明显压缩效应的流动中

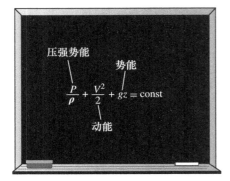

图 5-25 伯努利方程表明在定常流动中，沿流线流体质点的动能、势能和流动能（单位质量）的总和为常数

单位质量的量。因此，伯努利方程可以看作是机械能平衡的一个表达形式，可以陈述如下（见图 5-25）：

当可压缩性和摩擦作用忽略不计时，在定常流中沿流线质点的动能、势能和流动能的总和等于常数。

动能、势能和流动能是机械能的形式，这已在 5.3 节里讨论过，伯努利方程可以看作是"机械能守恒定律"。这与系统的能量守恒定律是等价的，只要系统不包含热能与机械能的相互转化，则机械能和热能各自保持守恒。伯努利方程表明，在摩擦忽略不计的定常、不可压缩流动中，机械能的各种形式之间可以互相转化，但机械能的总和保持不变。换句话说，在这类流动中没有机械能的耗散，因为没有摩擦，也就不存在机械能向热能（内能）的转化。

当力施加在一个系统上并作用一段距离，能量会以功的形式转移到系统中。以牛顿第二运动定律的观点，伯努利方程可以被看作：压力和重力作用在流体质点上的功，等于质点动能的增加量。

伯努利方程是对沿流线运动的流体质点运用牛顿第二定律得到的。它也可以通过在定常流系统中运用热力学第一定律得到，如 5.6 节中所示。

尽管在推导中使用了高度严格的假设，伯努利方程仍然在实际中得到了广泛的应用，许多实际流体的流动问题用伯努利方程分析都可以得到尚属准确的结果。这是因为许多实际的工程流动是定常的（至少在平均意义上是定常的），压缩效应相对较小，净摩擦力在某些关注的流动区域内可忽略不计。

跨流线的受力平衡

下面的作为练习，在流线的法向方向 n 上列出受力平衡，可得出定常、不可压缩流场中跨流线的关系式

$$\frac{P}{\rho} + \int \frac{V^2}{R}\,\mathrm{d}n + gz = \text{const}\ \text{(跨流线)} \qquad (5\text{-}43)$$

式中，R 是流线的当地曲率半径。对于沿弯曲流线的流动（见图 5-26a），朝向曲率中心方向的压强降低，在这个压强梯度的作用下，流体质点产生相应的向心力和向心加速度。

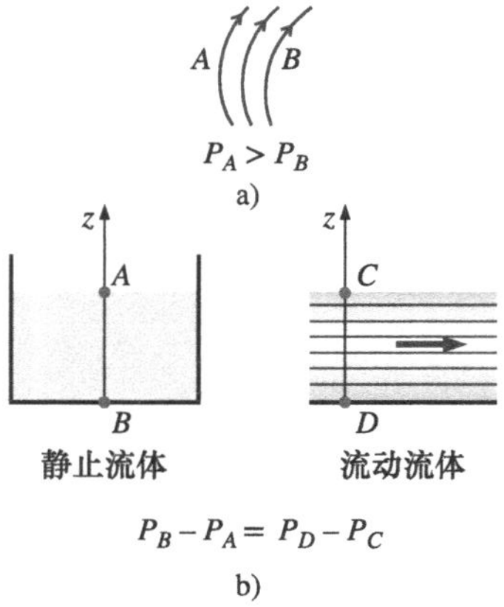

对于沿直线的流动，$R \to \infty$，式（5-43）简化为 $\frac{P}{\rho} + gz = \text{const}$ 或者 $P = -\rho gz + \text{const}$，这反映了静止液体中随着垂直距离的变化流体静水压强的变化。因此，在定常、不可压缩流中，在流动的无黏区内沿着直线方向，压强随着高度的变化规律与静止流体中的变化规律是一致的（见图 5-26b）。

非定常、可压缩流

类似地，利用式（5-33）的两项加速度表达式，伯努利方程在非定常、可压缩流中可以表示为

非定常、可压缩流：$\displaystyle\int \frac{\mathrm{d}P}{\rho} + \int \frac{\partial V}{\partial t}\,\mathrm{d}s + \frac{V^2}{2} + gz = \text{const}$ （5-44）

$P_A > P_B$

a)

$P_B - P_A = P_D - P_C$

b)

图 5-26 当流线弯曲时，朝向曲率中心方向的压强降低 a）但是在定常、不可压缩流中，沿着直线方向压强随着高度的变化规律 b）与静止流体中的变化规律是一致的

静压、动压和滞止压强

伯努利方程表明沿流线流体质点的流动能、动能与势能之和是常数。因此，在流动过程中，流体的动能和势能可以转化为流动能（反之亦然），使压强产生变化。用密度 ρ 乘以伯努利方程，可以使这种现象更加明显。

$$P + \rho \frac{V^2}{2} + \rho gz = \text{const （沿流线）} \tag{5-45}$$

方程中的每一项都有压强单位，因此每一项都代表了一种类型的压强：

- P 是静压（它不包含任何的动态作用），它代表了流体实际的热力学压强。这跟热力学参数表中所用到的压强是相同的。
- $\rho V^2/2$ 是动压，它代表了运动的流体等熵滞止后压强的上升量。
- ρgz 是静水压强项，在真实感观中它不是压强，因为它的值取决于参考位置的选取；它说明了高度的作用，也就是说，流体重力作用下的压强。（注意符号——与流体静压强 ρgh 随着深度 h 增加而增加不同的是，这个流体静压强项 ρgz 随着深度的增大而减小。）

静压、动压和静水压强的总和叫作总压。因此，伯努利方程说明沿流线的总压不变。

静压和动压之和叫作滞止压强，表达式为

$$P_{\text{stag}} = P + \rho \frac{V^2}{2} \quad \text{(kPa)} \tag{5-46}$$

滞止压强代表了流体完全等熵滞止那个点的压强。静压、动压和滞止压强如图 5-27 所示。当在某一指定位置测量静压和滞止压强时，那么这一位置的速度为

$$V = \sqrt{\frac{2(P_{\text{stag}} - P)}{\rho}} \tag{5-47}$$

式（5-47）可用于静压孔和皮托管组合测量流体的速度，如图 5-28 所示。静压孔就是在壁面上钻一个小孔，孔的平面与流动方向平行。它测量静压。皮托管是一个开口端与流动方向一致的小管，以便能感受出流动流体全部压强的影响。它测量的是滞止压强。在某些情况下当流动液体的静压和滞止压强大于大气压强时，可以用一个透明的竖直管，即压强计与静压管和皮托管连接在一起，如图 5-27 所示。在测压时，压强计中液体上升的高度与被测压强成正比。如果被测压强低于大气压，或者测量气体，压强计都不能工作。但是，皮托管和静压管还是可以用的，但必须连接其他种类的测压装置，例如 U 形管或压力传感器（见第 3 章）。有时候为了方便，就把静压孔集成在皮托探针上。这就是图 5-28 所示的皮托 - 静压探针（也称作皮托 - 达西探针），在第 8 章中将会详细讨论。皮托 - 静压探针与压力传感器或测压计连在一起就可以直接测量动压（然后能推断出速度）。

当通过在管壁上打孔来测量静压时，要确保孔的开口与壁面是齐平

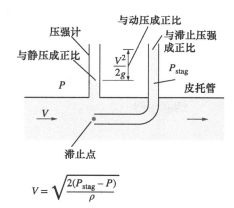

图 5-27　利用压强计来测量静压、动压和滞止压强

图 5-28　皮托 - 静压探针的特写，显示了滞止压强小孔和五个周向静压孔中的两个

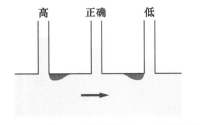

图 5-29 静压孔的不当加工会导致静压头读数错误

的，孔的前后不能出现凸起（见图 5-29）。否则读数就包含了部分动压，读数就是错的。

当一个静止的物体浸入到流动的流体中，流体会在物体的前端停止（滞止点）。从远前方上游一直延伸至滞止点的流线称为滞止流线（见图 5-30）。对于在 x-y 平面内的二维流动，这个滞止点实际上是一条与 z 轴平行的线，而滞止流线实际上就是将流经物体上下方的流体分开的一个表面。在不可压缩流动中，流体从自由流速度几乎等熵减速到滞止点速度为零，滞止点的压强就是滞止压强。

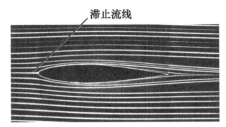

图 5-30 翼型上游通过有颜色的流体生成的烟线；由于流动是定常的，烟线与流线和迹线相同。图中标出了滞止流线

Courtesy of ONERA.照片由Werlé提供

伯努利方程的使用限制

伯努利方程［式（5-41）］是流体力学中使用最频繁也最容易被误用的方程之一。它的多功能性、简洁性和易用性都使得它成为一个很有价值的分析工具，但也正因为这些特质让它非常容易被误用。因此，理解伯努利方程的应用限制和遵守它的使用局限性是很重要的，解释如下：

1. 定常流

伯努利方程的第一条局限性就是只适用于定常流中。因此，在起动与停机的过渡阶段，或者流动条件变化时不应使用伯努利方程。注意，伯努利方程有非定常形式［式（5-44）］，这超出了现有章节的讨论范围（见 Panton，2005）。

2. 忽略黏性作用

任何流动都包含摩擦，无论它多小，摩擦作用都可能或不能被忽略。这种情况甚至更复杂，因为与容许的误差量有关。一般来说，摩擦作用在大截面、短流动区域可以忽略不计，尤其是低流速时。摩擦作用通常在长而窄的流道内、在物体下游的尾迹区内以及流动扩张段（如扩压器，因为这类几何形状增加了流体从壁面分离的可能性）内比较显著。摩擦作用在近固壁面也是比较明显的，因此伯努利方程通常适用于流动核心区沿流线的流动，但不能用于靠近壁面的流线（见图 5-31）。

影响流动的流线结构、造成相当大掺混和回流的部件，例如流动截面中的管道尖进口或部分关闭的阀门，都会导致伯努利方程不可用。

3. 无轴功

伯努利方程是从沿流线运动质点的受力平衡推导得到的。因此，伯努利方程在那些包含泵、涡轮、风机或者其他机械或推进器的流动区域

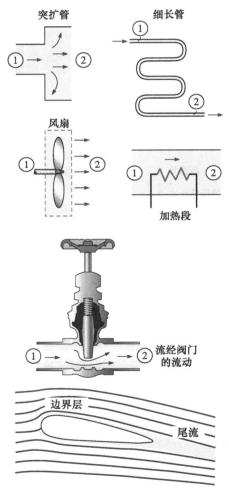

图 5-31 摩擦作用、传热和影响流动流线结构的部件都会使伯努利方程失效。在这里所显示的任何流动中都不能应用伯努利方程

都是不能使用的，因为这些装置会破坏流线并且导致与流体质点的能量交换。当流动区域包含了这些装置，就应该使用能量方程来计算输入和输出的轴功。但是，伯努利方程仍然可以在机器之前和之后的流动区域运用（当然，假设它满足其他的限制条件）。在这些情况下，从设备的上游到下游伯努利常数是变化的。

4. 不可压缩流

在伯努利方程推导过程中的一个近似条件就是 $\rho = \text{const}$，因此流动是不可压缩的。液体和马赫数低于 0.3 的气体都满足这个条件，因为在这样的低流速情况下，压缩效应和气体密度的变化可以忽略不计。注意，有可压缩形式的伯努利方程 [式（5-40）和式（5-44）]。

5. 热传递可忽略

气体的密度与温度成反比，因此伯努利方程不能用于那些涉及明显温度变化（例如加热或制冷）的区域。

6. 沿流线流动

严格来说，伯努利方程 $P/\rho + V^2/2 + gz = C$ 只沿一条流线成立，常数值 C 通常对于不同的流线是不同的。但是，当流动是无旋的并且流场中没有涡量的情况下，常数值 C 在所有流线中都是相同的，这样伯努利方程在跨流线中也可以使用了（见图 5-32）。因此，当流动无旋时，我们不需要考虑流线，伯努利方程可以运用到流动无旋区的任意两点之间（见第 10 章）。

为了简化，我们是针对 x-z 平面内的二维流推导得到的伯努利方程，但方程在一般的三维流中只要沿同一条流线也是适用的。我们必须时刻牢记伯努利方程推导中的近似条件，确保它在使用前这些条件成立。

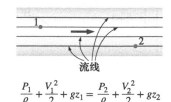

$$\frac{P_1}{\rho} + \frac{V_1^2}{2} + gz_1 = \frac{P_2}{\rho} + \frac{V_2^2}{2} + gz_2$$

图 5-32 当流动是无旋的，伯努利方程在沿流动的两个点之间是可以运用的（不仅在同一流线上）

水力坡度线（HGL）和能量坡度线（EGL）

用高度来图形化地表示机械能水平通常是很方便的，以便于伯努利方程的各项可视化。将伯努利方程的每一项除以 g 得到

$$\frac{P}{\rho g} + \frac{V^2}{2g} + z = H = \text{const} \quad （沿流线） \tag{5-48}$$

方程中的每一项都具有长度的量纲，并代表了如下某种流动流体的"头"：

- $P/(\rho g)$ 是压头，它代表了能产生静压 P 的液柱高度。
- $V^2/(2g)$ 是速度头，它代表了在无摩擦自由落体时，要达到速度 V 流体所需的高度。
- z 是高度头，它代表了流体的势能。

同样地，H 是流体的总头。因此，伯努利方程以头的形式表示如下：当忽略压缩性和摩擦作用时，定常流中沿着流线流体的压头、速度头和高度头的总和不变（见图 5-33）。

如果一个压强计（测量静压）装在一个压力管道的上面，如图 5-34 所示，液体会上升到管道中心上方 $P/(\rho g)$ 的高度。水力坡度线（HGL）是通过沿着管道的若干位置，画出一条通过压强计液面位置的曲线得到的。到管中心的垂直距离就是管内压力的测量值。相似地，

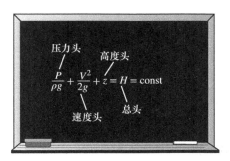

图 5-33 伯努利方程的另一种可用形式是以头的形式表示：沿流线的压力头、速度头和高度头的总和等于常数

如果一个皮托管（测量静压 + 动压）和管道连在一起，在管道中心液体会提高 $P/(\rho g) + V^2/(2g)$ 的高度，或者在 HGL 之上 $V^2/(2g)$ 的距离。能量坡度线（EGL）是通过沿着管道的若干位置，画出一条通过皮托管液面位置的曲线得到的。

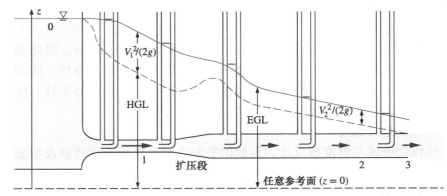

图 5-34 从水箱中经过带扩压段的水平管自由排出水流的水力坡度线（HGL）和能量坡度线（EGL）

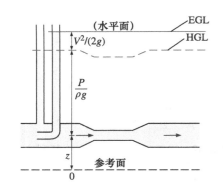

图 5-35 在理想伯努利式流动中，EGL 是水平的，它的高度保持为常数。但是当流动速度沿着流动变化时 HGL 就不是这样了

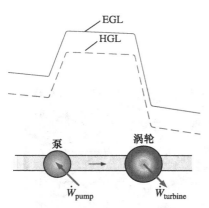

图 5-36 当机械能通过泵加入到流体中时，EGL 和 HGL 陡增，当机械能通过涡轮被提取出流体时，EGL 和 HGL 陡降

注意，流体也有高度头 z（除非参考水平位置是管道的中心线），HGL 和 EGL 定义如下：代表静压和高度头之和，即 $P/(\rho g) + z$ 的线叫作水力坡度线。代表流体的总头，即 $P/(\rho g) + V^2/(2g) + z$ 的线叫作能量坡度线。HGL 和 EGL 之间的高度差等于动压头 $V^2/(2g)$。HGL 和 EGL 的注意事项如下所示：

- 对于静态水体如水库和湖泊，EGL 和 HGL 均与液体的自由表面一致。在这种情况下，因为速度是零，静压（表压）也是零，自由液面的高度 z 同时体现了 EGL 和 HGL。

- EGL 总是位于 HGL 之上 $V^2/(2g)$ 的距离。这两条曲线随着速度减小而相互靠近，随着速度增大而相互背离。HGL 的高度随着速度的增加而减小，反之亦然。

- 在理想的伯努利式流动中，EGL 是水平线，并且它的高度保持为常数。当流动速度是常数时，HGL 也是如此（见图 5-35）。

- 对于明渠流动，HGL 与液体的自由表面一致，EGL 高于自由表面的距离为 $V^2/(2g)$。

- 在管道出口，压头为零（大气压强），因此 HGL 与管道出口一致（见图 5-34 中位置 3）。

- 由于摩擦效应造成的机械能损失（转变成热能）会导致 EGL 和 HGL 沿流动方向斜向下。这个倾斜度可用来测量管道内的水头损失（将在第 8 章中详细讨论）。一些产生显著摩擦作用的部件（例如阀门）会导致 EGL 和 HGL 在该位置突然下降。

- 给流体中输入机械能（例如，通过泵），会使 EGL 和 HGL 出现陡升。同样地，从流体中输出机械能（例如，通过涡轮）也会使 EGL 和 HGL 出现陡降，如图 5-36 所示。

- 在 HGL 与流体相交的位置，流体的表压为零。位于 HGL 以上的流动区域压强是负的，在 HGL 以下的压强是正的（见图 5-37）。因此，精确描绘带有 HGL 的管道系统图可以用来判断管道内的负压区（低于大气压）。

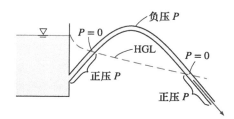

图 5-37 在 HGL 与流体相交位置处的表压为 0，在高于 HGL 以上的流动区域内表压为负

上述最后一点可以让我们避免出现压强低于液体汽化压强的情况（会导致空化现象，已在第 2 章讨论过）。必须正确安放液体泵的位置来确保抽吸端的压强不至于降得太低，特别是温度提升时的汽化压强高于低温时的汽化压强。

现在我们再近距离地观察一下图 5-34。在点 0 处（在液体表面），EGL 和 HGL 与液面相平，因为那里没有流动。随着液体加速流入管道，HGL 迅速减小，但是通过光滑倒圆的管道进口时 EGL 下降很缓慢。由于在流动中存在摩擦作用和其他不可逆的损失，EGL 沿流动方向持续下降。EGL 在流动方向上不能增加，除非有能量补充到流体中。HGL 在流动方向上能上升或下降，但不可能超过 EGL。HGL 在扩压段随着速度的减小而上升，静压稍微有所恢复；但是，总压没有恢复，而且通过扩压管时 EGL 下降了。EGL 和 HGL 在点 1 的压差是 $V_1^2/(2g)$，在点 2 的差距是 $V_2^2/(2g)$。因为 $V_1 > V_2$，两条坡度线在点 1 的差距大于点 2。在直径较小的管道处，两条坡度线向下的斜率均较大，因为该处摩擦损失较大。最后，因为出口是大气压，HGL 在出口位置降到液体表面。但是，EGL 仍然比 HGL 高出 $V_2^2/(2g)$，因为在出口处 $V_3 = V_2$。

伯努利方程的应用

到目前为止，我们已经讨论了伯努利方程的基本形式。现在，我们将通过例子来展示它的广泛使用。

【例 5-5】喷水到空气中

水从花园软管中流出（见图 5-38）。一个小孩用他的拇指捂住管子出口的大部分，形成一股细的高速射流。他拇指上游的管中压强是 400kPa。如果管子是朝上的，射流所能达到的最大高度是多少？

问题：连接水管的软管中的水被喷洒到空气中。求水射流所能达到的最大高度。

假设：①出口到空气中的流动是定常、不可压缩和无旋的（所以伯努利方程是可用的）；②表面张力作用忽略不计；③水和空气之间的摩擦忽略不计；④不考虑软管出口突然收缩造成的不可逆损失。

参数：取水的密度为 $\rho = 1000 \text{ kg/m}^3$。

分析：这个问题涉及了流动能、动能和势能的相互转化，由于不考虑任何泵、涡轮和有大量摩擦损失的部件，因此可以使用伯努利方程。在下述假设下水的高度可以达到最大。与喷嘴相比，管子内的速度可忽略不计（$V_1^2 \ll V_j^2$，见图 5-38 的放大部分），取紧靠管子出口下方的位置作为参考高度（$z_1 = 0$）。在水的轨迹顶部 $V_2 = 0$，其压强为大气压。故从 1 到 2 沿流线的伯努利方程可简化为

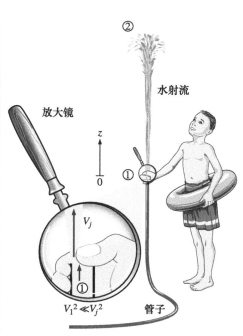

图 5-38 例 5-5 的示意图。插图显示了软管出口区的放大图

$$\frac{P_1}{\rho g} + \cancel{\frac{V_1^2}{2g}}^{\text{舍弃}} + \cancel{z_1}^{0} = \frac{P_2}{\rho g} + \cancel{\frac{V_2^2}{2g}}^{0} + z_2 \rightarrow \frac{P_1}{\rho g} = \frac{P_{\text{atm}}}{\rho g} + z_2$$

解得 z_2 并代入得

$$z_2 = \frac{P_1 - P_{\text{atm}}}{\rho g} = \frac{P_{1,\text{gage}}}{\rho g} = \frac{400\ \text{kPa}}{(1000\ \text{kg/m}^3)(9.81\ \text{m/s}^2)} \left(\frac{1000\ \text{N/m}^2}{1\ \text{kPa}}\right)\left(\frac{1\ \text{kg}\cdot\text{m/s}^2}{1\ \text{N}}\right)$$

$$= 40.8\ \text{m}$$

因此，水射流在这个例子中所能达到的高度是 40.8m。

讨论： 通过求解伯努利方程得到的结果代表高度的极限，这里应该做相应解释。它告诉我们本例中水流高度不可能超过 40.8m，因为我们忽略了不可逆损失，所以水流可能达到的高度将会远小于 40.8m。

【例 5-6】从大水箱中排水

一个与大气相连的大水箱中装满了水，水面高出出水口龙头 5m（见图 5-39）。现在打开靠近容器底部的水龙头，水从光滑的出口流出。求出口处水的最大速度。

问题： 靠近水箱底部出口的水龙头被打开。求水箱出口处的最大水速。

假设： ①流动是不可压缩和无旋的（紧靠壁面区除外）；②排水速度足够慢以至于可近似认为流动是定常的（实际上当容器刚开始排水时是准定常的）；③在水龙头区域的不可逆损失忽略不计。

分析： 这个问题涉及流动能、动能和势能的相互转化，由于不考虑任何泵、涡轮和有大量摩擦损失的部件，因此可以使用伯努利方程。我们取点 1 位于水的自由液面上，所以 $P_1 = P_{\text{atm}}$（与大气相通），相对于 V_2，$V_1 \approx 0$（水箱相对于出口是非常大的），$z_1 = 5\text{m}$ 和 $z_2 = 0$（取出口中心为参考高度）。同理有 $P_2 = P_{\text{atm}}$（水排入大气）。对于沿着流线从点 1 到出口处点 2 的流动，伯努利方程简化为

$$\cancel{\frac{P_1}{\rho g}} + \cancel{\frac{V_1^2}{2g}}^{\text{舍弃}} + z_1 = \cancel{\frac{P_2}{\rho g}} + \frac{V_2^2}{2g} + \cancel{z_2}^{0} \rightarrow z_1 = \frac{V_2^2}{2g}$$

求解 V_2 并代入得

$$V_2 = \sqrt{2gz_1} = \sqrt{2(9.81\ \text{m/s}^2)(5\ \text{m})} = 9.9\ \text{m/s}$$

这个关系式 $V = \sqrt{2gz}$ 称为托里拆利方程。

因此，水流出水箱的初始最大速度为 9.9m/s。这个速度与固体在没有空气摩擦的情况下下落 5m 时的速度是一样的。（如果水龙头在水箱的底部而不是在侧面，速度将会是多少呢？）

讨论： 如果出流孔是尖角而不是光滑的，那么就会出现流动扰动，出口平均速度也会小于 9.9m/s。当存在突然扩张或者突然收缩的情况时，试图用伯努利方程就需要注意了，因为在这些情况下摩擦和流动扰动都是不可忽略的。根据质量守恒，$(V_1/V_2)^2 = (D_2/D_1)^4$。所以，例如，如果 $D_2/D_1 = 0.1$，那么 $(V_1/V_2)^2 = 0.0001$，从而近似 $V_1^2 \ll V_2^2$ 是合理的。

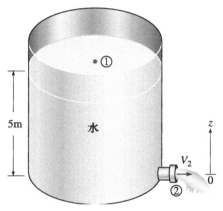

图 5-39 例 5-6 的示意图

【例5-7】从油箱中虹吸出汽油

在去海滩的旅途中（$P_{atm} = 1atm = 101.3kPa$），一辆车没油了，那么就必须从乐于助人的慈善者[⊖]的车里通过虹吸作用吸点汽油出来了（见图5-40）。虹吸是用一个小直径的软管，管子一端插入装满油的油箱中，通过抽吸让管子中装满油，然后将管子的另一端放入低于油箱液面的油壶中，这样就可以通过虹吸作用吸出汽油了。点1（油箱里汽油的自由液面）和点2（管子出口）之间的压差导致液体从高处流向低处。在本例中，点2位于点1以下0.75m处，点3位于点1以上2m处。虹吸管直径为5mm，不考虑虹吸管中的摩擦损失。求（a）从油箱中吸出4L汽油到油壶中的最少时间以及（b）点3处的压强。汽油的密度为750kg/m³。

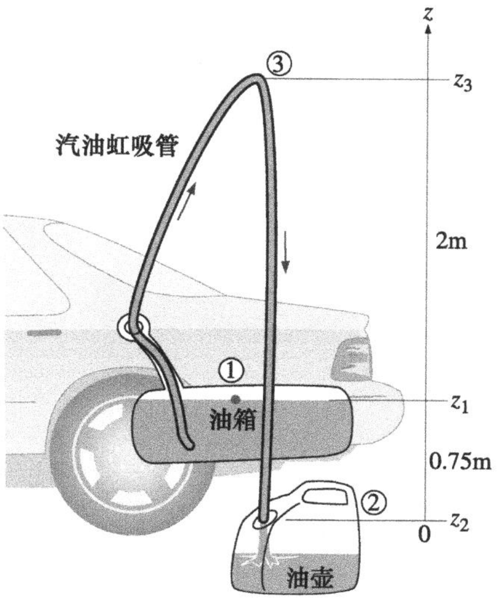

问题： 从油箱中虹吸出汽油。求吸出4L汽油的最小时间和系统中最高点的压强。

假设： ①流动是定常和不可压缩的；②即使伯努利方程在管道中是无效的（因为有摩擦损失），我们仍然运用伯努利方程以便得到最佳估算；③虹吸期间，油箱内汽油表面的变化相对于高度z_1和z_2可忽略不计。

参数： 汽油的密度取为750kg/m³。

分析：（a）取点1位于油箱中汽油的自由液面上，因此$P_1 = P_{atm}$（与大气相通），$V_1 \approx 0$（油箱相对于管直径很大），$z_2 = 0$（点2处取为参考高度）。同时，$P_2 = P_{atm}$（汽油排到大气中）。因此伯努利方程简化为

$$\frac{P_1}{\rho g} + \cancelto{\approx 0}{\frac{V_1^2}{2g}} + z_1 = \cancel{\frac{P_2}{\rho g}} + \frac{V_2^2}{2g} + \cancelto{0}{z_2} \quad \rightarrow \quad z_1 = \frac{V_2^2}{2g}$$

求解V_2并代入得

$$V_2 = \sqrt{2gz_1} = \sqrt{2(9.81 \text{ m/s}^2)(0.75 \text{ m})} = 3.84 \text{ m/s}$$

管子的横截面面积和汽油的流量分别是

$$A = \pi D^2/4 = \pi(5 \times 10^{-3}\text{m})^2/4 = 1.96 \times 10^{-5}\text{m}^2$$
$$\dot{V} = V_2 A = (3.84 \text{ m/s})(1.96 \times 10^{-5}\text{m}^2) = 7.53 \times 10^{-5}\text{m}^3/\text{s} = 0.0753 \text{ L/s}$$

则吸4L汽油所需的时间为

$$\Delta t = \frac{V}{\dot{V}} = \frac{4 \text{ L}}{0.0753 \text{ L/s}} = 53.1\text{s}$$

（b）点3处的压强可以通过沿流线列出点3和点2之间的伯努利方程得到。注意，$V_2 = V_3$（质量守恒），$z_2 = 0$以及$P_2 = P_{atm}$，则

$$\frac{P_2}{\rho g} + \cancel{\frac{V_2^2}{2g}} + \cancelto{0}{z_2} = \frac{P_3}{\rho g} + \cancel{\frac{V_3^2}{2g}} + z_3 \quad \rightarrow \quad \frac{P_{atm}}{\rho g} = \frac{P_3}{\rho g} + z_3$$

求解P_3并代入得

图5-40　例5-7的示意图

⊖　行善的撒马利亚人，源于圣经。——译者注。

$$P_3 = P_{atm} - \rho g z_3$$

$$= 101.3 \text{ kPa} - (750 \text{ kg/m}^3)(9.81 \text{ m/s}^2)(2.75 \text{ m})\left(\frac{1 \text{ N}}{1 \text{ kg·m/s}^2}\right)\left(\frac{1 \text{ kPa}}{1000 \text{ N/m}^2}\right)$$

$$= 81.1 \text{kPa}$$

讨论：求解虹吸时间时忽略了摩擦作用，因此该时间是所需的最少时间。实际上，由于汽油和管道表面之间存在摩擦，以及还有其他不可逆损失（如第8章所讨论的），时间将会比**53.1s**更长。此外，点3处的压强低于大气压强。如果点1和点3之间的高度差太大，点3处的压强可能会降低到该汽油温度时的汽化压强以下，一些汽油会蒸发（形成气穴）。蒸气可能会在顶部形成一个空腔并阻止汽油的流动。

【例5-8】皮托管测速

如图5-41所示，一个压强计和皮托管装在一个水平水管上，用来测量静压和滞止压强（静压+动压）。根据图中标出的水柱高度，求管道中心的水流速度。

问题：测量水平管中的静压和滞止压强。求管道中心的速度。

假设：①流动是定常和不可压缩的。②点1和点2足够近，两点之间的不可逆能量损失可忽略不计，因此我们可以使用伯努利方程。

分析：在管道中心沿流线取点1和点2，点1位于压强计正下方，点2位于皮托管的尖端。流动是定常的，且流线是平直的，点1和点2处的表压可以表示为

$$P_1 = \rho g (h_1 + h_2)$$
$$P_2 = \rho g (h_1 + h_2 + h_3)$$

注意，$z_1 = z_2$，并且点2是滞止点，因此 $V_2 = 0$，在点1和点2之间列出伯努利方程可得

$$\frac{P_1}{\rho g} + \frac{V_1^2}{2g} + z_1 = \frac{P_2}{\rho g} + \frac{V_2^{2\,\nearrow 0}}{2g} + z_2 \rightarrow \frac{V_1^2}{2g} = \frac{P_2 - P_1}{\rho g}$$

代入 P_1 和 P_2 的表达式得

$$\frac{V_1^2}{2g} = \frac{P_2 - P_1}{\rho g} = \frac{\rho g (h_1 + h_2 + h_3) - \rho g (h_1 + h_2)}{\rho g} = h_3$$

求解 V_1 并代入得

$$V_1 = \sqrt{2g h_3} = \sqrt{2(9.81 \text{ m/s}^2)(0.12 \text{ m})} = 1.53 \text{ m/s}$$

讨论：注意，为了求流动速度，只需要测出皮托管中相对于压强计高出的液柱高度即可。

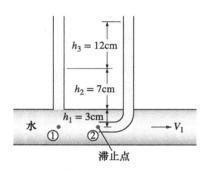

图5-41 例5-8的示意图

$h_3 = 12\text{cm}$

$h_2 = 7\text{cm}$

$h_1 = 3\text{cm}$

水 ① ② $\rightarrow V_1$

滞止点

【例5-9】飓风引起的海洋上升

飓风是海洋上由于低气压形成的热带风暴。当飓风接近陆地时，伴随着飓风会出现风暴涌浪（非常高的海浪）。一个5级飓风的风速超过**250km/h**，但是在中心"风眼"的风速是非常低的。

图 5-42 描绘了悬在风暴涌浪上方的飓风。离风眼位置 320km 的大气压强是 762mmHg（在点 1 处，一般与海面垂直），风是静止的。暴风眼处的大气压强是 560mmHg。估算在风暴涌浪（a）风眼处的点 3 和（b）点 2 处的高度，其风速是 250km/h。取海水和汞的密度为 1025kg/m³ 和 13600kg/m³，以及在标准海平面温度和压强下的空气密度为 1.2kg/m³。

问题： 飓风在海上移动。求在风眼位置和活动区的涌浪高度。

假设： ①飓风内的空气流动是定常、不可压缩和无旋的（因此伯努利方程可用）；（对高湍流流动来说，这明显是一个非常可疑的假设，但在本讨论中是合理的。）②水被吸到空气中的作用忽略不计。

参数： 在标准条件下，空气、海水和汞的密度分别是 1.2kg/m³、1025kg/m³ 和 13600kg/m³。

分析：（a）水上方的气压降低造成了水面上升。因此，相对于点 1 来说，点 2 的压强降低导致点 2 处的海水上升。点 3 也是一样，其中风暴气体速度可以忽略不计。将以汞柱（**Hg**）高度表示的压差用海水柱高度表示为

$$\Delta P = (\rho g h)_{Hg} = (\rho g h)_{sw} \rightarrow h_{sw} = \frac{\rho_{Hg}}{\rho_{sw}} h_{Hg}$$

点 1 和点 3 之间的压差以海水柱高度表示为

$$h_3 = \frac{\rho_{Hg}}{\rho_{sw}} h_{Hg} = \left(\frac{13600 \text{kg/m}^3}{1025 \text{kg/m}^3}\right)[(762-560) \text{ mmHg}]\left(\frac{1\text{m}}{1000\text{mm}}\right) = 2.68\text{m}$$

该值等价于飓风风眼处的风暴浪涌高度（见图 5-43），因为在风眼处风速可忽略不计且没有动压。

（b）为了求在点 2 处由于风速造成的海水额外上升量，在点 A 和点 B 之间列出伯努利方程，分别在点 2 和点 3 的上方。注意，$V_B \approx 0$（风眼位置是相对平静的）和 $z_A = z_B$（两点在同一水平线上），伯努利方程简化为

$$\frac{P_A}{\rho g} + \frac{V_A^2}{2g} + \cancel{z_A} = \frac{P_B}{\rho g} + \cancel{\frac{V_B^2}{2g}}^{0} + \cancel{z_B} \rightarrow \frac{P_B - P_A}{\rho g} = \frac{V_A^2}{2g}$$

代入得

$$\frac{P_B - P_A}{\rho g} = \frac{V_A^2}{2g} = \frac{(250\text{km/h})^2}{2(9.81\text{m/s}^2)}\left(\frac{1\text{m/s}}{3.6\text{km/h}}\right)^2 = 246\text{m}$$

式中，ρ 是飓风中空气的密度。注意，当温度不变时理想气体的密度与绝对压强成正比，空气在标准大气压 101.3kPa $\approx$ 762mmHg 下的密度是 1.2kg/m³，则飓风中空气的密度为

$$\rho_{air} = \frac{P_{air}}{P_{atm\,air}} \rho_{atm\,air} = \left(\frac{560\text{mmHg}}{762\text{mmHg}}\right)(1.2\text{kg/m}^3) = 0.88\text{kg/m}^3$$

利用在（a）部分建立的关系，246m 空气柱转换成海水柱高度为

$$h_{dynamic} = \frac{\rho_{air}}{\rho_{sw}} h_{air} = \left(\frac{0.88\text{kg/m}^3}{1025\text{kg/m}^3}\right)(246\text{m}) = 0.21\text{m}$$

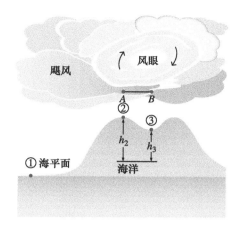

图 5-42 例 5-9 的示意图。竖直方向的比例是被夸大了的

图 5-43 这张卫星图上，飓风琳达的风暴眼 1997 年发生在加利福尼亚州附近的太平洋上清晰可见

因此，由于风速的原因，点 2 处的压强比点 3 处的压强低 0.21m 海水柱高，造成了海面额外上升了 0.21m。则点 2 处总的浪涌高度为

$$h_2 = h_3 + h_{dynamic} = (2.68 + 0.21)\text{m} = 2.89\text{m}$$

讨论： 这个问题涉及了高湍流流动和流线的破碎，因此伯努利方程在（b）部分的适用性是有疑问的。除此之外，风眼位置的流动并不是无旋的，且不同流线上的伯努利方程常数是不同的（见第 10 章）。伯努利分析可以被认为是有限制的、理想的例子，高风速造成的海面上升量不可能高于 0.21m。

飓风的风能并不是造成沿海地区破坏的唯一原因。海洋泛滥和过多潮汐的侵蚀与风暴湍流和能量产生的巨浪一样，都是非常严重的。

【例 5-10】可压缩流动的伯努利方程

当可压缩性不可忽略时，推导理想气体在（a）等温过程和（b）等熵过程中的伯努利方程。

问题： 推导理想可压缩气体在等温和等熵过程中的伯努利方程。

假设： ①流动是定常的且摩擦作用忽略不计；②流体是理想气体，所以关系式 $P = \rho RT$ 可用；③比热容为常数，所以在等熵过程 $P/\rho^k =$ const。

分析：（a）当可压缩性很明显时，流动不能被假设为不可压缩，伯努利方程可通过式（5-40）求出，即

$$\int \frac{\mathrm{d}P}{\rho} + \frac{V^2}{2} + gz = \text{const} \quad (沿流线) \qquad (1)$$

可压缩性可以通过在式（1）中对 $\int \mathrm{d}P/\rho$ 积分来准确地计算。但是这个过程要求有 P 和 ρ 之间的关系式。对于理想气体的等温膨胀或者压缩，在式（1）中很容易通过 $T =$ const 和代换 $\rho = \rho RT$ 得到积分

$$\int \frac{\mathrm{d}P}{\rho} = \int \frac{\mathrm{d}P}{P/RT} = RT \ln P$$

代入式（1）得到所需关系式，

等温过程：$$\quad RT\ln P + \frac{V^2}{2} + gz = \text{const} \qquad (2)$$

（b）一个实际可压缩流动的例子就是理想气体在有高速流体流动装置中的等熵流动，例如喷管、扩压器和涡轮叶片间的通道等（见图 5-44）。这些装置中的流动非常接近等熵（也就是可逆和绝热）流动，其特征关系式为 $P/\rho^k = C =$ const，其中，k 是气体的比热比。从 $P/\rho^k = C$ 中求解 ρ，得到 $\rho = C^{-1/k}P^{-1/k}$。积分得

$$\int \frac{\mathrm{d}P}{\rho} = \int C^{1/k}P^{-1/k}\,\mathrm{d}P = C^{1/k}\frac{P^{-1/k+1}}{-1/k+1} = \frac{P^{1/k}}{\rho}\frac{P^{-1/k+1}}{-1/k+1} = \left(\frac{k}{k-1}\right)\frac{P}{\rho} \quad (3)$$

代入，则理想气体的定常、等熵、可压缩流动的伯努利方程变为

等熵流动：$$\quad \left(\frac{k}{k-1}\right)\frac{P}{\rho} + \frac{V^2}{2} + gz = \text{const} \qquad (4a)$$

图 5-44 燃气穿过涡轮叶片的可压缩流动常常被模化为等熵流动，且伯努利方程的可压缩形式也是一个合理的近似

或者

$$\left(\frac{k}{k-1}\right)\frac{P_1}{\rho_1} + \frac{V_1^2}{2} + gz_1 = \left(\frac{k}{k-1}\right)\frac{P_2}{\rho_2} + \frac{V_2^2}{2} + gz_2 \qquad (4b)$$

常见的实际情况还包括在高度变化可忽略不计时气体从静止（在状态1的滞止条件下）开始加速。在这种情况下有 $z_1 = z_2$ 和 $V_1 = 0$。注意，对于理想气体 $\rho = P/RT$，对于等熵流动 $P/\rho^k = \text{const}$，马赫数定义为 $Ma = V/c$，式中 $c = \sqrt{kRT}$ 是理想气体的当地声速，式（4b）简化为

$$\frac{P_1}{P_2} = \left[1 + \left(\frac{k-1}{2}\right)Ma_2^2\right]^{k/(k-1)} \qquad (4c)$$

式中，状态1是滞止状态；状态2是沿流动的任意状态。

讨论： 利用可压缩和不可压缩方程推导得到的结果显示，当马赫数小于0.3时二者偏差不超过2%。因此，理想气体的流动在 $Ma \ll 0.3$ 时可认为是不可压缩的。对于在标准条件下的大气，其速度大致相当于100m/s或者360km/h。

5.5 一般能量方程

在自然界中最基本的定律之一就是热力学第一定律，也叫作能量守恒定律，它为研究各种形式的能量和能量反应之间的关系提供了坚实的基础。它说明了在一个过程中能量既不会凭空出现也不会凭空消失，它只会转换形式。因此，在一个过程中必须考虑每一部分能量。

例如，一块石头从悬崖上落下，势能转化为动能的结果就是速度提高了（见图5-45）。实验数据显示，当空气阻力忽略不计时，势能的下降等于动能的上升，并且遵循能量守恒定律。能量守恒定律也构成了节食行业的主干：一个人的摄入能量（食物）大于他消耗的能量（运动）就会增加体重（以脂肪的形式储存能量），一个人的摄入能量小于消耗的能量就会减轻体重。系统内能量的变化等于输入能量与输出能量之差，任何系统的能量守恒定律都可以简单地表示为 $E_{\text{in}} - E_{\text{out}} = \Delta E$。

任何量（例如质量、动量、能量）的传递都是当该量穿越边界时在边界处被识别的。一个量如果从外部穿越边界进入体系（或者控制体）内部，我们称之为进入体系；如果方向相反，则称之为离开体系。一个量从体系内的一个位置移动到另一个位置，在分析中不会被认为是量的传递，因为它没有进、出体系。因此，在工程分析前，指定体系并明确它的边界是重要的。

一定量的物质（封闭系统）所包含的能量可以通过两种方式发生变化：传热 Q 和做功 W。因此一定量物质的能量守恒定律可以用变化率的形式表示为（见图5-46）：

$$\dot{Q}_{\text{net in}} + \dot{W}_{\text{net in}} = \frac{\mathrm{d}E_{\text{sys}}}{\mathrm{d}t} \quad \text{或者} \quad \dot{Q}_{\text{net in}} + \dot{W}_{\text{net in}} = \frac{\mathrm{d}}{\mathrm{d}t}\int_{\text{sys}} \rho e \, \mathrm{d}V \qquad (5-49)$$

式中，字母上面的点表示随时间的变化率，$\dot{Q}_{\text{net in}} = \dot{Q}_{\text{in}} - \dot{Q}_{\text{out}}$ 是传递给系

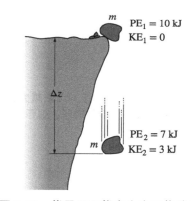

图5-45 能量既不能产生也不能消失；它只能从一种形式转换成另一种形式

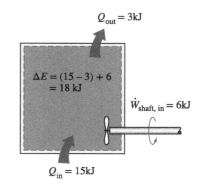

图5-46 在这个过程中系统能量的变化等于系统和它周围之间的净功和传热

统的净传热率（如果系统放热则为负值）；$\dot{W}_{\text{net in}} = \dot{W}_{\text{in}} - \dot{W}_{\text{out}}$ 是系统的净输入功率（如果是输出功率则为负值）；dE_{sys}/dt 是系统总能量的变化率。对于简单的可压缩系统，总能由内能、动能和势能组成，单位质量的表达式为（见第 2 章）

$$e = u + ke + pe = u + \frac{V^2}{2} + gz \qquad (5\text{-}50)$$

注意，总能是一个状态量，除非系统状态发生了变化，否则它的值不会变化。

通过热量 Q 的能量传递

在日常生活中，我们经常提到明显或者不明显的内能形式如热，以及物体所含有的热量。科学地讲，这种能量形式更规范的叫法为热能。对于单相物质，一定质量的热能变化会导致温度变化，温度是热能的体现。热能会自然地向温度降低的方向转移。由于温度不同导致能量从一个系统传递到另一个系统称为传热。例如，罐装饮料在温暖房间里的加热，就跟传热有关（见图 5-47）。传热的时间变化率称为传热率，用 $\dot{Q}$ 表示。

传热的方向总是从高温物体向低温物体。一旦温度平衡建立，传热就停止了。两个同温度的系统（或者一个系统和它的周围环境）之间不可能存在传热。

没有传热的过程叫作绝热过程。绝热过程有两种方式：一种是绝热良好的系统，只有微不足道的热量流经系统边界，另一种是系统和它的环境处于相同温度，所以没有传热的驱动力（温差）。绝热过程不能与等温过程相混淆。即使在绝热过程中没有传热，系统的能量和温度都有可能通过其他方式改变，例如做功。

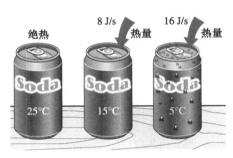

室温

8 J/s 热量 16 J/s 热量

绝热

Soda 25°C Soda 15°C Soda 5°C

图 5-47　温差驱动热传递。温差越大，传热率越高。其中最冷的罐子，显示出了房间里水蒸气的冷凝

通过做功 W 的能量传递

如果力作用了一段距离，与之相关的能量相互作用就是功。一个上升的活塞、一个旋转的轴和穿过系统边界的电线都与功的相互作用有关。做功的时间变化率称为功率，用 $\dot{W}$ 表示。汽车发动机、液压机、蒸汽机和燃气轮机输出功率（$\dot{W}_{\text{shaft, in}} < 0$）；压气机、水泵、风扇和混合器消耗功率（$\dot{W}_{\text{shaft, in}} > 0$）。

消耗功的装置将能量传递至流体中，提高了流体的能量。例如，房间里的风扇，使空气流通并提高了它的动能。风扇消耗的电能首先通过电动机驱使叶片的轴旋转转化为机械能。接着机械能被传递到空气中提高了空气的速度。这种能量传递与温差没有关系，所以不存在传热。因此，只能是功。通过风扇被排出的空气最终静止，损失了机械能，这是由于不同速度空气质点之间的摩擦造成的。但这不是真正意义上的"损失"；它仅仅是遵循能量守恒定律的机械能和热能（这个值很有限，因此叫作损失）的等价转化。如果一个风扇在封闭房间内长时间工作，我们能通过空气温度的上升感受到热能的增加。

一个系统包含许多形式的功，总功可以表示为

$$W_{\text{total}} = W_{\text{shaft}} + W_{\text{pressure}} + W_{\text{viscous}} + W_{\text{other}} \qquad (5\text{-}51)$$

式中，W_{shaft} 是旋转轴传输的功；W_{pressure} 是作用在控制面上的压力所做的功；W_{viscous} 是作用在控制面上黏性力的法向和切向分力所做的功；W_{other} 是其他力做的功，例如电力、磁力和表面张力，对于简单的可压缩系统是不明显的，所以在文中不予考虑。我们也不考虑 W_{viscous}，因为移动的壁面（例如风机叶片或者涡轮转轮）通常是在控制体内部而不是控制面的一部分。但是要记住，在叶轮机械的精细分析中，可能需要考虑剪切力在叶片剪切流体时所做的功。

轴功

许多流动系统包含了一个机械，如水泵、涡轮、风机或者压气机，它们的轴突出并穿过了控制面，与这些装置有关的功传递称为轴功 W_{shaft}。通过旋转轴的功率输出与轴的转矩 T_{shaft} 是成正比的，表示为

$$\dot{W}_{\text{shaft}} = \omega T_{\text{shaft}} = 2\pi \dot{n} T_{\text{shaft}} \qquad (5\text{-}52)$$

式中，ω 是轴的角速度（rad/s）；$\dot{n}$ 是轴的转速（r/min）。

压力所做的功

如图 5-48a 所示，考虑气体在圆柱活塞装置中被压缩。当活塞在压力 PA 的作用下向下移动距离 $\mathrm{d}s$，其中 A 是活塞的截面面积，作用在系统上的边界功为 $\delta W_{\text{boundary}} = PA\mathrm{d}s$。将关系式两边除以微分时间间隔 $\mathrm{d}t$ 得到边界功的时间变化率（即功率）：

$$\delta \dot{W}_{\text{pressure}} = \delta \dot{W}_{\text{boundary}} = PAV_{\text{piston}}$$

式中，$V_{\text{piston}} = \mathrm{d}s/\mathrm{d}t$ 是活塞的速度，也是活塞面上移动边界的速度。

现在考虑任意形状（一个系统）的流体块随着流动移动，并且在压强作用下是自由变形的，如图 5-48b 所示。压强总是沿着表面的内法线方向，作用于微元面积 $\mathrm{d}A$ 的压力等于 $P\mathrm{d}A$。再次提醒，功是力乘以位移，单位时间内的位移就是速度，作用在系统微元面积上的压力所做功的时间变化率为

$$\delta \dot{W}_{\text{pressure}} = -P\mathrm{d}AV_n = -P\mathrm{d}A(\vec{V}\cdot\vec{n}) \qquad (5\text{-}53)$$

因为通过微元面积 $\mathrm{d}A$ 的法向分速度是 $V_n = V\cos\theta = \vec{V}\cdot\vec{n}$。注意，$\vec{n}$ 是 $\mathrm{d}A$ 的外法线方向，因此，$\vec{V}\cdot\vec{n}$ 这个量在膨胀时为正，压缩时为负。式（5-33）中的负号确保了压强所做的功作用在系统上时为正值，系统做功的时候为负值，与我们的符号定义一致。压强所做的总功率是通过在整个表面 A 上积分 $\delta \dot{W}_{\text{pressure}}$ 得到的，即

$$\dot{W}_{\text{pressure, net in}} = -\int_A P(\vec{V}\cdot\vec{n})\mathrm{d}A = -\int_A \frac{P}{\rho}\rho(\vec{V}\cdot\vec{n})\mathrm{d}A \qquad (5\text{-}54)$$

在这些讨论中，净功率的传递可以表示为

$$\dot{W}_{\text{net in}} = \dot{W}_{\text{shaft, net in}} + \dot{W}_{\text{pressure, net in}} = \dot{W}_{\text{shaft, net in}} - \int_A P(\vec{V}\cdot\vec{n})\,\mathrm{d}A \qquad (5\text{-}55)$$

对于封闭系统能量守恒关系以变化率的形式变为

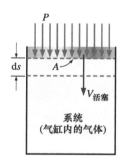

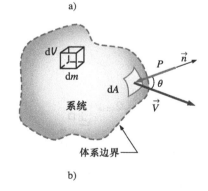

图 5-48 压强作用在 a）圆柱活塞装置中系统的移动边界上，以及 b）任意形状体系的微分面积上

$$\dot{Q}_{\text{net in}} + \dot{W}_{\text{shaft, net in}} + \dot{W}_{\text{pressure, net in}} = \frac{\mathrm{d}E_{\text{sys}}}{\mathrm{d}t} \qquad (5\text{-}56)$$

为了得到控制体的能量守恒关系，我们用 B 代替总能量 E，用 b 代替每单位质量的能量 e，代入雷诺输运定理中，得到 $e = u + ke + pe = u + V^2/2 + gz$（见图 5-49）。这样可以得到

$$\frac{\mathrm{d}E_{\text{sys}}}{\mathrm{d}t} = \frac{\mathrm{d}}{\mathrm{d}t} \int_{\text{CV}} e\rho\,\mathrm{d}V + \int_{\text{CS}} e\rho(\vec{V_r}\cdot\vec{n})\mathrm{d}A \qquad (5\text{-}57)$$

将式（5-56）的左边代入式（5-57），能量方程的一般形式应用到固定的、移动的和变形的控制体内变为

$$\dot{Q}_{\text{net in}} + \dot{W}_{\text{shaft, net in}} + \dot{W}_{\text{pressure, net in}} = \frac{\mathrm{d}}{\mathrm{d}t} \int_{\text{CV}} e\rho\,\mathrm{d}V + \int_{\text{CS}} e\rho(\vec{V_r}\cdot\vec{n})\mathrm{d}A \quad (5\text{-}58)$$

用文字表述就是

（通过热和功传递进入控制体的净能量变化率）=（控制体内能量的时间变化率）+（通过质量流量流出控制面的净能量流量）

式中，$\vec{V_r} = \vec{V} = \vec{V}_{\text{CS}}$ 是相对于控制面的流体速度，乘积 $\rho(\vec{V}\cdot\vec{n})$ 表示通过面积微元 $\mathrm{d}A$ 进出控制体的质量流量。再次提醒，$\vec{n}$ 是 $\mathrm{d}A$ 的外法线方向，因此，量 $\vec{V_r}\cdot\vec{n}$ 和质量流量在流出时是正值，流入时是负值。

将式（5-54）的压强功率的面积分代入式（5-58），并与右边项的面积分合并得到

$$\dot{Q}_{\text{net in}} + \dot{W}_{\text{shaft, net in}} = \frac{\mathrm{d}}{\mathrm{d}t} \int_{\text{CV}} e\rho\,\mathrm{d}V + \int_{\text{CS}} \left(\frac{P}{\rho} + e\right)\rho(\vec{V_r}\cdot\vec{n})\mathrm{d}A \quad (5\text{-}59)$$

这是能量方程的简易形式，因为压强功是与流经控制面的流体能量结合在一起的，我们不再需要处理压强功。

$P/\rho = Pv = w_{\text{flow}}$ 这一项是压强功，这是与推动流体进出控制体联系在一起的单位质量功。注意，由于无滑移条件，在壁面的流体速度等于固体壁面的速度。结果是，沿着控制面与无移动固壁面重合的那部分压强功为零。因此，固定控制体的压强功仅仅存在于流体进出控制体的控制面虚拟部分，即进口和出口。

对于固定控制体（没有移动或者变形的控制体），$\vec{V_r} = \vec{V}$ 且能量式（5-59）变成

固定控制体：

$$\dot{Q}_{\text{net in}} + \dot{W}_{\text{shaft, net in}} = \frac{\mathrm{d}}{\mathrm{d}t} \int_{\text{CV}} e\rho\,\mathrm{d}V + \int_{\text{CS}} \left(\frac{P}{\rho} + e\right)\rho(\vec{V}\cdot\vec{n})\mathrm{d}A \quad (5\text{-}60)$$

这个方程因为有积分，所以它不是解决实际工程问题的简易形式，因此需要用通过进、出口的质量流量和平均速度的形式改写它。如果 $P/\rho + e$ 在进、出口几乎是均匀的，就可以把它移到积分符号之外。注意，$\dot{m} = \int_{A_c} \rho(\vec{V}\cdot\vec{n})\mathrm{d}A_c$ 是通过进、出口的质量流量，通过进、出口流入和流出的能量变化率近似为 $\dot{m}(P/\rho + e)$。然后能量方程变为（见图 5-50）

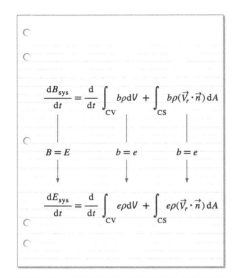

图 5-49 能量守恒方程是通过在雷诺输运定理中用能量 E 替换 B 和用 e 替换 b 得到的

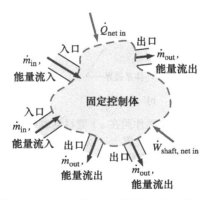

图 5-50 在典型的工程问题中，控制体可能会包含许多进口和出口；在每个进口处能量流入，在每个出口处能量流出。能量也通过净热传递和净轴功来进入控制体

$$\dot{Q}_{\text{net in}} + \dot{W}_{\text{shaft, net in}} = \frac{\mathrm{d}}{\mathrm{d}t}\int_{\text{CV}} e\rho\,\mathrm{d}V + \sum_{\text{out}}\dot{m}\left(\frac{P}{\rho}+e\right) - \sum_{\text{in}}\dot{m}\left(\frac{P}{\rho}+e\right) \quad (5\text{-}61)$$

式中，$e = u + V^2/2 + gz$［式（5-50）］是控制体和流线的单位质量总能。然后，

$$\dot{Q}_{\text{net in}} + \dot{W}_{\text{shaft, net in}} = \frac{\mathrm{d}}{\mathrm{d}t}\int_{\text{CV}} e\rho\,\mathrm{d}V + \sum_{\text{out}}\dot{m}\left(\frac{P}{\rho}+u+\frac{V^2}{2}+gz\right) -$$
$$\sum_{\text{in}}\dot{m}\left(\frac{P}{\rho}+u+\frac{V^2}{2}+gz\right) \quad (5\text{-}62)$$

或者

$$\dot{Q}_{\text{net in}} + \dot{W}_{\text{shaft, net in}} = \frac{\mathrm{d}}{\mathrm{d}t}\int_{\text{CV}} e\rho\,\mathrm{d}V + \sum_{\text{out}}\dot{m}\left(h+\frac{V^2}{2}+gz\right) -$$
$$\sum_{\text{in}}\dot{m}\left(h+\frac{V^2}{2}+gz\right) \quad (5\text{-}63)$$

式中，用到了焓的定义，$h = u + Pv = u + P/\rho$。最后两个方程是能量守恒的一般表现形式，但是它们的使用仍然局限于固定的控制体，进、出口均匀的流动，以及与黏性力和其他作用有关的功可忽略不计的情况下。同时，下标"net in"代表了"净输入"，任何热或者功的传递进入系统的都是正值，来自于系统的都是负值。

5.6　定常流的能量分析

对于定常流，控制体能量的时间变化率为零，式（5-63）简化为

$$\dot{Q}_{\text{net in}} + \dot{W}_{\text{shaft, net in}} = \sum_{\text{out}}\dot{m}\left(h+\frac{V^2}{2}+gz\right) - \sum_{\text{in}}\dot{m}\left(h+\frac{V^2}{2}+gz\right) \quad (5\text{-}64)$$

它说明了在定常流动中，通过热和功的传递进入控制体的净能量变化率，等于流出、流入质量流的能量变化率之差。

许多实际问题仅包含了一个进口和一个出口（见图5-51）。对于单流路设备，其进、出口的质量流量相等。式（5-64）简化为

$$\dot{Q}_{\text{net in}} + \dot{W}_{\text{shaft, net in}} = \dot{m}\left(h_2 - h_1 + \frac{V_2^2 - V_1^2}{2} + g(z_2 - z_1)\right) \quad (5\text{-}65)$$

式中，下标1和2分别代表了进口和出口。将式（5-65）中各项除以质量流量 $\dot{m}$，可得单位质量的定常流动能方程，即

$$q_{\text{net in}} + w_{\text{shaft, net in}} = h_2 - h_1 + \frac{V_2^2 - V_1^2}{2} + g(z_2 - z_1) \quad (5\text{-}66)$$

式中，$q_{\text{net in}} = \dot{Q}_{\text{net in}}/\dot{m}$，是传递到流体中的单位质量热量；$w_{\text{shaft, net in}} = \dot{W}_{\text{shaft, net in}}/\dot{m}$ 是输入给流体的单位质量轴功。利用焓的定义，$h = u + P/\rho$ 并重新排列，定常流能量方程能够表示为

$$w_{\text{shaft, net in}} + \frac{P_1}{\rho_1} + \frac{V_1^2}{2} + gz_1 = \frac{P_2}{\rho_2} + \frac{V_2^2}{2} + gz_2 + (u_2 - u_1 - q_{\text{net in}}) \quad (5\text{-}67)$$

式中，u 是内能；P/ρ 是流动能；$V^2/2$ 是动能；gz 是流体的势能。所有项

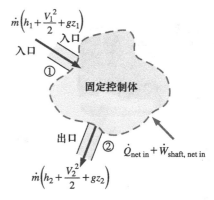

图 5-51　仅有一个进口和一个出口的控制体以及能量交换

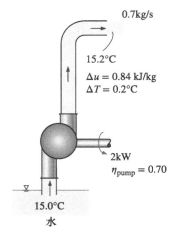

0.7kg/s

15.2°C

$\Delta u = 0.84$ kJ/kg
$\Delta T = 0.2$°C

2kW
$\eta_{pump} = 0.70$

15.0°C

水

图 5-52 在流体流动系统中损失的机械能导致流体内能的增加和流体温度的上升

都是单位质量。这些关系在可压缩流与不可压缩流中都是有效的。

式（5-67）的左边项代表了机械能的输入，右边的前三项代表了机械能的输出。如果是理想流动，没有例如摩擦力之类的不可逆条件，总的机械能就一定是守恒的，括号项 $(u_2 - u_1 - q_{net\ in})$ 一定等于 0。即

理想流（无机械能损失）：$q_{net\ in} = u_2 - u_1$ （5-68）

任何超过 $q_{net\ in}$ 在 $u_2 - u_1$ 上的增长都是跟机械能不可逆转化到热能有关的，因此 $(u_2 - u_1 - q_{net\ in})$ 代表了单位质量的机械能损失（见图 5-52）。即

真实流（有机械能损失）：$e_{mech,\ loss} = u_2 - u_1 - q_{net\ in}$ （5-69）

对于单相流体（气体或者液体），$u_2 - u_1 = c_V(T_2 - T_1)$，式中 c_V 是比定容热容。

建立在单位质量基础上的定常流能量方程能够方便地写成机械能守恒的形式，

$$e_{mech,\ in} = e_{mech,\ out} + e_{mech,\ loss}$$ （5-70）

或者

$$w_{shaft,\ net\ in} + \frac{P_1}{\rho_1} + \frac{V_1^2}{2} + gz_1 = \frac{P_2}{\rho_2} + \frac{V_2^2}{2} + gz_2 + e_{mech,\ loss}$$ （5-71）

注意到 $w_{shaft,\ net\ in} = w_{pump} - w_{turbine}$，机械能守恒可直观地写为

$$\frac{P_1}{\rho_1} + \frac{V_1^2}{2} + gz_1 + w_{pump} = \frac{P_2}{\rho_2} + \frac{V_2^2}{2} + gz_2 + w_{turbine} + e_{mech,\ loss}$$ （5-72）

式中，w_{pump} 是机械功输入（与泵、风机、压气机有关）；$w_{turbine}$ 是机械功输出（与涡轮有关）。当流动不可压缩，绝对压强或者表压都是可以用 P 来表示的，因为 P_{atm}/ρ 会出现在公式两侧可被约掉。

式（5-72）乘以质量流量 $\dot{m}$ 得到

$$\dot{m}\left(\frac{P_1}{\rho_1} + \frac{V_1^2}{2} + gz_1\right) + \dot{W}_{pump} = \dot{m}\left(\frac{P_2}{\rho_2} + \frac{V_2^2}{2} + gz_2\right) + \dot{W}_{turbine} + \dot{E}_{mech,\ loss}$$ （5-73）

式中，$\dot{W}_{pump}$ 是通过泵的轴输入的轴功率；$\dot{W}_{turbine}$ 是通过涡轮轴输出的轴功率；$\dot{E}_{mech,\ loss}$ 是总机械能损失，由泵和涡轮的损失以及在管道中的摩擦损失所组成。即

$$\dot{E}_{mech,\ loss} = \dot{E}_{mech\ loss,\ pump} + \dot{E}_{mech\ loss,\ turbine} + \dot{E}_{mech\ loss,\ piping}$$

根据惯例，泵和涡轮的不可逆损失是和管路系统中其他部件的不可逆损失区别对待的（见图 5-53）。这样，式（5-73）中的每一项除以 $\dot{m}g$，得到能量方程最常见的水头形式。结果为

$$\frac{P_1}{\rho_1 g} + \frac{V_1^2}{2g} + z_1 + h_{pump,\ u} = \frac{P_2}{\rho_2 g} + \frac{V_2^2}{2g} + z_2 + h_{turbine,\ e} + h_L$$ （5-74）

式中，

图 5-53 一个典型的发电厂有许多管道、关节、阀门、泵和涡轮，所有的这些都有不可逆损失

- $h_{pump,\ u} = \dfrac{w_{pump,\ u}}{g} = \dfrac{\dot{W}_{pump,\ u}}{\dot{m}g} = \dfrac{\eta_{pump}\dot{W}_{pump}}{\dot{m}g}$ 是泵传递给流体的可用水头。因为泵里的不可逆损失，$h_{pump,\ u}$ 是小于 $\dot{W}_{pump}/\dot{m}g$ 的，用 η_{pump} 表示。

- $h_{turbine,\ e} = \dfrac{w_{turbine,\ e}}{g} = \dfrac{\dot{W}_{turbine,\ e}}{\dot{m}g} = \dfrac{\dot{W}_{turbine}}{\eta_{turbine}\dot{m}g}$ 是通过涡轮从流体中提取

的水头。因为涡轮的不可逆损失，$h_{\text{turbine}, e}$ 是大于 $\dot{W}_{\text{turbine}}/(\dot{m}g)$ 的，用 η_{turbine} 表示。

• $h_L = \dfrac{e_{\text{mech loss, piping}}}{g} = \dfrac{\dot{E}_{\text{mech loss, piping}}}{\dot{m}g}$ 是在管道系统 1 和 2 之间除了泵或者涡轮以外的不可逆水头损失。

注意，水头损失 h_L 代表了管道中流体流动的摩擦损失，但它不包括发生在泵或者涡轮里的低效率损失——这些损失是用 η_{pump} 和 η_{turbine} 计算的。图 5-54 中给出了式（5-74）的图解示例。

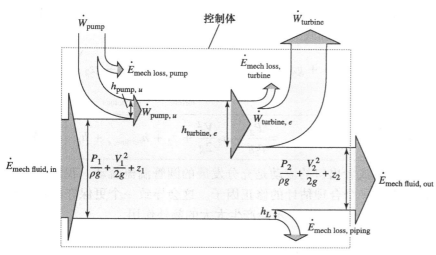

图 5-54 包含泵和涡轮的流体流动系统的机械能流动图。垂直尺寸显示了式（5-74）中每个能量项所等价的液柱高度，也就是水头高

如果管道系统中不包含泵、风机或者压气机，那么泵压头为零；如果系统不包含涡轮，那么涡轮压头为零。

特例：没有机械工作装置及可忽略摩擦作用的不可压缩流

当管道系统损失忽略不计时，机械能转化为热能的耗散是忽略不计的，因此 $h_L = e_{\text{mech loss, piping}}/g \approx 0$，如下面例 5-11 中所示。同时，当没有机械功装置例如风机、泵或者涡轮时，$h_{\text{pump}, u} = h_{\text{turbine}, e} = 0$。式（5-74）简化为

$$\frac{P_1}{\rho g} + \frac{V_1^2}{2g} + z_1 = \frac{P_2}{\rho g} + \frac{V_2^2}{2g} + z_2 \quad \text{或者} \quad \frac{P}{\rho g} + \frac{V^2}{2g} + z = \text{const} \quad (5\text{-}75)$$

这是早前用牛顿运动第二定律推导得到的伯努利方程。伯努利方程被认为是能量方程的退化形式。

动能修正因子，α

平均流动速度 V_{avg} 定义为使关系式 $\rho V_{\text{avg}} A$ 等于实际质量流量。因此，质量流量是不需要修正因子的。但是，如加斯帕德·科里奥利（1792—1843）所展示的，从 $V^2/2$ 得到的流线动能，与实际流线的动能不同，因为和的平方不等于平方的和（见图 5-55）。这个误差可以通过将动能项 $V^2/2$ 换成 $\alpha V_{\text{avg}}^2/2$ 来修正，其中 α 就是动能修正因子。通过运用随半

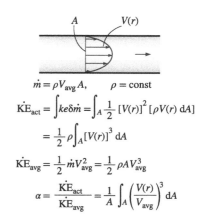

$$\dot{m} = \rho V_{\text{avg}} A, \qquad \rho = \text{const}$$

$$\dot{\text{KE}}_{\text{act}} = \int ke\,\delta\dot{m} = \int_A \frac{1}{2}\,[V(r)]^2\,[\rho V(r)\,dA]$$

$$= \frac{1}{2}\rho \int_A [V(r)]^3\,dA$$

$$\dot{\text{KE}}_{\text{avg}} = \frac{1}{2}\dot{m}V_{\text{avg}}^2 = \frac{1}{2}\rho A V_{\text{avg}}^3$$

$$\alpha = \frac{\dot{\text{KE}}_{\text{act}}}{\dot{\text{KE}}_{\text{avg}}} = \frac{1}{A}\int_A \left(\frac{V(r)}{V_{\text{avg}}}\right)^3 dA$$

图 5-55 利用横截面的平均速度 V_{avg} 和实际的速度分布 $V(r)$ 来测量动能修正因子

径变化的速度方程，充分发展的层流管流的修正因子是2.0，充分发展的圆管湍流的修正因子范围是1.04~1.11。

动能修正因子在初步的分析中通常是被忽略的（即 α 等于1），因为①大部分的流动在实际中是湍流，修正因子趋近于1；②在能量方程中，动能项相对于其他项通常是较小的，用小于2.0的修正因子乘以它们的结果没什么差别。当速度和动能很高时，流动变为湍流，用均一的修正因子更为合适。但是，你应该要记住，你可能会遇到修正因子很重要的情况，特别是当流动是层流时。因此，我们建议在分析流体流动问题的时候将修正因子考虑进去。考虑动能修正因子的定常、不可压缩流的能量方程［式（5-73）和式（5-74）］就变为

$$\dot{m}\left(\frac{P_1}{\rho} + \alpha_1 \frac{V_1^2}{2} + gz_1\right) + \dot{W}_{pump} = \dot{m}\left(\frac{P_2}{\rho} + \alpha_2 \frac{V_2^2}{2} + gz_2\right) + \quad (5\text{-}76)$$
$$\dot{W}_{turbine} + \dot{E}_{mech,\,loss}$$

$$\boxed{\frac{P_1}{\rho_1 g} + \alpha_1 \frac{V_1^2}{2g} + z_1 + h_{pump,\,u} = \frac{P_2}{\rho_2 g} + \alpha_2 \frac{V_2^2}{2g} + z_2 + h_{turbine,\,e} + h_L} \quad (5\text{-}77)$$

如果进口或者出口的流动是充分发展的圆管湍流流动，我们建议用 $\alpha = 1.05$ 作为一个合理估计的修正因子。这会导致一个更保守的预估水头损失，在式中包含一个 α 不会产生太大的额外作用。

【例5-11】摩擦对流体温度和热损失的影响

在定常和不可压缩流体流动的绝热区域证明（a）当摩擦忽略不计时温度保持为常数，没有损失，以及（b）当考虑摩擦作用时温度上升并有一些损失。讨论在这样的流动中流体温度是否可能下降（见图5-56）。

问题：考虑流过绝热区域的定常和不可压缩的流动。求摩擦对温度和热损失的影响。

假设：①流动是定常和不可压缩的；②流动区域绝热且没有传热，即 $q_{net,in} = 0$。

分析：在不可压缩流动中的流体密度保持为常量，熵变是

$$\Delta s = c_v \ln \frac{T_2}{T_1}$$

这个关系式表示了流体从进口的状态1流到出口的状态2时单位质量的熵变。熵变是通过两个作用引起的：①传热和②不可逆因素。因此，在没有传热的情况下，熵变仅与不可逆因素有关，这个作用总是引起熵增。

（a）流体在绝热区域的过程没有任何的不可逆因素，例如摩擦和旋流时，熵变（$q_{net,in} = 0$）为零，因此对于可逆流动有

温度变化：$\Delta s = c_v \ln \dfrac{T_2}{T_1} = 0 \quad \rightarrow \quad T_2 = T_1$

机械能损失：$e_{mech\,loss,\,piping} = u_2 - u_1 - q_{net\,in} = c_v(T_2 - T_1) - q_{net\,in} = 0$

图5-56 例5-11的示意图

①
T_1
u_1
$\rho = $ 常数
②
T_2
u_2
（绝热）

热损失：$h_L = e_{\text{mech loss, piping}}/g = 0$

因此，我们得出结论：当传热和摩擦作用忽略不计时，①流体的温度保持为常量，②没有机械能转化为热能，③没有不可逆热损失。

（b）当考虑不可逆因素例如摩擦时，熵变是正的，那么有：

温度变化：$\Delta s = c_v \ln \dfrac{T_2}{T_1} > 0 \rightarrow T_2 > T_1$

机械能损失：$e_{\text{mech loss, piping}} = u_2 - u_1 - q_{\text{net in}} = c_v(T_2 - T_1) - q_{\text{net in}} > 0$

热损失：$h_L = e_{\text{mech loss, piping}}/g > 0$

因此，得到结论：当流动是绝热、不可逆时，①流体的温度增加，②部分机械能转化为热能，③部分不可逆热损失产生。

讨论：在定常、不可压缩、绝热流动中，流体温度是不可能下降的，因为这要求绝热系统的熵减少，这是违背热力学第二定律的。

【例 5-12】泵的功率和摩擦生热

供水系统的泵通过 15kW 的电动机提供动力，电动机的效率是 90%（见图 5-57）。泵的流量是 50L/s。进口和出口的管道直径一样，流经泵的高度差忽略不计。如果在泵的进口和出口测得的绝对压强是 100kPa 和 300kPa，求（a）泵的机械效率和（b）水流经泵时，由于机械效率造成的水的温升。

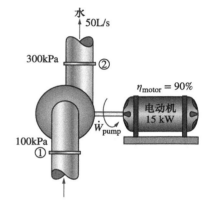

图 5-57 例 5-12 的示意图

问题：测量了流经泵的压强。求泵的机械效率和水的温升。

假设：①流动是定常和不可压缩的；②泵被外部的电动机驱动，所以电动机生成的热被耗散到大气中；③泵进口和出口之间的高度差忽略不计，$z_1 \approx z_2$；④进口和出口的直径一样，所有进口和出口的平均速度相等，$V_1 = V_2$；⑤动能修正因子相等，$\alpha_1 = \alpha_2$。

参数：取水的密度为 $1\text{kg/L} = 1000\text{kg/m}^3$ 以及它的比热容为 $4.18\text{kJ/(kg} \cdot {}^\circ\text{C)}$。

分析：（a）水流经泵的质量流量是

$$\dot{m} = \rho \dot{V} = (1\text{kg/L})(50\text{L/s}) = 50 \text{ kg/s}$$

电动机消耗 15kW 的功率且效率为 90%，因此它传输给泵的机械（轴）功率是

$$\dot{W}_{\text{pump, shaft}} = \eta_{\text{motor}} \dot{W}_{\text{electric}} = (0.90)(15\text{kW}) = 13.5\text{kW}$$

为了求得泵的机械效率，我们需要知道随着流动流经泵，流体的机械能增长量是

$$\Delta \dot{E}_{\text{mech, fluid}} = \dot{E}_{\text{mech, out}} - \dot{E}_{\text{mech, in}} = \dot{m}\left(\frac{P_2}{\rho} + \alpha_2 \frac{V_2^2}{2} + g z_2\right) -$$

$$\dot{m}\left(\frac{P_1}{\rho} + \alpha_1 \frac{V_1^2}{2} + g z_1\right)$$

对这个例子进行简化并代入所给值，得

$$\Delta \dot{E}_{\text{mech, fluid}} = \dot{m}\left(\frac{P_2 - P_1}{\rho}\right) = (50 \text{ kg/s})\left(\frac{(300-100)\text{ kPa}}{1000 \text{ kg/m}^3}\right)\left(\frac{1 \text{ kJ}}{1 \text{ kPa} \cdot \text{m}^3}\right) = 10.0 \text{ kW}$$

则泵的机械效率为

$$\eta_{pump} = \frac{\dot{W}_{pump, u}}{\dot{W}_{pump, shaft}} = \frac{\Delta \dot{E}_{mech, fluid}}{\dot{W}_{pump, shaft}} = \frac{10.0 \text{ kW}}{13.5 \text{ kW}} = 0.741 \text{ 或者 } 74.1\%$$

（b）泵提供的 13.5kW 的机械功率，仅有 10.0kW 给予流体作为机械能。剩下的 3.5kW 由于摩擦作用被转化为热能，这个"损失"的机械能在流体中以加热作用显示出来。

$$\dot{E}_{mech,loss} = \dot{W}_{pump,shaft} - \Delta \dot{E}_{mech,fluid} = (13.5 - 10.0) \text{ kW} = 3.5 \text{ kW}$$

与机械效率低下因素有关的水温上升通过热能平衡求出，$\dot{E}_{mech, loss} = \dot{m}(u_2 - u_1) = \dot{m}c\Delta T$。求解 ΔT，得

$$\Delta T = \frac{\dot{E}_{mech, loss}}{\dot{m}c} = \frac{3.5 \text{ kW}}{(50 \text{ kg/s})(4.18 \text{ kJ/ kg·°C})} = 0.017 \text{°C}$$

因此，水流经泵时，由于机械效率造成水温上升 0.017°C，是非常小的。

讨论： 在实际运用中，水温上升一般是较小的，因为部分生成的热会传递到泵的外罩上，然后又从外罩传递到周围的空气中。如果整个泵和发动机被浸在水里，与发动机效率相关的 1.5kW 会以热的形式传递到周围的水中。

【例5-13】大坝水力发电功率

在水力发电厂里，100m³/s 的水从 120m 的高度流向涡轮用来发电（见图 5-58）。在管道中从点 1 到点 2 总的不可逆水头损失（除了涡轮装置以外）是 35m。如果涡轮发电机的总效率是 80%，估算输出电功率。

问题： 可利用给出的水头、流量、水头损失和水力发电涡轮的效率，求输出电功率。

假设： ①流动是定常和不可压缩的；②水库水面和排水口的水位保持不变。

参数： 取水的密度为 1000kg/m³。

分析： 流经涡轮的水的质量流量是

$$\dot{m} = \rho \dot{V} = (1000 \text{kg/m}^3)(100 \text{m}^3/\text{s}) = 10^5 \text{kg/s}$$

取点 2 作为参考位置，因此 $z_2 = 0$。同时，点 1 和点 2 都与大气相通（$P_1 = P_2 = P_{atm}$）以及两个点的流动速度都忽略不计（$V_1 = V_2 = 0$）。则对于定常、不可压缩流动的能量方程简化为

$$\frac{\cancel{P_1}}{\rho g} + \alpha_1 \frac{\cancel{V_1^2}}{2g} + z_1 + \cancel{h_{pump, u}}^{\,0} = \frac{\cancel{P_2}}{\rho g} + \alpha_2 \frac{\cancel{V_2^2}}{2g} + \cancel{z_2}^{\,0} + h_{turbine, e} + h_L$$

或者

$$h_{turbine, e} = z_1 - h_L$$

代入，涡轮输出水头和对应的涡轮功率是

$$h_{turbine, e} = z_1 - h_L = (120 - 35)\text{m} = 85 \text{m}$$

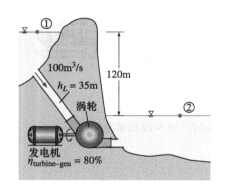

图 5-58 例 5-13 的示意图

$$\dot{W}_{\text{turbine},\,e} = \dot{m}gh_{\text{turbine},\,e} = (10^5\,\text{kg/s})(9.81\,\text{m/s}^2)(85\,\text{m})\left(\frac{1\text{kJ/kg}}{1000\,\text{m}^2/\text{s}^2}\right) = 83400\text{kW}$$

因此，一个完美的涡轮发电机将从这个水库中产生 83400kW 的电能，实际设备产生的电能是

$$\dot{W}_{\text{electric}} = \eta_{\text{turbine-gen}}\,\dot{W}_{\text{turbine},\,e} = (0.80)(83.4\text{MW}) = 66.7\text{MW}$$

讨论： 注意，涡轮发电机的效率每增长 1%，发电功率将增加几乎 1MW。你们将在第 8 章中学如何求 h_L。

【例 5-14】计算机空气冷却风扇的选择

选择一个风扇来冷却计算机，计算机箱体的尺寸是 12cm × 40cm × 40cm（见图 5-59）。在这个箱体中，一半的体积被零件装满而另一半则是空气。箱体后部有一个直径为 5cm 的小孔可用于安装风扇，为了每秒更换一次箱体空间内的空气。市场上可以买到小型低功率的风扇 - 电动机组合模块，它的效率约为 30%。求（a）购买的风扇 - 电动机模块的功率和（b）风扇前后的压差。取空气的密度为 1.20kg/m³。

问题： 计算机机箱的冷却风扇每秒钟可更换机箱内部的空气。求风扇电动机的功率和风扇前后的压差。

假设： ①流动是定常和不可压缩的；②除风扇 - 电动机模块效率以外的损失忽略不计；③除了接近中心位置以外（与风扇尾迹有关系），在出口的流动是相当均匀的，在出口的动能修正因子是 1.10。

参数： 取空气的密度为 1.20kg/m³。

分析：（a）注意，这个机箱的一半是被零件所占据的，因此计算机机箱中的空气体积是

$$\Delta V_{\text{air}} = (\text{空隙率})(\text{机箱体积})$$
$$= 0.5(12\text{cm} \times 40\text{cm} \times 40\text{cm}) = 9600\text{cm}^3$$

因此，流经机箱的体积流量和质量流量分别是

$$\dot{V} = \frac{\Delta V_{\text{air}}}{\Delta t} = \frac{9600\,\text{cm}^3}{1\,\text{s}} = 9600\,\text{cm}^3/\text{s} = 9.6 \times 10^{-3}\,\text{m}^3/\text{s}$$

$$\dot{m} = \rho\dot{V} = (1.20\,\text{kg/m}^3)(9.6 \times 10^{-3}\,\text{m}^3/\text{s}) = 0.0115\,\text{kg/s}$$

机箱出口的横截面面积以及流经出口的平均空气速度分别是

$$A = \frac{\pi D^2}{4} = \frac{\pi(0.05\,\text{m})^2}{4} = 1.96 \times 10^{-3}\,\text{m}^2$$

$$V = \frac{\dot{V}}{A} = \frac{9.6 \times 10^{-3}\,\text{m}^3/\text{s}}{1.96 \times 10^{-3}\,\text{m}^2} = 4.90\,\text{m/s}$$

我们在风扇周围画出控制体以便进口和出口都是大气压（$P_1 = P_2 = P_{\text{atm}}$），如图 5-59 所示，其中进口区域 1 很大且远离风扇，以至于在进口的流动速度忽略不计（$V_1 \approx 0$）。注意，$z_1 = z_2$ 以及在流动中的摩擦损失是不考虑的，机械损失仅包含风扇损失，能量方程 [式（5-76）] 化简为

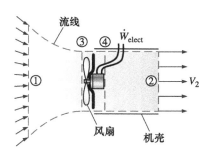

图 5-59 例 5-14 的示意图

$$\dot{m}\left(\frac{\cancel{P_1}}{\cancel{\rho}} + \alpha_1 \frac{\cancel{V_1^2}^0}{2} + g\cancel{z_1}\right) + \dot{W}_{\text{fan}} = \dot{m}\left(\frac{\cancel{P_2}}{\cancel{\rho}} + \alpha_2 \frac{V_2^2}{2} + g\cancel{z_2}\right) + \cancel{\dot{W}_{\text{turbine}}}^0 + \dot{E}_{\text{mech loss, fan}}$$

求解 $\dot{W}_{\text{fan}} - \dot{E}_{\text{mech loss, fan}} = \dot{W}_{\text{fan, }u}$ 并代入，得

$$\dot{W}_{\text{fan, }u} = \dot{m}\alpha_2 \frac{V_2^2}{2} = (0.0115 \text{ kg/s})(1.10)\frac{(4.90 \text{ m/s})^2}{2}\left(\frac{1 \text{ N}}{1 \text{ kg}\cdot\text{m/s}^2}\right) = 0.152 \text{ W}$$

于是求得需要输入风扇的电功率为

$$\dot{W}_{\text{elect}} = \frac{\dot{W}_{\text{fan, }u}}{\eta_{\text{fan-motor}}} = \frac{0.152 \text{ W}}{0.3} = 0.506\text{W}$$

因此，一个额定功率为 0.5W 的风扇电动机是足以完成这项工作的（见图 5-60）。

（b）为了求风扇前后的压差，我们在风扇水平线的两端取点 3 和点 4。因为风扇前后截面距离很近，故 $z_3 = z_4$ 以及 $V_3 = V_4$，能量方程简化为

$$\dot{m}\frac{P_3}{\rho} + \dot{W}_{\text{fan}} = \dot{m}\frac{P_4}{\rho} + \dot{E}_{\text{mech loss, fan}} \quad \rightarrow \quad \dot{W}_{\text{fan, }u} = \dot{m}\frac{P_4 - P_3}{\rho}$$

求解 $P_4 = P_3$ 并代换，得

$$P_4 - P_3 = \frac{\rho\dot{W}_{\text{fan, }u}}{\dot{m}} = \frac{(1.2 \text{ kg/m}^3)(0.152 \text{ W})}{0.0115 \text{ kg/s}}\left(\frac{1 \text{ Pa}\cdot\text{m}^3}{1 \text{ Ws}}\right) = 15.8\text{Pa}$$

因此，风扇前后的压升为 15.8Pa。

讨论： 风扇-电动机模块的效率为30%，意味着消耗电能 $\dot{W}_{\text{electric}}$ 的 30% 被转化为可用机械能，而剩余的（70%）"损失"并转化成了热能。同时，实际系统中需要更大功率的风扇，以便克服计算机机箱内部的摩擦损失。注意，如果忽略了出口的动能修正因子，则这个例子所需的额定电功率和压升都会低 10%（分别是 0.460W 和 14.4Pa）。

图 5-60 用于计算机和计算机电源的冷却风扇功率通常很小，仅消耗几瓦的功率

【例 5-15】从湖中抽水到水池里

一个潜水泵的轴功率为 5kW，效率为72%，通过等直径管道从湖中抽水到池子里（见图 5-61）。池中水面高于湖中水面 25m。如果管道系统中的不可逆水头损失是 4m，求流量和泵的压差。

问题： 在所给高度下从湖中抽吸水到池子里。对于所给的水头损失，求流量和泵的压差。

假设： ①流动是定常和不可压缩的；②湖和池子都足够大，因此它们的水面高度都保持不变。

参数： 取水的密度为 $1\text{kg/L} = 1000\text{kg/m}^3$。

分析： 泵输出 5kW 的轴功且效率是72%。它输入给水的可用机械功是

$$\dot{W}_{\text{pump, }u} = \eta_{\text{pump}}\dot{W}_{\text{shaft}} = (0.72)(5 \text{ kW}) = 3.6\text{kW}$$

我们在湖的自由面位置取点 1，这也是参考位置（$z_1 = 0$），在池子的自由面取点 2。同时，点 1 和点 2 都是与大气相通的（$P_1 = P_2 = P_{\text{atm}}$），速度可忽略不计（$V_1 \approx V_2 \approx 0$）。于是流经这两个面之间包含泵的控制体的定常和不可压缩流动的能量方程可表示为

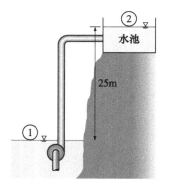

图 5-61 例 5-15 的示意图

$$\dot{m}\left(\frac{P_1}{\rho} + \alpha_1\frac{V_1^2}{2} + gz_1\right) + \dot{W}_{\text{pump},u} = \dot{m}\left(\frac{P_2}{\rho} + \alpha_2\frac{V_2^2}{2} + gz_2\right) +$$
$$\dot{W}_{\text{turbine},e} + \dot{E}_{\text{mech loss, piping}}$$

在上述假设下，能量方程可简化为

$$\dot{W}_{\text{pump},u} = \dot{m}gz_2 + \dot{E}_{\text{mech loss, piping}}$$

注意，$\dot{E}_{\text{mech loss, pipin}} = \dot{m}gh_L$，水的质量流量和体积流量为

$$\dot{m} = \frac{\dot{W}_{\text{pump},u}}{gz_2 + gh_L} = \frac{\dot{W}_{\text{pump},u}}{g(z_2 + h_L)} = \frac{3.6 \text{ kJ/s}}{(9.81 \text{m/s}^2)(25\text{m}+4\text{m})}\left(\frac{1000\text{m}^2/\text{s}^2}{1\text{kJ}}\right) = 12.7\text{kg/s}$$

$$\dot{V} = \frac{\dot{m}}{\rho} = \frac{12.7\text{kg/s}}{1000\text{kg/m}^3} = 12.7 \times 10^{-3}\text{m}^3/\text{s} = 12.7 \text{ L/s}$$

现在取泵为控制体。假设高度差和流经泵的动能变化可忽略不计，由这个控制体的能量方程得到

$$\Delta P = P_{\text{out}} - P_{\text{in}} = \frac{\dot{W}_{\text{pump},u}}{\dot{V}} = \frac{3.6 \text{ kJ/s}}{12.7 \times 10^{-3}\text{ m}^3/\text{s}}\left(\frac{1 \text{ kN·m}}{1 \text{ kJ}}\right)\left(\frac{1 \text{ kPa}}{1 \text{ kN/m}^2}\right)$$
$$= 283\text{kPa}$$

讨论：它表明在不考虑水头损失的情况下（$H_L = 0$），水的流量是 14.7L/s，增加了 16%。因此，应减小管道中的摩擦损失，因为它们总是导致流量下降。

小结

本章主要讲了质量方程、伯努利方程和能量方程以及它们的应用。单位时间内通过横截面的质量叫作质量流量，表示为

$$\dot{m} = \rho V A_c = \rho \dot{V}$$

式中，ρ 是密度；V 是平均速度；$\dot{V}$ 是流体的体积流量；A_c 是与流动方向垂直的横截面面积。对于控制体的质量守恒定律可以表示为

$$\frac{\text{d}}{\text{d}t}\int_{\text{CV}}\rho\,\text{d}V + \int_{\text{CS}}\rho(\vec{V}\cdot\vec{n})\,\text{d}A = 0$$

它说明在控制体中质量对时间的变化率加上净流出控制面的质量流量等于零。

更简单的形式为

$$\frac{\text{d}m_{\text{CV}}}{\text{d}t} = \sum_{\text{in}}\dot{m} - \sum_{\text{out}}\dot{m}$$

对于定常流装置，质量守恒定律可以表示为

定常流：

$$\sum_{\text{in}}\dot{m} = \sum_{\text{out}}\dot{m}$$

定常流（单流路）：

$$\dot{m}_1 = \dot{m}_2 \quad \rightarrow \quad \rho_1 V_1 A_1 = \rho_2 V_2 A_2$$

定常、不可压缩流：

$$\sum_{\text{in}}\dot{V} = \sum_{\text{out}}\dot{V}$$

定常、不可压缩流（单流路）：

$$\dot{V}_1 = \dot{V}_2 \quad \rightarrow \quad V_1 A_1 = V_2 A_2$$

机械能是与速度、高度、流体的压强有关的能量形式，它可以通过理想的机械装置完全转化为机械功。各种装置的效率定义为

$$\eta_{\text{pump}} = \frac{\Delta\dot{E}_{\text{mech, fluid}}}{\dot{W}_{\text{shaft, in}}} = \frac{\dot{W}_{\text{pump},u}}{\dot{W}_{\text{pump}}}$$

$$\eta_{\text{turbine}} = \frac{\dot{W}_{\text{shaft, out}}}{|\Delta\dot{E}_{\text{mech, fluid}}|} = \frac{\dot{W}_{\text{turbine}}}{\dot{W}_{\text{turbine},e}}$$

$$\eta_{\text{motor}} = \frac{\text{机械能输出}}{\text{电能输入}} = \frac{\dot{W}_{\text{shaft, out}}}{\dot{W}_{\text{elect, in}}}$$

$$\eta_{\text{generator}} = \frac{\text{电能输出}}{\text{机械能输入}} = \frac{\dot{W}_{\text{elect, out}}}{\dot{W}_{\text{shaft, in}}}$$

$$\eta_{\text{pump-motor}} = \eta_{\text{pump}}\eta_{\text{motor}} = \frac{\Delta \dot{E}_{\text{mech, fluid}}}{\dot{W}_{\text{elect, in}}} = \frac{\dot{W}_{\text{pump, } u}}{\dot{W}_{\text{elect, in}}}$$

$$\eta_{\text{turbine-gen}} = \eta_{\text{turbine}}\eta_{\text{generator}} = \frac{\dot{W}_{\text{elect, out}}}{|\Delta \dot{E}_{\text{mech, fluid}}|} = \frac{\dot{W}_{\text{elect, out}}}{\dot{W}_{\text{turbine, } e}}$$

伯努利方程是定常不可压缩流中压强、速度和高度之间的关系，沿流线和在某些黏性力可以忽略不计的区域表示为

$$\frac{P}{\rho} + \frac{V^2}{2} + gz = \text{const}$$

它也可以在一条流线的两点之间表示为

$$\frac{P_1}{\rho} + \frac{V_1^2}{2} + gz_1 = \frac{P_2}{\rho} + \frac{V_2^2}{2} + gz_2$$

伯努利方程是机械能平衡的一种表现形式并且可以表示为：在可压缩性和摩擦作用可忽略不计的情况下，沿着一条流线流体质点的动能、势能和流动能之和为常数。用密度乘以伯努利方程得到

$$P + \rho \frac{V^2}{2} + \rho gz = \text{const}$$

式中，P 是静压，代表了流体的实际压强；$\rho \frac{V^2}{2}$ 是动压，代表了运动流体等熵停止后压强的上升量；ρgz 是流体的静水压强，代表了流体重力作用下的压强。静压、动压和流体的静水压强之和称为总压。伯努利方程说明沿一条流线的总压为常数。静压和动压之和称为滞止压强，它代表了流体在某个点以等熵的形式完全滞止的压强。伯努利方程也可以将每项除以 g 用"水头"的形式表示为

$$\frac{P}{\rho g} + \frac{V^2}{2g} + z = H = \text{const}$$

式中，$\frac{P}{\rho g}$ 是压力头，代表了产生流体静压 P 的液柱高度；$\frac{V^2}{2g}$ 是速度头，代表了流体在无摩擦自由落体时，要达到速度 V 流体所需的高度；z 是高度头，代表了流体的势能；同时，H 是流动的总头。代表静压头和高度头总和（$\frac{P}{\rho g} + z$）的曲线叫作水力坡度线（HGL），代表流体总头（$\frac{P}{\rho g} + \frac{V^2}{2g} + z$）的曲线叫作能量坡度线（EGL）。

定常、不可压缩流的能量方程为

$$\frac{P_1}{\rho g} + \frac{V_1^2}{2g} + z_1 + h_{\text{pump, } u} = \frac{P_2}{\rho g} + \frac{V_2^2}{2g} + z_2 + h_{\text{turbine, } e} + h_L$$

式中，

$$h_{\text{pump, } u} = \frac{w_{\text{pump, } u}}{g} = \frac{\dot{W}_{\text{pump, } u}}{\dot{m}g} = \frac{\eta_{\text{pump}}\dot{W}_{\text{pump}}}{\dot{m}g}$$

$$h_{\text{turbine, } e} = \frac{w_{\text{turbine, } e}}{g} = \frac{\dot{W}_{\text{turbine, } e}}{\dot{m}g} = \frac{\dot{W}_{\text{turbine}}}{\eta_{\text{turbine}}\dot{m}g}$$

$$h_L = \frac{e_{\text{mech loss, piping}}}{g} = \frac{\dot{E}_{\text{mech loss, piping}}}{\dot{m}g}$$

$$e_{\text{mech, loss}} = u_2 - u_1 - q_{\text{net in}}$$

质量方程、伯努利方程和能量方程是流体力学中最基本的三个方程，它们将在后面的章节中广泛运用。在第 6 章中，伯努利方程或能量方程与质量方程和动量方程结合起来可求得作用在流体系统上的力和转矩。在第 8 章和第 14 章中，质量方程和能量方程用来求得流体系统中需求的泵功率，以及用于叶轮机械的设计和分析。在第 12 章和第 13 章中，能量方程在一定程度上也用于可压缩流和明渠流动的分析中。

参考文献和阅读建议

1. R. C. Dorf, ed. in chief. *The Engineering Handbook,* 2nd ed. Boca Raton, FL: CRC Press, 2004.

2. R. L. Panton. *Incompressible Flow*, 3rd ed. New York: Wiley, 2005.

3. M. Van Dyke. *An Album of Fluid Motion.* Stanford, CA: The Parabolic Press, 1982.

习题^一

质量守恒

5-1C 在非定常流动过程中进入控制体的质量必须要等于离开控制体的质量吗？

5-2C 写出质量流量和体积流量的定义。它们之间有什么关系？

5-3C 举例列出在一个过程中守恒的四个物理量和两个不守恒的物理量。

5-4C 什么时候流经控制体的流动是定常的？

5-5C 考虑一个具备单入口和单出口的设备。如果在入口和出口处的体积流量是相同的，那么通过该装置的流量一定是稳定的吗？为什么？

5-6 一个吹风机就是在直径为常数的导管里放一些电阻丝。一个小型的风扇推动空气并使它流经被加热的电阻丝。如果空气在进口处的密度是 $1.20kg/m^3$，在出口的密度是 $1.05kg/m^3$。求空气流经吹风机速度的增长百分比。

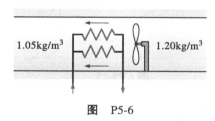

图 P5-6

5-7E 一个带有喷嘴的花园软管用来给一个 20gal 的桶装水。软管的内径为 1in，在喷嘴出口处减小到 0.4in。如果软管中的流体平均流速是 6ft/s，确定（a）水流经软管的体积和质量流量，（b）用水装满桶需要多长时间，（c）喷嘴出口处的平均流速。

5-8E 密度为 $0.082\ lb/ft^3$ 的空气以 $450ft^3/min$ 的体积流量进入空调系统的管道。如果管道的直径为 16in，求管道入口空气的流速和质量流量。

5-9 一个 $0.75m^3$ 的容器装有密度为 $1.18kg/m^3$ 的空气。这个容器通过阀门与高压供应管线连接在一起。阀门是打开的，空气允许进入容器直到容器内的密度达到 $4.95kg/m^3$。求进入容器的空气质量。

答案：2.83kg

5-10 考虑不可压缩牛顿流体在两个平行板之间的流动，这两个平行板相距 4mm。如果上板向右移动速度 $u_1 = 5m/s$，而下板向左移动速度 $u_2 = 1.5m/s$，那么两板之间横截面上的净流速是多少？取板宽度为 5cm。

5-11 一个台式计算机用风扇冷却，风扇的流量是 $0.30m^3/min$。求在海拔为 3400m 时通过风扇的空气质量流量，这时空气的密度是 $0.7kg/m^3$。同时，如果空气的平均速度没有超过 95m/min，求风扇的最小直径。

答案：0.00350kg/s，0.0634m

5-12 居民住宅的最低新鲜空气要求规定为每小时 0.35 次换气。也就是说，住宅所含空气的 35% 每一个小时就需要被户外的新鲜空气所替换。如果用一个风扇对一间 2.7m 高、$200m^2$ 住宅进行通风，求该风扇的流量（L/min）。同时，如果平均空气速度不超过 5m/s，求管道的最小直径。

5-13 一栋建筑物内盥洗室排气扇的体积流量是 50L/s 并且持续运行（见图 P5-13）。如果在盥洗室内部的空气密度是 $1.20kg/m^3$，求一天内通风口流出的空气质量。

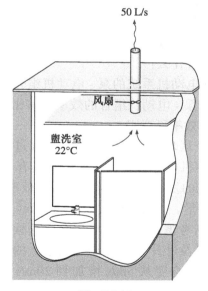

图 P5-13

5-14 空气以 $2.21kg/m^3$ 的密度和 20m/s 的速度稳定进入喷嘴，以 $0.762kg/m^3$ 的密度和 150m/s 的速度流出。如果喷嘴的进口面积是 $60cm^2$，求（a）通过喷嘴的质量流量，（b）喷嘴的出口面积。

　　答案：（a）0.265kg/s，（b）23.2cm²

5-15　如图 P5-15 所示，空气在 40°C 下稳定地流经管道。如果 P_1=40kPa（表压），P_2=10kPa（表压），$D = 3d$，$P_{atm} \approx 100$kPa，截面 2 处的平均速度为 $V_2 =$ 25m/s，气温基本不变，试确定截面 1 处的平均速度。

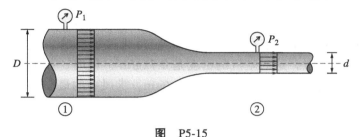

　　　　　图　P5-15

5-16　在夜晚低温的大气条件下，一种节能的房屋冷却方式是在顶棚上安装风扇，从房屋内部吸入空气并将其排放到通风的阁楼空间。考虑内部空气体积为 720m³ 的房屋。如果房间内的空气每 20min 交换一次，求（a）所需风扇的流量，（b）如果风扇的直径是 0.5m，空气的排出速度。

机械能和效率

5-17C　什么是机械能？它与热能如何区分？流体的机械能形式是什么？

5-18C　写出涡轮效率、发电机效率以及涡轮 - 发电机组合效率的定义。

5-19C　什么是机械效率？对于水轮机来说，机械效率 100% 意味着什么？

5-20C　泵和电动机系统的泵 - 电动机组合的效率是怎么定义的？泵 - 电动机组合的效率能够比泵的效率或者电动机的效率更高吗？

5-21　在某个区域，风以 10m/s 稳定吹过。求每单位质量空气的机械能，以及在该位置具有 70m 直径叶片的风力机的发电功率。同时，假设效率为 30%，求实际的发电量。空气的密度为 1.25kg/m³。

5-22　🖱重新考虑题 5-21。利用合适的软件，研究风速的作用以及叶片直径在风力发电上的作用。让速度以 5m/s 的跨度从 5m/s 增加到 20m/s，直径以 20m 的跨度从 20m 增加到 80m。将结果制作成表格，并讨论它们的意义。

5-23E　在泵的入口和出口带有传感器的差分热电偶表明当水以 1.5ft³/s 的速率流过泵时，水的温度上升 0.048°F。如果泵的输入轴功率为 23hp，并且对周围

空气的热损失可忽略不计，确定泵的机械效率。

　　答案：72.4%

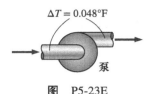

　　　　　图　P5-23E

5-24　通过在大型蓄水池的自由表面下方 110m 处安装水力涡轮发电机来发电，该蓄水池以 900kg/s 的流量稳定地供水。如果涡轮的机械输出功率是 800kW，发电机的功率是 750kW，求涡轮的效率和涡轮 - 发电机组合的效率。管道中的损失忽略不计。

5-25　有一条河从高于湖面 55m 的地方以 3m/s 的平均速度和 500m³/s 的流量流进湖内。求河水每单位质量的总机械能以及整条河在该位置能够产生的功率。

　　答案：272MW

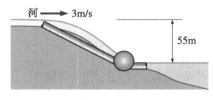

　　　　　图　P5-25

伯努利方程

5-26C　用三种不同的方式表示伯努利方程（a）能量、（b）压强和（c）头。

5-27C　推导伯努利方程时使用的三个主要假设是什么？

5-28C　写出静压、动压和静水压强的定义。在什么条件下它们的和为常数？

5-29C　什么是顺流线方向的加速度？它与法向加速度如何区分？在定常流中流体质点能够加速吗？

5-30C　什么是滞止压强？解释它是怎么被测量的。

5-31C　写出流体流动的压力头、速度头和高度头的定义，并用压强 P、速度 V 和高度 Z 来表示它们。

5-32C　如何计算明渠水流的水力坡度线位置？在排放到大气的管道出口处如何计算？

5-33C　在特定的运用中，虹吸管必须要能越过一高墙。用比重为 0.8 的水或者油能越到更高的高度吗？为什么？

5-34C　什么是水力坡度线？它与能量坡度线是怎么区分的？在什么条件下两条线都与液体的自由面一

致？

5-35C 一个玻璃管测压计里面的工作流体是油并与空气导管相连，如图 P5-35C 所示。测压计中油的形状是图 P5-35C a 还是 b？并解释原因。如果流动方向相反，结果又会怎样？

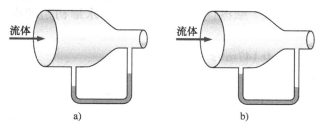

图 P5-35C

5-36C 在管道内流体流动的速度是通过两个不同的皮托测压管测量的，如图 P5-36C 所示。两个测压管得到的水流速度一样吗？如果不一样，哪个会更准确？并解释原因。如果在管道内流动的是空气而不是水又会怎样？

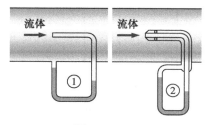

图 P5-36C

5-37C 一个建筑物顶部容器中的水高于地面 20m。一根水管从容器底部通到地面。管的尽头有一个喷嘴，且指向上方。求水能够喷到的最大高度是多少？什么因素会减小高度？

5-38C 解释一下虹吸管是怎么工作的以及它工作的原理。有人打算虹吸冷水超过 7m 高。这是否可行并解释原因。

5-39C 一个学生在海平面虹吸水可达到 8.5m 高。然后她爬上沙斯塔山（海拔 4390m，P_{atm} = 58.5 kPa）做同样的实验。她能成功吗？

5-40 在一个水力发电厂，水以低速流入涡轮喷嘴，绝对压强为 800kPa。如果管道出口是 100kPa 的大气压，求在冲击到涡轮叶片前水通过喷嘴所能加速到的最大速度。

5-41 用一个皮托静压探针来测量一架在 3000m 高空飞行的飞行器速度。如果压差读数是 3kPa，求飞行器的速度。

5-42 一个加热系统的管道内空气的速度是通过将皮托静压探针与流动平行插入管内测量的。如果两个探针出口处水柱的高度差为 3.2cm，求（a）流动速度以及（b）探针头部压强的增加量。在管道内空气的温度是 45℃，压强是 98kPa。

5-43 将测压计和皮托管与一个直径为 4cm 的水平水管连在一起，在测压计里测得水柱高度是 26cm，在皮托管里测得的是 35cm（所有的测量都是从管道的顶部表面开始的）。求管道中心处水的速度。

5-44 一个圆柱形容器的直径是 D_0，高度为 H。容器装满了水，并与大气连通。一个直径为 D 的入口光滑的小孔开在容器底部。建立容器中水量与时间的关系式，并求（a）容器中水空一半的时间以及（b）容器中水完全空了的时间。

5-45E 一个虹吸泵从一个大型水库抽水到一个初始是空的低位置水箱里。水箱还有一个低于水库表面 20ft 的圆形小孔，水从这里流出水箱。虹吸管和小孔的直径都是 2in。不考虑摩擦损失，求达到平衡时水在水箱中的高度。

5-46E 水以 2.4gal/s 的速度流经水平管道。该管道由两个直径为 4in 和 2in 的部分组成，通过一光滑收缩段连接。两个管段之间的压差由水银压强计测量。忽略摩擦效应，确定两个管段之间的水银高度差。

答案：3in

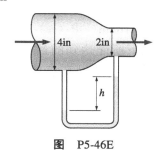

图 P5-46E

5-47 一架飞机在 10500m 的高度飞行。如果速度是 450km/h，求飞机头部滞止点的压强。如果速度是 1050km/h，你会怎么解决这个问题？请解释。

5-48 当在一条脏道路上行驶时，一辆车的底部撞到了一块尖的石头，在汽油箱的底部形成了一个小洞。如果油箱内汽油的高度是 30cm，求在洞底部汽油的初始速度。讨论速度随时间如何变化，如果油箱的盖子是紧紧闭合的会对流动产生什么样的影响。

答案：2.43m/s

5-49 一个直径为 8m、高出地面 3m 的游泳池通过在其底部连一个直径为 3cm、长为 25m 的水平管子来排水。求通过管子的最大排水量。同时，解释一下为什么实际的流量会变小。

5-50 重新考虑题 5-49。求完全将游泳池放空需要多长时间。

答案：15.4h

5-51 💻重新考虑题 5-50。利用合适的软件，研究排水管直径对放空游泳池所需时间的影响。让直径以 1cm 的跨度从 1cm 增加到 10cm。将结果制成表和图。

5-52 压强为 105kPa 和温度为 37℃ 的空气向上以 65L/s 的流量流经一个直径为 6cm 的管道。通过一个减径管，管道的直径减小为 4cm。流经减径管的压强变化是通过测压计测量的。测压计两端所连接的管道内两点之间的高度差是 0.20m。求测压计两端流体液面的高度差。

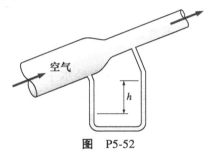

图 P5-52

5-53 如图 P5-53 所示，从水池中虹吸 20℃ 的水。其中 $d = 8cm$，$D = 16cm$。求（a）在管道系统中不会产生气蚀的情况下所能达到的最小流量，（b）为了避免气蚀现象管道系统最高点的最大高度，（c）另外，讨论增加管道系统最高点的最大高度以避免气蚀现象的方法。

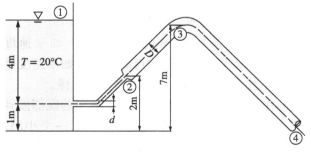

图 P5-53

5-54 一个城市供水干线的特定位置的水压测得是

270kPa。求该干线是否能够供应高于此处位置 25m 的住户。

5-55 一个加压水罐在底部有一个直径 10cm 的小孔，在这个位置水被排向大气中。水面高于出口 2.5m。水罐中水面以上空气的压强是 250kPa，大气压是 100kPa。摩擦损失忽略不计，求水罐初始的排水量。

答案：0.147m³/s

5-56 💻重新考虑题 5-55。利用合适的软件，研究容器内水的高度对排放速度的影响。让水的高度以 0.5m 的跨度从 0m 增加到 5m。将结果制成表和图。

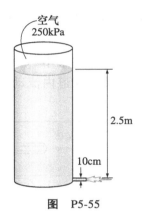

图 P5-55

5-57E 空气在入口位置（位置1）流经直径为 2.6in 的文丘里管和直径为 1.8in 的喉道（位置2）。进口处的表压为 12.2psia，喉道处的表压为 11.8psia。摩擦损失忽略不计，体积流量可以表示为 $\dot{V} = A_2 \sqrt{\dfrac{2(P_1 - P_2)}{\rho(1 - A_2^2/A_1^2)}}$，求空气的流量。取空气的密度为 0.075 lb/ft³。

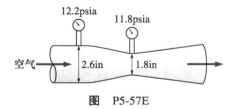

图 P5-57E

5-58 一个容器内的水面距离地面的高度是 20m。一根管子与容器底部连在一起，该管子的另一端有一个喷嘴竖直朝上。该容器是密封的，水面的压强是 2atm（表压）。整个系统处在海平面。求水能喷达的最大高度。

答案：40.7m

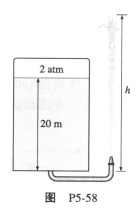

图　P5-58

5-59E　管中空气的速度通过连接到差压计的皮托静压探针测量。如果空气的绝对压强是 13.4psia，温度是 70°F，差压计读数是 0.15psi，求空气速度。

答案：143ft/s。

5-60　在寒冷的天气中，如果不采取正确的预防措施，水管会结冰甚至爆裂。在这样一个例子中，地面上暴露的管子破裂了，水喷射高度为 55m。估测一下水在管道中的压强。阐述你的假设并讨论实际的压强是否会比你的预估值高或者低。

5-61　水以 $\dot{m}_{in}$ 的质量流量稳定地流入直径为 D_T 的水箱中。水箱底部有一个直径为 D_o 的孔，可以让水排出。孔口光滑，因此摩擦损失可以忽略不计。如果水箱最初是空的，（a）确定水在水箱中达到的最大高度，（b）求水高度 z 随时间的变化关系。

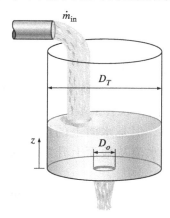

图　P5-61

5-62　密度为 ρ、黏度为 μ 的流体流经一段水平且合并分叉的管子。该管道的截面 A_{inlet}、A_{throat} 和 A_{outlet} 分别代表了进口、喉道（最小区域）和出口。平均压强 P_{outlet} 是在出口测得的，平均速度 V_{inlet} 是在进口测得的。（a）忽略任何不可逆条件例如摩擦力，

用所给条件写出在进口和喉道处平均速度和平均压强的表达形式，（b）在真实流动中（含有不可逆条件），实际的压强是否会比预测的更高或者更低？并解释原因。

5-63　截面（1）的最小直径是多少，才能避免在该点发生气蚀现象？取 D_2=15cm。

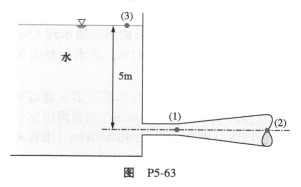

图　P5-63

**　能量方程**

5-64C　什么是不可逆水头损失？它与机械能损失是怎样联系在一起的？

5-65C　什么是有用泵水头？它与泵的输入功率有怎样的关系？

5-66C　思考定常绝热的不可压缩流体。流体的温度会在流动中降低吗？并解释原因。

5-67C　思考定常绝热的不可压缩流体。如果流体的温度在整个流动中保持为常数，那是否能说摩擦作用忽略不计是精确的？

5-68C　什么是动能修正因子？它重要吗？

5-69C　容器中的水面高于地面 20m。一根管子连在容器的底部，管子的一端是喷嘴并且竖直朝上。观察到从喷嘴里喷出的水高于地面 25m。解释是什么能够使水从管子喷出并高于容器里的水面。

5-70C　一个 3m 高的容器装满了水，在它的底部和顶部都有一个排水阀。（a）如果这两个阀门都是打开的，那么它们的排水速度有什么区别？（b）如果一根管子的排水端在地面上是打开的，先与低处的阀门相连，再与高处的阀门相连，这两种情况的排水率会有什么区别？不考虑任何摩擦损失。

5-71C　一个人用花园软管往一个膝盖高的水桶灌水，水管出水位置位于此人腰部。有人建议说将软管放在膝盖高的位置能更快地将水桶充满。你是否同意这个建议？并解释原因。不考虑任何摩擦损失。

5-72　通过 10kW 轴功的泵，水以 25L/s 的速率从湖

里被泵送到 25m 高的水库里。如果管道系统的不可逆头损失是 5m，求泵的机械效率。

答案：73.6%

5-73 📖 重新考虑题 5-72。利用合适的软件，研究不可逆头损失对泵的机械效率的影响。让水头损失以 1m 的跨度从 0m 增加到 15m。将结果整理成图并讨论。

5-74 一个 15hp（轴功）的泵被用来抽水到 45m 的高度。如果泵的机械效率是 82%，求水的最大体积流量。

5-75 水以 0.040m³/s 的流量在水平管道中通过减径管，管的直径从 15cm 减小到 8cm。如果测得减径管前后中心的压强分别是 480kPa 和 440kPa。求在减径管中的不可逆头损失。取动能修正因子为 1.05。

答案：0.963m

5-76 一个容器内的水面高于地面 20m。一根管子连到容器的底部，管子另一端的喷嘴竖直朝上。容器处在海平面的位置，水面是与大气相通的。从容器到喷嘴的连接部分是泵，它提高了水的压强。如果水被喷到离地面 27m 的高度，求泵需要给水施加的最小压强。

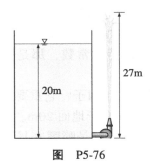

图　P5-76

5-77 水轮机具有 50m 水头，流量为 1.30m³/s，其涡轮 - 发电机总效率为 78%。试确定该水轮机的输出功率。

5-78E 在水力发电厂，水从 400ft 的高度流向发电的涡轮机。涡轮发电机的整体效率为 85%，确定产生 100kW 电力所需的最小流量。

答案：217 lb/s。

5-79E 重新考虑题 5-78E。如果管道系统在入口和出口自由表面之间的不可逆水头损失为 36ft，确定水的流速。

5-80 选择一个风扇来给盥洗室通风，盥洗室的尺寸是 2m × 3m × 3m。为了最大限度地降低振动和噪声，空气的速度不得超过 7m/s。组合风扇电动机的效率取为 50%。如果风扇每 15min 更换全部空气。求（a）需要购买多大功率的组合风扇电动机，（b）风扇机匣的直径以及（c）风扇前后的压差。取空气的密度为 1.25kg/m³，并且不考虑动能修正因子的作用。

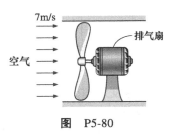

7m/s
排气扇
空气

图　P5-80

5-81 水以 20L/s 的流率量过直径为 3cm 的水平管。管道内阀门前后的压降为 2kPa，如图 P5-81 所示。求阀门的不可逆头损失，以及要克服压降需要多少有用泵功率。

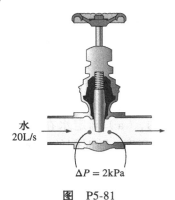

水
20L/s

$\Delta P = 2\text{kPa}$

图　P5-81

答案：0.204m，40W

5-82E 水箱的水位比地面高出 34ft。一根软管连接到水箱底部的地面，软管末端的喷嘴是竖直向上的。水箱盖是密封的，但是水面上的压强未知。确定导致从喷嘴流出的水流从地面上升 72ft 的最小水箱空气压强（表压）。

5-83 一个大型容器最初在直径为 10cm 的尖端小孔上方 4m 处充满水。容器中的水面是与大气相连的，小孔排水到大气中。如果在系统中总的不可逆头损失是 0.2m，求容器中最初的排水速度。小孔处的动能修正因子为 1.2。

5-84 水以 0.6m³/s 的流量通过直径为 30cm 的管道进入水轮机，经由直径为 25cm 的管道流出。涡轮里通过文丘里管测得压降为 1.2mHg。组合涡轮发电机的效率为83%，求输出电功率。不考虑动能修正因子的作用。

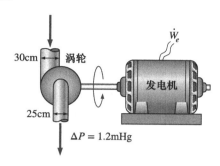

图 P5-84

5-85E 一个效率为78%的12hp泵从一个靠近池子的湖里以1.2ft³/s的速率抽水，通过直径为定值的管道。池子中的自由面高于湖面32ft。求管道系统的不可逆水头损失（单位为m），以及用来克服它的机械能。

5-86 水从一个较低的水库抽到一个较高的水库，泵向水提供了23kW的有用机械功率。上水库的水面高于下水库的水面57m。如果测得水的流量为0.03m³/s，求该系统的不可逆水头损失和在整个过程中损失的机械功率。

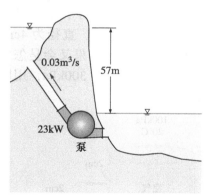

图 P5-86

5-87 部分注满的大水箱内的水通过一个2.5cm内径的管道，供应至高出水箱水位8m的屋顶。水箱内保持300kPa（表压）的恒定气压。如果管道的水头损失为2m，试确定向屋顶供水的流量。

5-88 地下水被效率为78%、功率为5kW的泵抽到自由面高于地下水面30m的池子里。管道入口直径为7cm，出口直径为5cm。求（a）水的最大流量和（b）泵前后的压差。假设泵进口和出口之间动能修正因子的影响可忽略不计。

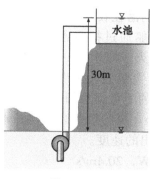

图 P5-88

5-89 重新考虑题5-88。求水的流量以及如果管道系统的不可逆水头损失为4m时泵前后的压差。

5-90 圆管里湍流流动的速度剖面与$u(r)=u_{max}(1-r/R)^{1/n}$相似，其中$n=9$。求该流动的动能修正因子。

答案：1.04

5-91 白天的用电需求通常远远高于晚上，公用事业公司经常在晚上以低得多的价格出售电力，鼓励顾客利用有效的发电能力，从而避免建立新的仅仅是在高峰期短时间用一下的昂贵的发电厂。公用事业公司也愿意以高价购买私人公司在白天发的电。

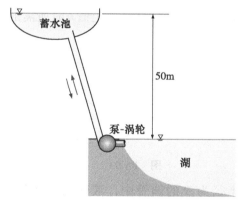

图 P5-91

假设公用事业公司晚上卖出的电的价格为0.06美元/（kW·h），白天买电的价格是0.13美元/（kW·h）。为了利用这个机会，一位企业家考虑建一个高于湖面50m的水库，在晚上用便宜的电从湖里抽水，在白天再让水从水库流回湖里。在这个反向流动期间泵-电动机转变为涡轮发电机运行从而产生电力。初步的分析表明2m³/s的流量正、反两个方向都能用，管道系统的不可逆损失水头是4m。泵-电动机组合和涡轮发电机的效率都是75%。假设系统一天内泵和涡轮模式各运行10h，求这个泵-涡轮系统每年所能创造的潜在收入。

5-92 一艘救火船通过抽吸密度为 1030kg/m³ 的海水在沿海地区灭火。海水以 0.04m³/s 的流量流经直径 10cm 的管道，并通过一个出口直径为 5cm 的喷嘴喷出。该系统总的不可逆头损失为 3m，喷嘴距离海平面的高度为 3m。泵的效率为 70%，求需要输入泵的轴功率和水排出的速度。

答案：39.2kW，20.4m/s

图 P5-92

复习题

5-93 如图 P5-93 所示，半径为 R、宽度为 b 的半圆形横截面水槽装满了水。如果水以 $\dot{V} = Kh^2$ 的流量从水箱中抽出，其中 K 为正常数，h 为 t 时刻的水深，用 R、K、h_0 确定将水位 h_0 降至指定值 h 时所需的时间。

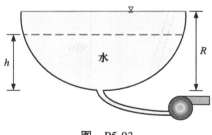

图 P5-93

5-94 在半径为 R 的圆管中，液体的流速从壁面的零增大到管中心的最大速度。管内的速度分布能够以 $V(r)$ 表示，其中 r 是指距离管道中心的径向距离。基于质量流量 $\dot{m}$ 的定义，求平均速度与 $V(r)$、R、r 的关系。

5-95 空气以 2.50kg/m³ 进入一个进、出口面积比为 2:1 的喷嘴，流入速度为 120m/s，流出速度为 330m/s。确定出口的空气密度。

答案：1.82kg/m³

5-96 在 5m×5m×3m 的医院房间内的空气被空调每 15min 完全换一次。如果圆形空气管里的空气进入房间的平均速度不超过 5m/s，求圆管的最小直径。

5-97E 水箱的水位比地面高出 70ft。软管连接到水箱底部，软管末端的喷嘴竖直向上。水箱位于海平面，水面通大气。在连接水箱与喷嘴的管路中有一台泵，它将水压提高 15psia。试确定水流上升的最大高度。

5-98 一个直径为 2m 的压力水箱底部有一个 10cm 直径的圆孔，水通过孔排放到大气中。最初的水位在孔上方 3m。水箱水位以上的绝对气压保持在 450kPa，大气压强为 100kPa。忽略摩擦效应，确定（a）排出水箱中一半的水需要多长时间，（b）10s 后水箱中的水位。

5-99 地下水被抽进横截面尺寸为 3m×4m 的池子里，再通过直径为 5cm 的小孔以恒定平均速度 5m/s 排出。如果池子里的水面上升速率是 1.5cm/min，确定向池子里供水的，流量单位用 m³/s。

5-100 压强为 98kPa、温度为 20℃ 的空气在变截面水平管内流动。压力计中测量两个区域压差的水柱垂直高度差为 5cm。如果第一个区域的速度是低的并且摩擦忽略不计，求第二个区域的速度。此外，如果压力计的读数有 ±2mm 的误差，进行误差分析，估计有效速度的范围。

5-101 一个非常大的容器内装有 102kPa 的空气，当地环境的大气压是 100kPa，温度是 20℃。现在一个直径为 2cm 的水龙头被打开了，求流经的最大流量。如果空气改为通过 2m 长、直径为 4cm 的管子和直径为 2cm 的喷嘴排出，结果又会是怎样？如果在容器内储存的空气压强是 300kPa，用同样的方法如何解决该问题？

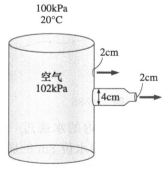

图 P5-101

5-102 水流经进口直径为 7cm、喉道直径为 4cm 的文丘里管。测得进口处压强为 380kPa，喉道处压强为 200kPa。不考虑摩擦作用，求水的流量。

答案：0.0252m³/s

5-103 水以 0.011m³/s 的流量在一个直径从 6cm 增

加到 11cm 的水平扩张管内流动。如果扩张段的水头损失是 0.65m，并且在进口和出口的动能修正因子都是 1.05，求压强的变化。

5-104 空气以 120L/s 的流量流过管道。管道由直径 22cm 和 10cm 的两个部分通过光滑的收缩段连在一起。两个管道之间的压差用水压计测量。忽略摩擦作用，求水在两个管道部分的高度差。取空气的密度为 1.20kg/m³。

答案：1.37cm

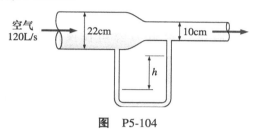

图 P5-104

5-105 一个 3m 高的大容器初始时装满了水。容器里的水面通大气，在容器的底部有一个直径为 10cm 的锐边孔，连接一个长为 80m 的水平管将水排到大气中。如果该系统总的不可逆头损失是 1.5m，求水从容器中流出的初始速度。不考虑动能修正因子的影响。

答案：5.42m/s

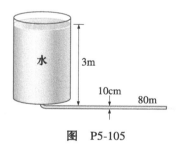

图 P5-105

5-106 💻重新考虑题 5-105。利用合适的软件，研究装满水的容器高度对初始排水速度的影响。让容器高度以 1m 为跨度从 2m 增加到 15m，假设不可逆水头损失保持为常数。将结果做成表和图。

5-107 重新考虑题 5-105。为了使容器排水更快，在容器出口附近安装一台泵。求当容器装满的时候，要使平均排水速度为 6.5m/s 需要多少泵头输入。

5-108 一个直径 D_0 = 12m 的容器初始时装满了 2m 高的水，在其底部的中心有一个直径 D = 10cm 的阀门。容器的表面通大气，容器通过长 L = 95m 的管道与阀门相连。管道的摩擦系数 f = 0.015，排水速

度的表达式为 $V = \sqrt{\dfrac{2gz}{1.5 + fL/D}}$，其中，$z$ 是水高于阀门中心的高度。求（a）从容器中排水的初始速度以及（b）放空容器所需要的时间。容器中的水面降到阀门中心就算放空了。

5-109 一台油泵的输入电功率是 18kW，以 0.1m³/s 的流量抽吸密度为 ρ = 860kg/m³ 的油。管道进口和出口的直径分别为 8cm 和 12cm。如果测得泵里的压强上升了 250kPa，电动机的效率是 95%。求泵的机械效率。取动能修正因子为 1.05。

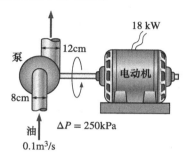

图 P5-109

5-110 一个风洞在 20°C 和 101.3kPa 的大气条件下通过风洞出口附近的大型风扇抽吸大气空气。如果风洞里空气的速度是 80m/s，求风洞内的压强。

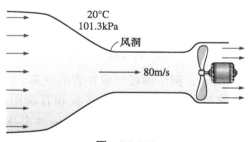

图 P5-110

5-111 考虑一个装有压缩空气的球形容器。根据基本可压缩理论，如果容器上开了一个洞，压缩空气就会以质量流量 $\dot{m} = k\rho$ 流出容器，式中 k 是一个常数，ρ 为任意时刻的密度。假设初始密度为 ρ_0，压强为 p_0，推导出 $P(t)$ 的表达式。

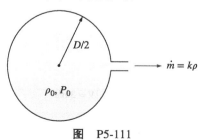

图 P5-111

5-112 有圆形开口 1、2 和 3 的小车以 25km/h 的速度向左移动。已知各开口的直径 $D_1 = D_2 = 20$cm，$D_3 = 10$cm，求每个开口处的体积流量。假设流动是无摩擦并不可压缩的。假设远离小车的空气速度为零。

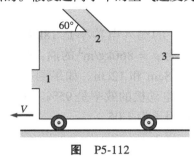

图 P5-112

5-113 两个尺寸相同的容器通过直径为 3cm 的管子相互连接。容器 A 最初盛有水，容器 B 是空的。每个容器的横截面面积均为 4m²。如果黏性影响可以忽略不计，确定清空容器 A 所需的时间。

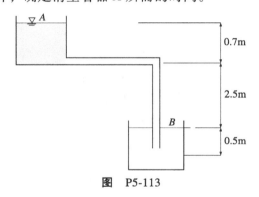

图 P5-113

5-114 如图所示，圆形薄板放置在管的顶部。（a）求间隙中出口速度。（b）求间隙中平板和管端距离 $d/2 < r < D/2$ 处的速度和压强分布。其中 $\rho_{air} = 1.2$kg/m³，$P_{atm} = 101325$Pa。

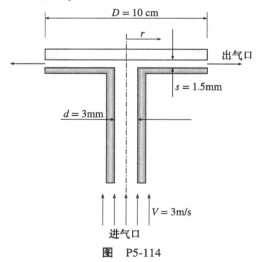

图 P5-114

5-115 抽水蓄能电站白天利用涡轮机发电，让上方水库的水通过涡轮机流入下方水库。然后在夜间将下方水库中的水抽回上方水库。在一个典型的抽水蓄能电站中，同一台涡轮机既用作水泵又用作涡轮机，被称为泵-涡轮机。这家工厂是盈利的，因为白天对电力的需求比晚上高得多。公用事业公司在夜间以低得多的价格出售电力，以鼓励客户充分使用现有的发电能力，并避免建造新的昂贵的发电厂，这些发电厂仅在用电高峰期短时间内使用。公用事业公司也愿意以高价从私人方面购买白天生产的电力。假设一家电力公司在夜间以 0.030 美元/（kW·h）的价格出售电力，并且愿意为白天生产的电力支付 0.120 美元/（kW·h）。抽水蓄能电站总水头为 90.0m，在任何方向体积流量为 4.6m³/s。在这个流量下，系统中不可逆的水头损失估计为 5.0m。组合泵电动机的效率为 88%，组合涡轮发电机的效率为 92%。工厂每晚以泵模式运行 10h，白天以涡轮发电机模式运行 10h。它一年工作 340 天。试问这个抽水蓄能电站一年能产生多少净收益（以美元计）？

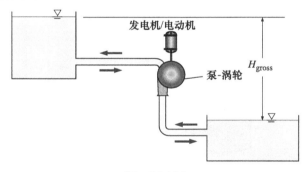

图 P5-115

5-116 管道内的扩压器基本上是管道直径的缓慢扩张，它减缓了流体速度并增大了压强（伯努利效应）。常温下水以 0.0250m³/s 的体积流量通过水平扩压器，管道直径从 $D_1 = 6.00$cm 逐渐增加到 $D_2 = 11.00$cm。通过扩压器的不可逆水头损失估计是 0.450m。流动为湍流，假设扩压器进出口动能修正因子均为 1.05。

（a）利用能量方程计算压差 $P_2 - P_1$（以 kPa 为单位）。

（b）重复使用伯努利方程（忽略不可逆的水头损失以及动能修正因子——换句话说，将动能修正因子设为 1）。计算由伯努利近似引起的结果中的百分比误差，并解释为什么（或为什么不）伯努利近似适用于此处。

（c）（a）部分的答案是肯定的，即下游的压强会上升。这怎么可能呢？通过计算能量等级线 ΔEGL 的变化和从上游到下游位置的水力等级线 ΔHGL 的变化来解释。特别是，EGL 和 HGL 是上升还是会下降？

图　P5-116

工程基础（FE）考试

5-117 水以 0.75m/s 的速度在直径 10cm 的管道中流动。管内水的质量流量为

（a）353kg/min　（b）209kg/min

（c）88.4kg/min　（d）44.5kg/min（e）5.9kg/min

5-118 水在直径为 3cm 的管道中以 0.55m/s 的速度流动。管内水的体积流量为

（a）23.3L/min（b）0.39L/min（c）1400L/min

（d）55L/min（e）70.7L/min

5-119 将 25L/min 的冷水与 40L/min 的热水在一个混合室中连续混合。混合室出水流量为

（a）0.65kg/s（b）1.08kg/s（c）15kg/s

（d）32.5kg/s（e）65kg/s

5-120 1atm 和 25°C 的空气以 0.35m³/s 的流速流入稳流压缩机，并以 0.12m³/s 的流速流出。压缩机出口的空气密度为

（a）1.2kg/m³　（b）1.63kg/m³　（c）2.48kg/m³

（d）3.45kg/m³　（e）4.57kg/m³

5-121 一个 75m 高通大气的水体是可用的。这个水体每单位质量的机械能是

（a）736kJ/kg　（b）0.736kJ/kg　（c）0.75kJ/kg

（d）75kJ/kg　（e）150kJ/kg

5-122 水在 95kPa 的压强下以 115kg/min 的流速进入电机泵装置。如果电动机耗电 0.8kW，则泵出口的最大水压为

（a）408kPa　（b）512kPa　（c）816kPa

（d）1150kPa　（e）1020kPa

5-123 水泵用来将水的压强从 100kPa 提高到

900kPa，流量为 160L/min。如果泵的输入轴功率为 3kW，则泵的效率为

（a）0.532（b）0.660（c）0.711（d）0.747（e）0.855

5-124 水轮机是利用水坝中的水来发电的。坝体上下游自由面的高度差为 130m。水以 150kg/s 的流量供给水轮机。如果水轮机输出轴功率为 155kW，则水轮机的效率为

（a）0.79（b）0.81（c）0.83（d）0.85（e）0.88

5-125 水力涡轮发电机组的效率定为 85%。如果发电机效率是 96%，则涡轮机的效率是

（a）0.816（b）0.850（c）0.862（d）0.885（e）0.960

5-126 下面哪一个不是伯努利方程的假设？

（a）无高度变化（b）不可压缩流

（c）定常流　　　（d）无轴功（e）无摩擦

5-127 考虑水平管道中不可压缩、无摩擦的流体流动。流体的压强和速度在规定的点上测量为 150kPa 和 1.25m/s。流体密度为 700kg /m³。如果压强在另一点是 140kPa，流体在该点的速度是

（a）1.26m/s　（b）1.34m/s　（c）3.75m/s

（d）5.49m/s　（e）7.30m/s

5-128 考虑竖直管道中不可压缩、无摩擦的水流。在离地面 2m 的地方压强是 240kPa。在水流中，水的速度不会改变。距离地面 15m 处的压强是

（a）227kPa　（b）174kPa　（c）127kPa

（d）120kPa　（e）113kPa

5-129 考虑管网中的水流。流量在指定点（点1）处的压强、速度和高度分别为 300kPa、2.4m/s 和 5m。点 2 处的速度和高度分别为 1.9m/s 和 18m。取修正因子为 1。如果管道 1 点到 2 点之间的不可逆压头损失为 2m，则 2 点处的水压强为

（a）286kPa　（b）230kPa　（c）179kPa

（d）154kPa　（e）101kPa

5-130 流体在管道中的静压和滞止压强由压强计和皮托管测量分别是 200kPa 和 210kPa。如果流体密度为 550kg/m³，则流体的速度是

（a）10m/s　（b）6.03m/s　（c）5.55m/s

（d）3.67m/s　（e）0.19m/s

5-131 流体在管道中的静压和滞止压强由压强计和皮托管测量。压强计和皮托管内流体的高度分别为 2.2m 和 2.0m。如果流体密度是 5000kg/m³，管内流体的速度为

（a）0.92m/s（b）1.43m/s（c）1.65m/s

（d）1.98m/s（e）2.39m/s

5-132 能量梯度线（EGL）与水力梯度线（HGL）的高度差等于

（a）z（b）$P/\rho g$（c）$V^2/(2g)$

（d）$z + P/\rho g$（e）$z + V^2/(2g)$

5-133 水在压强为 120kPa 下以 1.15m/s 的速度在水平管道中流动。管道在出口处向上弯折 90° 角使水从管道出口竖直射入空气中。水射流能上升的最大高度是

（a）6.9m（b）7.8m（c）9.4m

（d）11.5m（e）12.3m

5-134 在一个与大气连通的大水箱底部，水被抽走。水的速度是 9.5m/s。水箱中水的最小高度是

（a）2.22m（b）3.54m（c）4.60m

（d）5.23m（e）6.07m

5-135 水在 80kPa（表压）下以 1.7m/s 的速度进入水平管道。管道在出口处向上弯折 90° 角，水从管道出口竖直射入空气中。取校正因子为 1。如果管道入口和出口之间不可逆的水头损失为 3m，水射流能达到的最大高度为

（a）3.4m（b）5.3m（c）8.2m

（d）10.5m（e）12.3m

5-136 液体乙醇（$\rho = 783kg/m^3$）在 230kPa 的压强下以 2.8kg/s 的速度进入直径 10cm 的管道。乙醇在高于进口高度 15m 处以 100kPa 的压强流出管道。取修正因子为 1，如果管道出口直径为 12cm，该管道不可逆压头损失为

（a）0.95m（b）1.93m（c）1.23m

（d）4.11m（e）2.86m

5-137 海水以 165kg/min 的速度注入一个大水箱。水箱与大气连通，水从 80m 高度进入水箱。电机泵机组的整体效率为 75%，电动机的耗电量为 3.2kW。取修正因子为 1。如果管道中不可逆水头损失为 7m，则水箱进口处水的流速为

（a）2.34m/s（b）4.05m/s（c）6.21m/s

（d）8.33m/s（e）10.7m/s

5-138 用绝热泵将水的压强从 100kPa 提高到 500kPa，流量为 400L/min。如果泵的效率为 75%，则泵内水的最高温升为

（a）0.096℃（b）0.058℃（c）0.035℃

（d）1.52℃（e）1.27℃

5-139 一个效率为 90% 的涡轮机的轴功率是 500kW。如果通过涡轮的质量流量为 440kg/s，则涡轮从流体中抽提的水头为

（a）44.0m（b）49.5m（c）142m

（d）129m（e）98.5m

设计题与论述题

5-140 使用一个体积已知的大水桶，测量用花园软管注满水桶所需的时间，确定质量流量和通过软管的平均流速。

5-141 你的公司正在做一个实验，要测量管道内的气流速度，你要提供合适的仪器。研究现有的气流速度测量技术和设备，讨论每种技术的优缺点，并提出建议。

5-142 计算机辅助设计，使用更好的材料和更好的制造技术使得泵、涡轮机和电动机的效率得到了极大的提高。联系一个或多个泵、涡轮和电动机制造商，并获得有关其产品效率的信息。一般来说，效率如何随这些设备的额定功率而变化？

5-143 使用手持式自行车气泵产生空气射流，用汽水瓶作为储水池，吸管作为管道，设计和建造一个喷雾器。研究管长、出口孔直径、泵速等参数对泵性能的影响。

5-144 使用一根柔性吸管和一把尺子，解释如何测量河流中的水流速度。

5-145 风力机产生的功率与风速的三次方成正比。受喷管中流体加速的启发，有人建议安装一个减速壳来捕捉更大范围内的风能，并在风力冲击涡轮叶片前进行加速，如图 P5-145 所示。评估在新型风力机设计中是否应该考虑该建议。

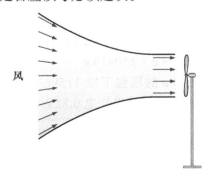

图 P5-145

第6章 流动系统的动量分析

本章概述

在处理工程问题时，需要以最小的成本获得快速、准确的结果。大部分工程问题，包括和流体相关的问题，都可以通过以下三种基本方法进行分析：微分法、实验法和控制体法。在微分法中，问题是用微分量精确表述的，但是求解微分方程往往十分困难，因此常常需要使用计算机编程进行数值求解。实验法结合量纲分析虽然结果十分准确，但是相当耗时并且昂贵。本章讲述的控制体法不仅快速简单，而且针对大部分的工程问题常常能给出足够准确的结果。因此，虽然在使用控制体法时包含很多的近似，但对于工程师而言，控制体法仍然是不可或缺的工具。

在第5章中，介绍了控制体的质量和能量分析方法，本章将要讲述的是控制体法中的动量分析。首先对牛顿定律进行概述，然后讨论动量守恒和角动量守恒，接着运用雷诺输运定理，得到控制体的动量方程和角动量方程，最后利用它们确定与流动相关的力和力矩。

6.1 牛顿定律

牛顿定律描述的是物体的运动状态和所受外力之间的关系。牛顿第一定律表述为：在合外力为零的情况下，静止物体仍保持静止，运动物体将保持匀速直线运动。因此，物体具有保持运动状态不变的特性。牛顿第二定律表述为：物体的加速度和作用在物体上的合外力成正比，和自身质量成反比。牛顿第三定律表述为：一个物体施加给另一个物体作用力的同时，自身也受到另一个物体施加给它的大小相等、方向相反的作用力。因此，作用力的方向取决于作为系统的物体。

因此，对于质量为 m 的刚体，牛顿第二定律的表达式为

牛顿第二定律： $\qquad \vec{F} = m\vec{a} = m\dfrac{\mathrm{d}\vec{V}}{\mathrm{d}t} = \dfrac{\mathrm{d}(m\vec{V})}{\mathrm{d}t}$ （6-1）

式中，$\vec{F}$ 为作用在物体上的合外力；$\vec{a}$ 为在 $\vec{F}$ 作用下物体的加速度。

物体的质量和速度的乘积称为物体的线动量或简称为动量。质量为 m、速度为 $\vec{V}$ 的物体的动量为 $m\vec{V}$（见图 6-1），由式（6-1）表述的牛顿第二定律也可以表述为，物体动量的变化率等于作用在物体上的合外力（见图 6-2）。其实这种表述方式和牛顿第二定律的原始表述方式更加接近。在流体力学中也更适用于研究流体流动速度变化所产生的力。因此，在流体力学中，牛顿第二定律常常指线动量方程。

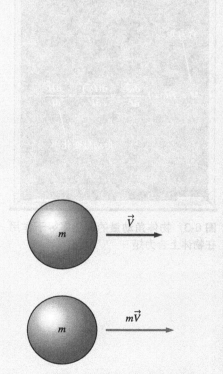

本章目标

阅读完本章，你应该能够：

■ 识别作用在控制体上的各种力和动量。

■ 利用控制体法来确定流体流动的受力问题。

■ 利用控制体法来确定流体流动产生的动量和传递的转矩。

图 6-1 线动量为质量和速度的乘积，方向和速度方向相同

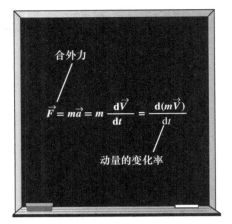

图6-2 牛顿第二定律可以表达为物体动量的变化率等于作用在物体上的合外力

当作用在系统上的合外力为零时，系统动量保持不变，这就是著名的动量守恒定律。这一原理已被证明是一种非常有用的工具，用于分析诸如在研究球体之间的碰撞；球和球拍的碰撞；原子或亚原子微粒的碰撞；火箭、导弹和枪炮的爆炸等问题时，动量守恒定律显得十分有效。然而，在流体力学中，作用在系统上的合外力常常不为零，此时我们使用线动量方程而不是动量守恒定律。

注意，力、加速度、速度、动量都是矢量，也就是它们不仅有大小，还有方向。因为动量的构成是一个常数（质量）乘以速度，因此动量的方向和速度方向相同，如图6-1所示。任何矢量方程都可以在特定方向上写成标量的形式，例如在 x 方向的动量方程为

$$F_x = ma_x = d(mV_x)/dt$$

对于转动刚体的牛顿第二定律方程可写为 $\vec{M} = I\vec{\alpha}$。式中，$\vec{M}$ 为作用在物体上的合力矩或转矩；I 为物体在转轴方向的惯性矩；$\vec{\alpha}$ 为角加速度。

该方程也可以表达为角动量的变化率 $\dfrac{d\vec{H}}{dt}$ 的形式：

角动量方程： $$\vec{M} = I\vec{\alpha} = I\frac{d\vec{\omega}}{dt} = \frac{d(I\vec{\omega})}{dt} = \frac{d\vec{H}}{dt} \tag{6-2}$$

式中，$\vec{\omega}$ 为角速度。对于绕着 x 轴旋转的刚体，角动量方程的标量形式为

关于 x 轴的角动量方程： $$M_x = I_x\frac{d\omega_x}{dt} = \frac{dH_x}{dt} \tag{6-3}$$

角动量方程可表达为：物体角动量的变化率等于物体所受到的合力矩（见图6-3）。

当作用在物体上的合力矩为零时，该物体的角动量保持不变，因此系统的角动量守恒，这就是角动量守恒定律，即 $I\omega =$ 常数。许多有趣的现象都可以用角动量守恒定律来解释，例如滑冰运动员把手臂收在身体上时转得更快，跳水运动员蜷曲身体时转得更快（两种情况都是身体更加靠近转轴，因此惯性矩 I 减小，角速度 ω 变大）。

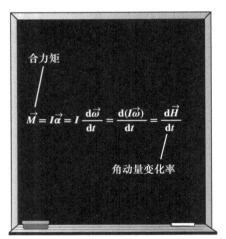

图6-3 物体角动量的变化率等于作用在物体上合力矩

6.2 控制体的选择

接下来我们简单地讨论一下如何选取合适的控制体。控制体可以选取流体流经的任意区域，控制体的边界面可以是固定的、运动的或者是在流动过程中变形的。守恒定律在使用时会涉及物理量的计算，因此控制体的边界选取在分析过程中十分重要。同时，任何物理量流入或流出都取决于相对于控制表面的流速，因此有必要首先确定我们所选取的控制体在流体中是静止的还是运动的。

许多流动系统包含固定的面，对于这类系统最好选取固定的控制体。如图6-4a所示，当需要确定三脚架受到喷管和软管的反作用力时，控制体的选择是，既要垂直穿过喷嘴出口流又要垂直穿过三脚架腿底部的水平管道。这是一个固定的控制体，水流相对于地面的速度和相对于

喷管出口的速度相等。

当研究流动系统的运动或变形时，通常选取运动或者变形的控制体会更加有效。例如，当需要确定飞机巡航时发动机的推力时，一个明智的控制体选择是将飞机封闭起来并穿过喷嘴出口平面（见图6-4b）。控制体运动速度为$\vec{V}_{CV}$，与飞机的巡航速度相同。当需要确定喷管出口气体流量时，使用的合理速度是排气气体相对于喷嘴出口平面的速度，即相对速度$\vec{V}_r$。由于控制体运动速度为$\vec{V}_{CV}$，所以$\vec{V}_r = \vec{V} - \vec{V}_{CV}$，其中$\vec{V}$为气流喷出的绝对速度，即气流相对地面的速度。注意，$\vec{V}_r$为运动坐标系的速度。同时，该方程为矢量方程，速度方向相反，则符号相反。例如，飞机的巡航速度为500km/h，方向向左，尾喷管气流速度相对地面为800km/h，方向向右，因此喷出气体相对于喷管出口速度为

$$\vec{V}_r = \vec{V} - \vec{V}_{CV} = [800\vec{i} - (-500\vec{i})]\text{km/h} = 1300\vec{i}\,\text{km/h}$$

上式说明喷管出口气体相对于喷管出口速度为1300km/h，方向向右（与飞机运动方向相反），这就是在计算控制体气体出流时需要使用的速度（见图6-4b）。注意，如果喷出气体的相对运动速度和飞机的速度大小相等，则喷出气流相对于地面上的观察者将会是静止的。

当分析往复式内燃机排气过程时，最合适的控制体选择是活塞顶部和气缸顶部之间的区域（见图6-4c）。因为控制体的一部分相对于另一部分是运动的，因此，这是一个变形的控制体。控制体变形面上的流体相对速度$\vec{V}_r = \vec{V} - \vec{V}_{CS}$。式中，$\vec{V}$为气流的绝对速度；$\vec{V}_{CS}$为控制面的速度，两者都是相对于控制体之外静止点的速度。注意，对于运动但不变形的控制体$\vec{V}_{CV} = \vec{V}_{CS}$，对于静止的控制体$\vec{V}_{CS} = \vec{V}_{CV} = 0$。

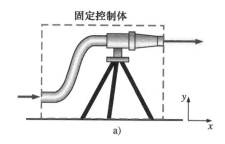
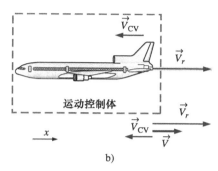
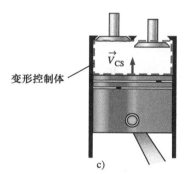

图6-4　a）固定控制体、b）运动控制体和c）变形控制体的示例

6.3　控制体的受力分析

作用在控制体上的力包括体积力和表面力，体积力作用在整个控制体上（如重力、电磁力等），表面力作用在控制面上（如压力、黏性力）。在控制体分析中只考虑外力的作用，内力（如流体之间的压力或者是内部面上的压力）都不予考虑，除非控制面穿越了这些面。

在控制体分析中，作用在控制体上的合力记为$\sum \vec{F}$，表达式为

控制体上的合力：　　$\sum \vec{F} = \sum \vec{F}_{\text{body}} + \sum \vec{F}_{\text{surface}}$　　（6-4）

体积力作用在控制体的每一微元体上，控制体中体积为dV的微元体上体积力作用如图6-5所示，为了得到控制体的体积力，需要对控制体进行体积分。表面力作用在控制面的各个部分，如图6-5显示了控制面上的微元面dA、外法线方向$\vec{n}$以及作用在其上的表面力。为了得到控制体的净表面力，需要对控制面进行面积分，如图6-5所示，表面力方向与外法线方向无关。

最常见的体积力就是重力，它作用在每个微元体上，方向竖直向下。其他的体积力，如电磁力，在一些分析中也许很重要，但是在这里我们只分析重力。

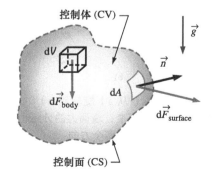

图6-5　作用在控制体上的合力等于体积力和表面力之和，体积力作用在微元体积上，表面力作用在微元面上

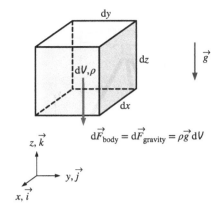

图 6-6 作用在流体微元体积上的重力
等于其重量，且沿着 z 轴负方向

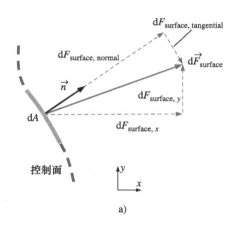

a)

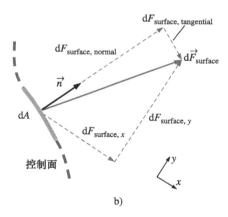

b)

图 6-7 当坐标系从 a）旋转到 b）时，
即使力本身保持不变，表面力的分量也
会改变，这里只显示两个方向

作用在如图 6-6 所示流体单元上体积力的微分形式为 $\mathrm{d}\vec{F}_{\text{body}} = \mathrm{d}\vec{F}_{\text{gravity}}$，即流体单元的重力。

流体单元的重力：
$$\mathrm{d}\vec{F}_{\text{gravity}} = \rho\vec{g}\,\mathrm{d}V \tag{6-5}$$

式中，ρ 为流体单元的平均密度；$\vec{g}$ 为重力加速度矢量，在笛卡儿坐标系中，按照惯例 $\vec{g}$ 的方向为 z 轴负方向，如图 6-6 所示，可得

重力在笛卡儿坐标系中的矢量形式：
$$\vec{g} = -g\vec{k} \tag{6-6}$$

注意，图 6-6 中坐标系正好满足重力的方向沿着 z 轴负方向。在地球的海平面上，重力加速度常数 g 为 $9.807\mathrm{m/s}^2$，因为重力是唯一被考虑的体积力，所以对式（6-5）积分可得

作用在控制体上体积力的合力：
$$\sum\vec{F}_{\text{body}} = \int_{\text{CV}} \rho\vec{g}\,\mathrm{d}V = m_{\text{CV}}\vec{g} \tag{6-7}$$

表面力没有体积力分析那么容易，因为它们包含法向分量和切向分量。此外，表面力方向与坐标轴方向无关，随着坐标轴方向的变化，在该方向上表面力的分量也会变化（见图 6-7），而且我们很少让每个控制表面与一个坐标轴对齐。虽然不想深入研究张量代数，但为了充分描述流动中某点的表面应力，我们不得不定义一个二阶张量称为应力张量 σ_{ij}。

笛卡儿坐标系应力张量：
$$\sigma_{ij} = \begin{pmatrix} \sigma_{xx} & \sigma_{xy} & \sigma_{xz} \\ \sigma_{yx} & \sigma_{yy} & \sigma_{yz} \\ \sigma_{zx} & \sigma_{zy} & \sigma_{zz} \end{pmatrix} \tag{6-8}$$

对角线上的应力张量分量 σ_{xx}、σ_{yy}、σ_{zz} 称为正应力，它们由压力和黏性力产生。黏性力在第 9 章将会详细说明。非对角线元素如 σ_{xy}、σ_{zx} 等称为切应力，由于压力只能作用在垂直于面的方向，因此切应力全部来源于黏性力。

当面和坐标轴不平行时，可以用坐标旋转以及张量等数学知识来计算作用在面上的法向分量和切向分量。用张量符号的记法在分析张量时十分方便，当然这是研究生所学的内容了。（若要更加深入了解张量和张量符号，可以参阅 Kundu 和 Cohen，2008 的著作。）

在式（6-8）中，σ_{ij} 定义为作用在外法向为 i 的面上沿 j 方向的应力（单位面积的力），注意 i 和 j 仅仅是张量的下标，和单位矢量 $\vec{i}$、$\vec{j}$ 是不一样的。例如，σ_{xy} 表示外法向为 x 的面上 y 方向的应力，图 6-8 所示为与笛卡儿坐标系对齐的微分流体单元的情况，显示了应力张量的这个分量以及其他八个分量。图 6-8 只在正向面上显示了分量（右、上、前），方向都为定义的正方向。流体微元体相反表面上的正应力分量（未显示）的指向正好相反。

二阶张量和向量的点积为二阶张量，这种运算常称作张量和向量的卷积或内积。在本例中，应力张量 σ_{ij} 和微分单元面外法向单位向量 $\vec{n}$ 的内积结果为矢量，其大小等于作用于微元面上单位面积的力的大小，方向为表面力的方向。数学上写为

作用在微元面上的表面力：
$$\mathrm{d}\vec{F}_{\text{surface}} = \sigma_{ij}\cdot\vec{n}\,\mathrm{d}A \tag{6-9}$$

最后，对整个控制面进行积分可得

作用在控制面上的总表面力： $\sum \vec{F}_{\text{surface}} = \int_{\text{CS}} \sigma_{ij} \cdot \vec{n}\, dA$ （6-10）

将式（6-7）和式（6-10）代入式（6-4）得

$$\sum \vec{F} = \sum \vec{F}_{\text{body}} + \sum \vec{F}_{\text{surface}} = \int_{\text{CV}} \rho \vec{g}\, dV + \int_{\text{CS}} \sigma_{ij} \cdot \vec{n}\, dA \quad （6-11）$$

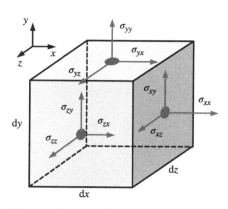

图 6-8 笛卡儿坐标系中右、上、前三个面的应力张量

该式对微分形式的动量守恒方程的推导十分有用，将在第9章详述。然而，对于实际的控制体分析，我们很少用式（6-11），因为其中包含较复杂的面积分。

控制体的选择要求我们写出作用在控制体上的合力 $\sum \vec{F}$，如一些较为容易计算的物理量合力，比如重力、压力、反作用力。建议用下述方法对控制体进行受力分析。

合力： $\underbrace{\sum \vec{F}}_{\text{合力}} = \underbrace{\sum \vec{F}_{\text{gravity}}}_{\text{体积力}} + \underbrace{\sum \vec{F}_{\text{pressure}} + \sum \vec{F}_{\text{viscous}} + \sum \vec{F}_{\text{other}}}_{\text{表面力}}$ （6-12）

式（6-12）右边第一项为体积力中的重力，因为体积力我们只考虑重力。其他三项组成了总表面力，分别是压力、黏性力和其他作用在控制面上的力。$\sum \vec{F}_{\text{other}}$ 由改变流动方向的反作用力组成，包括螺栓、线缆、支柱、壁面等控制面边界上的作用力。

所有这些表面力都是由于将控制体与其周围环境隔离开以进行分析而产生的，并且任何隔离开的物体都应考虑在该处的作用力。这与我们在静力学和动力学课上画一个自由体的受力图类似。我们应该选择控制体，使不感兴趣的力保持在内部，这样就会使得分析变得简单。较好的控制体选择应该使得需要求解的力在控制体之外（如反作用力），同时其他力的数量最少。

在使用牛顿定律时，常常将大气压强忽略而只考虑表压。这是因为大气压强在各个方向都产生作用，因此在各个方向产生的作用相互抵消（见图 6-9）。这就意味着在以亚声速排气的喷管出口截面上，我们可以忽略大气压强，因为排气压强和大气压强十分接近。

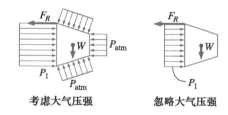

图 6-9 大气压强作用在所有的方向上，因此在进行受力分析时可以忽略

关于如何选择合适的控制体，我们以水流出部分关闭的活塞式水龙头为例进行分析说明（见图 6-10）。为了确定水流作用在法兰上的力，以便确定法兰是否可靠，有许多选取控制体的方法。一些工程师选择水流自身作为控制体，如图 6-10 中所示的 CV-A（涂色的控制体），控制面上有压力的变化，管壁以及阀门处对控制面有黏性作用，还有体积力作用，即控制体内水流的重力。幸运的是，为了得到法兰上的合力，我们不需要对压力和黏性力在控制面上进行积分，可以将压力和黏性力一起进行计算，因为它们和水流对壁面的作用力是相互作用力。这个力加上活塞和水流的重力就是作用在法兰上的合力（当然，需要仔细区别力的符号）。

在选择控制体时，不仅可以选择流体作为控制体，有时选择控制面穿过固体壁面为控制体，在分析时更加方便，如图 6-10 中的 CV B（灰

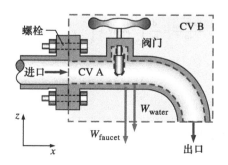

图 6-10 通过水龙头组件的横截面，说明明智地选择控制体的重要性；CV B 相对 CV A 计算更加容易

色控制体）所示。控制体包括整个物体，这样就不用关心流动细节以及控制体中的物体几何形状。对于控制体 CV B，注意，控制面上的反作用力在穿过法兰的面上，然后只需要知道流过法兰的水的表压、活塞的重力和水的重力。在控制面的其他位置都只有大气压（表压为零）。在 6.4 节的例 6-7 中，这个问题将会再次研究。

6.4 线动量方程

质量为 m 的系统在合力 $\sum \vec{F}$ 作用下的牛顿第二定律表达式为

$$\sum \vec{F} = m\vec{a} = m\frac{\mathrm{d}\vec{V}}{\mathrm{d}t} = \frac{\mathrm{d}}{\mathrm{d}t}(m\vec{V}) \tag{6-13}$$

式中，$m\vec{V}$ 为系统的线动量。注意，系统中各点的密度和速度会有所不同，牛顿第二定律的通用表达式为

$$\sum \vec{F} = \frac{\mathrm{d}}{\mathrm{d}t}\int_{\mathrm{sys}} \rho\vec{V}\,\mathrm{d}V \tag{6-14}$$

式中，$\rho\vec{V}\mathrm{d}V$ 为微元体 $\mathrm{d}V$ 的动量，微元体质量为 $\delta M = \rho\mathrm{d}V$。因此，牛顿第二定律可以表述为系统所受到的合外力等于系统动量随时间的变化率。这种表述对于静止坐标系或以恒定速度运动的坐标系（即惯性坐标系或惯性参考系）都是适用的。研究加速系统，例如飞机起飞过程，最好选取固定在飞机机身的非惯性参考系。注意，式（6-14）为矢量关系式，所以 $\vec{F}$ 和 $\vec{V}$ 不仅有大小也有方向。

式（6-14）适用于给定质量的固体或流体，在流体力学里许多问题都以控制体来分析，因此其使用受到限制。在 4.6 节中提出的雷诺输运定理提供了从体系公式转换到控制体公式的必要工具。在雷诺输运定理中令 $b = \vec{V}$，于是 $B = m\vec{V}$，则雷诺输运定理用线动量（见图 6-11）表示为

$$\frac{\mathrm{d}(m\vec{V})_{\mathrm{sys}}}{\mathrm{d}t} = \frac{\mathrm{d}}{\mathrm{d}t}\int_{\mathrm{CV}} \rho\vec{V}\,\mathrm{d}V + \int_{\mathrm{CS}} \rho\vec{V}(\vec{V}_r \cdot \vec{n})\,\mathrm{d}A \tag{6-15}$$

由式（6-13）可知，式（6-15）左边即为 $\sum \vec{F}$，代入即可得适用于固定控制体、运动控制体以及变形控制体动量方程的通用表达式为

$$\sum \vec{F} = \frac{\mathrm{d}}{\mathrm{d}t}\int_{\mathrm{CV}} \rho\vec{V}\,\mathrm{d}V + \int_{\mathrm{CS}} \rho\vec{V}(\vec{V}_r \cdot \vec{n})\,\mathrm{d}A \tag{6-16}$$

用文字说明即为：

（作用在控制体上的合外力）=（控制体内线动量随时间的变化率）+

（通过控制面净流出的线动量变化率）

式中，$\vec{V}_r = \vec{V} - \vec{V}_{\mathrm{CS}}$ 为流体相对控制面的速度（用于计算流体通过控制表面所有位置的质量流量）；$\vec{V}$ 为流体相对惯性参考系的速度；乘积 $\rho\vec{V}(\vec{V}_r \cdot \vec{n})\mathrm{d}A$ 代表通过面积微元 $\mathrm{d}A$ 流入或者流出控制体的质量流量。

对于固定的控制体（控制体没有运动或变形），即 $\vec{V}_r = \vec{V}$，动量方程变为

固定控制体：
$$\sum \vec{F} = \frac{\mathrm{d}}{\mathrm{d}t}\int_{\mathrm{CV}} \rho\vec{V}\,\mathrm{d}V + \int_{\mathrm{CS}} \rho\vec{V}(\vec{V} \cdot \vec{n})\,\mathrm{d}A \tag{6-17}$$

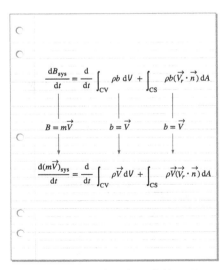

图 6-11 将雷诺输运定理中的 B 用 $m\vec{V}$ 代替，b 用 $\vec{V}$ 代替，可得线动量方程

注意，动量方程为矢量方程，动量方程中的每一项应该作为矢量处理。同时，为了方便运算，可以将这些分量沿直角坐标系（如笛卡儿坐标系中的 x，y，z）进行求解。如图6-12所示，大部分情况下合外力包括重力、压力和反作用力。动量方程常常用来计算流体产生的作用力（作用在支承系统或连接件上）。

特例

本文考虑的大多数动量问题是定常的。在定常流中，控制体动量恒定不变，因此动量随时间的变化率为零［式（6-16）中右侧第一项］，因此动量方程简化为

定常流：
$$\sum \vec{F} = \int_{CS} \rho \vec{V} (\vec{V}_r \cdot \vec{n}) \, dA \tag{6-18}$$

对于以恒定速度运动的没有变形的控制体（在惯性参考系中），式（6-18）中第一个 $\vec{V}$ 可取为相对控制面的速度。

虽然式（6-17）针对静止控制体十分准确，但由于积分的存在，在实际工程问题的求解中并不总是很方便。取而代之的是，将式（6-17）用平均速度来计算入口和出口流量，也就是将公式写成代数式的形式而不是积分的形式。在实际应用中，流体穿过控制体边界常常不止一个入口和出口，从每一个入口和出口都会带进或带出部分动量。为了计算简单，我们常常将控制面选取为垂直于入流或者出流（见图6-13）。

在入口面或出口面上，密度近似为定值 ρ，入口或者出口控制体的质量流量 $\dot{m}$ 可表达为

入口或出口质量流量：
$$\dot{m} = \int_{A_c} \rho (\vec{V} \cdot \vec{n}) \, dA_c = \rho V_{avg} A_c \tag{6-19}$$

对比式（6-19）和式（6-17），我们注意式（6-17）中控制面的积分包含速度，如果 $\vec{V}$ 在入口或者出口均匀（$\vec{V} = \vec{V}_{avg}$），则直接将 $\vec{V}$ 提到积分号外面来，这样就可以用简单的代数式来表示流入或流出的动量。

速度分布均匀的入口或出口的动量：
$$\int_{A_c} \rho (\vec{V} \cdot \vec{n}) \, dA_c = \rho V_{avg} A_c \vec{V}_{avg} = \dot{m} \vec{V}_{avg} \tag{6-20}$$

对于某些入口和出口，均匀流假设是可信的，例如，光滑的管道入口、风洞实验段的入口，以及几乎均匀的速度喷向空气中的射流截面（见图6-14）。对于这些进、出口，可以直接应用式（6-20）。

动量修正系数 β

然而不幸的是，实际上大部分的入口速度或出口速度分布都不是均匀的，但是我们仍然可以将式（6-17）的积分形式转换为代数式，只是需要引进一个修正系数 β，称为动量修正系数。该系数由法国科学家约瑟夫·布西内斯克（1842—1929）提出。式（6-17）对于静止控制体的代数形式为

$$\sum \vec{F} = \frac{d}{dt} \int_{CV} \rho \vec{V} \, dV + \sum_{out} \beta \dot{m} \vec{V}_{avg} - \sum_{in} \beta \dot{m} \vec{V}_{avg} \tag{6-21}$$

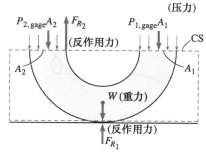

图6-12 在大部分的流动系统中，合外力 $\sum \vec{F}$ 包括重力、压力和反作用力，因为大气压强作用在控制面上，所以采用表压

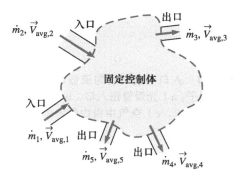

图6-13 在实际工程问题中，控制体的入口和出口个数可能会有多个，对于每一个入口和出口，我们定义质量流量 $\dot{m}$ 和平均速度 $\vec{V}_{avg}$

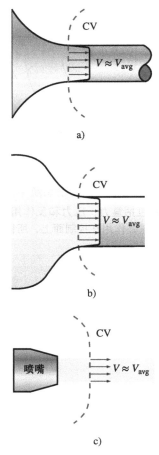

图 6-14　入口和出口均匀流假设是可信的例子：a）光滑管道入口，b）风洞实验段入口，c）空气中自由射流的截面

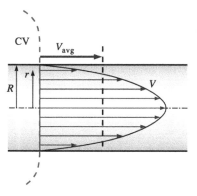

图 6-15　充分发展的层流管速度剖面

式中，对于每个入口和出口都有不同的动量修正系数。注意，当流体均匀流入或流出时，$\beta = 1$，如图 6-14 所示。通常情况下，定义了 β 之后，可以将面积为 A_c 的截面上流入或流出控制面的动量积分用流量 $\dot{m}$ 和平均速度 $\vec{V}_{\text{vag}}$ 表示，入口或出口截面的动量通量：

$$\int_{A_c} \rho \vec{V}(\vec{V} \cdot \vec{n})\, \mathrm{d}A_c = \beta \dot{m} \vec{V}_{\text{avg}} \qquad (6\text{-}22)$$

对于入口或出口密度均匀的情况，$\vec{V}$ 和 $\vec{V}_{\text{avg}}$ 方向相同，求解式（6-22）可得

$$\beta = \frac{\int_{A_c} \rho V(\vec{V} \cdot \vec{n})\, \mathrm{d}A_c}{\dot{m} V_{\text{avg}}} = \frac{\int_{A_c} \rho V(\vec{V} \cdot \vec{n})\, \mathrm{d}A_c}{\rho V_{\text{avg}} A_c V_{\text{avg}}} \qquad (6\text{-}23)$$

式中，用 $\rho V_{\text{avg}} A_c$ 代换 $\dot{m}$。密度可以抵消掉，由于 V_{vag} 为定值，可以放在积分号内。而且当控制面与入口或出口面法向垂直时，$(\vec{V} \cdot \vec{n})\mathrm{d}A_c = V\mathrm{d}A_c$。于是式（6-23）简化为

动量修正系数：
$$\beta = \frac{1}{A_c} \int_{A_c} \left(\frac{V}{V_{\text{avg}}} \right)^2 \mathrm{d}A_c \qquad (6\text{-}24)$$

可以看出 β 总是大于或者等于 1。

【例 6-1】　层流管动量修正系数

考虑一长圆形管道，里面的流动为层流。由第 8 章可知，横截面上的速度剖面是抛物线（见图 6-15），轴向速度分量由下式给出：

$$V = 2V_{\text{avg}}\left(1 - \frac{r^2}{R^2} \right) \qquad (1)$$

式中，R 为管道内壁面半径；V_{avg} 为平均速度。如图 6-15 所示，对于管道流动代表控制体出口的情况，计算管道横截面的动量修正系数。

问题： 根据给定的速度分布，计算动量修正系数。

假设： ①流动是定常的不可压流，②控制体和管道的轴线垂直，如图 6-15 所示。

分析： 将式（6-24）的速度分布替换后进行积分，注意，$\mathrm{d}A_c = 2\pi r \mathrm{d}r$，

$$\beta = \frac{1}{A_c} \int_{A_c} \left(\frac{V}{V_{\text{avg}}} \right)^2 \mathrm{d}A_c = \frac{4}{\pi R^2} \int_0^R \left(1 - \frac{r^2}{R^2} \right)^2 2\pi r\, \mathrm{d}r \qquad (2)$$

定义新的积分变量 $y = 1 - r^2/R^2$，因此 $\mathrm{d}y = -2r\mathrm{d}r/R^2$（同样地，在 $r = 0$ 处，$y = 1$；在 $r = R$ 处，$y = 0$）。进行积分，完全发展的层流动量修正系数变为

层流：
$$\beta = -4 \int_1^0 y^2\, \mathrm{d}y = -4\left[\frac{y^3}{3} \right]_1^0 = \frac{4}{3} \qquad (3)$$

讨论： 我们已经计算了出口的 β 值，如果把管道横截面视为控制体的入口，则可以得到同样的结果。

从例 6-1 中可以看出，β 在完全发展的层流管并不接近于 1，因此忽略 β 有可能会造成较严重的错误。如果我们针对湍流采取和例 6-1 同样的方式进行积分，最终可得 β 在 1.01 到 1.04 之间。由于和 1 十分接近，因此在湍流流动中忽略 β 不会对结果造成太大的影响，但是最好还是在方程中保留 β，这么做不仅仅可以提高计算的准确性，同时提醒我们在层流计算时需要考虑动量修正系数。

对湍流流动，β 在进口和出口的影响不大，但是对层流流动，β 十分重要且不能忽略。明智的做法是在所有的控制体动量问题中都保留 β。

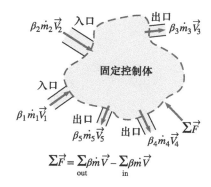

$$\sum \vec{F} = \sum_{out} \beta \dot{m} \vec{V} - \sum_{in} \beta \dot{m} \vec{V}$$

图 6-16 定常流中，作用在控制体上的合力等于出口和入口的动量通量差

定常流动

如果流动是定常的，则式（6-21）中的时间导数项就没有了，式（6-21）简化为

定常线性动量方程：
$$\sum \vec{F} = \sum_{out} \beta \dot{m} \vec{V} - \sum_{in} \beta \dot{m} \vec{V} \tag{6-25}$$

式中，平均速度省略了下标 avg。式（6-25）说明定常流动中作用在控制体上的合力等于流出和流入控制体的动量差，如图 6-16 所示。因为式（6-25）为矢量方程，所以也可以表达为不同方向的动量方程。

仅有一个出口和一个进口的定常流动

许多实际工程问题仅仅只包括一个入口和一个出口（见图 6-17）。对于此类单流道系统，流量保持不变，式（6-25）简化为

一个出口和一个入口：
$$\sum \vec{F} = \dot{m}(\beta_2 \vec{V_2} - \beta_1 \vec{V_1}) \tag{6-26}$$

式中，我们采用下标 1 代表入口，下标 2 代表出口；$\vec{V_1}$ 和 $\vec{V_2}$ 分别表示入口和出口的平均速度。

再次强调，之前所有的方程都是矢量关系式，所有的加减都是矢量的加减，减去一个矢量就是加上这个矢量的负矢量（见图 6-18）。我们利用矢量在坐标轴方向的投影，可以写出在指定坐标轴方向（比如 x 轴方向）的动量方程。例如，式（6-26）沿 x 方向的表达式为

沿 x 方向：
$$\sum F_x = \dot{m}(\beta_2 V_{2,x} - \beta_1 V_{1,x}) \tag{6-27}$$

式中，$\sum F_x$ 为力在 x 轴方向的矢量之和；$V_{2,x}$ 和 $V_{1,x}$ 分别为出口和入口的流动速度在 x 方向的分量。定义力和速度的方向跟 x 轴正向相同则为正，与 x 轴负方向相同则为负。对于方向不确定的力，常常取为正方向进行计算（除非问题简单，能看出力的方向），若最终得到的值为负，则说明假定的方向有误，该力的方向相反。

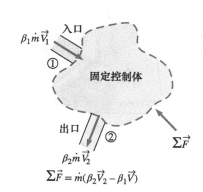

$$\sum \vec{F} = \dot{m}(\beta_2 \vec{V_2} - \beta_1 \vec{V})$$

图 6-17 含有一个入口和一个出口的控制体

无外力作用的流动

当没有外力（重力、压力、反作用力等）作用在物体上时，这是一个十分有趣的情形，常常出现在宇宙飞船和卫星上。对于有多个进、出口的控制体而言，式（6-21）在这种情况下变为

无外力作用：
$$0 = \frac{d(m\vec{V})_{CV}}{dt} + \sum_{out} \beta \dot{m} \vec{V} - \sum_{in} \beta \dot{m} \vec{V} \tag{6-28}$$

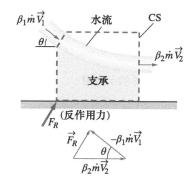

注意：$\vec{V_2} \neq \vec{V_1}$，即使 $|\vec{V_2}| = |\vec{V_1}|$

图 6-18 利用矢量的合成来确定由于管道方向变化引起的作用在支承上的反作用力

这是动量守恒定律的一种表达式，用文字表达即：在没有外力作用时，控制体动量的变化率等于流入动量与流出动量变化率之差。

当控制体质量 m 保持不变，式（6-28）右边第一项变为质量乘以加速度，因为

$$\frac{\mathrm{d}(m\vec{V})_{\mathrm{CV}}}{\mathrm{d}t} = m_{\mathrm{CV}}\frac{\mathrm{d}\vec{V}_{\mathrm{CV}}}{\mathrm{d}t} = m\vec{a}_{\mathrm{CV}} = m_{\mathrm{CV}}\vec{a}$$

因此，在这种情况下控制体被当作固体处理（质量恒定的系统），则作用在物体上的净推力为

$$\vec{F}_{\mathrm{thrust}} = m_{\mathrm{body}}\vec{a} = \sum_{\mathrm{in}} \beta\dot{m}\vec{V} - \sum_{\mathrm{out}} \beta\dot{m}\vec{V} \qquad （6\text{-}29）$$

式（6-29）中，流体速度为相对惯性参考系的速度，即静止坐标系或者是匀速直线运动的坐标系。当分析匀速直线运动物体时，常常取和物体以相同速度做匀速直线运动的惯性坐标系进行分析研究。在这种情况下，流体相对坐标系的速度和相对运动物体的速度相同，这更容易应用。这种方法虽然对非惯性参考系不严格有效，但也可用于计算航天器发射火箭时的初始加速度（见图6-19）。

回想一下，通常推力是通过加速流体的反作用而产生的机械力。例如，在喷气式飞机中，热的燃气通过尾部喷管膨胀后加速喷出，由于反作用产生方向相反的推力。推力的产生基于牛顿第三定律，作用在一点的力会产生大小相等、方向相反的反作用力。在喷气式发动机这个例子中，如果发动机对喷出的燃气施加一个力，则喷出的燃气对发动机会产生一个大小相等、方向相反的作用力。也就是说，发动机对排出的气流施加向后的作用力等于排出的气流作用在飞机剩余质量上的推力，二者相等但方向相反，$\vec{F}_{\mathrm{thrust}} = -\vec{F}_{\mathrm{push}}$。在飞机的受力图中，通过在喷出的气流中插入一个与气流运动方向相反的作用力，来说明喷出气流的作用。

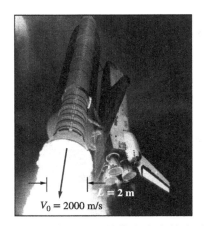

图6-19 航天飞机的推力由火箭发动机提供，燃烧喷出的气体从0加速到2000m/s，造成较大的动量变化。NASA

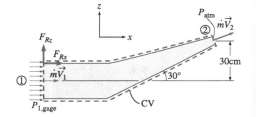

图6-20 例6-2的示意图

【例6-2】 固定导流弯头的力

一根异径弯头用来将水平管道中流量为14kg/s的水向上偏转30°并加速（见图6-20）。管道的水排出到大气中，入口的横截面面积为113cm²，出口横截面面积为7cm²，入口中心和出口中心竖直高度差为30cm。管道和水的重力忽略不计。试确定（a）管道入口处的表压以及（b）固定管道所需的力。

问题： 一个异径弯头使水向上偏转并将其排放到大气中。确定弯头进口处的压力和保持弯头位置所需的力。

假设： ①流动是定常的，摩擦阻力忽略不计；②管道和水的重力都忽略不计；③水排入大气中，因此出口表压为零；④流动是湍流，入口和出口都是充分发展的湍流，取入口和出口的动量修正系数均为 $\beta = 1.03$（根据保守估计）。

参数： 取水的密度为1000kg/m³。

分析：（a）取弯头作为控制体，入口标记为1，出口标记为2，取 x 轴和 z 轴方向如图6-20所示。对于该单入口、单出口定常流系

统的连续性方程为 $\dot{m}_1 = \dot{m}_2 = \dot{m} = 14\text{kg/s}$。注意，$\dot{m} = \rho AV$，入口和出口水速分别为

$$V_1 = \frac{\dot{m}}{\rho A_1} = \frac{14\text{kg/s}}{(1000\text{kg/m}^3)(0.0113\text{m}^2)} = 1.24\text{m/s}$$

$$V_2 = \frac{\dot{m}}{\rho A_2} = \frac{14\text{kg/s}}{(1000\text{kg/m}^3)(7 \times 10^{-4}\text{m}^2)} = 20.0\text{m/s}$$

利用伯努利方程（见第 5 章）作为压强计算的初步近似。在第 8 章中我们将会学习如何计算壁面摩擦损失。取入口横截面中心作为参考平面（$z_1 = 0$），注意，$P_2 = P_{\text{atm}}$，经过管道中心流线的伯努利方程为

$$\frac{P_1}{\rho g} + \frac{V_1^2}{2g} + z_1 = \frac{P_2}{\rho g} + \frac{V_2^2}{2g} + z_2$$

$$P_1 - P_2 = \rho g \left(\frac{V_2^2 - V_1^2}{2g} + z_2 - z_1 \right)$$

$$P_1 - P_{\text{atm}} = (1000\text{kg/m}^3)(9.81\text{m/s}^2) \times$$

$$\left[\frac{(20\text{m/s})^2 - (1.24\text{m/s})^2}{2(9.81\text{m/s}^2)} + 0.3 - 0 \right] \left(\frac{1\text{kN}}{1000\text{kg·m/s}^2} \right)$$

$$P_{1,\text{gage}} = 202.2\text{kN/m}^2 = 202.2\text{kPa}（表压）$$

（b）定常流动的动量方程为

$$\sum \vec{F} = \sum_{\text{out}} \beta \dot{m} \vec{V} - \sum_{\text{in}} \beta \dot{m} \vec{V}$$

x 方向和 z 方向力的分量分别记为 F_{Rx} 和 F_{Rz}，假定方向都为正方向。因为大气压强作用在整个控制体上，所以使用表压。于是 x 方向和 z 方向的动量方程分别为

$$F_{Rx} + P_{1,\text{gage}} A_1 = \beta \dot{m} V_2 \cos\theta - \beta \dot{m} V_1$$

$$F_{Rz} = \beta \dot{m} V_2 \sin\theta$$

式中，取 $\beta = \beta_1 = \beta_2$，解出 F_{Rx} 和 F_{Rz}，代入数值可得

$$F_{Rx} = \beta \dot{m}(V_2 \cos\theta - V_1) - P_{1,\text{gage}} A_1$$

$$= 1.03(14\text{kg/s})[(20\cos 30° - 1.24)\text{m/s}]\left(\frac{1\text{N}}{1\text{kg·m/s}^2} \right) -$$

$$(202200\text{N/m}^2)(0.0113\text{m}^2)$$

$$= 232\text{N} - 2285\text{N} = -2053\text{N}$$

$$F_{Rz} = \beta \dot{m} V_2 \sin\theta = (1.03)(14\text{kg/s})(20\sin 30°\text{m/s})\left(\frac{1\text{N}}{1\text{kg·m/s}^2} \right) = 144\text{N}$$

F_{Rx} 为负值说明假定的力方向是错误的，实际方向应该和假定的相反。因此，F_{Rx} 的方向为 x 轴的负方向。

讨论：管道内壁面压强分布非零，但是由于控制体在管道外面，这些压强不在我们分析的范围之内。为了使得计算更加准确，管道和水的重力可以加在竖直方向的受力上，由于摩擦和其他损失的存在，$P_{1,\text{gage}}$ 将会比计算值高。

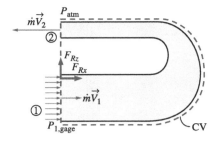

图 6-21 例 6-3 的示意图

【例 6-3】 固定一根回流管道所需的力

将例 6-2 中的异径弯头用一根回流管代替，该回流管可以将水流做 180° 的拐弯，如图 6-21 所示。入口中心和出口中心的竖直高度差仍为 0.3m。试确定固定该回流管道所需的力。

问题： 入口和出口的速度和压强都保持不变，但是在这种情况下，竖直方向固定力的分量为零（$F_{Rz} = 0$），因为在竖直方向上没有其他力或动量（忽略管道和水的重力）。水平方向的固定力由 x 方向的动量方程来确定。注意，出口流动方向为 x 轴负方向，因此出口速度为负。由

$$F_{Rx} + P_{1,\,gage} A_1 = \beta_2 \dot{m}(-V_2) - \beta_1 \dot{m} V_1 = -\beta \dot{m}(V_1 + V_2)$$

解出 F_{Rx}，代入数值可得

$$F_{Rx} = -\beta \dot{m}(V_1 + V_2) - P_{1,\,gage} A_1$$

$$= -(1.03)(14 kg/s)[(20 + 1.24) m/s]\left(\frac{1N}{1 kg \cdot m/s^2}\right) - (202200 N/m^2)(0.0113 m^2)$$

$$= -306N - 2285N = -2591N$$

因此法兰水平方向受力为 2591N，方向为 x 负方向（回流管有和管道脱离的趋势）。这个力和质量为 260kg 的物体重力相同，因此连接件（螺栓等）要足够牢靠来承受这样的力。

讨论： 因为将水流方向转过了更大的角度，因此 x 方向的反作用力比例 6-2 中的力大得多，如果回流管由一个直喷管代替，水流流出方向为 x 正方向，则 x 方向的动量方程为

$$F_{Rx} + P_{1,\,gage} A_1 = \beta \dot{m} V_2 - \beta \dot{m} V_1 \quad \rightarrow \quad F_{Rx} = \beta \dot{m}(V_2 - V_1) - P_{1,\,gage} A_1$$

由于 V_1 和 V_2 方向都是 x 正方向，这就表明对于速度和力，选择正确符号显得多么重要（正方向符号为正，负方向符号为负）。

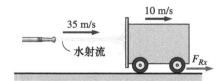

图 6-22 例 6-4 的示意图

【例 6-4】 水射流冲击移动的手推车

由喷嘴加速至 35m/s 的水流，冲击在以 10m/s 的恒定速度水平移动的手推车的垂直背板上（见图 6-22），流经静止喷嘴的水的质量流量为 30kg/s。冲击后，水流在车背板上向四面八方飞溅。（a）确定为阻止车加速，手推车制动器需要施加的力。（b）如果将这个力用来产生功率，而不是浪费在刹车上，确定理想情况下能产生的最大功率。（c）如果手推车的质量为 400kg 并且制动器失灵，确定当水刚冲击手推车时，它的加速度。假设润湿车背板的水的质量可以忽略不计。

问题： 由喷嘴加速的水冲击以恒定速度水平运动的手推车背板。求制动力、刹车造成的功率损耗、以及制动器失灵时的汽车加速度。

假设： ①流体的流动是定常不可压缩的；②水流在车背板上向四面八方飞溅；③水柱在大气中，因此水柱和流出控制体的水流压强都是大气压强，由于大气压强作用在所有表面上，所以可以忽略；

④运动中的摩擦可忽略不计；⑤水射流和手推车的运动是水平的；⑥射流几乎是均匀的，因此动量修正系数的影响可忽略不计，$\beta \approx 1$。

分析：以手推车为控制体，流动方向为 x 轴正方向。手推车和射流之间的相对速度是

$$V_r = V_{jet} - V_{cart} = (35 - 10)\,\text{m/s} = 25\,\text{m/s}$$

因此，我们可以把手推车看成是静止的，射流以 25m/s 的速度运动。注意到水以 35m/s 的速度离开喷嘴，相对于喷嘴出口的质量流量为 30kg/s，因此与相对于喷嘴出口水射流速度为 25m/s 相对应的水射流质量流量为

$$\dot{m}_r = \frac{V_r}{V_{jet}}\dot{m}_{jet} = \frac{25\,\text{m/s}}{35\,\text{m/s}}(30\,\text{kg/s}) = 21.43\,\text{kg/s}$$

在这种情况下，在 x（流动）方向上的定常流动的动量方程简化为

$$\sum \vec{F} = \sum_{out} \beta \dot{m}\vec{V} - \sum_{in} \beta \dot{m}\vec{V} \;\rightarrow\; F_{Rx} = -\dot{m}_i V_i \;\rightarrow\; F_{brake} = -\dot{m}_r V_r$$

注意到制动力与水流的方向相反，因此力和速度的方向为 x 轴的负方向，其值应为负。将给定的值代入，

$$F_{brake} = -\dot{m}_r V_r = -(21.43\,\text{kg/s})(+25\,\text{m/s})\left(\frac{1\text{N}}{1\text{kg}\cdot\text{m/s}^2}\right) = -535.8\,\text{N} \approx -536\,\text{N}$$

负号表示制动力的作用方向与运动方向相反。就像这里的水射流给手推车施加力一样，直升机的气流（下洗流）给水面施加一个力（见图 6-23）。注意到功是力乘以距离，并且每单位时间小车行驶的距离是车的速度，制动浪费的功率为

$$\dot{W} = F_{brake}V_{cart} = (535.8\,\text{N})(10\,\text{m/s})\left(\frac{1\text{W}}{1\text{N}\cdot\text{m/s}}\right) = 5358\,\text{W} \approx 5.36\,\text{kW}$$

请注意，当手推车速度保持不变时，所浪费的能量相当于所能产生的最大能量。

（c）当制动器失灵时，制动力将推动小车前进，加速度为

$$a = \frac{F}{m_{cart}} = \frac{535.8\,\text{N}}{400\,\text{kg}}\left(\frac{1\text{kg}\cdot\text{m/s}^2}{1\text{N}}\right) = 1.34\,\text{m/s}^2$$

讨论：这是制动器失灵时的加速度。当水射流和车之间的相对速度（以及由此产生的力）减小时，加速度将减小。

【例 6-5】 风力机的发电和风载荷

风力发电机的叶片直径为 30ft，切入风速为 7m/h，此时发电功率为 0.4kW（见图 6-24），试确定（a）风力发电机组的效率，以及（b）作用在风机塔架上的水平力。当风速加倍为 14m/h 时，对发电和施加的力有什么影响？假设效率保持不变，空气的密度取为 0.076 lb/ft³。

问题：需要分析风力机的发电和作用在风力机上的载荷。需要确定风力机的效率和作用在塔架上的力，研究当风速变为原来的两倍时，空气对风力机作用力的变化。

图 6-23 直升飞机的下洗与例 6-4 中讨论的喷射器类似。在这种情况下，射流冲击水面，产生如图所示的圆形波浪

© Purestock/Superstock RF

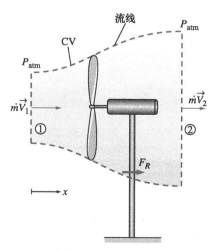

图 6-24 例 6-5 的示意图

假设：①风的流动为定常不可压缩；②风力机的效率和风速无关；③摩擦的影响忽略不计，因此没有动能转化为内能；④通过风力机的平均速度和来流速度相等（由第14章可知，实际上通过风力机后平均速度会减小）；⑤风力在风力机上游和下游是近似均匀的，因此动量修正系数 $\beta = \beta_1 = \beta_2 \approx 1$。

参数：空气密度为 0.076 lb/ft³。

分析：动能属于机械能的一部分，因此可以完全转化为功。因此，风的势能和动能成正比，单位质量的动能为 $V^2/2$，因此对于指定质量流量的最大能量为 $\dot{m}V^2/2$。

$$V_1 = (7\,\text{m/h})\left(\frac{1.4667\,\text{ft/s}}{1\,\text{m/h}}\right) = 10.27\,\text{ft/s}$$

$$\dot{m} = \rho_1 V_1 A_1 = \rho_1 V_1 \frac{\pi D^2}{4} = (0.076\,\text{lb/ft}^3)(10.27\,\text{ft/s})\frac{\pi(30\,\text{ft})^2}{4} = 551.7\,\text{lb/s}$$

$$\dot{W}_{\text{max}} = \dot{m}ke_1 = \dot{m}\frac{V_1^2}{2}$$

$$= (551.7\,\text{lb/s})\frac{(10.27\,\text{ft/s})^2}{2}\left(\frac{1\,\text{lbf}}{32.2\,\text{lb·ft/s}^2}\right)\left(\frac{1\,\text{kW}}{737.56\,\text{lbf·ft/s}}\right)$$

$$= 1.225\,\text{kW}$$

因此，当风速为 7mph 时，风力机的功率为 1.225kW，风力机的效率为

$$\eta_{\text{wind turbine}} = \frac{\dot{W}_{\text{act}}}{\dot{W}_{\text{max}}} = \frac{0.4\,\text{kW}}{1.225\,\text{kW}} = 0.327 \qquad (\text{或} 32.7\%)$$

（b）假设摩擦的影响可忽略不计，因此流入动能中未转化成电能的部分以流出动能的形式离开风力机。注意，质量流量保持恒定，出口速度由下式确定：

$$\dot{m}ke_2 = \dot{m}ke_1(1 - \eta_{\text{wind turbine}}) \quad\rightarrow\quad \dot{m}\frac{V_2^2}{2} = \dot{m}\frac{V_1^2}{2}(1 - \eta_{\text{wind turbine}}) \qquad (1)$$

或

$$V_2 = V_1\sqrt{1 - \eta_{\text{wind turbine}}} = (10.27\,\text{ft/s})\sqrt{1 - 0.327} = 8.43\,\text{ft/s}$$

为了确定塔架上的力（见图 6-25），取包围风力机的控制体，使入口和出口面来流和控制面垂直，且整个控制面都处于大气压下（见图 6-23）。定常流动的动量方程为

$$\sum \vec{F} = \sum_{\text{out}} \beta \dot{m} \vec{V} - \sum_{\text{in}} \beta \dot{m} \vec{V} \qquad (2)$$

将式（2）转化成 x 方向的标量形式，注意，$\beta = 1$，$V_{1,x} = V_1$，$V_{2,x} = V_2$。则

$$F_R = \dot{m}V_2 - \dot{m}V_1 = \dot{m}(V_2 - V_1) \qquad (3)$$

将数值代入式（3）可得

$$F_R = \dot{m}(V_2 - V_1) = (551.7\,\text{lb/s})(8.43 - 10.27)\left(\frac{1\,\text{lbf}}{32.2\,\text{lb·ft/s}^2}\right)$$

$$= -31.5\,\text{lbf}$$

图 6-25　现代风力机塔架上的力和力矩可能很大，并且与 V^2 成正比，因此，塔架通常非常大而且坚固

负号表明反作用力作用在 x 负方向，于是作用在塔架上的力为 $F_{mast} = -F_R = -31.5$ lbf。

因为质量流量和速度 V 成正比，动能和 V^2 成正比，功率和 V^3 成正比。因此当风速变为 14m/h 时，功率将变为原来的 8 倍即 $0.4 \times 8 = 3.2$kW。塔架上的受力和 V^2 成正比，因此速度变为原来的两倍，风力将变为原来的 4 倍，即 $31.5 \times 4 = 126$ lbf。

讨论： 在第 14 章还会对风力机进行详细研究。

■ 【例 6-6】 宇宙飞船减速

如图 6-26 所示，宇宙飞船的质量为 12000kg，以 800m/s 的恒定速度垂直向着行星表面运动。为了减慢飞船速度，飞船底部装有固态燃料火箭，燃烧产生的气体以 80kg/s 的流量、相对于飞船 3000m/s 的速度向飞船运动的方向喷出，持续时间为 5s。忽略飞船质量的微小变化，试确定（a）在此过程中飞船的加速度，（b）飞船速度的变化量，以及（c）飞船产生的推力。

问题： 飞船上火箭向运动方向点火，要确定加速度、速度的变化量和推力。

假设： ①燃烧喷出的气体视为定常一维流动，但是飞船的运动是非定常的；②没有外力作用在飞船上，喷管出口大气压强的影响可忽略不计；③相对于飞船质量而言，排出的燃料质量几乎可以忽略，因此航天器可以被视为具有恒定质量的固体；④喷管设计良好，动量修正系数可以忽略，因此 $\beta \approx 1$。

分析：（a）为了计算方便，选取与飞船以相同初速度运动的惯性参考系。于是流体相对于惯性参考系的速度和相对于飞船的速度相同。选取飞船运动方向为 x 轴的正方向。没有其他外力作用在飞船上，飞船质量基本不变。因此，飞船可作为一个质量恒定的固体，这种情况下的动量方程根据式（6-29）为

$$\vec{F}_{thrust} = m_{spacecraft}\,\vec{a}_{spacecraft} = \sum_{in}\beta\dot{m}\vec{V} - \sum_{out}\beta\dot{m}\vec{V}$$

式中，流体相对惯性参考系的速度和相对飞船的速度相同。注意，运动始终在直线上，喷出的气体运动方向为 x 正方向，因此可写出动量方程的标量形式为

$$m_{spacecraft}a_{spacecraft} = m_{spacecraft}\frac{dV_{spacecraft}}{dt} = -\dot{m}_{gas}V_{gas}$$

注意，气体喷出后运动方向为 x 正方向，代入可得飞船在前 5s 的加速度为

$$a_{spacecraft} = \frac{dV_{spacecraft}}{dt} = -\frac{\dot{m}_{gas}}{m_{spacecraft}}V_{gas} = -\frac{80kg/s}{12000kg/s}(+3000m/s) = -20m/s^2$$

负值表明飞船在减速，减速的加速度大小为 20m/s²，方向为 x 负方向。

（b）减速的加速度恒定，在前 5s 内速度的变化量由加速度的定义确定，即

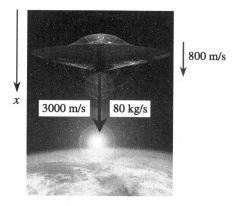

图 6-26 例 6-6 的示意图

$$dV_{spacecraft} = a_{spacecraft}dt \rightarrow \Delta V_{spacecraft} = a_{spacecraft}\Delta t = (-20m/s^2)(5s)$$
$$= -100m/s$$

（c）由式（6-29）可知，施加在飞船上的推力为

$$F_{thrust} = 0 - \dot{m}_{gas}V_{gas} = 0 - (80kg/s)(+300m/s)\left(\frac{1kN}{1000kg \cdot m/s^2}\right) = -240kN$$

负号说明由于火箭的作用，推力的方向沿着 x 轴负方向。

讨论：注意，如果火箭装在测试台上，会对支架产生 240kN 的力（和 24t 物体的重力相等），力的方向与排气方向相反。

【例 6-7】 法兰上的合力

水流以 18.5gal/min 的流量流过用法兰连接的半关水龙头（见图 6-27）。法兰处管道内径为 0.780in，压强为 13.0psig。法兰和内部水的总重力为 12.8 lbf。计算作用在法兰上的合力。

问题：考虑水流过法兰的问题，计算作用在法兰上的合力。

假设：①流动是定常不可压缩的；②在入口和出口的流动都是完全发展的湍流，因此动量修正系数为 1.03；③管道出口处的直径和法兰处的直径相同。

参数：水在室温下密度为 62.3 lb/ft³。

分析：我们选择法兰和与之直接相连的部分为控制体，作用在控制体上的力如图 6-27 所示。这些力包括水和管道的重力，控制体入口处的表压力，以及法兰上的合力 $\vec{F}_R$。为了处理方便，我们采用表压，因为在控制体静止时表压为零（大气压强）。注意，控制体出口也为大气压，因为我们假定流体为不可压缩流体，故出口表压为零。

现在应用与控制体相关的守恒定律。在这种一个入口和一个出口的情况下，质量守恒表述为流入控制体的流量等于流出控制体的流量。同时，因为管道的内径不变，水不可压缩，所以入口和出口的平均速度相等，进、出口速度为

$$V_2 = V_1 = V = \frac{\dot{V}}{A_c} = \frac{\dot{V}}{\pi D^2/4} = \frac{18.5gal/min}{\pi(0.065ft)^2/4}\left(\frac{0.1337ft^3}{1gal}\right)\left(\frac{1min}{60s}\right) = 12.42ft/s$$

同时可得

$$\dot{m} = \rho\dot{V} = (62.3 lb/ft^3)(18.5gal/min)\left(\frac{0.1337ft^3}{1gal}\right)\left(\frac{1min}{60s}\right) = 2.568 lb/s$$

然后运用定常流动的动量方程

$$\sum\vec{F} = \sum_{out}\beta\dot{m}\vec{V} - \sum_{in}\beta\dot{m}\vec{V} \tag{1}$$

我们取作用在法兰上的力在 x 方向和 z 方向上的分量为 F_{Rx} 和 F_{Rz}，假设它们的方向都是正方向，x 方向的入口速度大小为 $+V_1$，出口速度为零，z 方向入口速度为零，出口速度为 $-V_2$，同时管道和水的重力都视作体积力，方向为 z 负方向。在 z 方向，所选控制体没有压力或黏性力的作用。

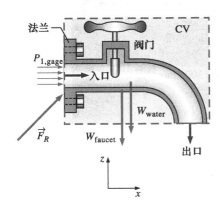

图 6-27 例 6-7 中控制体受到的所有力，为了计算方便，图中的压强为表压

式（1）中 x 和 z 两个方向分量的方程为

$$F_{Rx} + P_{1,\,\text{gage}}A_1 = 0 - \dot{m}(+V_1)$$

$$F_{Rz} - W_{\text{faucet}} - W_{\text{water}} = \dot{m}(-V_2) - 0$$

解出 F_{Rx} 和 F_{Rz}，代入数值可得

$$F_{Rx} = -\dot{m}V_1 - P_{1,\,\text{gage}}A_1$$

$$= -(2.568\ \text{lb/s})\,(12.42\text{ft/s})\left(\frac{1\text{lbf}}{32.2\ \text{lb}\cdot\text{ft/s}^2}\right) - (13\ \text{lbf/in}^2)\frac{\pi(0.780\text{in})^2}{4}$$

$$= -7.20\ \text{lbf}$$

$$F_{Rz} = -\dot{m}V_2 + W_{\text{faucet+water}}$$

$$= -(2.568\ \text{lb/s})(12.42\text{ft/s})\left(\frac{1\text{lbf}}{32.2\ \text{lb}\cdot\text{ft/s}^2}\right) + 12.8\ \text{lbf} = 11.8\ \text{lbf}$$

于是作用在法兰上的合力的矢量形式为

$$\vec{F}_R = F_{Rx}\vec{i} + F_{Rz}\vec{k} = -7.20\vec{i} + 11.8\vec{k}\ \text{lbf}$$

由牛顿第三定律可知，管道作用在法兰上的力和 $\vec{F}_R$ 的方向相反。即

$$\vec{F}_{\text{faucet on flange}} = -\vec{F}_R = 7.20\vec{i} - 11.8\vec{k}\ \text{lbf}$$

讨论： 水龙头有向右下方运动的趋势，这与我们的感觉相同。也就是说，水在入口处产生高压，但是出口压强和大气压强相同，而且水在 x 方向的动量在拐弯时失去了，从而引起了对管壁向右的作用力，但是水龙头的重力比动量变化的影响大，于是得到了向下的力。注意，诸如"faucet on flange"之类的下标可以明确力的方向。

6.5　旋转运动和角动量回顾

刚体的运动可以看作由刚体质心的平动和绕质心的转动两部分组成。平动采用式（6-1）所示的线动量方程进行分析。现在我们讨论转动问题，转动的定义是物体上的所有点绕着旋转轴做圆周运动。转动通常用角度相关的量进行描述，例如角度 θ、角速度 $\vec{\omega}$ 和角加速度 $\vec{\alpha}$。

物体上一点转动的角度用 θ 来表示，定义为从该点到转轴作长度为 r 的转轴垂线段，该垂线段所扫过的角度即为 θ。θ 的单位为弧度（rad），弧度的定义为在半径为 1 的单位圆上 θ 所对应的弧长。注意，半径为 r 的圆周长为 $2\pi r$，刚体任意一点转动一圈所转过的角度为 2π。该点沿圆所经过的路程为 $l = \theta r$，式中 r 为该点到转轴的法向距离，θ 为以弧度表示的角度。$1\text{rad} = 360/(2\pi) \approx 57.3°$。

角速度 ω 的大小定义为单位时间转过的角度，角加速度 α 的大小定义为单位时间角速度的变化率。如图 6-28 所示，它们的表达式为

$$\omega = \frac{\mathrm{d}\theta}{\mathrm{d}t} = \frac{\mathrm{d}(l/r)}{\mathrm{d}t} = \frac{1}{r}\frac{\mathrm{d}l}{\mathrm{d}t} = \frac{V}{r}, \quad \alpha = \frac{\mathrm{d}\omega}{\mathrm{d}t} = \frac{\mathrm{d}^2\theta}{\mathrm{d}t^2} = \frac{1}{r}\frac{\mathrm{d}V}{\mathrm{d}t} = \frac{a_t}{r} \quad （6\text{-}30）$$

或者

$$V = r\omega, \quad a_t = r\alpha \quad （6\text{-}31）$$

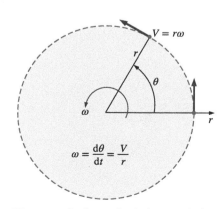

$$\omega = \frac{\mathrm{d}\theta}{\mathrm{d}t} = \frac{V}{r}$$

图6-28　角度 θ、角速度 ω 和速度 V 之间的关系

式中，V 为线速度；a_t 为与转轴距离为 r 处的切向速度的加速度。注意，ω 和 α 对于刚体上的所有点都一样，但是 V 和 a_t 随着位置的变化而变化（因为它们都和 r 相关）。

牛顿第二定律要求必须要有力作用在切线方向上才能产生角加速度。旋转效应的强度用力矩表示，与力的大小和距转轴的距离成正比。力的作用线到转轴的垂直距离称为力臂，质点质量为 m，到转轴的距离为 r，力矩 M 的表达式为

$$M = rF_t = rma_t = mr^2\alpha \qquad (6\text{-}32)$$

作用在旋转刚体上的合力矩由每个微元质量 δm 上的力矩对整个刚体进行积分得到。即

力矩大小： $$M = \int_{\text{mass}} r^2\alpha \, \delta m = \left[\int_{\text{mass}} r^2 \, \delta m\right]\alpha = I\alpha \qquad (6\text{-}33)$$

式中，I 为刚体相对于转轴的惯性矩，是衡量物体抵抗转动的物理量。$M = I\alpha$ 和牛顿第二定律的对应关系为：在牛顿第二定律中，用力矩代替力，用惯性矩代替质量，用角加速度代替加速度（见图 6-29）。注意，惯性矩和质量不同的是，物体的转动惯量还取决于物体相对于旋转轴的质量分布。因此，如果物体的质量集中在转轴附近，则惯性矩较小；当质量集中在物体的外围，则惯性矩较大，抵抗角加速度的能力也越强。飞轮就是后者实际应用的一个例子。

质量为 m 的物体以速度 V 运动所具有的线动量为 mV，线动量的方向和速度方向相同。注意，力矩为力和距离的乘积，定义质点 m 处的角动量 $H = rmV = r^2 m\omega$，式中，r 为动量和转轴的垂直距离（见图 6-30）。旋转刚体的总角动量通过积分可得

角动量大小：$$H = \int_{\text{mass}} r^2\omega \, \delta m = \left[\int_{\text{mass}} r^2 \, \delta m\right]\omega = I\omega \qquad (6\text{-}34)$$

式中，I 为物体关于转轴的惯性矩，可以表达为矢量形式：

$$\vec{H} = I\vec{\omega} \qquad (6\text{-}35)$$

注意，角速度 $\vec{\omega}$ 在刚体各个点处都保持一致。

牛顿第二定律 $\vec{F} = m\vec{a}$ 在式（6-1）中表达为动量的变化率 $\vec{F} = \mathrm{d}(m\vec{V})/\mathrm{d}t$。同样地，对于旋转物体 $\vec{M} = I\vec{\alpha}$ 在式（6-2）中表达为角动量的变化率：

角动量方程： $$\vec{M} = I\vec{\alpha} = I\frac{\mathrm{d}\vec{\omega}}{\mathrm{d}t} = \frac{\mathrm{d}(I\vec{\omega})}{\mathrm{d}t} = \frac{\mathrm{d}\vec{H}}{\mathrm{d}t} \qquad (6\text{-}36)$$

式中，M 为相对于转轴的合力矩。

在旋转机械中，转速常常以 r/min（一分钟转动的圈数）作为单位，字母为 $\dot{n}$。注意，速度为单位时间内通过的距离，转动一圈转过的角度距离为 2π，因此角速度 $\omega = 2\pi\dot{n}\,\text{rad/min}$ 或

角速度和 rpm 的关系： $$\omega = 2\pi\dot{n}\ (\text{rad/min}) = \frac{2\pi\dot{n}}{60}\quad(\text{rad/s})\qquad(6\text{-}37)$$

考虑一恒力 F 作用在半径为 r、转速为 $\dot{n}$ 的物体外表面。注意，功 W 的定义为力乘以运动的距离，功率 $\dot{W}$ 为单位时间所做的功，因此等于力乘以速度，故有 $\dot{W}_{\text{shaft}} = FV = Fr\omega = M\omega$。因此，在力矩 M 的作用下

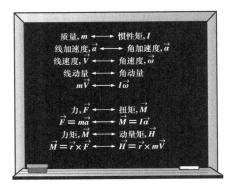

图 6-29　线动量和角动量之间的对应类比

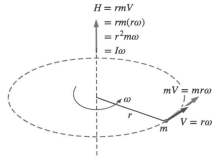

图 6-30　角动量示意图，图中质点质量为 m，旋转角速度为 ω，与旋转轴距离为 r

（见图 6-31），转速为 $\dot{n}$ 的转轴所输出的功率为

轴功率：
$$\dot{W}_{shaft} = \omega M = 2\pi \dot{n} M \qquad （6-38）$$

质量为 m 的物体在平动时的动能为 $KE = \frac{1}{2} mV^2$。注意，转动时 $V = r\omega$，在距离转轴 r 处质量为 m 的物体转动的动能为 $KE = \frac{1}{2} mr^2\omega^2$。转动刚体总的动能由质量微元 dm 的动能在整个刚体上积分得到，即

转动动能：
$$KE_r = \frac{1}{2} I\omega^2 \qquad （6-39）$$

式中，I 为物体的惯性矩；ω 为转动角速度。

在转动过程中，速度大小保持不变，但方向随时间在不断变化。由于速度为矢量，方向在变也说明速度在变化，因此具有加速度，这个加速度称为向心加速度。向心加速度的大小为

$$a_r = \frac{V^2}{r} = r\omega^2$$

向心加速度的方向指向转轴（和径向加速度方向相反），因此径向加速度为负。注意，加速度是力的常数倍，向心加速度是作用于物体上朝向旋转轴的力的结果，称为向心力，大小为 $F_r = mV^2/r$。径向加速度和切向加速度互相垂直，合加速度由两者矢量之和确定，$\vec{a} = \vec{a}_t + \vec{a}_r$。对于以恒定角速度转动的物体而言，只存在向心加速度。因为向心力作用线过转轴，所以向心力不产生力矩。

6.6　角动量方程

动量方程在 6.4 节已经讨论过了，在计算流体直线运动以及相关的受力分析时十分有效。许多工程问题不仅包括流体的直线运动同时又包括转动，这类问题适合用角动量方程来解决，也称为动量方程的力矩。一类很重要的流体机械（涡轮机械，如离心泵、涡轮、风机等）的相关问题都采用角动量方程进行分析。

力 $\vec{F}$ 关于点 O 的力矩为矢量积（或叉积）（见图 6-32）：

力矩：
$$\vec{M} = \vec{r} \times \vec{F} \qquad （6-40）$$

式中，$\vec{r}$ 为位置向量，定义为从点 O 指向力 $\vec{F}$ 作用线上任意一点。两个向量的矢量积得到的向量垂直于两向量所构成的平面，大小定义为

$$M = Fr\sin\theta \qquad （6-41）$$

式中，θ 为向量 $\vec{r}$ 和向量 $\vec{F}$ 的夹角。因此，关于点 O 的力矩大小等于力乘以点 O 到力的作用线的距离。矢量 $\vec{M}$ 的方向由右手法则确定：将右手四指弯向作用力将引起旋转的方向，大拇指的指向即为力矩的方向（见图 6-33）。注意，当力的作用线通过点 O 时，关于点 O 的力矩为零。

矢量 $\vec{r}$ 和动量 $m\vec{V}$ 的矢量积称为动量矩，也称为角动量，关于点 O 的角动量为

角动量：
$$\vec{H} = \vec{r} \times m\vec{V} \qquad （6-42）$$

因此，$\vec{r} \times \vec{V}$ 代表单位质量的角动量，质量微元体 $\delta m = \rho dV$ 的角动

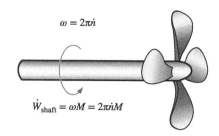

图 6-31　角速度、$\dot{n}$ 和通过旋转轴传递的功率之间的关系

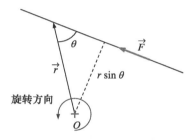

图 6-32　$\vec{F}$ 关于点 O 的力矩为 $\vec{r}$ 和 $\vec{F}$ 的矢量积

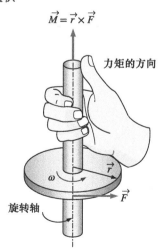

图 6-33　利用右手法则来确定力矩的方向

量为 $\mathrm{d}\vec{H} = (\vec{r} \times \vec{V})\rho\,\mathrm{d}V$，于是系统的角动量由积分得到

系统的角动量：
$$\vec{H}_{\mathrm{sys}} = \int_{\mathrm{sys}} (\vec{r} \times \vec{V})\rho\,\mathrm{d}V \tag{6-43}$$

系统角动量的变化率为

$$\frac{\mathrm{d}\vec{H}_{\mathrm{sys}}}{\mathrm{d}t} = \frac{\mathrm{d}}{\mathrm{d}t} \int_{\mathrm{sys}} (\vec{r} \times \vec{V})\rho\,\mathrm{d}V \tag{6-44}$$

用式（6-2）表示系统角动量方程为

$$\sum \vec{M} = \frac{\mathrm{d}\vec{H}_{\mathrm{sys}}}{\mathrm{d}t} \tag{6-45}$$

式中，$\sum \vec{M} = \sum(\vec{r} \times \vec{F})$ 为系统的合力矩，等于作用在系统上的各个力的力矩矢量之和。$\mathrm{d}\vec{H}_{\mathrm{sys}}/\mathrm{d}t$ 为系统角动量的变化率。式（6-45）说明系统角动量的变化率等于作用在系统上的力矩矢量和。该方程对于质量恒定的惯性参考系有效，即参考系静止或者做匀速直线运动。

角动量方程的一般控制体形式可以通过令 $b = \vec{r} \times \vec{V}$ 得到，因此在雷诺输运定理中 $B = \vec{H}$，如图 6-34 所示，可得

$$\frac{\mathrm{d}\vec{H}_{\mathrm{sys}}}{\mathrm{d}t} = \frac{\mathrm{d}}{\mathrm{d}t} \int_{\mathrm{CV}} (\vec{r} \times \vec{V})\rho\,\mathrm{d}V + \int_{\mathrm{CS}} (\vec{r} \times \vec{V})\rho(\vec{V}_r \cdot \vec{n})\,\mathrm{d}A \tag{6-46}$$

式（6-46）的左边等于 $\sum \vec{M}$，代入可得角动量方程对一般控制体（静止、运动、形状固定或变形）的形式为

$$\sum \vec{M} = \frac{\mathrm{d}}{\mathrm{d}t} \int_{\mathrm{CV}} (\vec{r} \times \vec{V})\rho\,\mathrm{d}V + \int_{\mathrm{CS}} (\vec{r} \times \vec{V})\rho(\vec{V}_r \cdot \vec{n})\,\mathrm{d}A \tag{6-47}$$

用文字表达为：

（作用在控制体上的合外力矩）＝（控制体内角动量的变化率）＋（流入流出控制面的流体的净角动量的变化率）

再次说明，$\vec{V}_r = \vec{V} - \vec{V}_{\mathrm{CS}}$ 为流体相对控制面的速度（用于流体穿过控制面的所有位置的质量流量的计算）；$\vec{V}$ 为流体相对静止参考系的速度；$\rho(\vec{V}_r \cdot \vec{n})\,\mathrm{d}A$ 代表在面积 $\mathrm{d}A$ 上流入或流出控制体的流量，具体是流入还是流出则由符号确定。

对于固定的控制体（没有运动也没有形变），$\vec{V}_r = \vec{V}$，角动量方程为

$$\sum \vec{M} = \frac{\mathrm{d}}{\mathrm{d}t} \int_{\mathrm{CV}} (\vec{r} \times \vec{V})\rho\,\mathrm{d}V + \int_{\mathrm{CS}} (\vec{r} \times \vec{V})\rho(\vec{V} \cdot \vec{n})\,\mathrm{d}A \tag{6-48}$$

同时，作用在控制体上的力包括体积力，体积力作用在整个控制体上，如重力。表面力作用在控制面上，如压力、反作用力。合力矩为作用在控制体上的表面力和体积力产生的力矩矢量和。

特例

在定常流动中，控制体的角动量保持不变，因此角动量的变化率为零，于是可得

定常流动：
$$\sum \vec{M} = \int_{\mathrm{CS}} (\vec{r} \times \vec{V})\rho(\vec{V}_r \cdot \vec{n})\,\mathrm{d}A \tag{6-49}$$

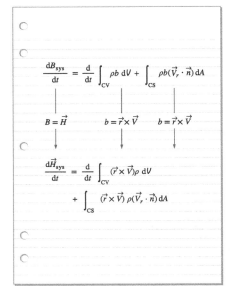

图 6-34 将雷诺输运定理中的 B 用角动量 $\vec{H}$ 代替，b 用单位质量的角动量 $\vec{r} \times \vec{V}$ 代替，这样就可以得到角动量方程

在许多实际应用中，流体通过一定数量的入口和出口穿过控制体边界，可以在流体流入和流出控制体的截面上用代数式来代替面积分。在这些情况下，角动量流量可以通过流出和流入的差值来确定，而且在很多情况下，力臂$\vec{r}$在入口或出口保持恒定（径向涡轮机械）或者比入口或出口直径大得多（如草地洒水器，见图6-35）。在这些情况下，入口或出口截面采用力臂$\vec{r}$的平均值，可得采用平均值表示的近似角动量方程：

$$\sum \vec{M} \approx \frac{\mathrm{d}}{\mathrm{d}t} \int_{\mathrm{CV}} (\vec{r} \times \vec{V})\rho \, \mathrm{d}V + \sum_{\mathrm{out}} (\vec{r} \times \dot{m}\vec{V}) - \sum_{\mathrm{in}} (\vec{r} \times \dot{m}\vec{V}) \qquad (6\text{-}50)$$

也许你会问为什么不在式（6-50）引入一个修正系数，就像在第5章中的能量守恒方程和6.4节中的动量守恒方程一样。原因是$\vec{r}$和$\dot{m}\vec{V}$的矢量积与几何体相关，所以修正系数随着问题的不同而改变。我们可以很容易地计算出对于充分发展的管道流动的动能修正系数和动量修正系数，并且这个系数适用于不同的问题，但是我们不能针对角动量方程也这么操作。幸运的是，在许多工程实际问题中，采用平均半径和平均速度引起的误差很小，采用式（6-50）计算的近似结果是可信的。

如图6-36所示，如果流动是定常的，式（6-50）可以简化为

$$\sum \vec{M} = \sum_{\mathrm{out}} (\vec{r} \times \dot{m}\vec{V}) - \sum_{\mathrm{in}} (\vec{r} \times \dot{m}\vec{V}) \qquad (6\text{-}51)$$

式（6-51）说明在定常流动中，作用在控制体上的合力矩等于流出和流入控制体的角动量差。此定义也可以表示任何指定的方向。注意，式（6-51）中速度$\vec{V}$为相对于惯性参考系的速度。

在许多问题中，所有重要的力和动量都共面，因此都在同一平面和同一轴上产生力矩。对于此类情况，式（6-51）可写为标量的形式：

$$\sum M = \sum_{\mathrm{out}} r\dot{m}V - \sum_{\mathrm{in}} r\dot{m}V \qquad (6\text{-}52)$$

式中，r代表所取力矩点与力或速度作用线的平均法向距离，前提是遵守力矩的符号约定。所有逆时针方向的力矩都为正，顺时针方向的力矩为负。

无外力矩流动

在没有外力矩时，角动量方程（6-50）变为

$$0 = \frac{\mathrm{d}\vec{H}_{\mathrm{CV}}}{\mathrm{d}t} + \sum_{\mathrm{out}} (\vec{r} \times \dot{m}\vec{V}) - \sum_{\mathrm{in}} (\vec{r} \times \dot{m}\vec{V}) \qquad (6\text{-}53)$$

这就是角动量守恒的表达式，在没有外力矩的情况下，控制体角动量的变化率等于流入和流出控制体的角动量通量差。

当控制体的惯性矩I为定值时，式（6-53）右边第一项变为惯性矩乘以角加速度，即$I\vec{\alpha}$。因此，这种情况下的控制体可以当作固体，合力矩

$$\vec{M}_{\mathrm{body}} = I_{\mathrm{body}} \vec{\alpha} = \sum_{\mathrm{in}} (\vec{r} \times \dot{m}\vec{V}) - \sum_{\mathrm{out}} (\vec{r} \times \dot{m}\vec{V}) \qquad (6\text{-}54)$$

（由于角动量的变化）作用于它。这种方法可以用来确定当火箭点火方向不同于运动方向时飞船和飞机的角加速度。

图 6-35 旋转式草坪喷灌器是角动量方程应用的一个很好的例子

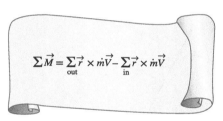

图 6-36 定常流作用在控制体上的合力矩等于出口和入口角动量流量之差

径向流动装置

类似于离心泵、风机等在径向方向存在流动的旋转机械称为径向流动装置（见第14章）。以离心泵为例，流体从轴向入口进入流场，在通过叶轮通道后转向外，然后经过涡壳沿切向流出，如图6-37所示。轴向流动装置采用动量方程很容易分析，但是径向流动装置的角动量有较大变化，采用角动量方程分析更为合适。

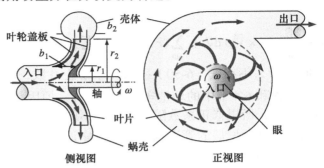

图6-37 离心泵的侧视图和正视图

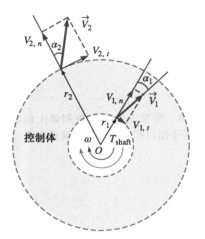

图6-38 环形控制体包含离心泵的叶轮部分

为了研究离心泵，我们选择包含叶轮的环形区域作为控制体分析，如图6-38所示。

注意，速度的平均值在入口和出口都具有径向和切向分量。同时，当叶轮以角速度 ω 旋转时，叶片入口具有切向速度 ωr_1，出口具有切向速度 ωr_2。对于定常不可压缩流，质量守恒方程写作

$$\dot{V}_1 = \dot{V}_2 = \dot{V} \quad \rightarrow \quad (2\pi r_1 b_1)V_{1,n} = (2\pi r_2 b_2)V_{2,n} \tag{6-55}$$

式中，b_1 为入口 $r = r_1$ 的流场宽度；b_2 为出口 $r = r_2$ 的流场宽度。（注意，实际的截面面积会略小于 $2\pi rb$，因为叶片厚度不为零。）平均速度的法向分量 $V_{1,n}$ 和 $V_{2,n}$ 可以由体积流量 $\dot{V}$ 来表示，即

$$V_{1,n} = \frac{\dot{V}}{2\pi r_1 b_1} \qquad V_{2,n} = \frac{\dot{V}}{2\pi r_2 b_2} \tag{6-56}$$

法向速度分量 $V_{1,n}$、$V_{2,n}$ 和作用在入口和出口环形截面上的压力经过轴心，因此关于原点不产生转矩，这样只有切向速度分量产生力矩，对控制体应用角动量方程 $\sum M = \sum\limits_{\text{out}} r\dot{m}V - \sum\limits_{\text{in}} r\dot{m}V$ 可得

$$T_{\text{shaft}} = \dot{m}(r_2 V_{2,t} - r_1 V_{1,t}) \tag{6-57}$$

式（6-57）称为欧拉涡轮方程。当绝对速度和径向速度的夹角 α_1 和 α_2 已知时，式（6-57）变为

$$T_{\text{shaft}} = \dot{m}(r_2 V_2 \sin\alpha_2 - r_1 V_1 \sin\alpha_1) \tag{6-58}$$

在理想情况下，流体在入口和出口处的切向速度和叶片角速度相同，有 $V_{1,t} = \omega r_1$ 和 $V_{2,t} = \omega r_2$，力矩变为

$$T_{\text{shaft, ideal}} = \dot{m}\omega(r_2^2 - r_1^2) \tag{6-59}$$

式中，$\omega = 2\pi\dot{n}$ 为叶片角速度。当力矩已知时，轴功率由 $\dot{W}_{\text{shaft}} = \omega T_{\text{shaft}} = 2\pi\dot{n}T_{\text{shaft}}$ 确定。

【例 6-8】 水管底座上的弯矩

如图 6-39 所示，地下水通过直径为 10cm 的管子抽上来，管子竖直方向长为 2m，水平方向长为 1m。水流排放到大气中，平均速度为 3m/s，当管中充满水时，每米水平管的质量为 12kg。管子通过基座和地面相连。试确定作用在基座上的弯矩（点 A），若要求在点 A 的弯矩为零，则水平管的长度为多少？

问题：地下水通过水管输送，需要求解作用在基座上的弯矩和要求弯矩为零时水平管子的长度。

假设：①流动为定常的；②水流被排放到大气中，因此出口表压为零；③管道直径与管道弯矩的力臂相比小得多，因此出口处采用平均半径和平均速度。

参数：取水的密度为 1000kg/m^3。

分析：选取整个 L 形的管道作为控制体，入口标为 1，出口标为 2，x 方向和 z 方向如图所示。控制体和参考系都是固定的。

对于一个入口和一个出口的定常流动，质量守恒方程因为 A_c 为常数，所以 $\dot{m}_1 = \dot{m}_2 = \dot{m}$，$V_1 = V_2 = V$。质量流量和水平部分管子的重力为

$$\dot{m} = \rho A_c V = (1000\,\text{kg/m}^3)[\pi(0.10\,\text{m})^2/4](3\,\text{m/s}) = 23.56\,\text{kg/s}$$

$$W = mg = (12\,\text{kg/m})(1\,\text{m})(9.81\,\text{m/s}^2)\left(\frac{1\,\text{N}}{1\,\text{kg·m/s}^2}\right) = 117.7\,\text{N}$$

为了确定在点 A 作用于管道的力矩，我们需要考虑在该点所有的力矩和动量矩。这是一个定常流动问题，所有的力和力矩都在同一平面内，因此角动量方程为

$$\sum M = \sum_{\text{out}} r\dot{m}V - \sum_{\text{in}} r\dot{m}V$$

式中，r 为平均力臂；V 为平均速度。定义力矩逆时针方向为正，顺时针方向为负。

L 形管道的受力如图 6-39 所示。注意，所有通过点 A 的力产生的力矩都为零，只有水平段的重力对点 A 产生力矩，只有出口流动产生角动量（所有的都为负，因为方向都是顺时针方向）。关于点 A 的角动量方程为

$$M_A - r_1 W = -r_2 \dot{m} V_2$$

代入数值解出 M_A 得

$$M_A = r_1 W - r_2 \dot{m} V_2$$

$$= (0.5\,\text{m})(118\,\text{N}) - (2\,\text{m})(23.56\,\text{kg/s})(3\,\text{m/s})\left(\frac{1\,\text{N}}{1\,\text{kg·m/s}^2}\right)$$

$$= -82.5\,\text{N·m}$$

负号说明假定的正方向有误，M_A 的方向应该是相反的。因此，力矩大小为 82.5N·m，方向为顺时针方向。也就是说水泥基座必须产生 82.5N·m 的顺时针力矩来抵消此力矩。

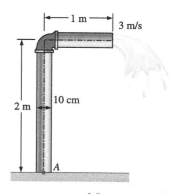

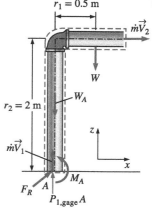

图 6-39 例 6-8 的示意图和受力分析

水平管每米的重力为 $w = W/L = 117.7\text{N/m}$，因此长度为 L 的管子重力为 Lw，力矩的力臂为 $r_1 = L/2$。令 $M_A = 0$，代入数值，则使管道基座力矩为零的水平管道的长度 L 为

$$0 = r_1 W - r_2 \dot{m} V_2 \quad \rightarrow \quad 0 = (L/2)Lw - r_2 \dot{m} V_2$$

或

$$L = \sqrt{\frac{2r_2 m V_2}{w}} = \sqrt{\frac{2(2\text{m})(23.56\text{kg/s})(3\text{m/s})}{117.7\text{N/m}}\left(\frac{\text{N}}{\text{kg}\cdot\text{m/s}^2}\right)} = 1.55\text{m}$$

讨论：注意，管道的重力和出口水流的动量在点 A 引起的力矩的方向相反。这个例子说明了在进行动力分析和评估管道材料在临界截面处的应力时，考虑水流动量矩的重要性。

【例 6-9】 洒水系统产生的能量

如图 6-40 所示，一个大的草坪洒水器带有四个相同形状的洒水臂，通过在旋转头部连接发电机来发电。水流从底部旋转轴方向进入洒水器（见图 6-41），流量为 20L/s，通过喷管从切线方向流出。洒水器水平方向的转速为 300r/min。喷嘴的直径为 1cm，喷嘴到旋转轴的垂直距离为 0.6m，计算发电功率。

问题：一个四臂的洒水器用来发电。对于指定流量和转速，确定发电功率。

假设：①流动系统是周期性定常的（对于和洒水器一起旋转的参考系而言是定常的）；②水排向大气，因此出口表压为零；③旋转部件的发电机损耗和空气阻力都不计；④相对动量的力臂，喷嘴直径很小，因此在出口我们采用平均半径和平均速度。

参数：取水的密度为 $1000\text{kg/m}^3 = 1\text{kg/L}$。

分析：取包围洒水器力臂的控制体，这是一个固定的控制体。

定常流动的质量守恒方程为 $\dot{m}_1 = \dot{m}_2 = \dot{m}_{\text{total}}$。注意，四个喷嘴都相同，水的密度恒定，则有 $\dot{m}_{\text{nozzle}} = \dot{m}_{\text{total}}/4$ 或 $\dot{V}_{\text{nozzle}} = \dot{V}_{\text{total}}/4$，喷流相对于旋转喷嘴的平均速度为

$$V_{\text{jet},r} = \frac{\dot{V}_{\text{nozzle}}}{A_{\text{jet}}} = \frac{5\text{L/s}}{[\pi(0.01\text{m})^2/4]}\left(\frac{1\text{m}^3}{1000\text{L}}\right) = 63.66\text{m/s}$$

喷嘴的角速度和切向速度为

$$\omega = 2\pi\dot{n} = 2\pi(300\text{r/min})\left(\frac{1\text{min}}{60\text{s}}\right) = 31.42\text{rad/s}$$

$$V_{\text{nozzle}} = r\omega = (0.6\text{m})(31.42\text{rad/s}) = 18.85\text{m/s}$$

注意，喷嘴里的水以 18.85m/s 的反向速度运动，喷流的平均绝对速度（相对于地面上的静止点）为相对速度（相对于喷嘴的速度）和喷嘴绝对速度的矢量和，即

$$\vec{V}_{\text{jet}} = \vec{V}_{\text{jet},r} + \vec{V}_{\text{nozzle}}$$

这三个速度都是切向方向，取水流方向为正，矢量可以写成标量的形式。即

图 6-40 草坪洒水器通常具有旋转头以将水扩散到大面积上

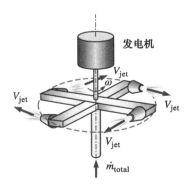

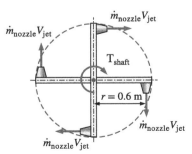

图 6-41 例 6-9 的示意图和受力分析

$$V_{\text{jet}} = V_{\text{jet},r} - V_{\text{nozzle}} = (63.66 - 18.85)\text{m/s} = 44.81\text{m/s}$$

注意，这是一个周期性定常流动问题，所有的力和动量都在同一个平面内，角动量方程为 $\sum M = \sum\limits_{\text{out}} r\dot{m}V - \sum\limits_{\text{in}} r\dot{m}V$，式中，$r$ 为力臂，所有的力矩都取逆时针方向为正，顺时针方向为负。

洒水器的受力如图 6-41 所示，注意，所有的力和力矩在旋转轴方向都为零，经过喷嘴流出的动量形成了顺时针方向的力矩，发电机受到的力矩也是顺时针方向，因此两者都是负数。于是关于转轴的角动量方程变为

$$-T_{\text{shaft}} = -4r\dot{m}_{\text{nozzle}}V_{\text{jet}} \quad \text{或} \quad T_{\text{shaft}} = r\dot{m}_{\text{total}}V_{\text{jet}}$$

代入数据后可得关于轴的转矩为

$$T_{\text{shaft}} = r\dot{m}_{\text{total}}V_{\text{jet}} = (0.6\text{m})(20\text{kg/s})(44.81\text{m/s})\left(\frac{1\text{N}}{1\text{kg}\cdot\text{m/s}^2}\right) = 537.7\text{N}\cdot\text{m}$$

又因为 $\dot{m}_{\text{total}} = \rho\dot{V}_{\text{total}} = (1\text{kg/L})(20\text{L/s}) = 20\text{kg/s}$，于是发电功率为

$$\dot{W} = \omega T_{\text{shaft}} = (31.42\text{rad/s})(537.7\text{N}\cdot\text{m})\left(\frac{1\text{kW}}{1000\text{N}\cdot\text{m/s}}\right) = 16.9\text{kW}$$

因此洒水器的发电功率为 16.9kW。

讨论： 为了将结果作图，我们考虑两种极端情况。第一种情况是洒水器静止，因此角速度为零。因为 $V_{\text{nozzle}} = 0$，所以在这种情况下力矩最大。因此 $V_{\text{jet}} = V_{\text{jet},r} = 63.66\text{m/s}$，得 $T_{\text{shaft,max}} = 764\text{N}\cdot\text{m}$。因为没有旋转，所以发电功率为零。

第二种极端情况是洒水器和发电装置不相连（因此有用转矩和发电功率都为零），洒水臂逐渐加速直到达到平衡速度。在角动量方程中，令 $T_{\text{shaft}} = 0$，喷流的绝对速度为零，即 $V_{\text{jet}} = 0$。因此，相对速度 $V_{\text{jet},r}$ 和绝对速度 V_{nozzle} 相等但是方向相反，于是可得绝对切向速度为零，水流在重力作用下像瀑布一样向下流动，角动量为零（相对于转轴）。这种情况下洒水器的角速度为

$$\dot{n} = \frac{\omega}{2\pi} = \frac{V_{\text{nozzle}}}{2\pi r} = \frac{63.66\text{m/s}}{2\pi(0.6\text{m})}\left(\frac{60\text{s}}{1\text{min}}\right) = 1013\text{r/min}$$

当然，$T_{\text{shaft}} = 0$ 仅仅是理想情况，不考虑喷嘴的摩擦（例如，喷嘴效率为零，没有外加负载）。否则由于水、轴和周围空气的摩擦都会产生阻力矩。

发电功率和转速的关系曲线如图 6-42 所示。注意，随着转速的增加，发电功率刚开始是增加的，到达峰值（约 500r/min）之后，转速再继续增大，发电功率将会减小，由于发电机效率（见第 5 章）和一些不可避免的损失，如流体和喷嘴的摩擦（见第 8 章）、轴的摩擦和气动阻力（见第 11 章），实际发电功率比图 6-42 中的值要小。

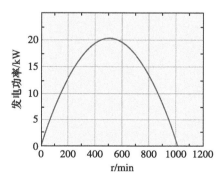

图 6-42 例 6-9 中角速度和发电功率之间的关系曲线

图6-43 蝠鲼是最大的一种鳐，展向可达8m。它们游泳时的动作是拍打和摆动大胸鳍的组合

© Frank & Joyce Burek/Getty Images RF

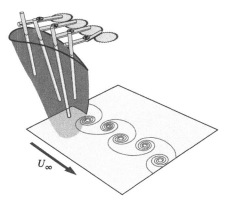

图6-44 蝠鲼机制显示了尾流在一个范围内游动时产生的漩涡模式，在这个范围内，每个扑动周期有两个单一的漩涡进入尾流。人工柔性翅由四个刚性翼梁驱动，通过改变相邻驱动器间的相对相位差，可以产生不同波长的波动

应用展示：蝠鲼游泳

特邀作者：Alexander Smits，Keith mooring 和 Peter Dewey，普林斯顿大学

水生动物通过各种各样的方法游泳。大多数鱼通过拍打尾巴以产生推力，在这个过程中，每一次拍打的周期都会产生两个单独的涡，形成一个类似于反向卡门涡街的尾流，描述这种漩涡脱落的无量纲参数是斯特劳哈尔数 St。$St = fA/U_\infty$，式中 f 是运动的频率，A 是尾缘运动在半个周期的峰间振幅，U_∞ 是稳定的游泳速度，值得注意的是很多鱼和哺乳动物游泳时的 St 范围为 $0.2 < St < 0.35$。

蝠鲼（见图6-43）是通过结合柔性胸鳍的摆动和波动运动来实现推进的。也就是说，当蝠鲼拍打它的鳍时，它也在弦向方向产生与其运动方向相反的行波运动。由于波长是弦长的6到10倍，所以这种波动并不容易被发现。在刺鳐的运动中也观察到类似的波动，但更明显，因为其波长小于弦长。野外观察表明，许多蝠鲼是迁徙的，它们是非常高效的游泳者。在实验室里很难对它们进行研究，因为它们是保护动物，而且有些娇贵。然而，通过使用机器人或机械装置（见图6-44）模仿其推进技术，来研究它们游泳行为的方方面面则是可行的。由这种鳍产生的流场显示出了在其他鱼类研究中看到的漩涡脱落现象，并且当时均化之后，可以显示出一个产生推力的高动量射流。推力和效率也可以直接测量，并且看起来由于行波引起的波动运动对于蝠鲼高效率地产生推力是非常重要的。

参考文献

Clark, R. P. and Smits, A. J., "Thrust Production and Wake Structure of a Batoid-Inspired Oscillating Fin." *Journal of Fluid Mechanics*, 562, 415−429, 2006.

Dewey, P. A., Carriou, A., and Smits, A. J. "On the Relationship between Efficiency and Wake Structure of a Batoid-Inspired Oscillating Fin." *Journal of Fluid Mechanics*, Vol. 691, pp. 245−266, 2011.

Moored, K. W., Dewey, P. A., Leftwich, M. C., Bart-Smith, H., and Smits, A. J., "Bio-Inspired Propulsion Mechanisms Based on Lamprey and Manta Ray Locomotion." *The Marine Technology Society Journal*, Vol. 45（4）, pp. 110−118, 2011.

Triantafyllou, G. S., Triantafyllou, M. S., and Grosenbaugh, M. A., "Optimal Thrust Development in Oscillating Foils with Application to Fish Propulsion." *J. Fluid. Struct.*, 7：205−224, 1993.

小结

本章主要研究了针对控制体的动量守恒方程。作用在控制体上的力有体积力和表面力，体积力作用在整个控制体上（如重力、电磁力等），表面力作用在控制面上（如压力、反作用力等）。控制体上所有力的合力可以用 $\sum \vec{F}$ 来表示。即

$$\underbrace{\sum \vec{F}}_{合力} = \underbrace{\sum \vec{F}_{gravity}}_{体积力} + \underbrace{\sum \vec{F}_{pressure} + \sum \vec{F}_{viscous} + \sum \vec{F}_{other}}_{表面力}$$

牛顿第二定律指出，作用在系统上的合力等于系统动量的变化率。在雷诺输运定理中取 $b = \vec{V}$，$B = m\vec{V}$，利用牛顿第二定律，得到控制体的动量方程为

$$\sum \vec{F} = \frac{\mathrm{d}}{\mathrm{d}t} \int_{CV} \rho \vec{V} \, \mathrm{d}V + \int_{CS} \rho \vec{V}(\vec{V}_r \cdot \vec{n}) \, \mathrm{d}A$$

在下面几种情况下，动量方程简化为
定常流动：

$$\sum \vec{F} = \int_{CS} \rho \vec{V}(\vec{V}_r \cdot \vec{n}) \, \mathrm{d}A$$

非定常流动（代数形式）：

$$\sum \vec{F} = \frac{\mathrm{d}}{\mathrm{d}t} \int_{CV} \rho \vec{V} \, \mathrm{d}V + \sum_{out} \beta \dot{m}\vec{V} - \sum_{in} \beta \dot{m}\vec{V}$$

定常流动（代数形式）：

$$\sum \vec{F} = \sum_{out} \beta \dot{m}\vec{V} - \sum_{in} \beta \dot{m}\vec{V}$$

没有外力的流动：

$$0 = \frac{\mathrm{d}(m\vec{V})_{CV}}{\mathrm{d}t} + \sum_{out} \beta \dot{m}\vec{V} - \sum_{in} \beta \dot{m}\vec{V}$$

式中，β 为动量修正系数。对于质量恒定为 m 的控制体可视为固体，产生的推力为

$$\vec{F}_{thrust} = m_{CV}\vec{a} = \sum_{in} \beta \dot{m}\vec{V} - \sum_{out} \beta \dot{m}\vec{V}$$

牛顿第二定律同样可表述为系统角动量随时间的变化率等于作用在系统上的合力矩。取 $b = \vec{r} \times \vec{V}$，则 $B = \vec{H}$，代入雷诺输运定理得

$$\sum \vec{M} = \frac{\mathrm{d}}{\mathrm{d}t} \int_{CV} (\vec{r} \times \vec{V})\rho \, \mathrm{d}V + \int_{CS} (\vec{r} \times \vec{V})\rho(\vec{V}_r \cdot \vec{n}) \, \mathrm{d}A$$

对于以下几种特殊情况可简化为
定常流动：

$$\sum \vec{M} = \int_{CS} (\vec{r} \times \vec{V})\rho(\vec{V}_r \cdot \vec{n}) \, \mathrm{d}A$$

非定常流动（代数形式）：

$$\sum \vec{M} = \frac{\mathrm{d}}{\mathrm{d}t} \int_{CV} (\vec{r} \times \vec{V})\rho \, \mathrm{d}V + \sum_{out} \vec{r} \times \dot{m}\vec{V} - \sum_{in} \vec{r} \times \dot{m}\vec{V}$$

定常均匀流动：

$$\sum \vec{M} = \sum_{out} \vec{r} \times \dot{m}\vec{V} - \sum_{in} \vec{r} \times \dot{m}\vec{V}$$

某一方向的标量形式：

$$\sum M = \sum_{out} r\dot{m}V - \sum_{in} r\dot{m}V$$

没有外力矩：

$$0 = \frac{\mathrm{d}\vec{H}_{CV}}{\mathrm{d}t} + \sum_{out} \vec{r} \times \dot{m}\vec{V} - \sum_{in} \vec{r} \times \dot{m}\vec{V}$$

对于控制体惯性矩恒定为 I，可将其视为固体，其力矩为

$$\vec{M}_{CV} = I_{CV}\vec{a} = \sum_{in} \vec{r} \times \dot{m}\vec{V} - \sum_{out} \vec{r} \times \dot{m}\vec{V}$$

这个关系式常用来确定飞船上火箭点火时的角加速度。

在涡轮机械中，线动量方程和角动量方程都是非常重要的，在第14章中还会详细研究。

参考文献和阅读建议

1. Kundu, P. K., Cohen, I. M., and Dowling, D. R., *Fluid Mechanics,* ed. 5. San Diego, CA: Academic Press, 2011.

2. Terry Wright, *Fluid Machinery: Performance, Analysis, and Design,* Boca Raton, FL: CRC Press, 1999.

习题⊖

牛顿定律和动量守恒

6-1C 表述针对旋转体的牛顿第二定律。如果作用于其上的合转矩为零，那么质量恒定的旋转非刚体的角速度和角动量会怎么样？

6-2C 表述牛顿第一定律、牛顿第二定律和牛顿第三定律。

6-3C 动量是矢量吗？如果是，它指向哪个方向？

6-4C 表述动量守恒定律。当一个物体的合外力为零时其动量会怎么样？

线动量方程

6-5C 在控制体的动量分析中，表面力是如何产生的？我们如何在分析过程中尽量减少表面力数量？

6-6C 解释在流体力学中雷诺输运定理的重要性，描述如何从雷诺输运定理中得到动量方程。

6-7C 说明在流动系统动量分析中动量修正系数的重要性。对于哪一种流动需要考虑动量修正系数：层流、湍流还是射流？

6-8C 写出不受外力作用的定常一维流动的动量方程，并解释每项的物理意义。

6-9C 解释为什么在应用动量守恒方程时，我们常常要忽视大气压强而取表压。

6-10C 两名消防队员正在用相同的水管和喷嘴灭火，但其中一名消防队员将水管伸直，以便水从喷嘴出来的方向与来流方向保持一致，而另一名消防队员将水管向后折弯使水在排出前转180°。哪个消防员会受到更大的反作用力？

6-11C 火箭在太空中（没有摩擦和运动阻力）相对自己向后喷出速度为 V 的高速气体。请问 V 是火箭最终速度的上限吗？

6-12C 运用动量定理说明直升机是如何在空气中悬停的。

图 P6-12C

©Jupiter Images/Thinkstock/AlamyRF

6-13C 比较直升机在海平面和高山顶上悬停所需功率的大小并解释。

6-14C 在给定的地点，达到指定性能的直升机在夏天和冬天所需功率，哪种情况高？

6-15C 描述体积力和表面力，并解释作用于控制体的合力是如何确定的。液体重量是体积力还是表面力？压力呢？

6-16C 一固定喷嘴喷射出的水平水流速度恒定，垂直冲击在一个竖直的平板上，平板在几乎无摩擦的轨道上运动。当水流冲击到平板上时，平板将会运动。请问平板的加速度是保持不变还是不断变化？请解释。

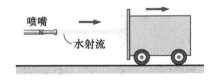

图 P6-16C

6-17C 一固定喷嘴喷射出的水平水流速度恒定，垂直冲击在一个竖直的平板上，平板在几乎无摩擦的轨道上运动。当水流冲击到平板上时，平板将会运动。请问平板能达到的最大速度是多少？请解释。

6-18C 从恒定出口截面的喷嘴喷出的水平射流垂直冲击固定的竖直平板。板需要一定的力 F 来抵抗水流。如果水的速度增加一倍，所需的抵抗力也会增加一倍吗？请解释。

6-19 直径为 2.5cm 的水平方向的水射流，相对于地面的速度为 $V_j = 40\text{m/s}$，被一个底部直径 25cm 的 60° 固定锥偏转。沿圆锥法向的水流速度呈线性变

⊖ 习题中含有"C"的为概念性习题，鼓励学生全部做答。习题标有"E"，其单位为英制单位，采用 SI 单位的可以忽略这些问题。带有图标📖的习题为综合题，建议使用适合的软件对其进行求解。

化，在圆锥表面速度为零，到射流自由表面的速度等于 40m/s 的射流来流速度。不考虑重力和剪切力的影响，确定使圆锥固定所需的水平力 F。

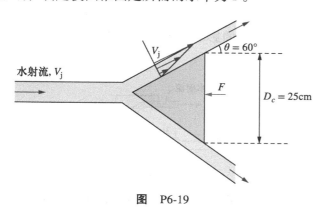

图 P6-19

6-20 一根 90° 的弯管用来将水流方向从水平变为向上，流量为 40kg/s。管道的直径为 10cm。水流流入大气中，因此出口压强为当地大气压强。入口和出口高度差为 50cm。管道和水的重力忽略不计。试确定（a）入口处的表压，以及（b）维持管道静止所需的力。取入口和出口的动量修正系数都为 1.03。

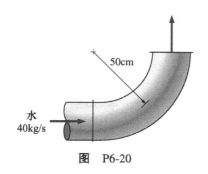

图 P6-20

6-21 将题 6-20 中的管道出口再接上一个同样的管道，使得管道变为 U 形管，重新计算题 6-20 中的问题。

答案：（a）9.81kPa；（b）497N

6-22 水平射流以 30ft/s 的速度冲击竖直平板，并在竖直平面上从侧面溅落。如果需要 500 lbf 的水平力来抵抗平板对水流的阻力，确定水的体积流量。

6-23 水以匀速 2m/s 稳定地进入直径为 7cm 的管道，并以 $u = u_{\max}(1 - r/R)^{1/7}$ 的湍流速度分布离开管道。如果沿管道的压降为 10kPa，确定水流对管道的阻力。

6-24 利用一减径弯管将水流方向由水平变为斜向上 45°，同时对水流进行加速。弯管将水流排入大气中。入口的横截面面积为 150cm²，出口的横截面面积为 25cm²。入口和出口的高度差为 40cm。弯管里面水的质量为 50kg。试确定要维持弯管静止所需的力。取入口和出口的动量修正系数都为 1.03。

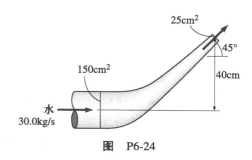

图 P6-24

6-25 当角度 $\theta = 125°$ 时重新计算题 6-24。

6-26E 一个流量为 100ft³/s 的水射流以 18ft/s 的速度沿 x 正方向运动。该射流冲击一个静止的分流器，使得一半的流体向上偏转 45°，另一半向下偏转 45°，并且两股流最终的平均速度都为 18ft/s。在不考虑重力影响的情况下，确定将分流器静止不动所需力的 x 分量和 z 分量。

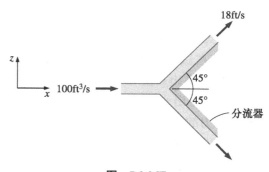

图 P6-26E

6-27E 重新考虑题 6-25，采用合适的软件，研究分流器角度和施加在分离器上的来流方向的力的关系，让半分流角以 10° 为跨度从 0° 到 180° 之间变化，将结果制成表并绘制图像，并总结所得结论。

6-28 商用大型风力机的叶片直径大于 100m，在峰值设计条件下可产生超过 3MW 的电力。考虑一个叶片展长为 75m 的风力机，25km/h 的稳定风速。如果风力机的涡轮–发电机联合效率为 32%，确定（a）涡轮机产生的功率和（b）风力对涡轮支架施加的水平力。（取空气密度为 1.25kg/m³，不考虑支架上的摩擦效应）

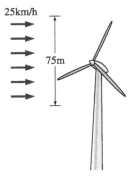

图 P6-28

6-29E 一个直径为 24in 的风扇叶片在海平面 70°F 下驱动 2000ft³/min（每分钟立方英尺）的空气。确定（a）固定风扇所需的力和（b）风扇所需的最小输入功率。选择一个足够大的控制体来容纳风扇，当上游进口足够远时，进口的表压接近于零。假设空气以可忽略的速度通过一个很大的面积流入风扇，然后在大气压下以均匀的速度通过一个假想圆柱体流出风扇，该圆柱体直径为风扇叶片直径。

答案：（a）0.820 lbf，（b）5.91W

6-30E 直径为 3in 的水平射流，速度为 140ft/s，击中一个弯曲的板，使水从其原始方向偏转 135°。将板在水流冲击过程中保持不动需要多大的力？它的方向是什么？忽略摩擦和重力效应。

6-31 消防队员在试图灭火时，用水管末端的一个喷嘴灭火。如果喷嘴出口直径为 8cm，流量为 12m³/min，确定（a）平均出水速度和（b）消防队员固定喷嘴所需的水平力的大小。

答案：（a）39.8m/s，（b）7958N

图 P6-31

6-32 水平射流的直径为 5cm，相对地面速度为 30m/s，冲击在一块竖直平板上，平板运动速度大小为 20m/s，方向和水流方向相同。水顺着板平面向四面八方喷溅。请问水流作用在平板上的力是多少？

6-33 🖥重新考虑题 6-32，利用合适的软件，研究平板速度对作用力的影响。让平板速度从 0 到 30m/s 变化，以 3m/s 递增。制表并绘制结果。

6-34E 直径为 3in 的水平射流速度为 90ft/s，冲击一块弯曲板，使水以同样的速度偏转 180° 离开弯曲板，忽略摩擦力的影响，确定将板固定在水流中所需的力。

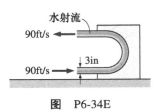

图 P6-34E

6-35 一架直升机空载时的质量为 12000kg，在海平面悬停进行货物装载，旋翼的转速为 550r/min。直升机上方的水平叶片形成直径为 18cm 的圆面，面上的空气向下运动，空气运动的平均速度和叶片的转速（r/min）成正比。当直升机载重 14000kg 时，直升机缓慢上升。试确定（a）在直升机空载悬停时，向下运动的空气体积流量和所需的功率，以及（b）当载重 14000kg 后，直升机叶片的转速和功率。取大气密度为 1.18kg/m³。假设空气从顶部较大区域向下运动，忽略空气流速，流出叶片的速度均匀分布，流出面即为叶片形成的盘面。

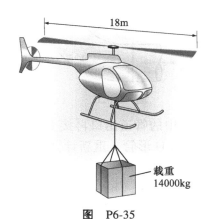

图 P6-35

6-36 重新考虑题 6-35 中的直升机，条件为在 2200m 的高山上悬停，该处空气密度为 0.987kg/m³。注意，空载在海平面时，直升机叶片转速为 550r/min，试确定悬停在高山处时叶片的转速。同时，确定悬停在 2200m 的高空直升机的功率相对悬停在海平面的功率增加的比例。

答案：601r/min，9.3%

6-37　水以 $0.1\,\mathrm{m^3/s}$ 的速度流过直径为 10cm 的水管。现在一个出口直径为 20cm 的扩压器通过螺栓固定在管道上以减慢水的速度，如图 P6-37 所示。在不考虑摩擦影响的情况下，确定水流对螺栓施加的力。

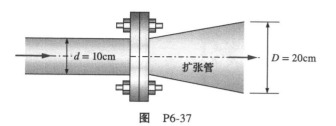

图　P6-37

6-38　直径为 25cm 的水平管道，水流以 8m/s 的速度流入 90° 弯的渐缩管，表压为 300kPa，连接到一个直径为 15in 的竖直管道。弯头进口在出口上方 50cm 处。忽略摩擦和重力效应，求水对渐缩管的合力。取动量修正系数为 1.04。

6-39　直径为 4cm 的水平水射流，速度为 18m/s，冲击在质量为 750kg 的竖直平板上。该平板运行在几乎无摩擦的轨道上，最初是静止的。当射流冲击平板时，平板开始沿射流的方向移动。水总是在后退板的平面上溅出。确定（a）当射流刚冲击平板时的加速度（时间 = 0），（b）平板达到 9m/s 的速度所需要的时间，（c）射流冲击平板 20s 后平板的速度。为简单起见，假设当平板移动后射流的速度不断增加，使得水射流对平板施加的冲击力保持不变。

6-40　如图 P6-40 所示，水流沿轴线方向进入离心泵，入口压强等于大气压强，流量为 $0.09\,\mathrm{m^3/s}$，速度为 5m/s，并沿着竖直方向流出水泵。试确定作用在轴（也作用于轴承）上的轴向力。

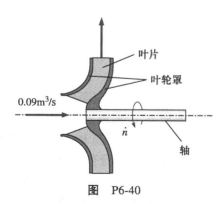

图　P6-40

6-41　可压缩流的密度为 ρ、黏度为 μ，流体流过一根 180° 的半圆弯管。管道的截面面积保持不变。如图 P6-41 所示，入口（1）和出口（2）处的平均速度、动量修正系数和表压都已知。（a）根据给定的变量，写出管道壁上水平力 F_x 的表达式。（b）代入下列数值证明你的表达式：$\rho = 998.2\,\mathrm{kg/m^3}$，$\mu = 1.003 \times 10^{-3}\,\mathrm{kg/(m \cdot s)}$，$A_1 = A_2 = 0.025\,\mathrm{m^2}$，$\beta_1 = 1.01$，$\beta_2 = 1.03$，$V_1 = 10\,\mathrm{m/s}$，$P_{1,\mathrm{gage}} = 78.47\,\mathrm{kPa}$，$P_{2,\mathrm{gage}} = 65.23\,\mathrm{kPa}$。

答案：（b）$F_x = 8680\mathrm{N}$，方向向右

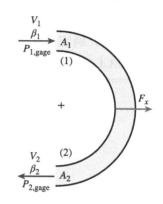

图　P6-41

6-42　考虑题 6-41 中的弯管，横截面在流动方向不断变化（$A_1 \neq A_2$）。（a）根据给定的变量，写出管道壁上水平力 F_x 的表达式。（b）代入下列数值证明你的表达式：$\rho = 998.2\,\mathrm{kg/m^3}$，$A_1 = 0.025\,\mathrm{m^2}$，$A_2 = 0.015\,\mathrm{m^2}$，$\beta_1 = 1.02$，$\beta_2 = 1.04$，$V_1 = 20\,\mathrm{m/s}$，$P_{1,\mathrm{gage}} = 88.34\,\mathrm{kPa}$，$P_{2,\mathrm{gage}} = 67.48\,\mathrm{kPa}$。

答案：（b）$F_x = 30700\mathrm{N}$，方向水平向右

6-43　作为题 6-41 的后续，注意，对于足够大的面积比 A_2/A_1，实际上入口压强比出口压强小。由于湍流会引起摩擦和其他不可逆损失，为克服这些不可逆损失，沿管道轴线压强必然下降，基于以上事实解释发生这种现象的原因。

6-44　水的密度为 $\rho = 998.2\,\mathrm{kg/m^3}$，流经消防喷嘴，消防喷嘴是一种收缩管道，可以让水流加速。其入口直径为 $d_1 = 0.10\,\mathrm{m}$，出口直径为 $d_2 = 0.050\,\mathrm{m}$。如图 P6-44 所示，入口（1）和出口（2）的平均速度、动量修正系数和表压都已知。（a）根据给定的变量，写出水流作用在壁面上水平力 F_x 的表达式。（b）代入数值验证表达式的正确性：$\beta_1 = 1.03$，$\beta_2 = 1.02$，$V_1 = 3\,\mathrm{m/s}$，$P_{1,\mathrm{gage}} = 137000\,\mathrm{Pa}$，$P_{2,\mathrm{gage}} = 0\,\mathrm{Pa}$。

答案：（b）$F_x = 861\mathrm{N}$，方向水平向右

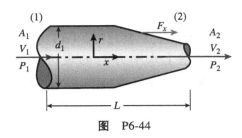

图 P6-44

6-45 一个暴露于大气中的水箱重量由一个配重来平衡，如图 P6-45 所示。水箱底部有一个直径为 4cm 的孔，流量系数为 0.90，水箱内水位保持在 50cm 左右，水流沿水平方向进入水箱。确定当底部的孔打开时，为了保持平衡必须在配重上增加或移除多少质量。

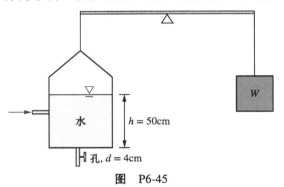

图 P6-45

6-46 水闸是灌溉系统中常用的一种闸门，它通过简单地抬高或降低竖直闸板来控制渠道中的流量。由于水高 y_1 和 y_2 的差异，以及闸门上游和下游的流速 V_1 和 V_2 的不同，对闸门施加了一个力。设水闸（垂直于纸面方向）的宽度为 w，可忽略沿河道壁面的切应力，为简单起见，假设在位置 1 和 2 处为定常均匀流，根据深度 y_1 和 y_2、质量流量、重力加速度 g、闸门宽度 w 以及水的密度 ρ，建立作用在闸门上的力 F_R 的函数关系。

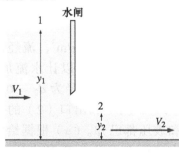

图 P6-46

6-47 房间要用离心风机通风，如图 P6-47 所示。风机排气管截面面积为 150cm²，而通风管道截面面积为 500cm²。如果风机排量为 0.40m³/s，所需最小通风量 $\dot{V}_{room} = 0.30$m³/s，确定适当的安装角 β。假设从房间进入管道的局部损失为 $0.5 V_1^2 / (2g)$。

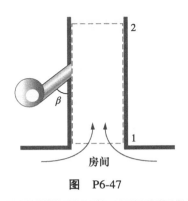

图 P6-47

角动量方程

6-48C 从雷诺输运方程得到的角动量方程是怎样的？

6-49C 两个同样质量的刚体以相同的角速度旋转。你认为这两个物体的角动量相同吗？请解释。

6-50C 对于固定的控制体，定常和均匀流以标量形式表述关于指定旋转轴的角动量方程。

6-51C 对于惯性矩恒定为 I 的控制体，没有其他外力矩，只有一个出口，速度均匀分布为 $\vec{v}$，质量流量为 $\dot{m}$，表述其矢量形式的非定常角动量方程。

6-52E 一个带有两个相同旋臂的大型草坪洒水器通过将发电机连接到其旋转头上来发电。水以 5gal/s 的速度从底部沿旋转轴进入喷头，并沿切向方向流出喷头。洒水喷头以 180r/min 的转速在水平平面旋转。每个射流的直径是 0.5in，旋转轴与每个喷嘴中心的垂直距离为 2ft，确定可能产生的最大电能。

6-53 重新考虑题 6-52 中的草坪洒水喷头。如果旋转头不知怎么被卡住了，确定此时作用在旋转头上的力矩。

6-54 离心泵叶轮的内、外径分别为 15cm 和 35cm，流量为 0.15m³/s，转速为 1400r/min。叶轮叶片宽度在进口为 8cm，出口为 3.5cm。如果水沿径向进入叶轮并与径向成 60° 角流出，确定泵的最低功率要求。

6-55 如图 P6-55 所示，水流通过直径为 15cm 的管道，管道由 3m 长的竖直管道和 2m 长的水平管道构成。出口处有一个 90° 弯管使得水流竖直向下流出，水流入大气的速度为 5m/s，水管充满水时质量为 17kg/m，试确定在水平管和竖直管交接处（图中点 A）的力矩。如果出口水流改为竖直向上流出，结果又将发生什么变化？

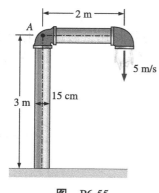

图 P6-55

6-56 如图 P6-56 所示，水从竖直方向从里向外（自纸面穿出）稳定地流入洒水器中，流量为 35L/s，两端的臂长不同，出水口面积也不同。小喷嘴的面积为 3cm²，距离旋转轴 50cm。大喷嘴的面积为 5cm²，距离旋转轴 35cm。忽略摩擦的影响，试确定（a）洒水器的旋转速度（r/min），以及（b）防止洒水器转动所需要施加的力矩。

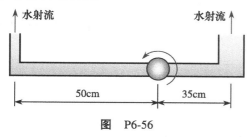

图 P6-56

6-57 将水流流量改为 60L/s，重新计算题 6-56。

6-58 离心鼓风机叶轮入口半径为 20cm，叶片宽度为 8.2cm，出口半径为 45cm、叶片宽度为 5.6cm。旋转速度为 700r/min 时的空气流量为 0.70m³/s。假定空气沿着径向方向进入叶轮，与半径方向成 50° 流出。试确定鼓风机的最小功耗。空气密度取为 1.25kg/m³。

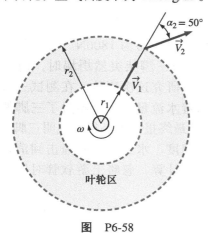

图 P6-58

6-59 重新考虑题 6-58。对于指定流量，研究出口速度角度 α_2 对最小输入功率的影响。假定进入叶轮的气流沿着径向方向（$\alpha_1 = 0°$），α_2 从 0°~85° 变化，并以 5° 递增。画出输入功率和 α_2 的关系图像，并讨论所得结果。

6-60E 当轴以 500r/min 的速度旋转时，水以 45ft³/min 的速度径向进入离心泵的叶轮。2ft 外径叶轮出口绝对流速的切向分量为 110ft/s。确定施加在叶轮上的转矩和泵的最小输入功率。

答案：160 lbf·ft，11.3kW

6-61 一个洒水器有三个独立的洒水臂，通过水流推动旋转头对花园洒水。水流通过旋转轴进入洒水器，流量为 45L/s，从喷嘴的切线方向离开洒水器，喷嘴直径为 1.5cm。由于旋转轴承摩擦产生的力矩为 $T_0 = 40N·m$。喷嘴和旋转轴之间的垂直距离为 40cm，试确定洒水轴的角速度。

6-62 佩尔顿水轮机被广泛应用于水力发电。在其涡轮中，高速的水流以速度 V_j 冲击水斗，使得水轮旋转。水斗使得水流方向调转，水流离开水斗的方向和来流方向成 β 角，如图 P6-62 所示。证明对于半径为 r，以恒定角速度 ω 旋转的佩尔顿水轮机功率为 $\dot{W}_{shaft} = \rho\omega r\dot{V}(V_j - \omega r)(1 - \cos\beta)$。式中，$\rho$ 为水的密度；$\dot{V}$ 为体积流量。代入下列数值计算最终结果：$\rho = 1000kg/m³$，$r = 2m$，$\dot{V} = 10m³/s$，$\dot{n} = 150r/min$，$\beta = 160°$，$V_j = 50m/s$。

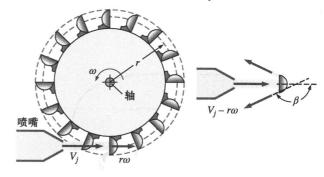

图 P6-62

6-63 重新考虑题 6-62。当 $\beta = 180°$ 时水轮机效率最高，但是实际上达不到，研究 β 对效率的影响，让 β 从 0° ~ 180° 之间变化。你是否认为当 $\beta = 160°$ 时浪费了大部分功率？

6-64 离心鼓风机叶轮入口半径为 18cm，叶片宽度为 6.1cm，出口半径为 30cm，叶片宽度为 3.4cm，大气温度为 20℃，大气压强为 95kPa。忽略其他损失，假设空气在入口和出口的切向速度等于该点叶轮的速度，试确定当旋转速度为 900r/min，鼓风机功耗为 120W 时的体积流量。同时，确定叶轮入口和出口的法向速度分量。

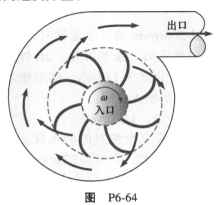

图 P6-64

复习题

6-65 一个直径为 8cm 的水平水射流，其速度为 35m/s，冲击固定的竖直平板。水在板的平面内向四面八方飞溅。维持板在水流下静止不动需要多大的力？

答案：6110N

6-66 水流以 0.16m³/s 的速率稳定流过一个如图 P6-66 所示向下偏转的弯管。如果 $D = 30$cm，$d = 10$cm，$h = 50$cm，确定作用于弯头法兰上的力以及其作用线与水平方向的角度。取弯头内部体积为 0.03m³，忽略弯头材料的重量和摩擦效应。

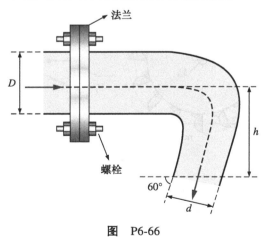

图 P6-66

6-67 将重量为 5kg 的弯头重量考虑在内，重复计算题 6-66。

6-68 直径 16cm 的水平射流，相对于地面的速度为 $V_j = 20$m/s，被 40° 的圆锥体偏转，圆锥以 $V_c = 10$m/s 的速度向左运动。确定维持圆锥运动所需的外力 F。忽略重力和表面剪切作用，假设水射流垂直于运动方向的横截面面积在整个流动过程中保持不变。

答案：4320N

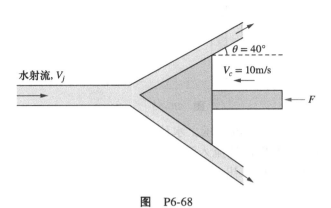

图 P6-68

6-69 如图 P6-69 所示，水流从竖直方向稳定地进入花园洒水器，流量为 10L/s。两股水射流的直径都为 1.2cm。忽略摩擦损失，试确定（a）洒水器的旋转速度（r/min），以及（b）阻止洒水器旋转需施加的力矩。

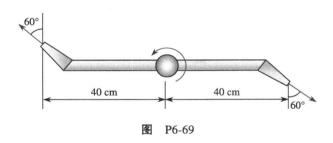

图 P6-69

6-70 重新计算题 6-69，将洒水器两端的长度分别改为 60cm 和 20cm，其他条件和题 6-69 一致。

6-71 如图 P6-71 所示，用三脚架固定喷管，喷出水射流的直径为 5cm。当喷管中充满水时质量为 10kg。三脚架能提供的最大力为 1800N。一消防员站在喷管后 60cm 处，当三脚架突然坍塌时，他被掉下来的喷嘴打到。你研究这次事故，在测试三脚架之后得出是因为随着水流量增大，超过了三脚架的极限 1800N，在你的最终报告里必须要说明三脚架坍塌时喷嘴处的水流速度、水流流量和撞击到消防员时的速度。为了简化计算，忽略上游软管对压强和动量的影响。

答案：30.3m/s，0.0595m³/s，14.7m/s

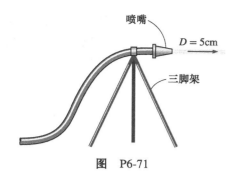

图 P6-71

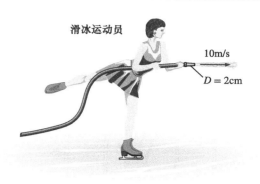

图 P6-75

6-72 考虑一架发动机安装在尾部的喷气式飞机，喷出气体的流量为 18kg/s，相对飞机的速度为 300m/s。在降落期间反推力装置打开（类似于飞机的制动装置，可以让飞机在较短的跑道上快速降落），使得喷出气体的方向变为与后方成 120°。试确定（a）反推力装置未打开之前的推力，以及（b）反推力装置打开之后向后的作用力。

6-73 💻重新考虑题 6-72，利用合适的软件，研究反向推力装置的角度对阻力的影响。让该角度从 0°~180° 变化，并以每 10° 递增。将结果绘图。

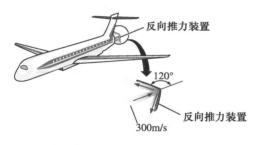

图 P6-72

6-74E 一艘以 2000ft/s 的恒定速度在太空中巡航的航天器，其质量为 25000 lb。为了使航天器减速，发射了一枚固体燃料火箭，燃气以 150 lb/s 的恒定速率离开火箭，速度为 5000ft/s，方向与航天器方向相同，持续 5s。假设航天器的质量保持不变，确定（a）航天器在这 5s 期间的减速度，（b）航天器在这段时间内的速度变化，（c）航天器受到的推力。

6-75 一个 60kg 的滑冰运动员穿着溜冰鞋站在冰面上（忽略摩擦），她握着一个软管（忽略重力）。水平射出直径为 2cm 的水柱。出口处水流速度相对于人的速度为 10m/s。如果她在初始时刻静止，试确定（a）5s 之后她的运动速度和滑行的距离，以及（b）运动 5m 所需的时间和瞬时速度。

答案：（a）2.62m/s，6.54m；（b）4.4s，2.3m/s

6-76 一直径为 5cm 的水平射流，速度为 30m/s，冲击水平放置的圆锥体顶端，使水流从原来方向偏转了 60°。试问需要多大的力来维持圆锥的平衡？

6-77 如图 P6-77 所示，水流在 U 形管内流动。在法兰①处总压为 200kPa，流量为 55kg/s；在法兰②处总压为 150kPa，在位置③处水流以 15kg/s 的流量流向大气，大气压强为 100kPa。试确定在两个法兰连接处 x 和 z 方向的力。讨论重力对本题的影响。在整个管道中取动量修正系数为 1.03。

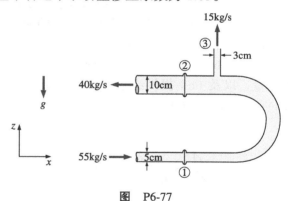

图 P6-77

6-78 Indiana Jones 需要登上 10m 高的建筑物。建筑物顶部悬挂有一个装满加压水的软管。他建造了一个正方形的平台，在四个角加上直径为 4cm 的向下的喷嘴。喷嘴与软管连接后将会喷射出 15m/s 的水流。Jones、平台和喷嘴的总质量为 150kg。试确定（a）要使该系统上升，水流喷出的最小速度，（b）当水流速度为 18m/s 时，到达 10m 高处所需时间和到达 10m 高度时平板的速度，以及（c）当平台到达 10m 的建筑物顶部时关闭水流，Jones 还能上升的高度，有多长时间留给他从平台跳到屋顶？

答案：（a）17.1m/s；（b）4.37s，4.57m/s；（c）1.07m，0.933s

图　P6-78

6-79E　一名工科学生想利用风扇来制作升力装置。她计划利用盒子将风扇周围包裹起来，这样空气就只能向下流出，风扇面为一个直径为 2in 的圆面。整个系统重量为 3 lbf，开始旋转前，她将系统握住。为了增加风扇的动力，她打算增加风扇的转速和气流的流出速度直到提供足够的动力保证风扇在空中悬停。试确定（a）若要产生 3 lbf 的力，空气的流出速度，（b）所需的体积流量，以及（c）提供给空气的最小机械功率。取空气的密度为 0.078 lb/ft^3。

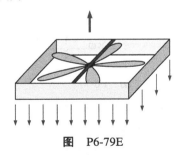

图　P6-79E

6-80　质量为 50g 的核桃需要 200N 的力连续作用 0.002s 才能开裂。如果想通过把核桃从高处掉落到坚硬的表面使它破裂，试确定所需的最低高度。忽略空气摩擦。

6-81　一个直径为 7cm 的竖直水射流由喷嘴向上喷射，速度为 15m/s。在距离喷嘴 2m 的高度处放一平板，确定这种水射流能支承的平板的最大重量。

6-82　距离喷嘴高度改为 8m，重新计算题 6-81。

6-83　水平方向的水射流以恒定速度 V 垂直冲击在一块

竖直平板上，并从竖直平板侧向溅出。平板正以 $0.5V$ 的速度向迎面而来的水射流移动。如果需要一个力 F 来保持平板静止，那么需要多大的力才能使平板正对射流？

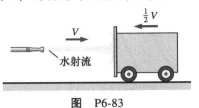

图　P6-83

6-84　当水流从喷嘴以速度 V 喷射出来时，作用在喷嘴上的力和下面哪一个量成比例：V^2 或者 $\dot{m}^2$。假设射流垂直于来流流线。

6-85　考虑定常的发展中的层流流动，水在直径不变的水平管道中流动，并排向与之相连的水箱。水流进入水管的速度分布近似均匀，设为 V，压强为 P_1。经过一段距离之后速度剖面发展为抛物线剖面，动量修正系数为 2，压强降低为 P_2。试求将水管和水箱相连的螺栓上的水平作用力。

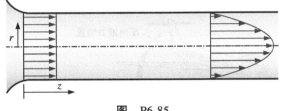

图　P6-85

6-86　一名战士从飞机上跳伞，当速度达到预定速度 V_T 时打开降落伞。降落伞使得他的速度逐渐减小直到达到降落速度 V_F。降落伞打开之后，空气阻力和速度的二次方成正比（即 $F = kV^2$）。人、降落伞和其他装备总质量为 m。证明 $k = mg/V_F^2$，并求打开降落伞瞬间（$t = 0$）战士的速度。

答案：$V = V_F \dfrac{V_T + V_F + (V_T - V_F)e^{-2gt/V_F}}{V_T + V_F - (V_T - V_F)e^{-2gt/V_F}}$

图　P6-86

6-87 水以 $0.25m^3/s$ 的流量轴向进入混流泵，速度为 $5m/s$，以与水平面 $75°$ 的夹角排放到大气中，如图 P6-87 所示。如果出流面积是入口面积的一半，求作用在旋转轴上的轴向分力。

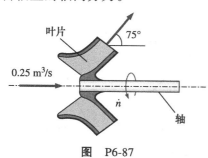

图 P6-87

6-88 水流通过喷嘴加速进入叶轮机，入口的直径为 D，入口速度为 V，和半径方向成 α 角，质量流量为 $\dot{m}$。水流沿着半径方向离开叶轮机。如果叶轮角速度为 $\dot{n}$，证明该叶轮机产生的最大功率为 $\dot{W}_{shaft} = \pi\dot{n}\dot{m}DV\sin\alpha$。

6-89 如图 P6-89 所示，水流从垂直轴线方向进入两个臂的洒水器，流量为 $75L/s$，洒水器喷嘴直径为 $2cm$，出流方向和切向方向成 θ 角。洒水器两个臂的长度均为 $0.52m$。忽略所有的摩擦影响，试确定在下面几种情况下洒水器的旋转速度 $\dot{n}$：（a）$\theta = 0°$，（b）$\theta = 30°$，以及（c）$\theta = 60°$。

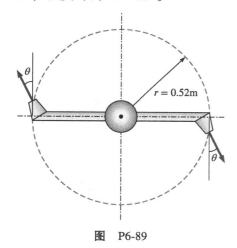

图 P6-89

6-90 重新考虑题 6-89。对于指定流量，研究水流出角度 θ 和洒水器旋转速度 $\dot{n}$ 的关系，θ 从 $0°~90°$ 变化，并以 $10°$ 递增。画出旋转速度和 θ 的图像，并讨论你的结果。

6-91 水罐直径为 D，下面安装有轮子，放置在无摩擦的水平面上。在水罐靠近底部有一直径为 D_o 的小孔，水流从小孔水平向后射出推动水罐向前运动。水罐内的水的重力远大于水罐和轮子的重力，因此本题中只需要考虑水罐中水的重力。水的质量随时间逐渐减小，试确定（a）加速度随时间变化的关系式，（b）水罐运动速度随时间变化的关系式，以及（c）运动距离和时间的关系式。

6-92 无摩擦的竖直导轨上安装有质量为 m_p 的水平平板，平板可以在竖直方向上自由运动。利用喷嘴喷出的水柱冲击平板底面使板向上运动，水柱截面面积为 A。水流的质量流量 $\dot{m}$（kg/s）可控。假设水柱距离很短，因此可以认为在高度方向上速度保持不变。（a）试确定维持平板静止所需的最小质量流量 $\dot{m}_{min}$，当质量流量 $\dot{m} > \dot{m}_{min}$ 时，求平板向上稳定运动的速度关系式。（b）在时刻 $t = 0$ 时，平板静止，突然喷出的水流的质量流量满足 $\dot{m} > \dot{m}_{min}$，对平板施加力平衡并求速度相对于时间的积分（不用求解）。

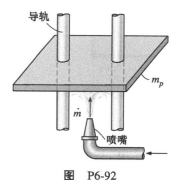

图 P6-92

6-93 一个水平水柱体积流量为 $\dot{V}$，横截面面积为 A，冲击在无摩擦地面上的小车上，小车质量为 m_c。车的后部有一个小孔，水柱正好从该小孔进入小车内，系统质量逐渐增加。水柱的速度为 V_J，小车速度为 V，水柱和小车的相对速度为 $V_J - V$。如果初始时刻小车是空的且静止的，试确定小车速度随时间变化的关系式（可以接受积分形式）。

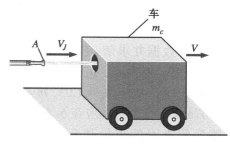

图 P6-93

6-94 水通过管道中一个 1.2m 长、5mm 宽的矩形裂缝排出。排水速度剖面为抛物线形，在狭缝一端为 3m/s，另一端为 7m/s，如图 P6-94 所示。确定（a）通过狭缝的流量和（b）由于这个排放过程作用于管道上的竖直力。

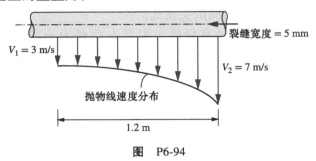

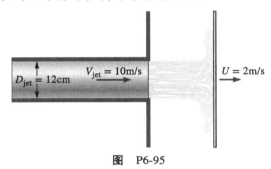

图 P6-94

6-95 当平板以 $U = 2m/s$ 的速度移动时，水射流以 $V_{jet} = 10m/s$ 的速度撞击移动的平板，如图 P6-95 所示。（a）确定将平板固定在适当位置所需的力。（b）如果 U 是反向的，则力是多少？

图 P6-95

6-96 水以质量流量 $\dot{m}$ 流过一个 90° 的垂直弯管，弯管半径 R（过中心线），内径为 D，如图 P6-96 所示。出口暴露在大气中（提示：这意味着出口处的压强是大气压。）。为了使水通过弯管并提高水的高度，入口的压强必须明显高于大气压强。弯管不可逆的水头损失是 h_L。假设动能修正系数 α 不是 1，但在进口和出口处是一样的，$\alpha_1 = \alpha_2$。将相同的假设用于动量修正系数 β（即，$\beta_1 = \beta_2$）。

（a）利用能量方程的水头形式，推导出入口中心表压 $P_{gage,1}$ 的表达式，它是其他变量的函数。

（b）代入这些数据并求解：$P_{gage,1}$：$\rho = 998.0kg/m^3$，$D = 10.0cm$，$R = 35.0cm$，$h_L = 0.259m$（等效水柱高度），$\alpha_1 = \alpha_2 = 1.05$，$\beta_1 = \beta_2 = 1.03$，$\dot{m} = 25.0kg/s$。统一取 $g = 9.807m/s^2$。你的答案应在 5~6kPa 之间。

（c）忽略弯管本身的重量和弯管中水的重量，计算保持弯管位置不动所需力的 x 和 z 分量。固定力

的最终答案应该是一个向量 $\vec{F} = F_x\vec{i} + F_z\vec{k}$。$F_x$ 的值应该在 $-120\sim140N$ 之间，F_z 的答案应该在 80~90N 之间。

（d）重复（c）部分，不忽略弯管中水的重量。在这个问题上忽略水的重量合理吗？

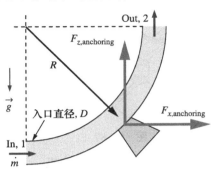

图 P6-96

6-97 手推车车轮无摩擦，车上一个大水箱向一个导流板射出水流，偏转角度为 θ，如图 P6-97 所示。手推车向左移动，但缆绳限制了它。在导流板的出口处，A_{jet} 为水射流面积，其平均速度 V_{jet}，以及动量修正系数 β_{jet} 是已知的。根据给定变量生成缆绳中张力 T 的表达式。

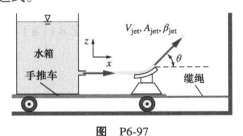

图 P6-97

6-98 水从一个放在手推车上的大水箱中喷射出来，车轮无摩擦。水的喷射速度是 $V_j = 7.00m/s$，其横截面面积为 $A_j = 20.0mm^2$，射流动量修正系数为 1.04。水偏转 135° 如图所示（$\theta = 45°$），并且所有的水流回水箱。水的密度是 $1000kg/m^3$。计算固定推车所需的水平力 F（以 N 为单位）

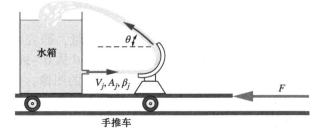

图 P6-98

工程基础（FE）考试问题

6-99 在计算喷气式发动机的推力时，明智的控制体选择是

（a）固定控制体

（b）移动控制体

（c）变形控制体

（d）移动或变形控制体

（e）以上均不是

6-100 考虑一架以 1000km/h 的速度向右巡航的飞机。如果排气速度相对于地面为向左 700km/h，则排出气体相对于喷嘴出口的速度为

（a）1700km/h （b）1000km/h （c）700km/h

（d）300km/h （e）150km/h

6-101 水射流以 7kg/s 的速度水平冲击固定的竖直平板，速度为 35km/h。假设水流在冲击后沿竖直方向移动。阻止平板水平移动所需的力是

（a）24.3N （b）35.0N （c）48.6N （d）68.1N

（e）79.3N

6-102 考虑水以 30kg/min 的流量流经水平且短的花园软管。入口速度为 1.5m/s，出口速度为 14.5m/s。忽略水管和水的重量。进口和出口的动量修正系数均为 1.04，则将软管固定在适当位置静止不动所需的力为

（a）2.8N （b）8.6N （c）17.5N （d）27.9N

（e）43.3N

6-103 考虑水以 30kg/min 的流量流经水平且短的花园软管。入口的速度是 1.5m/s，出口的是 11.5m/s。软管使水在排放前 180° 转弯。忽略水管和水的重量。进口和出口的动量修正系数均为 1.04，则将软管固定在适当位置不动所需的力为

（a）7.6N （b）28.4N （c）16.6N （d）34.1N

（e）11.9N

6-104 考虑水以 40kg/min 的流量流经水平且短的花园软管。入口的速度是 1.5m/s，出口的是 16m/s。软管在水排放前向竖直方向偏转 90°。忽略水管和水的重量。进口和出口的动量修正系数都为 1.04，则在竖直方向上固定软管所需的反作用力为

（a）11.1N （b）10.1N （c）9.3N （d）27.2N

（e）28.9N

6-105 考虑水以 80kg/min 的流量通过一个水平短管。入口速度为 1.5m/s，出口速度为 16.5m/s。管在水排放前向竖直方向偏转 90°。忽略管子和水的重量。进口和出口的动量修正系数均为 1.04，则保持管道位置静止不动所需的水平方向反作用力为

（a）73.7N （b）97.1N （c）99.2N （d）122N

（e）153N

6-106 水射流以 18kg/s 的流量垂直冲击固定的水平板，速度为 20m/s。平板的质量是 10kg。假设水流在冲击后沿平板表面水平方向移动。阻止水平板竖直移动所需的力是

（a）186N （b）262N （c）334N （d）410N

（e）522N

6-107 测得风力机前的风速为 6m/s。叶片跨度直径为 24m，风力机的效率是 29%。空气的密度是 1.22kg/m³。风施加在风力机支承杆上的水平力为

（a）2524N （b）3127N （c）3475N （d）4138N

（e）4313N

6-108 测得风力机前的风速为 8m/s。叶片跨度直径为 12m。空气密度为 1.2kg/m³。

如果风对风力机支承杆的水平力为 1620N，则风力机的效率为

（a）27.5% （b）31.7% （c）29.5% （d）35.1%

（e）33.8%

6-109 在水以 9m/s 的速度从水箱中排出之前，经过连接在水箱表面的 3cm 直径水平管后向上方偏转 90°。水平部分长 5m，垂直部分长 4m。忽略管道中水的质量，作用于管道底部壁面上的弯矩为

（a）286N·m （b）229N·m （c）207N·m

（d）175N·m （e）124N·m

6-110 在水以 6m/s 的速度从水箱中排出之前，经过连接在水箱表面的 3cm 直径水平管后向上方偏转 90°。水平部分长 5m，垂直部分长 4m。忽略管道的质量，考虑管道中水的重量，作用于管道底部壁面上的弯矩为

（a）11.9N·m （b）46.7N·m （c）127N·m

（d）104N·m （e）74.8N·m

6-111 一个具有四个相同臂的大型草坪洒水器通过将发电机连接到其旋转头部来发电。水以 10kg/s 的流量沿旋转轴从底座进入喷头，以相对于旋转喷嘴 50m/s 的速度沿切线方向流出喷嘴。洒水喷头在水平面上以 400r/min 的速度旋转。旋转轴与喷嘴中心的垂直距离为 30cm。预估发电量。

（a）4704W（b）5855W（c）6496W

（d）7051W（e）7840W

6-112 考虑离心泵的叶轮，转速为 900r/min，流量为 95kg/min。进口和出口的叶轮半径分别为 7cm 和 16cm。假设切向流体速度等于入口和出口处的叶片角速度。则泵的功率需求为

（a）83W（b）291W（c）409W（d）756W

（e）1125W

6-113 当轴以 400r/min 的速度旋转时，水以 450L/min 的流量径向进入离心泵叶轮。70cm 外径叶轮出口处水的绝对流速的切向分量为 55m/s。施加在叶轮

上的转矩是

（a）144N·m（b）93.6N·m（c）187N·m

（d）112N·m（e）235N·m

6-114 涡轮机的轴以 600r/min 的速度旋转。如果轴转矩为 3500N·m，则轴功率为

（a）207kW（b）220kW（c）233kW

（d）246kW（e）350kW

设计题和论述题

6-115 参观一个消防队，获得通过软管的流量和喷嘴直径的相关信息。利用这些信息计算消防员在握着水管时所受的冲击力。

第7章　量纲分析与模型化

本章概述

在本章中，首先复习量纲和单位，接着复习基本的定理——量纲齐次性原理，展示如何应用该定理将方程进行无量纲化和识别无量纲群，然后介绍模型和原型之间的相似理论，讲述对于工程师和科学家有力的工具——量纲分析。在量纲分析中包括有量纲变量、无量纲变量和有量纲常数都将转化为无量纲参数，这样就可以减少在分析问题时所需的独立变量个数。接着演示如何一步步得到这些无量纲参数，这种方法称为重复变量法，该方法仅仅是基于变量和常数的量纲。最后应用这些技术去解决几个实际问题来说明量纲分析的效果和局限性。

7.1　量纲与单位

量纲为物理量的度量（不带数值），而单位是将数值分配给该量纲的方法。例如，长度是量纲，单位有微米（μm）、英尺（ft）、厘米（cm）、米（m）、千米（km）等（见图 7-1）。物理学中有七个基本量纲，它们分别是质量、长度、时间、温度、电流、发光强度和物质的量。

所有的非基本量纲都可以用七种基本量纲来表示。

例如，力的量纲和质量乘以加速度的量纲相同（牛顿第二定律）。因此，在基本量纲中力的量纲为

$$\{力\} = \left\{ 质量 \frac{长度}{时间^2} \right\} = \{mL/t^2\} \tag{7-1}$$

式中，括号内标明了量纲，取自表 7-1。有些作者习惯将力而不是质量作为基本量纲，本书中采用的是质量作为基本量纲。

本章目标

阅读完本章，你应该能够：

■ 对量纲、单位、方程的量纲齐次性原理有更深的理解。

■ 理解量纲分析的许多作用。

■ 知道如何利用重复变量法得到无量纲参数。

■ 理解动力相似的概念以及如何将其应用到实验中。

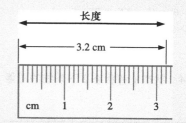

图 7-1　量纲为物理量的度量，不带数值，而单位是将数值分配给该量纲的方法。例如，长度是量纲，而厘米是单位

表 7-1　基本量纲和对应的 SI 单位、英制单位

量纲	符号	SI 单位	英制单位
质量	m	kg（千克）	lb（磅）
长度	L	m（米）	ft（英尺）
时间	t	s（秒）	s（秒）
温度	T	K（开）	R（兰度）
电流	I	A（安培）	A（安培）
发光强度	C	cd（坎德拉）	cd（坎德拉）
物质的量	N	mol（摩尔）	mol（摩尔）

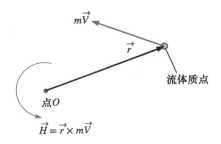

图7-2 例7-1的示意图

图7-3 你不能将苹果和橘子加在一起

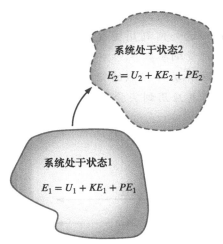

图7-4 状态1和状态2下系统的总能量

图7-5 方程如果不满足量纲齐次性原理，则意味着出现了错误

【例7-1】角动量的基本量纲

角动量，又称动量矩（$\vec{H}$），是力矩臂（$\vec{r}$）与流体质点线动量（$m\vec{V}$）的矢量积（即向量积），如图7-2所示。角动量的基本量纲是什么？列出国际单位制和英制单位中的角动量的基本单位。

问题： 需要写出角动量的基本量纲并列出它的单位。

分析： 角动量是长度、质量和速度的乘积，因此角动量的基本量纲：

$$\{\vec{H}\} = \left\{ 长度 \times 质量 \times \frac{长度}{时间} \right\} = \left\{ \frac{mL^2}{t} \right\} \tag{1}$$

或者写成指数形式：

$$\{\vec{H}\} = \{m^1 L^2 t^{-1}\}$$

根据式（1）写出国际单位制中角动量的单位：角动量单位 $= \dfrac{kg \cdot m^2}{s}$

换算成英制单位：角动量单位 $= \dfrac{lb \cdot ft^2}{s}$

讨论： 基本单位对于量纲分析虽然不是必需的，但在解决问题时，对于单位转换和正确单位的验证通常很有用。

7.2 量纲齐次性

有句古老的谚语是这么说的：你永远不能将苹果和橘子加在一起（见图7-3）。这实际上就是对数学方程需要满足的基本要求做出了简单说明，量纲齐次性原理表达为：在方程中相加的项必须具有同样的量纲。

考虑一封闭系统从时间（1）到时间（2）总能量的变化，如图7-4所示，系统总能量的变化（ΔE）为

系统总能量的变化：$\Delta E = \Delta U + \Delta KE + \Delta PE$ （7-2）

式中，E包含三个分量：内能（U）、动能（KE）和势能（PE）。将这些分量以系统质量m；表征大小的物理量和热力学量，如速度（V）、海拔（z）和比内能（u）；重力加速度（g）来表示。即

$$\Delta U = m(u_2 - u_1), \quad \Delta KE = \frac{1}{2}m(V_2^2 - V_1^2), \quad \Delta PE = mg(z_2 - z_1) \quad (7\text{-}3)$$

容易证明式（7-2）左边的项和右边三项具有相同的量纲——能量。使用式（7-3）的定义式，可以写出每一项的量纲。即

$$\{\Delta E\} = \{ 能量 \} = \{ 力 \times 长度 \} \rightarrow \{\Delta E\} = \{mL^2/t^2\}$$

$$\{\Delta U\} = \left\{ 质量 \frac{能量}{质量} \right\} = \{ 能量 \} \rightarrow \{\Delta U\} = \{mL^2/t^2\}$$

$$\{\Delta KE\} = \left\{ 质量 \frac{长度^2}{时间^2} \right\} \rightarrow \{\Delta KE\} = \{mL^2/t^2\}$$

$$\{\Delta PE\} = \left\{ 质量 \frac{长度}{时间^2} 长度 \right\} \rightarrow \{\Delta PE\} = \{mL^2/t^2\}$$

如果在分析过程中发现公式中相加的两项量纲不一致，这就说明之前的分析就出错了（见图7-5）。除量纲相同之外，只有当每一项的单位

相同时结果才有效。例如，能量的单位有 J、N·m 和 kg·m²/s²，这些单位都是等价的。假设其中某一项使用能量单位 kJ 代替 J，则该项的数值需要乘以 1000。因此为了避免此类错误，在进行计算之前最好将所有量的单位都列出来。

【例7-2】伯努利方程的量纲齐次性分析

在流体力学中最重要的方程是伯努利方程（见图7-6），相关内容在第5章中已经进行了详细的讨论。不可压缩流的伯努利方程的标准形式为

$$伯努利方程：P + \frac{1}{2}\rho V^2 + \rho gz = C \qquad (1)$$

图7-6 伯努利方程很好地说明了量纲齐次性原理。所有相加的项包括常数项都具有相同的压强量纲。基本量纲表达式为 $\{m/(t^2L)\}$

（a）证明伯努利方程中每一项的量纲都相同。（b）常数 C 的量纲是什么？

问题：需要证明式（1）中的每一项量纲都相同，同时确定常数 C 的量纲。

分析：（a）写出方程中每一项的量纲：

$$\{P\} = \{压强\} = \left\{\frac{力}{面积}\right\} = \left\{质量\frac{长度}{时间^2}\frac{1}{长度^2}\right\} = \left\{\frac{m}{t^2L}\right\}$$

$$\left\{\frac{1}{2}\rho V^2\right\} = \left\{\frac{质量}{体积}\left(\frac{长度}{时间}\right)^2\right\} = \left\{\frac{质量 \times 长度^2}{长度^3 \times 时间^2}\right\} = \left\{\frac{m}{t^2L}\right\}$$

$$\{\rho gz\} = \left\{\frac{质量}{体积}\frac{长度}{时间^2}长度\right\} = \left\{\frac{质量 \times 长度^2}{长度^3 \times 时间^2}\right\} = \left\{\frac{m}{t^2L}\right\}$$

因此可以看出，三项的量纲完全相同。

（b）根据量纲齐次性原理，常数项必须和其他项的量纲相同，因此常数项的量纲为

$$伯努利方程常数项的量纲：\{C\} = \left\{\frac{m}{t^2L}\right\}$$

讨论：如果发现方程中的某一项和其他项的量纲不同，则表明分析过程中出现了错误。

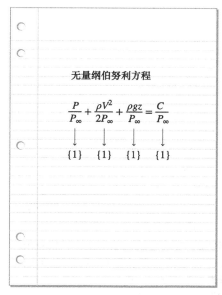

图7-7 通过将每一项除以压强得到伯努利方程的无量纲形式，式中每一项都是无量纲的

方程无量纲化

量纲齐次性原理保证方程中每一个相加的项都有着相同的量纲。如果将方程中的每一项都除以和这些项有着相同量纲的常数或变量，方程就变为无量纲方程（见图7-7）。如果无量纲项单位统一有序，则方程称为规范方程。规范方程比无量纲方程要求更加严格。通常情况下这两个概念没有进行严格的区分。

无量纲方程中每一项都是没有量纲的。

在将方程进行无量纲化时，常常会出现无量纲参数，许多无量纲参数都是以科学家或工程师的名字来命名的（例如雷诺数和弗劳德数）。这个过程常常被很多学者用来做目测分析。

作为一个简单的例子，如图7-8所示，考虑描述物体通过真空（无

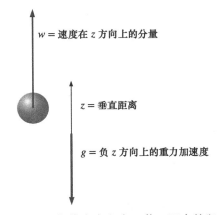

图 7-8 物体在真空中下落。图中的竖直速度为正，因此对于落体运动 $w < 0$

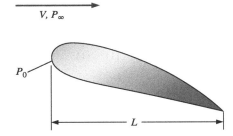

图 7-9 在典型的流动问题中，换算因数常常包括特征长度 L、特征速度 V、参考压强差 $P_0 - P_\infty$。其他流体参数如密度、重力加速度也常常出现

空气阻力）下落的高度 z 的运动方程。物体初始位置为 z_0，z 方向的初速度为 w_0。由高中物理可得，

运动方程： $$\frac{\mathrm{d}^2 z}{\mathrm{d}t^2} = -g \qquad (7\text{-}4)$$

有量纲变量定义为会随着问题的不同而变化的量纲量。对于微分方程（7-4），这里有两个有量纲参数：z（长度的量纲）和 t（时间的量纲）。无量纲变量虽然随着问题的不同依然会变化，但是它没有量纲，例如转动的角度，单位为度（°）或弧度（rad），都没有量纲。重力加速度常数 g，虽然带有量纲，但是为常数，称为有量纲常数。在这个实际问题中需要引入两个附加的常数，初始位置 z_0 和初始速度 w_0。随着所研究问题的不同，量纲常数会发生变化，它们只对特定问题才保持相同。有量纲变量、无量纲变量和有量纲常数都可称为参数。

式（7-4）可以通过初始条件和两次积分得到最终解，结果表示为高度 z 关于时间 t 的表达式：

有量纲结果： $$z = z_0 + w_0 t - \frac{1}{2} g t^2 \qquad (7\text{-}5)$$

式（7-5）中的常数 $\frac{1}{2}$ 和指数 2 都是无量纲的。这些常数称为纯常数。纯常数的其他常见例子有 π 和 e 等。

为了将式（7-4）进行无量纲化，我们需要基于方程中的量纲选择换算因数。在流动问题中因为至少有三个基本量纲（如质量、长度和时间），所以常常至少有三个典型的换算因数，如 L、V 和 $P_0 - P_\infty$（见图 7-9）。在所讨论的落体运动中，只有两个基本参数，即长度和时间，因此只需要选择两个换算因数。在选择换算因数时往往可以有多个选择，因为有三个有量纲常数 g、z_0 和 w_0，这里可选择 z_0 和 w_0，当然也可以选择 g 和 z_0 或者和 w_0 进行分析。利用选择的换算因数对量纲变量 z 和 t 进行无量纲化。第一步是列出有量纲变量和有量纲常数的量纲。

所有参数的量纲：
$$\{z\} = \{L\}, \ \{t\} = \{t\}, \ \{z_0\} = \{L\}, \ \{w_0\} = \left\{\frac{L}{t}\right\}, \ \{g\} = \left\{\frac{L}{t^2}\right\}$$

第二步是用选取的两个换算因数对 z 和 t 进行无量纲化，得到无量纲变量 z^* 和 t^*，

无量纲变量： $$z^* = \frac{z}{z_0}, \ t^* = \frac{w_0 t}{z_0} \qquad (7\text{-}6)$$

将式（7-6）代入式（7-4）可得

$$\frac{\mathrm{d}^2 z}{\mathrm{d}t^2} = \frac{\mathrm{d}^2(z_0 z^*)}{\mathrm{d}\left(\frac{z_0 t^*}{w_0}\right)^2} = \frac{w_0^2}{z_0} \frac{\mathrm{d}^2 z^*}{\mathrm{d}t^{*2}} = -g \quad \rightarrow \quad \frac{w_0^2}{g z_0} \frac{\mathrm{d}^2 z^*}{\mathrm{d}t^{*2}} = -1 \qquad (7\text{-}7)$$

这就是我们所需的无量纲方程。式（7-7）就是著名的无量纲参数弗劳德数的二次方形式，

弗劳德数： $$Fr = \frac{w_0}{\sqrt{g z_0}} \qquad (7\text{-}8)$$

弗劳德数也作为无量纲参数出现在自由平板流动中（见第 13 章），

可以认为它是惯性力和重力之比（见图 7-10）。在其他的一些资料中，Fr 常常以二次方的形式出现。将式（7-8）代入式（7-7）中，得

无量纲运动方程： $\qquad \dfrac{\mathrm{d}^2 z^*}{\mathrm{d} t^{*2}} = -\dfrac{1}{Fr^2}$ （7-9）

在无量纲形式中，只有一个参数即弗劳德数，式（7-9）可以利用初始条件和两次积分得到结果，最终结果是无量纲参数 z^* 关于无量纲参数 t^* 的函数关系式：

无量纲结果： $\qquad z^* = 1 + t^* - \dfrac{1}{2Fr^2} t^{*2}$ （7-10）

对比式（7-5）和式（7-10）发现它们是等价的，实际上也可以将式（7-6）和式（7-8）代入式（7-5）得到式（7-10）。

从上面的推导过程可以发现，我们似乎采用了很多的代数运算得到了相同的结果。这就是无量纲方程的优点吗？在回答这个问题之前，注意在上面这个简单的问题中是可以将运动微分方程进行积分的，而很多复杂的问题是不能将微分方程（或者更一般的耦合微分方程组）进行积分的，工程师们只能对这类方程进行数值积分或者进行实验来得到所需的结果，这两种方法都需要时间和费用。在这种情况下，无量纲方程就显示出优势，能节省很多时间和费用。

无量纲方程主要有两个优点（见图 7-11）。第一，它使得我们对关键参数之间的关系有了更深的了解。以式（7-8）为例，w_0 变为原来的两倍和 z_0 变为原来的 1/4 对结果的影响相同。第二，它减少了问题研究过程中的参数个数。例如，原始的问题包含一个非独立变量 z、一个独立变量 t 和三个附加的有量纲常数 g、w_0、z_0。无量纲化之后该问题的研究包括一个非独立参数 z^*、一个独立参数 t^* 和一个附加参数（即无量纲参数弗劳德数 Fr）。附加参数从之前的三个变为一个。例 7-3 更深入地说明了无量纲化的优点。

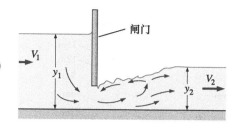

图 7-10 弗劳德数在自由表面流动中十分重要，如明渠流动。这里展示的是水流从闸门流出，闸门上游的弗劳德数为 $Fr_1 = V_1/\sqrt{gy_1}$，闸门下游的弗劳德数为 $Fr_2 = V_2/\sqrt{gy_2}$

明确了问题中关键参数之间的关系。

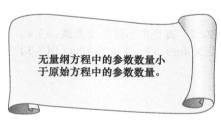

无量纲方程中的参数数量小于原始方程中的参数数量。

图 7-11 无量纲方程的两个重要好处

【例 7-3】作图说明无量纲化的优点

弟弟在高中物理课上需要对竖直真空管中物体的运动问题进行相关实验。实验要求在竖直高度 z_0 的位置释放一个钢球，z_0 在 0~15m 之间（竖直管道底部处设为 0），初始速度 w_0 在 0~10m/s 之间。沿着管道方向布置了传感器用来测量钢球的运动速度，班上的学生对量纲分析和无量纲化不是很熟悉，因此进行了很多组实验来研究初始高度 z_0 和初始速度 w_0 对运动状态的影响。首先他们将 w_0 固定不变，取 $w_0 = 4$m/s，z_0 的值分别取 3m、6m、9m、12m 和 15m，实验结果如图 7-12a 所示。然后保证 $z_0 = 10$m 不变，w_0 的值分别为 2m/s、4m/s、6m/s、8m/s 和 10m/s，实验结果如图 7-12b 所示。弟弟给你看了他们的实验数据和画出的图像，然后告诉你他们还会取不同的 z_0 和 w_0 来进行更多的实验。你告诉他通过将实验数据进行无量纲化，问题将会简化为一个参数，不需要进行更多的实验。请画出无量纲参数的图像来证明你的观点。

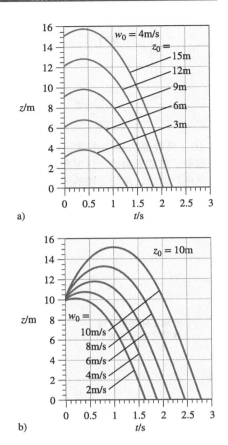

a)

b)

图7-12 真空中小球运动曲线：a）w_0 固定为4m/s，b）z_0 固定为10m（例7-3）

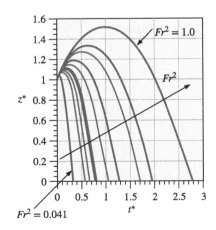

图7-13 真空中小球的运动曲线。数据来源于图7-12a、b，进行无量纲化后合并为一条线

问题： 通过可用的轨迹数据画出无量纲参数的图像。在这里我们画出 z^* 关于 t^* 的函数图像。

假设： 管道里面为真空，因此球体下落忽略空气阻力。

参数： 重力加速度为 9.81m/s^2。

分析： 对于本题，式（7-4）仍然有效，无量纲化的结果为式（7-9）。正如前面所讨论的，这个问题包含三个原始的量纲参数（g、z_0 和 w_0），这三个原始参数可以转化为一个无量纲参数，即弗劳德数。在将式（7-6）中的无量纲参数得到之后，图7-12a、b 中的10条曲线以无量纲的形式作图得到图7-13。从图7-13中容易看出所有的轨迹都只有一个影响因子，即弗劳德数，实验中 Fr^2 从 0.041~1.0 变化。如果要进行更多的实验，则应该使得 z_0 和 w_0 组合得到在这个区间之外的弗劳德数。因此进行大量的额外实验是没有必要的，因为所有的曲线都满足图7-13中的关系。

讨论： 当 Fr 较小时，重力比惯性力大得多，小球落到地板上耗时较短。当 Fr 较大时，惯性力占主导，小球下落之前上升一段明显的距离，因此小球落到地面所需时间更长。学生们不能研究重力加速度的影响，如果可以的话，需要进行更多的实验来研究 g 的影响。如果一开始就进行无量纲化，图7-13中所得到的无量纲曲线就适用于任何条件下的 g；除非 Fr 不在范围内，否则不需要进一步的实验。

如果你仍然对无量纲方程和无量纲参数的优点有怀疑的话，可以这么考虑：为了得到例7-3中的三个参数 g、z_0 和 w_0 范围内的曲线，需要作出几个（至少四个）像图7-12a一样的在不同值（级别）下 w_0 的曲线，再加上不同 g 时的曲线。对于这三个参数，每个参数取五个不同的值，完整的数据需要 $5^3 = 125$ 次实验。无量纲参数将参数的个数从三个减为一个，为了得到同样的结果只需要做 $5^1 = 5$ 次实验即可（对于五个不同无量纲的值，画出像图7-13所示的五条曲线，每条曲线对应不同的 Fr）。

无量纲化的另外一个优点是可以推导出没有进行实验的参数值。例如，例7-3中的数据只有一个重力加速度下的结果。假设你需要得到不同重力加速度下的数据。例7-4说明了如何快速有效地通过无量纲参数来获得所需数据。

【例7-4】无量纲数据的外推

月球表面的重力加速度是地球表面的1/6。一位宇航员在月球表面以初速度 21.0m/s 扔出一个棒球，初速度与水平方向的夹角为 5°，初始时刻棒球距离月球表面高度为 2m（见图7-14）。（a）利用例7-3中图7-13所示的无量纲参数估算小球落到地面所需要的时间。（b）进行精确地计算，并将结果和（a）中的结果进行对比。

问题： 利用在地球上实验所获得的数据来预测月球上棒球落到地面所需的时间。

假设：①棒球的水平速度和本题计算无关；②在宇航员附近的月球表面近似为平面；③月球表面没有空气，因此棒球在运动过程中忽略空气阻力；④月球表面的重力加速度是地球表面的1/6。

参数：月球表面的重力加速度为 $g_{moon} = 9.81/6\text{m/s}^2 = 1.63\text{m/s}^2$。

分析：（a）利用月球表面的重力加速度值 g_{moon} 和竖直方向初速度分量来计算弗劳德数。

$$w_0 = (21.0\text{m/s})\sin(5°) = 1.830\text{m/s}$$

$$Fr^2 = \frac{w_0^2}{g_{moon}z_0} = \frac{(1.830\text{m/s})^2}{(1.63\text{m/s}^2)(2.0\text{m})} = 1.03$$

Fr^2 的值接近图7-13中的最大值。根据图7-13可得棒球落到地面的无量纲时间为 $t^* \approx 2.75$，代入式（7-6）可以得到有量纲变量：

落到地面时间的估算值：$t = \dfrac{t^* z_0}{w_0} = \dfrac{2.75(2.0\text{m})}{1.830\text{m/s}} = 3.01\text{s}$

（b）将式（7-5）中的 z 取为 0 来计算准确的时间 t（利用一元二次方程求根公式）：

落到地面的准确时间：

$$t = \frac{w_0 + \sqrt{w_0^2 + 2z_0 g}}{g}$$

$$= \frac{1.830\text{m/s} + \sqrt{(1.830\text{m/s})^2 + 2(2.0\text{m})(1.63\text{m/s}^2)}}{1.63\text{m/s}^2} = 3.05\text{s}$$

讨论：如果弗劳德数在图7-13的两个值之间，则可以采用插值法进行计算。由于一些数字只精确到两位有效数字，因此（a）和（b）结果之间的微小差别无关紧要，取两位有效数字的结果都是 $t = 3.0\text{s}$。

图7-14 在月球上扔棒球（例7-4）

流体运动的微分方程在第9章中会进行研究。第10章中你会发现分析方法和本章中的方法类似，只是应用在流体微分方程中，弗劳德数在相关分析中也同样存在。如图7-15所示，其他三个重要的无量纲参数也常常出现在流体分析中，即雷诺数、欧拉数和施特劳哈尔数。

7.3 量纲分析与相似性

方程的无量纲化只有在已知方程的形式时才能进行。但是在工程实际中，很多方程的形式是未知的或者不可解的，在这种情况下常常采用实验方法来解决问题。在大多实验中，为了节约时间和费用，常常采用缩比的模型，而不是原始模型。在这种情况下就必须要注意实验所得结果也是按照一定比例变化的。这里我们介绍一种有效的方法，即量纲分析法。该方法虽然通常在流体力学中教授，但量纲分析法在所有学科中都是适用的，特别是在设计实验的时候。不仅仅在流体力学中，其他学科也可以采用这个有力的方法。量纲分析三个最重要的目的是：

- 得到有助于设计实验和处理实验结果的无量纲参数。

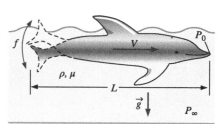

$$Re = \frac{\rho VL}{\mu} \qquad Fr = \frac{V}{\sqrt{gL}}$$

$$St = \frac{fL}{V} \qquad Eu = \frac{P_0 - P_\infty}{\rho V^2}$$

图7-15 在非定常自由表面流动中，换算因数常常选择特征长度 L、特征速度 V、特征频率 f 和参考压强差 $P_0 - P_\infty$。流动的微分方程无量纲包括四个无量纲参数：雷诺数、弗劳德数、施特劳哈尔数和欧拉数（详见第10章）

- 得到比例关系，这样就可以将缩比模型的结果运用在实际的原始模型上。
- 预测参数之间的关系。

在讨论量纲分析之前，我们首先解释量纲分析的基本概念：相似准则。实验模型和原始模型之间要完全相似需要满足三个基本条件。第一个条件是几何相似，实验模型和原始模型必须形状完全相同，只是以一定比例进行了缩放。第二个条件是运动相似，意思是在实验流场中某一点的速度必须和原始模型所在流场中的对应点速度（按照恒定比例因子）成比例（见图7-16）。特别地，运动相似要求对应点的速度大小必须成比例，速度方向也必须完全相同。可以认为几何相似是在尺寸上的相似，而运动相似是在时间上的相似。几何相似是运动相似的前提。几何相似的缩放比例可以小于1、等于1或者大于1，速度的缩放比例也一样。例如在图7-16中，几何尺寸的缩放比例小于1（实验模型小于原始模型），但是速度的缩放比例大于1（实验模型周围的流体速度大于原始模型周围的流体速度）。由第4章可知，流线是运动学现象，因此当满足运动相似条件时，实验模型周围的流线和原始模型周围的流线在几何上是按照一定比例缩放的。

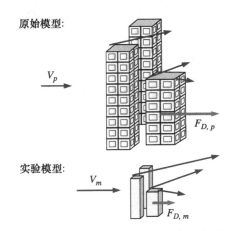

图7-16 当所有对应点的速度在实验模型流场和真实流场成比例并且方向相同时，则运动相似

第三条是动力相似。动力相似是相似条件中要求最严格的。动力相似是指在实验模型的流场中所有的力和原始模型所在流场中的所有力满足一定的缩放比例（力 - 比例尺等价）。与几何相似、运动相似一样，动力相似的缩放比例也可以小于1、等于1或者大于1。例如在图7-16中，力的缩放比例小于1，因为作用在实验模型上的力小于作用在原始模型上的力。运动相似是动力相似的必要不充分条件。因此，实验模型流场与原始模型流场可能满足几何相似和运动相似，但是不一定满足动力相似。要完全相似则必须要同时满足这三个条件。

在一般流场中，实验模型和原始模型要完全相似则必须要同时满足几何相似、运动相似和动力相似。

我们用大写的希腊字母 Π 来表示无量纲参数。在7.2节中，我们已经讨论了一个 Π，即弗劳德数 Fr。在通常的量纲分析中，有非独立的无量纲参数 Π，我们称为非独立 Π，用 Π_1 表示。通常情况下 Π_1 是关于其他几个 Π 的函数，这些 Π 我们称为独立 Π。函数关系式为 Π 之间的函数关系：

$$\Pi_1 = f(\Pi_2, \Pi_3, \cdots, \Pi_k) \qquad （7-11）$$

式中，k 为 Π 的数目。

考虑一个用缩比模型来模拟原始模型的实验。为了确保实验模型和原始模型之间完全相似，实验模型的每一个独立的无量纲参数 Π（用下标 m 表示）都必须与原始模型的无量纲参数 Π（用下标 p 表示）对应相等，即满足 $\Pi_{2,m} = \Pi_{2,p}, \Pi_{3,m} = \Pi_{3,p}, \cdots, \Pi_{k,m} = \Pi_{k,p}$。

为保证完全相似，实验模型和原始模型必须几何相似，所有独立的无量纲参数 Π 都必须对应相等。

在满足这些条件后，实验模型中的非独立的 Π（$\Pi_{1,m}$）与原始模型

中的非独立的 Π（$\Pi_{1,p}$）也能保证相等。可以用数学上的条件语句来说明这个关系。

若 $\Pi_{2,m} = \Pi_{2,p}, \Pi_{3,m} = \Pi_{3,p}, \cdots, \Pi_{k,m} = \Pi_{k,p}$ 同时成立，则有

$$\Pi_{1,m} = \Pi_{1,p} \qquad (7\text{-}12)$$

以设计一款新型跑车为例，在风洞中我们可以对其气动性能进行实验。为了节省费用，可以将原始尺寸的汽车模型进行几何上的缩小，将缩小后的模型放在风洞中进行实验（见图7-17）。在对汽车的空气阻力进行研究过程中发现，若流体近似为不可压缩流，研究中只有两个 Π，即，

$$\Pi_1 = f(\Pi_2), \quad \text{式中} \quad \Pi_1 = \frac{F_D}{\rho V^2 L^2}, \quad \Pi_2 = \frac{\rho V L}{\mu} \quad (7\text{-}13)$$

在7.4节中将会对如何得到这两个无量纲参数进行详细的说明。在式（7-13）中，F_D 为汽车受到的气动阻力大小；ρ 为空气密度；V 为汽车速度（或风洞中的风速）；L 为汽车的长度；μ 为空气的黏度。Π_1 为非标准的阻力系数定义式，Π_2 为雷诺数 Re。你会发现在很多流体力学问题中都会涉及雷诺数（见图7-18）。

在流体力学中，雷诺数是最著名和最有效的无量纲参数。

本问题只包含一个独立的 Π，式（7-12）说明只要保证独立的 Π（雷诺数 $\Pi_{2,m} = \Pi_{2,p}$）相等，则非独立的 Π（$\Pi_{1,m} = \Pi_{1,p}$）也对应相等。这就使得工程师们可以通过测量模型车上的气动阻力值来对作用在原始尺寸汽车上的气动阻力值做出预测。

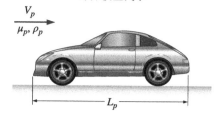

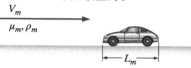

图7-17 原始模型汽车长度为 L_p，实验模型汽车长度为 L_m，两者满足几何相似

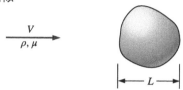

图7-18 雷诺数 Re 等于密度、特征速度和特征长度的乘积与动力黏度之比，还可以表示为特征速度乘以特征长度比上运动黏度

【例7-5】实验模型汽车和原始模型汽车的相似性

需要计算一辆新跑车的空气阻力，来流速度为 50.0mi/h（80 km/h），温度为 25℃。工程师们制作了一个 1/5 的缩比模型在风洞中进行实验。实验在冬天进行，风洞放置在没有空调的房间内，风洞中空气的温度只有 5℃。若要保证实验模型和原始模型的相似，试确定风洞的风速。

问题：利用相似性的概念来确定风洞的风速。

假设：①空气近似不可压缩（假设的有效性接下来会讨论）；②风洞的尺寸足够大，风洞的壁面对实验模型不会造成干扰；③实验模型和原始模型满足几何相似的条件；④如图7-19所示，风洞包含有一个传送带来模拟地面的运动（为了使流场中处处都满足运动相似，特别是在汽车下方，传送带是必需的）。

参数：当空气的温度 $T = 25℃$ 时，密度 $\rho = 1.184\text{kg/m}^3$，$\mu = 1.849 \times 10^{-5}\text{kg/(m·s)}$。类似地，当空气温度 $T = 5℃$ 时，$\rho = 1.269\text{kg/m}^3$，$\mu = 1.754 \times 10^{-5}\text{kg/(m·s)}$。

分析：因为本问题中只包含一个独立的 Π，在式（7-12）中，只要满足 $\Pi_{2,m} = \Pi_{2,p}$，式中 Π_2 由式（7-13）给出，我们称之为雷诺数。由此可得

$$\Pi_{2,m} = Re_m = \frac{\rho_m V_m L_m}{\mu_m} = \Pi_{2,p} = Re_p = \frac{\rho_p V_p L_p}{\mu_p}$$

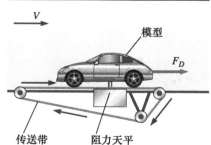

图7-19 阻力天平是在风洞实验中测量气动阻力的装置。当进行汽车阻力测试时，常常在地板上面加上传送带来模拟地面运动（以汽车为参考）

从而解出风洞实验所需的风速 V_m：

$$V_m = V_p\left(\frac{\mu_m}{\mu_p}\right)\left(\frac{\rho_p}{\rho_m}\right)\left(\frac{L_p}{L_m}\right)$$

$$= (50.0\text{mi/h})\left(\frac{1.754 \times 10^{-5}\text{kg/(m·s)}}{1.849 \times 10^{-5}\text{kg/(m·s)}}\right)\left(\frac{1.184\text{kg/m}^3}{1.269\text{kg/m}^3}\right)(5) = 221\text{mi/h}$$

因此，为了保证相似，风洞中的风速应该达到 221mi/h（约为 356km/h，三位有效数字）。注意，题目中没有给出实际汽车的尺寸，但是根据实际尺寸是实验模型的五倍可得 L_p 和 L_m 的比。当有量纲参数无量纲化之后（如本例一样），式中每一项都不含有单位了，因为分数中分子的单位和分母的单位抵消了。

讨论： 题目中计算出的风洞风速相当高（约 100m/s），风洞可能不能在这么高的风速下运行。而且因为速度较高，空气的压缩性问题也值得考虑（在例 7-8 中我们将会详细讨论）。

一旦我们确定实验模型和原始模型之间满足完全相似，根据式（7-12）可利用实验测试的参数值预测原始模型的性能。下面通过例 7-6 进行详细说明。

【例 7-6】原始模型汽车气动阻力的预测

接着例 7-5。为了达到实验模型和原始模型之间的相似，假设工程师将风洞的风速运行到 221mi/h（约 356km/h），采用阻力天平来测量汽车模型受到的阻力（见图 7-19）。记录了几组阻力的数据，平均阻力为 94.3N。试计算原始模型汽车受到的阻力（速度为 50mi/h，温度为 25℃）。

问题： 因为满足相似关系，利用实验模型得到的数据预测原始模型汽车受到的气动阻力。

分析： 相似方程（7-12）表明 $\Pi_{2,m} = \Pi_{2,p}$，$\Pi_{1,m} = \Pi_{1,p}$，式中 Π_1 由式（7-13）给出。因此，可得

$$\Pi_{1,m} = \frac{F_{D,m}}{\rho_m V_m^2 L_m^2} = \Pi_{1,p} = \frac{F_{D,p}}{\rho_p V_p^2 L_p^2}$$

解出原始模型汽车受到的气动阻力：

$$F_{D,p} = F_{D,m}\left(\frac{\rho_p}{\rho_m}\right)\left(\frac{V_p}{V_m}\right)^2\left(\frac{L_p}{L_m}\right)^2$$

$$= (94.3\text{N})\left(\frac{1.184\text{kg/m}^3}{1.269\text{kg/m}^3}\right)\left(\frac{50.0\text{mi/h}}{221\text{mi/h}}\right)^2(5)^2 = 113\text{N}$$

讨论： 通过将有量纲参数转变为无量纲参数，单位被消除了，即使同时包含英制单位和国际单位。因为在无量纲参数 Π_1 的表达式中速度和长度都是平方的，风洞中较高的速度几乎抵消了模型的较小尺寸，所以实验模型受到的阻力和原始模型受到的阻力几乎相等。实际上，如果风洞中空气的密度和黏度与原始模型周围的空气密度和黏度相同，两种情况下的阻力将会完全相同（见图 7-20）。

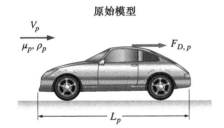

原始模型

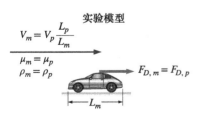

实验模型

图 7-20　如果风洞中的空气参数和实际空气参数相同（$\rho_m = \rho_p$，$\mu_m = \mu_p$），满足相似条件（$V_m = V_p L_p/L_m$），则实际模型的气动阻力和缩比模型气动阻力相同。如果两种流体的参数不同，即使是动力相似，气动阻力也不会完全相同

通过量纲参数（密度、速度等）实际值的不相关性，进一步说明了采用量纲分析和相似性来补充实验分析的能力。即使实验的流体不同，只要独立的 Π 都相等，实验流场和真实流场就相似了。这就解释了为什么汽车或飞机的一些实验可以在水洞中进行，潜艇的实验也可以在风洞中进行（见图 7-21）。假设例 7-5 和例 7-6 中的实验不是在风洞而是在水洞中进行的，并且室内水的温度为 20°C，则水洞中水流的速度由相似关系容易算得

$$V_m = V_p\left(\frac{\mu_m}{\mu_p}\right)\left(\frac{\rho_p}{\rho_m}\right)\left(\frac{L_p}{L_m}\right)$$

$$= (50.0 \text{ mi/h})\left(\frac{1.002 \times 10^{-3}\,\text{kg/(m·s)}}{1.849 \times 10^{-5}\,\text{kg/(m·s)}}\right)\left(\frac{1.184\,\text{kg/m}^3}{998.0\,\text{kg/m}^3}\right)(5) = 16.1 \text{ mi/h}$$

由计算可知，采用同样大小的实验模型，水洞的优点是所要求的水流速度远低于风洞中要求的气流速度。

图 7-21　即使是流体不同，也可以实现相似。图中是潜艇在风洞中进行测试

由NASA Langley Research Center提供

7.4　重复变量法与白金汉 Π 定理

前文已经介绍了一些采用量纲分析有效解决实际问题的例子。现在我们将学习如何得到这些无量纲参数 Π。为了达到目的，发展出了一些方法，其中最重要的方法是由埃德加·白金汉（1867—1940）推广的重复变量法。这种方法最初是由俄罗斯科学家 Dimitri Riabouchinsky（1882—1962）在 1911 年提出的。采用这种方法我们可以一步一步得到无量纲参数。共包含六步，如图 7-22 所示，更多的细节可以见表 7-2。在解决示例问题时我们将会更详细地解释这些步骤。

与很多新方法的学习一样，采用例子和练习相结合是最好的学习方法。首先我们选择一个简单的例子，考虑 7.2 节真空中物体的下落问题。假设我们不知道式（7-4）是解决问题的正确表达式，同时也不知道太多的与落体运动相关的物理知识。我们唯一知道的是物体的竖直高度 z 必须是时间 t 的函数，初始速度为 w_0，初始高度为 z_0，重力加速度为 g（见图 7-23）。量纲分析的优点是只需要知道每一个参数的基本量纲就可以了，在对物体下落问题做每一步操作的时候，我们会解释一些具体细节上的问题。

第一步： 列出问题涉及的参数，总个数记为 n。

第二步： 列出每一个参数的基本量纲。

第三步： 令基本量纲个数为 j，计算 Π 的个数 k，$k = n - j$。

第四步： 选择 j 个重复参数。

第五步： 建立 k 个无量纲参数 Π，必要时调整。

第六步： 写出最终的函数关系式，检查代数式。

图 7-22　重复变量法六个步骤

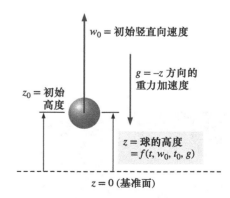

$w_0 = $ 初始竖直向速度

$g = -z$ 方向的重力加速度

$z_0 = $ 初始高度

$z = $ 球的高度 $= f(t, w_0, t_0, g)$

$z = 0$（基准面）

图 7-23　真空中物体下落问题的量纲分析。高度 z 是时间 t、初速度 w_0、初始高度 z_0 和重力加速度 g（为常数）的函数

表 7-2　重复变量法六个步骤的详细说明

第一步	列出参数（有量纲变量、无量纲变量和有量纲常数），总参数的个数记为 n，其中包括非独立变量。请确认独立参数确实相对其他参数是独立的，即不能用另外的参数来表示（例如不能同时包含半径 r 和面积 A，因为两者并不相互独立，$A = \pi r^2$）
第二步	针对每一个参数列出量纲
第三步	猜想 j 的值。开始时我们可以猜想 j 的值为基本量纲的个数，Π 的个数（k）的期望值等于 n 减去 j，则根据白金汉 Π 定理， 白金汉 Π 定理：　　　　　 $k = n - j$　　　　　（7-14） 如果在分析中出现问题，首先应该确认第一步中是否包含足够的参数。确认无误后可以将 j 的值减少 1 再次尝试
第四步	选取 j 个参数，利用选取的参数将每个 Π 表示出来。因为选取的参数会出现在每个 Π 中，所以在选择上需要格外注意（见表 7-3）

（续）

第五步	通过 j 个重复参数和剩余的变量建立每个 Π，使得 Π 为无量纲参数，这样建立 k 个无量纲参数。常常将建立的第一个非独立无量纲参数记为 Π_1（位于列表最左端），根据需要将 Π 进行适当的操作，使其与已经建立的无量纲参数一致（见表7-5）
第六步	检查 Π 并确认是无量纲的。最终写出类似式（7-11）的关系式

注：这是在量纲分析过程中逐步寻找无量纲参数组 Π 的方法。

第一步

本问题涉及五个参数（有量纲变量、无量纲变量和有量纲常数），因此，$n = 5$。以函数的形式将它们列出，非独立变量作为独立变量和常数的函数：

列出相关参数：$z = f(t, w_0, z_0, g)$，$n = 5$

第二步

将每个参数的基本量纲都列在参数下方。要求每个量纲都带上指数，方便接下来的代数分析。

$$z \qquad t \qquad w_0 \qquad z_0 \qquad g$$
$$\{L^1\} \qquad \{t^1\} \qquad \{L^1 t^{-1}\} \qquad \{L^1\} \qquad \{L^1 t^{-2}\}$$

第三步

作为开始的猜想，取 $j = 2$，本问题中基本量纲的个数为2个（L 和 t）。

简化：$j = 2$

如果 j 值正确，白金汉 Π 定理中的 Π 个数为

猜想的 Π 的个数：$k = n - j = 5 - 2 = 3$

第四步

因为 $j = 2$，所以需要选取两个重复参数。这是重复参数法中最困难（或者至少是最容易出现疑惑）的一步，关于选取重复参数的几条指导方法都已列在表7-3中。

根据表7-3中的几条指导方法，最好选取 w_0 和 z_0 作为重复参数。

重复参数：w_0 和 z_0

第五步

现在将这些重复参数和剩余参数以乘积形式组合起来求解 Π。第一个非独立的 Π 包括非独立参数 z。

非独立的 Π：$\qquad \Pi_1 = z w_0^{a_1} z_0^{b_1}$ （7-15）

式中，a_1 和 b_1 为需要确定的常数。应用第二步的量纲，代入式（7-15），通过每个量纲的指数使得 Π 变为无量纲参数：

Π_1 的量纲：$\{\Pi_1\} = \{L^0 t^0\} = \{z w_0^{a_1} z_0^{b_1}\} = \{L (L^1 t^{-1})^{a_1} L^{b_1}\}$

因为每个基本量纲都是相互独立的，所以将每个基本量纲的指数都取为0，以此来解出参数 a_1 和 b_1（见图7-24）。

时间：$\{t^0\} = \{t^{-a_1}\}$，$\quad 0 = -a_1$，$\quad a_1 = 0$

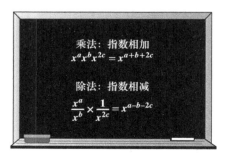

乘法：指数相加
$$x^a x^b x^{2c} = x^{a+b+2c}$$

除法：指数相减
$$\frac{x^a}{x^b} \times \frac{1}{x^{2c}} = x^{a-b-2c}$$

图7-24 指数的数学运算法则

长度：$\{L^0\} = \{L^1 L^{a_1} L^{b_1}\}$，$0 = 1 + a_1 + b_1$，$b_1 = -1 - a_1$，$b_1 = -1$

式（7-15）化为

$$\Pi_1 = \frac{z}{z_0} \tag{7-16}$$

表 7-3　重复变量法第四步中重复参数的选择方法

准则	注释和应用
1. 不要选择非独立变量，否则它将会出现在所有的无量纲参数 Π 中，这不是我们想看到的	对于目前的问题，不能选择 z，而应该从其他四个参数中选择。因此选择下列参数中的两个：t，w_0，z_0，g
2. 选择的重复参数不能组成无量纲参数群，否则得不到其余的无量纲参数 Π	在目前的问题中，选取任何两个独立参数都是有效的。为了阐述意义，假设我们选择了三个而不是两个重复参数，但不能选择 t、w_0、z_0 这三个参数，因为它们构成一个无量纲参数 tw_0/z_0
3. 选择的重复参数必须包含问题中所有的基本量纲	假设有三个基本量纲（m、L、t），选择两个重复参数。你所选择的重复参数中不能只包含长度和时间两个基本量纲，而没有包含质量这个基本量纲；合适的选择是密度和时间，它们在一起包含了问题中三个基本量纲
4. 不要选择已经是无量纲的参数	假设角度 θ 作为独立参数。但是不能选择 θ 作为重复参数，因为 θ 已经是无量纲参数了。在这种情况下，一个无量纲参数已经是已知的，即 θ
5. 不要选择量纲相同的参数，或者仅仅是量纲指数不同的参数	在目前的问题中，两个参数 z 和 z_0 单位相同（都是长度单位）。我们不能同时选择这两个参数。（注意，非独立变量 z 在准则 1 中已经被排除。）假设一个参数的量纲为长度，另一个参数的量纲为体积。在量纲分析中，体积的量纲和长度量纲没有本质区别，因此我们不能同时选择这两个参数
6. 有可能的话，尽量选择有量纲常数而不选择有量纲参数，这样就只有一个无量纲参数包含有量纲变量	在目前的问题中，如果选择 t 作为重复参数，t 将会出现在所有的三个 Π 中。虽然这没有错误，但是并不是最好的选择，因为我们知道最终需要将无量纲高度表达为无量纲时间和其他无量纲参数的函数。从原始的四个独立参数去选择，这样我们的选择有 w_0、z_0 和 g
7. 选择常见的参数，它们有可能出现在每个 Π 中	在流动问题中我们常常选择长度、速度和质量或密度（见图 7-25），而不选择黏度 μ 或表面张力 σ_s，因为通常情况下我们不希望在量纲参数中出现 μ 或 σ_s。在目前的问题中，最好选择 w_0 和 z_0，而不选 g
8. 尽可能选择简单的参数而不要选择复杂的参数	所选择的参数最好只有一个或两个基本量纲（长度、时间、质量或速度），而不要选择含有多个基本量纲的参数（如能量或压强）

注：这些指导虽然不是绝对可靠的，但是可以帮助你选择重复参数，利用这些参数通常可以最轻松地建立无量纲 π 函数。

每日提示

对于大多数流动，可选长度、速度、质量和密度作为重复参数

图 7-25　最好选择常见的参数作为重复参数，因为它们将出现在无量纲参数群中

同样地，我们可以通过重复参数和独立参数 t 相结合创造第一个独立的 Π（Π_2）。

第一个独立的 Π：$\Pi_2 = t w_0^{a_2} z_0^{b_2}$

Π_2 的量纲：$\{\Pi_2\} = \{L^0 t^0\} = \{t w_0^{a_2} z_0^{b_2}\} = \{t (L^1 t^{-1})^{a_2} L^{b_2}\}$

根据指数解方程：

时间：$\{t^0\} = \{t^1 t^{-a_2}\}$，$0 = 1 - a_2$，$a_2 = 1$

长度：$\{L^0\} = \{L^{a_2} L^{b_2}\}$，$0 = a_2 + b_2$，$b_2 = -a_2$，$b_2 = -1$

因此，Π_2 的表达式为

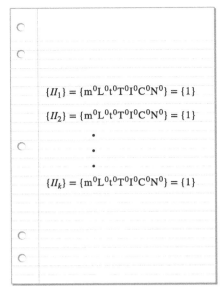

$$\{II_1\} = \{m^0 L^0 t^0 T^0 I^0 C^0 N^0\} = \{1\}$$

$$\{II_2\} = \{m^0 L^0 t^0 T^0 I^0 C^0 N^0\} = \{1\}$$

$$\vdots$$

$$\{II_k\} = \{m^0 L^0 t^0 T^0 I^0 C^0 N^0\} = \{1\}$$

图 7-26 无量纲参数群是无量纲的，因为我们将七个基本量纲的指数都设为 0

$$\Pi_2 = \frac{w_0 t}{z_0} \tag{7-17}$$

最后我们通过将重复参数和 g 组合，并强制 Π 变为无量纲来创造第二个独立的 Π（Π_3）（见图 7-26）。

第二个独立的 Π：$\Pi_3 = g w_0^{a_3} z_0^{b_3}$

Π_3 的量纲：$\{\Pi_3\} = \{L^0 t^0\} = \{g w_0^{a_3} z_0^{b_3}\} = \{L^1 t^{-2}(L^1 t^{-1})^{a_3} L^{b_3}\}$

方程指数：

时间：$\{t^0\} = \{t^{-2} t^{-a_3}\}$, $\quad 0 = -2 - a_3$, $\quad a_3 = -2$

长度：$\{L^0\} = \{L^1 L^{a_3} L^{b_3}\}$, $\quad 0 = 1 + a_3 + b_3$, $\quad b_3 = -1 - a_3$, $\quad b_3 = 1$

因此 Π_3 的表达式为

$$\Pi_3 = \frac{g z_0}{w_0^2} \tag{7-18}$$

至此，三个 Π 都已找到，但是最好进行检查，看是否需要将它们进行处理。从式（7-6）可以立刻看出 Π_1 和 Π_2 与无量纲参数 z^* 和 t^* 一样，因此不需要将它们做其他处理。但是我们注意到第三个 Π 需要加上 $-\frac{1}{2}$ 次方才能和式（7-8）中弗劳德数的形式保持一致。

修正的 Π_3: $\quad \Pi_{3,\,\text{modified}} = \left(\frac{g z_0}{w_0^2}\right)^{-\frac{1}{2}} = \frac{w_0}{\sqrt{g z_0}} = Fr \tag{7-19}$

为了将所得到的 Π 和已经建立的无量纲参数保证形式上的一致，类似于这样的修正是十分有必要的。式（7-18）的无量纲参数本身没有错误，式（7-19）在数学上相对于式（7-18）也没有什么优势。然而我们认为式（7-19）是更被大家接受的形式，因为在很多相关文献中都出现了这样的无量纲参数。在表 7-4 中列出了一些无量纲参数 Π 如何转变为已经建立的无量纲参数的方法。

表 7-4　对重复变量法产生 Π 的操作指南

准则	注释和应用
1. 可能会对无量纲参数 Π 增加指数操作，或对它进行函数操作	可以对 Π 增加指数 n（Π^n）而不改变其无量纲的性质。例如，在本题中对 Π_3 增加指数 $-\frac{1}{2}$。类似地，我们可以进行函数操作而不影响 Π 的量纲，例如 $\sin(\Pi)$、$\exp(\Pi)$ 等
2. 可以在 Π 前面乘以一个常数	有时无量纲因数 $\frac{1}{2}$，2，4 等包含在 Π 中。这都是允许的，因为这些因数不会对 Π 的量纲造成影响
3. 可以利用 Π 的乘积或商来代替其中的某个 Π	可以通过 $\Pi_3\Pi_1$ 或 Π_3/Π_2 来代替 Π_3。有时利用这些操作可以将得到的 Π 变换为已经建立的 Π。在很多情况下，如果选择的重复参数不同，所得到的无量纲 Π 和已经建立的无量纲参数 Π 之间会有所不同
4. 可能会利用上面三个准则的组合	通常情况下，可以利用新的 Π 替换任意的 Π，例如 $A\Pi_3^B \sin(\Pi_1^C)$，式中，A、B、C 都是常数
5. 有时会将 Π 中的无量纲参数利用其他的含有同样量纲的无量纲参数进行替换	例如，Π 可能含有长度的平方或者长度的立方，为了和已经建立的无量纲参数保持一致，可以利用面积或者体积进行替换

注：这些指南在重复变量法的步骤 5 中很有用，并且列出来帮助你将无量纲组转换为标准、已建立的无量纲参数，其中许多列于表 7-5。

表 7-5 列出了一些已经建立的无量纲参数，大部分都是以著名科学家的名字来命名的（见图 7-27 和本章的背景介绍）。表中列举的当然并不全面。有可能的话，你应该尽量将你所得到的无量纲参数转化为已经建立的无量纲参数。

表 7-5　流体力学和传热学常用的已经建立的无量纲参数

名称及符号	定义	物理意义
阿基米德数 Ar	$Ar = \dfrac{\rho_s g L^3}{\mu^2}(\rho_s - \rho)$	$\dfrac{重力}{黏性力}$
长宽比 AR	$AR = \dfrac{L}{W}$ 或 $\dfrac{L}{D}$	$\dfrac{长}{宽}$ 或 $\dfrac{长}{直径}$
毕奥数 Bi	$Bi = \dfrac{hL}{k}$	$\dfrac{内部热阻}{表面热阻}$
邦德数 Bo	$Bo = \dfrac{g(\rho_f - \rho_v)L^2}{\sigma_s}$	$\dfrac{重力}{表面张力}$
空化数 Ca	Ca（有时也用σ_c）$= \dfrac{P - P_v}{\rho V^2}$ $\left[有时也用\ \dfrac{2(P - P_v)}{\rho V^2}\right]$	$\dfrac{压强 - 蒸汽压}{惯性压强}$
达西摩擦系数 f	$f = \dfrac{8\tau_w}{\rho V^2}$	$\dfrac{壁面摩擦力}{惯性力}$
阻力系数 C_D	$C_D = \dfrac{F_D}{\frac{1}{2}\rho V^2 A}$	$\dfrac{阻力}{动力}$
埃克特数 Ec	$Ec = \dfrac{V^2}{c_p T}$	$\dfrac{动能}{焓}$
欧拉数 Eu	$Eu = \dfrac{\Delta P}{\rho V^2}$ $\left(或\ \dfrac{\Delta P}{\frac{1}{2}\rho V^2}\right)$	$\dfrac{压差}{动力}$
范宁摩擦系数 C_f	$C_f = \dfrac{2\tau_w}{\rho V^2}$	$\dfrac{壁面摩擦力}{惯性力}$
傅里叶数 Fo	Fo（有时也用 τ）$= \dfrac{\alpha t}{L^2}$	$\dfrac{物理时间}{热扩散时间}$
弗劳德数 Fr	$Fr = \dfrac{V}{\sqrt{gL}}$ $\left(有时也用\ \dfrac{V^2}{gL}\right)$	$\dfrac{惯性力}{重力}$
格拉晓夫数 Gr	$Gr = \dfrac{g\beta|\Delta T|L^3\rho^2}{\mu^2}$	$\dfrac{浮力}{黏性力}$
雅各布数 Ja	$Ja = \dfrac{c_p(T - T_{sat})}{h_{fg}}$	$\dfrac{显热}{潜能}$
克努森数 Kn	$Kn = \dfrac{\lambda}{L}$	$\dfrac{平均自由程}{特征长度}$
刘易斯数 Le	$Le = \dfrac{k}{\rho c_p D_{AB}} = \dfrac{\alpha}{D_{AB}}$	$\dfrac{热扩散}{组分扩散}$
升力系数 C_L	$C_L = \dfrac{F_L}{\frac{1}{2}\rho V^2 A}$	$\dfrac{升力}{动力}$
马赫数 Ma	Ma（有时也用M）$= \dfrac{V}{c}$	$\dfrac{流速}{声速}$
努赛尔数 Nu	$Nu = \dfrac{Lh}{k}$	$\dfrac{对流传热}{导热传热}$
佩克莱数 Pe	$Pe = \dfrac{\rho L V c_p}{k} = \dfrac{LV}{\alpha}$	$\dfrac{对流传热量}{导热量}$
功率数 N_P	$N_P = \dfrac{\dot{W}}{\rho D^5 \omega^3}$	$\dfrac{功率}{转动惯量}$
普朗特数 Pr	$Pr = \dfrac{\nu}{\alpha} = \dfrac{\mu c_p}{k}$	$\dfrac{黏性扩散}{热扩散}$

图 7-27　已经建立的无量纲参数常常是以著名科学家的名字来命名的

（续）

名称及符号	定义	物理意义
压强系数 C_p	$C_p = \dfrac{P - P_\infty}{\frac{1}{2}\rho V^2}$	$\dfrac{静压差}{动压}$
瑞利数 Ra	$Ra = \dfrac{g\beta|\Delta T|L^3\rho^2 c_p}{k\mu}$	$\dfrac{浮力}{黏性力}$
雷诺数 Re	$Re = \dfrac{\rho VL}{\mu} = \dfrac{VL}{\nu}$	$\dfrac{惯性力}{黏性力}$
理查森数 Ri	$Ri = \dfrac{L^5 g\Delta\rho}{\rho\dot{V}^2}$	$\dfrac{浮力}{惯性力}$
施密特数 Sc	$Sc = \dfrac{\mu}{\rho D_{AB}} = \dfrac{\nu}{D_{AB}}$	$\dfrac{黏性扩散}{组分扩散}$
舍伍德数 Sh	$Sh = \dfrac{VL}{D_{AB}}$	$\dfrac{总质量扩散}{组分扩散}$
比热比 k	$k（有时也用\gamma）= \dfrac{c_p}{c_\upsilon}$	$\dfrac{焓}{内能}$
斯坦顿数 St	$St = \dfrac{h}{\rho c_p V}$	$\dfrac{对流传热量}{热容量}$
斯托克斯数 Stk	$Stk（有时也用St）= \dfrac{\rho_p D_p^2 V}{18\mu L}$	$\dfrac{粒子松弛时间}{特征流动时间}$
施特劳哈尔数 St	$St（有时也用S或Sr）= \dfrac{fL}{V}$	$\dfrac{特征流动时间}{振动周期}$
韦伯数 We	$We = \dfrac{\rho V^2 L}{\sigma_s}$	$\dfrac{惯性力}{表面张力}$

注：A 为特征面积，D 为特征直径，f 为特征频率（Hz），L 为特征长度，t 为特征时间，T 为特征（绝对）温度，V 为特征速度，W 为特征宽度，$\dot{W}$ 是特征功率，ω 是特征角速度（rad/s）；其他参数和流体性质包括：c = 声速，c_p、c_υ = 比热容，D_p = 粒子直径，D_{AB} = 细分扩散系数，h = 对流换热系数，h_{fg} = 蒸发潜热，k = 导热系数，P = 压强，T_{sat} = 饱和温度，$\dot{V}$ = 体积流量，α = 热扩散系数，β = 膨胀系数，λ = 平均自由程长度，μ = 黏度，ν = 运动黏度，ρ = 流体密度，ρ_f = 液体密度，ρ_p = 粒子密度，ρ_s = 固体密度，ρ_v = 蒸气密度，σ_s = 表面张力，τ_w = 壁面切应力。

第六步

我们应该再次确定这些无量纲参数 Π 确实是没有量纲的（见图7-28）。可以用现有的例子进行确认，最终写出无量纲参数之间的函数关系式。将式（7-16）、式（7-17）和式（7-19）进行合并得到类似式（7-11）的形式。

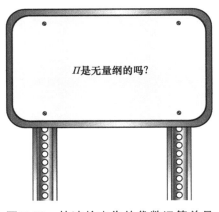

Π 是无量纲的吗？

图7-28 快速检查你的代数运算总是明智的

Π 之间的函数关系式：$\Pi_1 = f(\Pi_2, \Pi_3) \quad \rightarrow \quad \dfrac{z}{z_0} = f\left(\dfrac{w_0 t}{z_0}, \dfrac{w_0}{\sqrt{g z_0}}\right)$

或者像式（7-6）定义的无量纲变量 z^*、t^* 和弗劳德数一样得到它们之间的关系式。

量纲分析最终的结果：$z^* = f(t^*, Fr)$ （7-20）

将无量纲分析的结果式（7-20）和准确分析的结果式（7-10）进行对比，重复变量法可以预测无量纲参数群之间的关系，但是，

重复变量法不能准确预测方程的数学形式。

这就是量纲分析和重复变量法的限制，正如例7-7所示，对于一些简单的问题，方程的形式可以由未知的常数来确定。

历史聚焦：无量纲参数所纪念的人

客座作者：Glenn Brown，俄克拉荷马州立大学

我们常用的已经建立的无量纲参数常常以科学家、工程师的名字来命名，以此来纪念对无量纲参数做出贡献的人。在很多情况下，该科学家并不是第一个定义这个无量纲参数的人，但是他在其工作中经常用到了该无量纲参数或者类似的无量纲参数。下面是部分科学家的介绍，请注意一些无量纲参数并不只有一个名字。

阿基米德（前287—前212）古希腊数学家，定义了浮力。

毕奥（1774—1862）法国数学家，是热、电、弹力等方面的先驱，同时他在测量子午线长度方面推动了米制单位的发展。

达西（1803—1858）法国工程师，对管道流动进行了广泛的实验并首次进行了定量过滤实验。

埃克特（1904—2004）德裔美国工程师，施密特的学生，在边界层传热方面做了最早的工作。

欧拉（1707—1783）瑞士数学家，他和伯努利一起建立了流动方程，定义了离心机的概念。

范宁（1837—1911）美国工程师，1877年在他的书中利用达西的数据得到阻力值，对魏斯巴赫方程进行了修正。

傅里叶（1768—1830）法国数学家，他在传热学和其他几个课题方面做了开创性工作。

弗劳德（1810—1879）英国工程师，他建立了舰艇模型方法以及从实验模型到原型之间波的传播和边界阻力转换。

格拉晓夫（1826—1893）德国工程师和教育家，以多产的论文作者、编辑、校对人和报刊发行人而著名。

雅各布（1879—1955）德裔美国物理学家，工程师和教科书作者，在传热方向做了先驱工作。

克努森（1871—1949）丹麦物理学家，帮助建立了气体的运动理论。

刘易斯（1882—1975）美国工程师，研究了蒸馏、提纯和流化床反应。

马赫（1838—1916）澳大利亚物理学家，第一个意识到当运动速度超过声速时将会引起流体性质的剧烈变化。在物理学和哲学方面，他的思想极大地影响了整个20世纪，影响了爱因斯坦相对论的发展。

努赛尔（1882—1957）德国工程师，第一个将相似理论应用到传热学。

佩克莱特（1793—1857）法国教育家、物理学家和工业研究员。

普朗特（1875—1953）德国工程师，建立了边界层理论，被认为是现代流体力学的创始人。

瑞利（1842—1919）英国科学家，研究了动力相似、空化现象和气泡破裂问题。

雷诺（1842—1912）英国工程师，研究了管道流动问题，建立了基于平均速度的黏性流动方程。

理查森（1881—1953）英国数学家、物理学家、心理学家，是将流体力学应用到大气湍流的先驱者。

施密特（1892—1975）德国科学家，传热和传质领域的先驱，首次测量了自由对流边界层内的速度场和温度场。

舍伍德（1903—1976）美国工程师和教育家，研究了传质和流动的相互作用、化学反应、工业过程操作。

斯坦顿（1865—1931）英国工程师，雷诺的学生，他为流体流动的许多领域做出了贡献。

斯托克斯（1819—1903）爱尔兰科学家，发展了黏性运动方程和扩散方程。

斯特劳哈尔（1850—1922）捷克物理学家，证明了电线振荡的周期与流过电线的空气速度有关。

韦伯（1871—1951）德国教授，将相似理论应用到毛细流动。

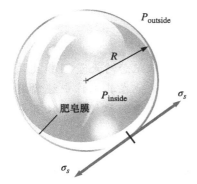

图 7-29　由于表面张力的作用，肥皂泡内部的压强比外部压强大

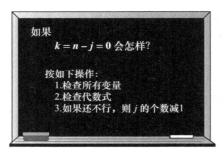

图 7-30　如果重复变量中得到无量纲参数个数为零，说明出现了错误，或者需要将 j 减小 1 重新计算

【例 7-7】肥皂泡的压强

一些小孩正在玩肥皂泡，你对肥皂泡内部的压强和肥皂泡半径之间的关系感到好奇（见图 7-29）。你认为肥皂泡内部的气体压强大于外界大气压强，肥皂泡表面受到张力作用，像气球的表面一样。同时你也知道表面张力在这个问题中十分重要。在不知道更多物理知识的情况下，你决定利用量纲分析来解决这个问题。建立肥皂泡内外压强差 $\Delta P = P_内 - P_外$、肥皂泡半径 R 和肥皂泡的表面张力 σ_s 之间的关系。

问题：通过重复变量法分析肥皂泡内的压强和外界大气压强之间的差值。

假设：①肥皂泡在空气中静止，不考虑重力的影响；②本问题中除了已经列出的参数，没有其他变量和常数。

分析：采用重复变量法一步步操作。

第一步：本问题中有三个变量和常数，$n = 3$。将它们以函数的形式列出，并将非独立变量写成独立变量和常数的函数形式：

列出相关参数：$\Delta P = f(R, \sigma_s)$，$n = 3$

第二步：列出每个参数的量纲，由例 7-1 可得表面张力的量纲，由例 7-2 可得压强的量纲。

$$\Delta P \qquad R \qquad \sigma_s$$
$$\{m^1 L^{-1} t^{-2}\} \qquad \{L^1\} \qquad \{m^1 t^{-2}\}$$

第三步：正如我们开始的猜想一样，取 $j = 3$，本题中的基本量纲的个数为 3 个（m、L 和 t）。

简化（第一猜想）：$j = 3$

如果所猜想的 j 是正确的，对应的 Π 的个数 $k = n - j = 3 - 3 = 0$。但是 Π 的个数能为零个么？看上去就是不正确的（见图 7-30），遇到这种情况首先需要去确定是否忽略了一些重要的变量或常数，因为确定压差只受气泡半径和表面张力的影响，将 j 的值减小 1，

简化（第二猜想）：$j = 2$

如果猜想的 j 是正确的，$k = n - j = 3 - 2 = 1$，因此对应的 Π 为一个，相对于之前零个 Π 更加符合物理实际。

第四步：由于 $j = 2$，因此需要选择两个重复参数。根据表 7-3 的步骤，只能选择 R 和 σ_s，因为 ΔP 为非独立变量。

第五步：将这些重复参数写成乘积的形式，利用非独立变量 ΔP 来生成非独立的 Π。

非独立的 Π：$\qquad \Pi_1 = \Delta P R^{a_1} \sigma_s^{b_1}$ （1）

将第二步的量纲代入式（1）中，将 Π 进行无量纲化。

无量纲的 Π_1：

$$\{\Pi_1\} = \{m^0 t^0 t^0\} = \{\Delta P R^{a_1} \sigma_s^{b_1}\} = \{(m^1 L^{-1} t^{-2}) L^{a_1} (m^1 t^{-2})^{b_1}\}$$

将基本量纲的指数列成方程的形式来解出 a_1 和 b_1：

时间： $\{t^0\} = \{t^{-2}t^{-2b_1}\}, \quad 0 = -2 - 2b_1, \quad b_1 = -1$

质量： $\{m^0\} = \{m^1 m^{b_1}\}, \quad 0 = -1 + b_1, \quad b_1 = -1$

长度： $\{L^0\} = \{L^{-1}L^{a_1}\}, \quad 0 = -1 + a_1, \quad a_1 = 1$

幸运的是，前面两个结果正好相符，因此式（1）变为

$$\Pi_1 = \frac{\Delta P R}{\sigma_s} \tag{2}$$

由表7-5可知，我们建立的无量纲参数与式（2）最相似的是韦伯数，韦伯数的定义为压强（ρV^2）乘以长度然后除以表面张力。对于本题中的 Π 不需要进行其他的操作。

第六步：写出最终的函数关系式。在本题中，只含有一个 Π，它不是任何参数的函数。可能 Π 就是一个常数。将式（2）代入式（7-11）的函数形式，

Π 之间的关系： $\Pi_1 = \dfrac{\Delta P R}{\sigma_s} = \text{const} = C \rightarrow \Delta P = C\dfrac{\sigma_s}{R}$ （3）

讨论：本题告诉我们，即使对于某个现象不知道任何相关的物理知识，也可以利用量纲分析来得到最终的关系式。从得到的表达式中可以看出，如果肥皂泡的半径增加为原来的两倍，压强差将会减小为原来的一半。类似地，如果表面张力变为两倍，ΔP 将会增加为两倍。但是量纲分析不能得到式（3）中的常数值，通过进一步的分析（或者实验）得到该常数值为4（见第2章）。

【例7-8】机翼的升力

气动工程师们设计了一种机翼，希望能预测出这种新型机翼的升力（见图7-31）。机翼的弦长 L_c 为 1.12m，平面形状面积 A（机翼为 0° 攻角，从上往下看的面积）等于 $10.7m^2$。原始模型的飞行速度 $V = 52.0m/s$，温度 $T = 25°C$。利用一个 1/10 的缩小模型在风洞中进行实验。风洞的最大压强可达 5atm。若要满足动力相似，试确定风洞的风速和压强。

问题：为了达到动力相似，需要确定风洞的风速和压强。

假设：①原始模型的飞行环境为标准大气环境；②实验模型和原始模型满足几何相似。

分析：首先利用重复变量法一步一步得到无量纲参数，然后得到实验模型和原始模型之间非独立的 Π。

第一步：本题中包含七个参数（变量和常数），$n = 7$。将它们列成函数的形式，将非独立参数表示成独立参数的函数。

列出相关参数： $F_L = f(V, L_c, \rho, \mu, c, \alpha), n = 7$

式中，F_L 为机翼的升力；V 为流体的速度；L_c 为机翼的弦长；ρ 为流体的密度；μ 为流体黏度；c 为流体中的声速；α 为机翼的攻角。

第二步：列出每个参数的量纲，其中攻角 α 没有量纲。

F_L	V	L_c	ρ	μ	c	α
$\{m^1 L^1 t^{-2}\}$	$\{L^1 t^{-1}\}$	$\{L^1\}$	$\{m^1 L^{-3}\}$	$\{m^1 L^{-1} t^{-1}\}$	$\{L^1 t^{-1}\}$	$\{1\}$

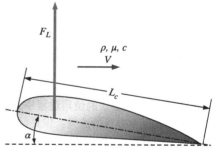

图7-31 机翼的弦长为 L_c，攻角为 α，自由来流速度为 V（密度为 ρ，黏度为 μ），流体中的声速为 c，攻角是相对自由来流方向的，升力为 F_L

第三步：正如一开始猜想的，本问题中基本量纲的个数 j 的值取为 3，即问题中主要量纲的数量（m、L 和 t）。

简化：$j = 3$

如果猜想的 j 值是正确的，则对应的无量纲参数 Π 的个数 $k = n - j = 7 - 3 = 4$。

第四步：因为 $j = 3$，所以需要选择三个重复参数。根据表 7-3 中的步骤，不能选择非独立参数 F_L。也不能选择攻角 α，因为它已经无量纲化。又因为 V 和 c 的量纲是相同的，所以不能同时选择这两个参数。当然 μ 出现在无量纲参数 Π 中也不是我们想看到的。因此最好的选择是 V、L_c 和 ρ 或者 c、L_c 和 ρ。在这两种选择中，前者较好，这是因为在表 7-5 中只有一个已经建立的无量纲参数是包含有声速的，而含有速度的无量纲参数则十分常见，出现在多个已建立的无量纲参数中（见图 7-32）。

重复参数：V、L_c 和 ρ

第五步：生成非独立的 Π。

$$\Pi_1 = F_L V^{a_1} L_c^{b_1} \rho^{c_1} \quad \rightarrow \quad \{\Pi_1\} = \{(m^1 L^1 t^{-2})(L^1 t^{-1})^{a_1}(L^1)^{b_1}(m^1 L^{-3})^{c_1}\}$$

通过指数使得 Π 变为无量纲参数（代数过程未显示），解得 $a_1 = -2$，$b_1 = -2$，$c_1 = -1$。因此，非独立参数 Π 为

$$\Pi_1 = \frac{F_L}{\rho V^2 L_c^2}$$

由表 7-5 可知，在已经建立的无量纲参数中，与 Π_1 最类似的是升力系数，不同的是升力系数（的表达式）分母中是面积而不是弦长的二次方，同时升力系数的分母中还有系数 1/2。因此，可以将 Π 按照表 7-4 中的步骤进行操作。

修正的 Π_1：$\Pi_{1,\text{modified}} = \dfrac{F_L}{\frac{1}{2}\rho V^2 A} = $ 升力系数 $= C_L$

类似地，第一个独立的无量纲参数 Π 为

$$\Pi_2 = \mu V^{a_2} L_c^{b_2} \rho^{c_2} \quad \rightarrow \quad \{\Pi_2\} = \{(m^1 L^{-1} t^{-1})(L^1 t^{-1})^{a_2}(L^1)^{b_2}(m^1 L^{-3})^{c_2}\}$$

可以解出 $a_2 = -1$，$b_2 = -1$，$c_2 = -1$，因此

$$\Pi_2 = \frac{\mu}{\rho V L_c}$$

由上式可以看出 Π 为雷诺数的倒数，因此修正之后的 Π_2 为

$$\Pi_{2,\text{modified}} = \frac{\rho V L_c}{\mu} = $$ 雷诺数 $= Re$

第三个 Π 由声速组成，操作的细节留给大家自己进行。最终的结果是

$$\Pi_3 = \frac{V}{c} = $$ 马赫数 $= Ma$

最后，由于攻角 α 已经无量纲化，因此自身构成无量纲参数 Π（见图 7-33）。如果你进行代数运算会发现所有的指数都为零，因此

$$\Pi_4 = \alpha = $$ 攻角

第六步：写出最终的函数表达式：

$$C_L = \frac{F_L}{\frac{1}{2}\rho V^2 A} = f(Re, Ma, \alpha) \tag{1}$$

图 7-32 在重复变量法的使用过程中，最难的部分是重复参数的选择。但是经过有效的练习我们可以快速地进行选择

图 7-33 已经是无量纲的参数其自身可以作为一个 Π，不需要进行更多的操作

为了得到动力相似，式（7-12）要求式（1）中三个非独立的无量纲参数在实验模型和原始模型之间保证完全相同。满足攻角相同是十分容易的，但保证雷诺数和马赫数同时相同则比较困难。例如，如果风洞运行的温度和压强与原始模型所处的空气温度和压强相同，风洞中实验模型周围空气的 ρ、μ、c 与原始模型所在大气的 ρ、μ、c 相同，若将风洞的空气流速运行到原始模型的十倍，则雷诺数就满足相似（因为实验模型是原始模型的 1/10）。但是马赫数就会相差十倍，当环境温度为 25°C 时，c 大约为 346m/s，此时原始机翼模型的马赫数为 $Ma_p = 52.0/346 = 0.150$，为亚声速流动。若以风洞中的空气流速来计算的话，马赫数将会为 1.5，此时为超声速流动！显然这么做不合适，因为亚声速流场和超声速流场之间的物理差别非常大。另一方面，如果满足马赫数相同，实验模型的雷诺数将会是原始模型的十倍。

我们该怎么办呢？常用的准则是当马赫数小于 0.3 时，正如我们所遇到的情况，流体的可压缩性就可以忽略，因此没有必要满足马赫数相同，在一定程度上，当马赫数保持在 0.3 以下，通过让雷诺数相同可以达到动力相似。现在的问题是当马赫数较低时，如何使雷诺数相同，这就是采用加压风洞的原因。在温度一定的情况下，密度和压强成正比，然而黏度和声速受压强的影响非常小。如果风洞的压强能达到 10atm，我们可以将风洞的速度加到和原始模型一样，这样就能同时满足马赫数和雷诺数相同。然而，最大的风洞压强只能到 5atm，所需的风速是原始模型的两倍，或 104m/s。风洞的马赫数将会变为 $Ma_m = 104/346 = 0.301$，大约是可压缩气体的上限，因此风洞的风速应该要达到大约 100m/s，压强为 5atm，温度为 25°C。

讨论： 这个例题说明量纲分析的局限性，换句话说，我们常常不能让模型内部所有的无量纲参数都相同。在实际中常用的解决方法是折中处理，让影响最大的无量纲参数保证相同。在许多实际的流体力学问题中，如果雷诺数足够大的话，动力相似对雷诺数的要求不是很严格。如果实际模型的马赫数比 0.3 大得多，为了确保合理的结果最好使马赫数相同而不是雷诺数相同。此外，当实验采用的流体和实际流体不一样时，同样也需要满足比热比（k）相同，因为可压缩流动表现出与 k 很强的相关性（见第 12 章）。将在 7.5 节中对这个问题做出详细的讨论。

回顾例 7-5 和例 7-6 中原始模型汽车所在的流场空气速度为 50mile/h，而风洞中的空气速度为 221mile/h。在 25°C 的条件下，原始模型对应的马赫数 $Ma_p = 0.065$，在 5°C 条件下，风洞中的马赫数为 0.29——正好是不可压缩流的上限。因此，需要在量纲分析时考虑声速的影响，将马赫数作为一个增加的无量纲参数 Π。在保持马赫数低的同时匹配雷诺数的另一种方法是使用诸如水这样的液体，因为即使在高速情况下，水也可近似为不可压缩流。

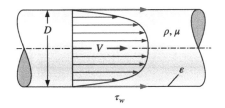

图 7-34 管内壁面存在摩擦，切应力 τ_w 是平均速度 V、平均壁面粗糙度 ε、流体密度 ρ、黏度 μ 和内管道直径 D 的函数

【例 7-9】管道摩擦问题

考虑一根长水平管道，管道截面为直径为 D 的圆，里面为不可压缩流体，密度为 ρ，黏度为 μ。速度剖面如图 7-34 所示，V 为管道横截面上的平均速度，根据质量守恒沿管道保持恒定。对于足够长的管道，流场逐渐变为充分发展的流动，意味着速度剖面也将保持不变。由于流体和管道壁面之间摩擦的作用，在管道内壁面存在切应力 τ_w。在充分发展区，切应力同样也沿管道保持不变。假设管道内壁面的平均粗糙度为 ε。随着流动向下游发展，唯一变化的量是压强，由于摩擦的作用，流体向下游运动的过程中伴随着压强的减小。试建立壁面切应力 τ_w 和其他相关参数的无量纲关系式。

问题： 需要建立壁面切应力 τ_w 和其他相关参数的无量纲关系式。

假设： ①流动是完全发展的；②流体是不可压缩的；③除了题目中给定的参数，没有其他的参数对所研究的问题有很大影响。

分析： 采用重复变量法一步一步得到无量纲关系式。

第一步： 问题中含有六个参数（变量和常数），$n = 6$。将它们写成函数的形式，将非独立变量写成独立变量的函数：

列出相关参数：$\tau_w = f(V, \varepsilon, \rho, \mu, D)$，$n = 6$

第二步： 列出每个参数的量纲。注意，切应力定义为单位面积的力，因此与压强的量纲相同。

τ_w	V	ε	ρ	μ	D
$\{m^1 L^{-1} t^{-2}\}$	$\{L^1 t^{-1}\}$	$\{L^1\}$	$\{m^1 L^{-3}\}$	$\{m^1 L^{-1} t^{-1}\}$	$\{L^1\}$

第三步： 作为一开始的猜想，本题中无量纲参数的个数 j 的值为 3（m、L 和 t）。

简化：$j = 3$

如果这个 j 值是正确的，对应的 Π 的个数 $k = n - j = 6 - 3 = 3$。

第四步： 因为 $j = 3$，所以选择三个重复参数。根据表 7-3 中的步骤，不能选择非独立变量 τ_w。也不能同时选择 ε 和 D，因为它们的量纲完全相同。在 Π 的表达式中，我们也不希望出现 μ 或 ε，最好的选择是 V、D 和 ρ 这三个参数。

重复参数：V、D 和 ρ

第五步： 生成非独立的 Π。

$\Pi_1 = \tau_w V^{a_1} D^{b_1} \rho^{c_1}$ → $\{\Pi_1\} = \{(m^1 L^{-1} t^{-2})(L^1 t^{-1})^{a_1}(L^1)^{b_1}(m^1 L^{-3})^{c_1}\}$

解得 $a_1 = -2$，$b_1 = 0$，$c_1 = -1$ 因此非独立的 Π 为

$$\Pi_1 = \frac{\tau_w}{\rho V^2}$$

由表 7-5 可知，在已经建立的无量纲参数中，与 Π_1 最相似的是达西摩擦系数，只是在分子上多了系数 8（见图 7-35）。于是可以根据表 7-4 中的步骤将得到的 Π_1 进行如下修正。

修正的 Π_1：$\Pi_{1,\text{modified}} = \dfrac{8\tau_w}{\rho V^2} =$ 达西摩擦系数 $= f$

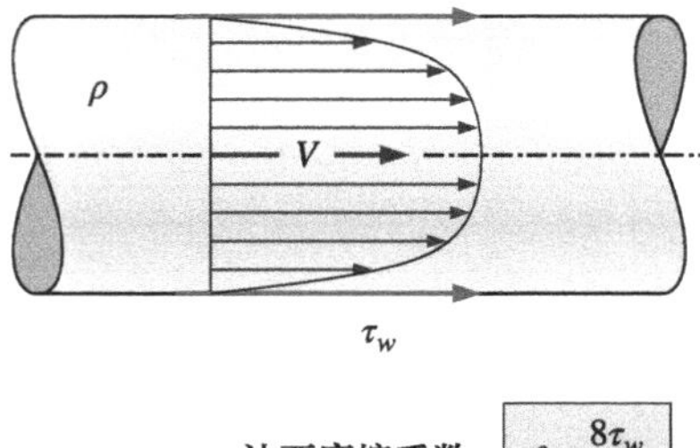

达西摩擦系数：$f = \dfrac{8\tau_w}{\rho V^2}$

范宁摩擦系数：$C_f = \dfrac{2\tau_w}{\rho V^2}$

图 7-35 虽然管道中常用达西摩擦系数，你也应该了解另外一个参数，范宁摩擦系数。两者之间的关系为 $f = 4C_f$

类似地，另外两个独立的 Π 采用同样的方法得到，推导的细节留给读者来完成，最终的结果是：

$$\Pi_2 = \mu V^{a_2} D^{b_2} \rho^{c_2} \quad \rightarrow \quad \Pi_2 = \frac{\rho V D}{\mu} = 雷诺数 = Re$$

$$\Pi_3 = \varepsilon V^{a_3} D^{b_3} \rho^{c_3} \quad \rightarrow \quad \Pi_3 = \frac{\varepsilon}{D} = 粗糙度比$$

第六步：写出最终的函数关系式为

$$f = \frac{8\tau_w}{\rho V^2} = f\left(Re, \frac{\varepsilon}{D}\right) \tag{1}$$

讨论：本题的结果适用于层流和充分发展的湍流，然而第二个独立变量（粗糙度比 ε/D）对层流的影响没有对湍流的影响大。从本题中可以看出几何相似和量纲分析之间的联系。首先必须要满足 ε/D 相同，因为它是本题中的独立无量纲参数。从另一个角度来看，将粗糙度看作是几何性质，有必要匹配 ε/D 以满足两个管道之间的几何相似性。

为了确定例 7-9 中式（1）的有效性，我们采用计算流体力学（CFD）方法来对速度分布和壁面切应力进行预测，选取两个物理性质不同但是动力相似的管道流动进行分析，包括下面两种计算状态：

- 空气的温度为 300K，平均速度为 14.5ft/s，管道内径为 1.00ft，平均表面粗糙物高度为 0.0010ft。
- 水的温度为 300K，平均速度为 3.09m/s，管道内径为 0.0300m，平均表面粗糙物高度为 0.030mm。

因为两个管道都是圆形管道，因此满足几何相似。它们的平均粗糙度比（在两种情况下 $\varepsilon/D = 0.0010$）相同。我们选择的管道平均速度和直径满足动力相似。特别地，另外一个独立的无量纲参数（雷诺数）在两个管道中也相同。

$$Re_{air} = \frac{\rho_{air} V_{air} D_{air}}{\mu_{air}} = \frac{(1.225 \text{ kg/m}^3)(14.5 \text{ ft/s})(1.00 \text{ ft})}{1.789 \times 10^{-5} \text{ kg/m·s}} \left(\frac{0.3048 \text{ m}}{\text{ft}}\right)^2 = 9.22 \times 10^4$$

式中，流体相关参数都会输入 CFD 程序，且

$$Re_{water} = \frac{\rho_{water} V_{water} D_{water}}{\mu_{water}} = \frac{(998.2 \text{ kg/m}^3)(3.09 \text{ m/s})(0.0300 \text{ m})}{0.001003 \text{ kg/m·s}} = 9.22 \times 10^4$$

因此，在式（7-12）中，我们希望非独立的 Π 在两个流场中保持一致。我们对两种流场分别生成网格，采用商用 CFD 程序来计算得到速度分布，从速度分布中计算切应力。将两个管道靠近末端的速度分布进行对比，靠近管道末端的流场可以看作是充分发展的时均湍流。虽然管道直径不相同，管道中的流体也有很大的差别，但是速度剖面看起来十分相似。实际上，当我们将轴向速度（u/V）和半径（r/R）画在图像中可以发现，两条曲线几乎重合（见图 7-36）。

壁面切应力同样可以采用 CFD 程序进行计算，表 7-6 是两个流场中

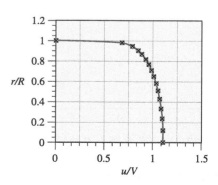

图 7-36 CFD 计算的充分发展管流的速度剖面，计算介质为空气（○）和水（×）

壁面切应力的对比结果，可以发现壁面切应力在水管中的值远大于空气管中的值。因为水的密度是空气的 800 倍，同时黏度是空气的 50 倍。而且切应力和速度的梯度成正比，水管的直径不及空气管道直径的 1/10，这样在水管中的速度梯度更大。然而，表 7-6 中的无量纲壁面切应力 f 的结果是相同的，这是因为两个流动满足动力相似。注意，表 7-6 中的壁面切应力在数值上为 3 位有效数字，而 CFD 中的湍流模型的可靠性最多精确到两位有效数字（见第 15 章）。

表 7-6 管道壁面切应力和无量纲壁面切应力的 CFD 结果比较（介质分别为空气和水）

参数	空气	水
壁面切应力	$\tau_{w,\,air} = 0.0557\text{N/m}^2$	$\tau_{w,\,water} = 22.2\text{N/m}^2$
无量纲壁面切应力 （达西摩擦系数）	$f_{air} = \dfrac{8\tau_{w,\,air}}{\rho_{air} V_{air}^2} = 0.0186$	$f_{water} = \dfrac{8\tau_{w,\,water}}{\rho_{water} V_{water}^2} = 0.0186$

注：用 ANSYS-FLUENT 获得的数据，计算采用带壁面函数的标准 $k\text{-}\varepsilon$ 湍流模型。

7.5 实验测试、模型化与不完全相似

量纲分析最有益的应用之一在于设计实物和 / 或数值实验，以及将这些实验结果写成报告。在本节中我们讨论其相关应用，同时介绍一些不能满足完全动力相似的情况。

实验准备和实验数据的修正

举一个简单的例子，考虑包含五个原始参数（其中有一个是非独立参数）的问题。进行一组完整的实验（称为全阶乘测试矩阵），需要对四个独立参数中每个参数可能的阶数组合进行测试，对于有四个独立参数，每个参数阶数为 5 的问题需要进行 $5^4 = 625$ 次实验。然而利用实验设计方法（分数阶乘测试矩阵，见 Montgomery，2013）可以将实验的次数大大减少，但是所要求的实验次数依然很多。假设问题中有三个基本量纲，我们可以将参数的个数从五个变为两个（无量纲参数个数 $k = 5-3 = 2$），独立参数的个数从四个变为一个。因此，对于同样的问题（五个独立参数的测试水平），我们只需要进行 $5^1 = 5$ 次实验。实验次数从 625 变为 5 将会节省大量的费用。因此，在进行实验之前对实验参数进行量纲分析就显得尤为重要。

继续讨论这个一般性的问题（两个 Π 的问题），一旦实验完成，我们作出非独立无量纲参数 Π_1 和独立无量纲参数 Π_2 的图像，如图 7-37 所示。我们需要确定数据之间的函数关系式。如果幸运的话，数据可能是线性关系。如果不是，可以尝试用对数坐标、多项式曲线等来建立两个无量纲参数 Π 之间的关系。若想对曲线拟合技术进行详细的了解，可以参阅霍尔曼（2001）的著作。

如果问题中包含的 Π 的个数多于两个（三个或者四个 Π），则需要建立一个矩阵来确定非独立参数和独立参数之间的关系。在很多情况下一个或多个非独立参数的影响可忽略不计，所以能将其从必要的无量纲参数表中移除。

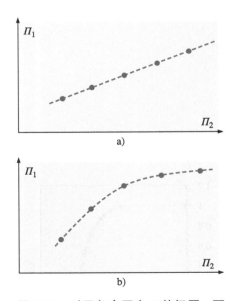

图 7-37 对于包含两个 Π 的问题，可以画出非独立无量纲参数（Π_1）关于独立无量纲参数（Π_2）的函数图像。图像可能是（a）线性的，也可能是（b）非线性的。采用曲线拟合技术可得到无量纲参数之间的关系

正如例 7-7 中我们所看到的，量纲分析有时只有一个 Π。在只含有一个 Π 的问题中，我们发现了原始参数和一些未知常数之间的关系。在这种情况下，只需要进行一次实验来确定该常数。

不完全相似

之前我们已经看到很多例子利用重复变量法，用纸和笔很容易得到无量纲 Π。实际上，经过足够的训练，你应该能轻易获得 Π——有时候可以在脑海中想或写在信封背面。不幸的是，将无量纲参数应用到实验的时候常常会遇到一些困难。难点在于即使我们得到了几何相似，也不能保证所有的无量纲参数在实验流场和真实流场中都能满足完全相同。这种情况就称为不完全相似。幸运的是，在一些不完全相似的情况中，我们仍然能够将实验数据应用到与真实模型相关参数的预测中。

风洞测试

我们以风洞中货车模型的阻力测量问题来说明不完全相似（见图 7-38）。假设实验模型为真实货车（18 轮车）模型的 1/16。实验模型和真实货车几何完全相似，甚至在车窗玻璃、雨刷等细节方面都完全相似。实验模型长 0.991m，对应的原始模型长 15.9m。实验风洞的最大风速为 70m/s。风洞测试段高为 1.0m，宽为 1.2m。由于测试段足够大，不需要考虑壁面相互干扰和堵塞等问题。风洞中的空气温度、压强和真实货车所处环境的空气温度、压强相同。真实货车周围风速 $V_p = 60\text{mile/h}$（26.8m/s）。

第一步，令雷诺数相同：

$$Re_m = \frac{\rho_m V_m L_m}{\mu_m} = Re_p = \frac{\rho_p V_p L_p}{\mu_p}$$

利用上式可以解出模型测试风洞中所需的风速 V_m：

$$V_m = V_p\left(\frac{\mu_m}{\mu_p}\right)\left(\frac{\rho_p}{\rho_m}\right)\left(\frac{L_p}{L_m}\right) = (26.8 \text{ m/s})(1)(1)\left(\frac{16}{1}\right) = 429 \text{ m/s}$$

因此，要满足雷诺数相同，则风洞中的风速需要达到 429m/s（三位有效数字）。现在有一个问题是，该风速已经是风洞能提供的最大风速的六倍。而且即使我们能使风洞的风速达到这个值，流动也将会是超声速流动，因为在该温度下声速大约为 346m/s。而真实的货车运动的马赫数是 26.8/335 = 0.080，风洞中气流运动的马赫数是 429/335 = 1.28（假设风洞能提供这么大的风速）。

很明显不可能让实验模型的雷诺数和真实模型的雷诺数相同。我们该如何处理这样的问题？下面有几个建议：

- 如果有更大的风洞，我们可以用更大的模型进行风洞测试。汽车制造厂常常采用 3/8 的汽车模型或是 1/8 的巴士、货车模型在大风洞中进行测试。一些较大的风洞甚至可以测试全尺寸的汽车模型（见图 7-39a）。随着风洞尺寸的增加，测试所需要的费用也增

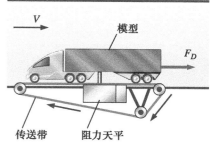

图 7-38 利用阻力天平来测量风洞中货车模型的气动阻力，底部利用传送带来模拟地面的运动

a)

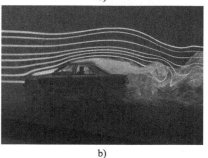

b)

图 7-39 a）兰利全尺寸风洞（LFST）可以测试原始尺寸的汽车模型。b）对于相同的尺度模型和速度，水隧道比风洞能达到更高的雷诺数

加。同时需要保证模型相对风洞尺寸不能太大。常用的判断方法是堵塞面积（模型在风洞截面的投影面积和风洞截面面积之比）要小于7.5%。否则风洞的壁面将会对几何相似和运动相似造成不利影响。

● 我们可以采用不同的流体进行测试。例如，和风洞同样尺寸的水洞可以达到更高的雷诺数，但是水洞建造和操作费用更加高昂（见图7-39b）。

● 我们可以提高风洞中空气压强或改变温度使得最大雷诺数提高。然而这些操作方法只能有限地提高雷诺数。

● 如果上述方法都不行，可以将风洞在风速的最大值附近运行，然后进行插值得到所需的雷诺数。

幸运的是，对于很多风洞测试实验都可以采用最后一种方法。虽然阻力系数 C_D 在低雷诺数时受雷诺数的影响很大，但是当超过一定雷诺数以后，C_D 就开始趋于平缓。换言之，对于许多物体，尤其是像货车、建筑物等"陡峭"物体上的流动而言，当雷诺数大于某个阈值时（见图7-40），流动是与雷诺数无关的，此时边界层和尾流都是完全湍流状态。

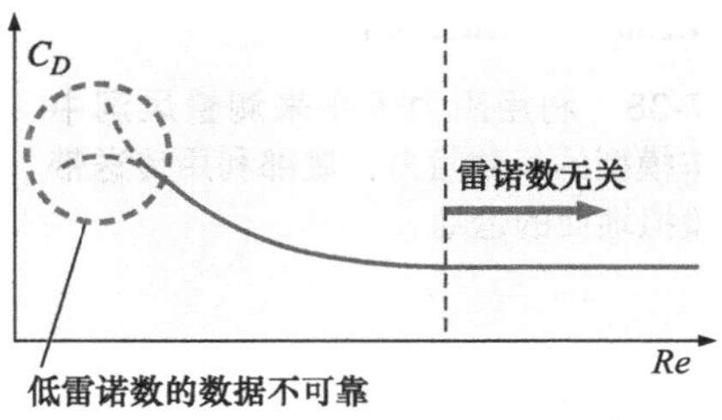

图7-40 对于许多物体，当雷诺数超过一定的阈值，阻力系数不随雷诺数的变化而变化，这种现象称为雷诺数无关。利用这一点可以外插得到超过实验设施范围的原型雷诺数

表7-7 风洞数据：模型货车的气动阻力和风洞速度

$V/(m/s)$	F_D/N
20	12.4
25	19.0
30	22.1
35	29.0
40	34.3
45	39.9
50	47.2
55	55.5
60	66.0
65	77.6
70	89.9

【例7-10】模型货车在风洞实验中的测量问题

如图7-38所示，实验模型货车（18轮）是原始模型的1/16。实验模型货车长为0.991m，高为0.257m，宽为0.159m。在测试中，地面上传送带的速度和风速相同。气动阻力 F_D 和风洞速度相关，实验数据列在表7-7中。画出阻力系数 C_D 关于雷诺数 Re 的函数图像（关系式），式中，计算阻力系数 C_D 所用到的面积为货车的迎风面积（从来流方向看货车的面积），计算雷诺数所用到的特征长度为货车的宽度 W。请问我们能否实现动力相似？在风洞实验中是否获得了雷诺数无关？计算当真实货车在高速公路上行驶速度为26.8m/s时的气动阻力。假设风洞和真实大气中的空气温度都为25℃，压强为标准大气压强。

问题： 利用风洞测量的实验数据，需要计算和画出 C_D 关于雷诺数的函数图像，同时要确定此时是否满足动力相似，是否满足雷诺数无关。最后需要计算作用在真实货车上的阻力。

假设： ①实验模型货车和真实货车满足几何相似；②作用在模型支承上的阻力可以忽略不计。

参数： 空气的压强为标准大气压强，温度 $T=25℃$，$\rho=1.184kg/m^3$，$\mu=1.849\times10^{-5}kg/m\cdot s$。

分析： 利用表7-7中最后一组数据（风洞的最大风速）来计算 C_D 和 Re。

$$C_{D,m}=\frac{F_{D,m}}{\frac{1}{2}\rho_m V_m^2 A_m}=\frac{89.9\ N}{\frac{1}{2}(1.184\ kg/m^3)(70\ m/s)^2(0.159\ m)(0.257\ m)}\left(\frac{1\ kg\cdot m/s^2}{1\ N}\right)$$
$$=0.758$$

图7-40左侧说明：低雷诺数的数据不可靠

$$Re_m = \frac{\rho_m V_m W_m}{\mu_m} = \frac{(1.184\ \text{kg/m}^3)(70\ \text{m/s})(0.159\ \text{m})}{1.849 \times 10^{-5}\ \text{kg/m·s}} = 7.13 \times 10^5 \quad (1)$$

对表7-7中的其他数据重复进行以上的计算，利用C_D和Re作图，结果如图7-41所示。

我们达到动力相似了吗？实验模型和原型之间已经满足几何相似，但是实际货车的雷诺数为

$$Re_p = \frac{\rho_p V_p W_p}{\mu_p} = \frac{(1.184\ \text{kg/m}^3)(26.8\ \text{m/s})[16(0.159\ \text{m})]}{1.849 \times 10^{-5}\ \text{kg/m·s}} = 4.37 \times 10^6 \quad (2)$$

式中，实际货车的宽度是实验模型的16倍，对比式（1）和式（2），实际货车的雷诺数是实验模型的6倍，因为我们没办法使得独立的Π相同，因此动力相似并不满足。

是否达到雷诺数无关？从图7-41中可以看出雷诺数无关已经实现，当雷诺数大于5×10^5时，C_D稳定在0.76（两位有效数字）。

因为达到了雷诺数无关，所以可以应用到全尺寸实际模型，假设当全尺寸模型的雷诺数增加时，C_D保持不变。

实际货车的气动阻力预测：

$$F_{D,p} = \frac{1}{2} \rho_p V_p^2 A_p C_{D,p}$$

$$= \frac{1}{2}(1.184\ \text{kg/m}^3)(26.8\ \text{m/s})^2[16^2(0.159\ \text{m})(0.257\ \text{m})](0.76)\left(\frac{1\ \text{N}}{1\ \text{kg·m/s}^2}\right)$$

$$= 3400\ \text{N}$$

讨论： 最终结果只取前面两位有效数字，后面的位数可能并不那么准确。通常在进行外推时要多加注意，因为我们不能保证外推的结果是正确的。

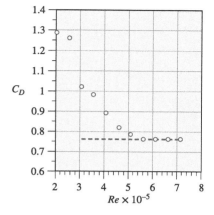

图7-41　气动阻力系数关于雷诺数的函数。图中的数据来源于模型货车的风洞实验（见表7-7）

自由表面流动

对于一些有自由表面的流动（船舶、洪水、河流、水渠、大坝泄洪口、海浪和码头的相互作用、土地的侵蚀等），实验模型和真实模型要完全相似也存在很多的困难。例如，如果利用河流模型来研究洪水，由于实验空间的限制，模型往往是真实模型的几百分之一。如果在竖直方向也按照同样的比例进行缩小的话，水流的深度就会很小，这样水的表面张力（和韦伯数）就会对流动产生较大的影响，甚至主导模型流动域，但是真实情况是表面张力的影响很小，可以忽略不计。而且实际的河流有可能是湍流，但是在模型中的流动可能是层流，特别是在实验模型和原始模型的坡度满足几何相似时。为了避免这些问题，研究者常常采用改进的实验模型来保证竖直方向（河流深度方向）的尺度比例相对水平方向（河流宽度）的尺度比例要大，而且实验模型的河床坡度比原始模型的要大。这些不完全相似的改进都是对几何相似的一些修正。实验测试在这些条件下依然有效，但是为了得到更有效的实验数据，常常做其他的一些处理（如故意增加模型表面粗糙度）和经验修正。

在很多包含自由表面流动的实际问题中，雷诺数和弗劳德数在量纲分析过程中都是与流动相关的独立无量纲参数（见图7-42）。要让这些

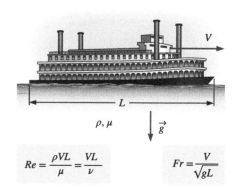

$$Re = \frac{\rho V L}{\mu} = \frac{V L}{\nu} \qquad Fr = \frac{V}{\sqrt{gL}}$$

图7-42　在许多流动问题中包含自由表面流动，雷诺数和弗劳德数都是无量纲参数。因为我们常常不能使得雷诺数和弗劳德数同时相同，所以只能保证不完全相似

无量纲参数都相同常常十分困难（有时甚至不可能）。对于自由表面流动，特征长度 L、特征速度 V、运动黏度 ν 和雷诺数满足实验模型与原始模型相同可得

$$Re_p = \frac{V_p L_p}{\nu_p} = Re_m = \frac{V_m L_m}{\nu_m} \tag{7-21}$$

弗劳德数满足实验模型和原始模型相同可得

$$Fr_p = \frac{V_p}{\sqrt{gL_p}} = Fr_m = \frac{V_m}{\sqrt{gL_m}} \tag{7-22}$$

为了让雷诺数和弗劳德数同时相等，解式（7-21）和式（7-22）可得 L_m/L_p，即

$$\frac{L_m}{L_p} = \frac{\nu_m}{\nu_p}\frac{V_p}{V_m} = \left(\frac{V_m}{V_p}\right)^2 \tag{7-23}$$

根据式（7-23）消去 V_m/V_p，雷诺数和弗劳德数同时相等所需的运动黏度之比为

$$\frac{\nu_m}{\nu_p} = \left(\frac{L_m}{L_p}\right)^{3/2} \tag{7-24}$$

因此，为了保证完全相似（假设几何相似，不存在前面提到的表面张力的情况），我们需要运动黏度满足式（7-24）的流体。虽然有时候能找到近似的流体，但是大部分情况下要满足式（7-24）都是不切实际且不能实现的，如例 7-11 中的说明。在这些情况下，满足弗劳德数相同比雷诺数相同更加重要。

【例 7-11】水坝和河流模型

在 20 世纪 90 年代末期，美国空军工程师们设计了一个实验来模拟田纳西河下游的肯塔基大坝（见图 7-43）。因为实验室空间有限，他们建立了一个长度比 $L_m/L_p = 1/100$ 的实验模型。请给出实验液体类型的相关建议。

图 7-43 采用 1:100 的缩比模型来研究大坝下游 3.2km 的航行环境。模型包括泄洪道、发电站和船闸。利用实验模型研究新建船闸和桥梁的布置。实验模型中 16m 代表实际的 1.6km。背景中放置有一辆汽车可以感受到模型的尺寸

照片由courtesy of the U.S. Army Corps of Engineers,US Army Engineer Research 和Development Center（USACEERDC），Nashville提供

问题：需要我们给出用来进行实验的液体相关建议，实验模型为真实模型的1/100。

假设：①实验模型和原始模型满足几何相似；②模型河足够深，液体的表面张力影响不大。

参数：对于在大气压下的水，温度 $T = 20℃$ 时，运动黏度 $\nu_p = 1.002 \times 10^{-6} \text{m}^2/\text{s}$。

分析：由式（7-24）可知，要求的实验液体的运动黏度为

$$\nu_m = \nu_p \left(\frac{L_m}{L_p}\right)^{3/2} = (1.002 \times 10^{-6} \text{m}^2/\text{s})\left(\frac{1}{100}\right)^{3/2} = 1.00 \times 10^{-9} \text{m}^2/\text{s} \quad （1）$$

因此，我们需要找到一种黏度为 $1.00 \times 10^{-9} \text{m}^2/\text{s}$ 的液体，通过查阅可知没有相关的液体。热水的运动黏度比冷水的低，但是仅仅也只是冷水的1/3。液态水银的运动黏度很小，数量级为 $10^{-7} \text{m}^2/\text{s}$，仍然是式（1）中所要求值的100倍。即使水银可行，在本题中进行的实验用量很大，实验费用将会很高，同时也有一定的危险。我们将如何进行实验呢？最重要的是，我们无法在此实验中让弗劳德数和雷诺数相同。也就是不可能让实验模型和原始模型之间满足完全相似。取而代之的是，我们尽可能在不完全相似的情况下做到最好。为了实验方便最终选择的实验液体为水。

讨论：从本题中可以看出，对于这类实验，弗劳德数匹配的要求比雷诺数匹配的要求更加严格。正如在之前的风洞测试实验中所讨论过的，当雷诺数较高时，流场和雷诺数无关。即使达不到雷诺数无关，常常可以将低雷诺数的实验数据进行外推得到全尺寸模型的雷诺数数据（见图7-44）。这种外推法的基础是建立在足够多相似的实验上。

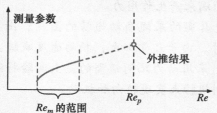

图7-44 在很多的实验中包含自由表面流动，我们不能保证弗劳德数和雷诺数都相同。但是我们可以利用实验数据中低雷诺数外插预测出实际模型在高雷诺数下的数据

　　本节以实验和不完全相似作为结束，在好莱坞电影中的轮船、火车、飞机、怪兽等被风刮飞或被烧毁，其实都是利用了相似原理。为了达到模型的燃烧和爆炸跟真实情况类似，电影的制作过程中需要考虑动力相似。如果你看一些低成本的电影，会发现一些画面效果不是十分真实。大多数情况下都是由于小模型和实际模型动力相似这个条件不满足造成的。如果模型的弗劳德数和雷诺数与真实情况差别很大，即使是没有进行专业培训的人来看，画面都显得不那么真实。下一次看电影的时候，你可以留意一些不完全相似的情况。

应用展示：果蝇如何飞行

特邀作者：Michael Dickinson，加州理工学院

量纲分析的一个有趣应用是研究昆虫的飞行问题。以果蝇的翅膀为例，它翅膀很小且扇动的速度很快，因此直接测量翅膀产生的力或者对周围空气运动进行可视化都十分困难。然而，采用量纲分析这一方法，我们可以通过一个放大的缓慢运动的机械翅膀模型来研究昆虫飞行的空气动力学问题。当满足雷诺数相同时，悬停的果蝇和拍动的机械翅膀满足动力相似。对于拍动的翅膀，雷诺数为 $2\Phi R L_c\omega/\upsilon$。式中，$\Phi$ 为翅膀的角振幅；R 为翅膀的长度；L_c 为翅膀的平均宽度；ω 为扇动的角频率；υ 为周围流体的运动黏度。果蝇的翅膀长度为 2.5mm，宽度为 0.7mm，扇动的速度为 200 次/s，幅度为 2.8rad，周围空气的运动黏度为 $1.5\times10^{-5}\text{m}^2/\text{s}$。计算出来的雷诺数约为 130。实验中通过选择油作为介质来满足雷诺数相同，油的运动黏度为 $1.15\times10^{-4}\text{m}^2/\text{s}$，机械翅膀的大小为实际果蝇翅膀的 100 倍，拍动的速度只有实际的 1/1000，如果果蝇不是静止的，而是相对空气在运动，为了满足动力相似，有必要使另外一个无量纲参数相同，即减缩频率：$\sigma=2\Phi R\omega/V$，它表征的是翅膀拍动的速度（$2\Phi R\omega$）和向前运动的速度（V）之比。为了模拟向前的运动，通过动力装置带动机械翅膀在油中以一定的速度运动。

采用机械翅膀可以清楚地展示昆虫在飞行时使用各种不同的机制来产生力。在每次前后振动时，昆虫的翅膀攻角都很大，产生明显的边缘涡。涡的低压使得翅膀受到向上的力。昆虫还可以通过每次扇动后旋转它们的翅膀来增强前缘涡的强度。翅膀的方向改变后，同时也可以通过之前产生的涡来产生作用力。

图 7-45a 所示是真实的果蝇扇动翅膀的图片；图 7-45b 所示是机械翅膀扇动时的图片。由于尺寸加大，拍动速度减缓，相关测量和流场可视化得以实现。采用动力比例模型的昆虫实验将继续告诉研究人员昆虫如何通过控制翅膀来实现转向和机动。

a)

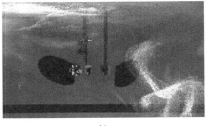

b)

图 7-45　a）果蝇，黑腹果蝇每秒前后扇动翅膀 200 次，形成了一幅扇动平面的模糊图像。b）动态缩比模型机器蝇在 2 吨的矿物油中每 5s 扇动一次翅膀。翅膀尾部带有传感器记录气动力，利用细小的气泡进行流场可视化。机器蝇的大小和速度，以及矿物油的参数都进行了仔细的选择，使其与真实果蝇的飞行雷诺数相同

参考文献

Dickinson,M.H.,Lehmann,F.-O.,and Sane,S., "Wing rotation and the aerodynamic basis of insect flight", Science,284,p.1954,1999.

Dickinson,M.H., "Solving the mystery of insect flight", Scientific American,284,No.6,pp. 35-41, June 2001.

Fry,S.N.,Sayaman,R.,and Dickinson,M.H., "The aerodynamics of free-flight maneuvers in Drosophila", Science,300,pp.495-498,2003.

小结

量纲和单位是不同的，量纲用来衡量一个物理量（不带数值），而单位是用来衡量这个物理量的大小，必须指定数值。七个基本量纲，不仅仅是在流体力学中，在所有的科学工程领域都适用，它们分别是质量、长度、时间、温度、电流、发光强度和物质的量。其他所有的量纲都是由这七种基本量纲组合而成的。

所有的流体力学方程必须满足量纲齐次性原理。利用这个基本原理可以将方程进行无量纲化和得到无量纲参数。在研究问题时，减少独立参数个数的过程称为量纲分析。重复变量法可以一步一步得到无量纲参数 Π，主要根据问题中的变量和常数的量纲来进行分析。下面是重复变量法的六个操作步骤。

第一步：列出问题中 n 个参数（变量和常数）。

第二步：列出每个参数的基本量纲。

第三步：猜想 j，常常取 j 为基本量纲的个数。如果第一次猜想的 j 不正确，则每次将 j 的值减小 1 再次尝试。无量纲参数 Π 的个数 $k = n - j$。

第四步：选择合适的 j 个重复参数来组成 Π。

第五步：通过 j 个重复参数和剩余的参数来生成 k 个 Π，使得乘积为无量纲参数，将所得的 Π 和已经建立的无量纲参数对比，尽可能将所得的 Π 转化为已经建立的无量纲参数。

第六步：检查你的结果，写出最终函数关系式。

当所有的无量纲参数在实验模型和原始模型之间相同时，就满足动力相似，我们能够直接根据实验数据预测原始模型的数据。但是通常情况下不能使所有的 Π 都相同。这种情况下，实验在不完全相似的条件下进行，应尽可能使无量纲参数 Π 相同，然后将实验结果外推到真实结果。

本章中采用的方法在本书剩余的部分还会用到。例如，量纲分析在第 8 章应用到充分发展的管道流动研究中（摩擦系数、损失系数等）；在第 10 章中，我们将第 9 章得到的流动微分方程进行标准化，得到了几个无量纲参数；升力系数和阻力系数在第 11 章中应用十分广泛，同时无量纲分析在可压缩流动和明渠流动中也有所应用（见第 12 章、第 13 章）；第 14 章告诉我们动力相似常常是水泵和涡轮设计的基本原则；最后，无量纲参数同样也被应用在计算流体力学中（见第 15 章）。

参考文献和阅读建议

1. D. C. Montgomery. *Design and Analysis of Experiments,* 8th ed. New York: Wiley, 2013.

2. J. P. Holman. *Experimental Methods for Engineers,* 7th ed. New York: McGraw-Hill, 2001.

习题⊖

量纲、单位和基本量纲

7-1C 量纲和单位的区别是什么？每个请给出三个例子。

7-2C 列出七个基本量纲，这七个量纲的意义各是什么？

7-3 写出通用气体常数 R_u 的量纲。（提示：理想气体状态方程为 $PV = nR_uT$。式中，P 为压强；V 为体积；T 为热力学温度；n 为气体的物质的量。）

答案：$\{m^1L^2t^{-2}T^{-1}N^{-1}\}$

7-4 写出下列在热力学中出现的参数的量纲：（a）能量 E；（b）比能 $e = E/m$；（c）功率 $\dot{W}$。

答案：(a) $\{m^1L^2t^{-2}\}$；(b) $\{L^2t^{-2}\}$；(c) $\{m^1L^2t^{-3}\}$

7-5 电压（E）的量纲是什么？（提示：电功率等于电压乘以电流。）

7-6 当进行无量纲分析时，第一步就是列出每一个参数的量纲。为了方便起见给出了表 P7-6，表中包含流体力学中常用的一些基本参数。在你完成本章习题的过程中，你可以使用该表。你自己可以对该表增加一些参数。

⊖ 习题中含有"C"的为概念性习题，鼓励学生全部做答。习题中标有"E"的，其单位为英制单位，采用 SI 单位的可以忽略这些问题。带有图标📖的习题为综合题，建议使用适合的软件对其进行求解。

表　P7-6

参数名称	参数符号	量纲
加速度	a	L^1t^{-2}
角度	θ, Φ 等	1（无量纲）
密度	ρ	m^1L^{-3}
力	F	$m^1L^1t^{-2}$
频率	f	t^{-1}
压强	P	$m^1L^{-1}t^{-2}$
表面张力	σ_s	m^1t^{-2}
速度	V	L^1t^{-1}
黏度	μ	$m^1L^{-1}t^{-1}$
体积流量	$\dot{V}$	L^3t^{-1}

7-7　考虑题 7-6 中的表，表中一些参数的量纲由长度、质量和时间构成。一些工程师们喜欢采用力、长度和时间来构成基本量纲（用力代替质量）。写出下列参数在力、长度和时间下的基本量纲：密度、表面张力和黏度。

7-8　在元素周期表中，摩尔质量（M）也称为原子量，常常以无量纲的形式列出（见图 P7-8）。实际上，原子量定义为 1mol 该原子的质量。例如，氮原子的摩尔质量为 $M_{\text{nitrogen}} = 14.0067$，我们将其解释为 14.0067g/mol 的元素氮，或在英制单位中，14.0067 lb/lbmol 的元素氮。原子量的量纲是什么？

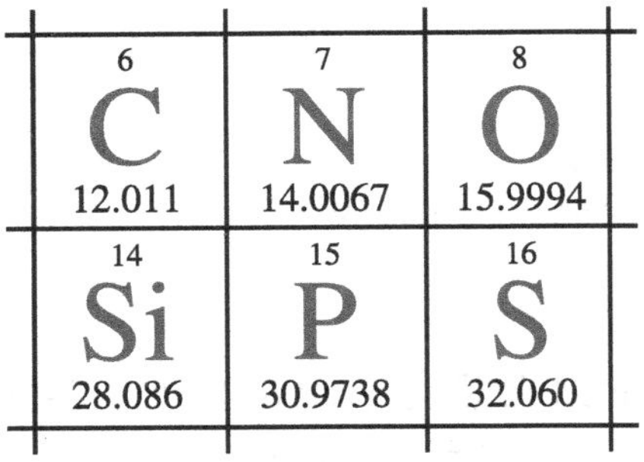

6
C
12.011
7
N
14.0067
8
O
15.9994
14
Si
28.086
15
P
30.9738
16
S
32.060

图　P7-8

7-9　将通用气体常数和摩尔质量之比定义为理想气体常数 R_{gas}，$R_{\text{gas}} = R_u/M$。对于特定的气体，理想气体状态方程为

$$PV = mR_{\text{gas}}T \text{ 或 } P = \rho R_{\text{gas}}T$$

式中，P 为气体压强；V 为体积；m 为质量；T 为热力学温度；ρ 为气体的密度。请问 R_{gas} 的量纲是什么？对于空气，在国际单位制中 $R_{\text{air}} = 287.0\text{J/(kg} \cdot \text{K)}$。证明这些单位与你的结果吻合。

7-10　如图 P7-10 所示，力矩（$\vec{M}$）等于力臂（$\vec{r}$）叉乘力（$\vec{F}$）。请问力矩的量纲是什么？写出力矩在国际单位制下的单位。

$\vec{F}$
$\vec{r}$
$\vec{M} = \vec{r} \times \vec{F}$
点 O

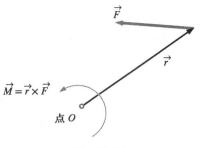

图　P7-10

7-11　你也许对电工学中的欧姆定律很熟悉（见图 P7-11），其中，ΔE 为电阻两端的电压差；I 为通过电阻的电流；R 为电阻。请问电阻的量纲是什么？

答案：$\{m^1L^2t^{-3}I^{-2}\}$

$\Delta E = IR$
I
R

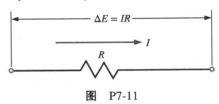

图　P7-11

7-12　写出下列参数的量纲：（a）加速度 a；（b）角速度 ω；（c）角加速度 α。

7-13　写出下列参数的量纲：（a）定压比热容 c_p；（b）重度 ρg；（c）比焓 h。

7-14　导热系数 k 是衡量材料导热能力的物理量（见图 P7-14）。对于导热方向为 x 轴，导热面垂直于 x 轴，傅里叶导热定律表达式为

$$\dot{Q}_{\text{conduction}} = -kA\frac{\mathrm{d}T}{\mathrm{d}x}$$

式中，$\dot{Q}_{\text{conduction}}$ 为热流量；A 为垂直于导热方向的面积。试确定导热系数（k）的量纲。在附录中找一个 k 的值，并校验 k 在国际单位制下的单位与你的结果一致。同时写出 k 在国际单位制下的单位。

k
A
$\dot{Q}_{\text{conduction}}$
T_1
x
T_2

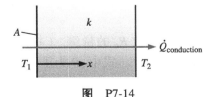

图　P7-14

7-15　通过学习热对流写出下列参数的量纲（见图 P7-15），（a）产热率 $\dot{g}$（提示：产热率等于单位体积的热能转换率）；（b）热通量 $\dot{q}$（提示：热通量等于单位面积的传热量）；（c）热传导系数 h（提示：等

于单位温差的热通量）。

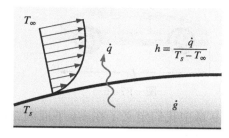

图 P7-15

7-16 通过查阅热力学相关书籍的附录，找出三个没有在题 7-1~ 题 7-15 中出现过的常数或参数。写出每个参数的名字和对应的国际单位制的单位，然后写出对应的量纲表达式。

量纲齐次性原理

7-17C 简单介绍量纲齐次性原理。

7-18 冷水从管子一端流入，管子被一外部热源加热（见图 P7-18）。入口和出口的水温分别为 T_{in} 和 T_{out}，周围环境向水传热的热流量为 $\dot{Q}$，表达式为

$$\dot{Q} = \dot{m} c_p (T_{out} - T_{in})$$

式中，$\dot{m}$ 为通过管道水流的质量流量；c_p 为水流的比热容。写出表达式中每一项的量纲，并证明其满足量纲齐次性原理。

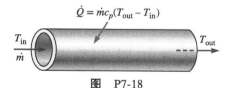

图 P7-18

7-19 在第 4 章中讨论了雷诺输运定理（RTT）。对于运动或者变形的控制体，雷诺输运定理的表达式为

$$\frac{dB_{sys}}{dt} = \frac{d}{dt} \int_{CV} \rho b \, dV + \int_{CS} \rho b \vec{V}_r \cdot \vec{n} \, dA$$

式中，$\vec{V}_r$ 为相对速度（流体相对控制面的速度）。写出表达式中每一项的量纲，并证明其满足量纲齐次性原理。（提示：因为 B 可以为流体的任意参数，标量、矢量或张量都是可以的，所以它的量纲可以有很多种。因此，可以让 B 的量纲为其自身，$\{B\}$。同时，b 的定义为单位质量的 B。）

7-20 流体力学的一个重要应用是对房间空气流动的研究。假设房间中有一个空气污染源 S（单位时间的质量），房间体积为 V，如图 P7-20 所示。例如，污染物包括吸烟或者是不通风的煤油加热器产生的一氧化碳，家用清洁剂产生的氨气，以及开口容器蒸发的挥发性有机化合物蒸气（VOCs）。我们取质量浓度为 c（单位体积空气中的污染物质量），$\dot{V}$ 为进入室内的新鲜空气的体积流量。如果室内空气充分混合，即污染物的浓度处处相同，但是浓度随着时间在变化，质量浓度的微分方程关于时间的表达式为

$$V \frac{dc}{dt} = S - \dot{V} c - c A_s k_w$$

式中，k_w 为吸附系数；A_s 为墙壁、地板和家具等的面积，这些都会对污染物产生吸附作用。写出表达式中前三项的量纲，并证明其满足量纲齐次性原理。然后确定 k_w 的量纲。

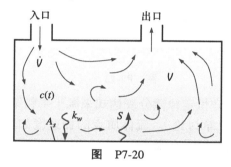

图 P7-20

7-21 在第 9 章中，我们讨论质量守恒定律的微分方程表达式，即连续性方程。在柱坐标下对于定常流动，表达式为

$$\frac{1}{r} \frac{\partial(r u_r)}{\partial r} + \frac{1}{r} \frac{\partial u_\theta}{\partial \theta} + \frac{\partial u_z}{\partial z} = 0$$

写出表达式中每一项的量纲，并证明其满足量纲齐次性原理。

7-22 在第 4 章中，我们定义了体积应变率，它表示的是单位体积流体单元体积的增加量（见图 P7-22）。在直角坐标系中我们写出体积应变率的表达式：

$$\frac{1}{V} \frac{DV}{Dt} = \frac{\partial u}{\partial x} + \frac{\partial v}{\partial y} + \frac{\partial w}{\partial z}$$

写出表达式中每一项的量纲，并证明其满足量纲齐次性原理。

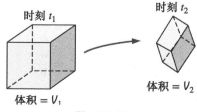

图 P7-22

7-23 在第4章中，我们定义了加速度，下面是流体质点加速度的表达式（见图P7-23）。

$$\vec{a}(x, y, z, t) = \frac{\partial \vec{V}}{\partial t} + (\vec{V} \cdot \vec{\nabla})\vec{V}$$

（a）梯度算子 $\vec{\nabla}$ 的量纲是什么？（b）证明方程中每一项的量纲相同。

答案：（a）$\{L^{-1}\}$；（b）$\{L^1 t^{-2}\}$

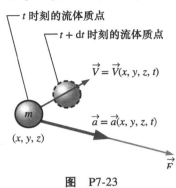

图 P7-23

7-24 动量守恒定律微分表达式来源于牛顿第二定律（将会在第9章讨论）。流体质点的加速度如图P7-23所示，我们可以写出流体质点的牛顿第二定律方程：

$$\vec{F} = m\vec{a} = m\left[\frac{\partial \vec{V}}{\partial t} + (\vec{V} \cdot \vec{\nabla})\vec{V}\right]$$

或者两边同时除以流体质点的质量 m，

$$\frac{\vec{F}}{m} = \frac{\partial \vec{V}}{\partial t} + (\vec{V} \cdot \vec{\nabla})\vec{V}$$

写出第二个方程中每一项的量纲，并证明方程满足量纲齐次性原理。

■ **方程的无量纲化**

7-25C 方程无量纲化的基本原理是什么？

7-26 重新研究第4章中对于体积应变率为零的定常不可压缩流体。在直角坐标系中的表达式为

$$\frac{\partial u}{\partial x} + \frac{\partial v}{\partial y} + \frac{\partial w}{\partial z} = 0$$

假设特征长度和特征速度分别为 L 和 V（见图P7-26）。定义以下无量纲变量：

$$x^* = \frac{x}{L}, \quad y^* = \frac{y}{L}, \quad z^* = \frac{z}{L},$$

$$u^* = \frac{u}{V}, \quad v^* = \frac{v}{V}, \quad w^* = \frac{w}{V}$$

将方程无量纲化，观察是否有已经建立的无量纲参数的出现。讨论最终结果。

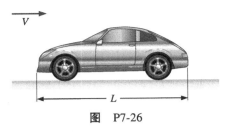

图 P7-26

7-27 在第9章中我们定义了在 x-y 平面内二维不可压缩流动的流函数 Ψ，表达式为

$$u = \frac{\partial \Psi}{\partial y}, \quad v = -\frac{\partial \Psi}{\partial x}$$

式中，u 和 v 分别是 x 方向和 y 方向的速度分量。（a）流函数 Ψ 的量纲是什么？（b）假设一个二维流动的特征时间和特征长度分别为 t 和 L，试确定参数 x、y、u、v 和 Ψ 的无量纲表达式。（c）写出方程的无量纲形式，观察是否有已经建立的无量纲参数的出现。

7-28 在振荡不可压缩流动中，作用在流体质点上单位质量的力可以由牛顿第二定律求得（参考题7-24）。即

$$\frac{\vec{F}}{m} = \frac{\partial \vec{V}}{\partial t} + (\vec{V} \cdot \vec{\nabla})\vec{V}$$

假设对于给定的流场特征速度和特征长度分别为 V_∞ 和 L，振荡的特征角频率为 ω（见图P7-28）。定义下列无量纲变量：

$$t^* = \omega t, \quad \vec{x}^* = \frac{\vec{x}}{L}, \quad \vec{\nabla}^* = L\vec{\nabla}, \quad \vec{V}^* = \frac{\vec{V}}{V_\infty}$$

因为没有给定作用在流体质点上的单位质量的力的特征尺度，我们指定了一个，注意到，$\{\vec{F}/m\} = \{L/t^2\}$，因此，关系式为

$$(\vec{F}/m)^* = \frac{1}{\omega^2 L} \vec{F}/m$$

将方程无量纲化，观察是否有已经建立的无量纲参数出现。

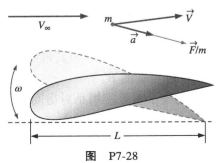

图 P7-28

7-29　利用风洞来测量飞机模型的压强分布（见图 P7-29）。风洞中的空气流速足够低，因此可以忽略空气的可压缩性。正如第 5 章讨论的，伯努利方程在这种情况下仍然适用，当然得排除靠近机身或风洞壁面很近的地方和模型尾部的流动区域。在距离模型足够远的地方，空气流速为 V_∞，压强为 P_∞，空气的密度 ρ 近似为定值。重力的影响可以忽略不计，因此伯努利方程的表达式为

$$P + \frac{1}{2}\rho V^2 = P_\infty + \frac{1}{2}\rho V_\infty^2$$

将方程无量纲化，同时推导对于伯努利方程有效的流场区域中任意一点压强系数 C_p 的表达式。C_p 的定义式为

$$C_p = \frac{P - P_\infty}{\frac{1}{2}\rho V_\infty^2}$$

答案：$C_p = 1 - \dfrac{V^2}{V_\infty^2}$

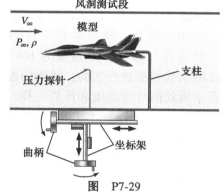

图　P7-29

7-30　考虑图 P7-20 中的房间通风问题。质量浓度关于时间的微分方程在题 7-20 中已经给出，为了方便起见这里再次给出：

$$V\frac{dc}{dt} = S - \dot{V}c - cA_sk_w$$

式中，有三个特征参数：房间的特征长度 L（假设 $L = V^{1/3}$）；进入房间的空气体积流量 $\dot{V}$；污染物无害的最大浓度 c_{limit}。（a）利用这些特征参数，定义方程中所有参数的无量纲形式。（提示：比如，定义 $c^* = c/c_{limit}$。）（b）将方程的无量纲形式重新写出，观察是否有已经建立的无量纲参数出现。

7-31　在振荡可压缩流动中体积应变率不等于零，而是随着时间的变化而变化。在直角坐标系中的表达式为

$$\frac{1}{V}\frac{DV}{Dt} = \frac{\partial u}{\partial x} + \frac{\partial v}{\partial y} + \frac{\partial w}{\partial z}$$

假设对于给定的流场，特征速度和特征长度分别为 V 和 L。同时假设脉动的特征频率为 f（见图 P7-31）。定义以下无量纲参数：

$$t^* = ft, \quad V^* = \frac{V}{L^3}, \quad x^* = \frac{x}{L}, \quad y^* = \frac{y}{L},$$
$$z^* = \frac{z}{L}, \quad u^* = \frac{u}{V}, \quad v^* = \frac{v}{V}, \quad w^* = \frac{w}{V}$$

将方程无量纲化，观察是否有已经建立的无量纲参数出现。

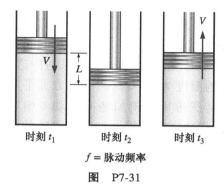

时刻 t_1　　　时刻 t_2　　　时刻 t_3

$f =$ 脉动频率

图　P7-31

量纲分析与相似性

7-32C　写出量纲分析的三个基本目的。

7-33C　列出满足实验模型和原始模型完全相似的必要条件。

7-34　一个学生团队要设计一个人力潜水艇来参加比赛。真实潜水艇的长度为 4.85m，他们希望所设计的潜水艇运行速度为 0.440m/s。水的温度 $T = 15\,^\circ\mathrm{C}$，设计团队将 1/5 的缩小模型放在学校的风洞中进行实验（见图 P7-34）。阻力天平的支柱周围利用防护罩进行遮挡，这样就能保证支柱的气动阻力不会对测量产生影响。风洞中空气的温度为 $25\,^\circ\mathrm{C}$，压强为 1atm。为了满足相似条件，风洞的运行风速应该是多少？

答案：30.2m/s

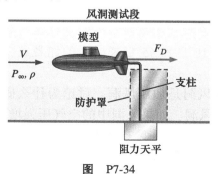

图　P7-34

7-35 重做题 7-34，若其他设备都一样，只是学生团队所能使用的风洞尺寸比原来的小。于是他们只能将模型由原来的 1/5 减小为 1/27。为了满足相似条件，风洞的运行速度应该是多少？在你的结果中有令人不安或可疑的情况么？讨论你的结果。

7-36 接着题 7-34。学生团队在风洞中测量潜水艇的气动阻力（见图 P7-34）。他们将风洞的条件运行到与原始模型相似。他们测量的阻力为 5.70N。试计算作用在真实模型上的阻力。真实潜水艇所处环境与题 7-34 中给的一样。

答案：25.5N

7-37E 为了预测跑车在温度为 25℃、速度为 95 km/h 条件下的气动阻力，汽车工程师们制作了一个 1/3 的缩比模型（见图 P7-37E）在风洞中进行实验。风洞中空气的温度为 25℃。利用阻力天平来测量阻力，底部的传送带用来模拟地面运动（相对于汽车参考系）。为了达到实验模型和原型之间的相似，试确定风洞的风速。

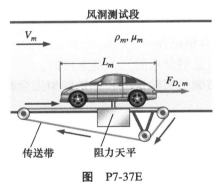

图 P7-37E

7-38E 接着题 7-37E。当实验模型和原型满足相似条件时，风洞实验中模型受到的气动阻力为 150N。试确定原型汽车受到的气动阻力，条件和题 7-37E 中的相同。

7-39 一位研究人员尽量将较大的原型汽车和较小实验模型之间的雷诺数保持相同。请问风洞中的空气最好选择热空气还是冷空气？为什么？利用空气温度分别为 10℃ 和 45℃ 来说明的你观点，其他条件都相同。

7-40 一些风洞是加压风洞。讨论为什么研究机构要建立加压风洞。如果风洞中的空气压强增加至 1.8 倍，其他条件保持不变（速度相同、模型相同等），雷诺数将会变为原来的多少？

7-41E 一些学生想要观察棒球的旋转运动，他们的流体实验室有一个可以注入彩色染料烟线的水洞，所以他们准备在水洞中测试该棒球（见图 P7-41E）。相似性要求测试模型和实际棒球的雷诺数和斯特劳哈尔数相等，实际棒球以 90mile/h 在空中运动并以 300r/min 旋转。空气和水的温度都是 68°F。在水洞里水的流速应该是多少，棒球的转速应该是多少？

答案：5.96mile/h，19.9r/min

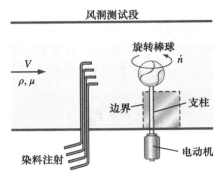

图 P7-41E

7-42E 图 P7-42E 所示为给空军设计的轻型降落伞。其直径为 20ft，载荷、降落伞和设备的总重力 W = 145 lbf。降落伞的最终降落速度为 18ft/s。在风洞中利用 1/12 的实验模型进行实验。风洞的温度和压强与真实降落伞所处的环境温度和压强一样，温度为 60°F，压强为标准大气压。（a）计算真实模型受到的阻力。（提示：达到最终降落速度时，重力和阻力平衡。）（b）为了满足动力相似的条件，风洞的运行风速应该是多少？（c）计算风洞中降落伞模型受到的气动阻力。

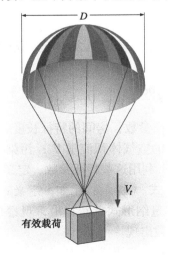

图 P7-42E

无量纲参数和重复变量法

7-43 利用量纲分析，证明表 7-5 中的阿基米德数是无量纲的。

7-44 利用量纲分析，证明表 7-5 中的格拉晓夫数是无量纲的。

7-45 利用量纲分析，证明表 7-5 中的瑞利数是无量纲的。有什么已经建立的无量纲参数是瑞利数和格拉晓夫数的比？

答案：普朗特数

7-46 理查森数 Ri 的定义式为

$$Ri = \frac{L^5 g \, \Delta\rho}{\rho \dot{V}^2}$$

Miguel 正在研究的问题中特征长度为 L、特征速度为 V、特征密度差为 $\Delta\rho$、特征（平均）密度为 ρ、重力加速度为 g。他希望定义理查森数，但是没有特征体积流量。请帮助他根据已知参数定义特征体积流量，然后利用已知参数定义理查森数。

7-47 当均匀来流流过一个圆柱时会产生卡门涡街现象（见图 P7-47）。利用重复变量法得到卡门涡街的脱落频率 f_k 与来流速度 V、流体密度 ρ、流体黏度 μ 和圆柱直径 D 之间的无量纲关系式。

答案：$St = f(Re)$

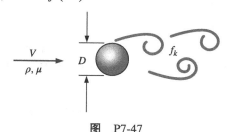

图　P7-47

7-48 重新考虑题 7-47，但是包含一个附加的独立参数，即流体中的声速 c。使用重复变量法建立卡门涡街脱落频率 f_k 的无量纲关系，是一个关于自由流速度 V、流体密度 ρ、流体黏度 μ、圆柱直径 D 以及声速 c 的函数。

7-49 如图 P7-49 所示，一个搅拌器用来将罐内的化学制剂搅拌均匀。轴传递给搅拌器叶片的功率 $\dot{W}$ 是关于搅拌器直径 D、液体密度 ρ、液体黏度 μ 和旋转角速度 ω 的函数。采用重复变量法得到这些参数之间的无量纲关系。

答案：$N_p = f(Re)$

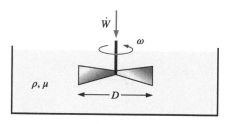

图　P7-49

7-50 重新做题 7-49，假设罐体不够大。相反，让罐体直径为 D_{tank}，液体的平均深度为 h_{tank}，加上这两个参数之后重新建立无量纲关系式。

7-51 爱因斯坦正在考虑一个新的方程形式。他知道能量 E 是关于质量 m 和光速 c 的函数关系，但是他不知道函数关系式的具体形式（是 $E = mc^2$ 还是 $E = mc^4$？）。假设爱因斯坦对量纲分析一无所知，请你帮助他来完成这个方程。利用重复变量法得到这些参数的无量纲关系式。将你所得到的结果和爱因斯坦著名的方程对比，量纲分析得到的结果是正确的么？

爱因斯坦

图　P7-51

7-52 考虑充分发展的库特流，如图 P7-52 所示，两块平行平板之间的距离为 h，底部平板静止，上部平板运动。流动是定常不可压缩的二维 x-y 平面内的流动。利用重复变量法得到流体 x 方向的速度分量 u 关于流体黏度 μ、上板运动速度 V、板之间的距离 h、流体密度 ρ 和距离 y 之间的无量纲关系式。

答案：$\dfrac{u}{V} = f\left(Re, \dfrac{y}{h}\right)$

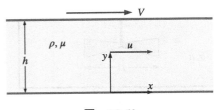

图　P7-52

7-53　考虑正在发展的库特流，和题 7-52 中描述的一样，但是流场还没有达到稳定状态。流场随时间在发展变化，即时间 t 是这个问题的一个附加参数。请建立这些参数之间的无量纲关系式。

7-54　在理想气体中的声速 c 为比热容比 k、热力学温度 T 和理想气体常数 R_{gas} 的函数（见图 P7-54）。采用量纲分析得到这些参数之间的函数关系式。

图　P7-54

7-55　重做题 7-54，将条件改为理想气体中的声速 c 是热力学温度 T、通用气体常数 R_u、摩尔质量（相对分子质量）M 和比热容比 k 的函数。采用量纲分析得到这些参数之间的函数关系式。

7-56　重做题 7-54，将条件改为理想气体中的声速 c 是热力学温度 T 和理想气体常数 R_{gas} 的函数。采用量纲分析得到这些参数之间的函数关系式。

答案：$\dfrac{c}{\sqrt{R_{gas}T}} = \text{const}$

7-57　重做题 7-54，将条件改为理想气体中的声速 c 是压强 P 和密度 ρ 的函数。采用量纲分析得到这些参数之间的函数关系式。证明你的结果和声速方程完全等价，声速方程为 $c = \sqrt{kR_{gas}T}$。

7-58　当喷雾器喷出的微粒或者微生物在空气中运动时，雷诺数十分小（$Re \ll 1$）。这类流动称为蠕变流动。蠕变流动的气动阻力是运动速度 V、特征长度 L 和流体黏度 μ 的函数（见图 P7-58）。利用量纲分析得到阻力 F_D 和非独立变量的函数关系式。

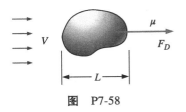

图　P7-58

7-59　一微小喷雾粒子密度为 ρ_p，特征直径为 D_p，周围空气密度为 ρ，黏度为 μ（见图 P7-59）。如果粒子足够小，适用于蠕变流动，最终的粒子下落速度只取决于 D_p、μ、重力加速度 g 和密度差（$\rho_p-\rho$）。采用量纲分析得到 V 和独立变量之间的函数关系。在你的分析中将已经建立过的无量纲参数列出来。

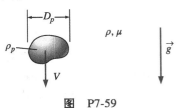

图　P7-59

7-60　将题 7-58 和题 7-59 的结果进行联立，可以得到质点在空气中降落速度 V 的方程（见图 P7-59）。证明你的结果和题 7-59 的结果是等价的；为了满足一致性，使用题 7-59 的符号。（提示：质点在空气中最终降落速度恒定，质点的重力和气动阻力相等，最终结果可能包含未知的常数。）

7-61　利用题 7-60 的结论来解本题。质点在空气中下落的速度为 V。雷诺数足够小满足蠕变流动的要求。如果质点的直径加倍，其他参数都保持不变，质点的下落速度将会变为多少？如果密度差（$\rho_p-\rho$）加倍，其他参数都保持不变，质点的下落速度又将会变为多少？

7-62　不可压缩流体的密度为 ρ、黏度为 μ，在长度为 L 的水平长管道中流动，速度为 V，管道截面为圆形，内径为 D，内壁面的粗糙度为 ε（见图 P7-62）。管道足够长，流场完全发展，意味着速度剖面不会发生变化。因为要克服管道摩擦，压强沿着管道方向线性下降。采用重复变量法，建立压差 $\Delta P = P_1-P_2$ 和其他参数之间的函数关系。将你得到的无量纲参数进行适当操作尽可能和已经建立的无量纲参数相同。（提示：选择 D 作为重复参数，而不要选择 L 或 ε。）

答案：$Eu = f(Re, \varepsilon/D, L/D)$

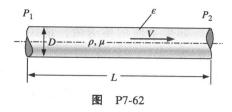

图 P7-62

7-63 考虑题 7-62 中的层流管道流动问题。对于层流，管道内壁面的粗糙度不是相关的影响参数，除非 ε 非常大。通过管道的体积流量 $\dot{V}$ 是直径 D、流体黏度 μ 和轴向压力梯度 dP/dx 的函数。如果管道直径加倍，其他参数保持不变，管道的体积流量将会增加为原来的多少？采用量纲分析法来研究这一问题。

7-64 在学习湍流的过程中，湍流黏性耗散率 ε（单位质量的能量耗散）是关于长度 l 和速度 u' 的函数。利用量纲分析（白金汉 Π 定理和重复参数法）得到 ε 关于 l 和 u' 的函数关系式。

7-65 Bill 在研究电路问题。他记得在电工学课上学过电压降 ΔE 是电流 I 和电阻 R 的函数。不幸的是，他不记得具体的表达式。然而，在学过流体力学之后，他打算利用新学的量纲分析方法来得到方程的形式。请利用重复变量法帮助他建立关于 ΔE 的方程。将所得结果和欧姆定律对比，量纲分析得到的结果正确吗？

7-66 边界层是一块很薄的区域（常常沿着壁面），边界层内黏性力十分显著，流动在边界层内是有旋的。考虑一薄板的边界层发展问题（见图 P7-66）。流动为定常的，边界层厚度 δ 是关于距离 x、来流速度 V_∞、流体密度 ρ 和流体黏度 μ 的函数。采用重复变量法得到 δ 关于其他参数的无量纲关系式。

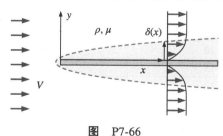

图 P7-66

7-67 通过水泵的液体密度为 ρ、黏度为 μ、体积流量为 $\dot{V}$，水泵直径为 D。水泵中叶片的角速度为 ω。水泵使得液体压强升高 ΔP。利用量纲分析，得到 ΔP 与其他参数的无量纲关系式。观察是否有已经建立的无量纲参数出现在你的表达式中。[提示：为了

保持一致性，最好选择长度、密度和速度（或角速度）作为重复参数]。

7-68 螺旋桨的直径为 D、旋转角速度为 ω、液体的密度为 ρ、黏度为 μ。扭矩 T 是关于 D、ω、ρ 和 μ 的函数。利用量纲分析，得出无量纲关系式。观察是否有已经建立的无量纲参数出现在你的表达式中。（提示：为了保持一致性，最好选择长度、密度和速度（或角速度）作为重复参数。）

7-69 将题 7-68 中的液体改为可压缩的气体，重新推导无量纲关系式。

7-70 如图 P7-70 所示，Jen 在研究弹簧 - 质量 - 阻尼器系统。她记得在动力系统课上学习过，其中衰减比 ζ 是一个无量纲参数，是弹簧的刚度系数 k、质量 m 和阻尼系数 c 的函数。不幸的是，她记不起具体的关于 ζ 的方程。然而，在学过流体力学之后，她打算利用新学的量纲分析法来得到方程的形式。请利用重复变量法帮助她建立关于 ζ 的方程。（提示：k 的单位是 N/m，c 的单位是 N·s/m。）

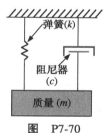

弹簧(k)

阻尼器(c)

质量(m)

图 P7-70

7-71 在题 7-18 中我们研究了水流在管道中的传热问题。现在利用量纲分析来重新研究这个问题。冷水从管道一端流入，管道被外部加热源持续加热（见图 P7-71）。入口和出口水温分别为 T_{in} 和 T_{out}，总的热流量 $\dot{Q}$ 是关于质量流量 $\dot{m}$、比热容 c_p 以及入口和出口的温度差的函数。利用量纲分析找到这些参数之间的函数关系。将得到的结果和题 7-18 中的方程对比。（注意：假设不知道分析方程。）

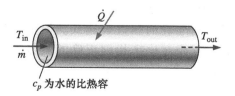

T_{in}　$\dot{m}$　$\dot{Q}$　T_{out}

c_p 为水的比热容

图 P7-71

7-72 考虑一圆柱形容器，容器中的液体和容器一起旋转。液面中心和边缘的高度差 h 是旋转角速度

ω、流体密度 ρ、重力加速度 g 和容器半径 R 的函数（见图 P7-72）。利用重复变量法找到这些参数之间的无量纲关系式。

答案：$\dfrac{h}{R} = f(Fr)$

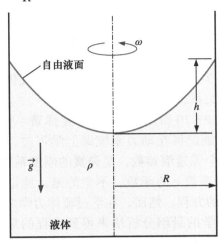

图 P7-72

7-73 考虑 7-72 中容器和液体最初不动的情况。在 $t=0$ 时，容器开始旋转。液体作为刚体旋转需要一定的时间，我们认为液体的黏度是非定常问题中的一个附加的相关参数。重复题 7-72 中的过程，但包括两个附加的独立参数，即流体黏度 μ 和时间 t。（我们关注的是高度 h 随时间和其他参数的变化。）

7-74 在物理课上我们学习了万有引力定律，$F = G\dfrac{m_1 m_2}{r^2}$。式中，$F$ 为两物体之间的引力；m_1 和 m_2 分别是两个物体的质量；r 为两物体之间的距离；G 为万有引力常量，$G = (6.67428 \pm 0.00067) \times 10^{-11}$（这里没有给出 G 的单位）。（a）试确定 G 在国际单位制下的单位。答案中包括 kg、m 和 s。（b）假设你不知道万有引力定律的表达式，但是你知道 F 是关于 G、m_1、m_2 和 r 的函数。利用量纲分析法和重复变量法来确定无量纲关系式 $F = F(G, m_1, m_2, r)$。将你的结果写成 $\Pi_1 = f(\Pi_2, \Pi_3, \cdots)$ 的形式。（c）量纲分析不能得到准确的函数表达式。但是将你的结果和万有引力定律对比来找到正确的函数表达形式（例如，$\Pi_1 = \Pi_2^2$ 或其他关系式）。

实验测试与不完全相似

7-75C 我们常常认为实验模型比原型要小，请举例说明实验模型比原型要大的例子，至少举出三个例子。

7-76C 讨论对汽车模型进行风洞实验时为什么要在下面放传送带。如果不使用传送带，请说出其他的方案。

7-77C 请说明风洞堵塞度的概念。确定风洞最大能容许的堵塞度标准是什么？解释为什么堵塞度过大会对测量结果造成影响。

7-78C 再次考虑 7.5 节中的货车模型问题，除了风洞中最大风速只有 50m/s。采集了风洞中风速 V 在 20~50m/s 之间的气动力数据。假设这些数据都列在表 7-7 中。基于这些数据，研究者能认为他们已经达到雷诺数无关了吗？

7-79C 若要将流体认为不可压缩流，马赫数上限是多少？解释为什么当违反这一原则时，风洞数据会出错。

7-80 一个 1/16 的跑车缩比模型放在风洞中进行实验，原始汽车长度为 4.37m，高度为 1.3m，宽度为 1.69m。在实验过程中，传送带的速度始终和风洞测试段空气的运动速度相同。气动阻力 F_D 和风洞风速的实验数据见表 P7-80。画出阻力系数 C_D 和雷诺数 Re 的函数图像，其中计算阻力系数所用的面积为汽车的迎风投影面积（假设 A 等于宽度乘以高度），计算 Re 所用的特征长度 L 为汽车的宽度 W。实验满足动力相似条件么？在风洞测试过程中我们达到了雷诺数无关么？计算真实汽车在高速公路上速度为 24.6m/s（55mile/h）时受到的空气阻力。假设风洞中的空气和真实跑车周围的空气温度都为 25°C，压强都为标准大气压强。

答案：不是；是；252N

表 **P7-80**

$V/(m/s)$	F_D/N
10	0.29
15	0.64
20	0.96
25	1.41
30	1.55
35	2.10
40	2.65
45	3.28
50	4.07
55	4.91

7-81 水的温度为 20°C，流过一个长直管道。沿长

度 $L = 1.3m$ 的管道段测量压降，得到压降和水流速度 V 之间的函数关系（见表 P7-81）。管道内径 $D = 10.4cm$。（a）将数据进行无量纲化并画出欧拉数和雷诺数之间的函数关系曲线。实验数据中的速度是否达到足够大能满足雷诺数无关？（b）推断实验数据以预测平均速度为 80m/s 时的压降。

答案：1940000N/m²

表 P7-81

V/(m/s)	ΔP/(N/m²)
0.5	77.0
1	306
2	1218
4	4865
6	10920
8	19440
10	30340
15	68330
20	121400
25	189800
30	273200
35	372100
40	485300
45	614900
50	758700

7-82 在 7.5 节讨论的货车问题中，风洞测试段长度为 3.5m，高度为 0.85m，宽度为 0.9m，1/16 的货车缩比模型长度为 0.991m，高度为 0.257m，宽度为 0.159m。风洞的堵塞度是多少？根据标准的经验法则，这个值在标准限度之内么？

7-83 利用量纲分析来研究水中的波浪问题（见图 P7-83），弗劳德数和雷诺数都是无量纲参数。液体表面的波浪速度 c 是深度 h、重力加速度 g、液体密度 ρ、液体黏度 μ 的函数。将你的无量纲参数进行操作以便得到下面的形式：

$$Fr = \frac{c}{\sqrt{gh}} = f(Re), \qquad 式中 Re = \frac{\rho ch}{\mu}$$

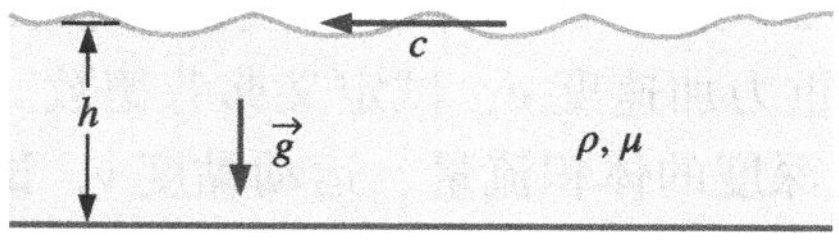

图 P7-83

7-84E 大学流体力学实验室中有一台小型风洞，测

试段截面为 50cm × 50cm 的正方形，长度为 1.2m。风洞能提供的最大风速为 44m/s。学生们希望制造一个 18 轮大货车模型来研究车头的形状对气动阻力的影响。全尺寸的原始模型货车长度为 16m，宽度为 2.5m，高度为 3.7m。风洞中的空气和真实货车周围的空气温度都为 25°C，压强都为标准大气压强。（a）根据风洞堵塞度标准，要满足该标准他们能制造的最大缩比模型是多大？以 in 为单位的货车模型尺寸是多少？（b）学生实验中能达到的最大雷诺数是多少？（c）他们能达到雷诺数无关么？请讨论。

复习题

7-85C 表 7-5 中列出了一些已经建立的无量纲参数。请上网查阅或搜索文献找到至少三个不在表 7-5 中的无量纲参数。对于每一个无量纲参数，给出它的定义式和物理意义。如果方程中出现了表 7-5 中没有定义的无量纲参数，请确定这些无量纲参数的正确性。

7-86C 请举例说明即使是雷诺数相同，原始模型流场和对应的实验模型流场满足几何相似但是运动不相似的例子。

7-87C 判断下列说法的正误，简单地说明你的理由。

（a）运动相似是动力相似的充分必要条件。

（b）几何相似是动力相似的必要条件。

（c）几何相似是运动相似的必要条件。

（d）动力相似是运动相似的必要条件。

7-88 电荷量 q 的单位是库伦（C），请问它的量纲是什么？（提示：注意电流的基本定义。）

7-89 电容 C 的单位是法拉（F），请问它的量纲是什么？（提示：注意电容的基本定义。）

7-90 写出下列固体力学中常用参数的量纲：（a）惯性矩 I；（b）弹性模量 E；（c）应变 ε；（d）应力 σ。（e）最后表明应力和应变之间的关系（胡克定律）是一个量纲齐次方程。

7-91 有些作者更倾向于用力作为质量的量纲。在典型的流体力学问题中，用 F、L、t 和 T 代替四个基本量纲 m、L、t 和 T。这个系统中力的基本量纲是 {力}={F}。使用题 7-3 的结果，在量纲变换的条件下重新写出通用气体常数的量纲。

7-92 由基础电子学，在任何瞬间流过电容器的电流等于电容乘以电容器两端的电压（电动势）变化率，

$$I = C \frac{\mathrm{d}E}{\mathrm{d}t}$$

写出该式两端的基本量纲，并验证该式满足量纲齐次性，给出证明过程。

7-93 力 F 作用在悬臂梁的一端，该悬臂梁长度为 L、转动惯量为 I（见图 P7-93）。悬臂梁的弹性模量为 E。当力作用在一端时，端点处发生的位移为 z_d。利用量纲分析得到位移 z_d 和其他独立变量的函数关系式。观察分析中是否出现已经建立的无量纲参数。

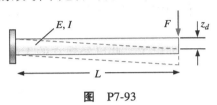

图 P7-93

7-94 一枚导弹击中目标后发生爆炸（见图 P7-94）。激波（也称为爆炸波）呈放射状传播。激波两侧的压强差 ΔP 和距离中心的半径 r 是时间 t、声速 c 和爆炸释放的总能量 E 的函数。（a）推导 ΔP 和其他参数之间的无量纲关系，推导 r 和其他参数之间的无量纲关系。（b）对于指定的爆炸问题，如果时间 t 增加为两倍，其他参数保持一致，ΔP 将会减小为原来的多少？

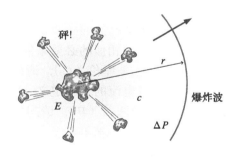

图 P7-94

7-95 表 7-5 中列出的阿基米德数适用于空气中的漂浮质点。通过查阅文献或上网搜索资料找到阿基米德数的定义。按照表 7-5 的格式写出阿基米德数的定义和意义。如果方程中包含表 7-5 中没有出现的参数，仔细确定这些参数的正确性。最后，浏览表 7-5 中已经建立的无量纲参数找到能代替阿基米德数的参数。

7-96 考虑定常二维完全发展的层流——泊肃叶流。泊肃叶流的定义为两平行平板距离为 h，上下两块平板都处于静止状态，压力梯度 $\mathrm{d}P/\mathrm{d}x$ 驱动流体流动，

如图 P7-96 所示（$\mathrm{d}P/\mathrm{d}x$ 为常数且为负数）。流动是二维 x-y 平面的定常不可压缩流。流动完全发展，意味着速度剖面不会随 x 的变化而变化。因为流场完全发展，所以密度不会对流场造成影响。x 方向的速度分量 u 是距离 h、压差 $\mathrm{d}P/\mathrm{d}x$、流体黏度 μ 和竖直距离 y 的函数，利用量纲分析得到给定参数的无量纲关系。

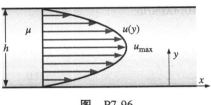

图 P7-96

7-97 考虑题 7-96 中的定常二维完全发展层流——泊肃叶流，最大速度出现在中心位置。（a）推导 $u_{\max}$ 关于 h、压差 $\mathrm{d}P/\mathrm{d}x$、流体黏度 μ 的函数关系式。（b）如果平板之间的距离 h 加倍，其他参数保持不变，$u_{\max}$ 将会怎样变化？（c）如果压差 $\mathrm{d}P/\mathrm{d}x$ 加倍，其他参数保持不变，$u_{\max}$ 将会怎样变化？（d）若要得到 $u_{\max}$ 和其他参数之间的关系式，需要进行多少次实验？

7-98 写出下列参数在质量为基本量纲（m、L、t、T、I、C、N）和力为基本量纲（F、L、t、T、I、C、N）时的无量纲关系式，对比这两种基本量纲系统的无量纲关系式：（a）压强或应力；（b）动量或力矩；（c）功或能量。利用你的结果说明为什么一些学者喜欢采用力代替质量作为基本量纲。

7-99 我们常常希望利用已经建立的无量纲参数，但是可用的特征尺度不满足无量纲参数的要求。在这种情况下，利用量纲推理（一般通过检查）可以自己创造所需的特征尺度。例如，由特征速度 V、特征面积 A、流体密度 ρ 和流体黏度 μ，希望得到雷诺数。可以创造特征长度 $L = \sqrt{A}$，定义雷诺数为

$$Re = \frac{\rho V \sqrt{A}}{\mu}$$

采取类似的方法对下面几种情况进行无量纲参数的建立：（a）给定 $\dot{V}'$ 为单位深度的体积流量、特征长度 L 和重力加速度 g，试定义弗劳德数。（b）给定 $\dot{V}'$ 为单位深度的体积流量、运动黏度 ν，试定义雷诺数。（c）给定 $\dot{V}'$ 为单位深度的体积流量、特征长度 L、特征密度差 $\Delta\rho$ 和重力加速度 g，试定义理查森数（见表 7-5）。

7-100 如图 P7-100 所示，密度为 ρ、黏度为 μ 的液体受到重力的作用从直径为 D 的罐体下方的小孔流出，小孔直径为 d。实验开始时，液面距离罐体底部的高度为 h，液体以射流的形式流出，平均速度为 V，方向为竖直向下。利用量纲分析，推导 V 和其他参数之间的无量纲关系式。（提示：本题中有三个长度参数，为了保持一致性，取 h 作为长度参数。）

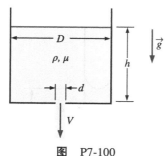

图 P7-100

7-101 重做题 7-100，加上新的非独立变量，罐体内水完全流出所需的时间 t_{empty}。推导 t_{empty} 关于下面这些独立变量的函数关系式：小孔直径 d、罐体直径 D、密度 ρ、黏度 μ、初始液面高度 h、重力加速度 g。

7-102 类似于图 P7-100 的液体分离系统中装有乙二醇，乙二醇从底部的小孔流出。设计者需要预计将容器中的乙二醇排干的时间。如果采用原始模型，液体采用乙二醇进行实验则十分昂贵，决定采用一个 1/4 的缩比模型来进行实验，同时液体改为水。实验模型和原始模型满足几何相似（见图 P7-102）。（a）原始模型中的乙二醇的温度为 60℃，运动黏度 $\nu = 4.75 \times 10^{-6}\,\text{m}^2/\text{s}$。为了满足完全相似的条件，请问实验中的水温应该设定为多少？（b）实验采用的水温根据（a）中的结果来设定。总共耗时 4.12min 将实验模型中的水排干。请问将原始模型中的乙二醇完全排干需要消耗多长时间？

答案：（a）45.8℃；（b）8.24min

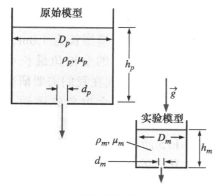

图 P7-102

7-103 如图 P7-100 所示，液体从底部的小孔流出。考虑下面这种情况，小孔的直径 d 远小于罐体直径 D。实验表明平均速度 V 与 d、D、ρ 和 μ 无关。无论这些参数如何变化，V 只与液面高度 h、重力加速度 g 有关。如果液面高度加倍，其他参数保持不变，请问平均射流速度会增加多少倍？

答案：$\sqrt{2}$

7-104 一质点直径为 D_p，在特征长度为 L、特征速度为 V 的空气中运动。为了适应空气突然发生的变化，质点的特征时间称为质点松弛时间 τ_p：

$$\tau_p = \frac{\rho_p D_p^2}{18\mu}$$

证明 τ_p 的量纲为时间。然后根据空气流动的特征速度 V、特征长度 L（见图 P7-104），写出 τ_p 的无量纲形式。你写出的无量纲参数和已经建立的哪一个无量纲参数是吻合的？

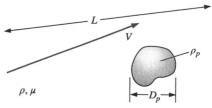

图 P7-104

7-105 通过长圆管道的压降 $\Delta P = P_1 - P_2$ 可以写成关于切应力 τ_w 的关系式。如图 P7-105 所示，管道壁面对流体产生切应力，阴影区域为管通轴向位置 1 和 2 之间的流体组成的控制体，与压降相关的无量纲参数有两个：欧拉数 Eu 和达西摩擦系数 f。（a）利用图 P7-105 中的控制体来推导 f 关于 Eu（以及所需的其他任何属性或参数）的表达式。（b）利用题 7-81 中的实验数据和相关条件（见表 P7-81），画出达西摩擦系数关于雷诺数 Re 的函数关系式。当雷诺数达到一定值时，f 是否与雷诺数无关？如果无关，则当雷诺数很大时，f 值是多少？

答案：（a）$f = 2\dfrac{D}{L}Eu$；（b）是，0.0487

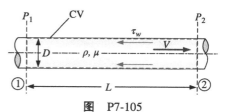

图 P7-105

7-106 表 7-5 中列出的斯坦顿数可以通过雷诺数、努塞特数和普朗特数组合而成。请找到这四个无量纲参数之间的关系。你是否可以通过另外两个无量纲参数的组合来表示斯坦顿数？

7-107 考虑题 7-52 中的充分发展的库特流，如图 P7-107 所示，两平板之间的距离为 h，上板运动速度为 V_{top}，下板运动速度为 V_{bottom}。流动是定常不可压缩的在 xy 平面内的二维流动。试推导 x 方向的速度分量 u 关于流体黏度，上、下板的运动速度 V_{top} 和 V_{bottom}，两板之间的距离 h，流体密度 ρ，距离 y 的函数。（提示：在推导公式之前请仔细考虑参数列表。）

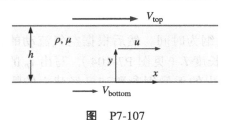

图 P7-107

7-108 许多电工学问题中包含有时间尺度，例如滤波器和延时电路（图 P7-108 所示为低通滤波器），从这些电路中常常可以看到电阻 R 和电容 C 的串联。实际上，R 和 C 的乘积为电路时间常数，即 RC。请问 RC 的量纲是什么？利用量纲分析方法，解释为什么电容和电阻常常一起出现在时间电路中。

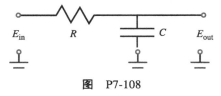

图 P7-108

7-109 在例 7-7 中，我们采用基于质量的基本量纲建立了肥皂泡内外压差 $\Delta P = P_{inside} - P_{outside}$ 与肥皂泡半径 R 和肥皂膜表面张力 σ_s（见图 P7-109）的函数。利用重复变量法进行量纲分析，但是采用基于力的基本量纲，你得到的结果一样吗？

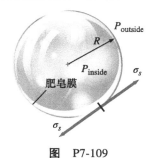

图 P7-109

7-110 当一直径为 D 的毛细管插入装有液体的容器中时，液体上升的高度为 h（见图 P7-110），h 是液体密度 ρ、管子直径 D、重力加速度 g、倾斜角度 ϕ 和液体表面张力 σ_s 的函数。（a）推导 h 关于其他参数的无量纲关系式。（b）将你所得的结果和第 2 章中给出的结果对比。你得到的无量纲结果和正确结果一致吗？请讨论。

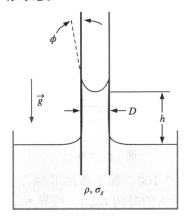

图 P7-110

7-111 重新考虑题 7-110 中的（a），求出毛细管中液体上升到最高时所需时间 t_{rise} 的函数关系式。（提示：检查题 7-110 中的独立参数。其中有多余的相关参数么？）

7-112 声强 I 定义为声源发出的声音在单位面积上的能量。我们知道 I 是声压 P（量纲为压强）及流体密度 ρ 和声速 c 的函数。（a）基于质量的基本量纲系统，利用重复变量法得到 I 关于其他参数的无量纲关系。如果你选择三个重复参数将会发生什么？（b）将（a）中的基于质量的量纲改为基于力的量纲重新进行分析。请讨论。

7-113 重新考虑题 7-112，将声源的距离 r 作为附加的独立变量重新分析。

7-114 麻省理工学院的工程师们制造出一种机械模型鱼来研究金枪鱼的运动。模型长为 1.0m，在水中的运动速度为 2.0m/s。真实的金枪鱼最长可达 3m，最大运动速度可达 13m/s。现在我们需要研究长度为 2.0m、速度为 10m/s 的真实金枪鱼的运动，为了满足雷诺数相似，机械模型鱼的运动速度是多少？

7-115 如图 P7-115 所示，利用实验来测量消防员手上的水管水平方向的力 F。F 是速度 V_1、压强差 $\Delta P = P_1 - P_2$、密度 ρ、黏度 μ、入口面积 A_1、出口

面积 A_2 和长度 L 的函数。请对 $F = f(V_1, \Delta P, \rho, \mu, A_1, A_2, L)$ 进行量纲分析。为了保持一致性，利用 V_1、ρ、A_1 作为重复参数来得到无量纲关系式。观察结果中是否出现已经建立的无量纲参数。

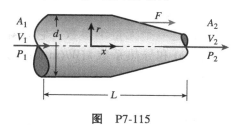

图 P7-115

7-116 表 7-5 中列出了许多已经建立的无量纲关系式，其中一些无量纲关系式可以看作是两个无量纲参数的比。对于下面已经列出的两个无量纲参数，找到第三个由这两个参数组合而成的无量纲参数：（a）雷诺数和普朗特数；（b）施密特数和普朗特数；（c）雷诺数和施密特数。

7-117 旋风分离器是一种分离空气中颗粒物的常用装置（图 P7-117）。空气从入口切向进入旋风分离器（体积流量为 $\dot{V}$，密度为 ρ），在罐体内做旋转运动。空气中的颗粒物则被甩到外侧落入底部，清洁的空气从上面的出口流出。本题中研究的旋风分离器都与原始模型几何相似，因此直径 D 是完全指定整个旋风分离器几何形状所需的唯一长度尺度。工程师们关心经过旋风分离器空气的压降 δP。（a）推导通过旋风分离器的压降和已知参数之间的无量纲关系式。（b）如果旋风分离器直径增加为原来的两倍，其他参数保证相同，压降将会变为原来的多少？（c）如果体积流量增加为原来的两倍，其他参数保证相同，压降将会变为原来的多少倍？

答案：（a）$D^4 \delta P / \rho \dot{V}^2 = \text{const}$；（b）1/16；（c）4

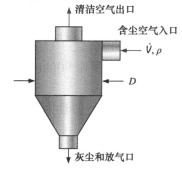

图 P7-117

7-118 静电除尘器（ESP）是一种利用静电来进行空气除尘的装置。首先，空气通过静电除尘器充电级，充电的电离器导线让空气中的灰尘带上正电荷 q_p（库仑）（见图 P7-118）。夹杂有灰尘的空气进入收集器部分，这部分由两个带相反电量的平板构成。两板之间的电场强度为 E_f（单位长度的电势差）。图 P7-118 所示是一个直径为 D_p 的带电灰尘颗粒。该颗粒向带负电的平板运动，运动速度称为漂移速度 w。假设平板足够长，灰尘最终都被吸附在带负电的平板上，清洁的空气流出装置。研究发现，对于微小的颗粒，漂移速度取决于 q_p、E_f、D_p 和空气黏度 μ。（a）推导 ESP 的收集阶段的漂移速度与给定的其他参数之间的无量纲关系式。（b）如果电场强度增加为原来的两倍，其他参数保持不变，漂移速度变为原来的多少？（c）对于给定的 ESP，如果颗粒直径增加为原来的两倍，其他参数保持不变，漂移速度变为原来的多少？

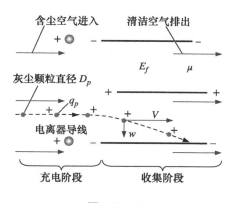

图 P7-118

7-119 纺纱轴的输出功率 $\dot{W}$ 是转矩 T 和角速度 ω 的函数。用量纲分析来表示 $\dot{W}$、T 和 ω 无量纲形式之间的关系。把结果和你所知道的物理知识比较一下，然后简单地讨论一下。

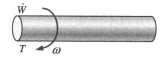

图 P7-119

7-120 核弹产生的蘑菇云半径 R 随时间增长。我们预计 R 是时间 t、爆炸的初始能量 E 和平均空气密度 ρ 的函数。使用量纲分析法来表示 R、t、E 和 ρ 无量纲形式之间的关系。

图 P7-120

© Galerie Bilderwelt/Getty Images

工程基础（FE）考试问题

7-121 下面哪一个不是基本量纲？

（a）速度 （b）时间 （c）电流 （d）温度 （e）质量

7-122 通用气体常数 R_u 的量纲是

（a）$m \cdot L/(t^2 \cdot T)$ （b）$m^2 \cdot L/N$ （c）$m \cdot L^2/(t^2 \cdot N \cdot T)$ （d）$L^2/(t^2 \cdot T)$ （e）$N/(m \cdot t)$

7-123 物质的导热系数可定义为单位长度单位温差的传热速率。导热系数的量纲为

（a）$m^2 \cdot L/(t^3 \cdot T)$ （b）$m^2 \cdot L^2/(t \cdot T)$ （c）$L^2/(m \cdot t^2 \cdot T)$ （d）$m \cdot L/(t^3 \cdot T)$ （e）$m \cdot L^2/(t^3 \cdot T)$

7-124 气体常数除以通用气体常数的比 R/R_u 的量纲为

（a）$L^2/(t^2 \cdot T)$ （b）$m \cdot L/N$ （c）$m/(t \cdot N \cdot T)$ （d）m/L^3 （e）N/m

7-125 运动黏度的量纲为

（a）$m \cdot L/t^2$ （b）$m/(L \cdot t)$ （c）L^2/t （d）$L^2/(m \cdot t)$ （e）$L/(m \cdot t^2)$

7-126 方程中有四个可加项，它们的单位如下所示。哪一个与这个方程不一致？

（a）J （b）W/m （c）$kg \cdot m^2/s^2$ （d）$Pa \cdot m^3$ （e）$N \cdot m$

7-127 阻力系数 C_D 是无量纲参数，是阻力 F_D、密度 ρ、速度 V 和面积 A 的函数。阻力系数可以被表示为

（a）$\dfrac{F_D V^2}{2\rho A}$ （b）$\dfrac{2F_D}{\rho V A}$ （c）$\dfrac{\rho V A^2}{F_D}$

（d）$\dfrac{F_D A}{\rho V}$ （e）$\dfrac{2F_D}{\rho V^2 A}$

7-128 无量纲传热系数是对流系数 $h[W/(m^2 \cdot K)]$、导热系数 $k[W/(m \cdot K)]$ 和特征长度 L 的函数。该无量纲参数表示为

（a）hL/k （b）h/kL （c）L/hk （d）hk/L （e）kL/h

7-129 传热系数是一个无量纲参数，它是黏度 μ、比热容 $c_p[kJ/(kg \cdot K)]$ 和导热系数 $k[W/(m \cdot K)]$ 的函数。这个无量纲参数表示为

（a）$c_p/\mu k$ （b）$k/\mu c_p$ （c）$\mu/c_p k$ （d）$\mu c_p/k$ （e）$c_p k/\mu$

7-130 在风洞中测试一辆三分之一比例的汽车模型。汽车的实际工况为 $V = 75km/h$，$T = 0°C$，风洞内空气温度为 20°C。

在 1atm 和 0°C 下的空气特性为 $\rho = 1.292kg/m^3$，$v = 1.338 \times 10^{-5}\ m^2/s$。

在 1atm 和 20°C 的空气特性为 $\rho = 1.204kg/m^3$，$v = 1.516 \times 10^{-5}\ m^2/s$。

为了实现模型与原型的相似性，风洞风速应为

（a）255km/h （b）225km/h （c）147km/h （d）75km/h （e）25km/h

7-131 在水中测试一架四分之一比例的飞机模型。飞机在 –50°C 处的空气中速度为 700km/h，实验段的水温为 10°C。为了实现模型与原型之间的相似性，在 393km/h 的水速下进行实验。

在 1atm 和 –50°C 下的空气特性为 $\rho = 1.582kg/m^3$，$\mu = 1.474 \times 10^{-5}kg/(m \cdot s)$。

在 1atm 和 10°C 的空气特性为 $\rho = 999.7kg/m^3$，$\mu = 1.307 \times 10^{-3}kg/(m \cdot s)$。

如果模型上的平均阻力测量为 13800N，则原型上的阻力为

（a）590N （b）862N （c）1109N （d）4655N （e）3450N

7-132 在水中测试一架三分之一比例的飞机模型。飞机在 –50°C 处的空气速度为 900km/h，实验段的水温为 10°C。

在 1atm 和 –50°C 下的空气特性为 $\rho = 1.582kg/m^3$，$\mu = 1.474 \times 10^{-5}kg/(m \cdot s)$

在 1atm 和 10°C 的空气特性为 $\rho = 999.7kg/m^3$，$\mu = 1.307 \times 10^{-3}kg/(m \cdot s)$。

为了实现模型与原型的相似性，模型上的水流速度应该是

（a）97km/h （b）186km/h （c）263km/h
（d）379km/h （e）450km/h

7-133 在风洞中进行一辆四分之一比例的汽车模型实验。实车工况为 $V = 45km/h$ 和 $T = 0°C$，风洞内气温为20°C，为了实现模型与原型相似，风洞以 180km/h 运行。

在 1atm 和 0°C 下的空气特性为 $\rho = 1.292kg/m^3$，$\nu = 1.338 \times 10^{-5}m^2/s$。

在 1atm 和 20°C 的空气特性为 $\rho = 1.204kg/m^3$，$\nu = 1.516 \times 10^{-5}m^2/s$。

如果模型上的平均阻力为70N，则原型上的阻力为

（a）66.5N （b）70 N （c）75.1N
（d）80.6N （e）90N

7-134 考虑沿薄平板生成的边界层。该问题涉及下列参数：边界层厚度 δ、下游距离 x、自由流速 V、流体密度 ρ 和流体黏度 μ。非独立量纲是 δ。如果选择三个重复参数为 x，ρ 和 V，则非独立量纲 Π 是

（a）$\delta x^2/V$ （b）$\delta V^2/x\rho$ （c）$\delta\rho/xV$
（d）$x/\delta V$ （e）δ/x

7-135 考虑沿薄平板生成的边界层。该问题涉及下列参数：边界层厚度 δ、下游距离 x、自由流速 V、流体密度 ρ 和流体黏度 μ。非独立量纲是 δ。在这个问题中表示的基本量纲数量是

（a）1 （b）2 （c）3 （d）4 （e）5

7-136 考虑沿薄平板生成的边界层。该问题涉及下列参数：边界层厚度 δ、下游距离 x、自由流速 V、流体密度 ρ 和流体黏度 μ。非独立量纲是 δ。这个问题的无量纲参数 Πs 的数目是

（a）5 （b）4 （c）3 （d）2 （e）1

8

本章目标

当你阅读完本章，你应该能够：

- 对管道中的层流和湍流，以及充分发展流动的分析有更深入的了解。

- 计算管网系统中与管道流动相关的主要损失和局部损失，并确定泵功率要求。

- 了解各种速度和流量的测量技术，并了解其优点和缺点。

第 8 章　内流

本章概述

根据流体是在表面上流动还是在管道中流动，可将流体流动分为外流和内流。内流和外流的流动特性差异很大。在本章中，我们考察内流，即管道中完全充满流体，并且流动主要由压差驱动。注意不要将内流与明渠流动（见第 13 章）相混淆，后者管道中只有部分流体，因此流动仅被固体表面部分地限制，如在灌溉水渠中，并且流动仅由重力驱动。

本章首先介绍通过管道的内流，包括入口区域和充分发展区域；接着讨论无量纲雷诺数及其物理意义，介绍与管道中层流和湍流流动有关的压降修正；然后讨论局部损失，并确定实际管道系统的压降和泵功率要求；最后，简要介绍流动测量设备。

8.1　引言

加热和冷却设备以及流体分配网通常使用管道输送液体或气体。在这些设备中的流体通常被风扇或泵驱动流过流动截面。我们特别关心摩擦，因为它直接关系到通过管道的压强损失和压头损失。然后使用压降来确定泵的功率要求。典型的管道系统包括连接彼此的不同直径的管道以构成流路的各种配件或弯头、控制流量的阀门，以及用于对流体加压的泵。

圆管、管道、导管这几个术语通常可互换地用于流动截面。通常，圆形横截面的流动截面称为圆管（特别是当流体是液体时），非圆形截面的流动截面称为管道（特别是当流体是气体时）。小直径管通常被称为导管。鉴于这种不确定性，我们将在必要时使用更多描述性短语（例如圆形管道或矩形管道），以避免任何误解。

你可能已经注意到，大多数流体，特别是液体，是在圆形管道中运输的。这是因为具有圆形横截面的管道可以承受较大的内外压差而不会发生显著的变形。非圆形管道通常用于建筑物的供暖和制冷系统中，这种系统的压差相对较小、制造和安装成本较低，并且管道系统的可用于空间有限（见图 8-1）。

几乎在所有行业中，内流流动都要通过管道、弯头、三通、阀门等，如在这家炼油厂中一样。

© Corbis RF

虽然流体流动理论很好理解，但是只有圆管中充分发展的层流流动等几个简单的情况能获得理论解。因此，对大多数流体流动问题，我们必须依靠实验结果和经验关系，而不是封闭式解析解。注意，实验结果是在严格控制的实验室条件下获得的，而且没有两个系统是完全相同的，所以我们不能天真地认为所获得的实验结果是"精确"的。在本章的相关计算中，摩擦系数的误差为 10%（或更多）是"常态"而不是"例外"。

因为壁面无滑移条件，所以管道中的流体速度在壁面处为零，然后逐渐增大，在管道中心处达到最大值。在流体流动中，为简化计算，流体流速通常采用平均速度 V_{avg}。当管道的横截面面积恒定时（见图 8-2），平均速度 V_{avg} 在不可压缩流中是恒定不变的。而用于加热和冷却设备中的流体的平均速度可能会由于密度随温度的变化而稍有改变。但是，在实践中，我们讨论在平均温度下流体的某些性质，通常将其视为常数。而且，采用常数进行计算通常更方便，而且带来的误差很小。

此外，由于机械能被转换成可感觉到的热能，管道中的流体质点之间的摩擦确实会引起流体温度的轻微升高。但是由于摩擦加热引起的温度升高通常极小，在计算中不足以影响任何因素，因此通常被忽略。例如，在没有任何传热的情况下，管道中流动的水在入口温度和出口温度之间检测不到明显的差异。实际上，流体流动中摩擦造成的主要结果是产生压降而不是温升，换句话说流体中任何明显的温度变化都是由于传热造成的，而与摩擦无关。

在某些流动横截面处的平均速度 V_{avg} 的值由质量守恒原理确定（见图 8-2）。即

$$\dot{m} = \rho V_{avg} A_c = \int_{A_c} \rho u(r) \, \mathrm{d}A_c \tag{8-1}$$

式中，$\dot{m}$ 是质量流率；ρ 是密度；A_c 是横截面面积；$u(r)$ 是速度分布。于是，在半径为 R 的圆形管中的不可压缩流的平均速度为

$$V_{avg} = \frac{\int_{A_c} \rho u(r) \, \mathrm{d}A_c}{\rho A_c} = \frac{\int_0^R \rho u(r) 2\pi r \mathrm{d}r}{\rho \pi R^2} = \frac{2}{R^2} \int_0^R u(r) r \mathrm{d}r \tag{8-2}$$

因此，当已知流量或速度分布时，就可以很容易地求出平均速度。

8.2 层流和湍流

如果你在吸烟者身边，你可能会注意到香烟烟雾在最初的几厘米内呈平滑的羽状上升，然后随着烟雾继续上升，它开始在各个方向上发生随机波动。其他羽流也是类似的（见图 8-3）。同样，当仔细观察管中流体的流动时会发现，流体在低速时是流线型的，但随着速度增加到某个临界值以上而开始变得混乱，如图 8-4 所示。第一种情况下的流动状态称为层流，其特征在于平滑的流线和高度有序的运动。第二种情况下的流动状态称为湍流，其特征在于速度波动和高度无序的运动。从层流到

图 8-1 圆管可以承受内部与外部间更大的压差，且没有任何明显的变形，但是非圆管却不可以

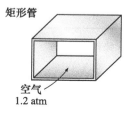

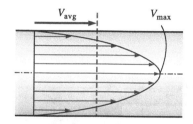

图 8-2 平均速度 V_{avg} 被定义为穿过一个横截面的平均速率。对于充分发展的层流管流，V_{avg} 是最大速度的一半

图 8-3 蜡烛烟流的层流和湍流流态

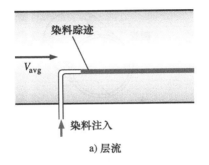

a）层流

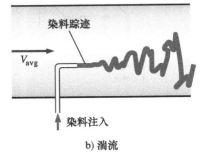

b）湍流

图8-4 在 a ）层流和 b ）湍流中注入染料

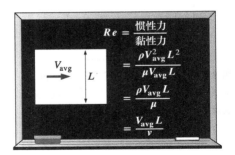

图8-5 雷诺数可以被视为作用在流体微团上的惯性力与黏性力之比

湍流的过渡不会突然发生，而是存在一段过渡区，即在其变成完全湍流之前在层流和湍流之间会有反复波动。我们在实际生活中遇到的流动大多数是湍流。但是，当高黏性流体，例如油，在小管或窄通道中流动时也会遇到层流的情况。

正如英国工程师奥斯本·雷诺（1842—1912）在一个多世纪前所做的那样，我们可以通过在玻璃管的流体中注入一些染料来验证层流、过渡流和湍流的存在。在实验中可以观察到，当流动是层流时，染料条在低速下会形成又直又平滑的线（由于分子扩散，我们可能看到有些模糊）；在过渡区中会有突然的波动，并且当流动完全变成湍流时会形成快速且无序的弯弯曲曲的流动。这些弯曲流动和染料的扩散表明了主流的波动和来自相邻层的流体质点的快速掺混。

由于快速波动，流体在湍流中的强烈掺混增强了流体质点之间的动量传递，这就会增加管壁上的摩擦力，从而增加了所需的泵功率。当流动变为完全湍流时，摩擦系数将达到最大值。

雷诺数

从层流到湍流的转变取决于几何形状、表面粗糙度、流速、表面温度和流体类型等。在 19 世纪 80 年代经过详尽的实验后，雷诺发现流体流动状态主要取决于流体中惯性力与黏性力的比值。该比值称为雷诺数，对于圆管中的内流（见图 8-5）其表达式为

$$Re = \frac{惯性力}{黏性力} = \frac{V_{avg}D}{\nu} = \frac{\rho V_{avg}D}{\mu} \tag{8-3}$$

式中，V_{avg} 为平均流速（m/s）；D 为几何形状的特征长度（在这种情况下为直径，以 m 计）；ν 为流体的运动黏度（m^2/s）。需要注意的是，雷诺数是无量纲量（见第 7 章）。此外，运动黏度的单位为 m^2/s，并且可以被视为黏性扩散系数或动量扩散系数。

在较大的雷诺数下，惯性力与流体密度和流体速度的二次方成正比，惯性力相比于黏性力更大，因此黏性力不能阻止流体的随机和快速波动。然而，在小或中等雷诺数下，黏性力大得足够抑制这些波动并保持流体"成一直线"。因此，第一种情况下的流动是湍流，第二种情况下的流动是层流。

流动由层流变成湍流的雷诺数称为临界雷诺数 Re_{cr}，对于不同的几何形状和流动条件，临界雷诺数的值是不同的。对于圆管中的内流，临界雷诺数的公认值为 $Re_{cr} = 2300$。

对于非圆形管道中的流动，其水力直径 D_h 定义为（见图 8-6）

$$D_h = \frac{4A_c}{p} \tag{8-4}$$

式中，A_c 是管道的横截面面积；p 是其湿周长。

对于圆形管道中的流动，其水力直径定义为

$$D_h = \frac{4A_c}{p} = \frac{4(\pi D^2/4)}{\pi D} = D$$

我们当然希望有用于层流、过渡流和湍流的雷诺数的精确值，但实际情况并非如此。因为从层流到湍流的转变还取决于表面粗糙度、管道振动和上游流动中的波动引起的流动扰动程度等。在大多数实际条件下，当 $Re \leqslant 2300$ 时，圆管中的流动是层流的；当 $Re \geqslant 4000$ 时，流动是湍流；在两者之间是过渡流。即

$Re \leqslant 2300$，层流

$2300 \leqslant Re \leqslant 4000$，过渡流

$Re \geqslant 4000$，湍流

在过渡流中，流体在层流和湍流之间以无序方式进行转换（见图8-7）。应记住，通过排除流动扰动和管道振动，可以在非常光滑的管道中将层流保持在高得多的雷诺数下。这种严格控制的实验，在雷诺数高达 100000 时，依然可以保持在层流状态。

8.3 入口区域

本节主要考虑以均匀速度进入圆管的流体。由于壁面无滑移，与管壁接触的流体层中的流体质点速度为零。该层还使得相邻层中的流体质点由于摩擦而逐渐减慢。为了弥补这种速度损失，必须增加管道中部流体的速度，以保持通过管道的质量流量不变。最终，沿着管道就产生了速度梯度。

其中受到流体黏度引起的黏性剪力影响的流动区域称为速度边界层或简称为边界层。假设边界表面将管中的流体分成两个区域：黏性效应和速度变化显著的边界层区域，摩擦效应可忽略且速度在径向方向上基本保持恒定的无旋（核心）流区。

该边界层的厚度在流动方向上逐渐增加，直到边界层到达管道中心，并且因此充满整个管道，且更往下游一些速度才充分发展，如图8-8 所示。从管道入口到速度充分发展那一点的区域称为流体动力入口区域，该区域的长度称为流体动力入口长度 L_h。在入口区域中的流动称为流体动力发展流动，因为这是速度分布形成的区域。超过入口区域后，流体速度分布充分发展并保持不变，此区域称为流体动力充分发展区域。当归一化温度分布也保持不变时，流动称为充分发展。当管道中的流体未被加热或冷却时，流体动力充分发展流动等价于充分发展流动，因为在这种情况下流体温度基本保持不变。充分发展区域中的速度分布在层流中是抛物线形的，并且由于涡运动和在径向方向上更剧烈的掺混而在湍流中更平坦（或饱满）。当流动充分发展时，时均速度分布保持不变，因此

流体动力充分发展： $\dfrac{\partial u(r, x)}{\partial x} = 0 \rightarrow u = u(r)$ （8-5）

管壁处的切应力 τ_w 与表面速度分布的斜率有关。注意到速度分布在流体动力充分发展区域中保持不变，那么壁面切应力在该区域中也保持不变（见图8-9）。

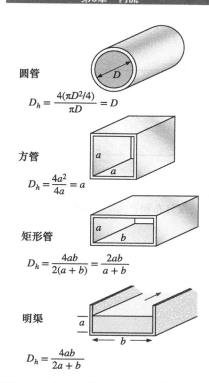

图8-6 水力直径 $D_h = 4A_c/p$ 的定义使其对于圆管来说就是圆管的直径。当存在自由表面时，例如在明渠流中，湿周长仅包括与水流接触的壁面长度

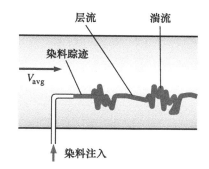

图8-7 在 $2300 \leqslant Re \leqslant 4000$ 的过渡流中，流动在层流与湍流间随意转换

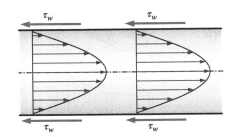

图 8-9 在管道中的充分发展流动区域，下游速度分布和壁面切应力保持不变

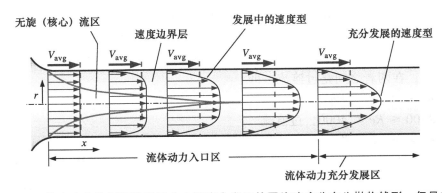

图 8-8 管中速度边界层的发展〔在层流中发展的平均速度分布为抛物线形，但是在湍流中更加平坦或饱满〕

考虑流体在管道的流体动力入口区域中的流动。壁面切应力在边界层厚度最小的管道入口处最大，并逐渐减小到充分发展的值，如图 8-10 所示。因此，在管道入口区域中的压降较高，并且入口区域的这种影响总是使得整个管道的平均摩擦系数增加。这种增加对于短管可能是显著的，但对于长管可以忽略。

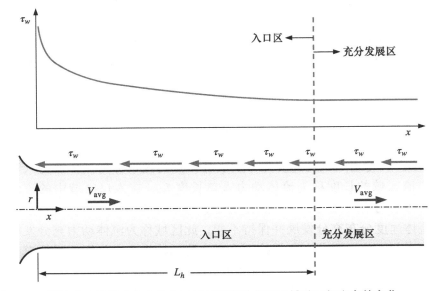

图 8-10 管流中在流动方向上从入口区域到充分发展区域壁面切应力的变化

入口长度

流体动力入口长度通常取为从管道入口到壁面切应力（以及摩擦系数）达到与充分发展值的偏差在 2% 以内的距离。在层流中，无量纲流体动力入口长度近似为〔参见 Kays 和 Crawford（2004）及 Shah 和 Bhatti（1987）的著作〕

$$\frac{L_{h,\,laminar}}{D} \approx 0.05Re \qquad (8\text{-}6)$$

当 $Re = 20$ 时，流体动力入口长度与直径相当，但随速度线性增加。在层流极限 $Re = 2300$ 时，流体动力入口长度为 $115D$。

在湍流中，随机波动期间的强烈掺混通常掩盖了分子扩散的影响。湍流的无量纲流体动力入口长度近似为［参见 Bhatti 和 Shah（1987）及 Zhi-qing（1982）的著作］

$$\frac{L_{h,\,\text{turbulent}}}{D} = 1.359 Re^{1/4} \qquad （8\text{-}7）$$

正如预期的，与高雷诺数层流相比，湍流的入口长度短得多，并且其对雷诺数的依赖性更弱。在许多实际工程管道流动中，入口效应在大约 10 倍直径的管道长度之外就变得不明显了，于是无量纲流体动力入口长度近似为

$$\frac{L_{h,\,\text{turbulent}}}{D} \approx 10 \qquad （8\text{-}8）$$

在相关文献中可以找到用于计算入口区域中的摩擦压头损失的精确关系式。然而，在实际中使用的管道长度通常是入口区域长度的几倍，因此通常认为通过管道的流动在管道的整个长度上是充分发展的。这种简单的方法对于长管道所得结果是比较合理的，但是对于短管道，有时得到的结果并不理想，因为它低估了壁面切应力，所以低估了摩擦系数。

8.4　管内层流

在 8.2 节中提到过当雷诺数 $Re \le 2300$ 时，管内流动为层流，并且当管道足够长时，流动会充分发展（相对于入口长度来说），入口影响可以忽略。本节中，我们将对直圆管中充分发展区的稳定的不可压缩流体的定常层流流动进行讨论分析。通过对微元体用动量守恒得到动量方程，并通过求解动量方程获得速度分布，然后求得与摩擦系数的关系。这里分析的一个重要方面是，它是为数不多的可用于黏性流的方法之一。

在充分发展的层流中，每个流体质点沿流线以恒定的轴向速度运动，流动方向的速度分布 $u(r)$ 保持不变，且流体微元在径向方向没有运动，因此垂直于管道轴线方向上的分速度处处为零。因为流动是定常且充分发展的，所以没有任何加速度。

现在考虑与管道同轴的一个环形的微元体，其半径为 r，厚度为 dr，长度为 dx，如图 8-11 所示。这个微元体仅受压力和黏性力的作用，因此压力和切应力必须相互平衡。作用在浸没于液体中的平面上的压力等于作用在截面质心上的压强和截面面积的乘积。由流动方向上的微元体受力平衡得

$$(2\pi r\,dr\,P)_x - (2\pi r\,dr\,P)_{x+dx} + (2\pi r\,dx\,\tau)_r - (2\pi r\,dx\,\tau)_{r+dr} = 0 \qquad （8\text{-}9）$$

式（8-9）表明水平管中的充分发展流动满足黏性力和压力互相平衡。式（8-9）除以 $2\pi\,dr\,dx$ 并重新整理得

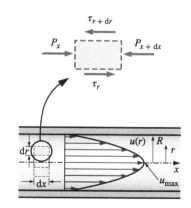

图 8-11　在充分发展层流中，半径为 r，厚度为 dr，长度为 dx 并且与水平管道同轴的环形微元体的受力图（为了清晰明了，微元体被放大）

$$r \frac{P_{x+dx} - P_x}{dx} + \frac{(r\tau)_{r+dr} - (r\tau)_r}{dr} = 0 \qquad (8\text{-}10)$$

由于式（8-10）中的两个分子分别是 dP 和 d（$r\tau$），因此式（8-10）可写成

$$r \frac{dP}{dx} + \frac{d(r\tau)}{dr} = 0 \qquad (8\text{-}11)$$

替换 $\tau = -\mu(du/dr)$，除以 r，并且取 $\mu = \text{const}$ 得到相应方程

$$\frac{\mu}{r} \frac{d}{dr}\left(r \frac{du}{dr} \right) = \frac{dP}{dx} \qquad (8\text{-}12)$$

管流中 du/dr 的大小为负，带负号去求得正的 τ 值。（否则，如果定义 y 为 $y = R - r$，则 $du/dr = -du/dy$）。式（8-12）的左边是一个关于 r 的函数，右边是一个关于 x 的函数。该式必须在 r 与 x 取任意值时都能成立，并且只有在 $f(r)$ 与 $g(x)$ 都等于同一常数时，才能使 $f(r)=g(x)$ 这个等式成立。因此得出 $dP/dx = \text{const}$。这个可以由一个半径为 R、厚度为 dx 的微元体的受力平衡方程来证实（如图8-12所示的一段管道），即

$$\frac{dP}{dx} = -\frac{2\tau_w}{R} \qquad (8\text{-}13)$$

由于黏度和速度分布在充分发展区中不变，这里 τ_w 为定值。因此，$dP/dx = \text{const}$。对式（8-12）积分两次并整理得

$$u(r) = \frac{r^2}{4\mu}\left(\frac{dP}{dx} \right) + C_1 \ln r + C_2 \qquad (8\text{-}14)$$

将边界条件：当 $r = 0$ 时 $\partial u/\partial r = 0$（因为关于中心线对称），以及当 $r = R$ 时，$u = 0$（管壁的无滑移条件）代入获得速度分布 $u(r)$，即

$$u(r) = -\frac{R^2}{4\mu}\left(\frac{dP}{dx} \right)\left(1 - \frac{r^2}{R^2} \right) \qquad (8\text{-}15)$$

因此，管内充分发展层流流动的速度分布形状为抛物线，速度在中心线处最大，管壁处最小（为零）。同时，对任何 r 值，轴向速度 u 都为正值，因此轴向压强梯度 dP/dx 一定为负（也就是说，由于黏性的影响，在流动方向上一定存在压降——把流体推过管道所需的压强）。

通过把式（8-15）代入式（8-2）并积分得到平均速度：

$$V_{\text{avg}} = \frac{2}{R^2} \int_0^R u(r) r \, dr = \frac{-2}{R^2} \int_0^R \frac{R^2}{4\mu}\left(\frac{dP}{dx} \right)\left(1 - \frac{r^2}{R^2} \right) r \, dr = -\frac{R^2}{8\mu}\left(\frac{dP}{dx} \right) \quad (8\text{-}16)$$

联立上面两式，速度分布可改写为

$$u(r) = 2V_{\text{avg}}\left(1 - \frac{r^2}{R^2} \right) \qquad (8\text{-}17)$$

这是一个常用的速度分布形式，因为 V_{avg} 可以通过流量很容易地确定。

最大速度在中心线处出现，因此用 $r = 0$ 代入式（8-17）得

$$u_{\max} = 2V_{\text{avg}} \qquad (8\text{-}18)$$

从式（8-18）看出，在充分发展的层流管流中，平均速度是最大速度的一半。

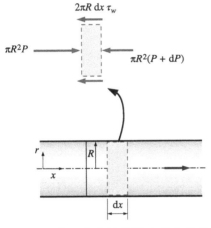

图8-12 在一个水平管道中的充分发展的层流流动中，一个半径为 R、长度为 dx 的圆盘形流体微元的受力图

压降和水头损失

在管流中我们感兴趣的量是压降 ΔP，因为它直接关系到维持流动所需的泵或风机提供的功率。注意 $\mathrm{d}P/\mathrm{d}x = \mathrm{const}$，设 $x = x_1$ 处压强为 P_1，$x = x_1 + L$ 处压强为 P_2，积分得

$$\frac{\mathrm{d}P}{\mathrm{d}x} = \frac{P_2 - P_1}{L} \tag{8-19}$$

把式（8-19）代入 V_{avg} 的表达式（8-16），得压降的表达式为

层流： $$\Delta P = P_1 - P_2 = \frac{8\mu L V_{\mathrm{avg}}}{R^2} = \frac{32\mu L V_{\mathrm{avg}}}{D^2} \tag{8-20}$$

符号 Δ 通常用作表明最终值与初始值之差，如 $\Delta y = y_1 - y_2$。但在流体流动中，ΔP 用来定义压降，即 $P_1 - P_2$。压降是由于黏性作用产生的不可逆压强损失，它有时被叫作压强损失 ΔP_L，强调了这是一种损失（如水头损失 h_L 与 ΔP_L 成比例关系）。

从式（8-20）知，压降正比于黏度 μ，并且如果不考虑摩擦，ΔP 将为零。因此，这种情况下从 P_1 到 P_2 的压降完全是由于黏性作用。式（8-20）表示了黏度为 μ 的流体在直径为 D 的管中以平均速度 V_{avg} 流过长度 L 的压强损失 ΔP_L。

实际上，对于所有类型的充分发展内流（层流或湍流、圆管或非圆管、光滑表面或粗糙表面、水平管或倾斜管），压强损失均可用下式很容易地表达出来（图8-13）：

压强损失： $$\Delta P_L = f \frac{L}{D} \frac{\rho V_{\mathrm{avg}}^2}{2} \tag{8-21}$$

式中，$\rho V_{\mathrm{avg}}^2 / 2$ 是动压；f 为达西摩擦系数，其计算式为

$$f = \frac{8\tau_w}{\rho V_{\mathrm{avg}}^2} \tag{8-22}$$

它也叫作达西-威士巴赫摩擦系数，以法国人亨利·达西（1803—1858）和德国人朱丽叶斯·威士巴赫（1806—1871）命名。这两位工程师在它的发展上做出了巨大的贡献。达西摩擦系数不能与摩擦系数 C_f ［也叫作范宁摩擦系数，由美国工程师约翰·范宁（1837—1911）命名］混淆，摩擦系数的定义为 $C_f = 2\tau_w/(\rho V_{\mathrm{avg}}^2) = f/4$。

令式（8-20）等于式（8-21），解出 f，得到圆管中充分发展层流的摩擦系数为

$$f = \frac{64\mu}{\rho D V_{\mathrm{avg}}} = \frac{64}{Re} \tag{8-23}$$

该式表明，在层流流动中，摩擦系数只与雷诺数大小有关，与管道表面粗糙度无关。（当然，假设粗糙度不是极端大）在管道系统分析中，压强损失通常用等价的液柱高度来表示，叫作水头损失 h_L。注意在流体静力学中，$\Delta P = \rho g h^2$；因此，压强差 ΔP 与流体高度 $h = \Delta P/\rho g$ 相关。管道的水头损失可以通过 ΔP_L 除以 ρg 得到，即

水头损失： $$h_L = \frac{\Delta P_L}{\rho g} = f \frac{L}{D} \frac{V_{\mathrm{avg}}^2}{2g} \tag{8-24}$$

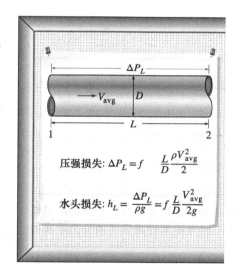

压强损失：$\Delta P_L = f \dfrac{L}{D} \dfrac{\rho V_{\mathrm{avg}}^2}{2}$

水头损失：$h_L = \dfrac{\Delta P_L}{\rho g} = f \dfrac{L}{D} \dfrac{V_{\mathrm{avg}}^2}{2g}$

图8-13 压强损失（和水头损失）关系式是流体机械中最普遍的关系式之一，并且它对层流和湍流、圆管和非圆管、光滑管和粗糙管都有效

水头损失 h_L 表示为了克服管道中的摩擦损失，流体需要用泵来提升的额外高度。水头损失由黏性造成，并且直接影响到壁面切应力。式（8-21）和式（8-24）在层流和湍流、圆管和非圆管中都有效，但是式（8-23）只在圆管中充分发展的层流中有效。

一旦压强损失（或水头损失）已知，克服压强损失的泵功率便能确定：

$$\dot{W}_{\text{pump}, L} = \dot{V} \, \Delta P_L = \dot{V} \rho g h_L = \dot{m} g h_L \qquad (8\text{-}25)$$

式中，$\dot{V}$ 是体积流量；$\dot{m}$ 是质量流量。

从式（8-20）可知，水平管中层流的平均速度为

$$\text{水平管道：} V_{\text{avg}} = \frac{(P_1 - P_2)R^2}{8\mu L} = \frac{(P_1 - P_2)D^2}{32\mu L} = \frac{\Delta P D^2}{32\mu L} \qquad (8\text{-}26)$$

于是，通过直径为 D、长度为 L 的水平管的层流的体积流量为

$$\dot{V} = V_{\text{avg}} A_c = \frac{(P_1 - P_2)R^2}{8\mu L} \pi R^2 = \frac{(P_1 - P_2)\pi D^4}{128\mu L} = \frac{\Delta P \pi D^4}{128\mu L} \qquad (8\text{-}27)$$

为了纪念 G. 哈根（1797—1884）和 J. 泊肃叶（1799—1869）在这个项目上的工作，该式叫作泊肃叶定律，这个流动叫作哈根 - 泊萧叶流。由式（8-27）可知，当流量一定时，压降和所需泵功率正比于管长和流体黏度。但是，压降与管道半径（或直径）的四次方成反比。因此，对于层流管流来说，所需泵功率会因管道直径翻倍而减少为原来的 1/16（见图 8-14）。当然，由于采用了直径更大的管道，在管道设计中需要权衡能量消耗的减少与建设成本的增加。

在管道水平的情况下，压降 ΔP 与压强损失 ΔP_L 相等，但在倾斜管或变截面的管道中两者是不相等的。可以通过以水头形式的一维不可压缩定常流动的能量平衡方程来说明（见第 5 章），即

$$\frac{P_1}{\rho g} + \alpha_1 \frac{V_1^2}{2g} + z_1 + h_{\text{pump}, u} = \frac{P_2}{\rho g} + \alpha_2 \frac{V_2^2}{2g} + z_2 + h_{\text{turbine}, e} + h_L \qquad (8\text{-}28)$$

式中，$h_{\text{pump}, u}$ 是输送给流体的有用泵水头；$h_{\text{turbine}, e}$ 是从流体中提取的涡轮水头；h_L 是在截面 1 与截面 2 之间的不可逆水头损失；V_1 和 V_2 分别是截面 1 与截面 2 的平均速度；α_1 和 α_2 是截面 1 与截面 2 的动能修正系数（充分发展层流中 $\alpha = 2$，充分发展湍流中 $\alpha = 1.05$）。将式（8-28）重新整理得

$$P_1 - P_2 = \rho(\alpha_2 V_2^2 - \alpha_1 V_1^2)/2 + \rho g[(z_2 - z_1) + h_{\text{turbine}, e} - h_{\text{pump}, u} + h_L] \quad (8\text{-}29)$$

因此，如果流动满足：①流动是水平的，没有静压或重力的作用（$z_1 = z_2$）；②流动截面不涉及任何做功装置，如泵、涡轮，因为它们会改变流体压强（$h_{\text{pump}, u} = h_{\text{turbine}, e} = 0$）；③流动截面间的截面积不变，因此流动平均速度不变（$V_1 = V_2$）；④截面 1、2 的速度分布形状一样（$\alpha_1 = \alpha_2$），则在所给的流动截面处，压降 $\Delta P = P_1 - P_2$ 和压强损失 $\Delta P_L = \rho g h_L$ 是相等的。

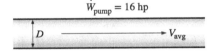

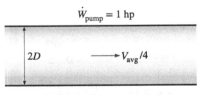

图 8-14　层流流动管道系统的所需泵功率因管道直径翻倍而减少为原来的 1/16

层流中重力对速度和流量的影响

重力对水平管道中的流动没有影响，但是对上坡或者下坡的管道中的速度和流量都有很明显的影响。倾斜管道的关系式可通过在流动方向上用类似分析受力平衡的方式获得。此时，流体所受的唯一外力是在流动方向上的重力分量，大小为

$$\mathrm{d}W_x = \mathrm{d}W \sin\theta = \rho g \mathrm{d}V_{\text{element}} \sin\theta = \rho g (2\pi r\, \mathrm{d}r\mathrm{d}x) \sin\theta \quad (8\text{-}30)$$

式中，θ 是流动方向与水平方向的夹角（见图8-15）。式（8-9）中的受力平衡变为

$$(2\pi r\, \mathrm{d}r\, P)_x - (2\pi r\, \mathrm{d}r\, P)_{x+\mathrm{d}x} + (2\pi r\, \mathrm{d}x\, \tau)_r$$
$$- (2\pi r\, \mathrm{d}x\, \tau)_{r+\mathrm{d}r} - \rho g(2\pi r\, \mathrm{d}r\mathrm{d}x) \sin\theta = 0 \quad (8\text{-}31)$$

它的微分式变为

$$\frac{\mu}{r} \frac{\mathrm{d}}{\mathrm{d}r}\left(r \frac{\mathrm{d}u}{\mathrm{d}r}\right) = \frac{\mathrm{d}P}{\mathrm{d}x} + \rho g \sin\theta \quad (8\text{-}32)$$

根据之前同样的求解过程，速度分布为

$$u(r) = -\frac{R^2}{4\mu}\left(\frac{\mathrm{d}P}{\mathrm{d}x} + \rho g \sin\theta\right)\left(1 - \frac{r^2}{R^2}\right) \quad (8\text{-}33)$$

根据式（8-33），倾斜管中层流流动的平均速度和体积流量分别为

$$V_{\text{avg}} = \frac{(\Delta P - \rho g L \sin\theta)D^2}{32\mu L}, \quad \dot{V} = \frac{(\Delta P - \rho g L \sin\theta)\pi D^4}{128\mu L} \quad (8\text{-}34)$$

它与相应的水平管中的关系式保持一致，只是 ΔP 被 $\Delta P - \rho g L\sin\theta$ 所替换。因此，将水平管计算结果中的 ΔP 替换成 $\Delta P - \rho g L\sin\theta$ 后，也可以用于倾斜管（见图8-16）。注意，$\theta > 0$ 为上坡流，$\sin\theta > 0$；$\theta < 0$ 为下坡流，$\sin\theta < 0$。

在倾斜管中，压差和重力的联合作用驱动流动。重力有助于向下流动，但不利于向上流动。因此在上坡流中，需要施加更大的压差来保持恒定的流量，但由于气体的密度通常非常小，这种效应只在液体中变得明显。在没有流动的特殊情况下（$\dot{V} = 0$），式（8-34）有 $\Delta P = \rho g L\sin\theta$，该式可以通过流体静力学获得（见第3章）。

非圆管中的层流流动

表8-1中给出了充分发展管流中的各种截面的摩擦系数 f 的关系式。这些管流中的雷诺数基于水力直径 $D_h = 4A_c/p$，其中 A_c 是管道的横截面面积，p 为湿周长。

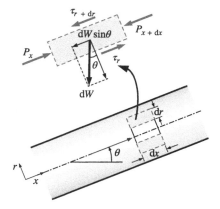

图8-15　半径为 r，厚度为 $\mathrm{d}r$，长度为 $\mathrm{d}x$ 并且与倾斜管道同轴的充分发展层流流动中环形微元体的受力图

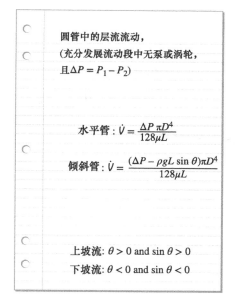

圆管中的层流流动，
（充分发展流动段中无泵或涡轮，且 $\Delta P = P_1 - P_2$）

水平管：$\dot{V} = \dfrac{\Delta P\, \pi D^4}{128\mu L}$

倾斜管：$\dot{V} = \dfrac{(\Delta P - \rho g L\sin\theta)\pi D^4}{128\mu L}$

上坡流：$\theta > 0$ and $\sin\theta > 0$

下坡流：$\theta < 0$ and $\sin\theta < 0$

图8-16　对于流过水平管的充分发展层流流动的关系式，将 ΔP 替换为 $\Delta P - \rho g L\sin\theta$ 后，也可以用于倾斜管

表 8-1　各种横截面的充分发展层流流动的摩擦系数（$D_h = 4A_c/p$，$Re = V_{\text{avg}}D_h/\nu$）

管道形状	a/b 或 θ	摩擦系数 f
圆形	—	$64.00/Re$

（续）

管道形状	a/b 或 $\theta°$	摩擦系数 f
矩形	a/b	
	1	$56.92/Re$
	2	$62.20/Re$
	3	$68.36/Re$
	4	$72.92/Re$
	6	$78.80/Re$
	8	$82.32/Re$
	∞	$96.00/Re$
椭圆形	a/b	
	1	$64.00/Re$
	2	$67.28/Re$
	4	$72.96/Re$
	8	$76.60/Re$
	16	$78.16/Re$
等腰三角形	θ	
	10°	$50.80/Re$
	30°	$52.28/Re$
	60°	$53.32/Re$
	90°	$52.60/Re$
	120°	$50.96/Re$

【例 8-1】 从一个水池中排出的层流

每当夏天快结束的时候，游泳池都会通过一个长并且直径很小的软管将其中的水排掉（见图 8-17）。软管是非常光滑的，其内径 $D = 6.0\text{cm}$，长度 $L = 65\text{m}$。水池表面到软管出口的初始高度差为 $H = 2.20\text{m}$。计算排水开始时的体积流量，单位为 L/min。

问题： 水从池中排出。体积流量有待确定。

假设： ①流量是不可压缩和准定常的（我们将其近似成定常的是因为游泳池容积很大而且在排水开始时它是稳定缓慢地排水）。②因为管道很长，入口效应被忽略；流动是充分发展流动。③其他诸如弯头之类的损失可以在软管中被忽略。

参数： 水的密度 $\rho = 998\text{kg/m}^3$，黏度 $\mu = 0.001002\text{kg/(m·s)}$。

分析： 解决这类问题的第一步就是合理地选择控制体。图 8-17 中显示的控制体一个切面位于泳池水面的下方（入口 1），另一切面通过软管排出口（出口 2）。假设流动是层流的，但是需要在最后验证这一假设。在软管出口的流动是充分发展的，$\alpha_2 = 2$。令 V 为软管中流动的平均速度，相应的式子为

$$Re = \frac{\rho VD}{\mu}, \quad f = \frac{64}{Re}, \quad h_L = f\frac{L}{D}\frac{V^2}{2g} \quad (1)$$

由第 5 章可知，水头形式的能量方程为

$$\frac{P_1}{\rho g} + \alpha_1\frac{V_1^2}{2g} + z_1 + h_{\text{pump}, u} = \frac{P_2}{\rho g} + \alpha_2\frac{V_2^2}{2g} + z_2 + h_{\text{turbine}, e} + h_L \quad (2)$$

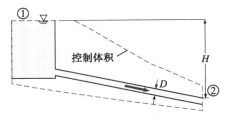

图 8-17 例 8-1 的示意图

在这个问题中，不存在水泵或涡轮机，所以相应的项为0。P_1和P_2都为大气压，所以压强项可以被消掉。因为游泳池的排水非常慢，在控制体入口（游泳池表面）的水流速度V_1非常小可以忽略不计。在出口，$V_2 = V$。因此，能量方程简写为

$$\alpha_2 \frac{V^2}{2g} = z_1 - z_2 - h_L = H - h_L \qquad (3)$$

此时，可以将这组联立方程输入到方程求解器中求解。或者，如果手工计算，必须对式（1）和式（3）中进行代数运算，以得到一个方程和一个未知数（V）

$$V^2 + \frac{64\mu L}{\rho D^2 \alpha_2} V - \frac{2gH}{\alpha_2} = 0 \qquad (4)$$

因为式（4）是求解二次方程的标准形式，并且式中所有的常数都是已知的，所以很容易解得$V = 0.36969\text{m/s}$。最后，计算体积流量，得

$$\dot{V} = VA_c = V\frac{\pi D^2}{4} = (0.36969\text{m/s})\frac{\pi(0.0060\text{m})^2}{4}\left(\frac{1000\text{L}}{\text{m}^3}\right)\left(\frac{60\text{s}}{\text{min}}\right)$$

$$= 0.6272\frac{\text{L}}{\text{min}}$$

于是得到了最后的结果：$\dot{V} \approx 0.627\text{L/min}$

校核一下雷诺数，

$$Re = \frac{\rho VD}{\mu} = \frac{(998\text{kg/m}^3)(0.36969\text{m/s})(0.0060\text{m})}{0.001002\text{kg/(m·s)}} = 2209$$

因为$Re < 2300$，这验证了之前的假设，流动是层流，尽管它非常接近于向湍流流动的过渡。

讨论：验证假设很重要。可以让学生验证推导式（4）的代数过程，并使用包含所有单位的二次函数来求解它，这将是明智和有用的练习。图8-17中的软管倾斜了一定角度。然而，角度从未在解题中使用，因为唯一重要的是高度H，不论水池很浅、软管有着很大的倾斜角或者水池很深、软管有着很小或者甚至为0的倾斜角，结果都是一样的。

【例8-2】 油在管道中流动所需的泵功率

考虑油[$\rho = 894\text{kg/m}^3$，$\mu = 2.33\text{kg/(m·s)}$]在直径为28cm的管道中以0.5m/s的平均速度流动。一段330m长的管道穿过冰冷的湖水（见图8-18）。不考虑入口效应，求克服压降和维持油在管道中流动所需的泵功率。

问题：油流过一个穿过冰冷湖水的管道。求克服压降所需的泵功率。

假设：①流动为定常不可压缩的。②研究的这部分流动远离入口，因此流动是充分发展的流动。③忽略粗糙度的影响，因此内部表面认为是光滑的，$\varepsilon \approx 0$。

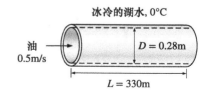

图8-18 例8-2的示意图

参数： 油的密度和动力黏度已经给出，$\rho = 894\text{kg/m}^3$，$\mu = 2.33\text{kg/m·s}$。

分析： 在这一情况下的体积流量和雷诺数分别为

$$\dot{V} = VA_c = V\frac{\pi D^2}{4} = (0.5\text{m/s})\frac{\pi(0.28\text{m})^2}{4} = 0.03079\text{m}^3/\text{s}$$

$$Re = \frac{\rho VD}{\mu} = \frac{(894\text{kg/m}^3)(0.5\text{m/s})(0.28\text{m})}{2.33\text{kg/(m·s)}} = 53.72$$

雷诺数小于 2300。因此，流动是层流流动，摩擦系数为

$$f = \frac{64}{Re} = \frac{64}{53.72} = 1.191$$

接着，在管道中流动的压降和所需的泵功率分别为

$$\Delta P = \Delta P_L = f\frac{L}{D}\frac{\rho V^2}{2}$$

$$= 1.191\frac{330\text{m}}{0.28\text{m}}\frac{(894\text{kg/m}^3)(0.5\text{m/s})^2}{2}\left(\frac{1\text{kN}}{1000\text{kg·m/s}^2}\right)\left(\frac{1\text{kPa}}{1\text{kN/m}^2}\right)$$

$$= 156.9\text{kPa}$$

$$\dot{W}_{\text{pump}} = \dot{V}\Delta P = (0.03079\text{m}^3/\text{s})(156.9\text{kPa})\left(\frac{1\text{kW}}{1\text{kPa·m}^3/\text{s}}\right) = 4.83\text{kW}$$

讨论： 那些转换为流体流动的机械功就是我们所需要考虑的输入功率。由于泵效率的影响，实际的轴功要大于这一结果；考虑到电动机的效率，输入的功率将会更大。

8.5 管内湍流

实际工程中的大多数流动为湍流，因此理解湍流如何影响壁面切应力是非常重要的。但是，湍流是一个由脉动主导的复杂机制，尽管研究人员在这个领域做了大量的工作，湍流仍然没有被完全理解。因此，我们必须依靠实验和在各种情况下所发展的经验或半经验的关系式来理解湍流。

湍流的特征是在整个流动中无序且急剧脉动的旋转区，也叫作漩涡流。这些脉动为动量和能量的传递提供了额外的途径。在层流中，流体质点沿着迹线有序地流动，并且动量和能量通过分子扩散横穿流线传递。在湍流中，漩涡传递质量、动量和能量到其他的流动区域，这比分子扩散要更加迅速，极大地促进了质量、动量和热量的传递。因此，湍流具有更大的摩擦系数、传热系数和传质系数（见图8-19）。

即使平均流动是定常的，湍流中的漩涡运动也能够引起明显的速度、温度、压强甚至密度（在可压缩流动中）值的波动。图8-20表示在特定的区域内，瞬时速度分量 u 随时间的变化，瞬时速度可以通过热线风速仪探头或其他敏感装置测量得到。我们发现速度波动的瞬时值大约在某一个平均值附近，这表明了瞬时速度可以分解为平均速度 $\bar{u}$ 与脉动分量 u' 的和：

a) 湍流前   b) 湍流后

图 8-19 湍流流动中剧烈的掺混使动量不同的流体微元密切接触，因此促进了动量传递

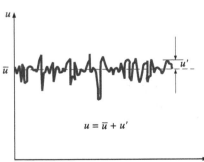

$$u = \bar{u} + u'$$

图 8-20 在湍流中的某一位置，速度分量 u 随时间的脉动

$$u = \bar{u} + u' \qquad (8\text{-}35)$$

该式也同样适用于其他的物理量，如在 y 轴方向上的速度分量 v，因此 $v = \bar{v} + v'$，$\overline{P} = \overline{P} + P'$ 和 $T = \overline{T} + T'$。一个物理量在某位置的平均值定义为它在一个足够大的时间间隔内的平均值，以保证时间平均水平近似为一个常数。因此，脉动分量的时间平均值为零，如 $\bar{u}' = 0$。u' 的大小通常是 $\bar{u}$ 的百分之几，但是高频率的漩涡（大约每秒上千次）使它们高效地传递动量、热量和质量。在时均静止的湍流中，物理量的平均值（由上画线表明）与时间无关。流体混乱的脉动在压降中起主要作用，在分析时必须同时考虑随机运动和平均速度。

首先尝试用与层流中 $\tau = -\mu d\bar{u}/dr$ 同样的方法求切应力，其中 $\bar{u}(r)$ 是湍流的平均速度分布。但是实验研究表明结果并不是这样的，由于湍流脉动，切应力要大得多。因此，把湍流中的切应力认为是两部分的组合会方便得多：层流分量，计算流动方向上各流层之间的摩擦（表达式为 $\tau_{\text{lam}} = -\mu d\bar{u}/dr$）；湍流分量，计算脉动的流体质点与流体之间产生的摩擦（标记为 τ_{turb}，且与速度的脉动分量有关），则湍流中总切应力的表达式为

$$\tau_{\text{total}} = \tau_{\text{lam}} + \tau_{\text{turb}} \qquad (8\text{-}36)$$

图 8-21 中给出了管内湍流典型的平均速度分布及层流和湍流切应力分量的相对大小。注意虽然在层流中速度分布近似于抛物线形，但它在湍流中变得更饱满，同时在靠近管壁处有一个突降。饱满度随着雷诺数增加而增大，并且速度分布变得更加均匀，这为充分发展的湍流管流中普遍使用均匀速度分布近似提供了依据。但是要注意，静止管道的管壁上的速度永远为零（无滑移条件）。

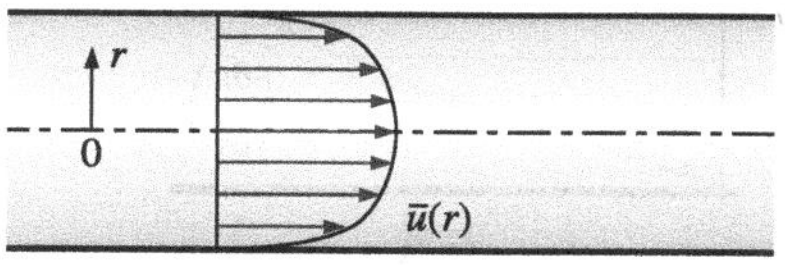

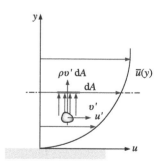

图 8-21 湍流流动中，管道中的平均速度截面

湍流切应力

考虑水平管中的湍流，如图 8-22 所示，由于速度脉动 v' 的原因，一个流体质点从低速流层穿过一个微元面积 dA 到邻近的高速流层做向上的涡运动。向上穿过 dA 的流体质点的质量流量为 $\rho v' dA$，它对 dA 上面流层的净影响为降低了它的平均流动速度，因为传递给流体质点的动量的平均速度较低。这个动量传递导致了该流体质点的水平速度增加了 u'，因此它在水平方向上的动量以 $(\rho v' dA)u'$ 的速度增加，这必须与上部流体层减少的动量相等。注意，给定方向上的力等于该方向上动量的变化率，在 dA 的上方，作用在流体上的水平方向的力是 $\delta F = (\rho v' dA)(-u') = -\rho u' v' dA$。因此，由于流体质点的涡运动产生的单位面积的切应力 $\delta F/dA = -\rho u' v'$ 可视为瞬时湍流切应力。则湍流切应力表达式为

$$\tau_{\text{turb}} = -\rho \overline{u' v'} \qquad (8\text{-}37)$$

其中 $\overline{u' v'}$ 是速度脉动分量 u' 和 v' 乘积的时间平均。注意即使 $\bar{u}' = 0$ 和 $\bar{v}' = 0$（并且因此 $\bar{u}' \ \bar{v}' = 0$），而 $\overline{u' v'} \neq 0$，并且实验结果表明 $\overline{u' v'}$ 通常是一个负值。$-\rho \overline{u' v'}$ 或 $-\rho \overline{u'^2}$ 叫作雷诺应力或湍流应力。

图 8-22 由于脉动速度 v'，流体质点向上运动穿过一个微元面积 dA

为了在数学上封闭运动方程组，已经发展了许多半经验公式，根据平均速度梯度建立了雷诺应力模型，这类模型叫作湍流模型，更多细节将在第 15 章讨论。

大量流体微团的随机涡运动类似于气体中分子的随机运动——在移动某段距离后相互碰撞并且在碰撞过程中交换动量。因此，湍流流动中，动量通过涡传递类似于分子动量扩散。在许多更简单的湍流模型中，如法国数学家约瑟夫·布西涅斯克（1842—1929）所提议的湍流切应力可以用一个类似的方式表达：

$$\tau_{\text{turb}} = -\rho \overline{u'v'} = \mu_t \frac{\partial \overline{u}}{\partial y} \qquad (8\text{-}38)$$

式中，μ_t 是涡黏性系数或湍流黏度，它是由湍流涡动量传递导致的。则总切应力可方便地表达为

$$\tau_{\text{total}} = (\mu + \mu_t) \frac{\partial u}{\partial y} = \rho(v + v_t) \frac{\partial u}{\partial y} \qquad (8\text{-}39)$$

式中，$v_t = \mu_t / \rho$ 是运动涡黏性系数或运动湍流黏度（同样也叫作动量的涡扩散系数）。涡黏性系数的概念是非常有吸引力的，但它没有什么实际的用途，除非能确定它的值。换句话说，必须将涡黏性系数建模为平均流动变量的函数，我们把它叫作涡黏性系数封闭。例如，早在 20 世纪初，德国工程师普朗特引入了与涡的平均尺寸有关的混合长度 l_m 的概念，它是湍流流体掺混的主要因素，湍流切应力可以表达为

$$\tau_{\text{turb}} = \mu_t \frac{\partial \overline{u}}{\partial y} = \rho l_m^2 \left(\frac{\partial \overline{u}}{\partial y} \right)^2 \qquad (8\text{-}40)$$

但是这个概念的使用同样也受到限制，因为在一个已知的流动中，l_m 不是一个定值（例如，在邻近壁面区域，l_m 与到壁面的距离几乎成正比），并且求解它并不容易。最终数学上的封闭只能在当 l_m 被作为平均流动变量、到壁面的距离等的函数时才能获得。

漩涡运动和漩涡扩散在湍流边界层的核心区域比分子运动大得多。由于无滑移条件（在静止的壁面上 u' 和 v' 等于零），漩涡运动在靠近壁面处强度减弱，在壁面漩涡运动消失。因此，在湍流边界层的核心区域处的速度分布变化很慢，但是在近壁面的薄边界层变化十分剧烈，这导致了在壁面上极大的速度梯度。因此湍流的壁面切应力要比层流中的大得多（见图 8-23）。

注意运动黏度 v（μ 也是）的动量分子扩散系数是流体的一个物理量，并且它的值已经在流体手册中列出。但是，涡扩散系数 v_t（μ_t 也同样）不是流体的物理量，它的值取决于流体的状态。涡扩散系数 v_t 沿壁面方向减少，并且在管壁上等于零。它的值在管壁处为零，到核心区域其值为分子扩散值的几千倍。

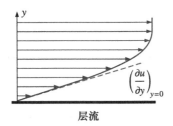

层流

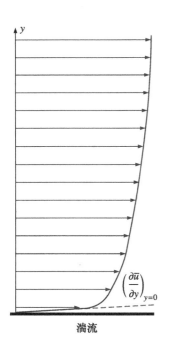

湍流

图 8-23 壁面的速度梯度，即壁面的切应力，在湍流中要比在层流中大得多，即使在自由流速度相同的情况下，湍流边界层要比层流中的厚

湍流速度分布

与层流流动不同，湍流流动中速度分布的表达式是同时基于分析和测量得到的，因此它们实质上是由实验数据确定的半经验常数。考虑管

内的充分发展湍流，用 u 来表示在轴向方向上的时均速度（因此为了简化去掉 $\bar{u}$ 上面的横线）。

充分发展的层流和湍流中典型的速度分布如图 8-24 所示。注意在层流中速度分布为抛物线形状，但在湍流中这个抛物线形状更加饱满，并且在管壁附近有一个急剧的下降。沿着壁面的湍流流动可以被认为是四个区域的组合，通过距壁面的距离来区分（见图 8-24）。紧靠壁面的非常薄的流层是黏性（或层流或线性或壁面）底层，这里黏滞效应占主导。这个流层中的速度分布非常接近于线性，并且流动是流线形的。接着黏性底层的是缓冲层，在这里湍流的影响变得明显，但是流动仍然被黏性影响所主导。在缓冲层之上的是重叠（或过渡）层，同样也叫作惯性亚层，在这个流层中，湍流影响更加明显，但仍然不占主导地位。在它之上，其余的流动部分是外（或湍流）层，在这个流层中，湍流影响大于分子扩散（黏性）的影响。

在不同的区域中，流动的特性差别很大，要像层流一样提出适用于整个湍流流动的速度分布关系式十分困难，最佳的方法是用量纲分析来确定关键变量和函数形式，然后用实验的数据去拟合常数数值。

黏性底层的厚度非常小（通常比管道直径的 1% 还要小很多），但是这个紧靠管壁的薄层在流动特性中扮演着重要的角色，因为它有很大的速度梯度。管壁抑制所有的漩涡运动，因此在这个流层的流动本质上为层流，并且切应力是由层流切应力组成的，这个切应力与流体黏度成正比。这个流层厚度有时比一根头发还要薄（几乎像一个阶梯函数），在这个流层中，速度从零变化到接近于核心区域的值，我们预测这个流层的速度分布十分接近于线性，实验验证了这一点。于是黏性底层的速度梯度几乎保持恒定，即 $\mathrm{d}u/\mathrm{d}y = u/y$，壁面切应力的表达式为

$$\tau_w = \mu \frac{u}{y} = \rho v \frac{u}{y} \quad 或 \quad \frac{\tau_w}{\rho} = \frac{vu}{y} \tag{8-41}$$

式中，y 是到管壁的距离（注意在圆管中 $y = R - r$）。τ_w/ρ 的大小经常在分析湍流速度分布时遇到。τ_w/ρ 的平方根有速度的量纲，因此为了方便可将其视为一个虚拟的速度，称之为摩擦速度，表达式为 $u^* = \sqrt{\tau_w/\rho}$。把它代入式（8-41）中，黏性底层的速度分布的无量纲表达式为

黏性底层：
$$\frac{u}{u^*} = \frac{yu^*}{v} \tag{8-42}$$

该式称作壁面律，并且它对于 $0 \leqslant yu^*/v \leqslant 5$ 的光滑表面上的实验数据能够完美拟合。因此黏性底层的厚度可以大致地表示为

黏性底层的厚度：
$$y = \delta_{\text{sublayer}} = \frac{5v}{u^*} = \frac{25v}{u_\delta} \tag{8-43}$$

其中，u_δ 是黏性底层边缘的流动速度（$u_\delta \approx 5u^*$），它与管中的平均速度关系紧密。因此，黏性底层的厚度与运动黏度成正比，与平均速度成反比。换句话说，黏性底层在速度增加时（雷诺数增加）受到抑制厚度减小。所以，速度分布变得平缓，因此在雷诺数非常大时，速度分布变得更加均匀。

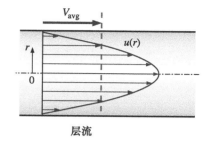

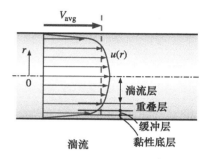

图 8-24 充分发展的管道流动的速度剖面在层流中是抛物线形的，在湍流中则更加饱满。注意湍流情况下 $u(r)$ 是 x 轴方向上的时均速度分量（为了简化起见，u 上面的短横线舍弃）

v/u^* 为长度的量纲，叫作黏性长度；它用于到壁面距离 y 的无量纲化。在边界层的分析中，用无量纲距离和无量纲速度进行计算很方便，它们的定义为

$$\text{无量纲变量：} \qquad y^+ = \frac{yu^*}{v}, \quad u^+ = \frac{u}{u^*} \qquad (8\text{-}44)$$

则壁面律［式（8-42）］可以简化为

$$\text{壁面律的标准形式：} \qquad u^+ = y^+ \qquad (8\text{-}45)$$

注意摩擦速度 u^* 用于 y 和 u 的无量纲化，并且 y^+ 类似于雷诺数的表达式。

在重叠层中，如果以到管壁距离的自然对数为横坐标作图，会发现速度的实验值成一条直线。量纲分析和实验都证实了重叠层中速度与距离的自然对数成正比，则速度分布表达式为

$$\text{对数律：} \qquad \frac{u}{u^*} = \frac{1}{\kappa} \ln \frac{yu^*}{v} + B \qquad (8\text{-}46)$$

式中，κ 和 B 为常数，通过实验确定其值大约分别为 0.40 和 5.0。式（8-46）为对数律。代入常数值，则速度分布为

$$\text{重叠层：} \qquad \frac{u}{u^*} = 2.5\ln \frac{yu^*}{v} + 5.0 \quad \text{或} \quad u^+ = 2.5\ln y^+ + 5.0 \qquad (8\text{-}47)$$

式（8-47）的对数律除了非常靠近管壁和管道中心的区域，在整个流动区域都与实验数据吻合良好，因此它被视为管内或表面湍流的通用速度分布图，如图 8-25 所示。从图中得知，对数律速度分布在 $y^+ > 30$ 时非常精确，但是在缓冲层却都不精确，即 $5 < y^+ < 30$ 的区域。此外，因为我们对距管壁距离使用的是自然对数坐标，所以黏性底层看起来比实际要大得多。

管流中湍流外层的一个充分逼近的近似值，可以通过在中心线 $r = 0$ 处为最大速度的条件下，估算式（8-46）的常数 B 来获得。设 $y = R - r = R$ 和 $u = u_{\max}$，把它们一起代入式（8-46）且 $\kappa = 0.4$ 时，解出 B，并得到

$$\text{湍流外层：} \qquad \frac{u_{\max} - u}{u^*} = 2.5\ln \frac{R}{R - r} \qquad (8\text{-}48)$$

在中心线处的速度偏差值 $u_{\max} - u$ 叫作速度亏损，式（8-48）叫作速度亏损定律。这个关系表明管中湍流的核心区域的标准化速度分布取决于到中心线的距离，与流体黏性无关。这并不出乎意料，因为漩涡运动在这个区域占主导地位，流体黏度的影响可以忽略不计。

湍流管流还存在着许多经验速度分布。其中，最简单并且最被人所熟知的是幂律速度分布，其表达式为

$$\text{幂律速度分布：} \qquad \frac{u}{u_{\max}} = \left(\frac{y}{R}\right)^{1/n} \quad \text{或} \quad \frac{u}{u_{\max}} = \left(1 - \frac{r}{R}\right)^{1/n} \qquad (8\text{-}49)$$

式中，指数 n 是一个常数，它的值由雷诺数决定。当雷诺数增长时，n 值也增长。当 $n = 7$ 时，与许多实际生活中的流动贴近，得到七分之一幂律速度分布。

图 8-26 给出了 $n = 6$、8 和 10 时的各种幂律速度分布和充分发展

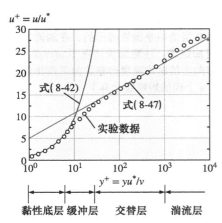

图 8-25 管中充分发展的湍流流动的壁面律、对数律和实验数据的比较

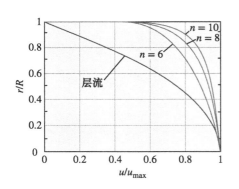

图 8-26 管中不同指数的充分发展的湍流的幂律速度分布图及其与层流速度分布的比较

层流的速度分布比较。注意湍流的速度分布比层流的更加饱满，并且当 n 增加时（雷诺数也增加）它变得更加平坦。同时，注意幂律速度分布不能用于计算壁面切应力，因为它在壁面处得到的速度梯度无穷大，也不能用在中心线处因为该处速度梯度为 0。但是这些矛盾的区域仅构成整个流动的一小部分，故幂律速度分布给出了管内湍流的一个高度精确解。

尽管黏性底层的厚度非常小（通常小于管道直径的百分之一），但这个流层中的流动特性非常重要，因为它为管道其他部分的流动奠定了基础。壁面上的任何不规则或粗糙都会干扰这个流层，并影响流动。因此，湍流的摩擦系数与层流不同，是一个与表面粗糙度有关的强函数。

需要记住的是，粗糙度是一个相对的概念，并且当它的高度 ε 与黏性底层的厚度（关于雷诺数的函数）做比较时它才有意义。所有的材料在足够放大倍数的显微镜下都会看起来"粗糙"。在流体力学中，当一个表面粗糙凸出的顶峰超过黏性底层的厚度时被定义为粗糙。当底层淹没粗糙高度时该表面被定义为水力光滑。玻璃和塑料表面通常被认为是水力光滑的。

莫迪图表和科尔布鲁克关系式

在充分发展的湍流管流中，摩擦系数取决于雷诺数和相对粗糙度 ε/D，它是管道粗糙度的平均高度与管道直径的比。这个关系式的函数形式不能通过理论分析得到，所有可以得到的结果都需通过使用人工粗糙面（通常将已知尺寸的砂粒粘在管道内表面上）进行大量实验来获得。大多数实验由普朗特的学生尼古拉兹在 1933 年完成，然后是其他人的研究，通过测量流量和压降计算得到摩擦系数。

实验结果以表格、图表和函数形式表达出来，并且通过曲线拟合实验数据来获得函数形式。1939 年，科尔布鲁克（1910—1997）结合了在光滑管和粗糙管中的过渡流和湍流的数据得到了下面的隐式关系式（见图 8-27），即科尔布鲁克关系式：

$$\frac{1}{\sqrt{f}} = -2.0 \lg\left(\frac{\varepsilon/D}{3.7} + \frac{2.51}{Re\sqrt{f}}\right) \text{（湍流）} \qquad (8\text{-}50)$$

注意在式（8-50）中对数的底数为 10，而不是自然对数。在 1942 年，美国工程师亨特·罗斯（1906—1996）证实了科尔布鲁克关系式，并且得出了 f 关于 Re 的函数和乘积 $Re\sqrt{f}$ 的图表。他同样也给出了层流关系式和商用管道粗糙度的表格。两年后，刘易斯·F. 莫迪（1880—1953）以现在常用的形式重新画了罗斯图表。附录 A 中给出了著名的莫迪图表，如图 A-12 所示，它在较大范围内描述了管流中达西摩擦系数与雷诺数和 ε/D 的函数形式。它是工程中接受范围最广、使用最多的图表之一。虽然它是为圆管绘制的，但是通过用水力直径来替换直径也可用于非圆管。

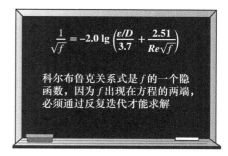

科尔布鲁克关系式是 f 的一个隐函数，因为 f 出现在方程的两端，必须通过反复迭代才能求解

图 8-27　科尔布鲁克关系式

表8-2　全新商用管道的等价粗糙度

材料	粗糙度 ε	
	ft	mm
玻璃，塑料	0（光滑）	
混凝土：	0.003~0.03	0.9~9
木板：	0.0016	0.5
光滑的橡胶：	0.000033	0.01
铜或黄铜管：	0.000005	0.0015
铸铁：	0.00085	0.26
镀锌铁：	0.0005	0.15
熟铁：	0.00015	0.046
不锈钢：	0.000007	0.002
型钢	0.00015	0.045

注：这些值的不确定性可以高达 ±60%。

相对粗糙度 ε/D	摩擦系数 f
0.0*	0.0119
0.00001	0.0119
0.0001	0.0134
0.0005	0.0172
0.001	0.0199
0.005	0.0305
0.01	0.0380
0.05	0.0716

注：光滑表面，所有数据根据科尔布鲁克林关系计算。

图8-28　光滑管的摩擦系数最小并且随着粗糙度的增加而增加

可用的商用管道与实验用管道的不同之处在于市场上管道的粗糙度并不均匀，很难精确描述。表8-2和莫迪图表给出了一些商用管道当量粗糙度的值。但是必须注意的是，这些值是对于新管道的，由于腐蚀、结垢和沉淀物，相对粗糙度在使用的过程中会增加，摩擦系数也许会增加5~10倍，在管道系统设计时必须考虑实际的工况条件。同样，莫迪图表和与它等价的科尔布鲁克关系式涉及一些不确定因素（粗糙尺寸、实验误差、数据曲线拟合等），因此获得的结果不能被当作是"精确的"。通常认为在图表的整个范围内精确度为 ±15%。

我们通过莫迪图表得出以下结论：

- 在层流中，摩擦系数随着雷诺数的增加而减小，并且与表面粗糙度无关。
- 摩擦系数在光滑管中最小（因为无滑移条件摩擦系数始终不为零），并且随着壁面粗糙度而增大（见图8-28）。在这种情况下（$\varepsilon = 0$）科尔布鲁克关系式简化为普朗特方程，表达式为 $1/\sqrt{f} = 2.01\log(Re\sqrt{f}) - 0.8$。
- 从层流到湍流流型的过渡区域（$2300 < Re < 4000$）由莫迪图表的阴影面积表明（见图8-29和图A-12）。在这个区域的流动可能是层流或湍流，取决于流动干扰，流动也可能在层流与湍流之间相互交替，因此摩擦系数也会在层流和湍流值之间来回变化。在这个范围内的数据最不可靠。当相对粗糙度小，摩擦系数在过渡区增长并且接近于光滑管中的值。

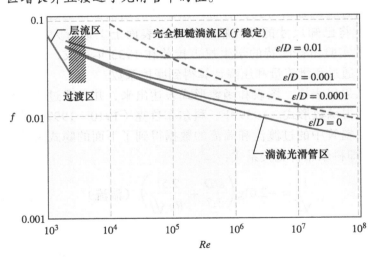

图8-29　在雷诺数非常大时，莫迪图表上的摩擦系数曲线几乎水平，因此摩擦系数与雷诺数无关。见图A-12全页莫迪图表

- 在雷诺数非常大时（在莫迪图表虚线的右侧），摩擦系数曲线与粗糙度曲线对应，摩擦系数曲线接近水平，故与雷诺数无关（见图8-29）。在这个区域中的流动叫作完全粗糙湍流或完全粗糙流，因为黏性底层的厚度随着雷诺数的增加而减小，雷诺数很大时它变得非常薄，与表面粗糙度高度相比可以忽略。在这种情况

下，黏性效应主要由粗糙凸出物在主流中产生，黏性底层的影响可以忽略。科尔布鲁克关系式在完全粗糙区域（$Re \to \infty$）简化为冯·卡门等式，表达式为 $1/\sqrt{f} = 2.0\lg[(\varepsilon/D)/3.7]$，它的 f 是显式的。一些作者将这些区域叫作完全（充分）湍流流动区，但这是误导，因为在图 8-29 中蓝色虚线左边的流动同样为完全湍流。

在计算中，应该确保所使用的是管道的实际内径，这可能会与公称直径不同。比如一个钢管的内径为 1.049in，而它的公称直径为 1in（见表 8-3）。

流体流动问题的类型

设计和分析管道系统时涉及莫迪图表（或科尔布鲁克关系式）的使用，我们通常遇到下述三类问题（假设在各种情况下流体和管道的粗糙度是明确的）（见图 8-30）。

1. 在一定的流量（或流速）下，给出管道长度和直径，确定压降（或水头损失）。
2. 在一定的压降（或水头损失）下，给出管道长度和直径，确定流量。
3. 在一定的压降下，给出管道长度和流量，确定管道直径。

第一种类型的问题是直接的，可以通过使用莫迪图表直接解出。第二种类型和第三种类型的问题通常在工程设计时遇到（在挑选管道直径时，使建造和泵的总费用最小），但是在这类问题下使用莫迪图表需要迭代法——推荐使用方程求解器。

在第二种类型的问题中，直径已经给出但是流量未知。在这种情况下，可以通过已经给出粗糙度的完全湍流区中，获得一个摩擦系数的合理的猜测值。这在雷诺数很大时是真实的，通常出现在实际情况中。一旦流量已知，使用莫迪图表和科尔布鲁克关系式对摩擦系数进行修正，并不断地重复这个过程，直到解收敛。（通常收敛只需几次迭代就可以将精度收敛到三位数或四位数。）

在第三种类型的问题中，直径未知，雷诺数和相对粗糙度不能计算。所以先假设一个管道直径计算。通过所设的直径计算出来的压降将与已知的压降做比较，然后用另一个管道直径重复计算直到收敛。

为了避免在水头损失、流量和直径计算上的冗长迭代，Swamee 和 Jain（1976）提出了以下明确的关系式，它们精确到莫迪图表的 2% 以内：

$$h_L = 1.07 \frac{\dot{V}^2 L}{gD^5}\left\{\ln\left[\frac{\varepsilon}{3.7D} + 4.62\left(\frac{vD}{\dot{V}}\right)^{0.9}\right]\right\}^{-2} \quad \begin{array}{l} 10^{-6} < \varepsilon/D < 10^{-2} \\ 3000 < Re < 3 \times 10^8 \end{array} \quad (8\text{-}51)$$

$$\dot{V} = -0.965\left(\frac{gD^5 h_L}{L}\right)^{0.5} \ln\left[\frac{\varepsilon}{3.7D} + \left(\frac{3.17v^2 L}{gD^3 h_L}\right)^{0.5}\right] \quad Re > 2000 \quad (8\text{-}52)$$

$$D = 0.66\left[\varepsilon^{1.25}\left(\frac{L\dot{V}^2}{gh_L}\right)^{4.75} + v\dot{V}^{9.4}\left(\frac{L}{gh_L}\right)^{5.2}\right]^{0.04} \quad \begin{array}{l} 10^{-6} < \varepsilon/D < 10^{-2} \\ 5000 < Re < 3 \times 10^8 \end{array} \quad (8\text{-}53)$$

注意，所有的量都是有量纲的，当使用统一单位时，单位简化成理想单位（例如，在最后一个关系式中变为 m 或 ft）。莫迪图表精确到实验数据的 15% 以内，我们应该在管道系统的设计中使用这些近似关系式。

表 8-3　40 钢管的标准尺寸参数

名义尺寸 /in	实际尺寸 /in
$\frac{1}{8}$	0.269
$\frac{1}{4}$	0.364
$\frac{3}{8}$	0.493
$\frac{1}{2}$	0.622
$\frac{3}{4}$	0.824
1	1.049
$1\frac{1}{2}$	1.610
2	2.067
$2\frac{1}{2}$	2.469
3	3.068
5	5.047
10	10.02

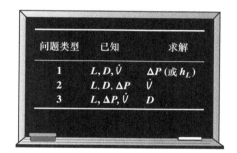

问题类型	已知	求解
1	$L, D, \dot{V}$	ΔP（或 h_L）
2	$L, D, \Delta P$	$\dot{V}$
3	$L, \Delta P, \dot{V}$	D

图 8-30　管流中遇到的三类问题

科尔布鲁克关系式隐含在 f 之中，因此摩擦系数的确定需要迭代。S.E. 哈兰达在 1983 年给出了 f 的近似显式关系式，即

$$\frac{1}{\sqrt{f}} \approx -1.8 \lg\left[\frac{6.9}{Re} + \left(\frac{\varepsilon/D}{3.7}\right)^{1.11}\right] \qquad (8\text{-}54)$$

从这个关系式获得的结果与科尔布鲁克关系式所得结果的误差在 2% 以内。如果需要更精确的结果，需要使用程序计算器或电子表格去求解式（8-50）中的 f，式（8-54）可以在牛顿迭代中用于初估值。

我们仍旧使用科尔布鲁克关系式来计算充分发展湍流管道中的摩擦系数。的确，莫迪图表可以通过科尔布鲁克关系式来获得。但是，除了方程是隐函数之外，科尔布鲁克关系式仅仅对湍流流动是有效的（当流动是层流时，$f = 64/Re$）。因此，我们需要验证雷诺数是在湍流流动的范围内。丘吉尔（1997）提出了一个不仅不是隐函数，还对任何大小的雷诺数和粗糙度，甚至层流及湍流和层流之间过渡转变的区域都适用的一个方程。这个方程叫作丘吉尔关系式，其表示形式为

$$f = 8\left[\left(\frac{8}{Re}\right)^{12} + (A + B)^{-1.5}\right]^{\frac{1}{12}} \qquad (8\text{-}55)$$

其中

$$A = \left\{-2.457\ln\left[\left(\frac{7}{Re}\right)^{0.9} + 0.27\frac{\varepsilon}{D}\right]\right\}^{16}, \quad B = \left(\frac{37530}{Re}\right)^{16}$$

科尔布鲁克关系式和丘吉尔关系式之间的计算误差小于百分之一。因为丘吉尔关系式中显函数的表达形式以及其在整个雷诺数和粗糙度范围上都适用的特性，我们通常使用其来确定摩擦系数 f 的大小。

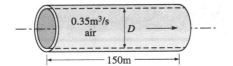

图 8-31　例 8-3 的示意图

【例 8-3】　求风道的直径

一个 150m 长的圆形塑料管道以 $0.35\text{m}^3/\text{s}$ 的流量输送 1atm、35℃ 的热空气（见图 8-31）。如果管道中的水头损失不超过 20m，求管道的最小直径。

问题： 风道的流量和水头损失已经给出。求风道的直径。

假设： ①流动为定常并且不可压缩。②入口影响可以忽略，因此流动为充分发展。③风道不涉及阀、弯管和连接头等零件。④空气为理想气体。⑤管道是光滑的，因为它由塑料制成。⑥流动为湍流（待核实）。

参数： 空气在 35℃ 时的密度、动力黏度和运动黏度分别为 $\rho = 1.145\text{kg/m}^3$，$\mu = 1.895 \times 10^{-5}\text{kg/(m·s)}$，和 $\nu = 1.655 \times 10^{-5}\text{m}^2/\text{s}$。

分析： 这是第三种类型的问题，因为它涉及在指定的流量和水头损失下求直径。我们可以通过三种不同的方法来解决这个问题：①迭代方法，通过假设管道直径计算水头损失，将结果与指定的水头损失做比较，重复计算直到计算的水头损失与指定的值相匹配。②写出所有有关的等式（直径未知），使用一个方程求解器解出它们。③使用 Swamee-Jain 第三公式。我们将会阐述后两种方法的使用。

平均速度、雷诺数、摩擦系数和水头损失的关系式为（D 的单位为 m，V 的单位为 m/s，Re 和 f 为无量纲的）

$$V = \frac{\dot{V}}{A_c} = \frac{\dot{V}}{\pi D^2/4} = \frac{0.35\,\text{m}^3/\text{s}}{\pi D^2/4}$$

$$Re = \frac{VD}{\nu} = \frac{VD}{1.655 \times 10^{-5}\,\text{m}^2/\text{s}}$$

$$\frac{1}{\sqrt{f}} = -2.0\lg\left(\frac{\varepsilon/D}{3.7} + \frac{2.51}{Re\sqrt{f}}\right) = -2.0\lg\left(\frac{2.51}{Re\sqrt{f}}\right)$$

$$h_L = f\frac{L}{D}\frac{V^2}{2g} \rightarrow 20\,\text{m} = f\frac{150\,\text{m}}{D}\frac{V^2}{2(9.81\,\text{m/s}^2)}$$

塑料管中粗糙度近似为零（见表 8-2）。因此，它是由四个方程和四个未知数构成的，然后用方程解算器解出

$$D = 0.267\,\text{m}, \quad f = 0.0180, \quad V = 6.24\,\text{m/s}, \quad Re = 100800$$

因此，如果水头损失不超过 20m，管道的直径应该大于 26.7cm。已知 $Re > 4000$，因此湍流流动的假设被证实。

直径同样可以通过 Swamee-Jain 第三公式来求得

$$D = 0.66\left[\varepsilon^{1.25}\left(\frac{L\dot{V}^2}{gh_L}\right)^{4.75} + \nu\dot{V}^{9.4}\left(\frac{L}{gh_L}\right)^{5.2}\right]^{0.04}$$

$$= 0.66\left[0 + (1.655 \times 10^{-5}\,\text{m}^2/\text{s})(0.35\,\text{m}^3/\text{s})^{9.4}\left(\frac{150\,\text{m}}{(9.81\,\text{m/s}^2)(20\,\text{m})}\right)^{5.2}\right]^{0.04}$$

$$= 0.271\,\text{m}$$

讨论：两个结果的差异小于 2%。因此，这个简单的 Swamee-Jain 关系式可以很有把握地拿来使用。最后，第一种（迭代）方法需要对 D 进行初步猜想。如果使用 Swamee-Jain 的结果作为我们最初的猜想，直径向 $D = 0.267\,\text{m}$ 收敛将会得到简化。

【例 8-4】 求水管中的水头损失

水在 15°C 时（$\rho = 999\,\text{kg/m}^3$ 并且 $\mu = 1.138 \times 10^{-3}\,\text{kg/(m·s)}$）以流量 $0.006\,\text{m}^3/\text{s}$ 平稳地流过直径为 5cm 由不锈钢制成的水平放置的管中（见图 8-32）。求在 60m 长的一段管道中流动时的压降、水头损失和所需泵的输入功率。

问题：流过特定水管的流量已经给出。确定压降、水头损失和所需泵功率。

假设：①流动为定常并且不可压缩。②入口影响可以忽略，因此流动是充分发展的。③管道没有弯管、阀门和连接头等零件。④管道没有泵和涡轮等做功装置。

参数：水的密度和动力黏度已经给出，分别为 $\rho = 999\,\text{kg/m}^3$ 和 $\mu = 1.138 \times 10^{-3}\,\text{kg/(m·s)}$。

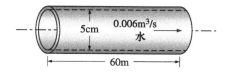

图 8-32 例 8-4 的示意图

分析： 我们认为它是第一种类型的问题，因为流量、管道长度和管道直径已知。首先计算平均速度和雷诺数来确定流态：

$$V = \frac{\dot{V}}{A_c} = \frac{\dot{V}}{\pi D^2/4} = \frac{0.006\text{m}^3/\text{s}}{\pi(0.05\text{m})^2/4} = 3.06\text{m/s}$$

$$Re = \frac{\rho V D}{\mu} = \frac{(999\text{kg/m}^3)(3.06\text{m/s})(0.05\text{m})}{1.138 \times 10^{-3}\text{kg/(m·s)}} = 134300$$

因为 Re 比 4000 大，流动为湍流，管道的相对粗糙度使用表 8-3 估算：

$$\varepsilon/D = \frac{0.002\text{mm}}{50\text{mm}} = 0.000040$$

摩擦系数与这个相对粗糙度相对应，并且雷诺数从莫迪图表中求得。为了避免任何读数误差，我们从科尔布鲁克关系式中求得 f，莫迪图表是基于科尔布鲁克关系式绘制的：

$$\frac{1}{\sqrt{f}} = -2.0\lg\left(\frac{\varepsilon/D}{3.7} + \frac{2.51}{Re\sqrt{f}}\right) \rightarrow \frac{1}{\sqrt{f}} = -2.0\lg\left(\frac{0.000040}{3.7} + \frac{2.51}{134300\sqrt{f}}\right)$$

使用方程求解程序或迭代格式，求出摩擦系数为 $f = 0.0172$。则压降（在这种情况下与压强损失等价）、水头损失和所需输入泵功率变为

$$\Delta P = \Delta P_L = f\frac{L}{D}\frac{\rho V^2}{2} = 0.0172\frac{60\text{m}}{0.05\text{m}}\frac{(999\text{kg/m}^3)(3.06\text{m/s})^2}{2}\left(\frac{1\text{N}}{1\text{kg·(m/s)}^2}\right)$$

$$= 96540\text{N/m}^2 = 96.5\text{kPa}$$

$$h_L = \frac{\Delta P_L}{\rho g} = f\frac{L}{D}\frac{V^2}{2g} = 0.0172\frac{60\text{m}}{0.05\text{m}}\frac{(3.06\text{m/s})^2}{2(9.81\text{m/s}^2)} = 9.85\text{m}$$

$$\dot{W}_{\text{pump}} = \dot{V}\Delta P = (0.006\text{m}^3/\text{s})(96540\text{N/m}^2)\left(\frac{1\text{W}}{1\text{N·(m/s)}}\right) = 579\text{W}$$

所以，需要输入 579W 的功率去克服管中的摩擦损失。

讨论： 把最终答案写成三位有效数字是一个惯例，即使我们知道由于先前已经讨论过的科尔布鲁克关系式固有的不精确性，结果最多精确到两位有效数字。摩擦系数同样能够通过显式的哈兰达关系式［式（8-54）］很容易地确定。通过这个关系式可以求出 $f = 0.0170$，这与 0.0172 非常接近。丘吉尔关系式［式（8-55）］求出 $f = 0.0173$，也非常接近 0.0174。同样地，在本例中，对应于 $\varepsilon = 0$ 的摩擦系数为 0.0169，这表明这种不锈钢管可以近似为光滑管而误差很小。

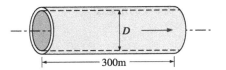

图 8-33 例 8-5 的示意图

【例 8-5】 求风道中的流量

重新思考例 8-3。现在管长是原来的两倍而直径保持不变（见图 8-33）。如果整个水头损失保持不变，求穿过这个管道所减少的流量。

问题： 风道的直径和水头损失已经给出。求减少的流量。

分析：这是第二种类型的问题，因为它涉及在指定的管道直径和水头损失下求流量。它的求解需要使用一个迭代方法，因为流量（因此流速）未知。

平均速度、雷诺数、摩擦系数和水头损失的关系式为（D 的单位为 m，V 的单位为 m/s，Re 和 f 为无量纲的）：

$$V = \frac{\dot{V}}{A_c} = \frac{\dot{V}}{\pi D^2/4} \rightarrow V = \frac{\dot{V}}{\pi (0.267\text{m})^2/4}$$

$$Re = \frac{VD}{\nu} \rightarrow Re = \frac{V(0.267\text{m})}{1.655 \times 10^{-5}\text{m}^2/\text{s}}$$

$$\frac{1}{\sqrt{f}} = -2.0\lg\left(\frac{\varepsilon/D}{3.7} + \frac{2.51}{Re\sqrt{f}}\right) \rightarrow \frac{1}{\sqrt{f}} = -2.0\lg\left(\frac{2.51}{Re\sqrt{f}}\right)$$

$$h_L = f\frac{L}{D}\frac{V^2}{2g} \rightarrow 20\text{m} = f\frac{300\text{m}}{0.267\text{m}}\frac{V^2}{2(9.81\text{m/s}^2)}$$

这四个方程构成的方程组含有四个未知数，然后用方程解算器解出它们得

$$\dot{V} = 0.24\text{m}^3/\text{s}, \; f = 0.0195, \; V = 4.23\text{m/s}, \; Re = 68\,300$$

则下降的流量为

$$\dot{V}_{\text{drop}} = \dot{V}_{\text{old}} - \dot{V}_{\text{new}} = (0.35 - 0.24)\text{m}^3/\text{s} = 0.11\text{m}^3/\text{s} \quad （下降了31\%）$$

因此，对于一个指定的水头损失（或可用水头或风机泵功率），当管道长度是原来的两倍时，流量从 $0.35\text{m}^3/\text{s}$ 到 $0.24\text{m}^3/\text{s}$ 下降了 31%。

可选择的解决方案：如果不能使用计算机（例如在考试中），另一个选择是设置一个手工迭代循环。我们发现最佳收敛通常在第一次猜测摩擦系数 f 时实现，然后解出平均速度 V。V 的方程是一个关于 f 的函数式：

通过管道的平均速度：
$$V = \sqrt{\frac{2gh_L}{fL/D}}$$

一旦计算出 V，雷诺数就可以计算出来，通过雷诺数，可以从莫迪图表或科尔布鲁克关系式获得修正的摩擦系数。我们用修正过后的 f 的值重复计算直到收敛。我们猜测 $f = 0.04$ 来作为说明：

迭代	f（猜测）	$V/(\text{m/s})$	Re	修正值 f
1	0.04	2.955	4.724×10^4	0.0212
2	0.0212	4.059	6.489×10^4	0.01973
3	0.01973	4.207	6.727×10^4	0.01957
4	0.01957	4.224	6.754×10^4	0.01956
5	0.01956	4.225	6.576×10^4	0.01956

注意，收敛到三位有效数字只需要三次迭代，收敛到四位有效数字只需要四次迭代。最终结果与从方程求解器中获得的一样，却不需要使用计算机。

讨论： 新的流量同样可以从 Swamee-Jain 第二公式中求得

$$\dot{V} = -0.965\left(\frac{gD^5 h_L}{L}\right)^{0.5} \ln\left[\frac{\varepsilon}{3.7D} + \left(\frac{3.17v^2 L}{gD^3 h_L}\right)^{0.5}\right]$$

$$= -0.965\left(\frac{(9.81 \text{ m/s}^2)(0.267\text{m})^5(20\text{m})}{300\text{m}}\right)^{0.5}$$

$$\times \ln\left[0 + \left(\frac{3.17(1.655 \times 10^{-5}\text{m}^2/\text{s})^2(300\text{m})}{(9.81\text{m/s}^2)(0.267\text{m})^3(20\text{m})}\right)^{0.5}\right]$$

$$= 0.24\text{m}^3/\text{s}$$

从 Swamee-Jain 关系式中获得的结果与从科尔布鲁克关系式使用方程求解器或人工迭代方法解出的结果一致（精确到两位有效数字）。因此，简单的 Swamee-Jain 关系式可以很有把握地拿来使用。

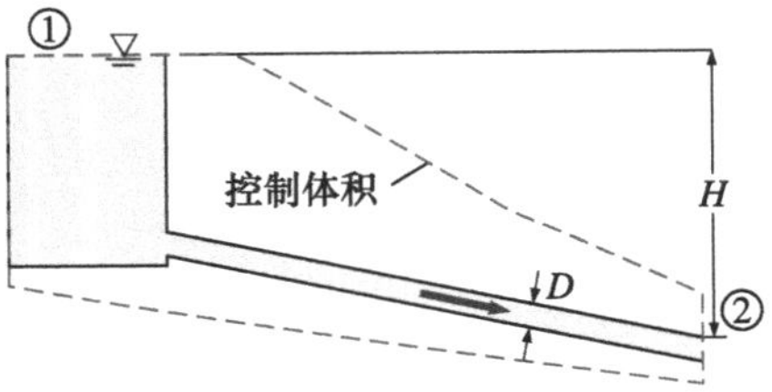

【例 8-6】 从一个水池排出的湍流

重新思考水池排水的例子，见例 8-1。因为流量非常小，所以水池管理者使用一个更大直径的软管（见图 8-34）。新软管的内径 $D = 2.00\text{cm}$，平均粗糙度 $\varepsilon = 0.0020\text{cm}$。软管长度等其他参数和前一个问题保持一致。计算在刚开始流动时单位分钟的体积流量（LPM）。

问题： 水从池中排出。求体积流量。

假设： ①流体是不可压缩和准定常的。②因为管道很长，入口效应被忽略；流动是充分发展的。③其他任何像弯头之类软管中的损失可以忽略。

参数： 水的特性 $\rho = 998 \text{ kg/m}^3$ 和 $\mu = 0.001002\text{kg/(m·s)}$。

分析： 我们选择和例 8-1 相同的控制体。除了摩擦系数 f 不能再通过 $64/Re$ 来计算以外，所用的方程和问题的分析实际上同上一个问题一样，这是因为软管的直径足够大，所以假设流动是湍流。利用科尔布鲁克关系式或者丘吉尔关系式来获得 f。同前一个例子，能量方程能够被简化为

$$\alpha_2 \frac{V^2}{2g} = H - h_L \tag{1}$$

软管出口是充分发展的湍流管道流动，其 $\alpha_2 = 1.05$。对于湍流流动，我们不能获得一个简单的二次函数形式的速度分布方程来求平均速度 V。相反，我们必须同时求解方程（1）和科尔布鲁克或丘吉尔关系式，以及其他在例 8-1 中定义 Re 和 h_L 的方程。可以像例 8-5 那样通过手算或使用方程求解器。我们选择后者并且使用丘吉尔关系式计算得到 $V = 0.6536\text{m/s}$。最后，计算体积流量得

$$\dot{V} = VA_c = V\frac{\pi D^2}{4} = (0.6536\text{m/s})\frac{\pi(0.020\text{m})^2}{4}\left(\frac{1000\text{L}}{\text{m}^3}\right)\left(\frac{60\text{s}}{\text{min}}\right) = 12.32\frac{\text{L}}{\text{min}}$$

最后的结果近似为

图 8-34 例 8-6 的示意图

$$\dot{V} \approx 12.3 \text{L/min}$$

校核雷诺数：

$$Re = \frac{\rho V D}{\mu} = \frac{(998 \text{kg/m}^3)(0.6536 \text{m/s})(0.020 \text{m})}{0.001002 \text{kg/(m·s)}} = 13020$$

因为 $Re > 4000$，验证流动的确是我们假设的湍流流动。

讨论： 如果采用科尔布鲁克关系式，计算所得的体积流量为 12.38L/min，仅仅和丘吉尔的计算结果有 0.5% 的误差。和例 8-1 相比，体积流量显著地增加，正如所预期的，采用大直径软管的水池排水更快。

8.6 局部损失

在典型管道系统中，除了直管道之外，流体还流过各种各样的设备、阀门、弯管、弯头、三通、入口、出口、扩张管和收缩管。这些部件所造成的流动分离与掺混扰乱了流体的平滑流动并造成了额外的损失。在一个典型的长管系统中，这些损失与直管段的水头损失（沿程损失）相比较小，因此称为局部损失。虽然这通常是真实的，但是在某些情况下局部损失可能比沿程损失还大。例如，在一个短距离且有许多弯管和阀门的系统中，完全开启的阀门引起的水头损失可以忽略，但是一个半关的阀门也许会在系统中造成最大的水头损失，证据之一就是流量的下降。通过阀门和连接件的流动很复杂，理论上的分析通常不合理。因此，局部损失通过实验确定，通常由部件的制造厂商来确定。

局部损失通常以损失系数 K_L 表示（也叫作流阻系数），定义为（见图 8-35）

$$K_L = \frac{h_L}{V^2/(2g)} \tag{8-56}$$

式中，h_L 是管道系统中由于组件引起的额外的不可逆水头损失，定义为 $h_L = \Delta P_L/(\rho g)$。例如，想象将图 8-35 中从位置 1 到位置 2 的阀门替换成一段等直径的直管。ΔP_L 定义为在相同流量时，有阀门时从 1 到 2 的压降 $(P_1 - P_2)_{\text{valve}}$，减去没有阀门时从 1 到 2 假想的直管段间的压降 $(P_1 - P_2)_{\text{pipe}}$。大多数不可逆的水头损失发生在阀门附近局部区域，而某些局部损失出现在阀门下游，这是由于在阀门中及其下游产生的诱导旋流和湍流涡。这些漩涡"消耗"机械能，并当流动转化为充分发展状态时最终转化为热能。当在局部损失部件中测量局部损失时，如弯头，位置 2 必须在下游足够远的地方（管道直径的数十倍）以便充分考虑由于漩涡的消散造成的额外的不可逆损失。

当部件下游的管道直径改变时，局部损失的确定将更加困难。但是，在所有的情况下，它都是基于额外的不可逆机械能损失，如果没有局部损失部件，这个损失将不会出现。为了简化起见，可将局部损失认为是流过局部损失部件时才出现的，但是要记住，该部件对下游的影响

管道截面（有阀门）：

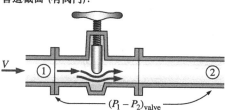

管道截面（无阀门）：

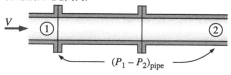

$$\Delta P_L = (P_1 - P_2)_{\text{valve}} - (P_1 - P_2)_{\text{pipe}}$$

图 8-35 对于一个有局部损失部件的直径不变的管段，部件（如闸阀）的损失系数通过测量它造成的额外的压强损失并除以管中的动压来确定

范围达好几倍管道直径长。顺便提一下，这是大多数流量计制造商推荐将它们的流量计安装在任何弯头或阀的下游10~20倍管道直径远的地方的原因——这使由弯头或阀门产生的湍流漩涡最大化消散，并且在进入流量计前速度分布变为充分发展。（大多数流量计在流量计入口处用充分发展的速度分布进行校准，并且当这种情况出现在实际应用中时也产生的结果最精确。）

当入口直径等于出口直径时，部件的损失系数也可以通过测量流过部件的压强损失并除以动压来求得，$K_L = \Delta P_L \big/ \left(\frac{1}{2}\rho V^2\right)$。当一个部件的损失系数已知时，这个部件的水头损失可以通过下式求得

局部损失：
$$h_L = K_L \frac{V^2}{2g} \tag{8-57}$$

一般情况下，损失系数取决于部件的几何形状和雷诺数，就像摩擦系数，但通常假设与雷诺数无关。这是一个合理的近似，因为实际生活中大多数流动具有很大的雷诺数，并且在较大雷诺数时损失系数（包括摩擦系数）趋向于与雷诺数无关。

局部损失也可以用等效长度 L_{equiv} 来表示，定义为（见图8-36）

等效长度：
$$h_L = K_L \frac{V^2}{2g} = f\frac{L_{equiv}}{D}\frac{V^2}{2g} \quad \rightarrow \quad L_{equiv} = \frac{D}{f}K_L \tag{8-58}$$

式中，f 是摩擦系数；D 为包括部件的管道直径。由部件造成的水头损失等价于由一段长度为 L_{equiv} 的管道造成的水头损失。因此，由部件造成的水头损失等价于仅仅在整个管道上增加长度 L_{equiv}。

两个方法在实际中都会使用，但是损失系数的使用更加普遍。因此在本书中我们也采用这种方法。一旦所有的损失系数都可以获得，整个管道系统的水头损失可以求出：

总水头损失（一般情况）：$h_{L, total} = h_{L, major} + h_{L, minor}$

$$= \sum_i f_i \frac{L_i}{D_i}\frac{V_i^2}{2g} + \sum_j K_{L,j}\frac{V_j^2}{2g} \tag{8-59}$$

式中，i 代表直径不变的一段管道；j 代表每个造成局部损失的部件。如果分析的整个管道系统的直径为常数，那么式（8-59）简化为

总水头损失（D = const）：$h_{L, total} = \left(f\frac{L}{D} + \sum K_L\right)\frac{V^2}{2g} \tag{8-60}$

式中，V 是穿过整个系统的平均流速（注意 V = const，因为 D = const）。

表8-4中给出了典型的入口、出口、弯管、渐变区域和阀门的损失系数 K_L。这些阀门中有很大的不确定性，因为一般情况下损失系数随着管道直径、表面粗糙度、雷诺数和设计细节的不同而改变。例如，两个不同制造商生产的似乎一样的阀门的损失系数可以相差两倍或者更多。因此，在管道系统的最终设计中，需要查阅制造商的数据而不是依靠手册中典型阀门的损失系数。

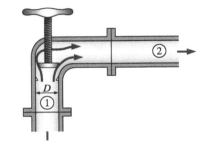

$\Delta P = P_1 - P_2 = P_3 - P_4$

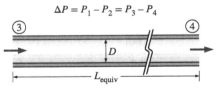

图8-36 由部件（如所示的角阀）引起的水头损失等价于等效长度的一段管道造成的水头损失

表 8-4 湍流中各种管道部件的损失系数 K_L（运用关系式 $h_L = K_L V^2/(2g)$，其中 V 是包含部件的管道中平均速度）

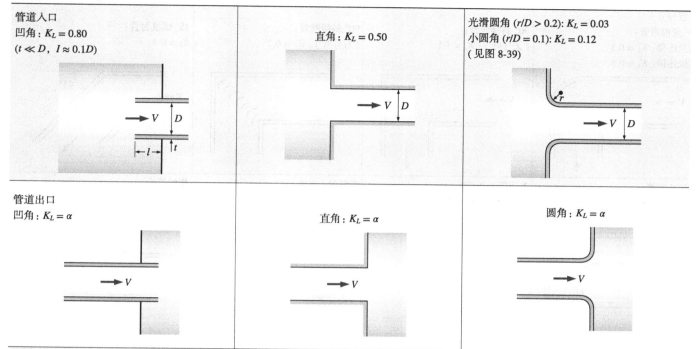

管道入口
凹角：$K_L = 0.80$
$(t \ll D,\ I \approx 0.1D)$

直角：$K_L = 0.50$

光滑圆角 $(r/D > 0.2)$: $K_L = 0.03$
小圆角 $(r/D = 0.1)$: $K_L = 0.12$
（见图 8-39）

管道出口
凹角：$K_L = \alpha$

直角：$K_L = \alpha$

圆角：$K_L = \alpha$

注：动能修正系数为 2（充分发展层流），动能修正系数为 1.05（充分发展湍流）。

突扩和突缩（以小直径管道中的速度为基础）

突扩：$K_L = \alpha\left(1 - \dfrac{d^2}{D^2}\right)^2$

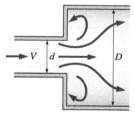

突缩：见图

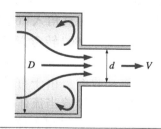

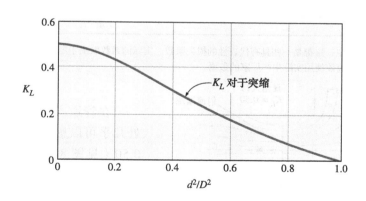

渐扩和渐缩（以小直径管道中的速度为基础）

渐扩 $(\theta = 20°)$:
$K_L = 0.30$，当 $d/D = 0.2$ 时
$K_L = 0.25$，当 $d/D = 0.4$ 时
$K_L = 0.15$，当 $d/D = 0.6$ 时
$K_L = 0.10$，当 $d/D = 0.8$ 时

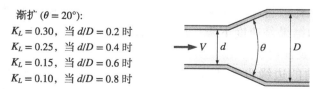

渐缩：
$K_L = 0.02$，当 $\theta = 30°$ 时
$K_L = 0.04$，当 $\theta = 45°$ 时
$K_L = 0.07$，当 $\theta = 60°$ 时

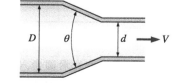

（续）

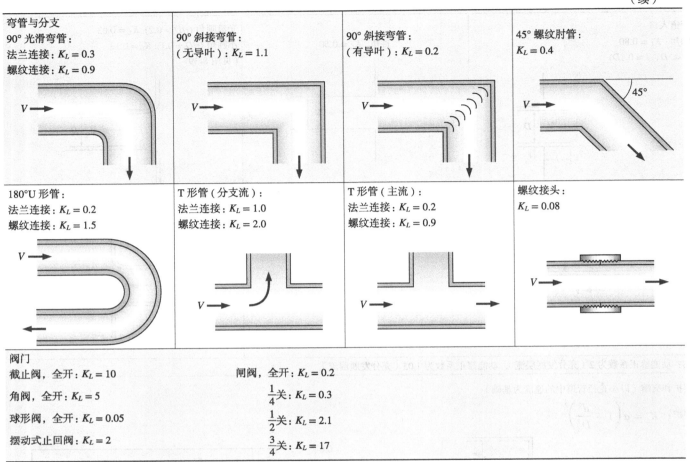

弯管与分支
90° 光滑弯管：
法兰连接：$K_L = 0.3$
螺纹连接：$K_L = 0.9$

90° 斜接弯管：
（无导叶）：$K_L = 1.1$

90° 斜接弯管：
（有导叶）：$K_L = 0.2$

45° 螺纹肘管：
$K_L = 0.4$

180° U 形管：
法兰连接：$K_L = 0.2$
螺纹连接：$K_L = 1.5$

T 形管（分支流）：
法兰连接：$K_L = 1.0$
螺纹连接：$K_L = 2.0$

T 形管（主流）：
法兰连接：$K_L = 0.2$
螺纹连接：$K_L = 0.9$

螺纹接头：
$K_L = 0.08$

阀门
截止阀，全开：$K_L = 10$
角阀，全开：$K_L = 5$
球形阀，全开：$K_L = 0.05$
摆动式止回阀：$K_L = 2$

闸阀，全开：$K_L = 0.2$
$\frac{1}{4}$关：$K_L = 0.3$
$\frac{1}{2}$关：$K_L = 2.1$
$\frac{3}{4}$关：$K_L = 17$

注：这都是一些具有代表性的损失系数。实际的系数取决于零件的设计和制造，可能与所给的系数有显著区别（尤其是阀门）。在最终的设计中，应该使用实际生产厂家的数据。

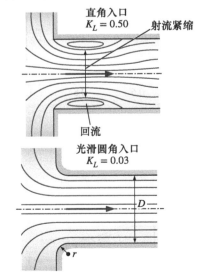

直角入口
$K_L = 0.50$
射流紧缩
回流
光滑圆角入口
$K_L = 0.03$
D
r

图 8-37 在管道的光滑圆角入口处，水头损失几乎可以忽略（$r/D > 0.2$ 时 $K_L = 0.03$），但是对于直角入口，其增加到约 0.50

在管道入口处的水头损失是几何关系的强函数。它在光滑圆角入口处几乎可以忽略（$r/D > 0.2$ 时 $K_L = 0.03$），但是在直角入口处增加到约 0.50（见图 8-37），也就是说当流体进入管道时直角入口会造成一半的速度头损失。这是因为流体不能很容易地进行 90° 转弯，尤其是在高速流动时，会导致流体在拐角处发生分离，在管道中央部分形成颈缩（见图 8-38）。因此，直角入口类似于一个流动收缩。由于有效流动面积减小，速度在射流紧缩区域增加（压强减小），接着当流体充满整个管道时速度将减小。如果压强增加与伯努利方程一致则可忽略损失（速度头简单地转化为压头）。但是，这个减速过程远非理想情况，由强烈掺混和湍流漩涡引起的黏性耗散将动能转换成摩擦热，流体温度略微上升就证明了这一点。最终的结果是速度下降，压强却没有明显升高，并且入口损失衡量了这种不可逆压降。

即使稍微有点圆角的边缘也会造成 K_L 显著减少，如图 8-39 所示。当管道伸入到容器中时损失系数急剧升高（大约 $K_L = 0.8$），因为在这种情况下进口边缘的流体被迫做 180° 转弯。

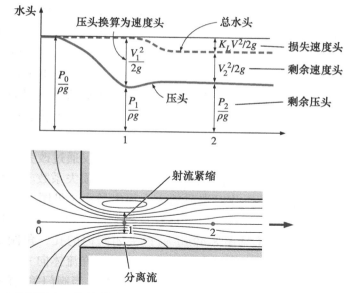

图 8-38 直角管道入口处的射流紧缩和相关水头损失的图示

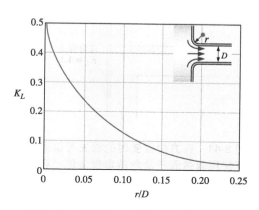

图 8-39 管道入口半径对损失系数的影响

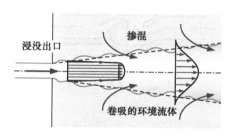

图 8-40 当射流减速并与浸没出口下游的流体混合时,所有流动动能通过摩擦"损失"(变成热能)

　　浸没的管道出口损失系数通常在手册中列出为 $K_L = 1$。但是,更精确的 K_L 是与管道出口的动能修正系数 α 相等。虽然在管内充分发展湍流中 α 确实接近于 1,但它在管内充分发展层流中等于 2。分析管内层流时,为了避免可能的误差最好在浸没的管道的出口处设 $K_L = \alpha$。无论是层流还是湍流,在任何这种出口,离开管道的流体当它与容器中的流体混合时会失去它所有的动能,并且由于黏性的不可逆作用最终静止。不论出口的形状是什么,这是真实存在的(见表 8-4 和图 8-40)。因此,不需要磨圆管道出口尖锐的边缘。

　　管道系统通常包括突扩或突缩及渐扩或渐缩,以适应流量或物理量如密度和速度的变化。由于流动分离,在突扩和突缩(或大角度扩张)的情况下损失非常大。结合质量、动量和能量守恒方程,得到突扩情况下的损失系数近似值为

$$K_L = \alpha \left(1 - \frac{A_{\text{small}}}{A_{\text{large}}} \right)^2 \quad (\text{突扩}) \qquad (8\text{-}61)$$

式中,A_{small} 和 A_{large} 分别为小管和大管的横截面面积。当没有面积变化($A_{\text{small}} = A_{\text{large}}$)时 $K_L = 0$,当管道向容器排放($A_{\text{large}} \gg A_{\text{small}}$)时 $K_L = \alpha$。突缩没有这样的关系,并且 K_L 的值必须从图表或表格读取(见表 8-4)。通过在小径和大径管道之间安装锥形渐变面积变化器(喷嘴和扩压器),可以显著减少扩张和收缩造成的损失。表 8-4 中给出了典型情况下渐扩和渐缩的 K_L 值。注意,在水头损失计算中使用小径管中的速度作为式(8-57)中的参考速度。由于流动分离,扩张时的损失通常远高于收缩时的损失。

　　管道系统还包括直径不变但方向改变的流动,称为弯管或弯头。这些装置的损失来源于内侧流动分离(就像一辆汽车转弯太快时驶出道路)产生的旋转二次流。通过使用圆弧(如 90° 弯头)而不是急转弯

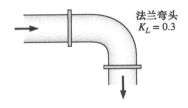

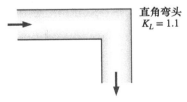

图 8-41 在方向改变时的损失可以通过使用圆弧而不是急转弯使流体"容易"转弯来减少损失

a)

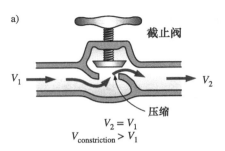

b)

图 8-42 a）半关截止阀中大的水头损失是由于不可逆的减速、流动分流和来自狭窄阀通道的高速流体的混合。b）穿过完全打开的球阀的水头损失非常小

照片由John M.Cimbala提供

图 8-43 例 8-7 的示意图

（如斜弯管）使流体"容易"转弯，可以减少方向改变时的损失（见图 8-41）。但当转弯空间有限时，可能必须使用急转弯（因此承受更大的损失系数）。在这种情况下，利用正确放置的导叶可以帮助流动以有序的方式转弯而不偏离流向，可以将损失最小化。表 8-4 也给出了弯头和斜弯管以及三通的损失系数。这些系数不包括沿着弯头的摩擦损失。这些损失应该像直管道那样进行计算（使用中心线的长度作为管长度）并加到其他损失中。

阀门是管道系统中常用的控制流量的装置，仅仅通过改变水头损失就可以实现想要的流量。当阀门完全开放时要求其损失系数非常低，如球阀，这样它们在满负荷工作时造成的水头损失最小（见图 8-42b）。如今常用的几种不同的阀门设计，每个都有自己的优点和缺点。闸阀像门一样上下移动，截止阀（见图 8-42a）通过关闭阀内的孔，角阀是一个偏转 90° 的截止阀，止回阀像一个二极管电路只允许流体向一个方向流动。表 8-4 列出了常用设计的典型损失系数。注意，当阀门关闭的时候，损失系数大大增加。同时，不同制造商制造的阀门因为其几何形状复杂，损失系数偏差很大。

【例 8-7】 渐扩时的水头损失和压强上升

一个直径为 6cm 的水平放置的水管逐渐扩张到直径为 9cm（见图 8-43）。扩张段的管壁与轴向方向成 10°。扩张段前水的平均速度和压强分别为 7m/s 和 150kPa。求扩张段的水头损失和大管径处的压强。

问题：水平放置的水管逐渐扩张成更大直径的管道。求扩张后的水头损失和压强。

假设：①流动为定常和不可压缩的。②在截面 1 和截面 2 处的流动为充分发展的湍流，$\alpha_1 = \alpha_2 \approx 1.06$。

参数：水的密度为 $\rho = 1000 \text{kg/m}^3$。夹角 $\theta = 20°$ 和直径比 $d/D = 6/9$ 的扩张管的损失系数为 $K_L = 0.133$（通过利用表 8-4 插值）。

分析：注意水的密度保持不变，水流下游的速度由质量守恒来求得。即

$$\dot{m}_1 = \dot{m}_2 \rightarrow \rho V_1 A_1 = \rho V_2 A_2 \rightarrow V_2 = \frac{A_1}{A_2} V_1 = \frac{D_1^2}{D_2^2} V_1$$

$$V_2 = \frac{(0.06\text{m})^2}{(0.09\text{m})^2}(7\text{m/s}) = 3.11 \text{m/s}$$

则扩张段的不可逆水头损失变为

$$h_L = K_L \frac{V_1^2}{2g} = (0.133)\frac{(7 \text{ m/s})^2}{2(9.81 \text{ m/s}^2)} = 0.333\text{m}$$

注意 $z_1 = z_2$ 并且这里没有泵或涡轮参与做功，以水头表示的扩张段的能量方程的表达式为

$$\frac{P_1}{\rho g} + \alpha_1 \frac{V_1^2}{2g} + \cancel{z_1} + \cancel{h_{\text{pump}, u}}^{0} = \frac{P_2}{\rho g} + \alpha_2 \frac{V_2^2}{2g} + \cancel{z_2} + \cancel{h_{\text{turbine}, e}}^{0} + h_L$$

或

$$\frac{P_1}{\rho g} + \alpha_1 \frac{V_1^2}{2g} = \frac{P_2}{\rho g} + \alpha_2 \frac{V_2^2}{2g} + h_L$$

代入数值解出 P_2 得

$$P_2 = P_1 + \rho \left\{ \frac{\alpha_1 V_1^2 - \alpha_2 V_2^2}{2} - gh_L \right\} = (150\text{kPa}) + (1000\text{kg/m}^3)$$

$$\times \left\{ \frac{1.06(7\text{m/s})^2 - 1.06(3.11\text{m/s})^2}{2} - (9.81\text{m/s}^2)(0.333\text{m}) \right\}$$

$$\times \left(\frac{1\text{kN}}{1000\text{kg·m/s}^2} \right) \left(\frac{1\text{kPa}}{1\text{kN/m}^2} \right)$$

$$= 168\text{kPa}$$

因此，尽管有水头（和压强）损失，在扩张后压强仍从 150kPa 上升到 168kPa。这是由于当平均流速在大管道中减小时，动压转换为静压。

讨论： 众所周知，上游较高的压强是导致流动的必要条件，所以尽管有损失，扩张后下游压强增加也许会出乎你的意料。这是由于流动是由组成总水头的三种水头共同驱动的（即压头、速度头和位势水头）。在流动扩张期间，上游的高速度水头在下游转化为压强水头，并且这个增加量超过了无法恢复的水头损失。同样，你也可以尝试通过使用伯努利方程来解决这个问题。这个解会忽略掉水头损失（以及相关的压强），并且会在流体下游产生一个不正确的更高的压强。

8.7 管道系统与泵的选择

串联管道和并联管道

在实际生活中遇到的大多数管道系统，例如城市或商业住宅建设中的供水系统，都涉及大量串联和并联，以及输入源（为系统提供流体）和负载（从系统排出流体）。管道工程可能涉及新系统的设计或已有系统的扩展。这种工程的目标是去设计一个总成本（加上最初的操作和维修）最低，在规定压强下能可靠地输送规定流量的管道系统。一旦确定了系统的布局，就可以求得整个系统的管道直径和压强，在预算范围内，通常要求反复求解这个系统直到达到最优解。计算机建模和系统分析使这个冗长的工作变成了一件简单的事情。

管道系统通常涉及一些串联和并联形式的管道连接，如图 8-44 和图 8-45 所示。当管道以串联形式连接时，尽管不同管道中直径不同，通过整个管道系统的流量保持不变。这是定常不可压缩流质量守恒的自然结果。在这种情况下总水头损失等于这个系统各个管道中的水头损失的总和，包括局部损失。在连接处的扩张和收缩损失被认为是属于小径管道，因为扩张和收缩的损失系数的定义是基于小径管道中的平均速度的。

对于有两个（或更多个）分支管道并联并且在下游合并成一条的管

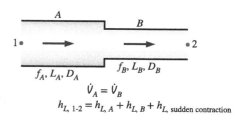

图 8-44 对于串联管道，在每个管道中的流量是相同的，并且整个水头损失是每个管道中水头损失之和

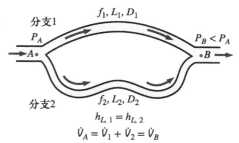

图 8-45 对于并联管道，水头损失在每个管道中相同，并且总流量是每个管道中的流量之和

道，总流量是各管道中流量之和。在每个以并联形式连接的单独的管道中的压降（或水头损失）一定是一样的，因为 $\Delta P = P_A - P_B$ 并且交叉点压强 P_A 和 P_B 在所有单独的管道中一样。对于一个在两个交叉点 A 与 B 之间有两个并联管路 1 和 2 的系统，忽略局部损失，它的表达式为

$$h_{L,1} = h_{L,2} \rightarrow f_1 \frac{L_1}{D_1} \frac{V_1^2}{2g} = f_2 \frac{L_2}{D_2} \frac{V_2^2}{2g}$$

则平均速度和两并联管道中的流量之比分别为

$$\frac{V_1}{V_2} = \left(\frac{f_2}{f_1} \frac{L_2}{L_1} \frac{D_1}{D_2} \right)^{1/2}, \quad \frac{\dot{V}_1}{\dot{V}_2} = \frac{A_{c,1} V_1}{A_{c,2} V_2} = \frac{D_1^2}{D_2^2} \left(\frac{f_2}{f_1} \frac{L_2}{L_1} \frac{D_1}{D_2} \right)^{1/2}$$

因此，在并联管道中的相对流量是由在每个管中的水头损失一样的必要条件来建立的。这个结果可以延伸至任何数量管道的并联。如果将造成局部损失的部件的等效长度加入管长中，这个结果对于局部损失明显的管道同样有效。注意在其中一个并联分支中的流量与它的直径的5/2 次方成正比，与它的长度和摩擦系数的平方根成反比。

管道系统的分析，无论它们有多复杂，都基于两个简单的原则：

1）必须满足整个系统的质量守恒。对于系统中所有的连接点，通过要求流入连接点的总流量等于流出连接点的总流量来完成。同样，尽管直径改变，流量必须在串联连接的管中保持不变。

2）对于两个连接点间的所有路径，在两个连接点间的压降（并且因此水头损失）必须是一样的。这是因为压强是一个点函数，它在一个特定的点上不可能有两个值。实际上，这个规则被当作在一个循环中水头损失的代数和等于零的必要条件来使用。（水头损失在顺时针方向的流动被认为是正值，逆时针方向的流动为负值。）

因此，由于流量与电流相似，压强与电位相似，管道系统的分析与电路的分析非常相似（基尔霍夫定律）。但是，在流体流动中情况会更加复杂，因为"流阻"是一个高度非线性函数，这与电阻不同。因此，管道系统的分析要求联立求解一个系统的非线性方程，需要使用如 EES、Excel、Mathcad、Matlab 等软件，或为这种应用特别设计的商业软件。

泵和涡轮机组成的管道系统

当一个管道系统有泵和涡轮机时，单位质量的定常流能量方程的表达式为（见第 5、6 章）

$$\frac{P_1}{\rho} + \alpha_1 \frac{V_1^2}{2} + gz_1 + w_{pump,u} = \frac{P_2}{\rho} + \alpha_2 \frac{V_2^2}{2} + gz_2 + w_{turbine,e} + gh_L \quad （8\text{-}62）$$

或以水头的形式为

$$\frac{P_1}{\rho g} + \alpha_1 \frac{V_1^2}{2g} + z_1 + h_{pump,u} = \frac{P_2}{\rho g} + \alpha_2 \frac{V_2^2}{2g} + z_2 + h_{turbine,e} + h_L \quad （8\text{-}63）$$

式中，$h_{pump,u} = w_{pump,u}/g$ 是输送到流体的有效泵扬程；$h_{turbine,e} = w_{turbine,e}/g$ 是由流体带动的涡轮扬程；α 为动能修正系数，对于在实际中遇到的多数流动（湍流）它的值大约为 1.05；h_L 是在点 1 与点 2 之间的管道中的总水头损失（包括局部损失，如果它非常明显）。如果管道系统中没有泵或

风机，那么泵扬程为零；如果管道系统中没有涡轮机，则涡轮扬程为零；如果管道系统中没有任何机械做功和机械耗功装置，那么两者都为零。

许多实际中的管道都有泵，驱使流体从一个容器流动到另一个容器。设点 1 和点 2 在容器的自由面上（见图 8-46），所需的有效泵扬程的能量方程的解为

$$h_{pump, u} = (z_2 - z_1) + h_L \qquad (8\text{-}64)$$

由于在容器中自由面上的速度可以忽略且压强为大气压，有效泵扬程等于两个容器间的高度差加上水头损失。如果水头损失相对于 $z_2 - z_1$ 可忽略，有效泵扬程等于两容器间的高差。在 $z_1 > z_2$（第一个蓄水池的高度比第二个蓄水池的更高）的情况下没有泵做功，流体由重力驱动，产生的水头损失等于高度差。通过将式（8-64）中的 $h_{pump, u}$ 替换成 $-h_{turbine, e}$ 可以得到水力发电厂的涡轮扬程的一个相似的结论。

一旦泵有效扬程已知，就可以求得泵给流体输送的机械能和在特定流量下泵消耗的电能

$$\dot{W}_{pump, shaft} = \frac{\rho \dot{V} g h_{pump, u}}{\eta_{pump}}, \qquad \dot{W}_{elect} = \frac{\rho \dot{V} g h_{pump, u}}{\eta_{pump-motor}} \qquad (8\text{-}65)$$

式中，$\eta_{pump-motor}$ 是泵 - 电动机组合的效率，它是泵和电动机效率的乘积（见图 8-47）。泵 - 电动机效率定义为泵传送到流体的机械能与电动机消耗的电能之比，通常在 50% ~ 85% 之间。

管道系统的水头损失随着流量的增加而增加（通常二次方）。所需的有效泵扬程 $h_{pump, u}$ 与流量的关系图叫作系统（或需求）曲线。泵扬程也不是一个常数，泵扬程和泵水头随着流量的变化而变化，泵制造商以表格或图表的形式提供这个变量，如图 8-48 所示。这些实验获得的 $h_{pump, u}$ 和 $\eta_{pump, u}$ 与 $\dot{V}$ 的曲线叫作特性（或供给或性能）曲线。注意，当所需水头减少时泵的流量增长。泵水头曲线与竖轴的交点通常代表泵可以提供的最大扬程（叫作关死点扬程），与水平轴的交点表明泵可以提供的最大流量（叫作空载流量）。

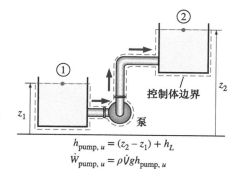

图 8-46 当泵驱使流体从一个蓄水池流到另一个蓄水池时，所需的有效泵功率等于两个蓄水池之间的高差加上水头损失

$$\eta_{pump-motor} = \eta_{pump}\eta_{motor}$$

图 8-47 泵 - 电动机组合的效率是泵和电动机效率的乘积

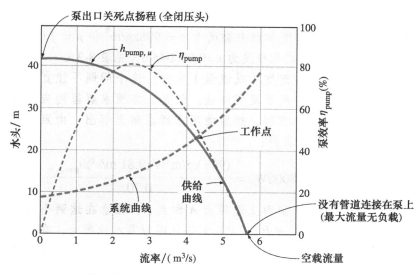

图 8-48 离心泵的特性曲线、管道系统的系统曲线和工作点

泵的效率在水头和流量的某个组合时最高。因此，对于管道系统来说，可以提供所需扬程和流量的泵不一定是好的选择，除非在这些情况下泵的效率足够高。安装在管道系统中的泵在系统曲线和特性曲线交点工作。这个交点叫作工作点，如图 8-45 所示，在这个点，泵的有效水头与在此流量下系统所需水头相匹配。同样，泵工作时的效率值是与流量对应的值。

【例 8-8】 通过两并联管道抽水

如图 8-49 所示，20℃ 的水，通过两个 36m 长的并联连接的管道，从一个蓄水池（$z_A = 5m$）抽到另一个水位更高的蓄水池（$z_B = 13m$）。管道用工业钢制成，两个管道的直径分别为 4cm 和 8cm。抽水泵 - 电动机的总的工作效率为 70%，工作功率为 8kW。连接两个蓄水池的并联管道中的局部损失和水头损失可以忽略不计。求两个蓄水池间的总流量和每个并联管道中的流量。

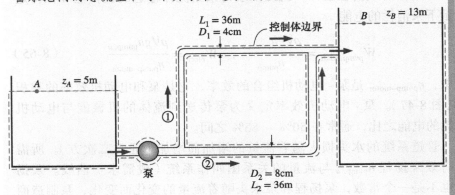

图 8-49 例 8-8 中的管道系统

问题：已知两个管道并联的管道系统的输入功率，求流量。

假设：①流动为定常（因为蓄水池很大）和不可压缩的。②入口影响可以忽略，因此流动为充分发展流。③蓄水池的高度保持不变。④除了并联管道以外，管中的局部损失和水头损失可忽略不计。⑤两个管道中的流动为湍流。（待证实）

参数：20℃ 水的密度和动力黏度为 $\rho = 998kg/m^3$ 和 $\mu = 1.002 \times 10^{-3} kg/(m \cdot s)$。工业钢管的粗糙度为 $\varepsilon = 0.000045m$（见表 8-3）。

分析：因为管中的速度（或流量）未知，这个问题不能直接求解。因此，我们通常使用反复实验法。但是，方程求解器的应用非常广泛，于是只需建立方程，然后使用方程求解器解出。由泵提供给流体的有效扬程可以求得：

$$\dot{W}_{elect} = \frac{\rho \dot{V} g h_{pump,u}}{\eta_{pump-motor}} \rightarrow 8000W = \frac{(998 \text{ kg/m}^3) \dot{V} (9.81 \text{ m/s}^2) h_{pump,u}}{0.70} \quad (1)$$

在两个蓄水池的自由面上选择点 A 和点 B。注意在这两个点上的流体通大气（因此 $P_A = P_B = P_{atm}$）并且因为蓄水池很大，在这两个点上的流体速度几乎为零（$V_A \approx V_B \approx 0$），这两点间的控制体的能量方程简化为

$$\frac{P_A}{\rho g}^{\nearrow 0} + \alpha_A \frac{V_A^2}{2g}^{\nearrow 0} + z_A + h_{\text{pump}, u} = \frac{P_B}{\rho g}^{\nearrow 0} + \alpha_B \frac{V_B^2}{2g}^{\nearrow 0} + z_B + h_L$$

或
$$h_{\text{pump}, u} = (z_B - z_A) + h_L$$

或
$$h_{\text{pump}, u} = (13\text{m} - 5\text{m}) + h_L \tag{2}$$

其中，
$$h_L = h_{L,1} = h_{L,2} \tag{3}（4）$$

我们指定 4cm 直径的管道为下标 1，8cm 直径的管道为下标 2。每个管道中的平均速度、雷诺数、摩擦系数和水头损失的方程分别为

$$V_1 = \frac{\dot{V}_1}{A_{c,1}} = \frac{\dot{V}_1}{\pi D_1^2/4} \rightarrow V_1 = \frac{\dot{V}_1}{\pi(0.04\text{m})^2/4} \tag{5}$$

$$V_2 = \frac{\dot{V}_2}{A_{c,2}} = \frac{\dot{V}_2}{\pi D_2^2/4} \rightarrow V_2 = \frac{\dot{V}_2}{\pi(0.08\text{m})^2/4} \tag{6}$$

$$Re_1 = \frac{\rho V_1 D_1}{\mu} \rightarrow Re_1 = \frac{(998\text{kg/m}^3)V_1(0.04\text{m})}{1.002 \times 10^{-3}\text{kg/(m·s)}} \tag{7}$$

$$Re_2 = \frac{\rho V_2 D_2}{\mu} \rightarrow Re_2 = \frac{(998\text{kg/m}^3)V_2(0.08\text{m})}{1.002 \times 10^{-3}\text{kg/(m·s)}} \tag{8}$$

$$\frac{1}{\sqrt{f_1}} = -2.0 \lg\left(\frac{\varepsilon/D_1}{3.7} + \frac{2.51}{Re_1\sqrt{f_1}}\right)$$

$$\rightarrow \frac{1}{\sqrt{f_1}} = -2.0 \lg\left(\frac{0.000045}{3.7 \times 0.04} + \frac{2.51}{Re_1\sqrt{f_1}}\right) \tag{9}$$

$$\frac{1}{\sqrt{f_2}} = -2.0 \lg\left(\frac{\varepsilon/D_2}{3.7} + \frac{2.51}{Re_2\sqrt{f_2}}\right)$$

$$\rightarrow \frac{1}{\sqrt{f_2}} = -2.0 \lg\left(\frac{0.000045}{3.7 \times 0.08} + \frac{2.51}{Re_2\sqrt{f_2}}\right) \tag{10}$$

$$h_{L,1} = f_1 \frac{L_1}{D_1} \frac{V_1^2}{2g} \rightarrow h_{L,1} = f_1 \frac{36\text{m}}{0.04\text{m}} \frac{V_1^2}{2(9.81\text{m/s}^2)} \tag{11}$$

$$h_{L,2} = f_2 \frac{L_2}{D_2} \frac{V_2^2}{2g} \rightarrow h_{L,2} = f_2 \frac{36\text{m}}{0.08\text{m}} \frac{V_2^2}{2(9.81\text{m/s}^2)} \tag{12}$$

$$\dot{V} = \dot{V}_1 + \dot{V}_2 \tag{13}$$

这是一个含有 13 个未知数的 13 个方程组成的方程组，通过方程求解器求出联立解为

$$\dot{V} = 0.300\text{m}^3/\text{s}, \quad \dot{V}_1 = 0.00415\text{m}^3/\text{s}, \quad \dot{V}_2 = 0.0259\text{m}^3/\text{s}$$

$$V_1 = 3.30\text{m/s}, \quad V_2 = 5.15\text{m/s}, \quad h_L = h_{L,1} = h_{L,2} = 11.1\text{m}, \quad h_{\text{pump}} = 19.1\text{m}$$

$$Re_1 = 131600, \quad Re_2 = 410000, \quad f_1 = 0.0221, \quad f_2 = 0.0182$$

注意两个管道中 $Re > 4000$，因此假设为湍流流动是正确的。

讨论： 两个并联的管道有同样的长度和粗糙度，但是第一个管道的直径是第二个管道的一半。然而只有 14% 的水流过第一个管道。这表明流量对直径有很强的依赖性。同样，这也表明如果两个蓄水池的自由面在同一高度（并且因此 $z_A = z_B$），流量会增加 20% 即从 $0.0300\text{m}^3/\text{s}$ 增加到 $0.0361\text{m}^3/\text{s}$。依次类推，如果蓄水池已经如上给出但是不可逆的水头损失可以忽略，流量会变为 $0.0715\text{m}^3/\text{s}$（138% 的增幅）。

【例 8-9】 重力驱动的水流过管道

10℃ 的水从一个大蓄水池经过一个直径为 5cm 的铸铁管道系统流到一个小蓄水池中，如图 8-49 所示。求流量为 6L/s 时的高度 z_1。

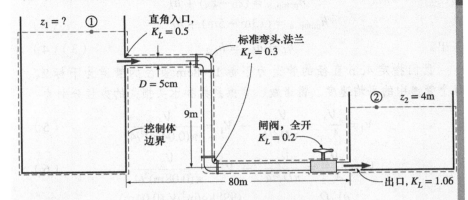

图 8-50　例 8-9 中讨论的管道系统

问题： 连接两个蓄水池的管道系统中的流量已经给出，求水源的高度。

假设： ①流动为定常和不可压缩的。②蓄水池的高度保持不变。③管路中没有泵和涡轮机。

性质： 10℃ 水的密度和动力黏度分别为 $\rho = 999.7 \text{kg/m}^3$ 和 $\mu = 1.307 \times 10^{-3} \text{kg/(m·s)}$。铸铁管道的粗糙度为 $\varepsilon = 0.00026\text{m}$（见表 8-3）。

分析： 管道系统包括：89m 长的管道、直角入口（$K_L = 0.5$）、两个标准法兰弯头（每个 $K_L = 0.3$），完全打开的闸阀（$K_L = 0.2$）、在水下的出口（$K_L = 1.06$）。在两个蓄水池的自由液面上选择点 1 和点 2。注意，在两点上的流体通大气（因此 $P_1 = P_2 = P_\text{atm}$）并且在两点上的流体速度几乎为零（$V_1 \approx V_2 \approx 0$），在这两点间的控制体的能量方程可以简化为

$$\frac{P_1}{\rho g}^{\nearrow 0} + \alpha_1 \frac{V_1^2}{2g}^{\nearrow 0} + z_1 = \frac{P_2}{\rho g}^{\nearrow 0} + \alpha_2 \frac{V_2^2}{2g}^{\nearrow 0} + z_2 + h_L \rightarrow z_1 = z_2 + h_L$$

其中，
$$h_L = h_{L,\text{ total}} = h_{L,\text{ major}} + h_{L,\text{ minor}} = \left(f\frac{L}{D} + \sum K_L\right)\frac{V^2}{2g}$$

由于管道系统的直径不变。管中的平均速度和雷诺数分别为

$$V = \frac{\dot{V}}{A_c} = \frac{\dot{V}}{\pi D^2/4} = \frac{0.006\text{m}^3/\text{s}}{\pi(0.05\text{m})^2/4} = 3.06\text{m/s}$$

$$Re = \frac{\rho V D}{\mu} = \frac{(999.7\text{kg/m}^3)(3.06\text{m/s})(0.05\text{m})}{1.307 \times 10^{-3}\text{kg/(m·s)}} = 117000$$

因为 $Re > 4000$，故流动为湍流。注意，$\varepsilon/D = 0.00026/0.05 = 0.0052$，摩擦系数由科尔布鲁克关系式（或莫迪图表）求得，即

$$\frac{1}{\sqrt{f}} = -2.0\lg\left(\frac{\varepsilon/D}{3.7} + \frac{2.51}{Re\sqrt{f}}\right) \rightarrow \frac{1}{\sqrt{f}} = -2.0\lg\left(\frac{0.0052}{3.7} + \frac{2.51}{117000\sqrt{f}}\right)$$

计算出 $f = 0.0315$，总损失系数为

$$\sum K_L = K_{L,\,\text{entrance}} + 2K_{L,\,\text{elbow}} + K_{L,\,\text{valve}} = K_{L,\,\text{exit}}$$

$$= 0.5 + 2 \times 0.3 + 0.2 + 1.06 = 2.36$$

则总水头损失和水源的高度为

$$h_L = \left(f\frac{L}{D} + \sum K_L \right)\frac{V^2}{2g} = \left(0.0315\frac{89\text{m}}{0.05\text{m}} + 2.36 \right)\frac{(3.06\text{m/s})^2}{2(9.81\text{m/s}^2)} = 27.9\text{m}$$

$$z_1 = z_2 + h_L = (4 + 27.9)\text{m} = 31.9\text{m}$$

因此，第一个蓄水池的自由面必须高于地平面31.9m才能确保水以指定的流量在两个蓄水池间流动。

讨论： 在这种情况下 $fL/D = 56.1$，大约是总的局部损失系数的24倍。因此，在这种情况下忽视水源的局部损失会导致4%的误差。这能够表明在同样的流量下，如果阀的四分之三是关闭的，总水头损失将为35.9m（而不是27.9m），并且如果两个蓄水池间的管道是直的且在地平面上（这样就取消了管道的弯头和竖直部分），它将会降到24.8m。水头损失可以通过使入口变光滑来进一步减小（从24.8m减到24.6m）。通过使用光滑管如塑料制成的管道代替铸铁管道，水头损失可以显著减小（从27.9m减到16.0m）。

【例 8-10】 马桶冲水对淋浴流量的影响

某建筑的浴室管道由直径1.5cm的铜管和螺纹接头组成，如图8-51所示。（a）如果淋浴时系统入口处的表压为200kPa，马桶水箱是满的（在那个分支没有流动），求流经淋浴喷头的水流量。（b）求马桶冲水对淋浴喷头流量的影响。设淋浴喷头和水箱的损失系数分别为12和14。

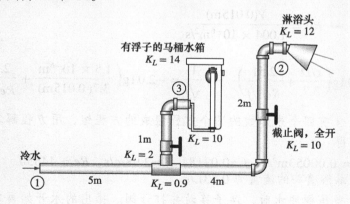

图 8-51 例 8-10 的示意图

问题： 已知浴室的冷水管道系统。求流经淋浴喷头的流量和马桶冲水时对流量的影响。

假设： ①流动为定常和不可压缩的。②流动为湍流和充分发展的。③水箱与大气相通。④速度水头可忽略。

参数： 20℃ 时水的属性为 $\rho = 998\text{kg/m}^3$，$\mu = 1.002 \times 10^{-3}\text{kg/(m·s)}$ 和 $\nu = \mu/\rho = 1.004 \times 10^{-6}\text{m}^2/\text{s}$。铜管的粗糙度为 $\varepsilon = 1.5 \times 10^{-6}\text{m}$。

分析：这是第二种类型的问题，因为它涉及在给定管道直径和压降条件下求流量。因为流量（因此流动速度未知）未知，这个需要用迭代方法求解。

（a）单独淋浴管道系统由11m长的管道、T形管（$K_L = 0.9$）、两个标准弯头（每个 $K_L = 0.9$），完全打开的截止阀（$K_L = 10$）和一个淋浴喷头（$K_L = 12$）组成。因此，$\sum K_L = 0.9 + 2 \times 0.9 + 10 + 12 = 24.7$。注意淋浴喷头与大气相通，并且速度水头可忽略，在点1与点2之间控制体的能量方程可以简化为

$$\frac{P_1}{\rho g} + \alpha_1 \frac{V_1^2}{2g} + z_1 + h_{\text{pump}, u} = \frac{P_2}{\rho g} + \alpha_2 \frac{V_2^2}{2g} + z_2 + h_{\text{turbine}, e} + h_L$$

$$\rightarrow \frac{P_{1, \text{gage}}}{\rho g} = (z_2 - z_1) + h_L$$

因此水头损失为

$$h_L = \frac{200000 \text{N/m}^2}{(998 \text{kg/m}^3)(9.81 \text{m/s}^2)} - 2\text{m} = 18.4\text{m}$$

同样地，

$$h_L = \left(f\frac{L}{D} + \sum K_L\right)\frac{V^2}{2g} \rightarrow 18.4 = \left(f\frac{11\text{m}}{0.015\text{m}} + 24.7\right)\frac{V^2}{2(9.81\text{m/s}^2)}$$

由于管道系统的直径为定值。管道中平均速度、雷诺数和摩擦系数的式子分别为

$$V = \frac{\dot{V}}{A_c} = \frac{\dot{V}}{\pi D^2/4} \rightarrow V = \frac{\dot{V}}{\pi(0.015\text{m})^2/4}$$

$$Re = \frac{VD}{\nu} \rightarrow Re = \frac{V(0.015\text{m})}{1.004 \times 10^{-6}\text{m}^2/\text{s}}$$

$$\frac{1}{\sqrt{f}} = -2.0\lg\left(\frac{\varepsilon/D}{3.7} + \frac{2.51}{Re\sqrt{f}}\right) \rightarrow \frac{1}{\sqrt{f}} = -2.0\lg\left(\frac{1.5 \times 10^{-6}\text{m}}{3.7(0.015\text{m})} + \frac{2.51}{Re\sqrt{f}}\right)$$

这是一个含有四个未知数的四个方程组成的方程组，用方程解算器解出它们得

$$\dot{V} = 0.00053\text{m}^3/\text{s}, \quad f = 0.0218, \quad V = 2.98\text{m/s}, \quad Re = 44550$$

因此流经淋浴喷头的流量为0.53L/s

（b）当马桶冲水时，浮子移动并打开阀。排出的水开始再次灌满水箱，导致在T形头后形成并联流动。淋浴分支的水头损失和局部损失系数在（a）中已经确定，分别为 $h_{L,2} = 18.4\text{m}$ 和 $\sum K_L = 24.7$。类似地，可以确定水箱分支的相应量为

$$h_{L,3} = \frac{200000 \text{N/m}^2}{(998 \text{kg/m}^3)(9.81 \text{m/s}^2)} - 1\text{m} = 19.4\text{m}$$

$$\sum K_{L,3} = 2 + 10 + 0.9 + 14 = 26.9$$

在这种情况下相关的式子为

$$\dot{V}_1 = \dot{V}_2 + \dot{V}_3$$

$$h_{L,2} = f_1 \frac{5\ m}{0.015m} \frac{V_1^2}{2(9.81m/s^2)} + \left(f_2 \frac{6m}{0.015m} + 24.7\right) \frac{V_2^2}{2(9.81m/s^2)} = 18.4$$

$$h_{L,3} = f_1 \frac{5\ m}{0.015m} \frac{V_1^2}{2(9.81m/s^2)} + \left(f_3 \frac{1m}{0.015m} + 26.9\right) \frac{V_3^2}{2(9.81m/s^2)} = 19.4$$

$$V_1 = \frac{\dot{V}_1}{\pi(0.015m)^2/4}, \quad V_2 = \frac{\dot{V}_2}{\pi(0.015m)^2/4}, \quad V_3 = \frac{\dot{V}_3}{\pi(0.015m)^2/4}$$

$$Re_1 = \frac{V_1(0.015m)}{1.004 \times 10^{-6}m^2/s}, \quad Re_2 = \frac{V_2(0.015m)}{1.004 \times 10^{-6}m^2/s}, \quad Re_3 = \frac{V_3(0.015m)}{1.004 \times 10^{-6}m^2/s}$$

$$\frac{1}{\sqrt{f_1}} = -2.0\ lg\left(\frac{1.5 \times 10^{-6}m}{3.7(0.015m)} + \frac{2.51}{Re_1\sqrt{f_1}}\right)$$

$$\frac{1}{\sqrt{f_2}} = -2.0\ lg\left(\frac{1.5 \times 10^{-6}m}{3.7(0.015m)} + \frac{2.51}{Re_2\sqrt{f_2}}\right)$$

$$\frac{1}{\sqrt{f_3}} = -2.0\ lg\left(\frac{1.5 \times 10^{-6}m}{3.7(0.015m)} + \frac{2.51}{Re_3\sqrt{f_3}}\right)$$

这 12 个方程含有 12 个未知数，使用方程解算器，求得的流量为

$$\dot{V}_1 = 0.00090m^3/s, \quad \dot{V}_2 = 0.00042m^3/s, \quad \dot{V}_3 = 0.00048m^3/s$$

因此，马桶冲水时淋浴的流量会减少 21%，从 0.53L/s 降到 0.42L/s，导致洗澡水突然变得非常热（见图 8-52）。

讨论：如果考虑速度水头，淋浴的流量为 0.43L/s 而不是 0.42L/s。因此，在这种情况下忽略速度水头的假设是合理的。注意，管道系统中的泄漏将会造成同样的影响，因此，在出口处出现无法解释的流量下降也许会是管路泄漏的信号。

图 8-52 流过淋浴头的冷水的流量受附近厕所冲水的影响很大

8.8 流量与速度测量

流体力学的一个主要的应用领域是测量流体的流量。近些年已经开发出了大量用于流量测量的装置。流量计的复杂程度、尺寸、价格、精度、用途、性能、压降和工作原理千差万别。我们将对测量管道中液体和气体流量的仪表进行综述，但仅限于不可压缩流。

一些流量计通过连续不断地排出再装满已知体积的计量腔并且记录单位时间排出的数量来直接测量流量。但是大多数流量计并不能直接测出流量——它们测量平均速度 V 或一个与平均速度相关的量如压强和阻力，并且通过下式确定流量 $\dot{V}$：

$$\dot{V} = VA_c \qquad (8\text{-}66)$$

式中，A_c 为流动的横截面面积。因此，测量流量通常通过测量流速来完成，并且许多流量计仅仅是将速度计用于测量流量。

在管流中，速度从管壁上的零值变化到中心处的最大值之间，当测量速度时记住这一点很重要。例如，对于层流流动，平均速度是中心线速度的一半。但在湍流流动中情况却不一样，可能必须对测量的一些局部速度进行加权平均或者积分以确定平均速度。

流量测量技术的精度范围变化很大。例如，流过花园软管的水的流量，可以通过收集一桶已知体积的水，然后用水的体积除以收集时间来简单地测量（见图 8-53）。估计一条河的流速的一个粗略的方法是把一个漂浮物放在河上并测量在两个指定地点间漂流的时间。另一方面，一些流量计使用流动流体中的声音传播，而另一些利用流体穿过磁场时产生的电动势。在本节中我们讨论普遍用于测量速度和流量的装置，以第 5 章介绍的皮托静压探针作为开始。

图 8-53　一个原始（但是相当精确）的测量流过花园软管的水的流量的方法需要收集一桶水并记录收集时间

皮托管和皮托-静压探针

皮托探针（也叫作皮托管）和皮托静压探针是以法国工程师亨利·德·皮托（1695—1771）命名的，广泛用于流速的测量。皮托管就是一个在驻点有测压孔的管子，用来测量滞止压强，而皮托静压探针同时有驻点测压孔和数个周向静压孔，可以测量滞止压强和静压（见图 8-54 和图 8-55）。皮托是第一个用逆流向管测量速度的人，而亨利·达西（1803—1858）完善了我们今天所使用仪器中的大部分细节，包括小开口的使用以及在同一个装配件上放置静压管。因此，皮托静压探针更合适的叫法是皮托 - 达西探针。

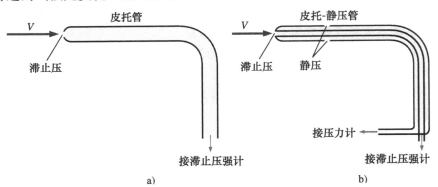

图 8-54　a）皮托探针在探针的头部测量滞止压强，而 b）皮托静压探针同时测量滞止压强和静压，可以从中计算流速

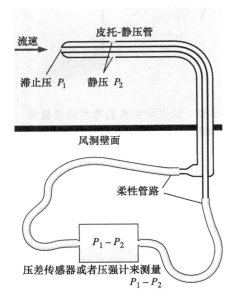

图 8-55　用皮托静压探针测量流速（在压差传感器的位置上也许会用到一个压强计）

皮托静压探针通过测量压强差，并结合使用伯努利方程来测量当地速度。它由与流动成一条直线的细长双管组成并与压差计连接。内管在头部有一个开口朝向流体，因此在头部位置（点 1）测量滞止压强。外管在头部密封，但是在外侧管壁的侧面有孔（点 2），因此它测量静压。对于流速足够高的不可压缩流（因此点 1 与点 2 间摩擦的影响可以忽略），可以应用伯努利方程并且它的表达式为

$$\frac{P_1}{\rho g} + \frac{V_1^2}{2g} + z_1 = \frac{P_2}{\rho g} + \frac{V_2^2}{2g} + z_2 \qquad (8-67)$$

注意，因为皮托静压探针的静压孔被安排在管的一周，所以 $z_1 \approx z_2$，并且由于驻点状态 $V_1 = 0$。流速 $V = V_2$ 变为

皮托公式： $\qquad V = \sqrt{\frac{2(P_1 - P_2)}{\rho}} \qquad (8-68)$

这称为皮托公式。注意该速度为理论值，并且在高雷诺数中吻合得很好。实际的速度要比理论值要小。在逐渐增大的雷诺数情况下，一些实验科学家们通常在理论速度前乘以一个范围在 0.970 和 0.999 之间的速度系数 C_V。如果速度测量位置的当地速度等于平均流速，可以用 $\dot{V} = VA_c$ 确定体积流量。

皮托静压探针是一个简单、廉价和可靠性高的设备，因为它没有移动部件（见图 8-56）。它造成的压降很小，通常不明显扰乱流动。然而，与流动方向完全对齐是十分重要的，以避免由流动方向不一致造成的显著误差（通常在 ±10° 以内）。同时，静压和滞止压强之差（即动压）正比于流体的密度和流速的二次方，可以用来测量液体和气体的速度。注意，当气体密度较低时，皮托静压探针测量的气体流速应足够高，才可以测量动压。

图 8-56 皮托静压探针的特写镜头显示滞止压力孔和五个圆周静压孔中的两个

阻塞流量计：孔板流量计、文丘里流量计和喷嘴流量计

考虑流体在水平放置的直径为 D 的管道中的不可压缩定常流动，其流动被收缩到直径为 d 的流动区域，如图 8-57 所示。在收缩前（点 1）和发生收缩的地方（点 2）之间的质量守恒和伯努利方程可以写为

质量守恒： $\quad \dot{V} = A_1 V_1 = A_2 V_2 \rightarrow V_1 = (A_2/A_1)V_2 = (d/D)^2 V_2 \quad (8-69)$

伯努利方程（$z_1 = z_2$）： $\qquad \frac{P_1}{\rho g} + \frac{V_1^2}{2g} = \frac{P_2}{\rho g} + \frac{V_2^2}{2g} \qquad (8-70)$

联立式（8-69）和式（8-70）并解出速度 V_2 得

障碍物（无损失）： $\qquad V_2 = \sqrt{\frac{2(P_1 - P_2)}{\rho(1 - \beta^4)}} \qquad (8-71)$

式中，$\beta = d/D$ 为直径比。一旦 V_2 已知，流量可以从 $\dot{V} = A_2 V_2 = (\pi d^2/4)V_2$ 中求得。

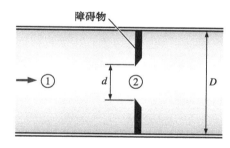

图 8-57 通过管道中障碍物的流动

这个简单的分析表明，流过管道的流量可以通过收缩流动，并测量在收缩点由于速度增加而导致的压强下降来确定。注意，沿着流动两点间的压降可以很容易地通过压差传感器或压强计测量，这表示可以通过阻碍流动来建立一个简单的流量测量装置。基于这个原理的流量计叫作阻塞流量计，在气体和液体的流量测量中得到了广泛使用。

式（8-71）中的速度是通过假设无损失获得的，因此是收缩点处的最大速度。事实上，由于摩擦产生的压强损失是无法避免的，因此实际速度会小一些。同时，流体通过障碍物后继续收缩，并且颈缩面积小于实际流动面积。两者的损失可以通过一个合并的修正系数叫作流量系数 C_d（小于 1）来计算，它的值通过实验求得。于是阻塞流量计的流量表

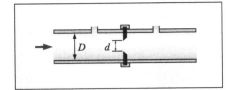

a) 孔板流量计

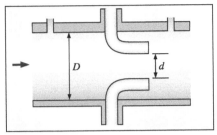

b) 喷嘴流量计

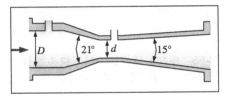

c) 文丘里流量计

图 8-58 阻塞流量计的一般类型

达式为

阻塞流量计：

$$\dot{V} = A_0 C_d \sqrt{\frac{2(P_1 - P_2)}{\rho(1 - \beta^4)}} \qquad (8\text{-}72)$$

式中，$A_0 = A_2 = \pi d^2/4$ 是喉道或孔板的横截面面积；$\beta = d/D$ 是喉道直径与管道直径的比值。C_d 值取决于 β 和雷诺数 $Re = V_1 D/\nu$，有 C_d 图表和拟合曲线可用于各种类型的阻塞流量计。注意 C_d 是速度系数 C_V 和收缩系数 C_C 的乘积，即 $C_d = C_V C_C$，但是通常只有 C_d 能在生产商的文献中查到。

在各种各样可用的阻塞流量计中，使用最广泛的是孔板流量计、喷嘴流量计、文丘里流量计（见图 8-58）。对于标准化的几何结构，由实验室确定的流量系数可表示为（Miller，1997）

孔板流量计：$C_d = 0.5959 + 0.0312\beta^{2.1} - 0.184\beta^8 + \dfrac{91.71\beta^{2.5}}{Re^{0.75}}$ （8-73）

喷嘴流量计：$\qquad C_d = 0.9975 - \dfrac{6.53\beta^{0.5}}{Re^{0.5}}$ （8-74）

当满足 $0.25 < \beta < 0.75$ 和 $10^4 < Re < 10^7$ 时，这些关系式是有效的。C_d 的精确值取决于障碍物的特殊设计，因此可能的话应该咨询制造商给出的数据。此外，雷诺数取决于流速，而流速事先不可知。因此，当用 C_d 拟合曲线时，解决方法是进行自然迭代。对于高雷诺数的流动（$Re > 30000$），喷嘴的 C_d 值可取为 0.96，孔板的 C_d 值可取为 0.61。

由于流线型的设计，对于大多数流动来说，文丘里流量计的流量系数非常高，介于 0.95 和 0.99 之间（大值对应于高雷诺数）。如果缺少具体的数据，我们可以取文丘里流量计的 $C_d = 0.98$。

由于孔板流量计由一个中间有孔的平板组成，它的设计最简单并且占据空间最小，但在设计中有相当大的变化。有些孔板流量计是直角边的，而另一些则是斜切的或倒圆的。孔板流量计流动面积的突变造成很大的漩涡，因此有明显的水头损失或永久压强损失。在喷嘴流量计中，由喷嘴代替平板，因此喷嘴中的流动是流线型的。结果是，颈缩几乎被消除，水头损失小。然而，喷嘴流量计比孔板流量计价格更高。

文丘里流量计由美国工程师克莱门斯·赫歇尔（1842—1930）发明，并且他以意大利人乔凡尼·文丘里（1746—1822）命名，以纪念他在锥形流方面的开创性工作，这是这一组流量计中最准确的，但也是最昂贵的流量计。其管道逐渐收缩和逐渐扩张的设计能防止流动分离和产生漩涡，并且它只在内壁表面有摩擦损失。文丘里流量计造成的水头损失非常小，因此，它们是不允许大压降情况下的首选。

当一个阻塞流量计放置在管道系统中，其在流动系统的净效应就像一个局部损失。流量计的局部损失系数可以从制造商那里获得，而且应该包括在系统的局部损失之和中。一般来说，孔板流量计局部损失系数最高，而文丘里流量计最低。注意，由于测压孔的位置不同，计算流量测量的压降 $P_1 - P_2$ 与由阻塞流量计引起的总压降不同。注意压降和压强损失之间的区别（见图 8-59）。压降是由于动能和势能之间的相互转化，其是可恢复的。然而，压强损失是由于系统的不可逆过程造成的，

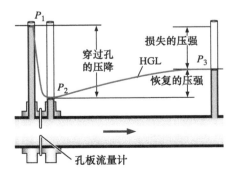

图 8-59 用压强计测得了包含孔板的一段流动的压强变化；图示为损失的压强和恢复的压强

是不能恢复的。

最后，阻塞流量计也可用来测量可压缩气体的流量，但由于可压缩性的影响，必须在式（8-72）中引入额外的修正系数。在这种情况下，写出的是质量流量的方程而不是体积流量的，并且可压缩修正系数通常是一个经验拟合方程（如 C_d），并可以从流量计制造商那里获得。

【例 8-11】 用孔板流量计测量流量

如图 8-60 所示，20℃ 的甲醇 $[\rho = 788.4\text{kg/m}^3$ 和 $\mu = 5.857 \times 10^{-4}\text{kg/(m·s)}]$ 流过一个直径为 4cm 的管道，用一个两侧配有一个水银压强计的直径为 3cm 的孔板流量计测量流量。如果压强计的高度差为是 11cm，求流过管道的甲醇流量和平均流速。

问题： 用孔板流量计测量甲醇的流量。给定穿过孔板的压降，求流量和平均流速。

假设： ①流动为定常和不可压缩的。②我们对孔板流量计的流量系数的第一个猜想是 $C_d = 0.61$。

参数： 甲醇的密度和动力黏度分别为 $\rho = 788.4\text{kg/m}^3$ 和 $\mu = 5.857 \times 10^{-4}\text{kg/(m·s)}$。水银的密度为 13600kg/m³。

分析： 孔板的直径比和喉道横截面面积分别为

$$\beta = \frac{d}{D} = \frac{3}{4} = 0.75$$

$$A_0 = \frac{\pi d^2}{4} = \frac{\pi (0.03\text{m})^2}{4} = 7.069 \times 10^{-4}\text{m}^2$$

穿过孔板的压降为

$$\Delta P = P_1 - P_2 = (\rho_{\text{Hg}} - \rho_{\text{met}})gh$$

则阻塞流量计的流量关系式变为

$$\dot{V} = A_0 C_d \sqrt{\frac{2(P_1 - P_2)}{\rho(1 - \beta^4)}} = A_0 C_d \sqrt{\frac{2(\rho_{\text{Hg}} - \rho_{\text{met}})gh}{\rho_{\text{met}}(1 - \beta^4)}} = A_0 C_d \sqrt{\frac{2(\rho_{\text{Hg}}/\rho_{\text{met}} - 1)gh}{1 - \beta^4}}$$

代入，求得流量为

$$\dot{V} = (7.069 \times 10^{-4}\text{m}^2)(0.61) \sqrt{\frac{2(13,600/788.4 - 1)(9.81\text{m/s}^2)(0.11\text{m})}{1 - 0.75^4}}$$

$$= 3.09 \times 10^{-3}\text{m}^3/\text{s}$$

阻塞流量计的流量等于 3.09L/s。管中的平均流动速度通过用流量除以管道的横截面面积来求得

$$V = \frac{\dot{V}}{A_c} = \frac{\dot{V}}{\pi D^2/4} = \frac{3.09 \times 10^{-3}\text{m}^3/\text{s}}{\pi (0.04\text{m})^2/4} = 2.46\text{m/s}$$

流过管道的雷诺数为

$$Re = \frac{\rho V D}{\mu} = \frac{(788.4\text{kg/m}^3)(2.46\text{m/s})(0.04\text{m})}{5.857 \times 10^{-4}\text{kg/(m·s)}} = 1.32 \times 10^5$$

把 $\beta = 0.75$ 和 $Re = 1.32 \times 10^5$ 代入孔板流量系数关系式，得

$$C_d = 0.5959 + 0.0312\beta^{2.1} - 0.184\beta^8 + \frac{91.71\beta^{2.5}}{Re^{0.75}}$$

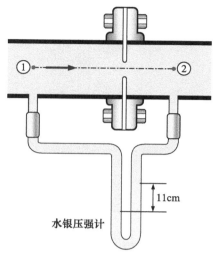

水银压强计

图 8-60 例 8-11 中考虑的孔板流量计示意图

$C_d = 0.601$ 不同于最初的猜测值 0.61。使用这个修正的 C_d 值，流量变成 3.04L/s，这与原来的结果相差 1.6%。经过几次迭代，最后得出的流量为 3.04L/s，平均速度是 2.42m/s（三位有效数字）。

讨论： 如果该问题用诸如 EES 的方程解算器求解，那么它可以使用 C_d 的曲线拟合公式来公式化（这取决于雷诺数），并且通过让方程解算器执行必要的迭代，所有的方程可以同时求解。

容积式流量计

当为汽车购买汽油时，我们关注的是在加油期间流经喷嘴的汽油的总量而不是汽油的流量。同样，家里使用的水或天然气，我们关注的是在计费期间的总量。在这些和其他许多应用中，关注的是在某一段时间内流过管道横截面面积的流体的质量或体积的总量，而不是流量的瞬时值，容积式流量计非常适用于这样的应用。容积式流量计的类型有很多，它们基于连续填充和排放测量室。它们通过收集流入的一定量的流体，在排出口排出，并计算这种排出 - 充满循环的数量来确定排出流体的总量。

图 8-61 显示了由流动的液体驱动的有两个旋转叶轮的容积式流量计。每个叶轮有三个齿轮叶，并且每次一个叶片经过非接触式传感器时会产生一个脉冲输出信号。每个脉冲代表在叶轮的叶之间一个已知体积的液体，并且由电子控制器把脉冲转换为体积单位。叶轮和壳体之间的间隙必须认真控制，防止泄漏，从而避免误差。这个特别的仪表的准确度为 0.1%，压降较低，可用于高或低黏度液体并且温度可以高至 230°C，压强高达 7MPa，流量高达 700gal/min（或 50L/s）。

气体流量，如在建筑中天然气的使用量，通常使用下列流量计计量，这种流量计每转一周排出一定量的气体体积（或质量）。

图 8-61 一种双螺旋三叶叶轮设计的容积式流量计

由Flow Technology,Inc.提供。来源：www.ftimeters.com

涡轮流量计

根据经验我们知道，螺旋桨旋转时，旋转速度随着风速的增加而增加。你会看到风力机的涡轮叶片在低风速下旋转得非常慢，但在高风速下旋转得非常快。这些观察结果表明，管道中的流速可以通过将自由旋转的螺旋桨放在管道截面中来测量，并做必要的校准。基于这一理论的流动测量设备称为涡轮流量计，有时也叫作螺旋桨流量计，尽管后者是用词不当，因为根据定义，螺旋桨向流体传递能量，而涡轮消耗流体中的能量。

涡轮流量计由以下部分构成：一个圆柱形的流动段，内有可自由转动的涡轮（叶片转子），在入口处整流的附加静子导叶和一个传感器，涡轮上的标记点每次经过传感器时产生一个脉冲，以确定转速。涡轮的转速几乎与流体的流速成正比。在针对预期流动条件正确校准的条件下，涡轮流量计可在相当大的流量范围内给出十分精确的结果（精确度可达 0.25%）。用于测量液体流动时，涡轮流量计叶片很少（有时只有两个叶片），但用于测量气体流量时，叶片较多，以确保足够的扭矩。涡轮造成的水头损失很小。

由于其简单、成本低，在广泛的流动条件下精度高，自20世纪40年代以来，涡轮流量计被广泛用于流量测量。用于液体和气体以及实际中所有尺寸的管道的涡轮流量计在市场上都能买到。涡轮流量计也常用来测量无约束流动的流速，如风、河流和洋流。图8-62c所示的手持设备是用来测量风速的。

a)

b)

c)

图8-62 a）一个测量流体流动的在线涡轮流量计，流动从左向右，b）在流量计里面的涡轮叶片的剖视图，c）测量风速的手持式涡轮流量计，在拍照时没有测量风速，因此涡轮叶片可见。为了方便，c）中流量计也可以测量空气温度

a）和c）由John M.Cimbala拍摄，b）由Hoffer Flowcontrols,Inc.赞助

叶轮流量计

对于不需要很高精确度的流动，叶轮流量计是涡轮流量计低成本的替代方案。在叶轮流量计中，叶轮（转子和叶片）是垂直于流动的，而不像涡轮流量计那样是平行的，如图8-63所示。叶片只覆盖一部分流动截面（通常小于一半），因而水头损失比涡轮流量计小，但叶轮插入流体的深度对精度至关重要。另外，不需要过滤器，因为叶轮流量计不易结垢。传感器探测每个经过的叶轮叶片并发出一个信号。然后一个微处理器将这个旋转的速度信息转换为流量或积分流量。

可变截面流量计（转子流量计）

一个简单、可靠、廉价、易于安装、压降非常小、无电路连接并且对于大范围液体和气体的流量，能给出直接读数的流量计是可变截面流量计，又称转子流量计或浮子流量计。可变截面流量计由一个由玻璃或塑料制成的竖直锥形透明管组成，透明管内有可自由移动的浮子，如图8-64所示。当流体流经锥形管时，浮子在管内上升到一个浮子重力、阻力和浮力相互平衡的位置，此时作用在浮子上的合力为零。流量是通过简单地将浮子的位置与锥形透明管外的分级流量刻度相匹配来确定的。浮子本身通常是一个球体或松动的活塞形圆柱体（见图8-64a）。

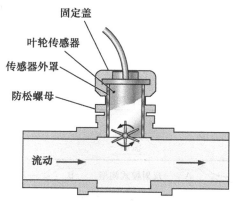

固定盖

叶轮传感器

传感器外罩

防松螺母

流动

图8-63 叶轮流量计测量流体流动，流体从左向右流动，以及它的工作原理简图

照片由John M. Cimbala提供

图 8-64　两种可变截面流量计：a）一个常见的重力式流量计和 b）弹簧式流量计

由经验可知，大风能吹倒树木，吹断电线，并且吹走帽子或雨伞。这是因为阻力随着流速的增加而增加。作用在浮子上的重力和浮力是不变的，但阻力随流速变化。此外，因为横截面面积的增加，沿锥形管的速度在流动方向上降低。某一特定的速度能产生足够的阻力平衡浮子的重力和浮力，并且这个浮子周围出现该速度的位置就是浮子静止的位置。管道锥度可设计成竖直上升的高度变化和流量呈线性关系，因此这种管道可校准为随流量是线性变化的。透明管还允许在流动时看到流体。

可变截面流量计的类型有好几种。基于重力的流量计，如图 8-64a 所示，必须竖直放置，流体从底部流入并从顶部流出。在弹簧式流量计中（见图 8-64b），阻力与弹簧力平衡，这种流量计可水平安装。

目前可变截面流量计的精度通常为 ±5%。因此，这些流量计不适用于需要精密测量的应用中。然而，一些制造商给出的精度为 1%。同时，这些仪表依赖视觉读取浮子的位置，因此它们不能用来测量不透明或不洁净的流体的流量，或覆盖浮子的液体，因为这样的液体遮挡视线。最后，玻璃管容易断裂，因此，如果是有毒液体会存在安全隐患。在这样的应用中，可变截面流量计应安装在少有人经过的位置。

超声流量计

一个常见的现象：当一块石头落入平静的水中会产生一圈圈同心圆波浪，并且均匀地向各个方向扩散。但当一块石头抛入流动的水中，如河水，相比于向上游方向传播的波（波速和流速相减，因为它们方向相反），沿流动方向传播的波速度更快（波速和流速相加，因为它们方向相同）。因此，在下游出现的波浪蔓延开来，而在上游出现的波堆集起来。单位长度内上游与下游波的数量差与流动速度成正比，这表明流速可以通过比较相对于流动向前和向后方向的波的传播来测量。超声流量计的工作基于这个原理，它使用在超声波范围内的声波（超出人类听力范围，通常在 1MHz 的频率）。

超声（或声波）流量计通过传感器产生声波，并测量通过流动流体传播的声波来工作。有两种基本类型的超声流量计：时差法多普勒效应（或频移）流量计。时差法超声波流量计沿上游和下游方向发射声波，然后测量声波传输的时间差。一个典型的时差法超声波流量计示意图如图 8-65 所示。它包括两个传感器，它们交替发射和接收超声波，一个沿流动方向，另一个沿相反的方向。每个方向的传输时间可以精确地测量，并且计算出传输的时间差。管中的平均流速 V 正比于该传输时间差 Δt，并且可以从下式中求得：

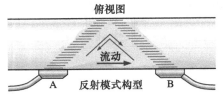

图 8-65　一个装备有两个传感器的时差法超声波流量计工作原理图

$$V = KL\Delta t \qquad (8-75)$$

式中，L 为两个传感器之间的距离；K 为常数。

多普勒效应超声流量计

你可能注意到过，当一辆鸣响着喇叭快速行驶的汽车接近时，喇叭的音调很高，汽车离开时喇叭的音调下降。这是由于在汽车前声波被压缩，在它之后声波被拉长。这个频率的变化称为多普勒效应，它是大多数超声流量计的工作原理。

多普勒效应超声流量计测量沿声波路径的平均流速。这是通过在管道外表面夹紧一个压电传感器（或用手持装置对着管道按压传感器）实现的。传感器以一个固定频率发射声波穿过管壁到达流动液体中。声波通过杂质反射，如悬浮固体颗粒或夹带的气泡，传送到接收传感器。反射波的频率变化量与流速成正比，一个微处理器通过比较发射和反射信号之间的频移求得流速（见图 8-66 和图 8-67）。流量和流动的总量也可以通过在给定的管道和流动状态下正确配置流量计测量速度来确定。

超声流量计的工作取决于超声波在密度上的不连续性反射。普通超声流量计需要液体包含杂质的体积分数大于 25×10^{-6}，且杂质的大小至少大于 $30\mu m$。但先进超声装置可以通过感应流动中湍流和漩涡反射的波来测量清洁液体的流速，只要它们安装的位置上扰动很大且非对称，如在 90° 弯头的下游截面上。

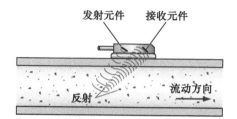

图 8-66 一种带有传感器的多普勒效应超声流量计在管道外表面的操作

超声流量计有以下几个优点：

- 它们能够很容易并快速地通过夹紧安装在直径为 0.6cm 到 3m 以上的管道（见图 8-67），甚至可用于明渠。
- 它们是非接触式的。流量计夹上后，不需要停止工作和在管道上钻孔并且没有生产停工时间。
- 不会有压降，因为流量计不会干扰流动。
- 由于没有直接接触液体，所以没有腐蚀或堵塞的危险。
- 它们适用于广泛的液体，无论是有毒化学物质还是泥浆或干净液体，可永久或临时测量流量。
- 没有移动部件，因此流量计可靠性高，不需要维护操作。
- 它们还可以测量倒流中的流量。
- 精确度是 1%~2%。

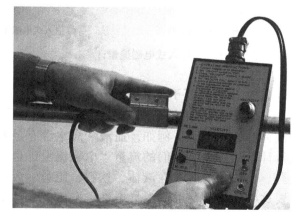

图 8-67 夹具式超声流量计使人们能够通过简单地在管道的外表面上按压传感器来测量流体流速而不接触（或干扰）流体

超声流量计是一种非侵入式装置，超声波传感器可以有效地通过聚氯乙烯（PVC）、钢、铁、玻璃管壁发射信号。然而，涂层管道和混凝土管道不适合这种测量技术，因为它们吸收超声波。

电磁流量计

自从 19 世纪 30 年代的法拉第实验以来，人们都知道当导体在磁场中运动时，由于电磁感应现象，在导体中会产生电动势。法拉第定律表明了任意导体垂直穿过磁场产生的电压与导体的速度成正比。这表明我们可以通过将实心导体替换成导电液体来确定流速，电磁流量计就是这样做的。自 20 世纪 50 年代中期以来电磁流量计已经投入使用，它们有各式各样的设计，如全流式和嵌入式等类型。

全流式电磁流量计是一种非侵入装置，由一个环绕管道的电磁线圈和沿管径钻入管道与内表面平齐的两个电极组成，这样电极与流体接触但不干扰流动，因而不造成任何水头损失（见图 8-68a）。电极连接到一个电压表。当与电流接通时线圈产生磁场，并且电压表测量电极之间的电势差。这种电位差正比于导电流体的流速，因此可以通过产生的电压计算流速。

嵌入式电磁流量计的操作类似，但磁场被限制在插入流体的棒的顶端的流道中，如图 8-68b 所示。

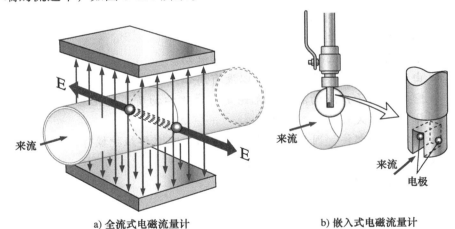

a) 全流式电磁流量计   b) 嵌入式电磁流量计

图 8-68 a）全流式电磁流量计和 b）嵌入式电磁流量计

电磁流量计非常适合测量用于某些核反应堆中的液态金属，如汞、钠和钾的流动速度。假如包含足够多的带电粒子，电磁流量计也可以用于不良导体的液体中，比如水。例如，血液和海水含有足够数量的离子，因此电磁流量计可用于测量它们的流量。电磁流量计也可以用来测量化学物质、医药、化妆品、腐蚀性液体、饮料、肥料、大量的泥浆和污泥的流量，只要这些物质有足够高的导电性。电磁流量计不适用于测量蒸馏水或去离子水。

电磁流量计间接测量流速，因此在安装过程中仔细校准是很重要的。它们的使用不仅受到高成本和能量消耗的限制，还受到能够适合使用的流体类型的限制。

涡街流量计

你可能注意到过，当水流（如河流）遇到障碍物（如岩石）时，流体会分开并且围绕岩石流动。但在下游一定距离，通过岩石所产生的漩涡能感受到岩石的存在。

在实际生活中遇到的大多数流动为湍流，在流场中放置一个圆盘或者短圆柱体会产生同轴漩涡（参见第4章）。根据观察，这些漩涡周期性地脱落，并且脱落频率与平均流速成正比。这表明流量可以通过在流动的流体中放置障碍物来生成漩涡并测量脱落频率来求得。以这种原理工作的测量装置叫作涡街流量计。斯特劳哈尔数定义为 $St = fd/V$，式中 f 是漩涡脱落频率；d 是特征直径或障碍物的宽度；V 是流动冲击障碍物的速度，如果在流速足够高的情况下，也保持不变。

涡街流量计由一个放置在流动中产生漩涡的锐边钝体（支杆），以及放置在下游一小段距离的管道内表面上的一个测量脱落频率的探测器组成（如记录压力振荡的压力传感器）。探测器可以是超声波、电子或光纤传感器，它监测涡型的变化并且发射一个脉动输出信号（见图8-69）。接着一个微处理器使用频率信息计算和显示流速与流量。在很大的雷诺数范围内，漩涡脱落的频率与平均速度成正比，涡街流量计在雷诺数为 $10^4 \sim 10^7$ 范围内能够可靠并准确地运行。

涡街流量计的优点是它没有运动部件，因此在本质上是可靠、通用的，而且非常准确（通常在很宽的流量范围内精确度是 ±1%），但是它阻碍流动，从而导致相当大的水头损失。

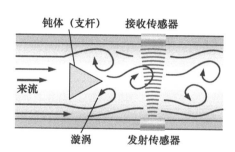

图 8-69　涡街流量计工作原理图

热（热线和热膜）风速仪

热风速仪在20世纪50年代末发明并且此后在流体研究设施和实验室中普遍使用。顾名思义，热风速仪包含一个电加热传感器，如图8-70所示，利用热效应测量流速。热风速仪有极其微小的传感器，因此它们可以用来测量流动中任何一点的瞬时速度而不会对流动造成明显干扰。它们每秒可以进行成千上万次速度测量，具有极好的时间和空间分辨率，从而可以用来研究湍流脉动的细节。它们可以在广泛的范围内——从每秒几厘米到每秒几百米，准确测量液体和气体的速度。

如果传感元件是线，热风速仪称为热线风速仪，如果传感器是金属薄膜（厚度小于 0.1μm），则叫作热膜风速仪，它们通常安装在直径为 50μm 的陶瓷支架上。热线风速仪的特点是它的传感器线非常小——通常直径为几微米、长度为几毫米。传感器通常由铂、钨或铂铱合金制成，它通过针状支架固定在探头上。热线风速仪的细线传感器由于尺寸小而非常脆弱，如果液体或气体含有过量的污染物或颗粒物则很容易断裂，在高速时尤其如此。在这种情况下，应该使用更坚固的热膜探针。但热膜探针的传感器较大，频率响应较低，并且对流动的干扰更大，因此并不总是适合用于研究湍流的细节。

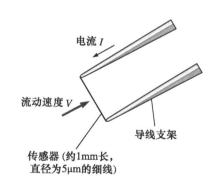

图 8-70　电加热传感器和它的支架，这是热线探头的组成部分

恒温风速仪（CTA）是最常见的类型，它的工作原理如图 8-71 所示：传感器被电加热到指定温度（通常约 200°C），当传感器向周围流动的流体散热时会冷却，但电子控制器会根据需要通过改变电流来保持传感器处于恒定的温度（这是通过改变电压来实现的）。流速越高，传感器的传热率越高，因此需要更大的电压作用在传感器上使其保持恒定的温度。流速和电压之间有密切的相互关系，流速是通过测量放大器施加的电压或通过传感器的电流来确定的。

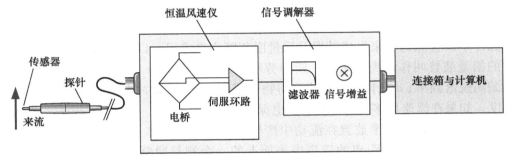

图 8-71　热风速仪系统原理图

传感器在工作期间保持恒温，因此它的热能保持不变。能量守恒原理要求传感器的电加热率 $\dot{W}_{\text{elect}} = I^2 R_w = E^2/R_w$ 必须等于传感器总的热量损失率 $\dot{Q}_{\text{total}}$，它包括对流传热，因为导线传导给支架和向周围表面的辐射很小，所以可以忽略。对强制对流使用适合的关系式，通过金氏定律能量守恒表达为

$$E^2 = a + bV^n \tag{8-76}$$

式中，E 为电压；常数 a、b 和 n 根据所给探针的校准得到。一旦测量出电压，通过这个关系式就可以直接给出流速 V。

大多数热线传感器由直径为 5μm、长度约 1mm 的钨制成。热线是点焊到嵌入在探头内部的针状叉上的，它连接到风速仪的电子设备上。通过使用有两到三个传感器的探头，热风速仪可以分别同时测量两个或三个方向的速度分量（见图 8-72）。当选择探头时，应该考虑液体的类型和污染程度、测量的速度分量个数、所需的空间和时间分辨率，以及测量位置等。

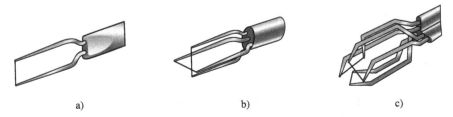

a)　　　　　　　　　　b)　　　　　　　　　　c)

图 8-72　有单个、两个和三个传感器的热风速探头，可同时测量 a）一维、b）二维和 c）三维速度分量

激光多普勒测速仪

激光多普勒测速仪（LDV），也称为激光测速仪（LV）或激光多普

勒风速测量仪（LDA），是一种在不干扰流动的情况下测量任意一点流速的光学技术。与热风速仪不同，LDV 没有探头或线插入到流体中，因此是无干扰的方法。与热风速仪类似，它可以在一个很小的体积内精确地测量速度，因此它也可以用来研究流体的局部细节，包括湍流脉动，并且它可以在没有干扰的情况下穿过整个流场。

LDV 技术是在 20 世纪 60 年代中期发展起来的，并得到了广泛认可，这是因为它为气体和液体的流动分析提供了高精度、高空间分辨率技术，并且近年来已具备测量所有三个速度分量的能力。它的缺点是成本相对较高；要求在激光源、流动中的目标位置和光电探测器之间有足够的透明度；以及对发射光束和反射光束进行精确对准的精度要求。对于光纤 LDV 系统而言，因为在工厂已校准，所以不存在后一缺点。

LDV 的工作原理是向目标发送一个高度相干的单色（所有波都同相并且波长一致）光束，收集目标区域中小粒子反射的光，确定由于多普勒效应引起的反射辐射频率的变化，并将此频移与流体在目标区域的流速相关联。

LDV 系统可用在许多不同的配置中。图 8-73 给出了用于测量单速度分量的基本双光路 LDV 系统。所有 LDV 系统的核心是激光电源，通常是氦 - 氖激光器或氩离子激光器，输出功率为 10mW 到 20W。由于激光束是高度相干、高度聚焦的，所以激光优于其他光源。例如氦 - 氖激光，波长为 0.6328μm，这是橘红颜色的范围。激光束首先被半镀银的分光镜分成两个强度相等的平行光束。之后两束光通过凸透镜，使光束聚集在流体（目标）中的一点。两光束相交的小流体体积是测量流速的区域，称为测量体积或焦点体积。测量体积就像一个椭球，通常直径为 0.1mm，长度为 0.5mm。激光被穿过这个测量体积的粒子散射，被散射到某一特定方向上的激光被一个接收透镜收集并穿过一个将光强度变化转换为电压波动信号的光电探测器。最后，信号处理器确定电压信号的频率，进而确定流动的速度。

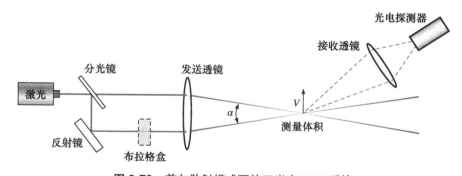

图 8-73　前向散射模式下的双光束 LDV 系统

两个激光束的波在测量体积相交如图 8-74 所示。两束光的波在测量体积处干涉，同相的波互相增强产生明条纹，异相的波互相消弱产生暗条纹。明条纹与暗条纹间形成的线平行于两个入射激光束之间的中间平面。使用三角函数，条纹线之间的间距 s，可视为条纹的波长，可以证

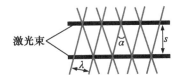

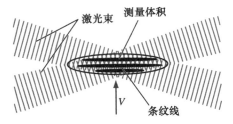

图 8-74 在 LDV 系统的两个激光束相交处形成干涉条纹（线代表波峰）。上图是两个干涉条纹的特写镜头

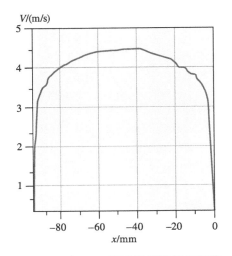

图 8-75 由 LDV 系统得到的湍流管流中的时均速度分布

感谢Dantec Dynamics，www.dantecdynamics.com，授权使用

明 $s = \lambda/[2\sin(\alpha/2)]$，其中 λ 是激光束的波长；α 是两个激光束之间的角度。当一个粒子以速度 V 穿越这些条纹线时，散射的条纹线的频率为

$$f = \frac{V}{s} = \frac{2V\sin(\alpha/2)}{\lambda} \tag{8-77}$$

这个基本关系式表明流速与频率成正比，称为 LDV 方程。当一个粒子穿过测量体积时，由于条纹图案，反射的光忽明忽暗，于是流速可由测量反射光的频率决定。管道的横截面的速度分布可以通过绘制管道内的流动来获得（见图 8-75）。

LDV 方法显然取决于散射条纹线的存在，因此流动必须包含足够多称为种子或示踪粒子的小颗粒。这些粒子一方面必须足够小以紧跟流动，使粒子速度等于流动速度，另一方面又要足够大（相对于激光的波长）以散射足够量的光。直径为 $1\mu m$ 的粒子通常能够很好地达到目的。一些液体如自来水本身含有足量的粒子，不需要添加粒子。类似于空气的气体一般用烟或乳胶、油等其他材料制成的粒子做示踪粒子。通过使用三对波长不同的激光束，LDV 系统还可用于获得在流体中任意一点全部的三个速度分量。

粒子图像测速

粒子图像测速（PIV）是一种双脉冲激光技术，用于在一个非常短的时间间隔内，通过照相确定粒子在平面内的位移来测量流动平面内的瞬时速度分布。与热线风速仪和 LDV 测量的方法不同，它们测量一个点的速度，而 PIV 提供整个横截面的瞬时速度值，因此它是一种全场技术。PIV 兼有 LDV 的精度与流动可视化的能力，并且提供了瞬时流场图。例如，一次 PIV 测量就可以获得一个管道横截面上的整个瞬时速度分布。PIV 系统可以看作是一个照相机，它可以在流场中任何想要的平面上拍摄速度分布的快照。常规的流动可视化提供了流动细节的定性图像。而 PIV 还提供了一个精确的各种流动参数如速度场的定量描述，因此有使用提供的速度数据对流动进行数值分析的能力。由于它的全场能力，PIV 还用于验证计算流体力学（CFD）程序（见第 15 章）。

PIV 技术自 20 世纪 80 年代中期开始使用，近年来，随着图像采集卡和电荷耦合器件（CCD）等相机技术的改进，PIV 技术的应用和性能得到了提高。PIV 系统的准确性、灵活性和用途的广泛性以及用亚微秒曝光时间去捕捉全景图像的能力使它在研究超声速流动、爆炸、火焰传播、空泡生长和溃灭、湍流和非定常流动等方面成为极其有价值的工具。

测量速度的 PIV 技术包括两个主要步骤：可视化和图像处理。第一步是在流体中散播合适的粒子去跟踪流体运动。然后一个激光片光源脉冲在预期位置照亮流场的一个切面，并通过探测与片光垂直放置的数码摄像机或数码相机上被粒子散射的光，来确定粒子在平面上的位置（见图 8-76）。在很短的时间 Δt（通常以 μs 计）之后，粒子被激光片光源的第二次脉冲再次照亮，并记录下它们的新位置。使用这两个叠加相机图像的信息，就可以确定所有粒子的位移 Δs，并且激光片光源平面上的每个粒子速度的大小可由 $\Delta s/\Delta t$ 求出。粒子的运动方向也根据两个位置确定，因此平面内的两个速度分量就计算出来了。PIV 系统的内置算法确定在整个平面内的成百上千个面积单元上的速度，这些面积单元称为询问区域，并且在计算机屏幕上以任何想要的形式显示速度场。

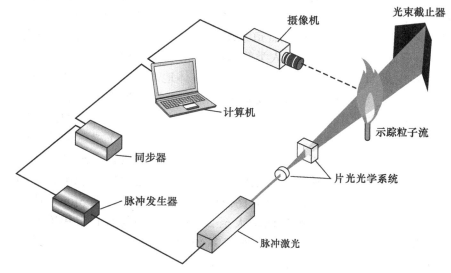

图 8-76 一个研究火焰稳定性的 PIV 系统

PIV 技术依赖于被粒子散射的激光，因此如果有必要，流体中必须投放粒子，也称为标记，以获得足够多的反射信号。投放的粒子必须能够跟踪流体运动的轨迹才能代表这个流动，这需要粒子密度等于流体密度（这样它们是中性浮力）或粒子非常小（通常为 μm 尺寸），从而它们相对于流体的运动是微不足道的。有各种各样的这类粒子可用于气体或液体流动。在高速流动中必须使用非常小的粒子。碳化硅颗粒（平均直径为 1.5μm）对于液体和气体流动都适用，二氧化钛粒子（平均直径为 0.2μm）通常适用于气体流动和高温场合，聚苯乙烯乳胶粒子（公称直径为 1.0μm）适用于低温场合。因为反射率高，金属涂层颗粒（平均直径为 9.0μm）也用于 LDV 测量水的流动。气泡或某些液体，如橄榄油或硅油的液滴在雾化成 μm 尺寸后也可用作示踪粒子。

各种激光光源，如氩气、铜蒸气和 Nd：YAG（钇铝石榴石晶体）在 PIV 系统中都可以使用，这取决于脉冲持续时间、功率、脉冲之间的时间要求。Nd：YAG 激光在 PIV 系统中有着广泛应用。使用光束传输系统，如光臂或光纤系统，可以生成和传输指定厚度的高能脉冲激光片光。

利用 PIV 技术，可以获得流体的涡量和应变率等，从而进一步获得湍流流动特性。在最新发展的 PIV 技术中，利用两个不同角度的摄像机同时记录目标截面上的图像信息，处理图像信息得到两个独立的二维速度分布图，结合这两个二维速度分布图得到瞬时的三维速度分布图，从而获得目标流动截面上的三维速度分布（见图 8-77）。

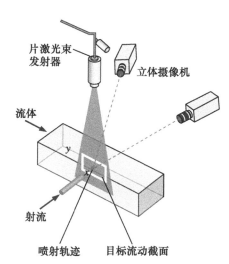

图 8-77 用于研究空气射流与横向管流掺混的三维 PIV 系统

生物流体力学简介（一）⊖

人类等所有动物的生理系统都涉及生物流体力学的知识，这是因为许多基本的生理系统本质上是一系列输送流体（气体、液体或二者都有）的管道网络系统。对于人类来讲，这些生理系统包括心血管系统、呼吸系统、淋巴系统、视觉系统和胃肠系统等，所有这些系统与由泵、管道、阀门和流体组成的机械管道系统十分类似。本节，我们将更多地关注心血管系统，以此来说明人类管道网络系统的基本概念。

图 8-78 展示了心血管系统的组成，更具体地来说，心脏，特别是左心室，（相当于泵）通过体循环或者说是通过血管（管道）将血液（流体）泵送到身体的其他部位，在右心室与肺部之间有一个独立的血管网络，可以为血液再次充氧。心血管系统中的血管（管道）横截面的几何形状不是圆形，而是椭圆形，另一方面，典型的机械管道系统具有从一种尺寸管道过渡到另一种尺寸管道的特定配件，而心血管系统中，主动脉（与左心室相连的第一根血管）直径从 25mm 逐渐变化至 5μm，达到毛细血管的直径，然后直径逐渐增大至 25mm，达到与右心室相连的下腔静脉直径水平，这些组成心血管循环系统的血管，可以通过收缩或扩张来改变血流量，从而改变血压来维持机体平衡。

心血管系统十分复杂，血管中的血液由于心脏脉冲泵送而不断移动，这种脉动通过血液和血管壁传播，产生了一系列相互影响的波和反射波。由于血管存在分支血管，流过各个血管截面的血流量并不一定相同，所以确定血液流动的初始条件和边界条件十分复杂，所以，鉴于血管网络本身的复杂性，了解血流是一项十分具有挑战性的工作。心血管系统如图 8-78 所示。

利用 PIV 和 LDV 流动测量技术来分析医疗设备，特别是那些植入心血管系统的医疗设备的内外流动十分重要。利用这些测量技术可以直观地观察血液是如何流过植入心血管系统的医疗装置，以及在医疗装置外部的血液如何绕流，根据测量结果可以对植入的医疗装置进行优化设计。此外，我们甚至可以使用这些测量值来估计血液损伤水平和发生凝血的可能性，为了在实验台上准确模拟心血管系统，工程师们设计了可以模拟心脏血液流动和压强变化的血液循环回路，例如，Gus Rosenberg 博士在 20 世纪 70 年代早期开发的 Penn State 模拟循环回路（Rosenberg 等人，1981 年）。为了使用这些特定的流体测量技术来模拟显示血液的流动特性，我们需要一种透明的、具有与血液相同的非牛顿流体特性的流体，对此人们研究出了一种与血液十分类似，并且与制造心血管医疗设备的丙烯酸类物质的折射率相匹配的流体，从而允许激光穿过丙烯酸类物质进入流场，而不发生任何折射，模拟循环回路和用于模拟的流体保证了在可控生理条件下以足够的精度获得测量结果。

⊖ 该节由宾夕法尼亚州立大学的 Keefe Manning 教授撰写。

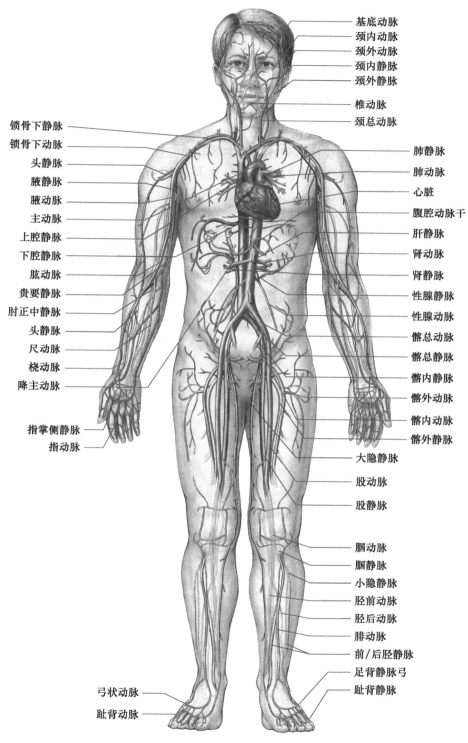

基底动脉
颈内动脉
颈外动脉
颈内静脉
颈外静脉
椎动脉
颈总动脉

锁骨下静脉
锁骨下动脉
头静脉
腋静脉
腋动脉
主动脉
上腔静脉
下腔静脉
肱动脉
贵要静脉
肘正中静脉
头静脉
尺动脉
桡动脉
降主动脉

指掌侧静脉
指动脉

肺静脉
肺动脉
心脏
腹腔动脉干
肝静脉
肾动脉
肾静脉
性腺静脉
性腺动脉
髂总动脉
髂总静脉
髂内静脉
髂外动脉
髂内动脉
髂外静脉

大隐静脉
股动脉
股静脉

腘动脉
腘静脉
小隐静脉
胫前动脉
胫后动脉
腓动脉
前/后胫静脉
足背静脉弓
趾背静脉

弓状动脉
趾背动脉

图 8-78　心血管系统

McGraw-Hill Companies，Inc.

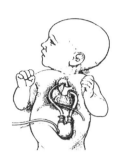

图 8-79 艺术家绘制的 12mL 脉动宾夕法尼亚州儿科心室辅助装置，入口连接到左心房，出口连接到升主动脉

自 20 世纪 70 年代以来，宾夕法尼亚州立大学一直在研发机械血液循环支持装置（血泵），这种装置可以帮助患者在等待心脏移植时保持血液循环（美国前副总统迪克·切尼在等待心脏移植时使用了这种设备）。多年来，PIV 和 LDV 技术已经非常成功地用于测量血液流动，并对医疗设备进行优化设计以减少出现凝血的可能性。最近他们的研究重点是开发一种脉动式儿科心室辅助装置（PVAD），它可以帮助儿童维持生命，直到他们能接受供体心脏移植。该装置以气动方式操作，如图 8-79 所示，空气进入 PVAD 腔室通过隔膜使聚氨酯脲囊（在 PVAD 内与血液接触的表面）膨胀，血液由左心室经由血液管路再通过机械心脏瓣膜进入 PVAD，再经由另一机械心脏瓣膜流入到连接升主动脉的血管中。

通过机械心脏瓣膜流体的流动特性也是人们所关注的问题。二尖瓣位于左心房和左心室之间，类似于止回阀，可以对心脏不同组成结构内的压强变化做出反应。在这项研究中，我们测量了流体流过倾斜碟瓣膜和瓣膜外壳之间间隙时的速度，以及倾斜碟瓣膜关闭时产生的漩涡涡量。图 8-80 所示是实验的示意图，图 8-81 所示是在瓣膜关闭后几毫秒内使用 LDV 测量的流体流动状况，可以看出瓣膜关闭时血液存在强烈的冲击漩涡。通过数百次模拟心跳收集的测量数据，结合时间和剪切强度可以估计潜在的血液损伤量。

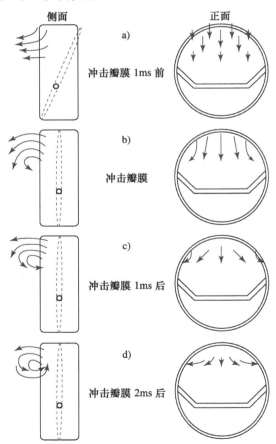

图 8-80 这些示意图描绘了四个连续时刻瓣膜总体流动结构的侧视图和正视图
经 ASME Manning 等人授权。 JBME，2008

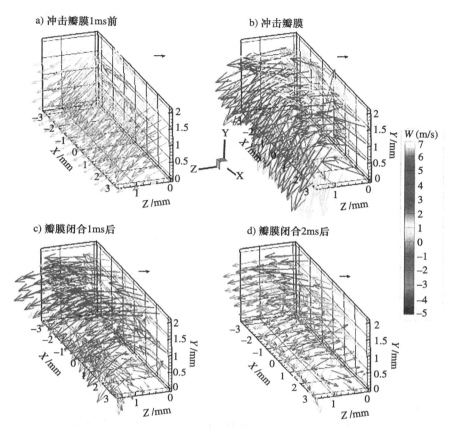

a) 冲击瓣膜1ms前

b) 冲击瓣膜

c) 瓣膜闭合1ms后

d) 瓣膜闭合2ms后

W (m/s)

图 8-81 三维流动结构图,其中矢量表示方向,颜色表示轴向速度大小。瓣膜从右向左关闭,$X = 0$ 代表测量面的中心线。四个图显示了 a)冲击前 1ms,b)冲击时,c)闭合后 1ms,以及 d)闭合后 2ms 的流动

经ASME Manning等人授权。JBME,2008

【例 8-12】 主动脉分支的血流量

血液从心脏(具体地说,是从左心室)流入主动脉,向人体提供所需氧气。血液从升主动脉向下流动到腹主动脉的过程中,部分血液会分流入支血管。当血液到达骨盆区域时,会分别流向左髂总动脉和右总髂动脉(见图 8-82)。髂总动脉左右分支是对称的,但是髂总动脉的直径是不同的。已知血液的运动黏度为4cSt,腹主动脉的直径为 15mm,右髂总动脉的直径为 10mm,左髂总动脉的直径为 8mm,试确定血液通过右髂总动脉的平均流速,假设腹主动脉的血液平均速度为 30cm/s,左髂总动脉的血液平均速度为 40cm/s。

问题:三条血管的直径以及其中两条血管中血液平均流速都已知,将血管近似为刚性管道。

假设:①尽管心脏每分钟跳动 75 次产生脉动流量,仍假设流动是稳定的。②入口效应可以忽略不计,流动充分发展。③假设血液为牛顿流体。

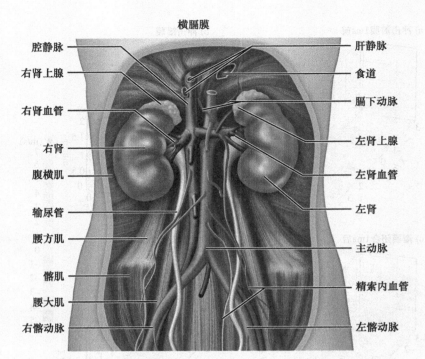

横膈膜

腔静脉　　　　　　　　　　　　　　　　　肝静脉
右肾上腺　　　　　　　　　　　　　　　　食道
右肾血管　　　　　　　　　　　　　　　　膈下动脉
右肾　　　　　　　　　　　　　　　　　　左肾上腺
腹横肌　　　　　　　　　　　　　　　　　左肾血管
输尿管　　　　　　　　　　　　　　　　　左肾
腰方肌　　　　　　　　　　　　　　　　　主动脉
髂肌　　　　　　　　　　　　　　　　　　精索内血管
腰大肌
右髂动脉　　　　　　　　　　　　　　　　左髂动脉

图 8-82　人体解剖图。注意主动脉和左、右髂总动脉

参数：37℃下血液的运动黏度为 4cSt。

分析：根据质量守恒，腹主动脉的流量 $\dot{V}_1$ 等于髂总动脉流量的总和（左髂动脉流量为 $\dot{V}_2$，右髂动脉流量为 $\dot{V}_3$），因此有

$$\dot{V}_1 = \dot{V}_2 + \dot{V}_3$$

假定血管直径、血液密度恒定，我们可以使用平均速度来改写方程，得

$$V_1 A_1 = V_2 A_2 + V_3 A_3$$

其中 V 为平均速度，A 为横截面面积。
进而求解得

$$V_3 = (V_1 A_1 - V_2 A_2)/A_3$$

代入已知数据得

$$V_3 = (30\text{cm/s} \times (1.5\text{cm})^2 - 40\text{cm/s} \times (0.8\text{cm})^2)/(1.0\text{cm})^2$$

$$V_3 = 41.9\text{cm/s}$$

讨论：本例中我们假定血液流动是定常的，并且速度是均匀的，但实际情况中，当心脏舒张时，血管中的血液将以最大速度流向左心室，并且左心室充血过程中存在逆流，所以流过血管的血液速度呈周期性变化。此外，虽然血液存在黏弹性，但是本例中假设血液具备牛顿流体的特性。许多研究人员都在使用这种假设，因为在这个特定位置，剪切速率足以达到血液黏度的渐近值。

应用展示：彩色粒子阴影测速／加速度测量

特邀作者：Michael McPhail 和 Michael Krane，宾夕法尼亚州立大学应用研究实验室

　　粒子阴影测速（PSV）是一种在不干扰流动的情况下测量流体速度的光学技术，与粒子图像测速（PIV）类似，PSV 通过示踪粒子在平面成像提供瞬时速度场。通过获得流场中示踪粒子在很短的时间间隔 Δt 前后的两张图像，可得到速度场，Δt 大小通常在 μs 级别。然后利用图像处理技术获得粒子在 Δt 时间内的矢量位移 $\vec{s}$。与 PIV 一样，由 $\vec{s}/\Delta t$ 得出速度矢量分布，结果是二维速度矢量场。

　　如图 8-83 所示，相机在流场一侧，LED 发光二极管在流场另一侧，发光二极管（LED）进行脉冲照明，相机会记录流场中的粒子流动图像。LED 作为速度测量的脉冲光源比激光光源具有更多优点，这是因为速度测量技术，如 PSV 和 PIV，通常用于测量流动边界运动情况下的流动，例如涡轮机械，流体可能在固体边界附近发生空化。从固体边界或空化气泡散射的激光会损害相机，甚至伤害实验者的眼睛，这种情况下，使用的 LED 照明更安全。另一个优点是 LED 比激光器便宜得多，并且通过采用彩色相机搭配可以发出多种颜色的 LED 灯源从而进一步降低实验成本，在非常短的时间间隔内使 LED 发出不同颜色的光，这样就可以利用同一个相机多次对示踪粒子曝光成像。

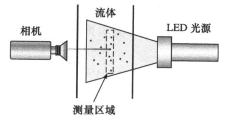

图 8-83　粒子阴影测速（PSV）技术的硬件布局

参考文献

Goss，L.，and Estevadeordal，J.，"Parametric Characterization for Particle-Shadow Velocimetry（PSV），" *25th AIAA Aerodynamics Measurement Technology and Ground Testing Conf. AIAA-2006 2808*（*San Francisco*，*CA*），2006.

Goss. L.，Estevadeordal，J.，and Crafton. J.，"Kilo-hertz Color Particle Shadow Velocimetry（PSV），" *37th AIAA Fluid Dynamics Conf. and Exhibit*（*Miami*，*FL*），2007.

McPhail，M.J.，Krane，M.H.，Fontaine，A.A.，Goss，L.，and Crafton，J.，"Multicolor Particle Shadow Accelerometry," *Measurement Science and Technology* 26（4）：045301，2015.

小结

　　在内流中，管道完全被流体充满。层流的特点是平滑流线和高度有序的运动，湍流的特点是不稳定无序的速度脉动和高度无序运动。雷诺数定义为

$$Re = \frac{惯性力}{黏滞力} = \frac{V_{avg}D}{\nu} = \frac{\rho V_{avg}D}{\mu}$$

　　在大多数实际情况下，$Re < 2300$ 的管流是层流，$Re > 4000$ 的管流为湍流，在这之间为过渡流。

　　流动受到黏性切应力影响的区域称为速度边界层。从管道入口到流动充分发展的区域称为水力入口段，这个区域的长度叫作水力入口长度 L_h。它们的表达式为

$$\frac{L_{h,\,\text{laminar}}}{D} \approx 0.05\,Re \;, \; \frac{L_{h,\,\text{turbulent}}}{D} \approx 10$$

充分发展流动区的摩擦系数是常数。圆管中充分发展层流的最大平均速度为

$$u_{\text{max}} = 2V_{\text{avg}} \;,\; V_{\text{avg}} = \frac{\Delta P D^2}{32\mu L}$$

水平管内层流的体积流量和压降分别为

$$\dot{V} = V_{\text{avg}} A_c = \frac{\Delta P \pi D^4}{128\mu L} \;\;,\; \Delta P = \frac{32\mu L V_{\text{avg}}}{D^2}$$

所有类型的内流（层流或湍流、圆形或非圆形管道、光滑或粗糙表面）的压强损失和水头损失的表达式为

$$\Delta P_L = f\frac{L}{D}\frac{\rho V^2}{2} \;,\; h_L = \frac{\Delta P_L}{\rho g} = f\frac{L}{D}\frac{V^2}{2g}$$

式中，$\rho V^2/2$ 是动压；无量纲量 f 是摩擦系数。对于圆管中充分发展的层流，摩擦系数 $f = 64/Re$。

对于非圆形管道，前面关系式中的直径被水力直径代替，它的定义为 $D_h = 4A_c/p$，其中 A_c 是管道的横截面面积，p 为湿周长。

在充分发展的湍流中，摩擦系数取决于雷诺数和相对粗糙度 ε/D。湍流的摩擦系数由科尔布鲁克关系式给出，表达式为

$$\frac{1}{\sqrt{f}} = -2.01\lg\left(\frac{\varepsilon/D}{3.7} + \frac{2.51}{Re\sqrt{f}}\right)$$

这个公式得到的图称为莫迪图表。管道系统的设计和分析涉及确定水头损失、流量或管道直径。这些计算中繁琐的迭代可以通过近似的 Swamee-Jain 公式来避免，表达式为

$$h_L = 1.07\frac{\dot{V}^2 L}{gD^5}\left\{\ln\left[\frac{\varepsilon}{3.7D} + 4.62\left(\frac{\nu D}{\dot{V}}\right)^{0.9}\right]\right\}^{-2},$$

$$10^{-6} < \varepsilon/D < 10^{-2}, \; 3000 < Re < 3\times10^8$$

$$\dot{V} = -0.965\left(\frac{gD^5 h_L}{L}\right)^{0.5}\ln\left[\frac{\varepsilon}{3.7D} + \left(\frac{3.17\nu^2 L}{gD^3 h_L}\right)^{0.5}\right],$$

$$Re > 2000$$

$$D = 0.66\left[\varepsilon^{1.25}\left(\frac{L\dot{V}^2}{gh_L}\right)^{4.75} + \nu\dot{V}^{9.4}\left(\frac{L}{gh_L}\right)^{5.2}\right]^{0.04},$$

$$10^{-6} < \varepsilon/D < 10^{-2} \quad 5000 < Re < 3\times10^8$$

管道组件如接头、阀门、弯管、弯头、三通、入口、出口、扩张管和收缩管上的损失等称为局部损失。局部损失通常以损失系数 K_L 来表达。组件的水头损失表达式为

$$h_L = K_L\frac{V^2}{2g}$$

当所有的损失系数都可以求得，则管中的总水头损失为

$$h_{L,\,\text{total}} = h_{L,\,\text{major}} + h_{L,\,\text{minor}} = \sum_i f_i\frac{L_i}{D_i}\frac{V_i^2}{2g} + \sum_j K_{L,j}\frac{V_j^2}{2g}$$

如果整个管道系统的直径不变，整个水头损失简化为

$$h_{L,\,\text{total}} = \left(f\frac{L}{D} + \sum K_L\right)\frac{V^2}{2g}$$

管道系统的分析基于两个简单的原则：①必须满足整个管道系统的质量守恒原则。②两点间的压降对两点间的所有路径都必须一样。当管道以串联连接时，尽管每个管道的直径不同，流经整个管道的流量不变。对于一个分支到两个（或更多个）并联管道然后在下游一个交点汇合的管道，总流量是各个管道中流量之和，但是每个分支中的水头损失是一样的。

当一个管道系统有泵或涡轮机时，定常流能量方程表达式为

$$\frac{P_1}{\rho g} + \alpha_1\frac{V_1^2}{2g} + z_1 + h_{\text{pump},\,u}$$
$$= \frac{P_2}{\rho g} + \alpha_2\frac{V_2^2}{2g} + z_2 + h_{\text{turbine},\,e} + h_L$$

当有效泵扬程 $h_{\text{pump},\,u}$ 已知时，指定流量下泵所需的机械功率和泵的电动机消耗的电能为

$$\dot{W}_{\text{pump, shaft}} = \frac{\rho\dot{V}gh_{\text{pump},\,u}}{\eta_{\text{pump}}}$$

$$\dot{W}_{\text{elect}} = \frac{\rho\dot{V}gh_{\text{pump},\,u}}{\eta_{\text{pump-motor}}}$$

其中，$\eta_{\text{pump-motor}}$ 为泵 - 电动机的组合效率，即泵和电动机效率的乘积。

水头损失关于流量 $\dot{V}$ 的图像称为系统曲线。由泵提供的水头不是一个常数，$h_{\text{pump},\,u}$ 和 η_{pump} 关于 $\dot{V}$ 的

曲线叫作特征曲线。安装在管道系统中的泵在工作点运行，该点是系统曲线和特征曲线的交点。

　　流动测量技术和设备主要有三种：①体积（或质量）流量测量技术和设备，如阻塞流量计、涡轮流量计、容积式流量计、转子流量计、超声流量计；②点速度测量技术，如皮托 - 静压探针、热线和 LDV；③全流场速度测量技术如 PIV。

　　本章的重点是管道内部包括血管内的流动。至于多种类型的水泵和涡轮机，包括它们的操作原理及性能参数的细节将在第 14 章给出。

参考文献和阅读建议

1. H. S. Bean (ed.). *Fluid Meters: Their Theory and Applications,* 6th ed. New York: American Society of Mechanical Engineers, 1971.

2. M. S. Bhatti and R. K. Shah. "Turbulent and Transition Flow Convective Heat Transfer in Ducts." In *Handbook of Single-Phase Convective Heat Transfer,* ed. S. Kakaç, R. K. Shah, and W. Aung. New York: Wiley Interscience, 1987.

3. S. W. Churchill. "Friction Factor Equation Spans all Fluid-Flow Regimes," *Chemical Engineering,* 7 (1977), pp. 91–92.

4. B. T. Cooper, B. N. Roszelle, T. C. Long, S. Deutsch, and K. B. Manning. "The 12 cc Penn State pulsatile pediatric ventricular assist device: fluid dynamics associated with valve selection." *J. of Biomechonicol Engineering,* 130 (2008), pp. 041019.

5. C. F. Colebrook. "Turbulent Flow in Pipes, with Particular Reference to the Transition between the Smooth and Rough Pipe Laws," *Journal of the Institute of Civil Engineers London,* 11 (1939), pp. 133–156.

6. F. Durst, A. Melling, and J. H. Whitelaw. *Principles and Practice of Laser-Doppler Anemometry,* 2nd ed. New York: Academic, 1981.

7. *Fundamentals of Orifice Meter Measurement.* Houston, TX: Daniel Measurement and Control, 1997.

8. S. E. Haaland. "Simple and Explicit Formulas for the Friction Factor in Turbulent Pipe Flow," *Journal of Fluids Engineering,* March 1983, pp. 89–90.

9. I. E. Idelchik. *Handbook of Hydraulic Resistance,* 3rd ed. Boca Raton, FL: CRC Press, 1993.

10. W. M. Kays, M. E. Crawford, and B. Weigand. *Convective Heat and Mass Transfer,* 4th ed. New York: McGraw-Hill, 2004.

11. K. B. Manning, L. H. Herbertson, A. A. Fontaine, and S. S. Deutsch. "A detailed fluid mechanics study of tilting disk mechanical heart valve closure and the implications to blood damage." *J. Biomech. Eng.* 130(4) (2008), pp. 041001-1-4.

12. R. W. Miller. *Flow Measurement Engineering Handbook,* 3rd ed. New York: McGraw-Hill, 1997.

13. L. F. Moody. "Friction Factors for Pipe Flows," *Transactions of the ASME* 66 (1944), pp. 671–684.

14. G. Rosenberg, W. M. Phillips, D. L. Landis, and W. S. Pierce. "Design and evaluation of the Pennsylvania State University Mock Circulatory System." *ASAIO J.* 4 (1981) pp. 41–49.

15. O. Reynolds. "On the Experimental Investigation of the Circumstances Which Determine Whether the Motion of Water Shall Be Direct or Sinuous, and the Law of Resistance in Parallel Channels." *Philosophical Transactions of the Royal Society of London,* 174 (1883), pp. 935–982.

16. H. Schlichting. *Boundary Layer Theory,* 7th ed. New York: Springer, 2000.

17. R. K. Shah and M. S. Bhatti. "Laminar Convective Heat Transfer in Ducts." In *Handbook of Single-Phase Convective Heat Transfer,* ed. S. Kakaç, R. K. Shah, and W. Aung. New York: Wiley Interscience, 1987.

18. P. L. Skousen. *Valve Handbook.* New York: McGraw-Hill, 1998.

19. P. K. Swamee and A. K. Jain. "Explicit Equations for Pipe-Flow Problems," *Journal of the Hydraulics Division. ASCE* 102, no. HY5 (May 1976), pp. 657–664.

20. G. Vass. "Ultrasonic Flowmeter Basics," *Sensors,* 14, no. 10 (1997).

21. A. J. Wheeler and A. R. Ganji. *Introduction to Engineering Experimentation.* Englewood Cliffs, NJ: Prentice-Hall, 1996.

22. W. Zhi-qing. "Study on Correction Coefficients of Laminar and Turbulent Entrance Region Effects in Round Pipes," *Applied Mathematical Mechanics,* 3 (1982), p. 433.

习题 ⊖

层流与湍流

8-1C 管流中水力入口长度的定义是什么？层流和湍流的入口长度哪个更长？

8-2C 为什么流体通常用圆管输送？

8-3C 雷诺数的物理意义是什么？（a）在内径为 D 的圆管中的流动和（b）横截面面积为 $a \times b$ 的矩形管中的流动，雷诺数分别是怎样定义的？

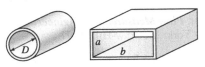

图 P8-3C

8-4C 一个人首先在空气中行走，然后在水里以同样的速度行走。哪一个运动的雷诺数更大？

8-5C 为什么在直径为 D 的圆管中的雷诺数表达式为 $Re = 4\dot{m}/(\pi D \mu)$。

8-6C 室温下，在一个给定的管道中下面两种液体以特定速度流动，哪一种液体需要功率更大的泵来输送：水还是油？为什么？

8-7C 光滑管中公认的湍流雷诺数的值是多少？

8-8C 当空气和水在相同的温度下、直径相同的管道中，以同样的速度流动，哪一个流动更可能发展为湍流，为什么？

8-9C 在圆管中的层流，壁面切应力 τ_w 在管道入口附近更高还是在出口附近更高？为什么？如果流动为湍流，你的回答是什么？

8-10C 如果流动为湍流，表面粗糙度是如何影响管内压降的？如果是层流呢？

8-11C 水力直径是什么？它是如何定义的？对于直径为 D 的圆管，它等于什么？

8-12E 图 P8-12E 展示的是 2008 年春季以 30 万 gal/s 的速度排水的炫酷画面。这是大峡谷和科罗拉多河生态系统恢复工作的一部分。估计管流的雷诺数。是层流还是湍流？（提示：作为长度标尺，在管道正上方的穿蓝色衬衫的男子高度近似为 6ft。）

⊖ 习题中含有"C"的为概念性习题，鼓励学生全部做答。习题中标有"E"的，其单位为英制单位，采用 SI 单位的可以忽略这些问题。带有图标 的习题为综合题，建议使用适合的软件对其进行求解。

图 P8-12E

美国开垦局，PN 区公共事务

充分发展流

8-13C 速度边界层的发展是由流体的什么性质造成的？什么类型的流体在管中没有速度边界层？

8-14C 在一个圆管中流体的充分发展区域，在流动方向上速度分布改变吗？

8-15C 有些人认为圆管中层流的体积流量可以通过测量在充分发展区域中的中心线处的速度，并用它乘以横截面面积，得出的结果再除以 2 来获得。你同意吗？解释原因。

8-16C 有些人认为在圆管中充分发展的层流的平均速度可以通过简单的测量在 $R/2$ 处的速度（壁面和中心线之间的中点）来确定。你同意吗？解释原因。

8-17C 有些人认为在充分发展的层流中，圆管中心的切应力为零，你同意这个说法吗？解释原因。

8-18C 一些人认为在管中的充分发展湍流中，在管壁处的切应力最大，你同意这个说法吗？解释原因。

8-19C 在充分发展的（a）层流和（b）湍流区域，沿流动方向上的切应力 τ_w 是如何变化的？

8-20C 管内流动的摩擦系数和压强损失是什么关系？对于给定的质量流量，压强损失和所需泵功率的关系是什么？

8-21C 讨论充分发展管流是一维、二维还是三维的。

8-22C 可忽略入口影响的圆管中的充分发展流，如果管道长度变为原来的两倍，水头损失将会（a）两倍，（b）两倍多，（c）小于双倍，（d）减少一半，（e）保持不变。

8-23C 一个圆管中的充分发展层流，当流量和管长保持不变时，如果管道的直径减少到一半，水头损失将会（a）两倍，（b）三倍，（c）四倍，（d）增加

8 倍，（e）增加 16 倍。

8-24C 解释为什么当雷诺数非常大时摩擦系数与雷诺数无关。

8-25C 绝对光滑的圆管中的空气层流，你认为这种流动的摩擦系数为零吗？为什么？

8-26C 思考一个圆管中的充分发展层流，如果通过加热使流体黏度减少到一半而流量不变，水头损失如何变化？

8-27C 水头损失与压强损失的关系是什么？对于给定的流体，解释你将如何把水头损失转化为压强损失？

8-28C 什么是湍流黏度？它是由什么造成的？

8-29C 在湍流中形成更大的摩擦系数的物理机制是什么？

8-30C 一 个 指 定 圆 管 的 水 头 损 失 为 $h_L = 0.0826 f L(\dot{V}^2/D^5)$，其中 f 是摩擦系数（无量纲），L 是管长，$\dot{V}$ 是体积流量，D 为管道直径。确定 0.0826 是一个有量纲还是无量纲的常数？该方程满足量纲齐次性吗？

8-31 由 $u(y) = \dfrac{3u_0}{2}\left[1 - \left(\dfrac{y}{h}\right)^2\right]$ 给出牛顿流体在两大平行板之间充分发展层流的速度分布，其中 $2h$ 是两板之间的距离，u_0 是中心平面的速度，y 是距中心平面的竖直坐标。对于宽度为 b 的平板写出通过板的流速的关系式。

8-32 15℃的水 [$\rho = 999.1 \text{kg/m}^3$ 和 $\mu = 1.138 \times 10^{-3} \text{kg/(m·s)}$] 在长度为 30m、直径为 5cm 的水平放置的不锈钢管中以 10L/s 的流量平稳流动。求（a）压降，（b）水头损失，（c）克服压降所需的泵功率。

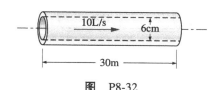

图 P8-32

8-33E 70°F 的水以 0.5 lb/s 的流量通过 0.75in 内径的铜管，确定保持该流动为指定流量每英尺管道长度所需的泵送功率。

8-34E 在 1atm 下，100°F 的加热空气以 12ft³/s 的流量在 400ft 长的圆形塑料管道中输送。如果管道中的水头损失不超过 50ft，确定管道的最小直径。

8-35 在一个圆管中的充分发展层流中，在 $R/2$ 处（管壁表面与中心线间的中点）测量的速度为 11m/s，

确定管道中心处的速度。

答案：14.7m/s

8-36 在内径 $R = 2\text{cm}$ 的圆管中，充分发展层流的速度分布为 $u(r) = 4(1 - r^2/R^2)$。确定管中的平均速度、最大速度和体积流量。

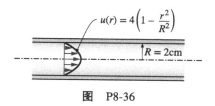

图 P8-36

8-37 假设管道内部半径为 7cm，试求解题 8-36 中的问题。

8-38 10℃ 的 水 [$\rho = 999.7\text{kg/m}^3$ 和 $\mu = 1.307 \times 10^{-3}\text{kg/(m·s)}$] 在一个直径为 0.12cm、长度为 15m 的管道中以 0.9m/s 的平均速度平稳地流动。求（a）压降，（b）水头损失，（c）克服压降所需的泵功率。

答案：（a）392kPa（b）40m（c）0.399W

8-39 层流通过表面光滑的正方形截面管道的流动。若液体平均速度加倍，试确定水头损失的变化。假设流态保持不变。

8-40 重新考虑题 8-39，对于光滑管道中的湍流流动，摩擦系数为 $f = 0.184 Re^{-0.2}$。对于粗糙管中的完全湍流，你的答案是什么？

8-41 在一个大气压下，35℃ 的空气以 5m/s 的平均速度流入一个 10m 长的横截面尺寸为 15cm × 20cm 的商用钢材制成的长方形导管中。忽略入口影响，求在这段导管中克服压强损失所需的风机功率。

答案：2.55W

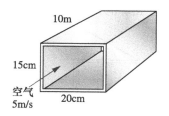

图 P8-41

8-42 一个 1m 宽、4m 长的空气太阳能收集器，玻璃盖板与收集器板面的间距恒为 3cm，空气以 45℃ 的平均温度、0.12m³/s 的流量，穿过 1m 宽的收集器边缘沿着 4m 长的通道流动。忽略入口、粗糙度影响以及 90° 弯管的影响，确定收集器中的压降。

答案：17.5Pa

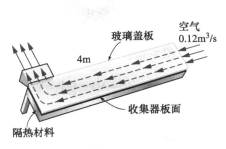

图 P8-42

8-43 $\rho = 876\text{kg/m}^3$ 和 $\mu = 0.24\text{kg/(m·s)}$ 的油穿过一个直径为 1.5cm 的管，并以 88kPa 的压强向大气中排放。距离出口前 15m 处的绝对压强为 135kPa。如果管道是（a）水平放置的，（b）向上倾斜 8°，（c）向下倾斜 8°，求流过管道油的流量。

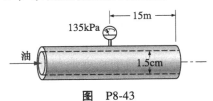

图 P8-43

8-44 40°C 的甘油 $[\rho = 1252\text{kg/m}^3, \mu = 0.27\text{kg/m·s}]$ 流过一个直径为 3cm、长度为 25m 的管道，以 100kPa 的压强向大气排放。流过管道的流量为 0.075L/s。（a）确定管道出口前 25m 处的绝对压强，（b）管道必须倾斜向下什么角度 θ，才能使整个管道内为大气压并且流量保持不变？

8-45E 60°F 的空气在 1atm 下流经截面尺寸为 1ft × 1ft 用商用钢制成的正方形管道，流速为 1600ft³/min。确定管道每英尺的压降和水头损失。

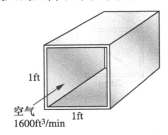

图 P8-45E

8-46 密度为 850kg/m³，运动黏度为 0.00062 m²/s 的油通过一个直径为 8mm、长度为 40m 的水平管从一个油罐中向大气排放。流体的液面高度在管道中心线之上 4m 处。忽略局部损失，求流经管道的流量。

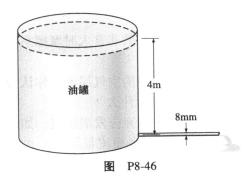

图 P8-46

8-47 在一个空气加热系统中，40°C、绝对压强为 105kPa 的热空气穿过一个横截面尺寸为 0.2m × 0.3m 的商用钢制成的长方形导管中，以 0.5m³/s 的流量流动。求穿过这段 40m 长的管道的压降和水头损失。

8-48 40°C 的甘油 $[\rho = 1252\text{kg/m}^3$ 和 $\mu =0.27\text{kg/}$ (m·s)] 以 3.5m/s 的平均速度流过一个直径为 6cm 的水平光滑管。求每 10m 管段的压降。

8-49 📖重新思考题 8-48，使用 EES（或其他）软件，研究在相同的流量下管道直径对压降的影响。让管道直径从 1cm 到 10cm、每次增加 1cm 变化，汇总和绘制结果，并得出结论。

8-50 −20°C 的液氨流经长度为 20m、直径为 5mm 的一段铜管，速度为 0.09kg/s。确定压降、水头损失和管中克服摩擦损失所需的泵功率。

　　答案：1240kPa，189m，0.167kW

8-51 考虑充分发展的甘油在 40°C 通过 70m 长，直径为 4cm 的水平圆形管道的流动。如果测量中心线处的流速为 6m/s，则确定流速分布和横跨 70m 长的管段的压差，以及维持该流动所需的泵送功率。

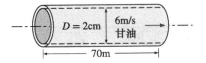

图 P8-51

8-52 半径为 R 的圆管定常层流的速度分布由 $u = u_0\left(1 - \dfrac{r^2}{R^2}\right)$ 给出。如果流体密度随距中心线的径向距离 r 变化为 $\rho = \rho_0\left(1 + \dfrac{r}{R}\right)^{1/4}$，其中 ρ_0 是管中心处的流体密度，求管中流体密度的关系式。

8-53 非定常流动的广义伯努利方程可以表示为 $\dfrac{P_1}{\rho g} + z_1 = \dfrac{V^2}{2g} + \dfrac{1}{g}\displaystyle\int_1^2 \dfrac{\partial V}{\partial t}\mathrm{d}s + h_L$，如果阀门突然打开，

出口速度将随时间而变化。求解出口速度 V 作为时间函数的表达式。忽略局部损失。

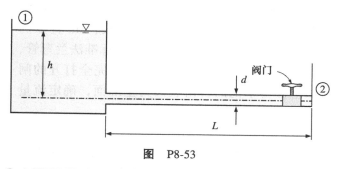

图 P8-53

局部损失

8-54C 管流中的局部损失是什么？局部损失系数 K_L 的定义是什么？

8-55C 管流中局部损失的等效长度的定义。它与局部损失系数有什么联系？

8-56C 管道入口圆角对损失系数的影响（a）可忽略，（b）有点重要，或（c）重要。

8-57C 管道出口圆角对损失系数的影响（a）可忽略，（b）有点重要，或（c）非常重要。

8-58C 哪一个在管流过程中损失系数更大：逐渐扩张还是逐渐收缩，为什么？

8-59C 一个具有急转弯的管道系统具有很大的局部水头损失。减少水头损失的一个方法是用圆弯头代替急转弯。另一个方法是什么？

8-60C 在一个减少泵功率的流体系统的改造项目中，提议通过在斜接弯头处安装叶片或用光滑弧形弯管取代 90° 斜接弯头的急转弯。哪种方法能更大地降低所需泵功率？

8-61 一个水平管有一个从 $D_1 = 5$cm 到 $D_2 = 10$cm 的突然扩张。水在小管段中的流速为 10m/s 且流动为湍流。小管段中的压强为 $P_1 = 410$kPa。在入口和出口处的动能修正系数为 1.06，确定下游的压降以及估计如果使用伯努利方程可能出现的误差。

答案：424kPa，16.2kPa

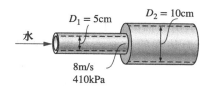

图 P8-61

8-62 在距离蓄水池自由面下竖直高度为 H 的侧壁面上开一个直径为 D 的圆孔，流体通过该孔流出蓄水池。通过一个直角入口的实际孔（$K_L = 0.5$）的流量远小于假设"无摩擦"流动的计算流量，"无摩擦"流动中孔的损失为零。忽略动能修正系数的影响，在无摩擦流动关系中求使用的直角边孔的"等效直径"关系式。

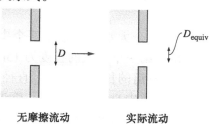

无摩擦流动　　　　实际流动

图 P8-62

8-63 对于一个轻微倒圆入口（$K_L = 0.12$）重新思考题 8-62。

8-64 水从一个 8m 高的蓄水池中通过在底部钻一个直径为 2.2cm 的孔流出。忽略动能修正系数的影响，确定通过孔的水的流量，如果（a）孔的入口是光滑的圆角和（b）入口是直角边的。

管道系统和泵的选择

8-65C 一个装有泵的管路系统在稳定运行。解释工作点（流量和水头损失）是如何建立的。

8-66C 水从一个大的较低的水池中抽到一个更高的水池。有些人认为如果水头损失可忽略，所需泵扬程等于两个水槽自由面间的高度差，你同意吗？

8-67C 对于一个管道系统，在水头与流量图上定义系统曲线、特征曲线和工作点。

8-68C 一个用花园软管往水桶里灌水的人，突然想起在软管上加个喷嘴可以增加水的喷出速度，并想知道这个增加的速度是否会减少灌满水桶的时间。如果给软管加上一个喷嘴，灌满水桶用的时间将会如何发生变化：增加，减少，还是没有影响，为什么？

8-69C 考虑两个相同的2m高、充满水的开口水槽，置于1m高的桌子上。其中一个水槽的排水阀与软管相连，它的另一端开口在地面处，另一个水槽的排水阀没有软管与其相连。现在两个水槽的排出阀都是打开的。忽略管中的摩擦损失，你认为哪一个水槽最先放空，为什么？

8-70C 一个管道系统由两个直径不同（但材料、粗糙度、长度均相同）的管道串联而成。在两个管道中的（a）流量，（b）压降有什么不同？

8-71C 一个管道系统由两个直径不同（但材料、粗糙度、长度均相同）的管道并联而成。在两个管道中的（a）流量，（b）压降有什么不同？

8-72C 一个由两个直径相同但长度不同的管子并联连接的管道系统。这两个管道中的压降有什么不同？

8-73 15°C 的水从一个大水槽中通过两个串联连接的水平塑料管流出。第一个管道的长度为 13m，直径为 10cm，而第二个管道的长度为 35m，直径为 5cm。水槽中的水平面在管道中心线之上 18m。管道入口为直角边，并且两管间的收缩是突然变化的。忽略动能修正系数的影响，确定水槽中水的排放速度。

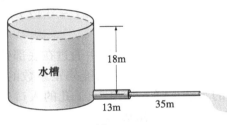

图　P8-73

8-74 半径为 R 的半球形水箱完全装满水。此时，水箱底部横截面面积为 A_h、排放系数为 C_d 的孔完全打开，水开始流出。写出完全排空水箱所需时间的表达式。

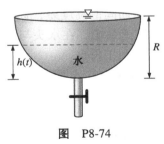

图　P8-74

8-75 一个小型农场里需要的水通过泵从井里抽水获得，泵可以持续地以 5L/s 的流量抽水。井水位于地面以下 20m，使用内径为 6cm 的塑料管将水抽到山上的一个蓄水池中，蓄水池位于井口地面之上 58m，所需管道的长度为 510m，并且由于弯头、叶片等的使用，总局部损失系数大约为 12。泵的工作效率为 75%，确定所需购买的泵的额定功率，单位为 kW。在预期的工作条件下，水的密度和黏度分别为 1000kg/m³ 和 0.00131kg/(m·s)。购买一个能够满足总功率要求的泵是明智的？还是在这种情况下要

额外注意大高度水头？解释原因。

答案：6.89kW

8-76E 70°F 的水利用重力从高处的大型蓄水池流向低处的较小的蓄水池，流经 60ft 长、2in 直径的铸铁管道系统，该管道系统包括四个标准法兰弯管、一个圆角入口、一个直角出口和一个完全打开的闸阀。以下部蓄水池的自由表面为基准面，确定流量为 10ft³/min 时上部蓄水池的高度 z_1。

答案：6ft。

8-77 一个直径为 2.4m 的水槽最初装满水，水面位于直径为 10cm 的直角孔的中心之上 4m。水槽中水面通大气，并且孔将水排到大气中。忽略动能修正系数的影响，计算（a）水从水槽流出的最初速度，（b）变成空水槽所需要的时间。孔的损失系数会明显增加水从水槽流出的时间吗？

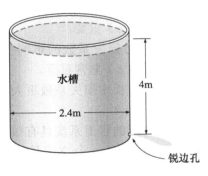

图　P8-77

8-78 一个直径为 3m 的水槽最初装满水，水高出直径为 10cm 的锐边孔的中心线 2m。水槽中水的表面与大气接触，并且经孔将水通过一个 100m 长的管道排向大气。管道的摩擦系数为 0.015 并且动能修正系数的影响可以忽略。确定（a）水槽中的最初流速，（b）水槽排空所需要的时间。

8-79 重新考虑题 8-78。为了使水槽排水更快，一个泵安装在水槽出口附近，如图 P8-79 所示。当水槽充满水时 z = 2m，确定保持水以平均速度 4m/s 流出时所需输入的泵功率。同时，假设排水速度保持不变，估计这个水槽所需的排水时间。

　　有些人认为装在管道开头位置的泵与装在管道末尾位置的泵不会有任何差别，并且两种情况下的性能是一致的。但是，另一些人认为把泵安装在管道末端也许会造成空穴现象。水的温度为 30°C，所以水蒸气的压强 $P_v = 4.246$kPa $= 0.43$mH₂O，并且这

个系统位于海平面。研究出现空穴现象的可能性和我们是否应该关心泵的安装位置。

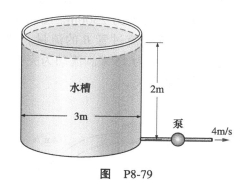

图 P8-79

8-80 汽油（$\rho = 680\text{kg/m}^3$ 和 $\nu = 4.29 \times 10^{-7}\text{m}^2/\text{s}$）以 240L/s 的流量输送，传输距离为 2km。管道表面的粗糙度为 0.03mm。如果由于管道摩擦造成的水头损失不超过 8m，确定管道的最小直径。

8-81E 当一台干衣机的通风口直径 5in、出口光滑、损失可忽略，通风口未与任何管道连接时，干衣机以 $1.2\text{ft}^3/\text{s}$ 的流量在 1atm 和 120°F 下排放空气。确定通风口与镀锌铁制成的 15ft 长、直径 5in、有三个 90° 的光滑弯管连接时的流量。将管道的摩擦系数设为 0.019，并假定风机输入功率保持不变。

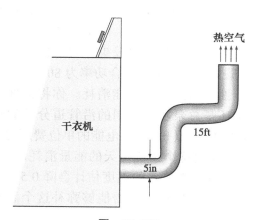

图 P8-81E

8-82 20°C 的油流过一个竖直的玻璃漏斗，它由一个 20cm 高的圆柱形水槽和一个直径为 1cm、高度为 40cm 的管道组成。这个漏斗通过一个水槽加油来保持常满。假设忽略入口影响，确定流经漏斗油的流量并计算"漏斗效率"，它的定义为流经漏斗的实际流量与"无摩擦"情况下的最大流量之比。

答案：$3.83 \times 10^{-6}\text{m}^3/\text{s}$，1.4%

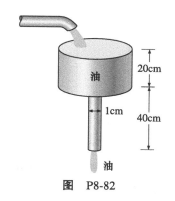

图 P8-82

8-83 重新考虑 8-82，假设（a）管道直径双倍，（b）管道长度三倍，直径不变。

8-84 一个横截面面积为 $A_T = 1.5\text{m}^2$、高为 4m 的圆柱形储罐装有等体积的水和油，其比重为 $SG = 0.75$。现在，罐底部直径 1cm 的孔被打开，水开始流出。如果孔的流量系数是 $C_d = 0.85$，那么确定罐中的水需要多长时间才能完全排空。

8-85E 一个农民要用长为 125ft、直径为 5in、有三个 90° 光滑弯管的塑料管把 70°F 的水从河里抽到附近的水箱里。河面附近的水速为 6ft/s，管道进口置于与水流方向垂直的河道中，以利用动压强。河水与水箱自由表面之间的高度差是 12ft。如果流量是 $1.5\text{ft}^3/\text{s}$，泵的总效率为 70%，确定泵所需的输入功率。

8-86E 🖱重新考虑题 8-85E。使用适当的软件，研究管道直径对泵所需输入功率的影响。使管道直径从 1in 变化到 10in，增量为 1in。列出并绘制结果，并得出结论。

8-87 一个水槽充满由太阳能加热的用于洗澡的 40°C 的水，由重力驱动流体流动。这个系统包括长 35m、直径为 1.5cm，并有 4 个斜接弯管（90°）的镀锌铁管，且管路中没有叶片和打开的截止阀。如果水以 1.2L/s 的速度流过淋浴头，确定水槽中的水面距淋浴头出口处所需高度。忽略入口处的损失和淋浴头处的损失，并忽略动能修正系数的影响。

8-88 两个水槽 A 与 B 通过一个 40m 长、直径为 2cm 的有直角边入口的铸铁管道连接在一起。管道包括一个摆动式止回阀和一个完全开放的闸阀。两个水槽中的水平面高度相同。但是水槽 A 受压于压缩空气而水槽 B 与 95kPa 的大气相通。如果通过管道的最初流速为 1.5L/s，确定水槽 A 上部空气的绝对压强。水的温度为 10°C。

答案：1100kPa

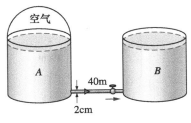

图 P8-88

8-89 装有 $\rho = 920\text{kg/m}^3$ 和 $\mu = 0.045\text{kg/(m·s)}$ 的燃油的油罐车，从地面的油库通过一个长为 25m、直径为 4cm 的略微光滑入口和两个 90° 光滑弯管的塑料软管向其输油。油库中的油面与油罐车顶部软管出口位置之间的高度差为 5m。油罐车的容量为 18m³ 并且加满时间为 30min。软管出口处的动能修正系数为 1.05 并且假设泵的总工作效率为 82%。确定泵的所需输入功率。

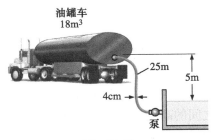

图 P8-89

8-90 15℃ 的水，通过两条 25m 长并联连接的塑料管道从一个（$z_A = 2\text{m}$）水槽中抽到一个高度更高的水槽（$z_B = 9\text{m}$）。两个管道的直径分别为 3cm 和 5cm。使用工作效率为 68% 的电动机 - 泵装置抽取水，这个装置在工作期间消耗 8kW 的电能。连接两个并联管道到两个水槽的管道的局部损失和水头损失可以忽略。确定两个水槽间的总流量和流经每条管道的流量。

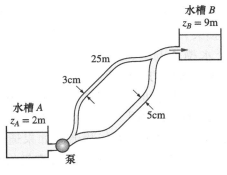

图 P8-90

8-91 水分配系统的铸铁管道的某一部分包含并联段。两个并联管道的直径为 30cm，并且流动为完全湍流。其中的一个分支（管 A）的长度为 1500m 而另一个分支（管 B）的长度为 2500m。如果流过管 A 的流量为 0.4m³/s，确定流过管 B 的流量。忽略局部损失并且假设水的温度为 15℃。流动为完全粗糙，因此摩擦系数与雷诺数无关。

答案：0.310m³/s

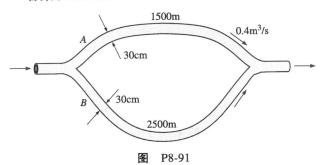

图 P8-91

8-92 重新思考题 8-91，假设管 A 有一个半关的闸阀（$K_L = 2.1$）而管 B 有一个完全打开的截止阀（$K_L = 10$），其他局部损失可忽略。假设流动为完全粗糙。

8-93 一个地热区的供热系统将 110℃ 地热水从地热井到输送城市，从地热井到城市的高度相同，运输距离为 12km，水以 1.5m³/s 的流速在一个直径为 60cm 的不锈钢管中进行运输。流体的压强在水源处与城市中的到达点是一样的。由于长径比很大和造成局部损失的组件数量相对较少，局部损失可以忽略。（a）假设泵 - 电动机的组合功率为 80%，确定这个系统由于抽水所造成的电能消耗。你将会推荐使用一个大泵还是总泵功率相同的沿管道分散的几个小泵，并解释原因。（b）如果电能的单位费用为 0.06 美元 /kW·h，确定这个系统每天的能量消耗的费用。（c）在运输过程中地热水的温度估计会降 0.5℃。确定在运输过程中的摩擦热是否能够弥补这个温度的下降？

8-94 对于直径相同的铸铁管道，重新思考题 8-93。

8-95 水由于重力流过一个高度梯度为 0.01（每 100m 长的管道高度下降 1m），直径为 10cm，长度为 550m 的塑料管道。水的密度和黏度分别为 $\rho = 1000\text{kg/m}^3$ 和 $\nu = 1 \times 10^{-6}\text{m}^2/\text{s}$。确定流过管道水的流量，如果管道是水平的，保持相同流量所需功率的是多少？

8-96　水以 $1.5m^3/s$ 的流量流过内径为 70cm 的混凝土管道到达住宅区，管道的表面粗糙度为 3mm 并且整个长度为 1500m。为了减少所需泵功率，建议用 2cm 厚的石油基内衬铺在混凝土管道内表面。这个石油基内衬的粗糙度为 0.04mm。但有一个问题是这将使管道直径减少到 66cm 并且增加的平均速度可能抵消掉所有增益。水的密度和黏度分别为 $\rho = 1000kg/m^3$ 和 $\nu = 1 \times 10^{-6}m^2/s$，确定由于在管道内加内衬造成的摩擦损失，所需泵功率增加或减少的百分数。

8-97　在大楼中，水箱中的热水在一个环路中循环，因此使用者用热水时，不需要等长管中所有的水排干。某个循环管路包含一个长度为 40m、直径为 1.2cm、有六个 90° 螺纹平滑弯管和两个完全打开的闸阀的铸铁管道。如果在这个循环中的平均流速为 2m/s，确定这个再循环泵所需输入的功率。水的平均温度为 60℃，泵的工作效率为 70%。

　　答案：0.111kW

8-98　重新考虑题 8-97，使用 EES（或其他）软件，研究平均流速对再循环泵的输入功率的影响，让速度从 0 到 3m/s，每次增加 0.3m/s 变化。将结果制成表格并绘图。

8-99　对于塑料（光滑）管重新考虑题 8-97。

8-100　两个长度、材料都相同的管道串联连接。管 A 的直径是管 B 直径的两倍。假设在两个管中的摩擦系数相同并且忽略局部损失，求两个管道中的流量之比。

流量和速度测量

8-101C　当选择一个流量计去测量流体流量时你首要考虑的因素是什么？

8-102C　激光多普勒测速（LDV）和粒子图像测速（PIV）的区别是什么？

8-103C　热风速仪和激光多普勒风速仪的工作原理有什么不同？

8-104C　解释皮托静压管测量流量的原理，并从它的费用、压降、可靠性和精确度来讨论它的优缺点。

8-105C　解释阻塞流量计测量流量的原理，对孔板流量计、喷嘴流量计和文丘里流量计在费用、尺寸、水头损失和精确度方面进行比较。

8-106C　容积式流量计是如何工作的？为什么它们通常用于测量汽油、水和天然气？

8-107C　解释涡轮流量计是如何测量流量的，并与其他类型的流量计在费用、水头损失和精度方面进行比较。

8-108C　变截面流量计（转子流量计）的工作原理是什么？并与其他类型的流量计在费用、水头损失和可靠性方面进行比较。

8-109　用直径为 2cm 并配有直径为 1.5cm 的喷嘴流量计的软管给容量 15L 的油箱加油，油密度 $\rho = 820kg/m^3$。如果加满油用时 18s，请确定流量计中所示的压差值。

8-110　一个皮托静压管装在一个内径为 2.5cm 的管道内，安装处的局部速度等于平均速度。管中油的密度 $\rho = 860kg/m^3$、黏度 $\mu = 0.0103kg/(m \cdot s)$。测量的压强差为 95.8Pa。计算流过管道的体积流量，单位为 m^3/s。

8-111　计算题 8-110 中流动的雷诺数。它是层流还是湍流？

8-112　一个装有差压计的喷嘴流量计被用于测量 $[\rho = 999.7kg/m^3，\mu = 1.307 \times 10^{-3}kg/(m \cdot s)]$ 流过一个直径为 3cm 水平放置的管道的 10℃ 水的流量。喷嘴出口直径为 1.5cm，并且测量到的压降为 3kPa。确定水的体积流量，以及流过管道的平均速度。

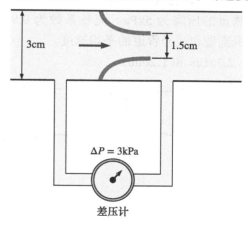

图　P8-112

8-113　10℃ 氨水 $[\rho = 624.6kg/m^3，\mu = 1.697 \times 10^{-4}kg/(m \cdot s)]$ 流过一个直径为 2cm 的管道，其流量用一个直径为 1.5cm 的装备有差压计的喷嘴流量计测量。如果这个仪表读出的压差为 4kPa，确定氨水流过管道的流量和平均流速。

8-114E　60°F 的 水 $[\rho = 62.36\ lb/ft^3，\mu = 7.536 \times$

10^{-4}lbm/(ft·s)］流过一个水平放置的直径为 4in 的管道，其质量流量用一个开口直径为 1.8in 的节流孔测量。一个水银压强计用于测量流经节流孔前后的压差。如果水银计的高度差为 7in，确定水流过管道的质量流量、平均速度和由孔板流量计引起的水头损失。

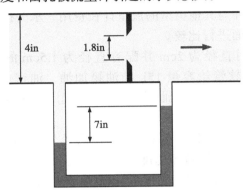

图 P8-114E

8-115E 如果高度差为 10in，重新考虑题 8-114E。

8-116 空气 [ρ=1.225kg/m³ 和 μ=1.789 × 10^{-5}kg/(m·s)] 流过一个风洞，风洞的速度用皮托静压管测量。对于某次实验，测量的驻点压强为 560.4Pa（表压），静压为 12.7Pa（表压）。计算风洞的速度。

8-117 一个装有差压计的文丘里流量计用于测量（ρ = 999.1kg/m³）流过一个直径为 5cm 的水平放置的管道的 15℃ 水的流量。文丘里流量计的颈口直径为 3cm，测量的压降为 5kPa。流量系数为 0.98，确定水的体积流量和流经管道的平均速度。

答案：2.35L/s 和 1.20m/s

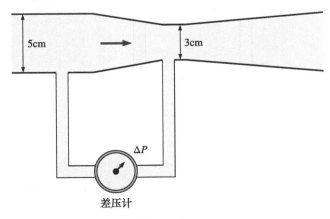

差压计

图 P8-117

8-118 再次思考题 8-117 中的问题。让压降从 1kPa 到 10kPa 变化，每增加 1kPa 估算一次流量，并绘制流量压降图。

8-119 20℃ 空气（ρ = 1.204kg/m³）流过一个直径为 18cm 的导管，用一个装有水柱压强计的文丘里流量计测量质量流量。文丘里流量计颈口的直径为 5cm，并且压强计的最大高度差为 60cm。流量系数为 0.98，确定这个文丘里流量计 / 压强计能够测量的空气的最大质量流量。

答案：0.230kg/s

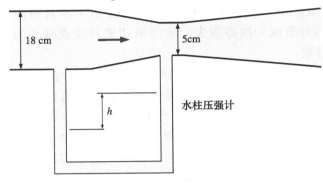

水柱压强计

图 P8-119

8-120 对于一个颈口直径为 6cm 的文丘里流量计，重新考虑题 8-120。

8-121 一个竖直的装有差压计的文丘里流量计如图 P8-121 所示，用于测量 10℃（ρ = 514.7kg/m³）流过一个直径为 10cm 竖直管道的液化丙烷的流量。流量系数为 0.98，确定丙烷流过管道的体积流量。

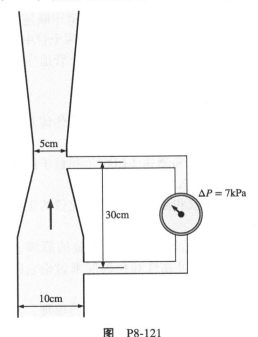

ΔP = 7kPa

图 P8-121

8-122E 10℉（ρ = 83.31 lb/ft³）液体制冷剂 -134a

的体积流量用一个水平放置的入口处直径为 6in、喉部直径为 2in 的文丘里流量计测量。如果一个压差计显示压降为 7.5psi，确定制冷剂的流量，文丘里流量计的流量系数为 0.98。

8-123 用开口直径 30cm 的孔板流量计测得流过直径 60cm 管道的温度为 20°C 水 $[\rho = 998kg/m^3，\mu = 1.002×10^{-3}kg/(cm·s)]$ 的体积流量为 350L/s。试确定流量计显示的压强差和水头损失。

8-124 20°C 的 水 $[\rho = 998kg/m^3$ 和 $\mu = 1.002×10^{-3}kg/(m·s)]$ 流过一个直径为 4cm 的管道，流量由一个直径为 2cm 装有反向空气 - 水压力计的喷管流量计测量。如果压强计显示水的高度差为 44cm，确定水的体积流量和由喷嘴流量计造成的水头损失。

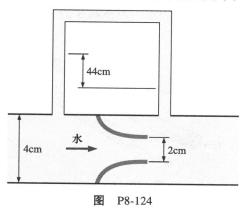

图 P8-124

8-125 流过一个直径为 10cm 的管道的水的流量通过测量水沿着横截面的几个位置的速度来确定。一系列的测量数据在下表中已经给出，求流量。

r/cm	V/（m/s）
0	6.4
1	6.1
2	5.2
3	4.4
4	2.0
5	0.0

复习题

8-126 在半径为 R 的圆管内的层流中，截面上的速度和温度分布由 $u = u_0(1 - r^2/R^2)$ 和 $T(r) = A + Br^2 - Cr^4$ 给出，其中 A、B 和 C 为正的常数。求出在该横截面上的主流流体温度的关系。

8-127 水通过横截面面积为 A_h 的小孔进入高 H 和底部半径为 R 的锥体，流量系数在底部为 C_d，恒定的均匀流速为 V。求出水面高度随时间变化的关系。

当水从底部进入圆锥体时，空气从顶部通过锥顶逸出。

8-128 底部装有细水平管的锥形容器，如图 8-128 所示，用于测量油的黏度。通过管的流动是层流的。油位从 h_1 下降到 h_2 所需的排放时间由秒表测量。建立容器中油的黏度随排出时间 t 的函数表达式。

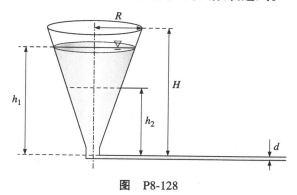

图 P8-128

8-129 在一个地热分配加热系统中，10000kg/s 的热水必须在一个水平放置的管道中输送到距离 10km 远的地方。局部损失可忽略，能量损失只有管道摩擦。摩擦系数为 0.015。换更大管径的管道会减小水的速度、速度水头、管道摩擦，因此减少能量消耗。但是更大的管道也会花费更多的钱去购买并安装。除非另有说明，这里存在一个最佳管径，它可以使管道成本和未来的电能消耗最小化。

假设这个系统每天 24h 运转，工作 30 年。在此期间的电费为 0.06 美元/（kW·h）保持不变。假设系统性能在这些年保持不变（这不是真实情况，特别地，如果矿物质含量高的水流过管道——会形成划痕）。泵的总工作效率为 80%。一个 10km 的管道购买、安装和绝热的费用取决于管道直径 D，并且它的表达式为费用 = 10^6 美元 × D，其中 D 的单位为 m。为简化起见，假设零通货膨胀、零利率、零残余价值、零维修费用，确定最佳管道直径。

8-130 生产设备需求的压缩空气，通过一个 120hp 压缩机来实现。这个压缩机从外界吸入空气，空气流过一个 9m 长，直径为 22cm，有薄镀锌层的导管。压缩机以 0.27m³/s 流量吸入空气，外界条件为 15°C 和 95kPa。忽略任何局部损失，确定压缩机克服导管中摩擦损失所消耗的有效功率。

答案：6.74W

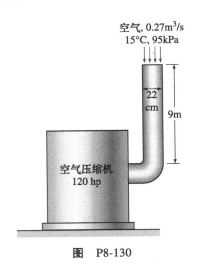

空气, 0.27m³/s
15°C, 95kPa

22 cm

9m

空气压缩机
120 hp

图　P8-130

8-131　一个建在河边上的房子，在夏天使用河中的冷水来降温。水流过一段 20m 长、直径为 20cm 的圆形不锈钢导管。平均温度为 15°C 的空气以 4m/s 的速度流过在水下的一段导管。风机总效率为 62%，确定在这段导管中克服流阻所需要的风机功率。

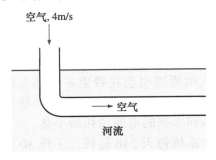

空气, 4m/s

空气

河流

图　P8-131

8-132　圆管中充分发展层流中的速度分布图，单位为 m/s，表达式为 $u(r) = 6(1 - 100r^2)$，其中 r 是到管道中心线处的径向距离，单位为 m。求（a）管道半径，（b）流过管道的平均速度，（c）管中的最大速度。

8-133　20°C 的油平稳地流过一个直径为 6cm、长为 33m 的管道。在管道入口和出口处的压强分别测量为 745kPa 和 97.0kPa，并且预期流动为层流。假设为充分发展流并且管道是（a）水平的，（b）向上倾斜 15°，（c）向下倾斜 15°，确定流过管道的油的流量。同时，证明流过管道的流动为层流。

8-134　两个直径和材料相同的管道并联连接。管 A 的长度是管 B 的长度的五倍。假设两个管道中的流动都为完全湍流，因此摩擦系数与雷诺数无关并且忽略局部损失，确定两个管道中流量之比。

答案：0.447

8-135　重新考虑题 8-134，将管道 A 的长度改为管道 B 的三倍。将结果与题 8-134 比较。二者的差异与你的直觉一致吗？请解释。

8-136　具有数百个封装在壳中的管壳式热交换器在实际中通常用于两种流体间的热传递。用于主动式太阳能热水系统的这类热交换器，水 - 防冻液流过壳体和太阳能收集器，平均温度为 60°C 的淡水以 15L/s 的流量流过管道，热量在二者之间进行传递。热交换器包括 80 个黄铜管道，其内部直径为 1cm，长度为 1.5m。忽略入口、出口和水头损失，确定流过单个管道的压降和热交换器的管内流体所需泵功率。

在工作很长一段时间后，在内表面形成 1mm 厚的划痕，等价粗糙度为 0.4mm。对于同样的泵功率输入，确定流过管道的水的流量减少的百分数。

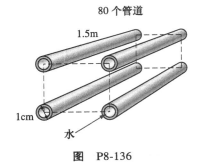

80 个管道

1.5m

1cm

水

图　P8-136

8-137　15°C 的水从一个水槽中以 18L/s 的流量用两个水平放置串联的铸铁管道排出，并且两个管道之间有一个泵。第一个管道长为 20m，直径为 6cm，而第二个管道长为 35m，直径为 3cm。水槽中的水位高于管道中心线 30m。管道入口为直角边的，并且与管道连接相关的损失可忽略。忽略动能修正系数的影响，确定所需泵扬程和保持这个流量的最小泵功率。

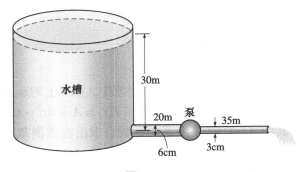

30m

水槽

20m　泵

35m

6cm

3cm

图　P8-137

8-138　重新思考题 8-137 中，使用合适的软件，保持指定的流量不变，研究第二个管道的直径对所需泵扬程的影响。让直径从 1cm 变化到 10cm，每次增加 1cm。将结果制成表格并绘图。

8-139 思考从一个水槽中流过一个水平放置的、长度为 L，并且直径为 D 的管道中的流动，管道插入内壁，与自由面的垂直高度为 H。流过一个实际管道并且有凹角段（$K_L = 0.8$）的流量，比穿过孔并且假设为"无摩擦"流动因此无损失的流量要小得多。确定在流过孔的无摩擦流动中使用的凹角管的"等效直径"的关系式，管道摩擦系数的值、长度和直径分别为 0.018、10m 和 0.04m。假设管道的摩擦系数保持不变，并且动能修正系数的影响可忽略。

8-140 一个以 $3m^3/s$ 的速度输送 40°C 油的管道分支到两个型钢制成的并联管道，这两个并联管道在下游重新连接在一起。管 A 长 500m 且直径为 30cm，而管 B 长 800m 且直径为 45cm。局部损失可忽略。确定流过每个并联管道中的流量。

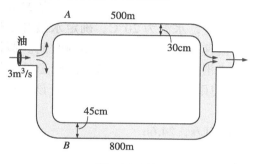

图 P8-140

8-141 100°C 的热水流过这个供热分配系统，重新思考题 8-140。

8-142 水从一个 7m 高的水槽中通过钻一个直径为 5cm 非常光滑的孔来回收，在底部的损失可以忽略，附加的一个水平 90° 弯管长度也忽略不计。动能修正系数为 1.05，如果（a）弯管为法兰连接的光滑弯管并且（b）弯管是没有叶片的斜接管，确定流过弯管水的流量。

答案：（a）19.8L/s，（b）15.7L/s

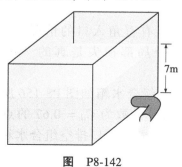

图 P8-142

8-143 一个纺织厂的压缩空气需要通过一个大的压缩机来生产。这个压缩机以 $0.6m^3/s$ 的流量，吸入在 20°C 和一个大气压（100kPa）的大气状态下的空气，工作时消耗 300kW 电能。空气被压缩到表压 8bar（绝对压强为 900kPa），并且压缩空气通过一个内径为 15cm、长为 83m、表面粗糙度为 0.15mm 的镀锌钢管输送到产品区域。管中压缩空气的平均温度为 60°C。压缩空气管线有 8 个弯头，每个弯头的损失系数为 0.6。如果压缩效率为 85%，确定在传输线中的压降和能量耗散。

答案：1.40kPa，0.125kW

8-144 重新思考题 8-143。为了减少水头损失和浪费的功率，一些人建议把 83m 长的压缩空气管直径加倍。计算减少的浪费功率，并且确定这是否是个好主意。考虑替换的花费，你觉得这个建议是否合理？

8-145E 一个饮水器被安装在一个很远的位置，通过铸铁管道直接连接到总水管，流过总水管的水为 70°F 和 60lb/in²。管道的入口为直角边，并且 70ft 长的管道系统有三个 90° 斜面弯管、一个完全打开的闸阀和一个当完全打开时损失系数为 5 的角阀，并且没有叶片。如果这个系统以 15gal/min 的流量提供水并且管道与饮水器间的高度差可忽略，确定管道系统的最小直径。

答案：0.713in

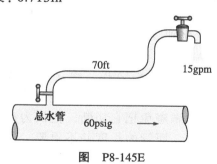

图 P8-145E

8-146E 换成塑料（光滑）管道重新思考题 8-145E。

8-147 在一个水力发电厂中，通过一个长度为 200m、直径为 0.35m 的铸铁管道将 20°C 的水以 $0.55m^3/s$ 的流量输送到涡轮机中。水库自由面与涡轮出口之间的高度差为 140m，并且涡轮发电机的工作效率为 85%。由于长度 - 直径比很大，忽略局部损失，求这个工厂的电能输出。

8-148 在题 8-147 中，为了减少管道损失，管道的直径改为原来的三倍。确定由于这个改造净输出功率增长的百分数。

8-149E 一个办公室用大水瓶来装饮用水。直径为 0.35in、长 6ft 的塑料软管的一端插入置于高架上的瓶中，而另一端带有开 / 关阀，保持在瓶底下 3ft 处。如果瓶子装满时的水位是 1ft，那么确定装满一个 8 盎司（= 0.00835ft³）的玻璃杯需要多长时间（a）当瓶子首次打开时，（b）瓶子几乎空了。总的局部损失，包括开 / 关阀，当完全打开时为 2.8。假设水温与 70°F 的室温相同。

   答案：（a）2.4s，（b）2.8s

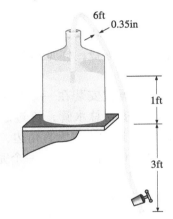

图 P8-149E

8-150E 重新考虑题 8-149E。使用适当的软件，研究软管直径对装满玻璃杯所需的时间的影响。让直径从 0.2in 变化到 2in，增量为 0.2in。列出并绘制结果。

8-151E 重新考虑题 8-149E。建立虹吸系统的办公室工作人员购买了一个 12ft 长的塑料管卷轴，并且想用整个卷轴来避免把它切断，他认为这是高度差异使虹吸工作，而管的长度并不重要。所以他用了 12ft 长的整个管子。假设管子的匝数或收缩不显著（非常乐观）并且保持相同的高度，确定两种情况（瓶子几乎满，瓶子几乎空）装满一杯水所需的时间。

8-152 一个系统由两个互相连接的圆柱形水槽组成，$D_1 = 30cm$、$D_2 = 12cm$，该系统用于确定直径为 $D_0 = 5cm$ 节流孔的流量系数。开始时（$t = 0s$），在水槽中的流体高度为 $h_1 = 45cm$ 和 $h_2 = 15cm$，如图 P8-152 所示。如果两个水槽中的流体平面相等并且停止流动需要 200s，确定节流孔的流量系数。忽略其他与流体相关的损失。

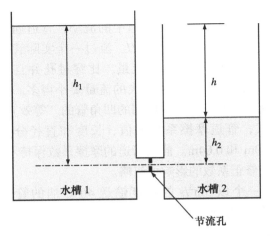

图 P8-152

8-153 一个直径为 10m、高为 2m 的地上游泳池，通过连接在水池底部的直径为 5cm、长为 25m 的水平塑料管来排空，水温为 20°C。确定水最开始通过管道排出的流速和排空泳池所需要的时间。假设管道的入口为光滑圆角，损失可忽略。管道的摩擦系数为 0.022。使用最初的排放速度，检查该摩擦系数是否合理。

   答案：3.55L/s，24.6h

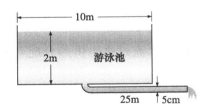

图 P8-153

8-154 重新思考题 8-153。使用适当的软件，研究管道直径对完全排空泳池所需时间的影响。让直径从 1cm 到 10cm 变化，每次增加 1cm。将结果制成表格并绘图。

8-155 对于管道有直角入口的情况 $K_L = 0.5$。重复题 8-153。这个局部损失是真的"局部"还是假的？

8-156 装有水的组合水箱如图 P8-156 所示。忽略黏性影响，在流量系数为 $C_d = 0.67$ 的点 A 处，确定通过直径为 1cm 的小开口排空组合水箱所需的总时间。

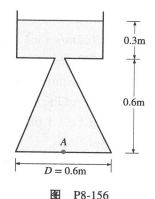

图 P8-156

8-157 水箱通过一个截面 $a \times b$ 的矩形槽排水，求总体积流量与给定参数的函数关系。

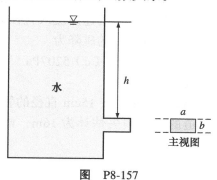

图 P8-157

8-158 水以 $\dot{V} = 0.5\mathrm{m}^3/\mathrm{s}$ 的流量稳定地流入一个大型刚性水箱，并通过一个大的矩形开口排出。在该开口，速度在竖直方向上从 4m/s 线性变化到 5m/s。已知水箱已满，确定通过直径为 $D = 15\mathrm{cm}$ 的顶部圆形开口的速度大小。

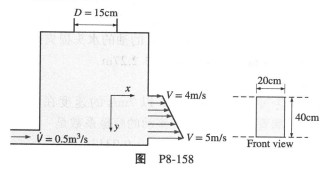

图 P8-158

8-159 水通过直径为 D、总长度为 L、摩擦系数为 f 的管道从通向大气的水库中虹吸出来，如图 P8-159 所示。大气压强为 99.27kPa。局部损失忽略不计。（a）验证以下公式，有喷嘴的虹吸管出口速度与无喷嘴的虹吸管出口速度之比

$$V_D / V_C = \sqrt{\left(f\dfrac{L}{D} + 1\right) \Big/ \left(f\dfrac{L}{D}\dfrac{d^4}{D^4} + 1\right)}$$

当 $L = 28\mathrm{m}$，$h_1 = 1.8\mathrm{m}$，$h_2 = 12\mathrm{m}$，$D = 12\mathrm{cm}$，$d = 3\mathrm{cm}$，$f = 0.02$ 时，计算该值（b）证明有喷嘴的虹吸管中 B 处的静压比没有喷嘴的虹吸管大，速度也小。解释在流动物理方面如何利用这种情况。（c）为避免气蚀，确定管道系统中 h_2 的最大值。水的密度和蒸气压为 $\rho = 1000\mathrm{kg/m}^3$，$P_v = 4.25\mathrm{kPa}$，$L_1 = 4\mathrm{m}$。

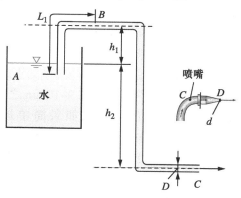

图 P8-159

8-160 众所周知，罗马高架渠的用户通过在管道出口安装扩散器来获得更多的水。该图显示了一个光滑的入口管的模拟，分别带有和不带 20° 的扩散器扩展到直径 6cm 的出口。管道入口为直角。计算（a）无扩散器和（b）有扩散器时的流速，并解释结果。（c）如果有扩散器且在蓄水池与管道入口之间为光滑圆角，$K_{\mathrm{ent}} = 0.05$，流速增加多少？对于 20℃ 的水，取 $\rho = 998\mathrm{kg/m}^3$，$\mu = 0.001\mathrm{kg/m \cdot s}$。

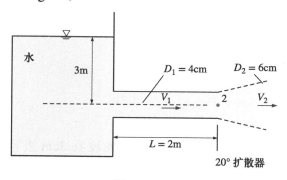

图 P8-160

8-161 在工业应用中，需要把水 $[\rho = 1000\mathrm{kg/m}^3$，$\mu = 1.00 \times 10^{-3}\mathrm{kg/m \cdot s}]$ 从一个大水箱泵到另一个较高处的大水箱中，两个水箱位于工厂的不同区域。两个水箱的自由表面都通大气，两表面之间的高度差为 5.00m，管道为内径 1.27cm 的 PVC 塑料管。管总长度为 47.48m，管道入口、出口为直角，且均淹没于水中。管路中有五个常规法兰连接的光滑的 90°

弯头，以及两个完全打开的截止阀。泵的性能（供给曲线）可近似用表达式 $H_{available} = h_{pump, u\ supply} = H_0 - a\dot{V}^2$，其中关闭压头 $H_0 = 18.0$m 水柱，系数 $a = 0.045$m/（L·m^{-2}），可用泵压头 Havailable 以米水柱为单位，体积流量 $\dot{V}$ 的单位为升每分钟（LPM）。为了一致，取 $g = 9.807$m/s^2，对于充分发展的湍流管流，$\alpha = 1.05$。

（a）预测通过该管道系统的水的体积流量。注意：这里推荐使用联立方程求解器软件，特别是下面的（b）和（c）部分，其中您需要做一些简单的更改并重新运行计算机程序。你的答案应该在 9~10min 之间。

（b）Jennifer 告诉她的老板，如果简单地用球阀代替截止阀，可以以很低的成本增加流量。重复（a）部分的计算。与（a）部分的基本情况相比，体积流量增加了多少百分比？

（c）Brad 建议他们用直径大约两倍（2.54cm 内径）的 PVC 管把整个管道系统也替换掉。预测这种情况下的体积流量，假设相同的泵、相同的总管长（47.48m）、相同的弯头数量和类型，但是和（b）部分一样新系统中也有两个完全打开的球阀以使流量最大。与（a）部分的基本情况相比，体积流量增加了多少百分比？

工程基础（FE）考试问题

8-162 在管道系统中，用什么来控制流量？

（a）管道（b）阀门（c）接头（d）泵（e）弯头

8-163 雷诺数可以看作是如下之比

（a）阻力 / 动态阻力

（b）浮力 / 黏性力

（c）壁面摩擦阻力 / 惯性力

（d）惯性力 / 重力

（e）惯性力 / 黏性力

8-164 10℃ 的水以 1.25m/s 的速度在 3cm 直径的管道中流动，雷诺数是

（a）19770（b）23520（c）28680

（d）32940（e）36050

8-165 1 个大气压、20℃ 的空气在直径为 3cm 的管中流动。气流保持层流的最大速度是

（a）0.87m/s（b）0.95m/s（c）1.16m/s

（d）1.32m/s（e）1.44m/s

8-166 考虑直径 0.8cm 的管道中水的层流，流量为 1.15L/min。管道表面和中心之间的一半位置处的水

流速度为

（a）0.381m/s（b）0.762m/s（c）1.15m/s

（d）0.874m/s（e）0.572m/s

8-167 水在 10℃ 时以 1.33L/min 的速度流入直径为 1.2cm 的管道中，水动力入口长度为

（a）0.60m（b）0.94m（c）1.08m

（d）1.20m（e）1.33m

8-168 发动机油在 20℃ 以 800L/min 的流量在 15cm 直径的管道中流动，这种流动的摩擦系数是

（a）0.746（b）0.533（c）0.115

（d）0.0826（e）0.0553

8-169 发动机油在 40℃ ［$\rho = 876$kg/m^3，$\mu = 0.2177$kg/（m·s）］以 0.9m/s 的速度流入直径为 20cm 的管道中，管长为 20m 的油的压降为

（a）3135Pa（b）4180Pa（c）5207Pa

（d）6413Pa（e）7620Pa

8-170 水以 1.8m/s 的速度在 15cm 直径的管道中流动。如果沿管道的水头损失估计为 16m，则克服这种水头损失所需的泵功率为

（a）3.22kW（b）3.77kW（c）4.45kW

（d）4.99kW（e）5.54kW

8-171 给定流动的压降为 100Pa。对于相同的流量，如果将管道直径减小一半，压降将是

（a）25Pa（b）50Pa（c）200Pa

（d）400Pa（e）1600Pa

8-172 发动机油在 40℃ ［$\rho = 876$kg/m^3，$\mu = 0.2177$kg/（m·s）］下，以 1.6m/s 的速度，在 20cm 直径的管道内流动，管长为 130m 的油的水头损失是

（a）0.86m（b）1.30m（c）2.27m

（d）3.65m（e）4.22m

8-173 空气在 1atm 和 25℃ 以 7m/s 的速度在直径 4cm 的玻璃管中流动。这种流动的摩擦系数是

（a）0.0266（b）0.0293（c）0.0313

（d）0.0176（e）0.0157

8-174 在直径为 16cm 的钢管中，热燃气以 3.5m/s 的速度流动，气体近似为空气，压强为 1atm，温度为 350℃。管道的粗糙度为 0.045mm。克服 60m 长管道压降所需的输入功率是

（a）0.55W（b）1.33W（c）2.85W

（d）4.82W（e）6.35W

8-175 空气在 1atm 和 40℃ 以 2500L/min 的流量在 8cm

直径的管道中流动，摩擦系数由莫迪图确定为0.027。为了克服管道长度为150m的压降，需输入的功率是

（a）310W（b）188W（c）132W

（d）81.7W（e）35.9W

8-176　1atm和20℃的空气以2200L/min的流量在60m长的圆形钢管中输送，管道的粗糙度为0.11mm。如果管道中的水头损失不超过8m，则管道的最小直径为

（a）5.9cm（b）11.7cm（c）13.5cm

（d）16.1cm（e）20.7cm

8-177　1atm和20℃的空气以5100L/min的流量在60m长的圆形钢管中输送，管道的粗糙度为0.25mm。如果管内的压降不超过90Pa，则空气的最大速度是

（a）3.99m/s（b）4.32m/s（c）6.68m/s

（d）7.32m/s（e）8.90m/s

8-178　管道系统中的阀门造成了3.1m的水头损失。如果流速为4m/s，则该阀门的损失系数为

（a）1.7（b）2.2（c）2.9（d）3.3（e）3.8

8-179　水流系统包括180°弯头（带螺纹）和90°斜接弯头（无叶片）。水的流速为1.2m/s。由于这些弯头造成的局部损失相当于

（a）648Pa（b）933Pa（c）1255Pa

（d）1872Pa（e）2600Pa

8-180　空气以5.5m/s的速度在直径8cm、长33m的管道中流动。管道系统包括多个流量限制，总的局部损失系数为2.6。由莫迪图得到的管道摩擦系数为0.025。该管道系统的总水头损失为

（a）13.5m（b）7.6m（c）19.9m

（d）24.5m（e）4.2m

8-181　考虑一个管道，它分支成两个平行的管道，然后在下游某处重新汇合。这两个平行管具有相同的长度和摩擦系数。管道的直径为2cm和4cm。如果一个管道中的流量是10L/min，则另一个管道中的流量是

（a）10L/min（b）3.3L/min（c）100L/min

（d）40L/min（e）56.6L/min

8-182　考虑一个管道，它分支成两个平行的管道，然后在下游某处重新连接。这两个平行管具有相同的长度和摩擦系数。管道的直径为2cm和4cm。如果一个管道中的水头损失为0.5m，则另一个管道中的水头损失为

（a）0.5m（b）1m（c）0.25m（d）2m（e）0.125m

8-183　考虑一个管道，它分支成三个平行的管道，然后在下游某处重新连接。所有三个管道具有相同的直径（$D = 3\text{cm}$）和摩擦系数（$f = 0.018$）。管道1和管道2的长度分别为5m和8m，而管道2和管道3中的流体速度分别为2m/s和4m/s。管道1中流体的速度是

（a）1.75m/s（b）2.12m/s（c）2.53m/s

（d）3.91m/s（e）7.68m/s

8-184　泵以$0.1\text{m}^3/\text{min}$的流量通过管道系统将水从一个蓄水池输送到另一个蓄水池。两个蓄水池都通大气。两个蓄水池之间的高度差为35m，总水头损失估计为4m。如果电动机-泵装置的效率为65%，则电动机-泵的输入功率为

（a）1660W（b）1472W（c）1292W

（d）981W（e）808W

设计题和论述题

8-185　像计算机这样的电子机箱通常用风扇冷却。写一篇关于强制空气冷却电子机箱和如何选择电子设备风扇的文章。

8-186　讨论用于计算诸如管网和分支管等管道系统中每个管段的未知流量或直径的方程，以及如何进行求解。定义电路中的电流与管网中的流体流动的类比。

8-187　设计一个使用垂直漏斗测量流体黏度的实验。这个竖直漏斗的圆柱水槽高度为h，狭窄流动截面直径为D，长度为L。用适合的假设，用容易测量的物理量如密度和体积流量，写出黏度的关系式。这里是否有必要使用一个修正系数？

8-188　选择一个用于花园中瀑布的泵。水在池塘的底部汇集，池塘的自由面与排水位置之间的高度差为3m。水的流量至少为8L/s。为这项工作选择一个合适的电动机-泵装置，并且确定三个制造商的产品型号和价格。选择一个并解释为什么你选择这个产品。同时，假设这个装置连续运行，估计每年的耗电成本。

8-189　在野营时，你注意到有水通过一个直径为30cm的塑料管道，从一个高蓄水池流到山谷的小河中。蓄水池自由面与小河间的高度差为70m。你构想了一个用水发电的想法。设计一个能从中产生最多电量的发电厂。同时，研究发电量对排出的水的流量的影响。排水量为多少时发电量最大？

附录　特性参数表与曲线图[○]

○ 表中大多参数皆源于 EES 数据库，并将原始来源列于表下。为了最大限度地减少手工计算中的累积舍入误差并确保与 EES 获得的结果一致，列出的参数通常其有效位数比所要求精度的位数多。

表 A-1 物质的摩尔质量、气体常数以及理想气体比热

物质	摩尔质量 $M/(kg/kmol)$	气体常数 $R/[kJ/(kg \cdot K)]^*$	25℃ 时的比热容		
			$c_p/[kJ/(kg \cdot K)]$	$c_v/[kJ/(kg \cdot K)]$	c_p/c_v
空气	28.97	0.2870	1.005	0.7180	1.400
氨，NH_3	17.03	0.4882	2.093	1.605	1.304
氩，Ar	39.95	0.2081	0.5203	0.3122	1.667
溴，Br_2	159.81	0.05202	0.2253	0.1732	1.300
异丁烷，C_4H_{10}	58.12	0.1430	1.663	1.520	1.094
丁烷，C_4H_{10}	58.12	0.1430	1.694	1.551	1.092
二氧化碳，CO_2	44.01	0.1889	0.8439	0.6550	1.288
一氧化碳，CO	28.01	0.2968	1.039	0.7417	1.400
氯，Cl_2	70.905	0.1173	0.4781	0.3608	1.325
氯二氟甲烷（R-22），$CHClF_2$	86.47	0.09615	0.6496	0.5535	1.174
乙烷，C_2H_6	30.070	0.2765	1.744	1.468	1.188
乙烯，C_2H_4	28.054	0.2964	1.527	1.231	1.241
氟，F_2	38.00	0.2187	0.8237	0.6050	1.362
氦，He	4.003	2.077	5.193	3.116	1.667
正庚烷，C_7H_{16}	100.20	0.08297	1.649	1.566	1.053
正己烷，C_6H_{14}	86.18	0.09647	1.654	1.558	1.062
氢气，H_2	2.016	4.124	14.30	10.18	1.405
氪，Kr	83.80	0.09921	0.2480	0.1488	1.667
甲烷，CH_4	16.04	0.5182	2.226	1.708	1.303
氖，Ne	20.183	0.4119	1.030	0.6180	1.667
氮，N_2	28.01	0.2968	1.040	0.7429	1.400
一氧化氮，NO	30.006	0.2771	0.9992	0.7221	1.384
二氧化氮，NO_2	46.006	0.1889	0.8060	0.6171	1.306
氧，O_2	32.00	0.2598	0.9180	0.6582	1.395
戊烷，C_5H_{12}	72.15	0.1152	1.664	1.549	1.074
丙烷，C_3H_8	44.097	0.1885	1.669	1.480	1.127
丙烯，C_3H_6	42.08	0.1976	1.531	1.333	1.148
水蒸气，H_2O	18.015	0.4615	1.865	1.403	1.329
二氧化硫，SO_2	64.06	0.1298	0.6228	0.4930	1.263
四氯化碳，CCl_4	153.82	0.05405	0.5415	0.4875	1.111
四氟丁烷（R-134a），$C_2H_2F_4$	102.03	0.08149	0.8334	0.7519	1.108
三氟乙烷（R-143a），$C_2H_3F_3$	84.04	0.09893	0.9291	0.8302	1.119
氙，Xe	131.30	0.06332	0.1583	0.09499	1.667

* 单位 $kJ/kg \cdot K$ 等价于 $kPa \cdot m^3/kg \cdot K$。气体常数根据公式 $R = R_u/M$ 计算，其中 $R_u = 8.31447 kJ/kmol \cdot K$，$R_u$ 为通用气体常数，M 为摩尔质量。

来源：比热值主要来源于美国马里兰州盖瑟斯堡市的美国国家标准与技术研究所（National Institute of Standards and Technology, NIST）的计算程序。

表 A-2 沸点和冰点属性

物质	1 个大气压时的沸点		冰点		液态属性		
	标准沸点 /℃	汽化潜热 h_{fg}/（kJ/kg）	冰点 /℃	熔化潜热 h_{if}/（kJ/kg）	温度 /℃	密度 ρ/（kg/m³）	比热容 c_p/[kJ/（kg·K）]
氨	−33.3	1357	−77.7	322.4	−33.3	682	4.43
					−20	665	4.52
					0	639	4.60
					25	602	4.80
氩	−185.9	161.6	−189.3	28	−185.6	1394	1.14
苯	80.2	394	5.5	126	20	879	1.72
盐水（20% 质量分数的氯化钠）	103.9	—	−17.4	—	20	1150	3.11
丁烷	−0.5	385.2	−138.5	80.3	−0.5	601	2.31
二氧化碳	−78.4*	230.5（0℃）	−56.6		0	298	0.59
乙醇	78.2	838.3	−114.2	109	25	783	2.46
酒精	78.6	855	−156	108	20	789	2.84
乙二醇	198.1	800.1	−10.8	181.1	20	1109	2.84
甘油	179.9	974	18.9	200.6	20	1261	2.32
氦	−268.9	22.8	—	—	−268.9	146.2	22.8
氢	−252.8	445.7	−259.2	59.5	−252.8	70.7	10.0
异丁烷	11.7	367.1	−160	105.7	−11.7	593.8	2.28
煤油	204~293	251	−24.9	—	20	820	2.00
汞	356.7	294.7	−38.9	11.4	25	13,560	0.139
甲烷	−161.5	510.4	−182.2	58.4	−161.5	423	3.49
					−100	301	5.79
甲醇	64.5	1100	−97.7	99.2	25	787	2.55
氮	−195.8	198.6	−210	25.3	−195.8	809	2.06
					−160	596	2.97
辛烷	124.8	306.3	−57.5	180.7	20	703	2.10
油（轻）					25	910	1.80
氧	−183	212.7	−218.8	13.7	−183	1141	1.71
石油	—	230−384			20	640	2.0
丙烷	−42.1	427.8	−187.7	80.0	−42.1	581	2.25
					0	529	2.53
					50	449	3.13
制冷剂 −134a	−26.1	216.8	−96.6	—	−50	1443	1.23
					−26.1	1374	1.27
					0	1295	1.34
					25	1207	1.43
水	100	2257	0.0	333.7	0	1000	4.22
					25	997	4.18
					50	988	4.18
					75	975	4.19
					100	958	4.22

* 升华温度。（当压强低于三相点压强 518kPa 时，二氧化碳以气态或固态存在。二氧化碳冰点温度为三相点温度 −56.5℃。）

表 A-3 饱和水属性

温度 $T/°C$	饱和压强 P_{sat}/kPa	密度 $\rho/(kg/m^3)$ 液态	气态	汽化焓 $h_{fg}/(kJ/kg)$	比热容 $c_p/[J/(kg·K)]$ 液态	气态	导热系数 $k/[W/(m·K)]$ 液态	气态	动力黏度 $\mu/[kg/(m·s)]$ 液态	气态	普朗特数 Pr 液态	气态	体积膨胀系数 β/K^{-1} 液态	表面张力/(N/m) 液态
0.01	0.6113	999.8	0.0048	2501	4217	1854	0.561	0.0171	1.792×10^{-3}	0.922×10^{-5}	13.5	1.00	0.068×10^{-3}	0.0756
5	0.8721	999.9	0.0068	2490	4205	1857	0.571	0.0173	1.519×10^{-3}	0.934×10^{-5}	11.2	1.00	0.015×10^{-3}	0.0749
10	1.2276	999.7	0.0094	2478	4194	1862	0.580	0.0176	1.307×10^{-3}	0.946×10^{-5}	9.45	1.00	0.733×10^{-3}	0.0742
15	1.7051	999.1	0.0128	2466	4186	1863	0.589	0.0179	1.138×10^{-3}	0.959×10^{-5}	8.09	1.00	0.138×10^{-3}	0.0735
20	2.339	998.0	0.0173	2454	4182	1867	0.598	0.0182	1.002×10^{-3}	0.973×10^{-5}	7.01	1.00	0.195×10^{-3}	0.0727
25	3.169	997.0	0.0231	2442	4180	1870	0.607	0.0186	0.891×10^{-3}	0.987×10^{-5}	6.14	1.00	0.247×10^{-3}	0.0720
30	4.246	996.0	0.0304	2431	4178	1875	0.615	0.0189	0.798×10^{-3}	1.001×10^{-5}	5.42	1.00	0.294×10^{-3}	0.0712
35	5.628	994.0	0.0397	2419	4178	1880	0.623	0.0192	0.720×10^{-3}	1.016×10^{-5}	4.83	1.00	0.337×10^{-3}	0.0704
40	7.384	992.1	0.0512	2407	4179	1885	0.631	0.0196	0.653×10^{-3}	1.031×10^{-5}	4.32	1.00	0.377×10^{-3}	0.0696
45	9.593	990.1	0.0655	2395	4180	1892	0.637	0.0200	0.596×10^{-3}	1.046×10^{-5}	3.91	1.00	0.415×10^{-3}	0.0688
50	12.35	988.1	0.0831	2383	4181	1900	0.644	0.0204	0.547×10^{-3}	1.062×10^{-5}	3.55	1.00	0.451×10^{-3}	0.0679
55	15.76	985.2	0.1045	2371	4183	1908	0.649	0.0208	0.504×10^{-3}	1.077×10^{-5}	3.25	1.00	0.484×10^{-3}	0.0671
60	19.94	983.3	0.1304	2359	4185	1916	0.654	0.0212	0.467×10^{-3}	1.093×10^{-5}	2.99	1.00	0.517×10^{-3}	0.0662
65	25.03	980.4	0.1614	2346	4187	1926	0.659	0.0216	0.433×10^{-3}	1.110×10^{-5}	2.75	1.00	0.548×10^{-3}	0.0654
70	31.19	977.5	0.1983	2334	4190	1936	0.663	0.0221	0.404×10^{-3}	1.126×10^{-5}	2.55	1.00	0.578×10^{-3}	0.0645
75	38.58	974.7	0.2421	2321	4193	1948	0.667	0.0225	0.378×10^{-3}	1.142×10^{-5}	2.38	1.00	0.607×10^{-3}	0.0636
80	47.39	971.8	0.2935	2309	4197	1962	0.670	0.0230	0.355×10^{-3}	1.159×10^{-5}	2.22	1.00	0.653×10^{-3}	0.0627
85	57.83	968.1	0.3536	2296	4201	1977	0.673	0.0235	0.333×10^{-3}	1.176×10^{-5}	2.08	1.00	0.670×10^{-3}	0.0617
90	70.14	965.3	0.4235	2283	4206	1993	0.675	0.0240	0.315×10^{-3}	1.193×10^{-5}	1.96	1.00	0.702×10^{-3}	0.0608
95	84.55	961.5	0.5045	2270	4212	2010	0.677	0.0246	0.297×10^{-3}	1.210×10^{-5}	1.85	1.00	0.716×10^{-3}	0.0599
100	101.33	957.9	0.5978	2257	4217	2029	0.679	0.0251	0.282×10^{-3}	1.227×10^{-5}	1.75	1.00	0.750×10^{-3}	0.0589
110	143.27	950.6	0.8263	2230	4229	2071	0.682	0.0262	0.255×10^{-3}	1.261×10^{-5}	1.58	1.00	0.798×10^{-3}	0.0570
120	198.53	943.4	1.121	2203	4244	2120	0.683	0.0275	0.232×10^{-3}	1.296×10^{-5}	1.44	1.00	0.858×10^{-3}	0.0550
130	270.1	934.6	1.496	2174	4263	2177	0.684	0.0288	0.213×10^{-3}	1.330×10^{-5}	1.33	1.01	0.913×10^{-3}	0.0529
140	361.3	921.7	1.965	2145	4286	2244	0.683	0.0301	0.197×10^{-3}	1.365×10^{-5}	1.24	1.02	0.970×10^{-3}	0.0509
150	475.8	916.6	2.546	2114	4311	2314	0.682	0.0316	0.183×10^{-3}	1.399×10^{-5}	1.16	1.02	1.025×10^{-3}	0.0487
160	617.8	907.4	3.256	2083	4340	2420	0.680	0.0331	0.170×10^{-3}	1.434×10^{-5}	1.09	1.05	1.145×10^{-3}	0.0466
170	791.7	897.7	4.119	2050	4370	2490	0.677	0.0347	0.160×10^{-3}	1.468×10^{-5}	1.03	1.05	1.178×10^{-3}	0.0444
180	1002.1	887.3	5.153	2015	4410	2590	0.673	0.0364	0.150×10^{-3}	1.502×10^{-5}	0.983	1.07	1.210×10^{-3}	0.0422
190	1254.4	876.4	6.388	1979	4460	2710	0.669	0.0382	0.142×10^{-3}	1.537×10^{-5}	0.947	1.09	1.280×10^{-3}	0.0399
200	1553.8	864.3	7.852	1941	4500	2840	0.663	0.0401	0.134×10^{-3}	1.571×10^{-5}	0.910	1.11	1.350×10^{-3}	0.0377
220	2318	840.3	11.60	1859	4610	3110	0.650	0.0442	0.122×10^{-3}	1.641×10^{-5}	0.865	1.15	1.520×10^{-3}	0.0331
240	3344	813.7	16.73	1767	4760	3520	0.632	0.0487	0.111×10^{-3}	1.712×10^{-5}	0.836	1.24	1.720×10^{-3}	0.0284
260	4688	783.7	23.69	1663	4970	4070	0.609	0.0540	0.102×10^{-3}	1.788×10^{-5}	0.832	1.35	2.000×10^{-3}	0.0237
280	6412	750.8	33.15	1544	5280	4835	0.581	0.0605	0.094×10^{-3}	1.870×10^{-5}	0.854	1.49	2.380×10^{-3}	0.0190
300	8581	713.8	46.15	1405	5750	5980	0.548	0.0695	0.086×10^{-3}	1.965×10^{-5}	0.902	1.69	2.950×10^{-3}	0.0144
320	11274	667.1	64.57	1239	6540	7900	0.509	0.0836	0.078×10^{-3}	2.084×10^{-5}	1.00	1.97		0.0099
340	14586	610.5	92.62	1028	8240	11870	0.469	0.110	0.070×10^{-3}	2.255×10^{-5}	1.23	2.43		0.0056
360	18651	528.3	144.0	720	14690	25800	0.427	0.178	0.060×10^{-3}	2.571×10^{-5}	2.06	3.73		0.0019
374.14	22090	317.0	317.0	0	—	—	—	—	0.043×10^{-3}	4.313×10^{-5}				0

注：1. 可根据定义式 $v = \mu/\rho$ 和 $\alpha = k/(\rho c_p) = v/Pr$ 求出运动黏度 v 和热扩散率 α。水的三相点、沸点和临界点温度分别为 0.01℃、100℃ 和 374.14℃。表中所列参数（蒸汽密度除外），除了温度在临界点附近时，可以在任何压强下使用且误差可以忽略不计。

2. 比热容的单位 kJ/(kg·℃) 等价于 kJ/(kg·K)，导热系数的单位 W/(m·℃) 等价于 W/(m·K)。

来源：黏度和导热系数来源于 J. V. Sengers 和 J. T. R. Watson，Journal of Physical and Chemical Reference Data 15（1986），1291-1322。其他数据是从不同的来源或计算得到的。

表 A-4　饱和制冷剂 –134a 属性

温度 $T/°C$	饱和压强 P/kPa	密度 $\rho/$ (kg/m³)		汽化焓 $h_{fg}/$(kJ/kg)	比热容 $c_p/$ [J/(kg·K)]		导热系数 $k/$ [W/ (m·K)]		动力黏度 $\mu/$ [kg/ (m·s)]		普朗特数 Pr		体积膨胀系数 β/K^{-1} 液态	表面张力 / (N/m) 液态
		液态	气态		液态	气态	液态	气态	液态	气态	液态	气态		
−40	51.2	1418	2.773	225.9	1254	748.6	0.1101	0.00811	4.878×10^{-4}	2.550×10^{-6}	5.558	0.235	0.00205	0.01760
−35	66.2	1403	3.524	222.7	1264	764.1	0.1084	0.00862	4.509×10^{-4}	3.003×10^{-6}	5.257	0.266	0.00209	0.01682
−30	84.4	1389	4.429	219.5	1273	780.2	0.1066	0.00913	4.178×10^{-4}	3.504×10^{-6}	4.992	0.299	0.00215	0.01604
−25	106.5	1374	5.509	216.3	1283	797.2	0.1047	0.00963	3.882×10^{-4}	4.054×10^{-6}	4.757	0.335	0.00220	0.01527
−20	132.8	1359	6.787	213.0	1294	814.9	0.1028	0.01013	3.614×10^{-4}	4.651×10^{-6}	4.548	0.374	0.00227	0.01451
−15	164.0	1343	8.288	209.5	1306	833.5	0.1009	0.01063	3.371×10^{-4}	5.295×10^{-6}	4.363	0.415	0.00233	0.01376
−10	200.7	1327	10.04	206.0	1318	853.1	0.0989	0.01112	3.150×10^{-4}	5.982×10^{-6}	4.198	0.459	0.00241	0.01302
−5	243.5	1311	12.07	202.4	1330	873.8	0.0968	0.01161	2.947×10^{-4}	6.709×10^{-6}	4.051	0.505	0.00249	0.01229
0	293.0	1295	14.42	198.7	1344	895.6	0.0947	0.01210	2.761×10^{-4}	7.471×10^{-6}	3.919	0.553	0.00258	0.01156
5	349.9	1278	17.12	194.8	1358	918.7	0.0925	0.01259	2.589×10^{-4}	8.264×10^{-6}	3.802	0.603	0.00269	0.01084
10	414.9	1261	20.22	190.8	1374	943.2	0.0903	0.01308	2.430×10^{-4}	9.081×10^{-6}	3.697	0.655	0.00280	0.01014
15	488.7	1244	23.75	186.6	1390	969.4	0.0880	0.01357	2.281×10^{-4}	9.915×10^{-6}	3.604	0.708	0.00293	0.00944
20	572.1	1226	27.77	182.3	1408	997.6	0.0856	0.01406	2.142×10^{-4}	1.075×10^{-5}	3.521	0.763	0.00307	0.00876
25	665.8	1207	32.34	177.8	1427	1028	0.0833	0.01456	2.012×10^{-4}	1.160×10^{-5}	3.448	0.819	0.00324	0.00808
30	770.6	1188	37.53	173.1	1448	1061	0.0808	0.01507	1.888×10^{-4}	1.244×10^{-5}	3.383	0.877	0.00342	0.00742
35	887.5	1168	43.41	168.2	1471	1098	0.0783	0.01558	1.772×10^{-4}	1.327×10^{-5}	3.328	0.935	0.00364	0.00677
40	1017.1	1147	50.08	163.0	1498	1138	0.0757	0.01610	1.660×10^{-4}	1.408×10^{-5}	3.285	0.995	0.00390	0.00613
45	1160.5	1125	57.66	157.6	1529	1184	0.0731	0.01664	1.554×10^{-4}	1.486×10^{-5}	3.253	1.058	0.00420	0.00550
50	1318.6	1102	66.27	151.8	1566	1237	0.0704	0.01720	1.453×10^{-4}	1.562×10^{-5}	3.231	1.123	0.00456	0.00489
55	1492.3	1078	76.11	145.7	1608	1298	0.0676	0.01777	1.355×10^{-4}	1.634×10^{-5}	3.223	1.193	0.00500	0.00429
60	1682.8	1053	87.38	139.1	1659	1372	0.0647	0.01838	1.260×10^{-4}	1.704×10^{-5}	3.229	1.272	0.00554	0.00372
65	1891.0	1026	100.4	132.1	1722	1462	0.0618	0.01902	1.167×10^{-4}	1.771×10^{-5}	3.255	1.362	0.00624	0.00315
70	2118.2	996.2	115.6	124.4	1801	1577	0.0587	0.01972	1.077×10^{-4}	1.839×10^{-5}	3.307	1.471	0.00716	0.00261
75	2365.8	964	133.6	115.9	1907	1731	0.0555	0.02048	9.891×10^{-5}	1.908×10^{-5}	3.400	1.612	0.00843	0.00209
80	2635.2	928.2	155.3	106.4	2056	1948	0.0521	0.02133	9.011×10^{-5}	1.982×10^{-5}	3.558	1.810	0.01031	0.00160
85	2928.2	887.1	182.3	95.4	2287	2281	0.0484	0.02233	8.124×10^{-5}	2.071×10^{-5}	3.837	2.116	0.01336	0.00114
90	3246.9	837.7	217.8	82.2	2701	2865	0.0444	0.02357	7.203×10^{-5}	2.187×10^{-5}	4.385	2.658	0.01911	0.00071
95	3594.1	772.5	269.3	64.9	3675	4144	0.0396	0.02544	6.190×10^{-5}	2.370×10^{-5}	5.746	3.862	0.03343	0.00033
100	3975.1	651.7	376.3	33.9	7959	8785	0.0322	0.02989	4.765×10^{-5}	2.833×10^{-5}	11.77	8.326	0.10047	0.00004

注：1. 可根据定义式 $v = \mu/\rho$ 和 $\alpha = k/\rho c_p = v/Pr$ 求出运动黏度 v 和热扩散率 α。表中所列参数（蒸汽密度除外），除了温度在临界点附近时，可以在任何压强下使用且误差可以忽略不计。

　　2. 比热容的单位 kJ/kg·°C 等价于 kJ/kg·K，导热系数的单位 W/m·°C 等价于 W/m·K。

来源：数据由 S. A. Klein 和 F. L. Alvarado 开发的 EES 软件计算得到。原始来源：R. Tillner-Roth 和 H. D. Baehr, "An International Standard Formulation for the Thermodynamic Properties of 1,1,1,2-Tetrafluoroethane（HFC-134a）for Temperatures from 170K to 455K and Pressures up to 70MPa," *J. Phys. Chem, Ref. Data*, Vol. 23, No. 5, 1994; M. J. Assael, N. K. Dalaouti, A. A. Griva 和 J. H. Dymond, "Viscosity and Thermal Conductivity of Halogenated Methane and Ethane Refrigerants," *IJR*, Vol. 22,525–535, 1999; NIST REFPROP 6program（M. O. McLinden, S. A. Klein, E. W. Lemmon 和 A. P. Peskin, Physical and Chemical Properties Division, National Institute of Standards and Technology, Boulder, CO 80303, 1995）。

表 A-5　饱和氨属性

温度 $T/°C$	饱和压强 P/kPa	密度 ρ/ (kg/m^3) 液态	气态	汽化焓 h_{fg}/(kJ/kg)	比热容 c_p [J/(kg·K)] 液态	气态	导热系数 k [W/ (m·K)] 液态	气态	动力黏度 μ/ [kg/ (m·s)] 液态	气态	普朗特数 Pr 液态	气态	体积膨胀系数 β/K^{-1} 液态	表面张力 / (N/m) 液态
-40	71.66	690.2	0.6435	1389	4414	2242	—	0.01792	2.926×10^{-4}	7.957×10^{-6}	—	0.9955	0.00176	0.03565
-30	119.4	677.8	1.037	1360	4465	2322	—	0.01898	2.630×10^{-4}	8.311×10^{-6}	—	1.017	0.00185	0.03341
-25	151.5	671.5	1.296	1345	4489	2369	0.5968	0.01957	2.492×10^{-4}	8.490×10^{-6}	1.875	1.028	0.00190	0.03229
-20	190.1	665.1	1.603	1329	4514	2420	0.5853	0.02015	2.361×10^{-4}	8.669×10^{-6}	1.821	1.041	0.00194	0.03118
-15	236.2	658.6	1.966	1313	4538	2476	0.5737	0.02075	2.236×10^{-4}	8.851×10^{-6}	1.769	1.056	0.00199	0.03007
-10	290.8	652.1	2.391	1297	4564	2536	0.5621	0.02138	2.117×10^{-4}	9.034×10^{-6}	1.718	1.072	0.00205	0.02896
-5	354.9	645.4	2.886	1280	4589	2601	0.5505	0.02203	2.003×10^{-4}	9.218×10^{-6}	1.670	1.089	0.00210	0.02786
0	429.6	638.6	3.458	1262	4617	2672	0.5390	0.02270	1.896×10^{-4}	9.405×10^{-6}	1.624	1.107	0.00216	0.02676
5	516	631.7	4.116	1244	4645	2749	0.5274	0.02341	1.794×10^{-4}	9.593×10^{-6}	1.580	1.126	0.00223	0.02566
10	615.3	624.6	4.870	1226	4676	2831	0.5158	0.02415	1.697×10^{-4}	9.784×10^{-6}	1.539	1.147	0.00230	0.02457
15	728.8	617.5	5.729	1206	4709	2920	0.5042	0.02492	1.606×10^{-4}	9.978×10^{-6}	1.500	1.169	0.00237	0.02348
20	857.8	610.2	6.705	1186	4745	3016	0.4927	0.02573	1.519×10^{-4}	1.017×10^{-5}	1.463	1.193	0.00245	0.02240
25	1003	602.8	7.809	1166	4784	3120	0.4811	0.02658	1.438×10^{-4}	1.037×10^{-5}	1.430	1.218	0.00254	0.02132
30	1167	595.2	9.055	1144	4828	3232	0.4695	0.02748	1.361×10^{-4}	1.057×10^{-5}	1.399	1.244	0.00264	0.02024
35	1351	587.4	10.46	1122	4877	3354	0.4579	0.02843	1.288×10^{-4}	1.078×10^{-5}	1.372	1.272	0.00275	0.01917
40	1555	579.4	12.03	1099	4932	3486	0.4464	0.02943	1.219×10^{-4}	1.099×10^{-5}	1.347	1.303	0.00287	0.01810
45	1782	571.3	13.8	1075	4993	3631	0.4348	0.03049	1.155×10^{-4}	1.121×10^{-5}	1.327	1.335	0.00301	0.01704
50	2033	562.9	15.78	1051	5063	3790	0.4232	0.03162	1.094×10^{-4}	1.143×10^{-5}	1.310	1.371	0.00316	0.01598
55	2310	554.2	18.00	1025	5143	3967	0.4116	0.03283	1.037×10^{-4}	1.166×10^{-5}	1.297	1.409	0.00334	0.01493
60	2614	545.2	20.48	997.4	5234	4163	0.4001	0.03412	9.846×10^{-5}	1.189×10^{-5}	1.288	1.452	0.00354	0.01389
65	2948	536.0	23.26	968.9	5340	4384	0.3885	0.03550	9.347×10^{-5}	1.213×10^{-5}	1.285	1.499	0.00377	0.01285
70	3312	526.3	26.39	939.0	5463	4634	0.3769	0.03700	8.879×10^{-5}	1.238×10^{-5}	1.287	1.551	0.00404	0.01181
75	3709	516.2	29.90	907.5	5608	4923	0.3653	0.03862	8.440×10^{-5}	1.264×10^{-5}	1.296	1.612	0.00436	0.01079
80	4141	505.7	33.87	874.1	5780	5260	0.3538	0.04038	8.030×10^{-5}	1.292×10^{-5}	1.312	1.683	0.00474	0.00977
85	4609	494.5	38.36	838.6	5988	5659	0.3422	0.04232	7.645×10^{-5}	1.322×10^{-5}	1.338	1.768	0.00521	0.00876
90	5116	482.8	43.48	800.6	6242	6142	0.3306	0.04447	7.284×10^{-5}	1.354×10^{-5}	1.375	1.871	0.00579	0.00776
95	5665	470.2	49.35	759.8	6561	6740	0.3190	0.04687	6.946×10^{-5}	1.389×10^{-5}	1.429	1.999	0.00652	0.00677
100	6257	456.6	56.15	715.5	6972	7503	0.3075	0.04958	6.628×10^{-5}	1.429×10^{-5}	1.503	2.163	0.00749	0.00579

注：1. 可根据定义式 $v = \mu/\rho$ 和 $\alpha = k/\rho c_p = \mu/Pr$ 求出运动黏度 v 和热扩散率 α。表中所列参数（蒸汽密度除外），除了温度在临界点附近时，可以在任何压强使用且误差可以忽略不计。

2. 比热容的单位 kJ/kg·°C 等价于 kJ/kg·K，导热系数的单位 W/(m·°C) 等价于 W/m·K。

来源：数据由 S. A. Klein 和 F. L. Alvarado 开发的 EES 软件计算得到。原始来源：Tillner-Roth, Harms-Watzenberg 和 Baehr，"Eine neue Fundamentalgleichung fur Ammoniak," DKV-Tagungsbericht 20：167-181，1993；Liley 和 Desai，"Thermophysical Properties of Refrigerants," *ASHRAE*，1993，ISBN 1-1883413-10-9。

表 A-6　饱和丙烷属性

温度 $T/^\circ C$	饱和压强 P/kPa	密度 $\rho/$ (kg/m³) 液态	气态	汽化焓 $h_{fg}/$(kJ/kg)	比热容 $c_p/$ [J/(kg·K)] 液态	气态	导热系数 $k/$ [W/ (m·K)] 液态	气态	动力黏度 $\mu/$ [kg/ (m·s)] 液态	气态	普朗特数 Pr 液态	气态	体积膨胀系数 β/K^{-1} 液态	表面张力 / (N/m) 液态
−120	0.4053	664.7	0.01408	498.3	2003	1115	0.1802	0.00589	6.136×10^{-4}	4.372×10^{-6}	6.820	0.827	0.00153	0.02630
−110	1.157	654.5	0.03776	489.3	2021	1148	0.1738	0.00645	5.054×10^{-4}	4.625×10^{-6}	5.878	0.822	0.00157	0.02486
−100	2.881	644.2	0.08872	480.4	2044	1183	0.1672	0.00705	4.252×10^{-4}	4.881×10^{-6}	5.195	0.819	0.00161	0.02344
−90	6.406	633.8	0.1870	471.5	2070	1221	0.1606	0.00769	3.635×10^{-4}	5.143×10^{-6}	4.686	0.817	0.00166	0.02202
−80	12.97	623.2	0.3602	462.4	2100	1263	0.1539	0.00836	3.149×10^{-4}	5.409×10^{-6}	4.297	0.817	0.00171	0.02062
−70	24.26	612.5	0.6439	453.1	2134	1308	0.1472	0.00908	2.755×10^{-4}	5.680×10^{-6}	3.994	0.818	0.00177	0.01923
−60	42.46	601.5	1.081	443.5	2173	1358	0.1407	0.00985	2.430×10^{-4}	5.956×10^{-6}	3.755	0.821	0.00184	0.01785
−50	70.24	590.3	1.724	433.6	2217	1412	0.1343	0.01067	2.158×10^{-4}	6.239×10^{-6}	3.563	0.825	0.00192	0.01649
−40	110.7	578.8	2.629	423.1	2258	1471	0.1281	0.01155	1.926×10^{-4}	6.529×10^{-6}	3.395	0.831	0.00201	0.01515
−30	167.3	567.0	3.864	412.1	2310	1535	0.1221	0.01250	1.726×10^{-4}	6.827×10^{-6}	3.266	0.839	0.00213	0.01382
−20	243.8	554.7	5.503	400.3	2368	1605	0.1163	0.01351	1.551×10^{-4}	7.136×10^{-6}	3.158	0.848	0.00226	0.01251
−10	344.4	542.0	7.635	387.8	2433	1682	0.1107	0.01459	1.397×10^{-4}	7.457×10^{-6}	3.069	0.860	0.00242	0.01122
0	473.3	528.7	10.36	374.2	2507	1768	0.1054	0.01576	1.259×10^{-4}	7.794×10^{-6}	2.996	0.875	0.00262	0.00996
5	549.8	521.8	11.99	367.0	2547	1814	0.1028	0.01637	1.195×10^{-4}	7.970×10^{-6}	2.964	0.883	0.00273	0.00934
10	635.1	514.7	13.81	359.5	2590	1864	0.1002	0.01701	1.135×10^{-4}	8.151×10^{-6}	2.935	0.893	0.00286	0.00872
15	729.8	507.5	15.85	351.7	2637	1917	0.0977	0.01767	1.077×10^{-4}	8.339×10^{-6}	2.909	0.905	0.00301	0.00811
20	834.4	500.0	18.13	343.4	2688	1974	0.0952	0.01836	1.022×10^{-4}	8.534×10^{-6}	2.886	0.918	0.00318	0.00751
25	949.7	492.2	20.68	334.8	2742	2036	0.0928	0.01908	9.702×10^{-5}	8.738×10^{-6}	2.866	0.933	0.00337	0.00691
30	1076	484.2	23.53	325.8	2802	2104	0.0904	0.01982	9.197×10^{-5}	8.952×10^{-6}	2.850	0.950	0.00358	0.00633
35	1215	475.8	26.72	316.2	2869	2179	0.0881	0.02061	8.710×10^{-5}	9.178×10^{-6}	2.837	0.971	0.00384	0.00575
40	1366	467.1	30.29	306.1	2943	2264	0.0857	0.02142	8.240×10^{-5}	9.417×10^{-6}	2.828	0.995	0.00413	0.00518
45	1530	458.0	34.29	295.3	3026	2361	0.0834	0.02228	7.785×10^{-5}	9.674×10^{-6}	2.824	1.025	0.00448	0.00463
50	1708	448.5	38.79	283.9	3122	2473	0.0811	0.02319	7.343×10^{-5}	9.950×10^{-6}	2.826	1.061	0.00491	0.00408
60	2110	427.5	49.66	258.4	3283	2769	0.0765	0.02517	6.487×10^{-5}	1.058×10^{-5}	2.784	1.164	0.00609	0.00303
70	2580	403.2	64.02	228.0	3595	3241	0.0717	0.02746	5.649×10^{-5}	1.138×10^{-5}	2.834	1.343	0.00811	0.00204
80	3127	373.0	84.28	189.7	4501	4173	0.0663	0.03029	4.790×10^{-5}	1.249×10^{-5}	3.251	1.722	0.01248	0.00114
90	3769	329.1	118.6	133.2	6977	7239	0.0595	0.03441	3.807×10^{-5}	1.448×10^{-5}	4.465	3.047	0.02847	0.00037

注：1. 可根据定义式 $v = \mu/\rho$ 和 $\alpha = k/\rho c_p = v/Pr$ 求出运动黏度 v 和热扩散率 α。表中所列参数（蒸汽密度除外），除了温度在临界点附近时，可以在任何压强使用且误差可以忽略不计。

2. 比热容的单位 kJ/（kg·℃）等价于 kJ/（kg·K），导热系数的单位 W/（m·℃）等价于 W/（m·K）。

来源：数据由 S. A. Klein 和 F. L. Alvarado 开发的 EES 软件计算得到。原始来源：Reiner Tillner-Roth, "Fundamental Equations of State," Shaker, Verlag, Aachan, 1998；B. A. Younglove 和 J. F. Ely, "Thermophysical Properties of Fluids. II Methane, Ethane, Propane, Isobutane, and Normal Butane," *J. Phys. Chem. Ref. Data*, Vol. 16, No. 4, 1987；G.R. Somayajulu, "A Generalized Equation for Surface Tension from the Triple-Point to the Critical-Point," *International Journal of Thermophysics*, Vol. 9, No. 4, 1988。

表 A-7　液体的属性

温度 $T/°C$	密度 $\rho/$ (kg/m^3)	比热容 $c_p/$ [$J/(kg \cdot K)$]	导热系数 $k/$ [$W/(m \cdot K)$]	热扩散系数 $a/$ ($m^2 \cdot s$)	动力黏度 $\mu/$ [$kg/(m \cdot s)$]	运动黏度 $\nu/$ (m^2/s)	普朗特数 Pr	体积膨胀系数 β/K^{-1}
\multicolumn{9}{c}{甲烷（CH_4）}
−160	420.2	3492	0.1863	1.270×10^{-7}	1.133×10^{-4}	2.699×10^{-7}	2.126	0.00352
−150	405.0	3580	0.1703	1.174×10^{-7}	9.169×10^{-5}	2.264×10^{-7}	1.927	0.00391
−140	388.8	3700	0.1550	1.077×10^{-7}	7.551×10^{-5}	1.942×10^{-7}	1.803	0.00444
−130	371.1	3875	0.1402	9.749×10^{-8}	6.288×10^{-5}	1.694×10^{-7}	1.738	0.00520
−120	351.4	4146	0.1258	8.634×10^{-8}	5.257×10^{-5}	1.496×10^{-7}	1.732	0.00637
−110	328.8	4611	0.1115	7.356×10^{-8}	4.377×10^{-5}	1.331×10^{-7}	1.810	0.00841
−100	301.0	5578	0.0967	5.761×10^{-8}	3.577×10^{-5}	1.188×10^{-7}	2.063	0.01282
−90	261.7	8902	0.0797	3.423×10^{-8}	2.761×10^{-5}	1.055×10^{-7}	3.082	0.02922
\multicolumn{9}{c}{甲醇 [$CH_3(OH)$]}
20	788.4	2515	0.1987	1.002×10^{-7}	5.857×10^{-4}	7.429×10^{-7}	7.414	0.00118
30	779.1	2577	0.1980	9.862×10^{-8}	5.088×10^{-4}	6.531×10^{-7}	6.622	0.00120
40	769.6	2644	0.1972	9.690×10^{-8}	4.460×10^{-4}	5.795×10^{-7}	5.980	0.00123
50	760.1	2718	0.1965	9.509×10^{-8}	3.942×10^{-4}	5.185×10^{-7}	5.453	0.00127
60	750.4	2798	0.1957	9.320×10^{-8}	3.510×10^{-4}	4.677×10^{-7}	5.018	0.00132
70	740.4	2885	0.1950	9.128×10^{-8}	3.146×10^{-4}	4.250×10^{-7}	4.655	0.00137
\multicolumn{9}{c}{异丁烷（R600a）}
−100	683.8	1881	0.1383	1.075×10^{-7}	9.305×10^{-4}	1.360×10^{-6}	12.65	0.00142
−75	659.3	1970	0.1357	1.044×10^{-7}	5.624×10^{-4}	8.531×10^{-7}	8.167	0.00150
−50	634.3	2069	0.1283	9.773×10^{-8}	3.769×10^{-4}	5.942×10^{-7}	6.079	0.00161
−25	608.2	2180	0.1181	8.906×10^{-8}	2.688×10^{-4}	4.420×10^{-7}	4.963	0.00177
0	580.6	2306	0.1068	7.974×10^{-8}	1.993×10^{-4}	3.432×10^{-7}	4.304	0.00199
25	550.7	2455	0.0956	7.069×10^{-8}	1.510×10^{-4}	2.743×10^{-7}	3.880	0.00232
50	517.3	2640	0.0851	6.233×10^{-8}	1.155×10^{-4}	2.233×10^{-7}	3.582	0.00286
75	478.5	2896	0.0757	5.460×10^{-8}	8.785×10^{-5}	1.836×10^{-7}	3.363	0.00385
100	429.6	3361	0.0669	4.634×10^{-8}	6.483×10^{-5}	1.509×10^{-7}	3.256	0.00628
\multicolumn{9}{c}{甘油}
0	1276	2262	0.2820	9.773×10^{-8}	10.49	8.219×10^{-3}	84101	
5	1273	2288	0.2835	9.732×10^{-8}	6.730	5.287×10^{-3}	54327	
10	1270	2320	0.2846	9.662×10^{-8}	4.241	3.339×10^{-3}	34561	
15	1267	2354	0.2856	9.576×10^{-8}	2.496	1.970×10^{-3}	20570	
20	1264	2386	0.2860	9.484×10^{-8}	1.519	1.201×10^{-3}	12671	
25	1261	2416	0.2860	9.388×10^{-8}	0.9934	7.878×10^{-4}	8392	
30	1258	2447	0.2860	9.291×10^{-8}	0.6582	5.232×10^{-4}	5631	
35	1255	2478	0.2860	9.195×10^{-8}	0.4347	3.464×10^{-4}	3767	
40	1252	2513	0.2863	9.101×10^{-8}	0.3073	2.455×10^{-4}	2697	
\multicolumn{9}{c}{机油（未使用的）}
0	899.0	1797	0.1469	9.097×10^{-8}	3.814	4.242×10^{-3}	46636	0.00070
20	888.1	1881	0.1450	8.680×10^{-8}	0.8374	9.429×10^{-4}	10863	0.00070
40	876.0	1964	0.1444	8.391×10^{-8}	0.2177	2.485×10^{-4}	2962	0.00070
60	863.9	2048	0.1404	7.934×10^{-8}	0.07399	8.565×10^{-5}	1080	0.00070
80	852.0	2132	0.1380	7.599×10^{-8}	0.03232	3.794×10^{-5}	499.3	0.00070
100	840.0	2220	0.1367	7.330×10^{-8}	0.01718	2.046×10^{-5}	279.1	0.00070
120	828.9	2308	0.1347	7.042×10^{-8}	0.01029	1.241×10^{-5}	176.3	0.00070
140	816.8	2395	0.1330	6.798×10^{-8}	0.006558	8.029×10^{-5}	118.1	0.00070
150	810.3	2441	0.1327	6.708×10^{-8}	0.005344	6.595×10^{-6}	98.31	0.00070

来源：数据由 S. A. Klein 和 F. L. Alvarado 开发的 EES 软件计算得到。原始数据基于各种来源。

表 A-8　液态金属的属性

温度 $T/°C$	密度 $\rho/$ (kg/m^3)	比热容 $c_p/[J/(kg \cdot K)]$	导热系数 $k/[W/(m \cdot K)]$	热扩散系数 $a/(m^2 \cdot s)$	动力黏度 $\mu/[kg/(m \cdot s)]$	运动黏度 $\nu/(m^2/s)$	普朗特数 Pr	体积膨胀系数 β/K^{-1}
\multicolumn{9}{c}{汞（Hg）的熔点：$-39°C$}								
0	13595	140.4	8.18200	4.287×10^{-6}	1.687×10^{-3}	1.241×10^{-7}	0.0289	1.810×10^{-4}
25	13534	139.4	8.51533	4.514×10^{-6}	1.534×10^{-3}	1.133×10^{-7}	0.0251	1.810×10^{-4}
50	13473	138.6	8.83632	4.734×10^{-6}	1.423×10^{-3}	1.056×10^{-7}	0.0223	1.810×10^{-4}
75	13412	137.8	9.15632	4.956×10^{-6}	1.316×10^{-3}	9.819×10^{-8}	0.0198	1.810×10^{-4}
100	13351	137.1	9.46706	5.170×10^{-6}	1.245×10^{-3}	9.326×10^{-8}	0.0180	1.810×10^{-4}
150	13231	136.1	10.07780	5.595×10^{-6}	1.126×10^{-3}	8.514×10^{-8}	0.0152	1.810×10^{-4}
200	13112	135.5	10.65465	5.996×10^{-6}	1.043×10^{-3}	7.959×10^{-8}	0.0133	1.815×10^{-4}
250	12993	135.3	11.18150	6.363×10^{-6}	9.820×10^{-4}	7.558×10^{-8}	0.0119	1.829×10^{-4}
300	12873	135.3	11.68150	6.705×10^{-6}	9.336×10^{-4}	7.252×10^{-8}	0.0108	1.854×10^{-4}
\multicolumn{9}{c}{铋（Bi）的熔点：$271°C$}								
350	9969	146.0	16.28	1.118×10^{-5}	1.540×10^{-3}	1.545×10^{-7}	0.01381	
400	9908	148.2	16.10	1.096×10^{-5}	1.422×10^{-3}	1.436×10^{-7}	0.01310	
500	9785	152.8	15.74	1.052×10^{-5}	1.188×10^{-3}	1.215×10^{-7}	0.01154	
600	9663	157.3	15.60	1.026×10^{-5}	1.013×10^{-3}	1.048×10^{-7}	0.01022	
700	9540	161.8	15.60	1.010×10^{-5}	8.736×10^{-4}	$9.157 \times 10-8$	0.00906	
\multicolumn{9}{c}{铅（Pb）的熔点：$327°C$}								
400	10506	158	15.97	9.623×10^{-6}	2.277×10^{-3}	2.167×10^{-7}	0.02252	
450	10449	156	15.74	9.649×10^{-6}	2.065×10^{-3}	1.976×10^{-7}	0.02048	
500	10390	155	15.54	9.651×10^{-6}	1.884×10^{-3}	1.814×10^{-7}	0.01879	
550	10329	155	15.39	9.610×10^{-6}	1.758×10^{-3}	1.702×10^{-7}	0.01771	
600	10267	155	15.23	9.568×10^{-6}	1.632×10^{-3}	1.589×10^{-7}	0.01661	
650	10206	155	15.07	9.526×10^{-6}	1.505×10^{-3}	1.475×10^{-7}	0.01549	
700	10145	155	14.91	9.483×10^{-6}	1.379×10^{-3}	1.360×10^{-7}	0.01434	
\multicolumn{9}{c}{钠（Na）的熔点：$98°C$}								
100	927.3	1378	85.84	6.718×10^{-5}	6.892×10^{-4}	7.432×10^{-7}	0.01106	
200	902.5	1349	80.84	6.639×10^{-5}	5.385×10^{-4}	5.967×10^{-7}	0.008987	
300	877.8	1320	75.84	6.544×10^{-5}	3.878×10^{-4}	4.418×10^{-7}	0.006751	
400	853.0	1296	71.20	6.437×10^{-5}	2.720×10^{-4}	3.188×10^{-7}	0.004953	
500	828.5	1284	67.41	6.335×10^{-5}	2.411×10^{-4}	2.909×10^{-7}	0.004593	
600	804.0	1272	63.63	6.220×10^{-5}	2.101×10^{-4}	2.614×10^{-7}	0.004202	
\multicolumn{9}{c}{钾（K）的熔点：$64°C$}								
200	795.2	790.8	43.99	6.995×10^{-5}	3.350×10^{-4}	4.213×10^{-7}	0.006023	
300	771.6	772.8	42.01	7.045×10^{-5}	2.667×10^{-4}	3.456×10^{-7}	0.004906	
400	748.0	754.8	40.03	7.090×10^{-5}	1.984×10^{-4}	2.652×10^{-7}	0.00374	
500	723.9	750.0	37.81	6.964×10^{-5}	1.668×10^{-4}	2.304×10^{-7}	0.003309	
600	699.6	750.0	35.50	6.765×10^{-5}	1.487×10^{-4}	2.126×10^{-7}	0.003143	
\multicolumn{9}{c}{钠 - 钾合金（22%Na–78%K）的熔点：$-11°C$}								
100	847.3	944.4	25.64	3.205×10^{-5}	5.707×10^{-4}	6.736×10^{-7}	0.02102	
200	823.2	922.5	26.27	3.459×10^{-5}	4.587×10^{-4}	5.572×10^{-7}	0.01611	
300	799.1	900.6	26.89	3.736×10^{-5}	3.467×10^{-4}	4.339×10^{-7}	0.01161	
400	775.0	879.0	27.50	4.037×10^{-5}	2.357×10^{-4}	3.041×10^{-7}	0.00753	
500	751.5	880.1	27.89	4.217×10^{-5}	2.108×10^{-4}	2.805×10^{-7}	0.00665	
600	728.0	881.2	28.28	4.408×10^{-5}	1.859×10^{-4}	2.553×10^{-7}	0.00579	

来源：数据由 S. A. Klein 和 F. L. Alvarado 开发的 EES 软件计算得到。原始数据基于各种来源。

表 A-9　1atm 下的空气属性

温度 $T/℃$	密度 $\rho/(kg/m^3)$	比热容 $c_p/[J/(kg·K)]$	导热系数 $k/[W/(m·K)]$	热扩散系数 $\alpha/(m^2/s)$	运动黏度 $\mu/[kg/(m·s)]$	动力黏度 $\nu/(m^2/s)$	普朗特数 Pr
−150	2.866	983	0.01171	$4.158×10^{-6}$	$8.636×10^{-6}$	$3.013×10^{-6}$	0.7246
−100	2.038	966	0.01582	$8.036×10^{-6}$	$1.189×10^{-6}$	$5.837×10^{-6}$	0.7263
−50	1.582	999	0.01979	$1.252×10^{-5}$	$1.474×10^{-5}$	$9.319×10^{-6}$	0.7440
−40	1.514	1002	0.02057	$1.356×10^{-5}$	$1.527×10^{-5}$	$1.008×10^{-5}$	0.7436
−30	1.451	1004	0.02134	$1.465×10^{-5}$	$1.579×10^{-5}$	$1.087×10^{-5}$	0.7425
−20	1.394	1005	0.02211	$1.578×10^{-5}$	$1.630×10^{-5}$	$1.169×10^{-5}$	0.7408
−10	1.341	1006	0.02288	$1.696×10^{-5}$	$1.680×10^{-5}$	$1.252×10^{-5}$	0.7387
0	1.292	1006	0.02364	$1.818×10^{-5}$	$1.729×10^{-5}$	$1.338×10^{-5}$	0.7362
5	1.269	1006	0.02401	$1.880×10^{-5}$	$1.754×10^{-5}$	$1.382×10^{-5}$	0.7350
10	1.246	1006	0.02439	$1.944×10^{-5}$	$1.778×10^{-5}$	$1.426×10^{-5}$	0.7336
15	1.225	1007	0.02476	$2.009×10^{-5}$	$1.802×10^{-5}$	$1.470×10^{-5}$	0.7323
20	1.204	1007	0.02514	$2.074×10^{-5}$	$1.825×10^{-5}$	$1.516×10^{-5}$	0.7309
25	1.184	1007	0.02551	$2.141×10^{-5}$	$1.849×10^{-5}$	$1.562×10^{-5}$	0.7296
30	1.164	1007	0.02588	$2.208×10^{-5}$	$1.872×10^{-5}$	$1.608×10^{-5}$	0.7282
35	1.145	1007	0.02625	$2.277×10^{-5}$	$1.895×10^{-5}$	$1.655×10^{-5}$	0.7268
40	1.127	1007	0.02662	$2.346×10^{-5}$	$1.918×10^{-5}$	$1.702×10^{-5}$	0.7255
45	1.109	1007	0.02699	$2.416×10^{-5}$	$1.941×10^{-5}$	$1.750×10^{-5}$	0.7241
50	1.092	1007	0.02735	$2.487×10^{-5}$	$1.963×10^{-5}$	$1.798×10^{-5}$	0.7228
60	1.059	1007	0.02808	$2.632×10^{-5}$	$2.008×10^{-5}$	$1.896×10^{-5}$	0.7202
70	1.028	1007	0.02881	$2.780×10^{-5}$	$2.052×10^{-5}$	$1.995×10^{-5}$	0.7177
80	0.9994	1008	0.02953	$2.931×10^{-5}$	$2.096×10^{-5}$	$2.097×10^{-5}$	0.7154
90	0.9718	1008	0.03024	$3.086×10^{-5}$	$2.139×10^{-5}$	$2.201×10^{-5}$	0.7132
100	0.9458	1009	0.03095	$3.243×10^{-5}$	$2.181×10^{-5}$	$2.306×10^{-5}$	0.7111
120	0.8977	1011	0.03235	$3.565×10^{-5}$	$2.264×10^{-5}$	$2.522×10^{-5}$	0.7073
140	0.8542	1013	0.03374	$3.898×10^{-5}$	$2.345×10^{-5}$	$2.745×10^{-5}$	0.7041
160	0.8148	1016	0.03511	$4.241×10^{-5}$	$2.420×10^{-5}$	$2.975×10^{-5}$	0.7014
180	0.7788	1019	0.03646	$4.593×10^{-5}$	$2.504×10^{-5}$	$3.212×10^{-5}$	0.6992
200	0.7459	1023	0.03779	$4.954×10^{-5}$	$2.577×10^{-5}$	$3.455×10^{-5}$	0.6974
250	0.6746	1033	0.04104	$5.890×10^{-5}$	$2.760×10^{-5}$	$4.091×10^{-5}$	0.6946
300	0.6158	1044	0.04418	$6.871×10^{-5}$	$2.934×10^{-5}$	$4.765×10^{-5}$	0.6935
350	0.5664	1056	0.04721	$7.892×10^{-5}$	$3.101×10^{-5}$	$5.475×10^{-5}$	0.6937
400	0.5243	1069	0.05015	$8.951×10^{-5}$	$3.261×10^{-5}$	$6.219×10^{-5}$	0.6948
450	0.4880	1081	0.05298	$1.004×10^{-4}$	$3.415×10^{-5}$	$6.997×10^{-5}$	0.6965
500	0.4565	1093	0.05572	$1.117×10^{-4}$	$3.563×10^{-5}$	$7.806×10^{-5}$	0.6986
600	0.4042	1115	0.06093	$1.352×10^{-4}$	$3.846×10^{-5}$	$9.515×10^{-5}$	0.7037
700	0.3627	1135	0.06581	$1.598×10^{-4}$	$4.111×10^{-5}$	$1.133×10^{-4}$	0.7092
800	0.3289	1153	0.07037	$1.855×10^{-4}$	$4.362×10^{-5}$	$1.326×10^{-4}$	0.7149
900	0.3008	1169	0.07465	$2.122×10^{-4}$	$4.600×10^{-5}$	$1.529×10^{-4}$	0.7206
1000	0.2772	1184	0.07868	$2.398×10^{-4}$	$4.826×10^{-5}$	$1.741×10^{-4}$	0.7260
1500	0.1990	1234	0.09599	$3.908×10^{-4}$	$5.817×10^{-5}$	$2.922×10^{-4}$	0.7478
2000	0.1553	1264	0.11113	$5.664×10^{-4}$	$6.630×10^{-5}$	$4.270×10^{-4}$	0.7539

注：对于理想气体，参数 c_p、k、μ 和 Pr 与压强无关。当压强不为 1atm 时，压强 P（单位：atm）下的参数 ρ、ν 和 α 分别由给定温度下的参数 ρ 乘以压强 P、ν 和 α 除以压强 P 得到。

来源：数据由 S. A. Klein 和 F. L. Alvarado 开发的 EES 软件计算得到。原始来源：Keenan, Chao, Keyes, Gas Tables, Wiley, 198；Thermophysical Properties of Matter, Vol. 3: Thermal Conductivity, Y. S. Touloukian, P. E. Liley, S. C. Saxena, Vol. 11: Viscosity, Y. S. Touloukian, S. C. Saxena, and P. Hestermans, IFI/Plenun, NY, 1970, ISBN 0-306067020-8。

表 A-10　1atm 下的气体属性

温度 $T/°C$	密度 $\rho/$ (kg/m^3)	比热容 $c_p/$ [$J/(kg·K)$]	导热系数 $k/$ [$W/(m·K)$]	热扩散系数 $\alpha/$ (m^2/s)	运动黏度 $\mu/$ [$kg/(m·s)$]	动力黏度 $\nu/$ (m^2/s)	普朗特数 Pr
			二氧化碳，CO_2				
−50	2.4035	746	0.01051	5.860×10^{-6}	1.129×10^{-5}	4.699×10^{-6}	0.8019
0	1.9635	811	0.01456	9.141×10^{-6}	1.375×10^{-5}	7.003×10^{-6}	0.7661
50	1.6597	866.6	0.01858	1.291×10^{-5}	1.612×10^{-5}	9.714×10^{-6}	0.7520
100	1.4373	914.8	0.02257	1.716×10^{-5}	1.841×10^{-5}	1.281×10^{-5}	0.7464
150	1.2675	957.4	0.02652	2.186×10^{-5}	2.063×10^{-5}	1.627×10^{-5}	0.7445
200	1.1336	995.2	0.03044	2.698×10^{-5}	2.276×10^{-5}	2.008×10^{-5}	0.7442
300	0.9358	1060	0.03814	3.847×10^{-5}	2.682×10^{-5}	2.866×10^{-5}	0.7450
400	0.7968	1112	0.04565	5.151×10^{-5}	3.061×10^{-5}	3.842×10^{-5}	0.7458
500	0.6937	1156	0.05293	6.600×10^{-5}	3.416×10^{-5}	4.924×10^{-5}	0.7460
1000	0.4213	1292	0.08491	1.560×10^{-4}	4.898×10^{-5}	1.162×10^{-4}	0.7455
1500	0.3025	1356	0.10688	2.606×10^{-4}	6.106×10^{-5}	2.019×10^{-4}	0.7745
2000	0.2359	1387	0.11522	3.521×10^{-4}	7.322×10^{-5}	3.103×10^{-4}	0.8815
			一氧化碳，CO				
−50	1.5297	1081	0.01901	1.149×10^{-5}	1.378×10^{-5}	9.012×10^{-6}	0.7840
0	1.2497	1048	0.02278	1.739×10^{-5}	1.629×10^{-5}	1.303×10^{-5}	0.7499
50	1.0563	1039	0.02641	2.407×10^{-5}	1.863×10^{-5}	1.764×10^{-5}	0.7328
100	0.9148	1041	0.02992	3.142×10^{-5}	2.080×10^{-5}	2.274×10^{-5}	0.7239
150	0.8067	1049	0.03330	3.936×10^{-5}	2.283×10^{-5}	2.830×10^{-5}	0.7191
200	0.7214	1060	0.03656	4.782×10^{-5}	2.472×10^{-5}	3.426×10^{-5}	0.7164
300	0.5956	1085	0.04277	6.619×10^{-5}	2.812×10^{-5}	4.722×10^{-5}	0.7134
400	0.5071	1111	0.04860	8.628×10^{-5}	3.111×10^{-5}	6.136×10^{-5}	0.7111
500	0.4415	1135	0.05412	1.079×10^{-4}	3.379×10^{-5}	7.653×10^{-5}	0.7087
1000	0.2681	1226	0.07894	2.401×10^{-4}	4.557×10^{-5}	1.700×10^{-4}	0.7080
1500	0.1925	1279	0.10458	4.246×10^{-4}	6.321×10^{-5}	3.284×10^{-4}	0.7733
2000	0.1502	1309	0.13833	7.034×10^{-4}	9.826×10^{-5}	6.543×10^{-4}	0.9302
			甲烷，CH_4				
−50	0.8761	2243	0.02367	1.204×10^{-5}	8.564×10^{-6}	9.774×10^{-6}	0.8116
0	0.7158	2217	0.03042	1.917×10^{-5}	1.028×10^{-5}	1.436×10^{-5}	0.7494
50	0.6050	2302	0.03766	2.704×10^{-5}	1.191×10^{-5}	1.969×10^{-5}	0.7282
100	0.5240	2443	0.04534	3.543×10^{-5}	1.345×10^{-5}	2.567×10^{-5}	0.7247
150	0.4620	2611	0.05344	4.431×10^{-5}	1.491×10^{-5}	3.227×10^{-5}	0.7284
200	0.4132	2791	0.06194	5.370×10^{-5}	1.630×10^{-5}	3.944×10^{-5}	0.7344
300	0.3411	3158	0.07996	7.422×10^{-5}	1.886×10^{-5}	5.529×10^{-5}	0.7450
400	0.2904	3510	0.09918	9.727×10^{-5}	2.119×10^{-5}	7.297×10^{-5}	0.7501
500	0.2529	3836	0.11933	1.230×10^{-4}	2.334×10^{-5}	9.228×10^{-5}	0.7502
1000	0.1536	5042	0.22562	2.914×10^{-4}	3.281×10^{-5}	2.136×10^{-4}	0.7331
1500	0.1103	5701	0.31857	5.068×10^{-4}	4.434×10^{-5}	4.022×10^{-4}	0.7936
2000	0.0860	6001	0.36750	7.120×10^{-4}	6.360×10^{-5}	7.395×10^{-4}	1.0386
			氢气，H_2				
−50	0.11010	12635	0.1404	1.009×10^{-4}	7.293×10^{-6}	6.624×10^{-5}	0.6562
0	0.08995	13920	0.1652	1.319×10^{-4}	8.391×10^{-6}	9.329×10^{-5}	0.7071
50	0.07603	14349	0.1881	1.724×10^{-4}	9.427×10^{-6}	1.240×10^{-4}	0.7191
100	0.06584	14473	0.2095	2.199×10^{-4}	1.041×10^{-5}	1.582×10^{-4}	0.7196
150	0.05806	14492	0.2296	2.729×10^{-4}	1.136×10^{-5}	1.957×10^{-4}	0.7174
200	0.05193	14482	0.2486	3.306×10^{-4}	1.228×10^{-5}	2.365×10^{-4}	0.7155
300	0.04287	14481	0.2843	4.580×10^{-4}	1.403×10^{-5}	3.274×10^{-4}	0.7149

（续）

温度 $T/°C$	密度 $\rho/(kg/m^3)$	比热容 $c_p/[J/(kg \cdot K)]$	导热系数 $k/[W/(m \cdot K)]$	热扩散系数 $\alpha/(m^2/s)$	运动黏度 $\mu/[kg/(m \cdot s)]$	动力黏度 $\nu/(m^2/s)$	普朗特数 Pr
400	0.03650	14540	0.3180	5.992×10^{-4}	1.570×10^{-5}	4.302×10^{-4}	0.7179
500	0.03178	14653	0.3509	7.535×10^{-4}	1.730×10^{-5}	5.443×10^{-4}	0.7224
1000	0.01930	15577	0.5206	1.732×10^{-3}	2.455×10^{-5}	1.272×10^{-3}	0.7345
1500	0.01386	16553	0.6581	2.869×10^{-3}	3.099×10^{-5}	2.237×10^{-3}	0.7795
2000	0.01081	17400	0.5480	2.914×10^{-3}	3.690×10^{-5}	3.414×10^{-3}	1.1717
氮气，N_2							
−50	1.5299	957.3	0.02001	1.366×10^{-5}	1.390×10^{-5}	9.091×10^{-6}	0.6655
0	1.2498	1035	0.02384	1.843×10^{-5}	1.640×10^{-5}	1.312×10^{-5}	0.7121
50	1.0564	1042	0.02746	2.494×10^{-5}	1.874×10^{-5}	1.774×10^{-5}	0.7114
100	0.9149	1041	0.03090	3.244×10^{-5}	2.094×10^{-5}	2.289×10^{-5}	0.7056
150	0.8068	1043	0.03416	4.058×10^{-5}	2.300×10^{-5}	2.851×10^{-5}	0.7025
200	0.7215	1050	0.03727	4.921×10^{-5}	2.494×10^{-5}	3.457×10^{-5}	0.7025
300	0.5956	1070	0.04309	6.758×10^{-5}	2.849×10^{-5}	4.783×10^{-5}	0.7078
400	0.5072	1095	0.04848	8.727×10^{-5}	3.166×10^{-5}	6.242×10^{-5}	0.7153
500	0.4416	1120	0.05358	1.083×10^{-4}	3.451×10^{-5}	7.816×10^{-5}	0.7215
1000	0.2681	1213	0.07938	2.440×10^{-4}	4.594×10^{-5}	1.713×10^{-4}	0.7022
1500	0.1925	1266	0.11793	4.839×10^{-4}	5.562×10^{-5}	2.889×10^{-4}	0.5969
2000	0.1502	1297	0.18590	9.543×10^{-4}	6.426×10^{-5}	4.278×10^{-4}	0.4483
氧气，O_2							
−50	1.7475	984.4	0.02067	1.201×10^{-5}	1.616×10^{-5}	9.246×10^{-6}	0.7694
0	1.4277	928.7	0.02472	1.865×10^{-5}	1.916×10^{-5}	1.342×10^{-5}	0.7198
50	1.2068	921.7	0.02867	2.577×10^{-5}	2.194×10^{-5}	1.818×10^{-5}	0.7053
100	1.0451	931.8	0.03254	3.342×10^{-5}	2.451×10^{-5}	2.346×10^{-5}	0.7019
150	0.9216	947.6	0.03637	4.164×10^{-5}	2.694×10^{-5}	2.923×10^{-5}	0.7019
200	0.8242	964.7	0.04014	5.048×10^{-5}	2.923×10^{-5}	3.546×10^{-5}	0.7025
300	0.6804	997.1	0.04751	7.003×10^{-5}	3.350×10^{-5}	4.923×10^{-5}	0.7030
400	0.5793	1025	0.05463	9.204×10^{-5}	3.744×10^{-5}	6.463×10^{-5}	0.7023
500	0.5044	1048	0.06148	1.163×10^{-4}	4.114×10^{-5}	8.156×10^{-5}	0.7010
1000	0.3063	1121	0.09198	2.678×10^{-4}	5.732×10^{-5}	1.871×10^{-4}	0.6986
1500	0.2199	1165	0.11901	4.643×10^{-4}	7.133×10^{-5}	3.243×10^{-4}	0.6985
2000	0.1716	1201	0.14705	7.139×10^{-4}	8.417×10^{-5}	4.907×10^{-4}	0.6873
水蒸气，H_2O							
−50	0.9839	1892	0.01353	7.271×10^{-6}	7.187×10^{-6}	7.305×10^{-6}	1.0047
0	0.8038	1874	0.01673	1.110×10^{-5}	8.956×10^{-6}	1.114×10^{-5}	1.0033
50	0.6794	1874	0.02032	1.596×10^{-5}	1.078×10^{-5}	1.587×10^{-5}	0.9944
100	0.5884	1887	0.02429	2.187×10^{-5}	1.265×10^{-5}	2.150×10^{-5}	0.9830
150	0.5189	1908	0.02861	2.890×10^{-5}	1.456×10^{-5}	2.806×10^{-5}	0.9712
200	0.4640	1935	0.03326	3.705×10^{-5}	1.650×10^{-5}	3.556×10^{-5}	0.9599
300	0.3831	1997	0.04345	5.680×10^{-5}	2.045×10^{-5}	5.340×10^{-5}	0.9401
400	0.3262	2066	0.05467	8.114×10^{-5}	2.446×10^{-5}	7.498×10^{-5}	0.9240
500	0.2840	2137	0.06677	1.100×10^{-4}	2.847×10^{-5}	1.002×10^{-4}	0.9108
1000	0.1725	2471	0.13623	3.196×10^{-4}	4.762×10^{-5}	2.761×10^{-4}	0.8639
1500	0.1238	2736	0.21301	6.288×10^{-4}	6.411×10^{-5}	5.177×10^{-4}	0.8233
2000	0.0966	2928	0.29183	1.032×10^{-3}	7.808×10^{-5}	8.084×10^{-4}	0.7833

注：对于理想气体，参数 c_p、k、μ 和 Pr 与压强无关。当压强不为 1atm 时，压强 P（单位：atm）下的参数 ρ、ν 和 α 分别由给定温度下的参数 ρ 乘以压强 P，ν 和 α 除以压强 P 得到。

来源：数据由 S. A. Klein 和 F. L. Alvarado 开发的 EES 软件计算得到。原始数据基于各种来源。

表 A-11 高空大气参数

海拔 /m	温度 /°C	压强 /kPa	重力加速度 g/(m/s²)	声速 /(m/s)	密度 /(kg/m³)	黏度 μ/[kg/（m·s）]	导热系数 /[W/（m·K）]
0	15.00	101.33	9.807	340.3	1.225	1.789×10^{-5}	0.0253
200	13.70	98.95	9.806	339.5	1.202	1.783×10^{-5}	0.0252
400	12.40	96.61	9.805	338.8	1.179	1.777×10^{-5}	0.0252
600	11.10	94.32	9.805	338.0	1.156	1.771×10^{-5}	0.0251
800	9.80	92.08	9.804	337.2	1.134	1.764×10^{-5}	0.0250
1000	8.50	89.88	9.804	336.4	1.112	1.758×10^{-5}	0.0249
1200	7.20	87.72	9.803	335.7	1.090	1.752×10^{-5}	0.0248
1400	5.90	85.60	9.802	334.9	1.069	1.745×10^{-5}	0.0247
1600	4.60	83.53	9.802	334.1	1.048	1.739×10^{-5}	0.0245
1800	3.30	81.49	9.801	333.3	1.027	1.732×10^{-5}	0.0244
2000	2.00	79.50	9.800	332.5	1.007	1.726×10^{-5}	0.0243
2200	0.70	77.55	9.800	331.7	0.987	1.720×10^{-5}	0.0242
2400	−0.59	75.63	9.799	331.0	0.967	1.713×10^{-5}	0.0241
2600	−1.89	73.76	9.799	330.2	0.947	1.707×10^{-5}	0.0240
2800	−3.19	71.92	9.798	329.4	0.928	1.700×10^{-5}	0.0239
3000	−4.49	70.12	9.797	328.6	0.909	1.694×10^{-5}	0.0238
3200	−5.79	68.36	9.797	327.8	0.891	1.687×10^{-5}	0.0237
3400	−7.09	66.63	9.796	327.0	0.872	1.681×10^{-5}	0.0236
3600	−8.39	64.94	9.796	326.2	0.854	1.674×10^{-5}	0.0235
3800	−9.69	63.28	9.795	325.4	0.837	1.668×10^{-5}	0.0234
4000	−10.98	61.66	9.794	324.6	0.819	1.661×10^{-5}	0.0233
4200	−12.3	60.07	9.794	323.8	0.802	1.655×10^{-5}	0.0232
4400	−13.6	58.52	9.793	323.0	0.785	1.648×10^{-5}	0.0231
4600	−14.9	57.00	9.793	322.2	0.769	1.642×10^{-5}	0.0230
4800	−16.2	55.51	9.792	321.4	0.752	1.635×10^{-5}	0.0229
5000	−17.5	54.05	9.791	320.5	0.736	1.628×10^{-5}	0.0228
5200	−18.8	52.62	9.791	319.7	0.721	1.622×10^{-5}	0.0227
5400	−20.1	51.23	9.790	318.9	0.705	1.615×10^{-5}	0.0226
5600	−21.4	49.86	9.789	318.1	0.690	1.608×10^{-5}	0.0224
5800	−22.7	48.52	9.785	317.3	0.675	1.602×10^{-5}	0.0223
6000	−24.0	47.22	9.788	316.5	0.660	1.595×10^{-5}	0.0222
6200	−25.3	45.94	9.788	315.6	0.646	1.588×10^{-5}	0.0221
6400	−26.6	44.69	9.787	314.8	0.631	1.582×10^{-5}	0.0220
6600	−27.9	43.47	9.786	314.0	0.617	1.575×10^{-5}	0.0219
6800	−29.2	42.27	9.785	313.1	0.604	1.568×10^{-5}	0.0218
7000	−30.5	41.11	9.785	312.3	0.590	1.561×10^{-5}	0.0217
8000	−36.9	35.65	9.782	308.1	0.526	1.527×10^{-5}	0.0212
9000	−43.4	30.80	9.779	303.8	0.467	1.493×10^{-5}	0.0206
10,000	−49.9	26.50	9.776	299.5	0.414	1.458×10^{-5}	0.0201
12,000	−56.5	19.40	9.770	295.1	0.312	1.422×10^{-5}	0.0195
14,000	−56.5	14.17	9.764	295.1	0.228	1.422×10^{-5}	0.0195
16,000	−56.5	10.53	9.758	295.1	0.166	1.422×10^{-5}	0.0195
18,000	−56.5	7.57	9.751	295.1	0.122	1.422×10^{-5}	0.0195

来源：美国标准大气增补，美国政府印刷局，1966 年。数据基于纬度 45° 地区一年的平均值，且随一年中不同时间和不同的天气模式而改变。海平面（$z = 0$）的大气条件：$P = 101.325 \text{kPa}$，$T = 15°C$，$\rho = 1.2250 \text{kg/m}^3$，$g = 9.80665 \text{m}^2/\text{s}$。

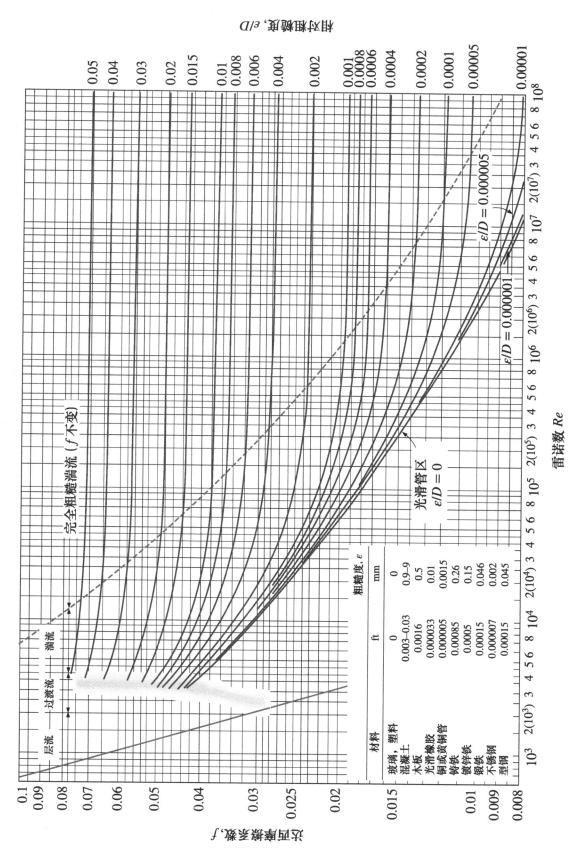

图 A-12 圆管中充分发展流动的摩擦系数莫迪图 用水头损失表示的关系式为 $h_L = f \dfrac{L}{D}\dfrac{V^2}{2g}$，湍流摩擦系数按科尔布鲁克关系式计算 $\dfrac{1}{\sqrt{f}} = -2\lg_{10}\left(\dfrac{\varepsilon/D}{3.7} + \dfrac{2.51}{\mathrm{Re}\ \sqrt{f}}\right)$

$$Ma^* = Ma\sqrt{\frac{k+1}{2+(k-1)Ma^2}}$$

$$\frac{A}{A^*} = \frac{1}{Ma}\left[\left(\frac{2}{k+1}\right)\left(1+\frac{k-1}{2}Ma^2\right)\right]^{0.5(k+1)/(k-1)}$$

$$\frac{P}{P_0} = \left(1+\frac{k-1}{2}Ma^2\right)^{-k/(k-1)}$$

$$\frac{\rho}{\rho_0} = \left(1+\frac{k-1}{2}Ma^2\right)^{-1/(k-1)}$$

$$\frac{T}{T_0} = \left(1+\frac{k-1}{2}Ma^2\right)^{-1}$$

表 A-13　理想气体一维等熵可压缩流气动函数表（$k=1.4$）

Ma	Ma*	A/A*	P/P₀	ρ/ρ₀	T/T₀
0	0		1.0000	1.0000	1.0000
0.1	0.1094	5.8218	0.9930	0.9950	0.9980
0.2	0.2182	2.9635	0.9725	0.9803	0.9921
0.3	0.3257	2.0351	0.9395	0.9564	0.9823
0.4	0.4313	1.5901	0.8956	0.9243	0.9690
0.5	0.5345	1.3398	0.8430	0.8852	0.9524
0.6	0.6348	1.1882	0.7840	0.8405	0.9328
0.7	0.7318	1.0944	0.7209	0.7916	0.9107
0.8	0.8251	1.0382	0.6560	0.7400	0.8865
0.9	0.9146	1.0089	0.5913	0.6870	0.8606
1.0	1.0000	1.0000	0.5283	0.6339	0.8333
1.2	1.1583	1.0304	0.4124	0.5311	0.7764
1.4	1.2999	1.1149	0.3142	0.4374	0.7184
1.6	1.4254	1.2502	0.2353	0.3557	0.6614
1.8	1.5360	1.4390	0.1740	0.2868	0.6068
2.0	1.6330	1.6875	0.1278	0.2300	0.5556
2.2	1.7179	2.0050	0.0935	0.1841	0.5081
2.4	1.7922	2.4031	0.0684	0.1472	0.4647
2.6	1.8571	2.8960	0.0501	0.1179	0.4252
2.8	1.9140	3.5001	0.0368	0.0946	0.3894
3.0	1.9640	4.2346	0.0272	0.0760	0.3571
5.0	2.2361	25.000	0.0019	0.0113	0.1667
∞	2.2495	∞	0	0	0

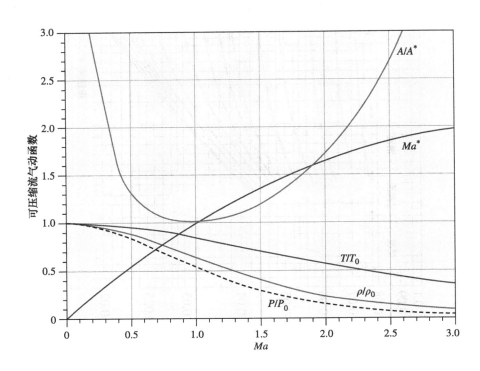

$$T_{01} = T_{02}$$

$$Ma_2 = \sqrt{\frac{(k-1)Ma_1^2 + 2}{2kMa_1^2 - k + 1}}$$

$$\frac{P_2}{P_1} = \frac{1 + kMa_1^2}{1 + kMa_2^2} = \frac{2kMa_1^2 - k + 1}{k + 1}$$

$$\frac{\rho_2}{\rho_1} = \frac{P_2/P_1}{T_2/T_1} = \frac{(k+1)Ma_1^2}{2 + (k-1)Ma_1^2} = \frac{V_1}{V_2}$$

$$\frac{T_2}{T_1} = \frac{2 + Ma_1^2(k-1)}{2 + Ma_2^2(k-1)}$$

$$\frac{P_{02}}{P_{01}} = \frac{Ma_1}{Ma_2}\left[\frac{1 + Ma_1^2(k-1)/2}{1 + Ma_2^2(k-1)/2}\right]^{(k+1)/[2(k-1)]}$$

$$\frac{P_{02}}{P_1} = \frac{(1 + kMa_1^2)[1 + Ma_2^2(k-1)/2]^{k/(k-1)}}{1 + kMa_2^2}$$

表 A-14　理想气体一维正激波函数表（ $k = 1.4$ ）

Ma_1	Ma_2	P_2/P_1	ρ_2/ρ_1	T_2/T_1	P_{02}/P_{01}	P_{02}/P_1
1.0	1.0000	1.0000	1.0000	1.0000	1.0000	1.8929
1.1	0.9118	1.2450	1.1691	1.0649	0.9989	2.1328
1.2	0.8422	1.5133	1.3416	1.1280	0.9928	2.4075
1.3	0.7860	1.8050	1.5157	1.1909	0.9794	2.7136
1.4	0.7397	2.1200	1.6897	1.2547	0.9582	3.0492
1.5	0.7011	2.4583	1.8621	1.3202	0.9298	3.4133
1.6	0.6684	2.8200	2.0317	1.3880	0.8952	3.8050
1.7	0.6405	3.2050	2.1977	1.4583	0.8557	4.2238
1.8	0.6165	3.6133	2.3592	1.5316	0.8127	4.6695
1.9	0.5956	4.0450	2.5157	1.6079	0.7674	5.1418
2.0	0.5774	4.5000	2.6667	1.6875	0.7209	5.6404
2.1	0.5613	4.9783	2.8119	1.7705	0.6742	6.1654
2.2	0.5471	5.4800	2.9512	1.8569	0.6281	6.7165
2.3	0.5344	6.0050	3.0845	1.9468	0.5833	7.2937
2.4	0.5231	6.5533	3.2119	2.0403	0.5401	7.8969
2.5	0.5130	7.1250	3.3333	2.1375	0.4990	8.5261
2.6	0.5039	7.7200	3.4490	2.2383	0.4601	9.1813
2.7	0.4956	8.3383	3.5590	2.3429	0.4236	9.8624
2.8	0.4882	8.9800	3.6636	2.4512	0.3895	10.5694
2.9	0.4814	9.6450	3.7629	2.5632	0.3577	11.3022
3.0	0.4752	10.3333	3.8571	2.6790	0.3283	12.0610
4.0	0.4350	18.5000	4.5714	4.0469	0.1388	21.0681
5.0	0.4152	29.000	5.0000	5.8000	0.0617	32.6335
∞	0.3780	∞	6.0000	∞	0	∞

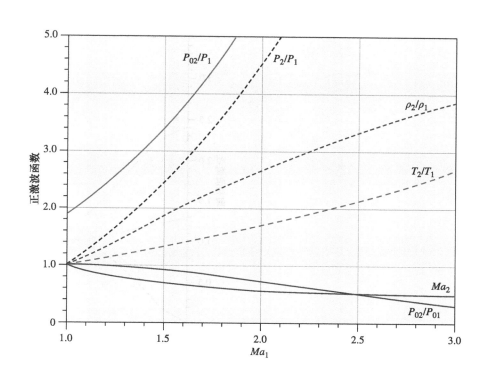

$$\frac{T_0}{T_0^*} = \frac{(k+1)Ma^2[2+(k-1)Ma^2]}{(1+kMa^2)^2}$$

$$\frac{P_0}{P_0^*} = \frac{k+1}{1+kMa^2}\left(\frac{2+(k-1)Ma^2}{k+1}\right)^{k/(k-1)}$$

$$\frac{T}{T^*} = \left(\frac{Ma(1+k)}{1+kMa^2}\right)^2$$

$$\frac{P}{P^*} = \frac{1+k}{1+kMa^2}$$

$$\frac{V}{V^*} = \frac{\rho^*}{\rho} = \frac{(1+k)Ma^2}{1+kMa^2}$$

表 A-15　理想气体的瑞利流函数表（$k = 1.4$）

Ma	T_0/T_0^*	P_0/P_0^*	T/T^*	P/P^*	V/V^*
0.0	0.0000	1.2679	0.0000	2.4000	0.0000
0.1	0.0468	1.2591	0.0560	2.3669	0.0237
0.2	0.1736	1.2346	0.2066	2.2727	0.0909
0.3	0.3469	1.1985	0.4089	2.1314	0.1918
0.4	0.5290	1.1566	0.6151	1.9608	0.3137
0.5	0.6914	1.1141	0.7901	1.7778	0.4444
0.6	0.8189	1.0753	0.9167	1.5957	0.5745
0.7	0.9085	1.0431	0.9929	1.4235	0.6975
0.8	0.9639	1.0193	1.0255	1.2658	0.8101
0.9	0.9921	1.0049	1.0245	1.1246	0.9110
1.0	1.0000	1.0000	1.0000	1.0000	1.0000
1.2	0.9787	1.0194	0.9118	0.7958	1.1459
1.4	0.9343	1.0777	0.8054	0.6410	1.2564
1.6	0.8842	1.1756	0.7017	0.5236	1.3403
1.8	0.8363	1.3159	0.6089	0.4335	1.4046
2.0	0.7934	1.5031	0.5289	0.3636	1.4545
2.2	0.7561	1.7434	0.4611	0.3086	1.4938
2.4	0.7242	2.0451	0.4038	0.2648	1.5252
2.6	0.6970	2.4177	0.3556	0.2294	1.5505
2.8	0.6738	2.8731	0.3149	0.2004	1.5711
3.0	0.6540	3.4245	0.2803	0.1765	1.5882

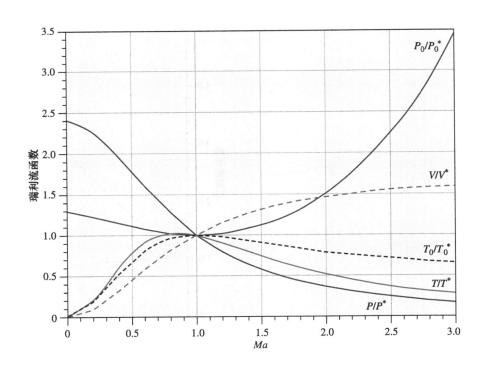

$$T_0 = T_0^*$$

$$\frac{P_0}{P_0^*} = \frac{\rho_0}{\rho_0^*} = \frac{1}{Ma}\left(\frac{2 + (k-1)Ma^2}{k+1}\right)^{(k+1)/[2(k-1)]}$$

$$\frac{T}{T^*} = \frac{k+1}{2 + (k-1)Ma^2}$$

$$\frac{P}{P^*} = \frac{1}{Ma}\left(\frac{k+1}{2 + (k-1)Ma^2}\right)^{1/2}$$

$$\frac{V}{V^*} = \frac{\rho^*}{\rho} = Ma\left(\frac{k+1}{2 + (k-1)Ma^2}\right)^{1/2}$$

$$\frac{fL^*}{D} = \frac{1 - Ma^2}{kMa^2} + \frac{k+1}{2k}\ln\frac{(k+1)Ma^2}{2 + (k-1)Ma^2}$$

表 A-16　理想气体的法诺流函数表（$k = 1.4$）

Ma_1	P_0/P_0^*	T/T^*	P/P^*	V/V^*	fL^*/D
0.0		1.2000		0.0000	
0.1	5.8218	1.1976	10.9435	0.1094	66.9216
0.2	2.9635	1.1905	5.4554	0.2182	14.5333
0.3	2.0351	1.1788	3.6191	0.3257	5.2993
0.4	1.5901	1.1628	2.6958	0.4313	2.3085
0.5	1.3398	1.1429	2.1381	0.5345	1.0691
0.6	1.1882	1.1194	1.7634	0.6348	0.4908
0.7	1.0944	1.0929	1.4935	0.7318	0.2081
0.8	1.0382	1.0638	1.2893	0.8251	0.0723
0.9	1.0089	1.0327	1.1291	0.9146	0.0145
1.0	1.0000	1.0000	1.0000	1.0000	0.0000
1.2	1.0304	0.9317	0.8044	1.1583	0.0336
1.4	1.1149	0.8621	0.6632	1.2999	0.0997
1.6	1.2502	0.7937	0.5568	1.4254	0.1724
1.8	1.4390	0.7282	0.4741	1.5360	0.2419
2.0	1.6875	0.6667	0.4082	1.6330	0.3050
2.2	2.0050	0.6098	0.3549	1.7179	0.3609
2.4	2.4031	0.5576	0.3111	1.7922	0.4099
2.6	2.8960	0.5102	0.2747	1.8571	0.4526
2.8	3.5001	0.4673	0.2441	1.9140	0.4898
3.0	4.2346	0.4286	0.2182	1.9640	0.5222

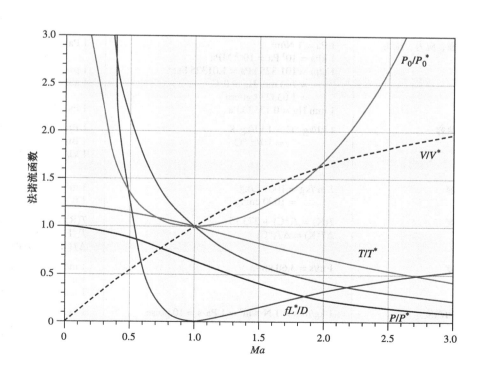

数据表

常用数据

量纲	公制	公制/英制
加速度	$1\ m/s^2 = 100\ cm/s^2$	$1\ m/s^2 = 3.2808\ ft/s^2$ $1\ ft/s^2 = 0.3048^*m/s^2$
面积	$1\ m^2 = 10^4\ cm^2 = 10^6\ mm^2 = 10^{-6}\ km^2$	$1\ m^2 = 1550\ in^2 = 10.764\ ft^2$ $1\ ft^2 = 144\ in^2 = 0.09290304^*m^2$
密度	$1\ g/cm^3 = 1\ kg/L = 1000\ kg/m^3$	$1\ g/cm^3 = 62.428\ lb/ft^3 = 0.036127\ lb/in^3$ $1\ lbm/in^3 = 1728\ lb/ft^3$ $1\ kg/m^3 = 0.062428\ lb/ft^3$
能量、热量、功 以及比能	$1\ kJ = 1000\ J = 1000\ N \cdot m = 1\ kPa \cdot m^3$ $1\ kJ/kg = 1000\ m^2/s^2$ $1\ kW \cdot h = 3600\ kJ$	$1\ kJ = 0.94782\ Btu$ $1\ Btu = 1.055056\ kJ$ $\quad = 5.40395\ psia \cdot ft^3 = 778.169\ lbf \cdot ft$ $1\ Btu/lb = 25037\ ft^2/s^2 = 2.326^*kJ/kg$ $1\ kW \cdot h = 3412.14\ Btu$
力	$1\ N = 1\ kg \cdot m/s^2 = 10^5\ dyne$ $1\ kgf = 9.80665\ N$	$1\ N = 0.22481\ lbf$ $1\ lbf = 32.174\ lb \cdot ft/s^2 = 4.44822\ N$ $1\ lbf = 1\ slug \cdot ft/s^2$
长度	$1\ m = 100\ cm = 1000\ mm = 10^6\ \mu m$ $1\ km = 1000\ m$	$1\ m = 39.370\ in = 3.2808\ ft = 1.0926\ yd$ $1\ ft = 12\ in = 0.3048^*m$ $1\ mile = 5280\ ft = 1.6093\ km$ $1\ in = 2.54^*cm$
质量	$1\ kg = 1000\ g$ $1\ t = 1000\ kg$	$1\ kg = 2.2046226\ lb$ $1\ lb = 0.45359237^*kg$ $1\ ounce = 28.3495\ g$ $1\ slug = 32.174\ lb = 14.5939\ kg$ $1\ short\ ton = 2000\ lb = 907.1847\ kg$
功率	$1\ W = 1\ J/s$ $1\ kW = 1000\ W = 1\ kJ/s$ $1\ hp^\ddagger = 745.7\ W$	$1\ kW = 3412.14\ Btu/h = 1.341\ hp$ $\quad = 737.56\ lbf \cdot ft/s$ $1\ hp = 550\ lbf \cdot ft/s = 0.7068\ Btu/s$ $\quad = 42.41\ Btu/min = 2544.5\ Btu/h$ $\quad = 0.74570\ kW$ $1\ Btu/h = 1.055056\ kJ/h$
压强、应力、压头	$1\ Pa = 1\ N/m^2$ $1\ kPa = 10^3\ Pa = 10^{-3}\ MPa$ $1\ atm = 101.325\ kPa = 1.01325\ bar$ $\quad = 760\ mm\ Hg\ at\ 0°C$ $\quad = 1.03323\ kgf/cm^2$ $1\ mm\ Hg = 0.1333\ kPa$	$1\ Pa = 1.4504 \times 10^4\ psi$ $\quad = 0.020886\ lbf/ft^2$ $1\ psi = 144\ lbf/ft^2 = 6.894757\ kPa$ $1\ atm = 14.696\ psi$ $\quad = 29.92\ inches\ Hg\ at\ 30°F$ $1\ inch\ Hg = 13.60\ inches\ H_2O = 3.387\ kPa$
比热容	$1\ kJ/kg \cdot °C = 1\ kJ/kg \cdot K$ $\quad = 1\ J/g \cdot °C$	$1\ Btu/lb \cdot °F = 4.1868\ kJ/kg \cdot °C$ $1\ Btu/lbmol \cdot R = 4.1868\ kJ/kmol \cdot K$ $1\ kJ/kg \cdot °C = 0.23885\ Btu/lb \cdot °F$ $\quad = 0.23885\ Btu/lb \cdot R$
比容	$1\ m^3/kg = 1000\ L/kg$ $\quad = 1000\ cm^3/g$	$1\ m^3/kg = 16.02\ ft^3/lb$ $1\ ft^3/lb = 0.062428\ m^3/kg$
温度	$T(K) = T(°C) + 273.15$ $\Delta T(K) = \Delta T(°C)$	$T(R) = T(°F) + 459.67 = 1.8T(K)$ $T(°F) = 1.8\ T(°C) + 32$ $\Delta T(°F) = \Delta T(R) = 1.8^*\Delta T(K)$
速度	$1\ m/s = 3.60\ km/h$	$1\ m/s = 3.2808\ ft/s = 2.237\ mi/h$ $1\ mi/h = 1.46667\ ft/s$ $1\ mi/h = 1.6093\ km/h$
动力黏度	$1\ kg/m \cdot s = 1\ N \cdot s/m^2 = 1\ Pa \cdot s = 10\ poise$	$1\ kg/m \cdot s = 2419.1\ lb/ft \cdot h$ $\quad = 0.020886\ lbf \cdot s/ft^2$ $\quad = 0.67197\ lb/ft \cdot s$
运动黏度	$1\ m^2/s = 10^4\ cm^2/s$ $1\ stoke = 1\ cm^2/s = 10^{-4}\ m^2/s$	$1\ m^2/s = 10.764\ ft^2/s = 3.875 \times 10^4\ ft^2/h$ $1\ m^2/s = 10.764\ ft^2/s$

（续）

量纲	公制	公制/英制
体积	$1\ m^3 = 1000\ L = 10^6\ cm^3\ (cc)$	$1\ m^3 = 6.1024 \times 10^4\ in^3 = 35.315\ ft^3$ $\qquad = 264.17\ gal\ (U.S.)$ $1\ U.S.\ gallon = 231\ in^3 = 3.7854\ L$ $1\ fl\ ounce = 29.5735\ cm^3 = 0.0295735\ L$ $1\ U.S.\ gallon = 128\ fl\ ounces$
体积流量	$1\ m^3/s = 60000\ L/min = 10^6\ cm^3/s$	$1\ m^3/s = 15{,}850\ gal/min = 35.315\ ft^3/s$ $\qquad = 2118.9\ ft^3/min\ (CFM)$

* 公制单位和英制单位之间的精确转换因子。

机械马力．一马力等于 746W。

一些物理常数

物理常数	公制	英制
标准重力加速度	$g = 9.80665\ m/s^2$	$g = 32.174\ ft/s^2$
标准大气压	$P_{atm} = 1\ atm = 101.325\ kPa$ $\qquad = 1.01325\ bar$ $\qquad = 760\ mm\ Hg\ (0°C)$ $\qquad = 10.3323\ m\ H_2O\ (4°C)$	$P_{atm} = 1\ atm = 14.696\ psia$ $\qquad = 2116.2\ lbf/ft^2$ $\qquad = 29.9213\ inches\ Hg\ (32°F)$ $\qquad = 406.78\ inches\ H_2O\ (39.2°F)$
通用气体常数	$R_u = 8.31447\ kJ/kmol·K$ $\qquad = 8.31447\ kN·m/kmol·K$	$R_u = 1.9859\ Btu/lbmol·R$ $\qquad = 1545.37\ ft·lbf/lbmol·R$

常用属性

属性	公制	英制
20°C（68°F）和1atm下的空气		
比气体常数*	$R_{air} = 0.2870\ kJ/kg·K$ $\qquad = 287.0\ m^2/s^2·K$	$R_{air} = 0.06855\ Btu/lb·R$ $\qquad = 53.34\ ft·lbf/lb·R$ $\qquad = 1716\ ft^2/s^2·R$
比热容比	$k = c_p/c_v = 1.40$	$k = c_p/c_v = 1.40$
比热容	$c_p = 1.005\ kJ/kg·K$ $\qquad = 1005\ m^2/s^2·K$ $c_v = 0.7180\ kJ/kg·K$ $\qquad = 718.0\ m^2/s^2·K$	$c_p = 0.2400\ Btu/lb·R$ $\qquad = 186.8\ ft·lbf/lb·R$ $\qquad = 6009\ ft^2/s^2·R$ $c_v = 0.1715\ Btu/lb·R$ $\qquad = 133.5\ ft·lbf/lb·R$ $\qquad = 4294\ ft^2/s^2·R$
声速	$c = 343.2\ m/s = 1236\ km/h$	$c = 1126\ ft/s = 767.7\ mi/h$
密度	$\rho = 1.204\ kg/m^3$	$\rho = 0.07518\ lb/ft^3$
黏度	$\mu = 1.825 \times 10^{-5}\ kg/m·s$	$\mu = 1.227 \times 10^{-5}\ lb/ft·s$
运动黏度	$\nu = 1.516 \times 10^{-5}\ m^2/s$	$\nu = 1.632 \times 10^{-4}\ ft^2/s$
20°C（68°F）和1atm下的液态水		
比热容 $(c = c_p = c_v)$	$c = 4.182\ kJ/kg·K$ $\qquad = 4182\ m^2/s^2·K$	$c = 0.9989\ Btu/lb·R$ $\qquad = 777.3\ ft·lbf/lb·R$ $\qquad = 25009\ ft^2/s^2·R$
密度	$\rho = 998.0\ kg/m^3$	$\rho = 62.30\ lb/ft^3$
黏度	$\mu = 1.002 \times 10^{-3}\ kg/m·s$	$\mu = 6.733 \times 10^{-4}\ lb/ft·s$
运动黏度	$\nu = 1.004 \times 10^{-6}\ m^2/s$	$\nu = 1.081 \times 10^{-5}\ ft^2/s$

* 与压强或温度无关。

教学资源申请表

在您确认将本书作为指定教材后，请填好以下表格并经系主任签字盖章后返回我们（拍照或扫描发到本页面下方邮箱），我们将在 1-3 个工作日内免费提供相应的教学辅助资源。

☆基本信息

姓名		性别	
学校		院系	
职称		职务	
办公电话		家庭电话	
手机		电子邮箱	
通信地址及邮编			

☆课程信息

主讲课程		课程性质		学生年级	
学生人数		授课语言		学时数	
开课日期		学期数		教材决策者	
现用教材名称、作者、出版社					

☆教师需求及建议

提供配套教学课件 （请注明作者/书名/版次）	
推荐教材 （请注明感兴趣领域或相关信息）	
其他需求	
意见和建议（图书和服务）	
是否需要最新图书信息	是 / 否
是否有翻译意愿	是 / 否

系主任签字/盖章

责任编辑：张金奎
电　　话：010-88379722
邮　　箱：498166893@qq.com